EDA 应用技术

Altium Designer 原理图与 PCB 设计

（第 4 版）

周润景　刘　波　徐宏伟　编著

電子工業出版社
Publishing House of Electronics Industry
北京·BEIJING

内 容 简 介

本书以 Altium 公司最新开发的软件 Altium Designer 16 版本为平台，通过一个单片机应用实例，按照实际的设计步骤讲解 Altium Designer 的使用方法，详细介绍了 Altium Designer 的操作步骤，包括 Altium Designer 的环境设置、库操作、绘制电路原理图、PCB 的基础知识、元器件布局、布线、PCB 的输出等内容。读者可以在熟悉 Altium Designer 操作的同时体会电子产品的设计思路。随书配有可下载的电子资料包，以便读者学习。

本书适合从事 PCB 设计的工程技术人员阅读，也可作为高等院校相关专业和职业培训的教学用书。

图书在版编目（CIP）数据

Altium Designer 原理图与 PCB 设计 / 周润景，刘波，徐宏伟编著. —4 版. —北京：电子工业出版社，2019.2

（EDA 应用技术）

ISBN 978-7-121-35921-7

Ⅰ. ①A… Ⅱ. ①周… ②刘… ③徐… Ⅲ. ①印刷电路－计算机辅助设计－应用软件 Ⅳ. ①TN410.2

中国版本图书馆 CIP 数据核字（2019）第 011584 号

策划编辑：张　剑（zhang@phei.com.cn）
责任编辑：靳　平
印　　刷：三河市双峰印刷装订有限公司
装　　订：三河市双峰印刷装订有限公司
出版发行：电子工业出版社
　　　　　北京市海淀区万寿路 173 信箱　邮编　100036
开　　本：787×1092　1/16　印张：26.5　字数：681.6 千字
版　　次：2010 年 2 月第 1 版
　　　　　2019 年 2 月第 4 版
印　　次：2023 年12月第17 次印刷
定　　价：79.00 元

凡所购买电子工业出版社图书有缺损问题，请向购买书店调换。若书店售缺，请与本社发行部联系，联系及邮购电话：（010）88254888，88258888。

质量投诉请发邮件至 zlts@phei.com.cn，盗版侵权举报请发邮件至 dbqq@phei.com.cn。

本书咨询联系方式：zhang@phei.com.cn。

前　　言

Protel 是当今优秀的 EDA 软件之一，而 Altium Designer 是现在 Protel 软件的高端版本。将 Protel 升级到 Altium Designer 主要有以下几点原因。

☺ Altium Designer 提供了解决布线难题的新工具（差分对布线工具、灵巧交互式布线工具）。

☺ Altium Designer 提供了更高级的元件库管理工具。

☺ Altium Designer 提供了更强大的电路仿真功能。

☺ Altium Designer 提供了一些更高效的操作技巧（智能粘贴、自动标注等）。

该书主要目的是使读者熟悉 Altium Designer 的设计环境；了解 Altium Designer 的功能特性；快速掌握并熟练使用 Altium Designer。全书分为 11 章，以电子产品设计的过程为主线，介绍原理图的绘制，PCB 的布局、布线，库元件的绘制，多通道设计等。为了与 Altium Designer 中的元器件电气符号及标识保持一致，对本书的元器件电气符号及标识未做标准化处理。本书内容连贯，适合初学者阅读。通过阅读本书，可以对 PCB 设计有一个全面了解。

第 1 章　Altium Designer 简介：主要介绍 Altium Designer 的发展和特点。

第 2 章　库操作：主要讲解如何创建原理图库、制作元器件封装和创建元器件集成库。

第 3 章　绘制电路原理图：主要介绍了绘制电路原理图的相关知识和如何实现从设计到图形转变。

第 4 章　电路原理图绘制的优化方法：主要介绍了 4 种电路原理图绘制的优化方法和信号输出、输入波形的绘制。

第 5 章　PCB 设计预备知识：主要介绍了 PCB 的基础知识，包括层的管理、元器件封装技术和 PCB 尺寸定义等。

第 6 章　PCB 设计基础：主要介绍了 PCB 设计环境和一些必要的参数设置。

第 7 章　元器件布局：主要介绍了元器件布局的规则设置、如何进行元器件布局和元器件布局注意事项。

第 8 章　布线：主要介绍了布线要求、布线规则的设置、布线策略的设置、如何进行布线和设计规则检测。

第 9 章　PCB 后续操作：主要介绍完成 PCB 布局、布线后，还应该做的一些后续工作，包括添加测试点、包地和敷铜，以及 3D 环境下精确测量。

第 10 章　Altium Designer 的多通道设计：主要介绍多通道设计的思想和方法。

第 11 章　PCB 的输出：主要介绍提供给 PCB 加工方的输出文件。

本书具有以下特色。

☺ 注重系统性。本书将软件操作与电路设计技术有机地结合在一起，使学生能够更全面地学习和掌握 PCB 设计的整个过程。

☺ 注重实用性。本书提供了具体的电路设计实例并做了详尽分析，克服了空洞的纯文字描述的缺点。

☺ 注重先进性。本书讲述的是 Altium 公司开发的最新技术，并将之应用于电路的设计。借助其提供的相关新技术和新方法，用户可大大提高设计质量与设计效率。

☺ 注重全面性。本书附有“思考与练习”，可使读者更容易学习和掌握本书的内容。

本书由周润景、刘波、徐宏伟编著。其中，刘波编写了第 2 章和第 9 章，徐宏伟编写了第 3 章和第 4 章，其余章节由周润景编写。另外，参加本书编写的还有韩亦佷、刘艳珍、刘白灵、王洪艳、姜攀、托亚、贾雯、何茹、张红敏、张丽敏、周敬和宋志清。

由于作者水平有限，加之时间仓促，书中难免有错误和不足之处，敬请读者批评指正！

编著者

目　　录

第1章 Altium Designer 简介

20 世纪 80 年代中期，随着计算机技术的发展，计算机在各个领域得到广泛应用。在这样的背景下，1987～1988 年，美国 ACCEL Technologies 公司推出了第一个应用于电子线路设计软件包 TANGO，这个软件包开创了电子设计自动化（EDA）的先河，为电子线路设计带来了设计方法和方式上的革命，自此人们纷纷开始用计算机来设计电子线路。

1.1 Protel 的产生及发展

随着电子技术的飞速发展，TANGO 日益显示出不适应时代发展的弱点。为了适应电子技术的发展，Protel Technology 公司凭借强大的研发能力，推出了 Protel for DOS 作为 TANGO 的升级版本，从此 Protel 这个名字在业内日益响亮。

20 世纪 80 年代末期，Windows 操作系统开始盛行，Protel 公司相继推出 Protel for Windows 1.0、Protel for Windows 1.5 等版本来支持 Windows 操作系统。这些版本的可视化功能给用户设计电子线路带来了很大的方便。设计者不必记忆烦琐的操作命令，这样就大大提高了设计效率，并且让用户体会到了资源共享的优势。

20 世纪 90 年代中期，Windows 95 操作系统开始普及，Protel 也紧跟潮流，推出了基于 Windows 95 的 3.X 版本。Protel 3.X 版本加入了新颖的主从式结构，但在自动布线方面却没有出众表现。另外，由于 Protel 3.X 版本是 16 位和 32 位的混合型软件，所以其稳定性比较差。

1998 年，Protel 公司推出了令人耳目一新的 Protel 98。Protel 98 是 32 位产品，也是第一个包含 5 个核心模块的 EDA 工具，并以其出众的自动布线功能获得了业内人士的一致好评。

1999 年，Protel 公司又推出了新一代的电子线路设计系统——Protel 99。它既有原理图逻辑功能验证的混合信号仿真，又有印制电路板（PCB）信号完整性分析的板级仿真，构成了从电路设计到 PCB 分析的完整体系。

2005 年年底，Protel 软件的原厂商 Altium 公司推出了 Protel 系列的高端版本 Altium Designer。Altium Designer 是完全一体化的电子产品开发系统，是业界首例将设计流程、集成化 PCB 设计、可编程器件（如 FPGA）设计和基于处理器设计的嵌入式软件开发功能整合在一起的产品。

2006 年，Altium Designer 6.0 成功推出，它集成了更多的工具，使用起来更方便，功能也更强大，尤其是 PCB 设计功能大大提高。

2008 年，Altium Designer Summer 8.0 推出，它将 ECAD 和 MCAD 这两种文件格式结合

在一起。Altium 公司在其最新版的一体化设计解决方案中，加入了对 OrCAD 和 PowerPCB 的支持能力。

2009 年，Altium Designer Winter 8.2 推出，该版本再次增强了软件功能，运行速度进一步提高，使其成为当时最强大的电路一体化设计工具软件。

2011 年，Altium Designer 10 推出，它提供了一个强大的高集成度的板级设计发布过程，可以验证并打包设计和制造数据，这些操作只需一键操作即可完成，从而避免了人为交互中可能出现的错误。

2013 年，Altium Designer 14 推出，着重关注 PCB 核心设计技术，进一步夯实了 Altium 在原生 3D PCB 设计系统领域的领先地位。Altium Designer 14 支持软性和软硬复合设计，将原理图捕获、3D PCB 布线、分析及可编程设计等功能集成到单一的一体化解决方案中。

2014 年，Altium Designer 15 推出，强化了软件的核心理念，持续关注生产力和效率的提升，优化了一些参数，也新增了一些额外的功能，主要包括：设置高速信号引脚对（大幅提升高速 PCB 设计功能）；支持最新的 IPC-2581 和 Gerber X2 格式标准；分别为顶层和底层阻焊层设置参数值及支持矩形焊孔等。

2015 年 11 月，Altium Designer 16.1.12 推出，该版本又增加了一些新功能，主要包括：增加精准的 3D 测量；支持 XSIGNALS WIZARD USB3.1 技术。同时，设计环境得到进一步增强，主要表现在原理图设计、PCB 设计、同步链接组件得到增强，为使用者提供更可靠、更智能、更高效的电路设计环境。

1.2 Altium Designer 的优势及特点

1. 供布线使用的新工具

高速的设备切换和新的信息命令技术意味着要将布线处理成电路的组成部分，而不是"想象中的相互连接"。这就要求将全面的信号完整性分析工具、阻抗控制交互式布线、差分信号对发送和交互长度调节协调起来工作，从而确保信号及时同步的到达。通过灵活的总线拖曳、引脚和零件的互换，以及 BGA 逃逸布线，可以轻松地完成布线工作。

2. 为复杂的板间设计提供良好的环境

Altium Designer 具有 Shader Model3 的 DirectX 图形功能，可以使 PCB 编辑效率大大提高。当要在 PCB 的底面进行设计工作时，只要执行菜单命令【翻转板子】，就可以像是在顶面一样进行工作。通过优化的嵌入式板，可完全控制设计中所有多边形管理器、PCD 垫中的插槽、PCB 层集和动态视图管理选项的协同工作，从而提高设计的效率。Altium Designer 还具有智能粘贴功能，不仅可以将网络标签转移到端口，还可以使用文件编辑和自动片体条目创建，来简化从旧工具转移设计的步骤，使其成为一个更好的设计环境。

3. 提供高级元器件库管理

元器件库是有价值的设计源，它为用户提供丰富的原理图组件库和 PCB 封装库，并且为设计新的元器件提供了封装向导程序，简化了封装设计过程。随着技术的发展，要利用公司数据库对元器件进行栅格化。当数据库链接提供从 Altium Designer 返回到数据库的接口时，新的数据库就新增了很多功能，可以直接将数据从数据库导入电路图中。新的元器件识别系统可管理元器件与库之间的关系，覆盖区管理工具可提供项目范围的覆盖区控制，这样便于提供更好的元器件管理解决方案。

4. 增强的电路分析功能

为了提高设计 PCB 的成功率，Altium Designer 设置了 PSPICE 模型、功能和变量支持，以及灵活的新配置选项，增强了混合信号模拟功能。在完成电路设计后，可对其进行必要的电路仿真，从而观察观测点信号是否符合设计要求，缩短开发周期。

5. 统一的光标捕获系统

Altium Designer 的 PCB 编辑器提供了很好的栅格定义系统，通过可视栅格、捕获栅格、元器件栅格和电气栅格等都可以有效地放置设计对象到 PCB 文档中。统一的 Altium Designer 光标捕获系统汇集了 3 个不同的子系统，按照合适的方式使用这些功能的组合，可轻松地在 PCB 工作区放置和排列对象。

6. 增强的多边形敷铜管理器

Altium Designer 的多边形敷铜管理器提供了更强大的功能，提供了管理 PCB 中所有多边形敷铜的附加功能，包括创建新的多边形敷铜，以及访问相关属性和删除多边形敷铜等。

7. 强大的数据共享功能

Altium Designer 完全兼容 Protel 系列版本的设计文件，并提供对在 Protel 99 SE 系统下创建的 DDB 和库文件的导入功能，同时它还增加了 P-CSD、OrCAD 等软件的设计文件和库文件的导入功能。它的智能 PDF 向导可以帮助用户将整个项目或所选定的设计文件打包成可移植的 PDF 文档。

8. 全新的 FPGA 设计功能

Altium Designer 可充分利用大容量 FPGA 的潜能，更快地开发出更加智能的产品。其设计的可编程硬件元素不用重大改动即可重新定位到不同的 FPGA 中，设计师不必受特定 FPGA 厂商或系列元器件的约束。

9. 支持 3D PCB 设计

Altium Designer 全面支持 STEP 格式，与 MCAD 工具无缝链接；依据外壳的 STEP 模型生成 PCB 外框，减少中间步骤，更加准确地实现配合；3D 实时可视化功能使设计充满乐趣；应用元器件体生成复杂的元器件 3D 模型，解决了元器件建模问题；支持设计圆柱体或球形元器件设计；3D 安全间距实时监测，有助于在设计初期解决装配问题；在原生 3D 环境中，精确测量 PCB 布局，在 3D 编辑状态下，PCB 与外壳的匹配情况可以实时得到展现，从而将设计意图清晰传达至制造厂商。

10. 支持 XSIGNALS WIZARD USB3.1

Altium Designer 支持 USB3.0 技术，从而实现高速设计流程自动化，并生成精确的 PCB

布局，提高设计效率。

1.3 PCB 设计的工作流程

1. 方案分析

方案分析直接影响了电路原理图设计和 PCB 规划，要根据设计要求进行方案比较和元器件的选择等，这是开发项目中最重要的环节之一。

2. 电路仿真

在设计电路原理图前，有时会对某一部分电路的设计并不十分确定，因此要通过电路仿真来验证。电路仿真还可以用于确定电路中某些重要元器件的参数。

3. 设计原理图组件

Altium Designer 提供的元器件库不可能包括所有元器件。在元器件库中找不到需要的元器件时，用户可以动手设计原理图库文件，建立自己的元器件库。

4. 绘制原理图

要根据电路的复杂程度决定是否要使用层次原理图。完成原理图设计后，要用电气法则检查工具进行检查，找到错误并修改，再重新用电气法则检查工具进行检查，直至没有原则性错误为止。

5. 设计元器件封装

和原理图元器件库一样，Altium Designer 也不可能提供所有的元器件封装，用户应根据需要自行设计并建立新的元器件封装库。

6. PCB 设计

首先绘出 PCB 的轮廓，在设计规则和原理图的引导下完成布局和布线。设计规则检查工具用于对绘制好的 PCB 进行检查。PCB 设计是电路设计的另一个关键环节，它将决定该产品的实际性能，要考虑的因素很多，针对不同的电路有不同要求。

7. 文档整理

对原理图、PCB 版图及元器件清单等文件予以保存，以便维护和修改。

1.4 Altium Designer 的安装

Altium Designer 安装后占用的硬盘空间约为 2.51GB。由于增加了新的设计功能，Altium Designer 与以前版本的 Protel 相比，对硬件环境的要求更高。

1. 硬件环境需求

Altium Designer 对操作系统的要求比较高。最好采用 Windows 2003、Windows 7 或版本更高的操作系统，它不再支持 Windows 95、Windows 98 和 Windows ME 操作系统。

为了获得符合要求的软件运行速度和更稳定的设计环境，Altium Designer 对计算机的硬件要求也比较高。

1）推荐的最佳硬件配置

☺ CPU：英特尔酷睿 2 双核/四核 2.66 GHz 或更快的处理器。

☺ 内存：不低于 2GB。

☺ 硬盘：不低于 80GB。

☺ 显卡：256MB 独立显卡。

☺ 显示器：分辨率在 1152 像素×864 像素以上。

2）最低的硬件配置

☺ CPU：英特尔奔腾 1.8 GHz 或同等处理器。

☺ 内存：256MB。

☺ 硬盘：20GB。

☺ 显卡：128MB 独立显卡。

☺ 显示器：分辨率为 1024 像素×768 像素。

2. 安装 Altium Designer

执行菜单命令【开始】→【控制面板】，如图 1-1 所示。

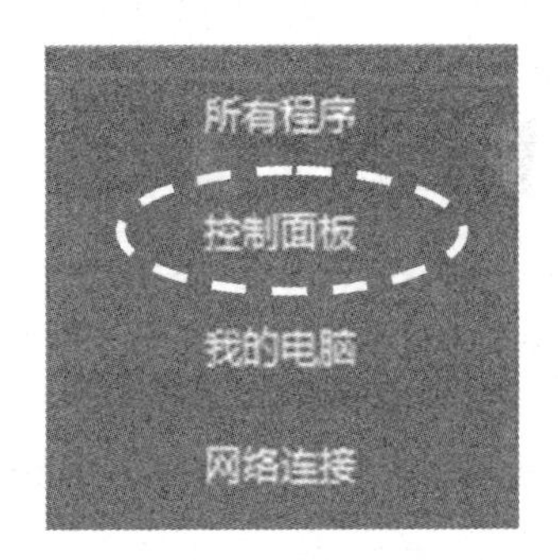

图 1-1　执行菜单命令【开始】→【控制面板】

此时系统将出现如图 1-2 所示的【控制面板】窗口。

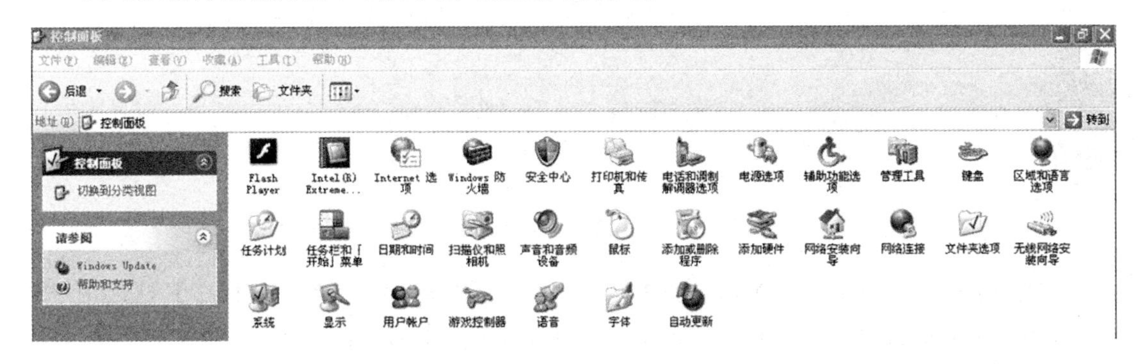

图 1-2 【控制面板】窗口

双击【添加或删除程序】图标，弹出【添加或删除程序】窗口，如图 1-3 所示。

单击【添加新程序】图标，如图 1-4 所示。

图 1-3 【添加或删除程序】窗口

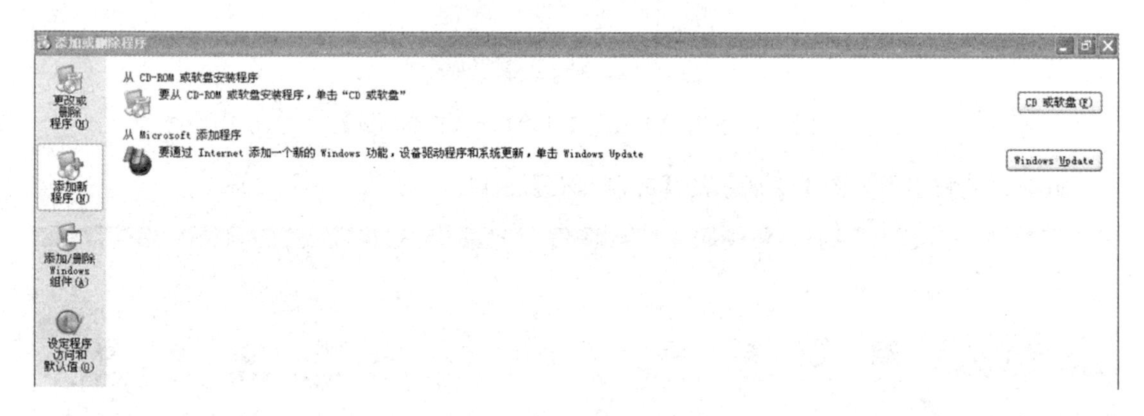

图 1-4 单击【添加新程序】图标

在弹出的窗口中单击【CD 或软盘】按钮，弹出【从软盘或光盘安装程序】对话框，如图 1-5 所示。单击【下一步】按钮，弹出【运行安装程序】对话框，如图 1-6 所示。

单击【浏览】按钮，选择安装路径，如图 1-7 所示。单击【完成】按钮，便会出现如图 1-8 所示的安装向导。

单击【Next】按钮，弹出【License Agreement】窗口，如图 1-9 所示。

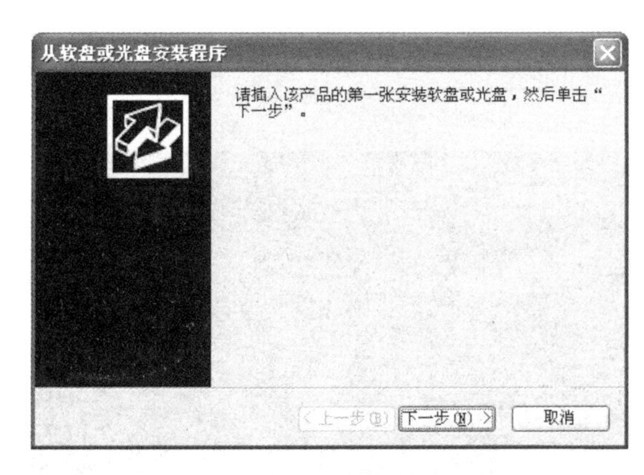

图 1-5 【从软盘或光盘安装程序】对话框

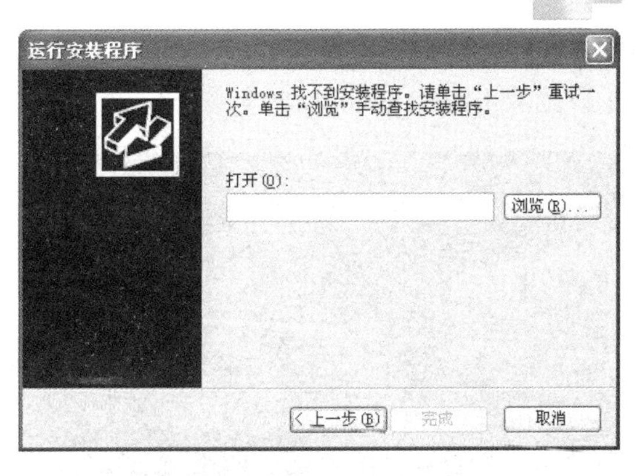

图 1-6 【运行安装程序】对话框

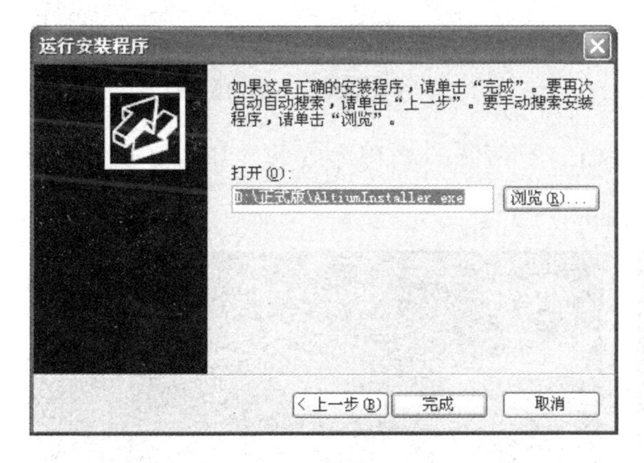

图 1-7 选择安装路径

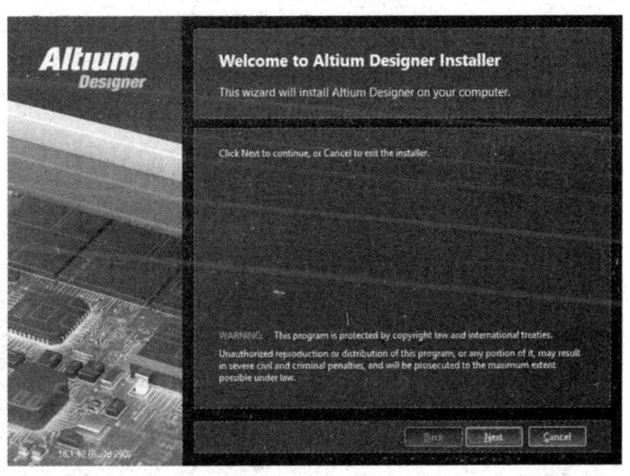

图 1-8 安装向导

选中“I accept the agreement”选项，然后单击【Next】按钮，弹出【Select Design Functionality】窗口，如图 1-10 所示。

图 1-9 【License Agreement】窗口

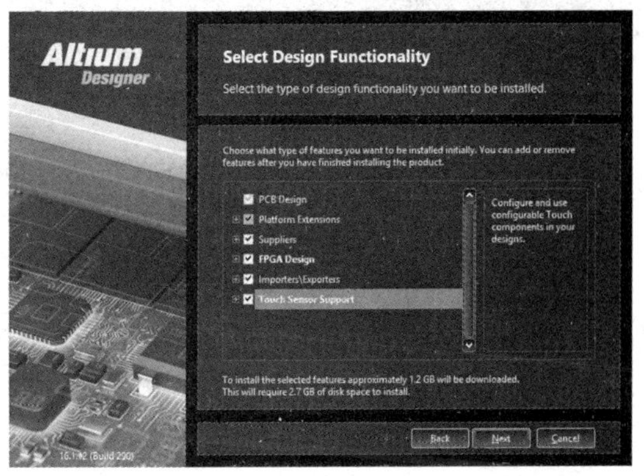

图 1-10 【Select Design Functionality】窗口

在【Select Design Functionality】窗口中可以选择要安装的功能，通常保持默认设置即可。单击【Next】按钮，弹出【Destination Folders】窗口，如图 1-11 所示。在【Destination

Folders】窗口中设定安装路径后，单击【Next】按钮，弹出【Ready to Install】窗口，如图 1-12 所示。

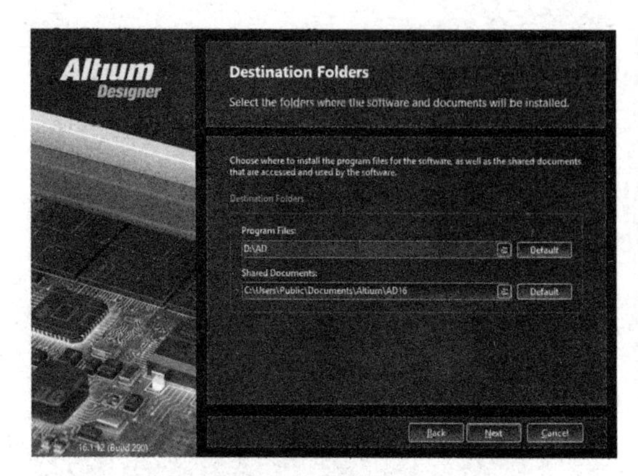

图 1-11 【Destination Folders】窗口

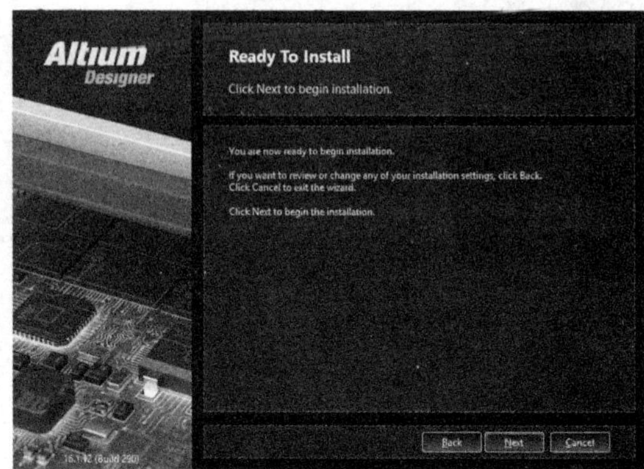

图 1-12 【Ready to Install】窗口

单击【Next】按钮，开始安装程序，如图 1-13 所示。当程序安装完毕后，会出现如图 1-14 所示的安装完成窗口。

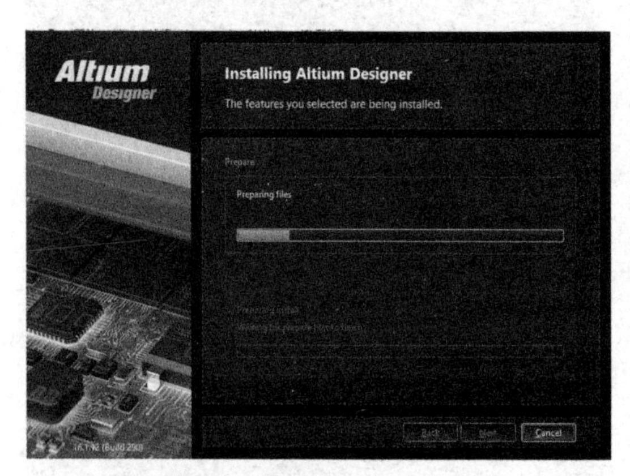

图 1-13 开始安装程序

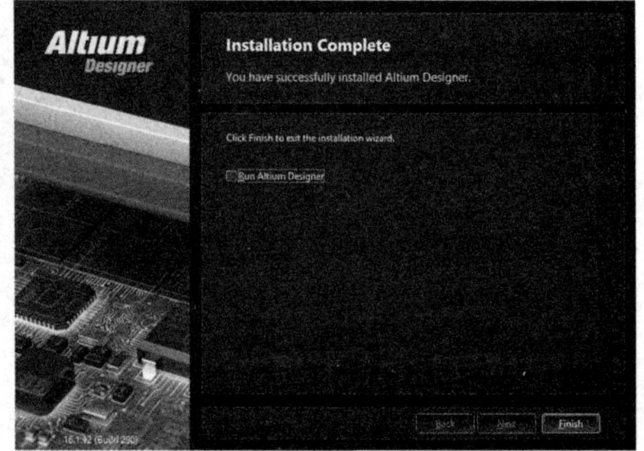

图 1-14 安装完成窗口

单击【Finish】按钮，完成 Altium Designer 软件的安装。

3. 启动 Altium Designer

启动 Altium Designer 如图 1-15 所示，执行菜单命令【开始】→【所有程序】→【Altium Designer】，Altium Designer 的启动画面如图 1-16 所示。

由于该软件的功能比较强大，启动时间会比较长。Altium Designer 主页面如图 1-17 所示。

Altium Designer 主页面的组成部分如图 1-18 所示，都是大家比较熟悉的结构，如标题栏、菜单栏、工具栏等。

【New】子菜单如图 1-19 所示，本书用到的该子菜单命令包括【Schematic】、【PCB】、【Project】和【Library】。

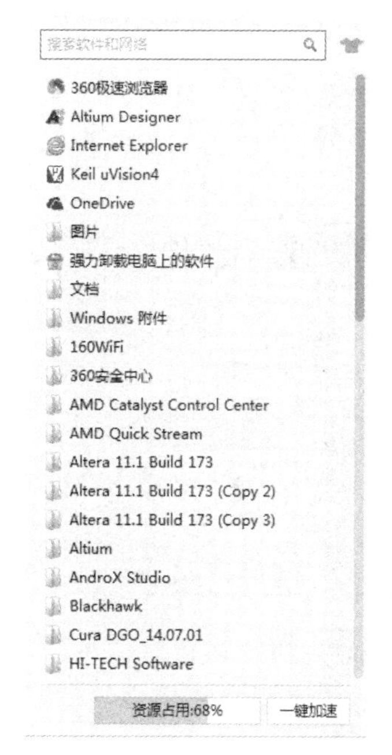

图 1-15　启动 Altium Designer

图 1-16　Altium Designer 的启动画面

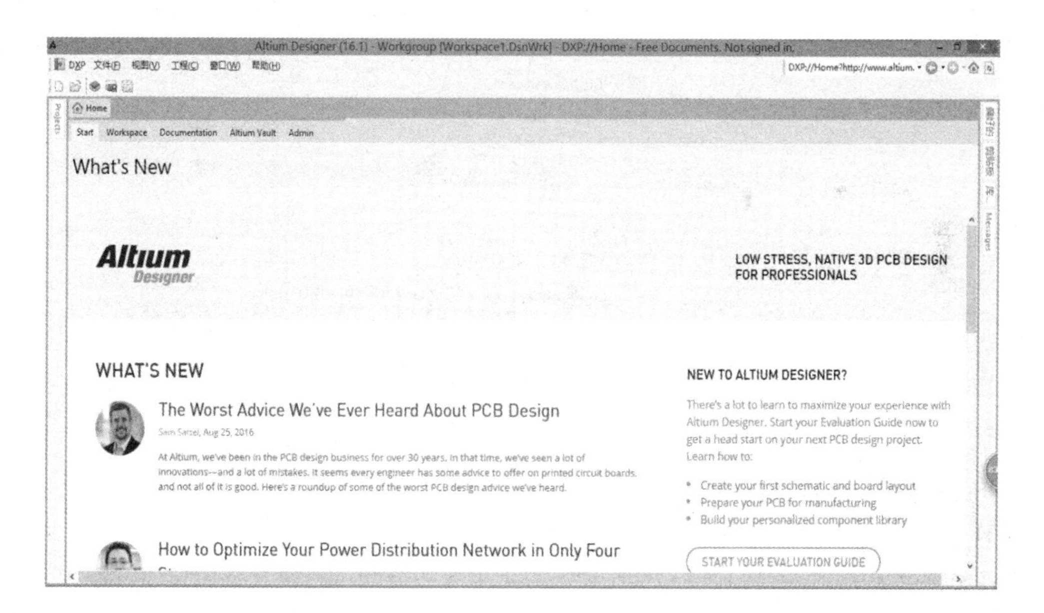

图 1-17　Altium Designer 主页面

☺【Schematic】：创建一个新的原理图编辑文件。

☺【PCB】：创建一个新的 PCB 编辑文件。

☺【Project】：创建一个项目文件，它还有下一级子菜单命令。【Project】子菜单如图 1-20 所示，本书用到的该子菜单命令有【PCB Project】（PCB 项目）和【Integrated Library】（元器件库项目）。

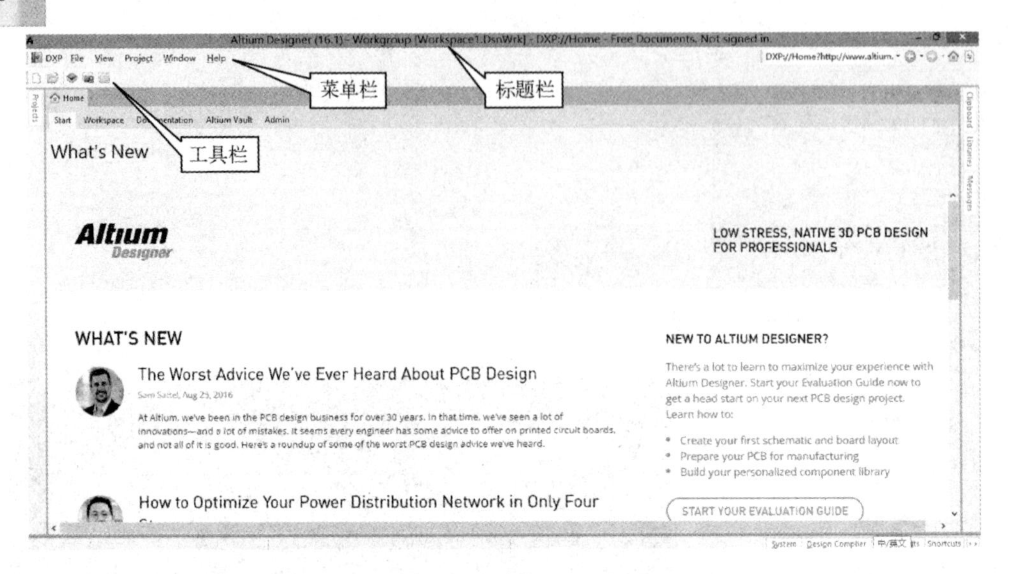

图 1-18 Altium Designer 主页面的组成部分

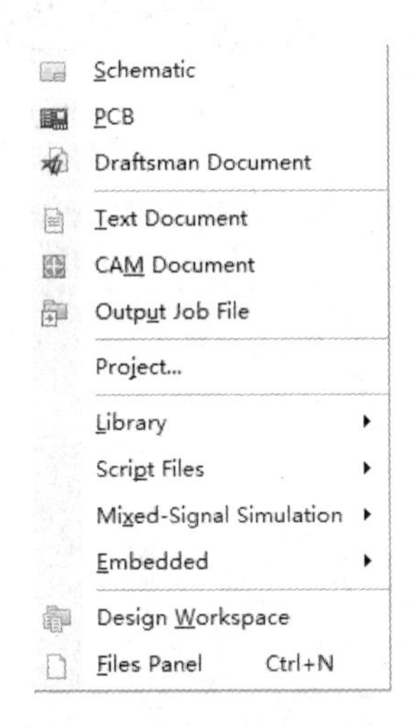

图 1-19 【New】子菜单

Altium Designer 以设计项目为中心，在一个设计项目中可以包含各种设计文件，如原理图 SCH 文件、电路图 PCB 文件及各种报表，多个设计项目可以构成一个设计项目组（Project Group）。因此，项目是 Altium Designer 工作的核心，所有设计工作均是围绕项目来展开的。

在 Altium Designer 中，项目是共同生成期望结果的文件、链接和设置的集合，将所有这些设计数据元素综合在一起就得到了项目文件。完整的 PCB 项目一般包括原理图文件、PCB 文件、元器件库文件、BOM 文件及 CAM 文件。

项目这个概念很重要。在传统的设计方法中，每个设计应用从本质上说是一种具有专用对象和命令集合的独立工具。而与此不同的是，Altium Designer 工作平台对项目设计数据进行统一解释，在提取相关信息的同时告知用户设计状态的信息。

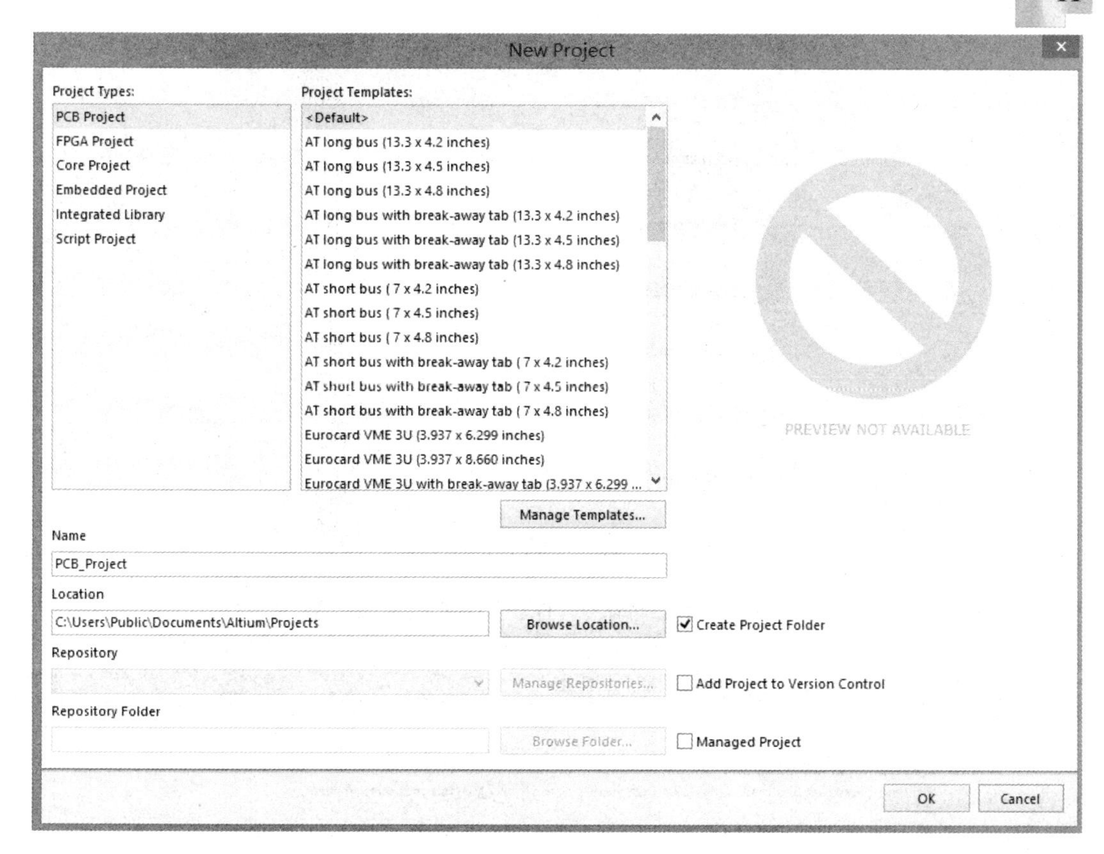

图 1-20　【Project】子菜单

☺【Library】：创建一个新的元器件库文件，【Library】子菜单如图 1-21 所示，本书用到的该子菜单命令有【Schematic Library】和【PCB Library】。

✧【Schematic Library】：创建一个新的元器件原理图库文件。

✧【PCB Library】：创建一个新的元器件封装图库文件。

Component Library
Schematic Library
PCB Library
Pad Via Library
VHDL Library
Verilog Library
SimModel File
SIModel File
PCB3D Library
Database Library
SVN Database Library
Database Link File

图 1-21　【Library】子菜单

1.5　将英文编辑环境切换为中文编辑环境

图 1-18 所示的是英文状态的编辑环境，为了方便设计，可将其切换为中文编辑环境。

在主页面执行菜单命令【DXP】→【Preferences】，如图 1-22 所示。

系统将弹出【Preferences】对话框，如图 1-23 所示。

单击“System”文件夹，选择“General”，打开如图 1-24 所示的【System-General】窗口，该窗口包含了 4 个设置区域，即 Startup、General、Reload Documents Modified Outside Of Altium Designer 和 Localization。

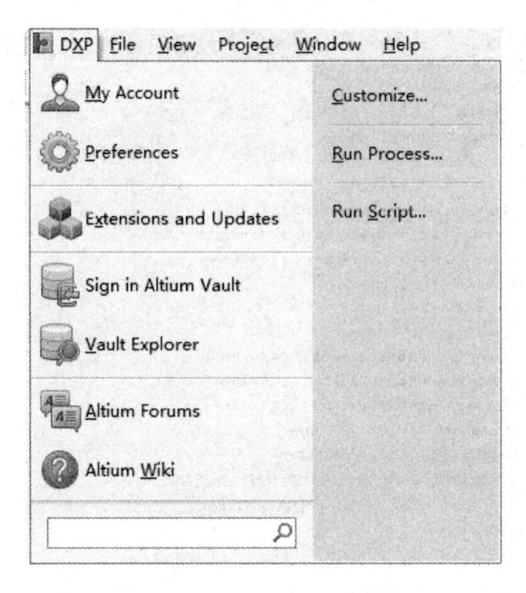

图 1-22 执行菜单命令【DXP】→【Preferences】

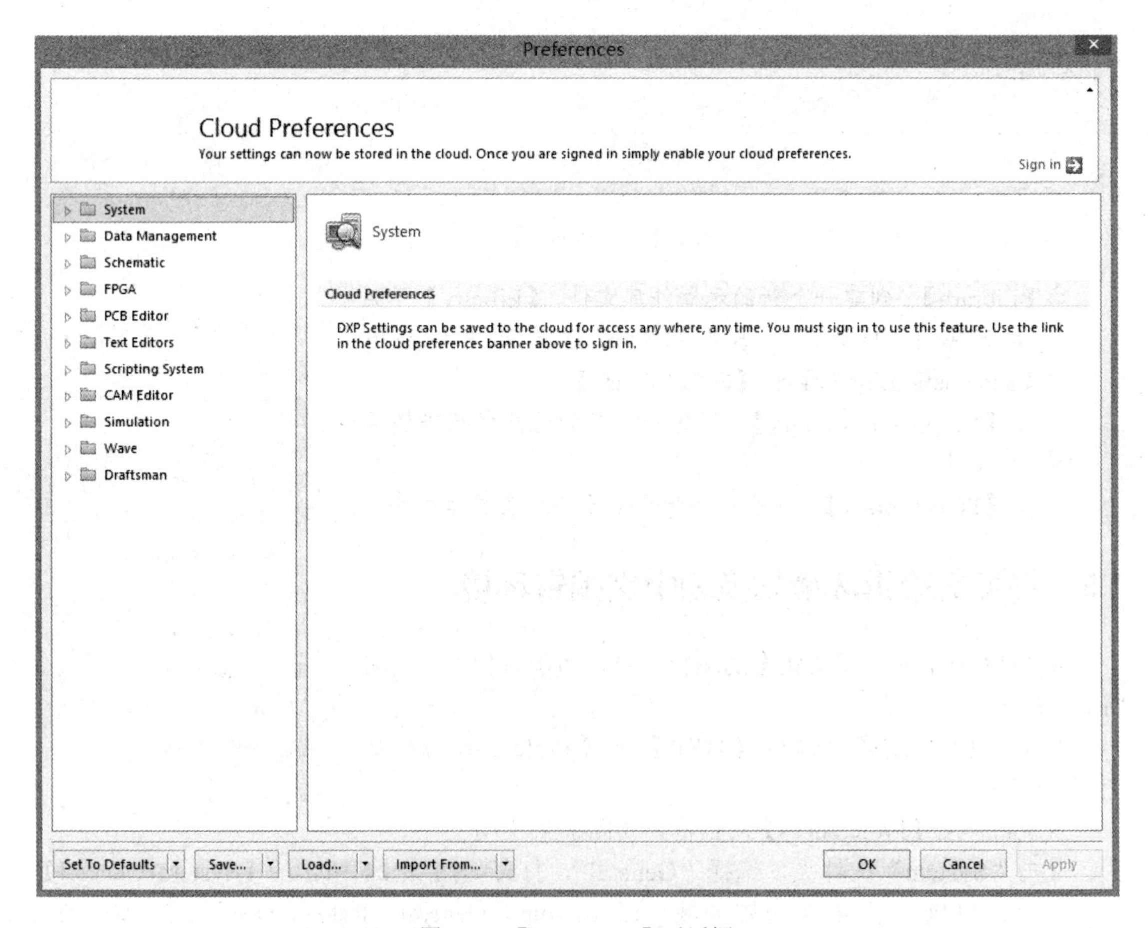

图 1-23 【Preferences】对话框

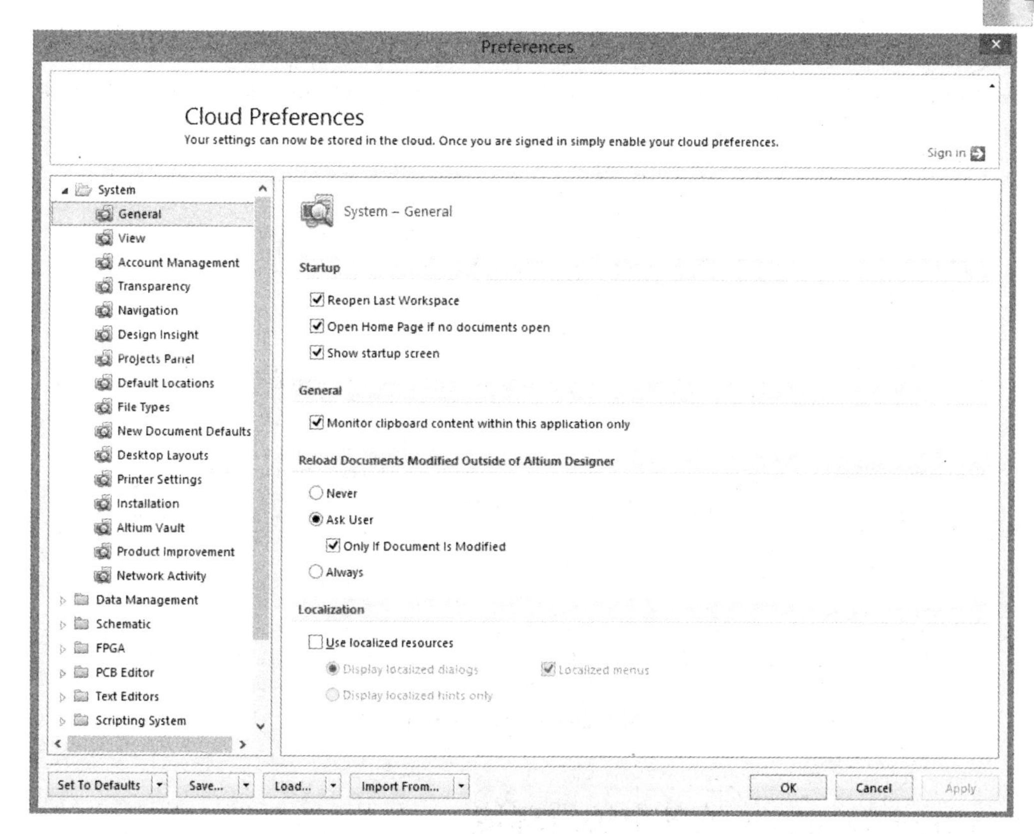

图 1-24 【System-General】窗口

（1）Startup：用于设置 Altium Designer 启动后的状态。

☺ Reopen Last Workspace：启动时重新打开上次的工作空间。

☺ Open Home Page if no documents open：启动时，在没有打开任何文档的情况下打开主页面。

☺ Show startup screen：启动时，显示启动画面。

（2）General：包含一个复选框，用于设置剪切板是否只满足于该应用软件。

（3）Reload Documents Modified Outside of Altium Designer：包含 3 个选项，用于设置打开的重新载入修改过的文档是否要保存。本设置采用默认选项。

（4）Localization：用于设置中/英文切换。选中“Use localized resources”选项后，系统会弹出一个提示框，如图 1-25 所示。

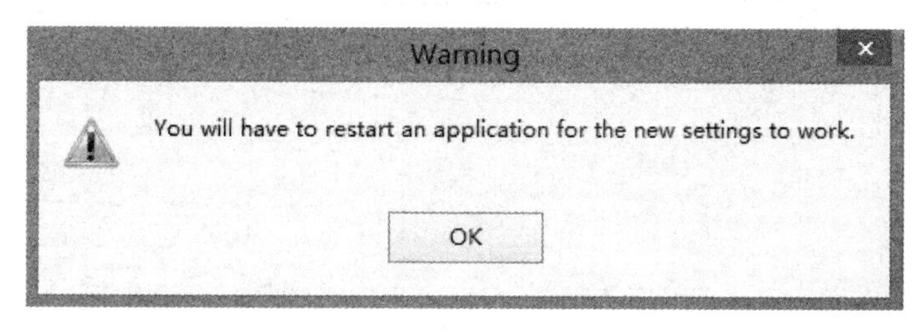

图 1-25　提示框

单击【OK】按钮，然后在如图 1-24 所示界面中单击【Apply】按钮，使设置生效。再次单击【OK】按钮，退出设置界面。关闭软件，重新启动 Altium Designer，可以发现已经变为中文编辑环境，如图 1-26 所示。

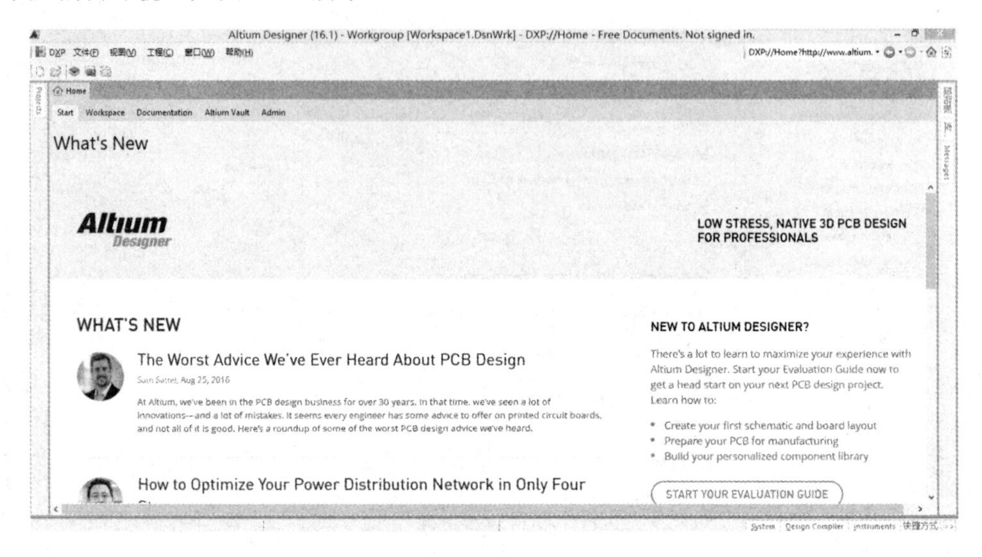

图 1-26　中文编辑环境

1.6　Altium Designer 的各个编辑环境

1. 原理图编辑环境

执行菜单命令【文件】→【新建】→【原理图】，打开一个新的原理图文件。原理图编辑环境如图 1-27 所示。

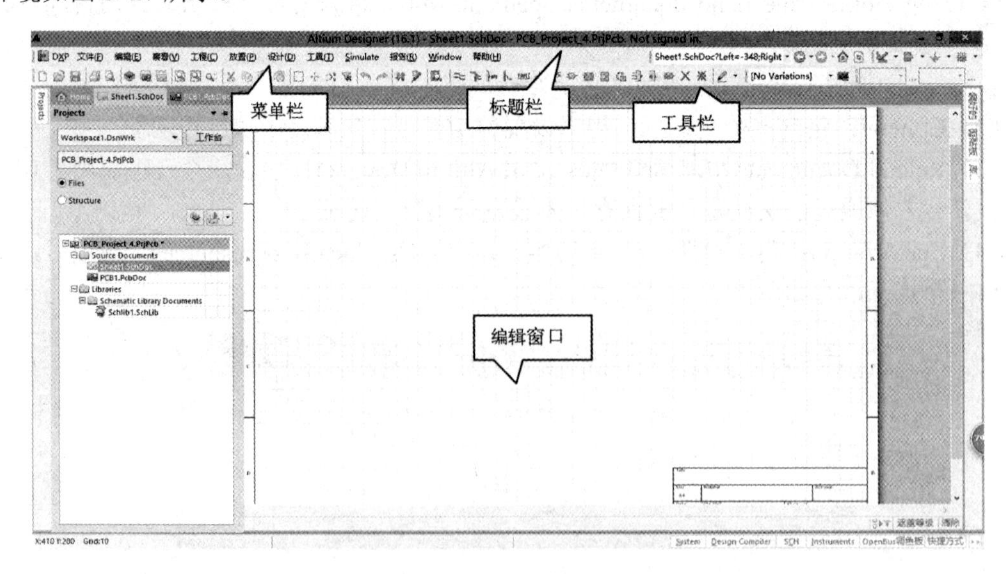

图 1-27　原理图编辑环境

2. PCB 编辑环境

执行菜单命令【文件】→【新建】→【PCB】，打开一个新的 PCB 文件。PCB 编辑环境如图 1-28 所示。

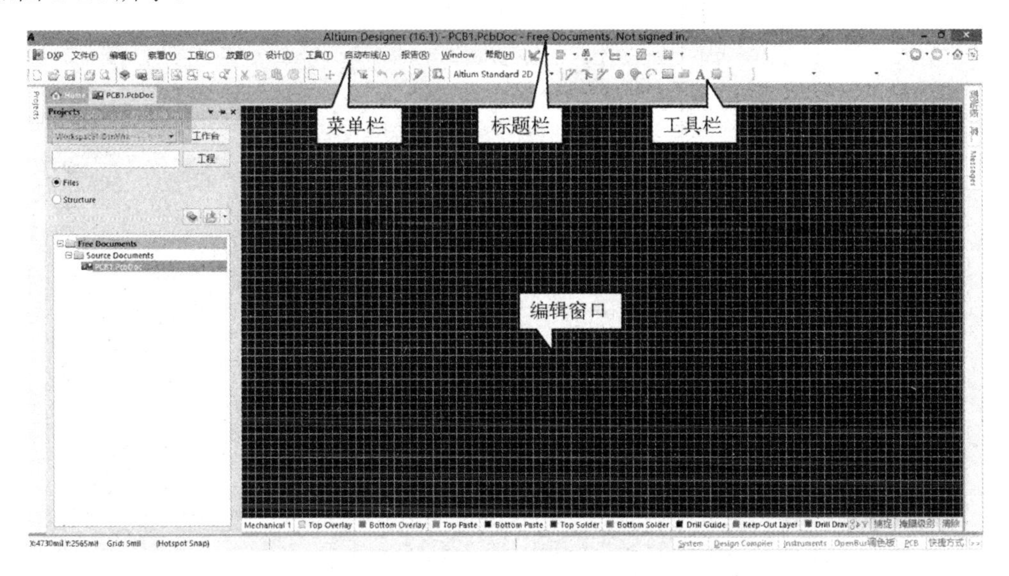

图 1-28　PCB 编辑环境

3. 原理图库文件编辑环境

执行菜单命令【文件】→【新建】→【库】→【原理图库】，打开一个新的原理图库文件。原理图库文件编辑环境如图 1-29 所示。

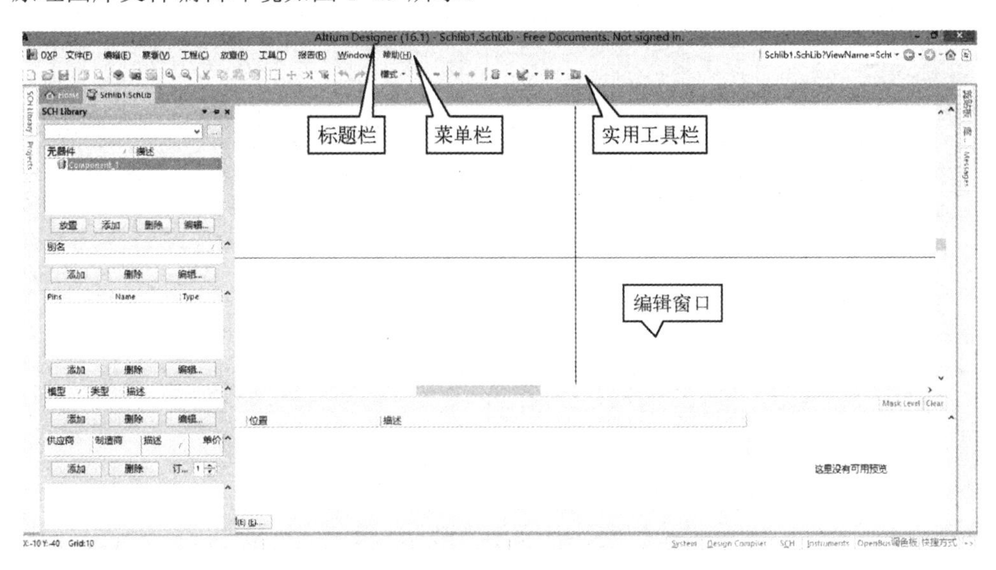

图 1-29　原理图库文件编辑环境

4．元器件封装库文件

执行菜单命令【文件】→【新建】→【库】→【PCB 元器件库】，打开一个新的元器件封装库文件。元器件封装库文件编辑环境如图 1-30 所示。

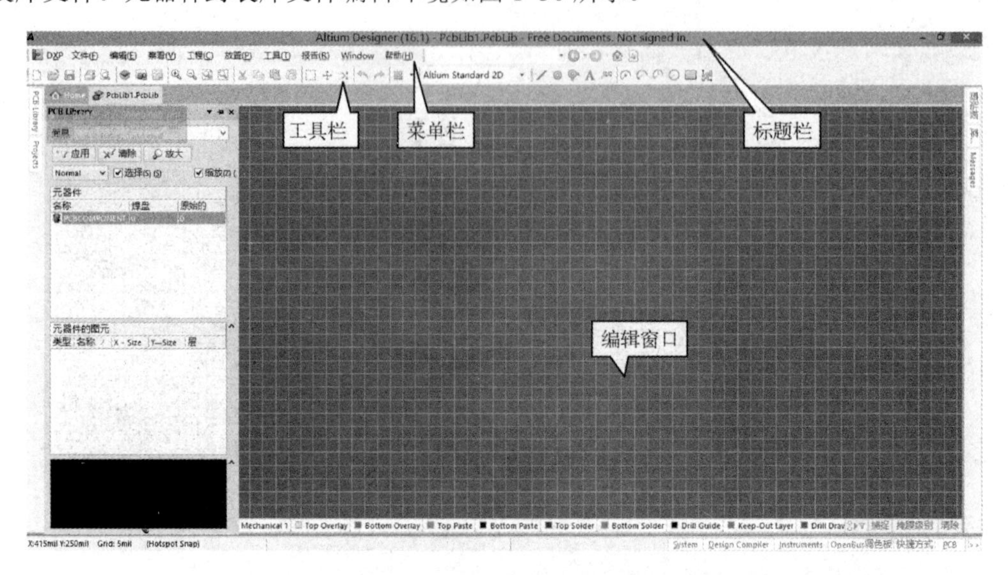

图 1-30　元器件封装库文件编辑环境

第2章 库 操 作

Altium Designer 的元器件库中包含了全世界众多厂商的元器件，但不可能包含所有用户需要的元器件。

2.1 创建原理图元器件库

2.1.1 原理图库文件介绍

1. 运行原理图库文件编辑环境

执行菜单命令【New】→【Library】→【原理图库】，如图 2-1 所示。

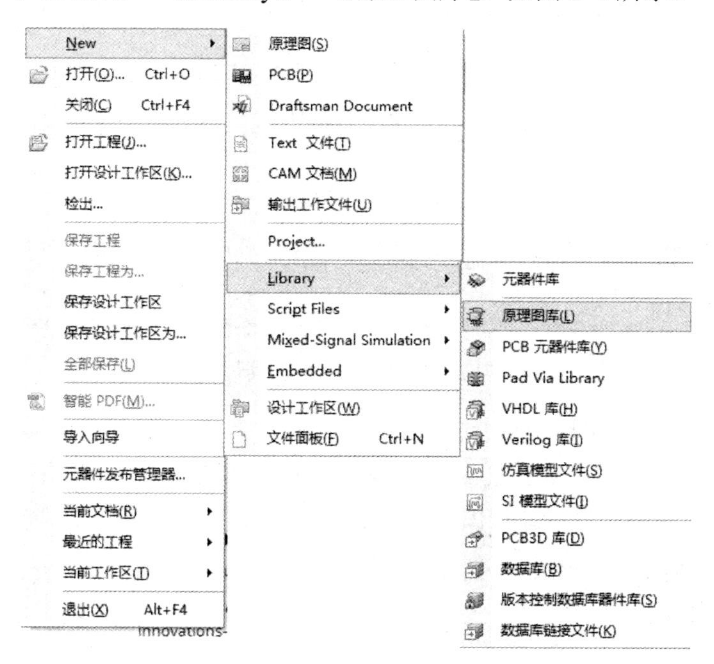

图 2-1 执行菜单命令【New】→【Library】→【原理图库】

系统自动创建一个名为“Schlib1.SchLib”的原理图库文件。原理图库文件编辑环境的组成如图 2-2 所示。

（1）菜单栏：通过对比可以看出，原理图库文件编辑环境中的菜单栏与原理图编辑环境中的菜单是不同的。放大的原理图库文件编辑环境中的菜单栏如图 2-3 所示。

（2）标准工具栏：它与原理图编辑环境中的工具栏一样，也可以使用户完成对文件的操作，如打印、复制、粘贴和查找等。放大的标准工具栏如图 2-4 所示。

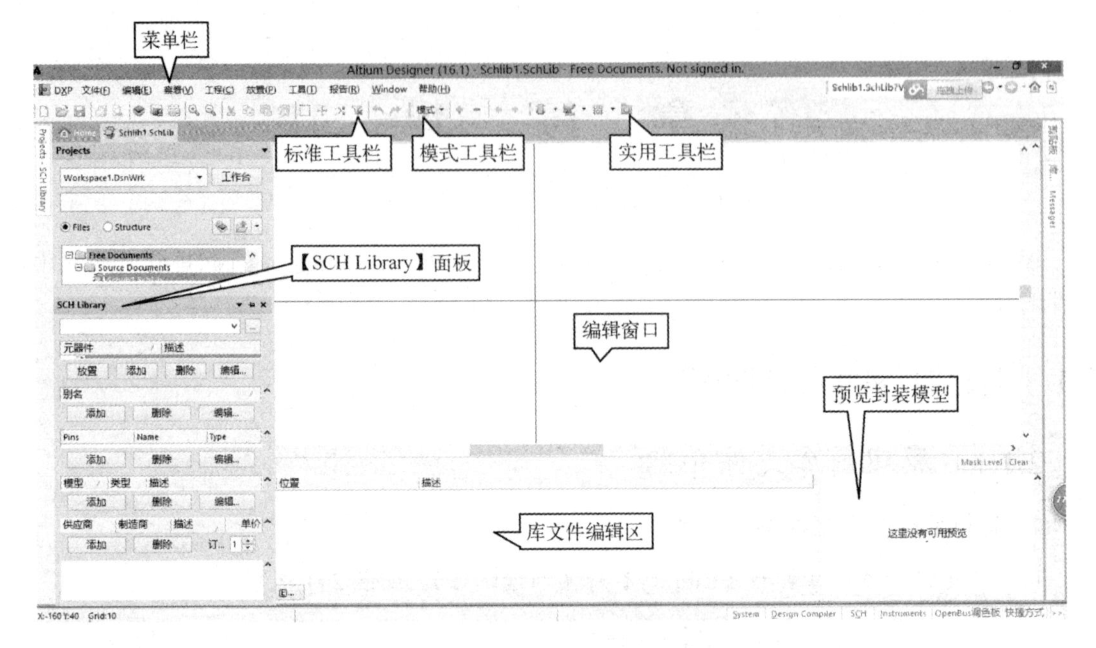

图 2-2　原理图库文件编辑环境的组成

DXP 文件(F) 编辑(E) 察看(V) 工程(C) 放置(P) 工具(T) 报告(R) Window 帮助(H)

图 2-3　放大的原理图库文件编辑环境中的菜单栏

图 2-4　放大的标准工具栏

（3）模式工具栏：用于控制当前元器件的显示模式。放大的模式工具栏如图 2-5 所示。

（4）实用工具栏：该工具栏提供了两个重要的工具箱，即原理图符号绘制工具箱和 IEEE 符号工具箱，可用于完成原理图符号的绘制。放大的实用工具栏如图 2-6 所示。

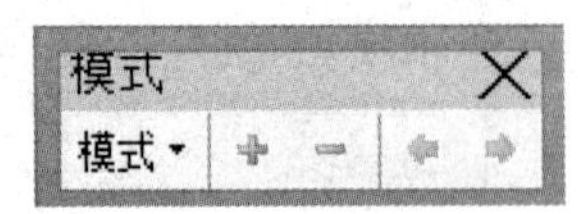

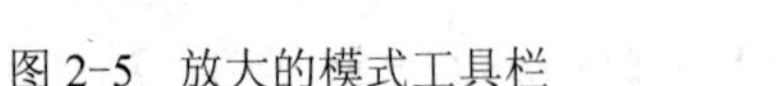

图 2-5　放大的模式工具栏　　图 2-6　放大的实用工具栏

（5）编辑窗口：编辑窗口分为 4 个象限，坐标轴的交点即为该窗口的原点。一般制作元器件时，将元器件的原点放置在该窗口的原点处，而将绘制的元器件放置到坐标轴的第 4 象限中。

（6）【SCH Library】面板：用于管理原理图库的编辑。【SCH Library】面板如图 2-7 所示。

☺ 元器件列表：在该列表中列出了当前所打开的原理图库文件中的所有库元器件，包括元器件的名称及其相关描述。选中某一个库元器件后，单击【放置】按钮即可将该元器件放置在打开的原理图图纸上。单击【添加】按钮可以在该库中加入新的元器件。选中某一个元器件，单击【删除】按钮，可以将该元器件从原理图库文件中删除。选中某一个元器件，单击【编辑】按钮或双击该元器件，可以打开该元器件的【Library Component Properties】对话框，如图2-8所示。

☺ 别名栏：在该栏中可以为元器件的原理图符号设定其他名称。有些库元器件的功能、封装和引脚形式都完全相同，只是由于产自不同的厂家，其元器件的型号并不完全一致。对于这样的库元器件，无须再创建新的原理图符号，只要为已创建好的原理图符号添加一个或多个别名即可。

☺ 引脚列表：在该列表中列出了选中的库元器件的所有引脚及其属性。通过【添加】、【删除】和【编辑】3个按钮，可以完成相应的操作。

☺ 模型栏：该栏用于列出库元器件的其他模型，如PCB封装模型、信号完整性分析模型和VHDL模型等。

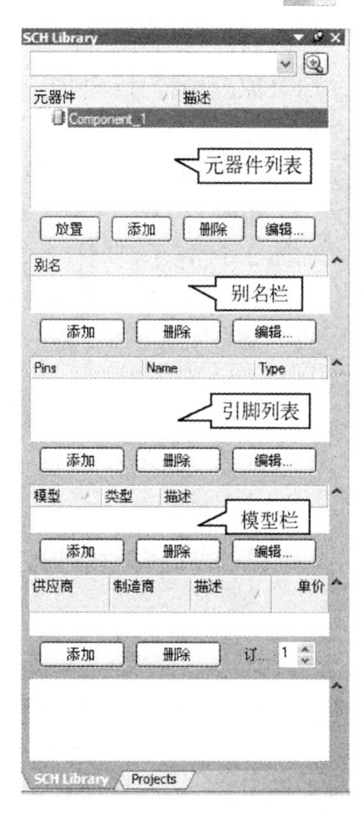

图2-7 【SCH Library】面板

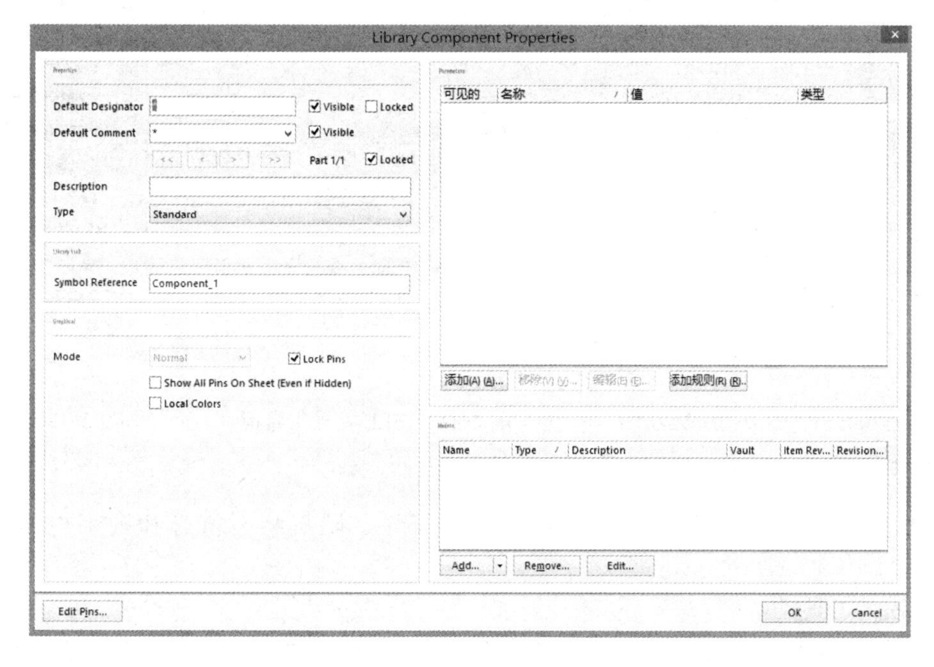

图2-8 【Library Component Properties】对话框

2．工具栏应用介绍

（1）原理图符号绘制工具箱：单击实用工具栏中的图标，则会弹出相应的原理图符号绘制工具箱，如图 2-9 所示。其各个按钮功能与【放置】菜单中的各项菜单命令有对应的关系。【放置】菜单如图 2-10 所示。

（2）IEEE 符号工具箱：单击实用工具栏中的图标，则会弹出相应的 IEEE 符号工具箱，如图 2-11 所示。同样，该工具箱的各个按钮功能与【IEEE 符号】菜单中的各项菜单命令有对应的关系。【IEEE 符号】菜单如图 2-12 所示。

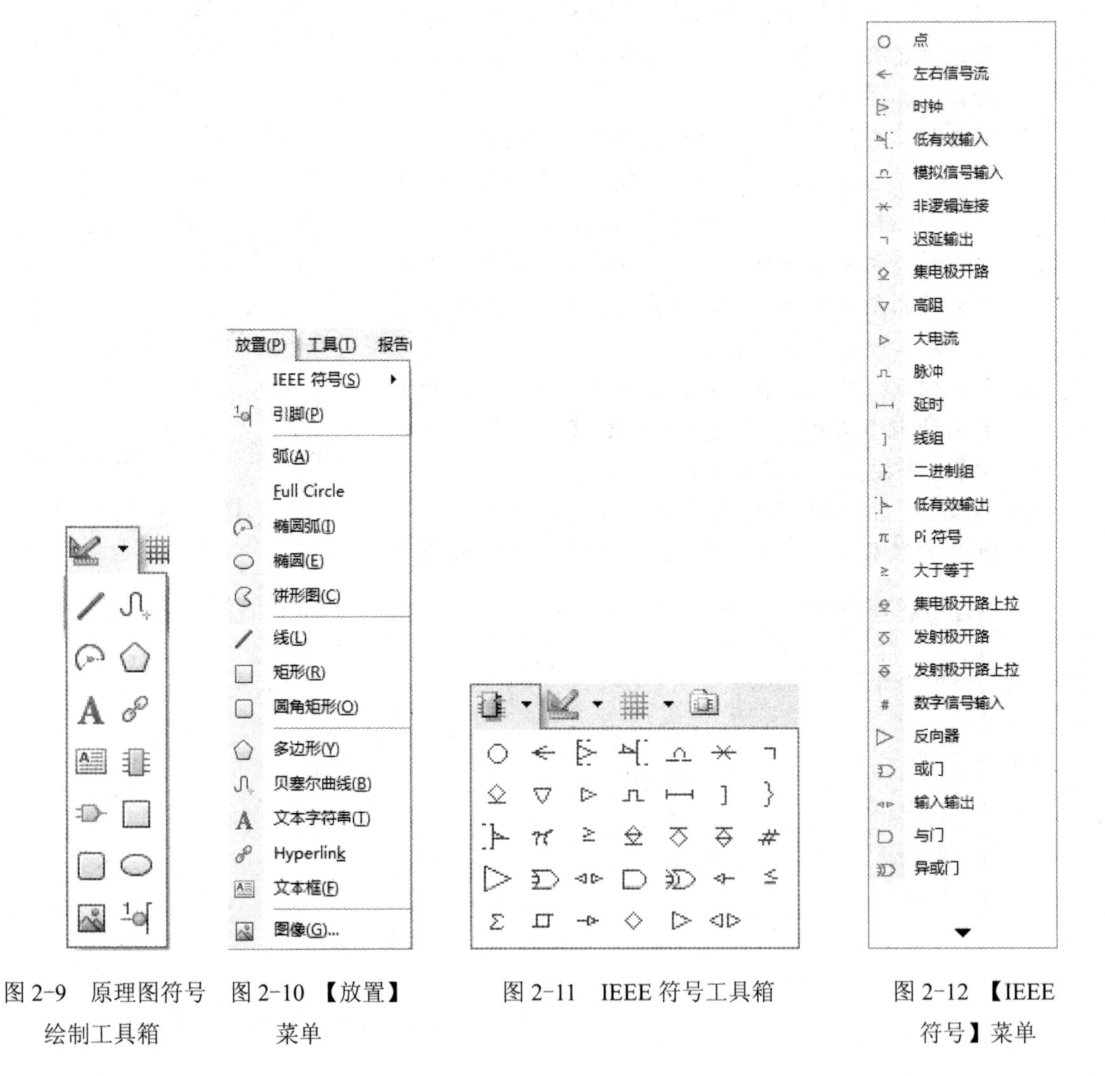

图 2-9 原理图符号绘制工具箱　图 2-10 【放置】菜单　图 2-11 IEEE 符号工具箱　图 2-12 【IEEE 符号】菜单

IEEE 符号工具箱主要用于放置信号方向符号、阻抗状态符号和数字电路基本符号等。

（3）模式工具栏

☺ 模式：单击该图标可以为当前编辑的元器件选择一种显示模式。在没有添加任何显示模式时，系统只有一种默认显示模式“Normal”。

☺ + －：单击图标"+"号，可以为当前元器件添加一种显示模式；单击图标"-"号，可以删除当前元器件的显示模式。

☺ ← →：单击该图标中向左的箭头，可以切换到前一种显示模式；单击该图标中向右的箭头，可以切换到后一种显示模式。

2.1.2 绘制元器件

当在所有库中找不到要用的元器件时，用户就要自行制作元器件了。例如，要用到"AT89S52"芯片，查找"AT89S52"芯片的结果如图2-13所示，在Altium Designer所提供的库中无法找到该元器件。

这就必须制作该元器件。制作元器件一般有两种方法，即新建法和复制法。下面就以制作"AT89S52"芯片为例，介绍这两种方法。

1. 新建法制作元器件

执行菜单命令【文件】→【新建】→【库】→【原理图库】，打开原理图库文件编辑环境，并将新创建的原理图库文件命名为"New.SchLib"。执行菜单命令【工具】→【文档选项】，打开【Schematic Library Options】对话框，如图2-14所示。

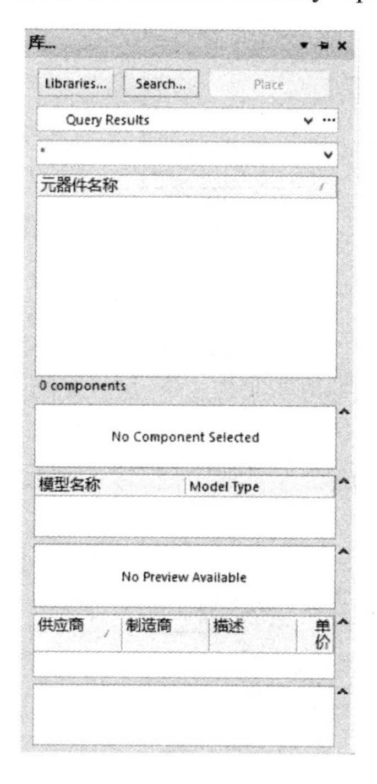

图2-13 查找"AT89S52"芯片的结果

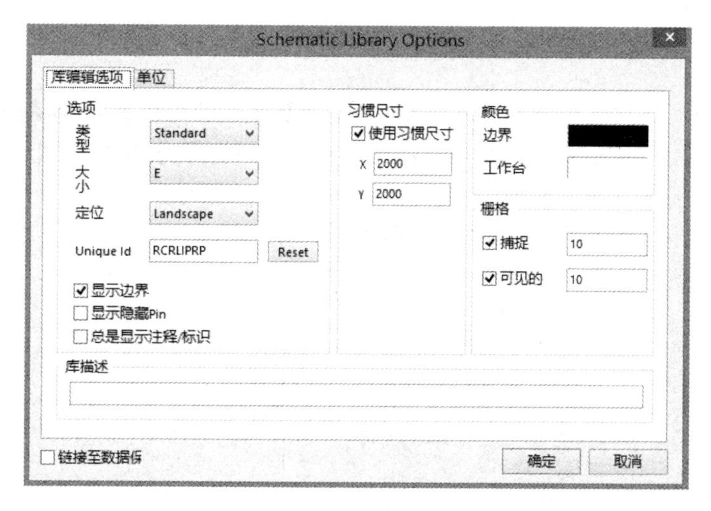

图2-14 【Schematic Library Options】对话框

☺ 选项：在该区域中，"显示掩藏 Pin"复选框用于设置是否显示库元器件的隐藏引脚。当该复选框处于选中状态时，元器件的隐藏引脚将被显示出来。

☺ 习惯尺寸：用于设置图纸的自定义大小。选中"使用习惯尺寸"复选框，可以在X、Y栏中输入自定义图纸的高度和宽度。

☺ 库描述：用于输入对原理图库文件的说明。用户根据自己创建的库文件的特性，在该栏中输入必要的说明，以便为查找元器件提供相应的帮助。

在完成对【Schematic Library Options】对话框的设置后，就可以开始绘制需要的元器件了。

“AT89S52”芯片采用 40 引脚的封装，绘制其原理图符号时，应首先绘制一个矩形，并且该矩形应该长一些，以便放置引脚。在放置所有引脚后，可以调整矩形的尺寸，美化图形。

单击原理图符号绘制工具箱中的放置矩形按钮，光标变为十字形，并在其旁边附有一个矩形框，调整光标位置，将矩形的左上角与原点对齐并单击，如图 2-15 所示。

拖曳光标到合适位置并再次单击，这样就在编辑窗口的第 4 象限内，绘制了一个矩形，如图 2-16 所示。

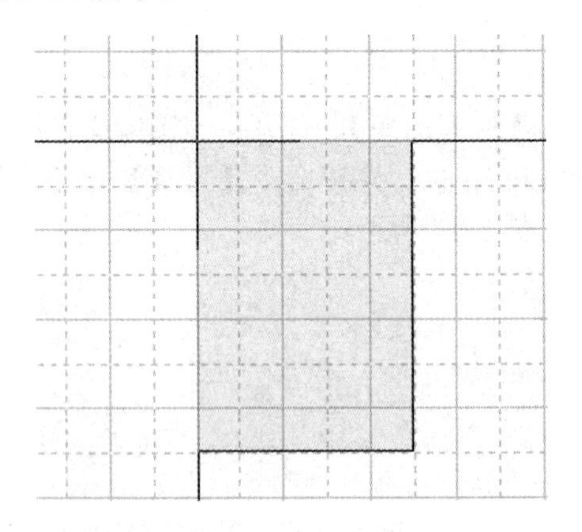

图 2-15　矩形的左上角与原点对齐

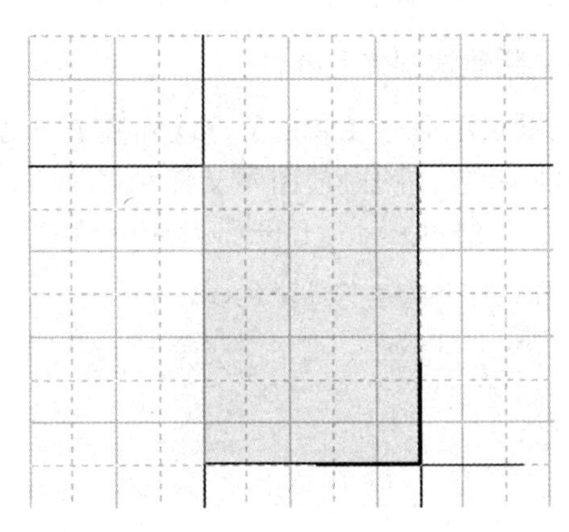

图 2-16　绘制了一个矩形

绘制完成后，右击或按【Esc】键，即可退出绘制状态。

单击原理图符号绘制工具箱中的【放置引脚】按钮，则光标变为十字形，并附有一个引脚符号，如图 2-17 所示。

移动光标，将该引脚移动到矩形边框处并单击，则完成一个引脚的放置，如图 2-18 所示。

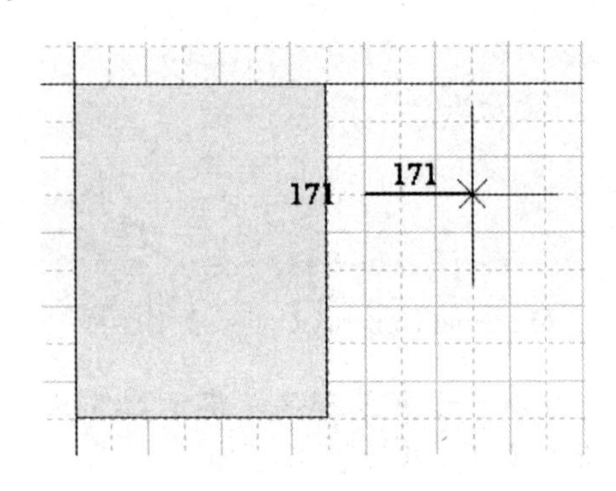

图 2-17　附有一个引脚符号

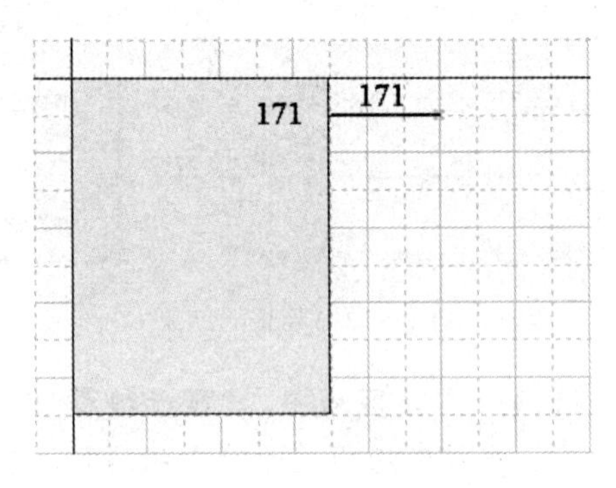

图 2-18　完成一个引脚的放置

重复上述过程，放置所有引脚，如图 2-19 所示，右击或按【Esc】键，退出绘制状态。

【注意】 在放置引脚时，应确保具有电气特性的一端（即带有“×”号的一端）朝外，按【空格】键还可以旋转引脚方向。

双击放置好的引脚，则系统会弹出【引脚属性】对话框，如图 2-20 所示，在该对话框中可以设置引脚的属性。

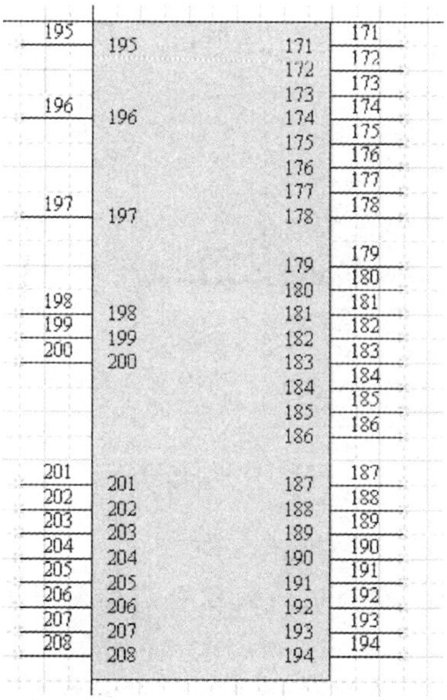

图 2-19　放置所有引脚

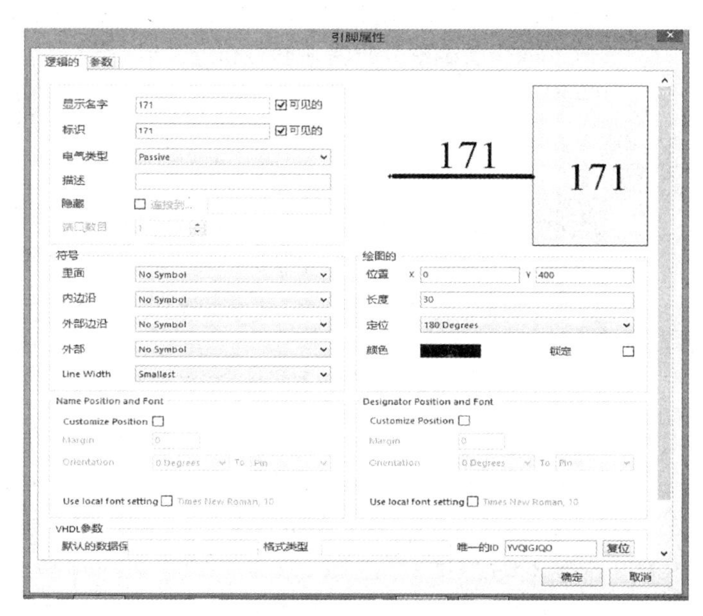

图 2-20　【引脚属性】对话框

☺ 显示名字：引脚名称。

☺ 标识：引脚编号（应与实际的引脚编号相对应）。

【注意】 在显示名字栏和标识栏后各有一个“可见的”复选框，选中该复选框后，所设置的内容将会在原理图中显示出来。

☺ 绘图的：该区域用于设置引脚的位置、长度、颜色，以及是否锁定该引脚。选中“锁定”复选框后，该引脚会被锁定。在编辑窗口中，若要移动该引脚，则会弹出系统提示窗口（如图 2-21 所示），单击【Yes】按钮，即可在编辑窗口中移动该引脚。

【注意】 上述 3 个属性是必须设置的。

☺ 电气类型：用于设置库元器件引脚的电气特性。单击其右侧下拉按钮，可以进行选择设置。电气类型包括 Input（输入引脚）、Output（输出引脚）、Power（电源引脚）、Emitter（三极管发射极）、Open Collector（集电极开路）、Hiz（高阻）、I/O（数据输入和输出）和 Passive（不设置电气特性）。通常选择“Passive”。

☺ 描述：引脚的特性信息。

☺ 隐藏：用于设置是否隐藏该引脚。若选中该选项，则表示隐藏该引脚，即该引脚在原理图中不会显示出来。同时，其右侧的连接到栏被激活，在其中应输入与该引脚连接的网络名称。

☺ 符号：该区域中有 5 项，分别是里面、内边沿、外部边沿、外部和 Line Width。常用的符号设置包括 Clock、Dot、Active Low Input、Active Low Output、Right Left Signal Flow、Left Right Signal Flow 和 Bidirectional Signal Flow。

✧ Clock：表示该引脚输入时钟信号。时钟信号引脚符号如图 2-22 所示。

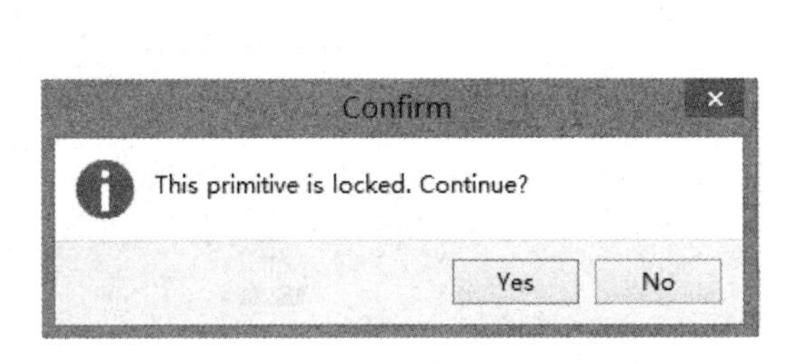

图 2-21　系统提示窗口

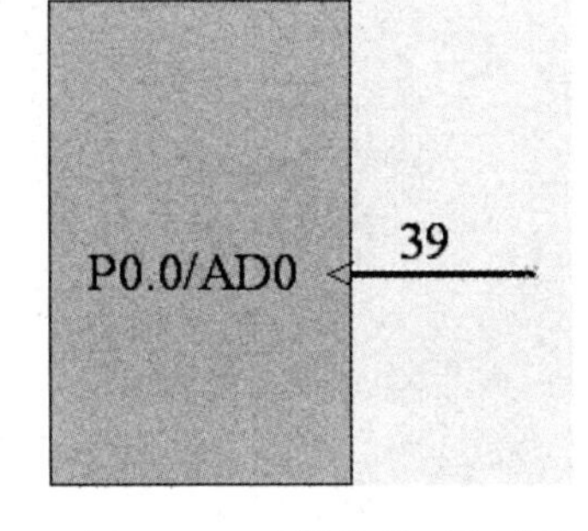

图 2-22　时钟信号引脚符号

✧ Dot：表示该引脚输入信号取反。取反引脚符号如图 2-23 所示。

✧ Active Low Input：表示该引脚输入有源低信号。有源低输入信号引脚符号如图 2-24 所示。

✧ Active Low Output：表示该引脚输出有源低信号。有源低输出信号引脚符号如图 2-25 所示。

✧ Right Left Signal Flow：表示该引脚的信号流向是从右到左的。信号流向从右到左的引脚符号如图 2-26 所示。

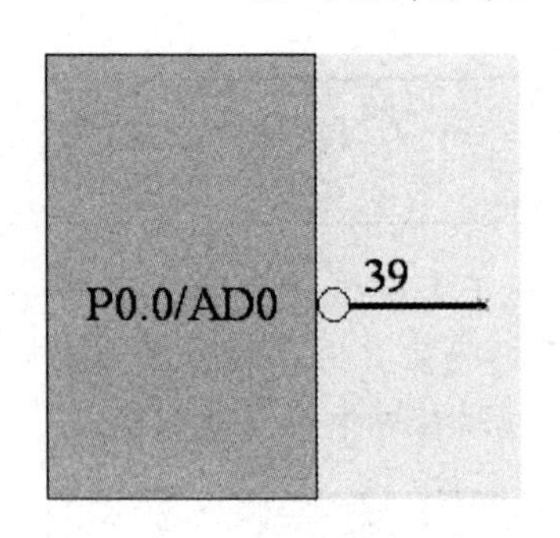

图 2-23　取反引脚符号

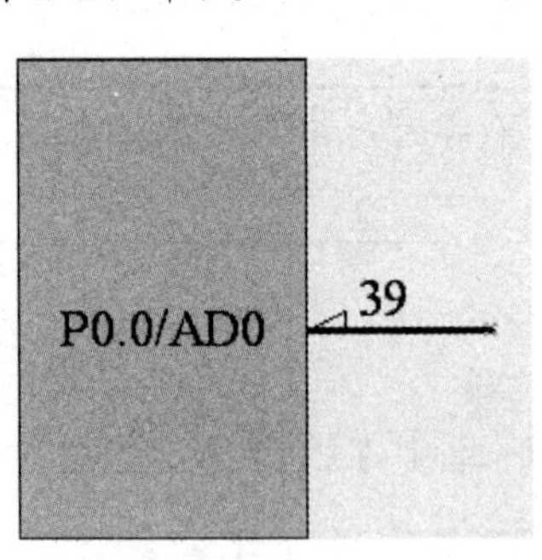

图 2-24　有源低输入信号引脚符号

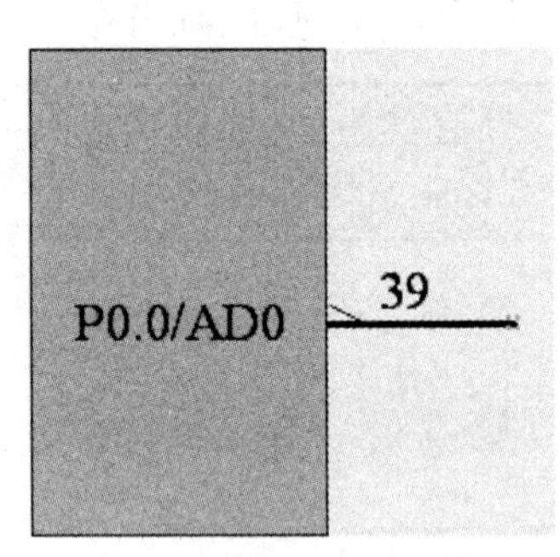

图 2-25　有源低输出信号引脚符号

✧ Left Right Signal Flow：表示该引脚的信号流向是从左到右的。信号流向从左到右的引脚符号如图 2-27 所示。

✧ Bidirectional Signal Flow：表示该引脚的信号流向是双向的。信号流向为双向的引脚符号如图 2-28 所示。

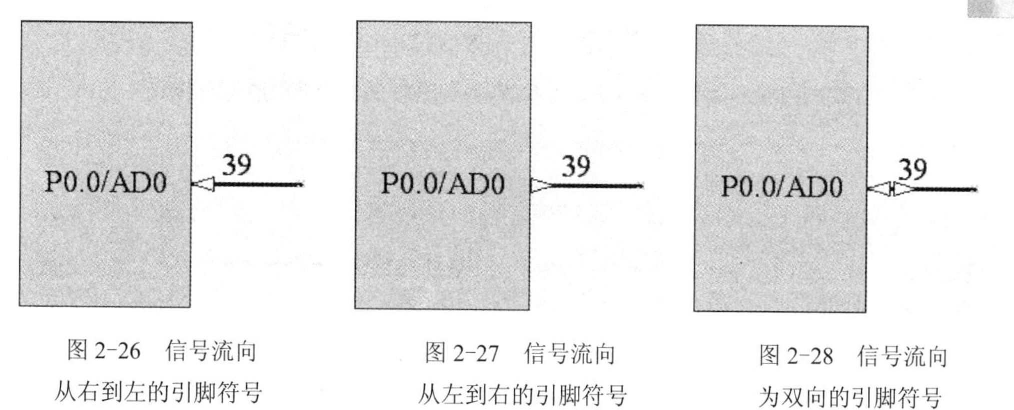

图 2-26 信号流向从右到左的引脚符号

图 2-27 信号流向从左到右的引脚符号

图 2-28 信号流向为双向的引脚符号

【注意】 设置引脚名称时，若引线名上带有横线（如 $\overline{\text{RESET}}$），则设置时应在每个字母后面加反斜杠，表示形式为“R\E\S\E\T\”。设置带有取反符号的引脚如图 2-29 所示。

图 2-29 设置带有取反符号的引脚

完成设置的【引脚属性】对话框如图 2-30 所示。

单击【确定】按钮，关闭【引脚属性】对话框。

参照上述方法，对其他引脚进行设置。完成“AT89S52”芯片所有 38 个引脚（未表示出电源引脚）的设置，绘制完成的库元器件（AT89S52）如图 2-31 所示。

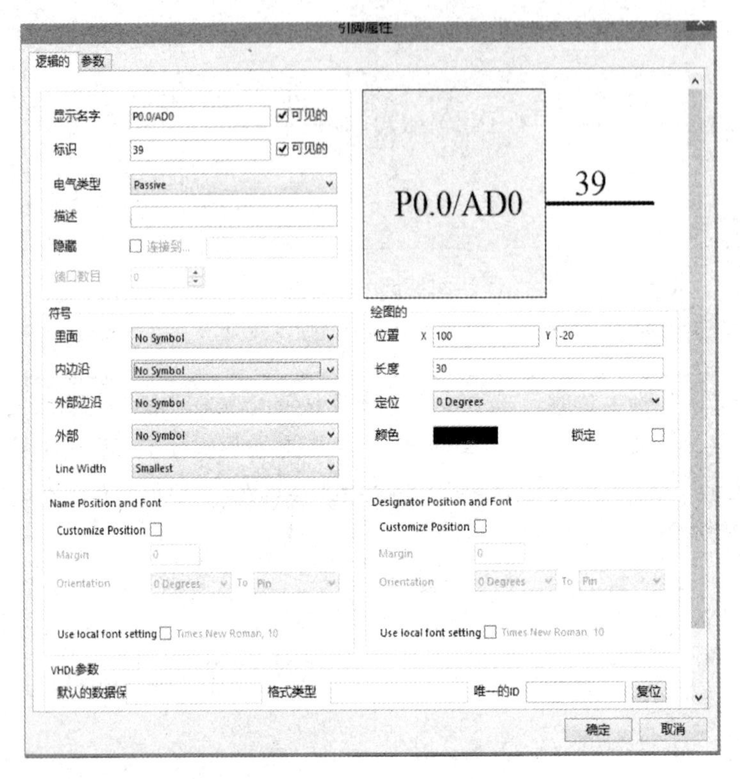

图 2-30　完成设置的【引脚属性】对话框

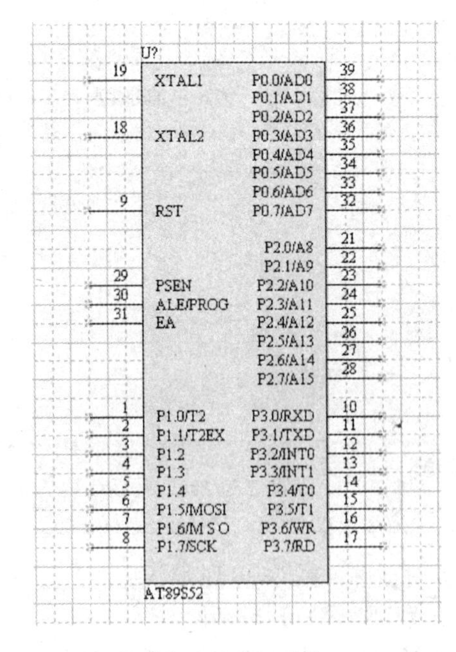

图 2-31　绘制完成的库元器件（AT89S52）

右击已完成的原理图符号，从弹出的菜单中选择【工具】→【元器件属性】，打开【Library Component Properties】对话框，如图 2-32 所示。

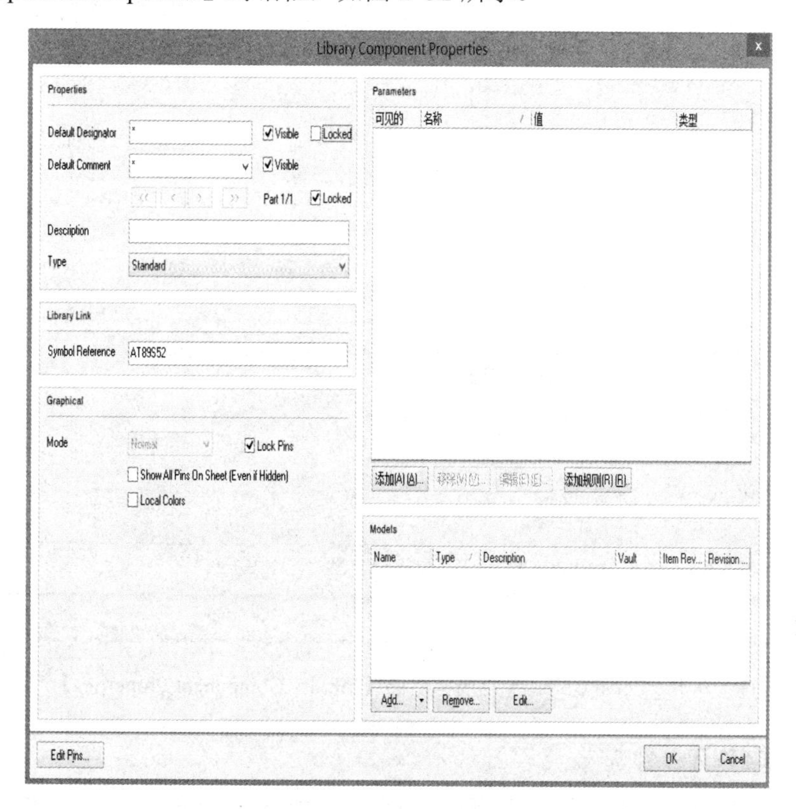

图 2-32 【Library Component Properties】对话框

☺ Default Designator：库元器件的标识。在绘制原理图时，放置该元器件，并选中其后面的“Visible”复选框，该栏中的内容就会显示在原理图上。

☺ Default Comment：库元器件型号的说明。如果在这里输入“AT89S52”，并选中后面的“Visible”复选框，则放置该元器件时，“AT89S52”就会显示在原理图中。

☺ Description：描述库元器件的性能及用途。

☺ Symbol Reference：对已创建好的库元器件进行重新命名。

☺ Lock Pins：选中该复选框后，库元器件所包含的所有引脚将和库元器件构成一个整体，这样在绘制的原理图中将不能单独移动其引脚。

☺ Show All Pins On Sheet：选中该复选框后，在电路原理图上将显示该元器件的所有引脚。

☺ Local Colors：选中该复选框后，其右侧就会给出 3 个颜色设置的按钮，分别用于设置元器件填充色、元器件边框色和元器件引脚色。选中“Local Colors”复选框后的【Library Component Properties】对话框如图 2-33 所示。

设置好库元器件的颜色后，也就完成了元器件“AT89S52”的原理图符号的绘制。在绘制电路原理图时，将该元器件所在的库文件加载，就可以方便地取用该元器件了。

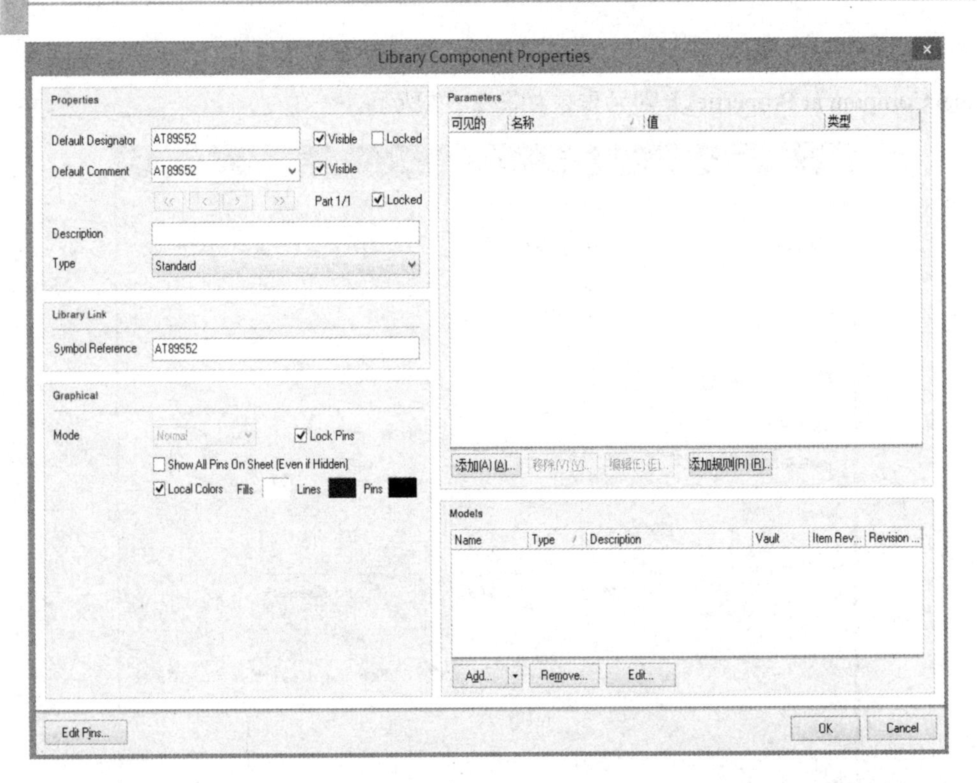

图 2-33 选中“Local Colors”复选框后的【Library Component Properties】对话框

2. 复制法制作元器件

为了体现出复制法的优越性，下面就以一个简单元器件（DS18B20）的例子来介绍复制法制作元器件的操作过程。

DS18B20 是一个温度测量元器件，它可以将模拟温度量直接转换成数字信号量输出，与其他设备连接简单，广泛应用于工业测温系统。DS18B20 的外观如图 2-34 所示。

DS18B20 采用 TO-29 封装形式。其中，引脚 1 接地，引脚 2 为数据输入/输出端口，引脚 3 为电源引脚。

经观察，DS18B20 的外观与 Miscellaneous Connectors.IntLib 中的 Header 3 的外观相似。Header 3 的外观如图 2-35 所示。

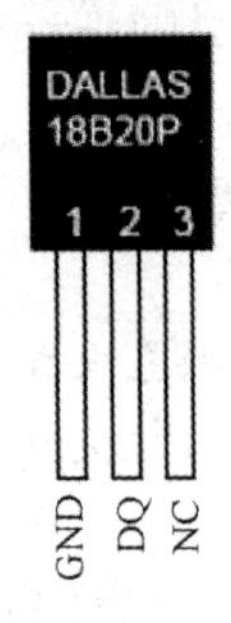

图 2-34 DS18B20 的外观

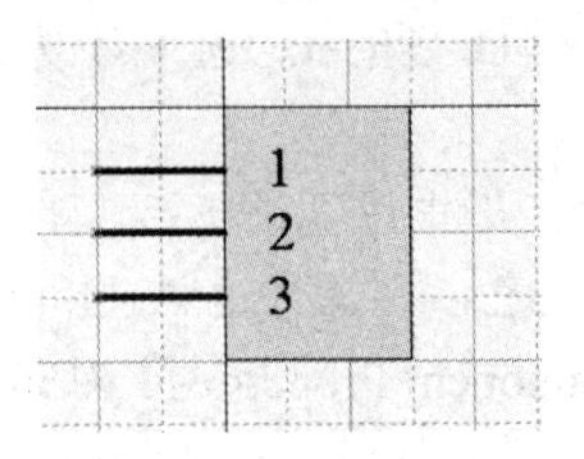

图 2-35 Header 3 的外观

打开原理图库文件 New. SchLib。执行菜单命令【文件】→【打开】，在弹出的【Choose Document to Open】对话框（如图 2-36 所示）中找到库文件 Miscellaneous Connectors.IntLib。

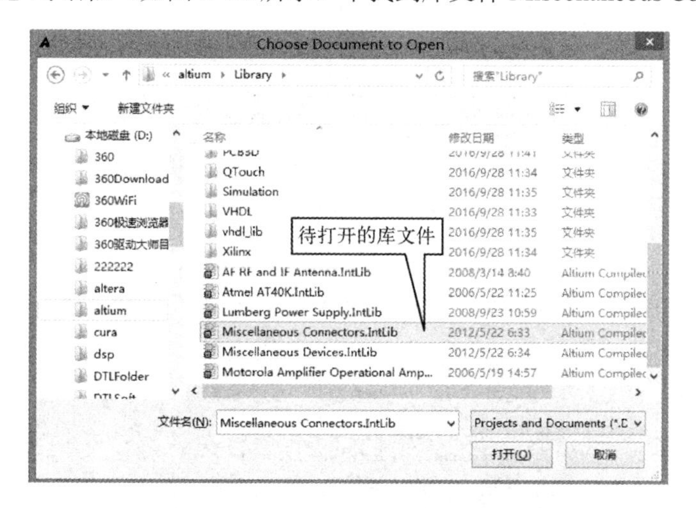

图 2-36 【Choose Document to Open】对话框

单击【打开】按钮，弹出【摘录源文件或安装文件】对话框，如图 2-37 所示。

单击【摘取源文件】按钮，在【Projects】面板（如图 2-38 所示）上将会显示出该库所对应的原理图库文件 Miscellaneous Connectors.LibPkg。双击【Projects】面板上的原理图库文件 Miscellaneous Connectors.LibPkg，或者右击，在弹出的菜单中选择“工程文件”，则该库文件被打开。

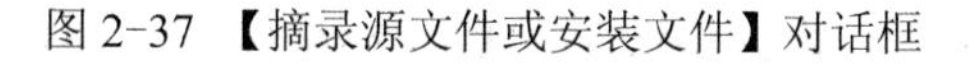
图 2-37 【摘录源文件或安装文件】对话框

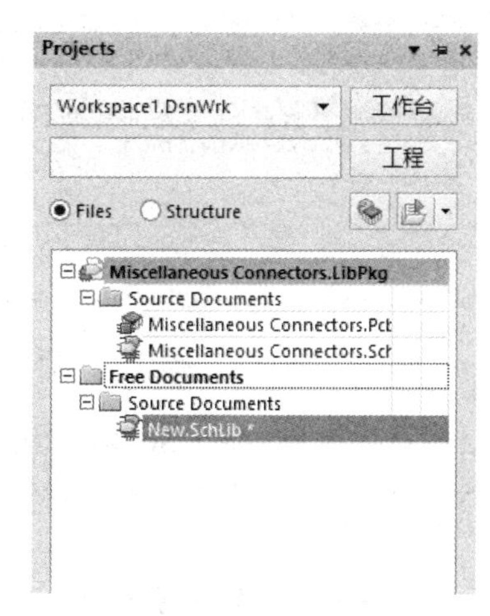

图 2-38 【Projects】面板

在【SCH Library】面板（如图 2-39 所示）的“元器件”栏中显示了库文件 Miscellaneous Connectors. IntLib 中的所有库元器件。

选中库元器件 Header3，执行菜单命令【工具】→【复制元器件】，则系统弹出【Destination Library】对话框，如图 2-40 所示。

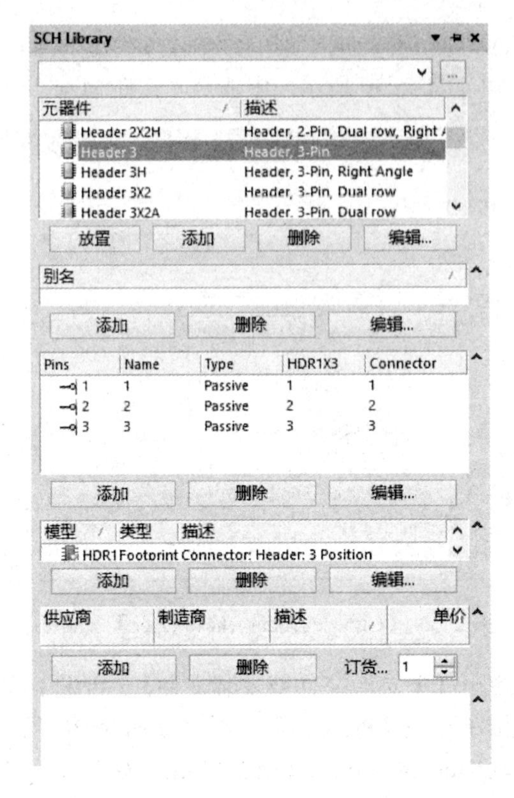

图 2-39 【SCH Library】面板

Destination Library

Document Name | Document Path

Schematic Library Documents

Miscellaneous Connectors.SchLib D:\altium\Library\Miscellaneous Connectors\

New.SchLib E:\dxp\book\

OK Cancel

图 2-40 【Destination Library】对话框

选择原理图库文件 New.SchLib，单击【OK】按钮，关闭该对话框。打开原理图库文件 New.SchLib，可以看到，库元器件 Header 3 已复制到原理图库文件中，如图 2-41 所示。

执行菜单命令【工具】→【重新命名元器件】，弹出【Rename Component】对话框，如图 2-42 所示。在文本编辑栏中输入元器件的新名称。更改名称后，再将原有元器件的描述信息删除。通过【SCH Library】面板可以看到修改名称后的库元器件，如图 2-43 所示。

单击元器件绘制窗口的矩形框，则在矩形框的四周出现拖动框，如图 2-44 所示。更改矩形框尺寸，如图 2-45 所示。

接着调整引脚的位置。将光标放置到引脚上，拖动鼠标，在期望放置引脚的位置释放鼠标，即可改变引脚的位置，如图 2-46 所示。

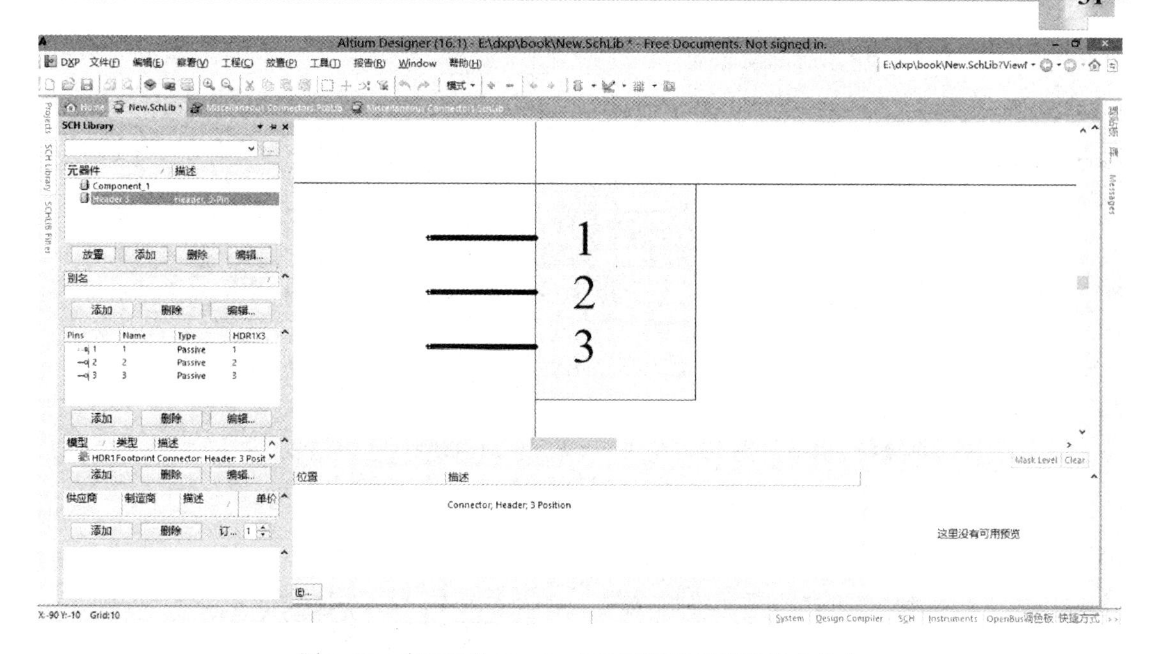

图 2-41　库元器件 Header 3 已复制到原理图库文件中

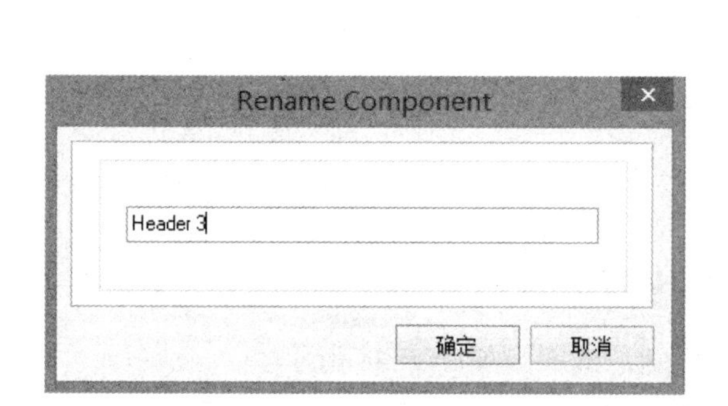

图 2-42　【Rename Component】对话框

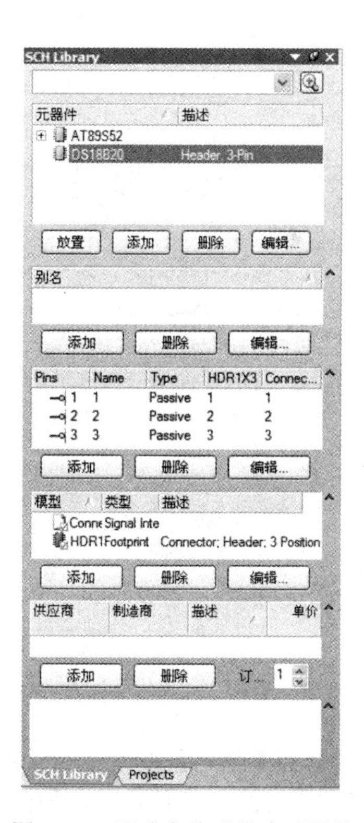

图 2-43　更改名称后的库元器件

双击引脚 1，弹出【引脚属性】对话框，如图 2-47 所示，设置显示名字为“GND”，设置标识为“1”，设置电气类型为“Power”，设置显示名字、标识均为“可见的”，设置长度为“30”，其他选项采用系统默认设置。

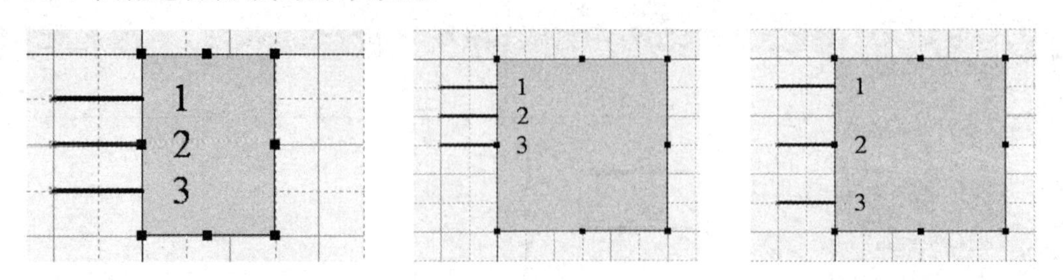

图 2-44　在矩形框的四周出现拖动框　　图 2-45　更改矩形框尺寸　　图 2-46　改变引脚的位置

图 2-47 【引脚属性】对话框

最后单击【确定】按钮完成设置。编辑后的引脚如图 2-48 所示。

按照上述方法，编辑其他引脚，如图 2-49 所示。

单击图标，保存绘制好的原理图符号。

3. 新建 LED 元器件

下面介绍双色 LED 点阵元器件创建实例。在 Altium Designer 中绘制电路原理图时，用户会发现在元器件库中找不到双色 LED 点阵元器件，因此要手动制作该元器件。在制作该元器件前，用户要创建原理图库，如图 2-50 所示。

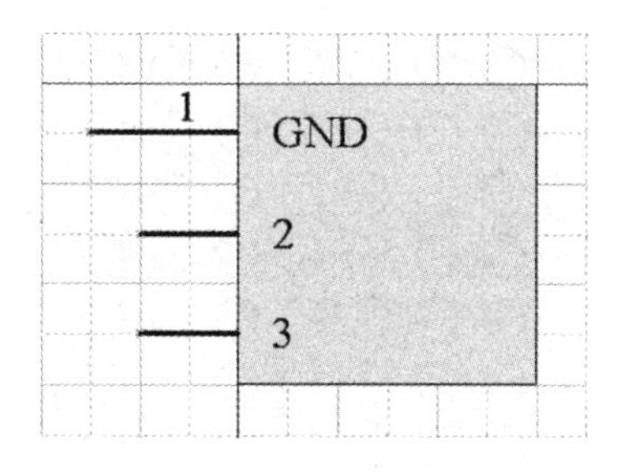

图 2-48　编辑后的引脚

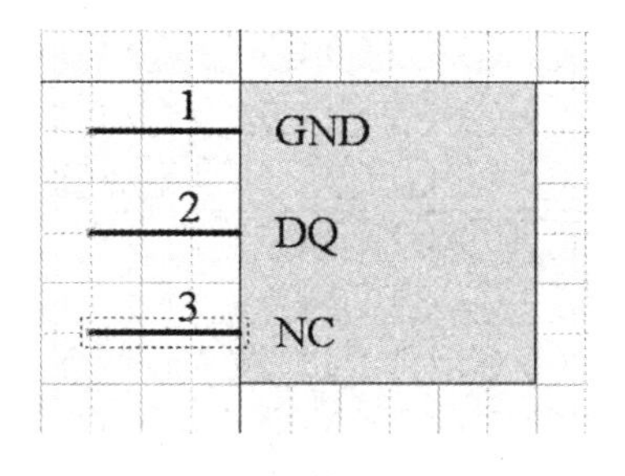

图 2-49　编辑其他引脚

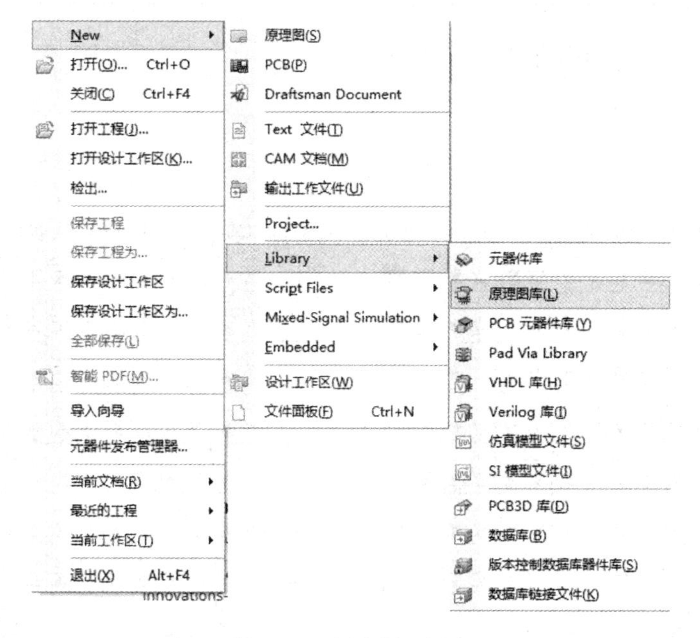

图 2-50　创建原理图库

双色 LED 点阵元器件如图 2-51 所示。

（a）实物

图 2-51　双色 LED 点阵元器件

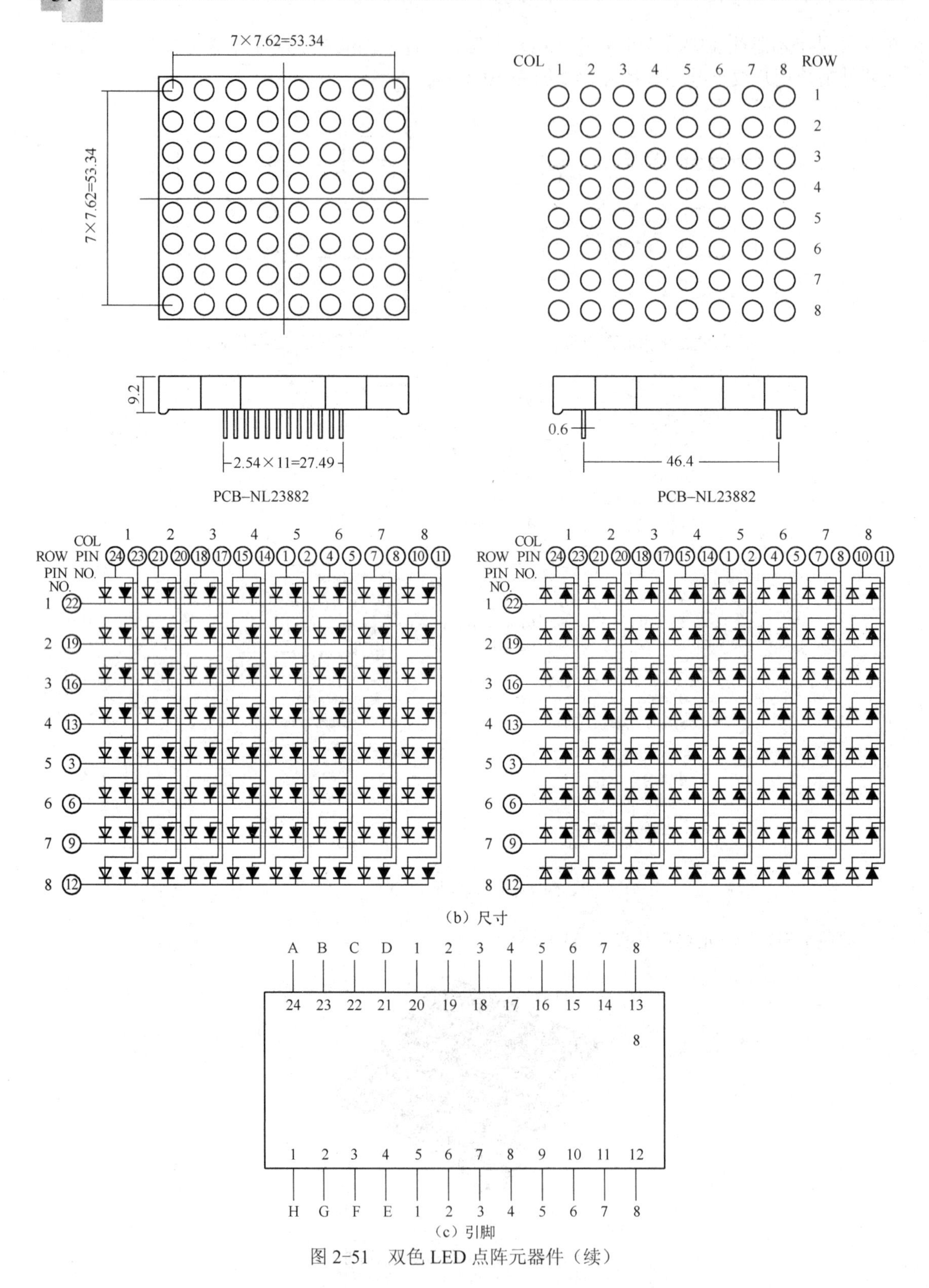

（b）尺寸

（c）引脚

图 2-51　双色 LED 点阵元器件（续）

在原理图编辑窗口，绘制双色 LED 点阵元器件，如图 2-52 所示。

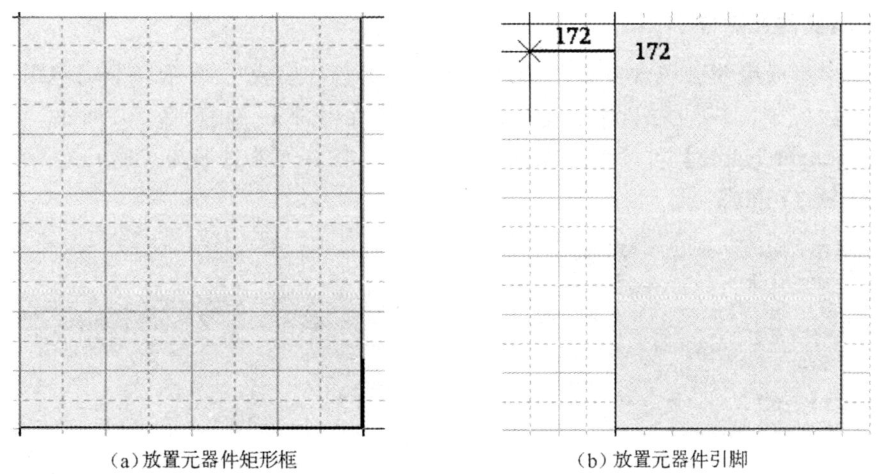

(a) 放置元器件矩形框　　(b) 放置元器件引脚

逻辑的　参数
显示名字　H　☑可见的
标识　1　☑可见的
电气类型　Passive
描述
隐藏　☐ 连接到...
端口数目　1
符号
里面　No Symbol
内边沿　No Symbol
外部边沿　No Symbol
外部　No Symbol
Line Width　Smallest
绘图的
位置　X -10　Y 20
长度　30
定位　180 Degrees
颜色　锁定 ☐
1
H
Name Position and Font
Customize Position ☐
Margin 0
Orientation 0 Degrees To Pin
Use local font setting ☐ Times New Roman, 10
Designator Position and Font
Customize Position ☐
Margin 0
Orientation 0 Degrees To Pin
Use local font setting ☐ Times New Roman, 10
VHDL参数
默认的数据保 　格式类型　唯一的ID CRFVRQKB　复位
确定　取消

(c) 编辑元器件引脚

1	H	A	24
2	G	B	23
3	F	C	22
4	E	D	21
5	1	1	20
6	2	2	19
7	3	3	18
8	4	4	17
9	5	5	16
10	10	6	15
11	11	7	14
12	12	8	13

(d) 编辑好引脚的元器件

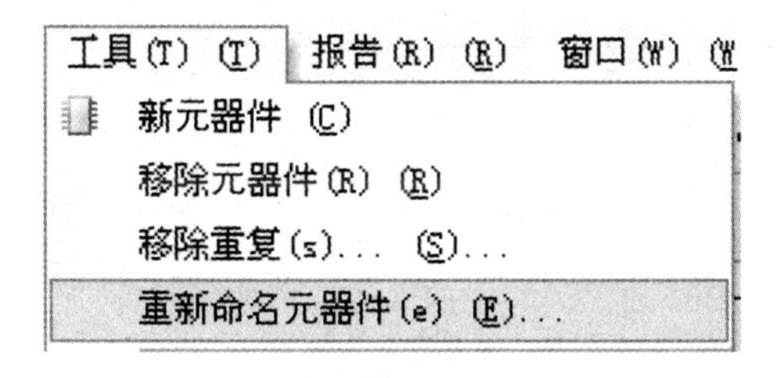

Rename Component
LED
确定　取消

(e) 元器件重命名

图 2-52　绘制双色 LED 点阵元器件

这样就完成了双色 LED 点阵元器件的绘制。

4．创建复合元器件

有时一个集成电路会包含多个门电路，如 7400 芯片集成了 4 个与非门电路。在原理图库文件编辑环境中，执行菜单命令【工具】→【新元器件】，如图 2-53 所示。系统会弹出【New Component Name】对话框，如图 2-54 所示，默认元器件名为“Component_2”，重新输入元器件名“7400”。

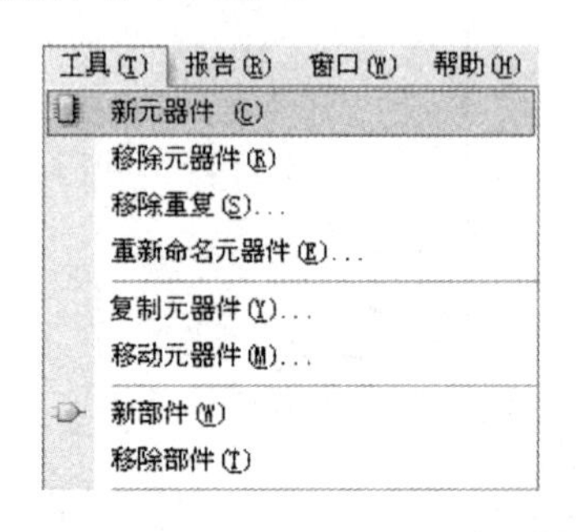

图 2-53　执行菜单命令【工具】→【新元器件】

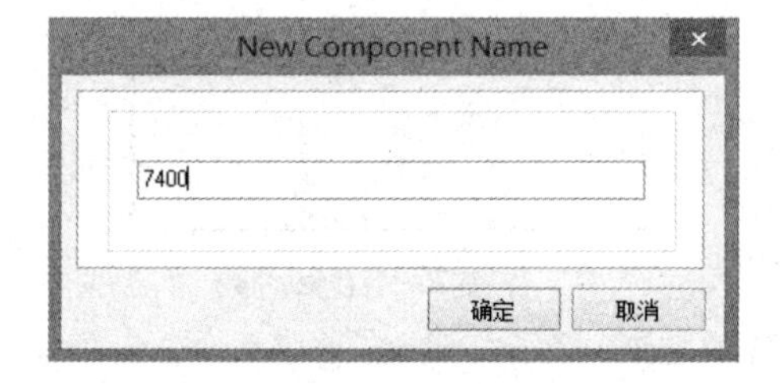

图 2-54　【New Component Name】对话框

单击【确定】按钮，在原理图库文件中就添加了该元器件。新加元器件 7400 如图 2-55 所示。

在 IEEE 符号工具箱中，选中一个与门符号，将其放置到原理图库文件的编辑环境中，放置与门符号如图 2-56 所示。

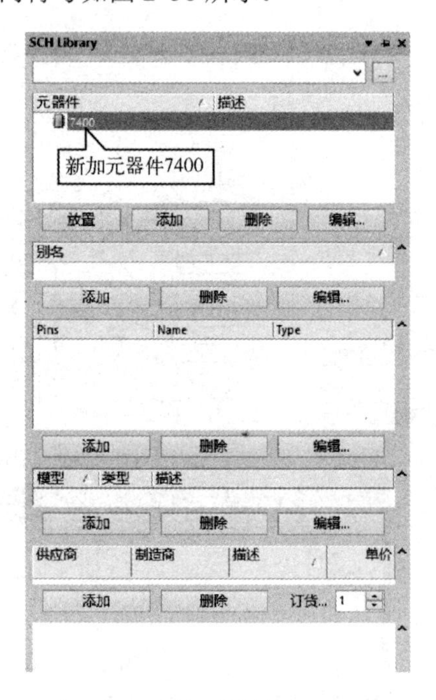

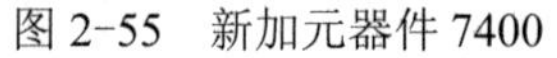

图 2-55　新加元器件 7400

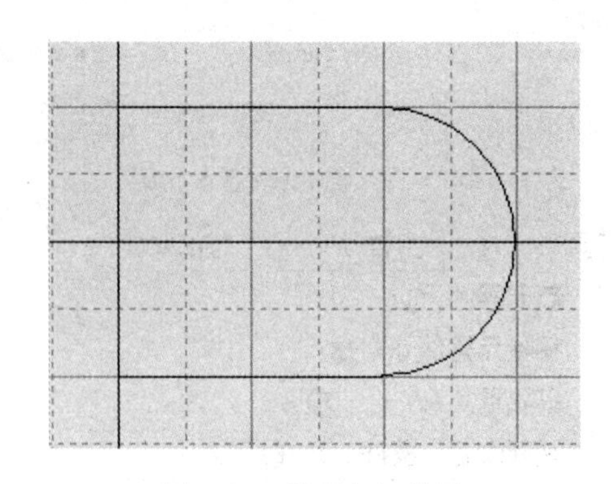

图 2-56　放置与门符号

双击该与门符号，弹出【IEEE 符号】对话框，如图 2-57 所示。

图2-57 【IEEE 符号】对话框

对该与门符号的设置进行修改，改变线宽为“Small”，如图 2-58 所示。使用前述方法，为元器件添加 5 个引脚，如图 2-59 所示。

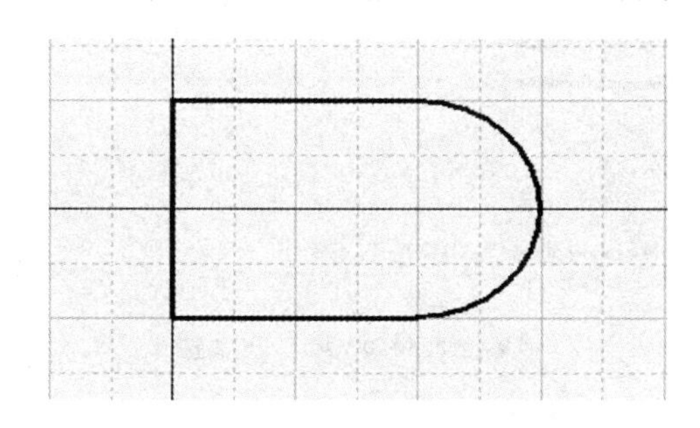

图2-58 改变线宽为“Small”

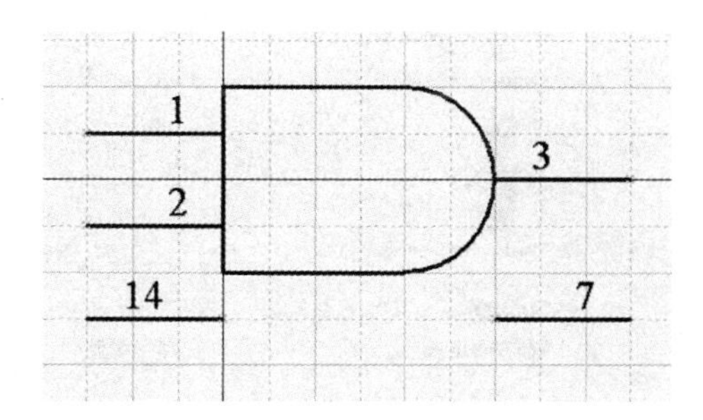

图2-59 为元器件添加 5 个引脚

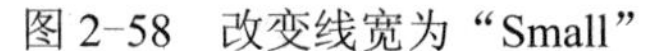

设置这些引脚名为“不可见”。引脚 1 和引脚 2 的电气类型为“Input”，引脚 3 的电气类型为“Output”，同时其符号类型为“Dot”。电源引脚（引脚 14）和接地引脚（引脚 7）都是隐藏的引脚（这两个引脚对所有的功能模块都是公用的，因此只要设置一次）。这里以引脚 7 为例，说明如何设置隐藏的引脚。

打开引脚 7 的【引脚属性】对话框，如图 2-60 所示，在显示名字栏中输入引脚名称“GND”；在电气类型下拉菜单中选择“Power”；选中“连接到”复选框，并在其后的文本编辑栏中输入“GND”。

引脚 14 的设置方法与此类似，只要将显示名字改成“VCC”，在连接到后的文本编辑栏中输入“VCC”即可。创建的与非门电路如图 2-61 所示。

为元器件创建新部件，执行菜单命令【编辑】→【选中】→【全部】，然后执行菜单命令【编辑】→【复制】，将所选定的内容复制到粘贴板中。执行菜单命令【工具】→【新部件】，如图 2-62 所示。原理图库文件编辑环境将切换到一个空白的元器件设计区，同时在【SCH Library】面板的元器件库中自动创建 Part A 和 Part B 两个部件。

在【SCH Library】面板（如图 2-63 所示）中，选中 Part B，执行菜单命令【编辑】→

【粘贴】，光标变成所复制的元器件轮廓，如图 2-64 所示。在新建部件 Part B 中重新设置引脚属性，设置完成的 Part B 如图 2-65 所示。

图 2-60　引脚 7 的【引脚属性】对话框

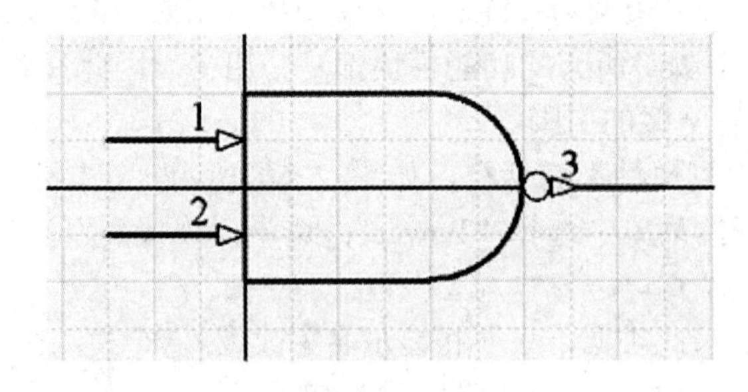

图 2-61　创建的与非门电路

按照上述步骤，分别创建 Part C 和 Part D，如图 2-66 所示。

在【SCH Library】面板中单击所创建的元器件 7400，单击【编辑】按钮，弹出【Library Component Properties】对话框，如图 2-67 所示，在 Default Designator 栏中输入“U?”。

图 2-62 执行菜单命令【工具】→【新部件】

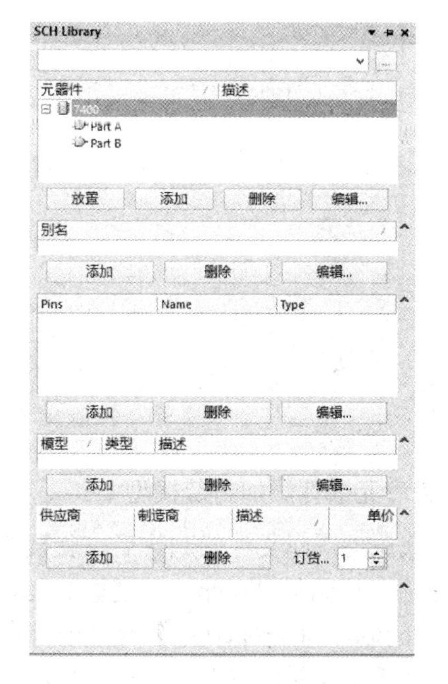

图 2-63 【SCH Library】面板

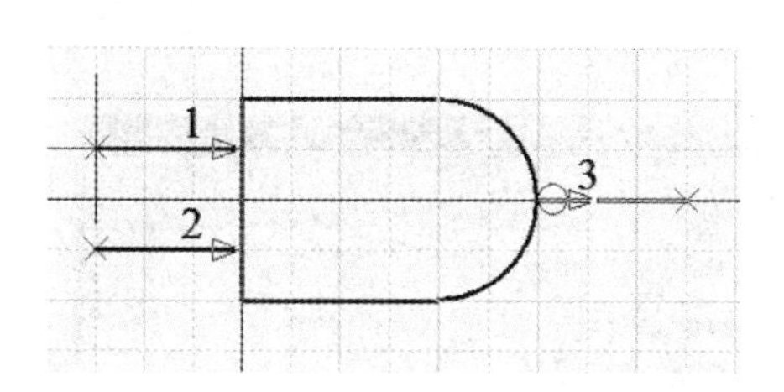

图 2-64 光标变成所复制的元器件轮廓

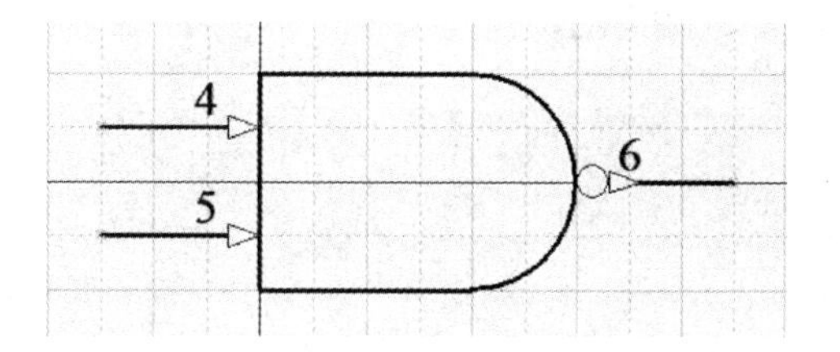

图 2-65 设置完成的 Part B

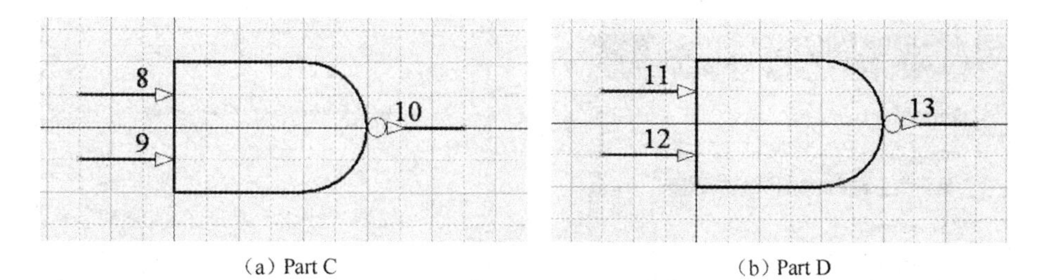

（a）Part C （b）Part D

图 2-66 创建 Part C 和 Part D

单击【OK】按钮，完成元器件的创建。

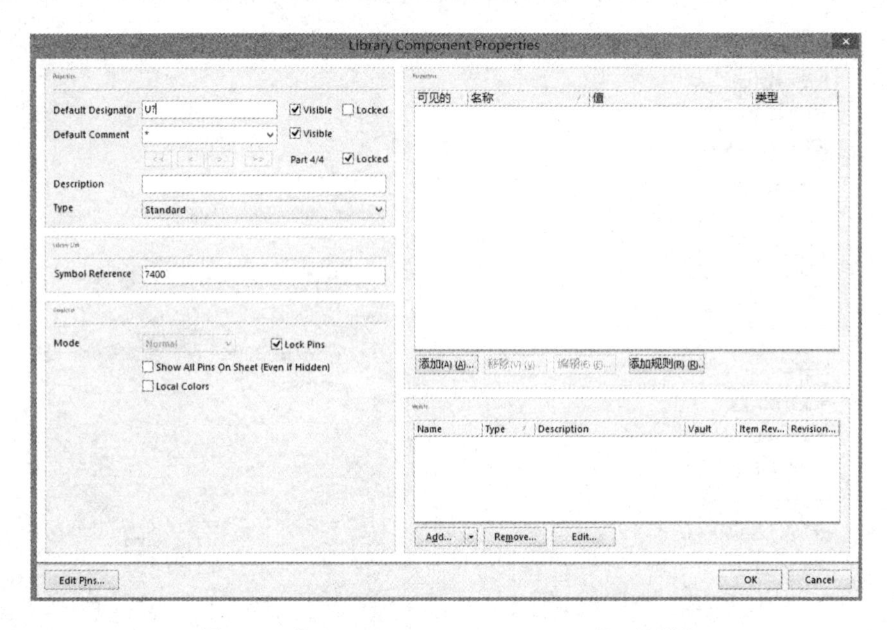

图 2-67 【Library Component Properties】对话框

5. 为库元器件添加封装模型

在完成原理图库文件的制作后，就要为所绘制的图形添加 Footprint（封装）模型。

首先选中待添加 Footprint 模型的元器件（这里以 7400 为例），双击该元器件，打开【Library Component Properties】对话框。在该对话框右下方的 Models 区域中，单击【Add】按钮，打开【添加新模型】对话框，如图 2-68 所示。

在模型种类下拉菜单中选择“Footprint”，单击【确定】按钮，打开【PCB 模型】对话框，如图 2-69 所示。

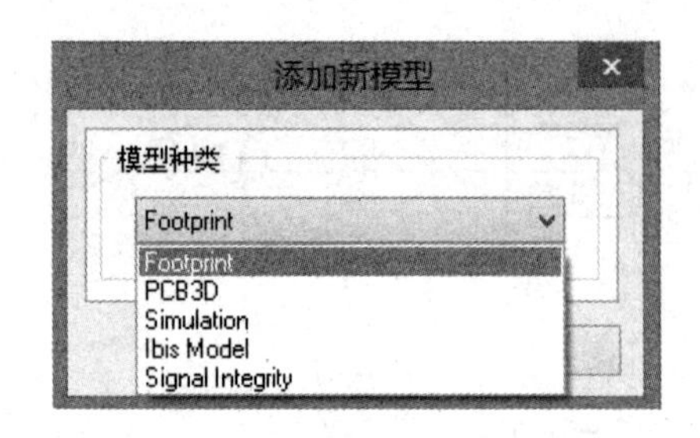

图 2-68 【添加新模型】对话框

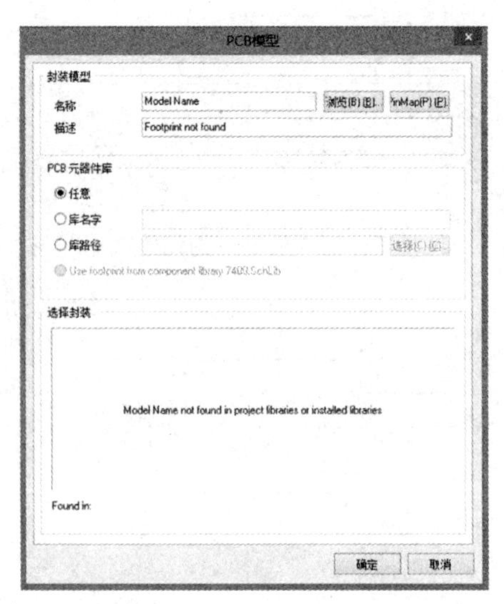

图 2-69 【PCB 模型】对话框

单击【浏览】按钮，打开【浏览库】对话框，如图 2-70 所示。在该对话框中可以查找现有模型。单击【发现】按钮，可以打开【搜索库】对话框，如图 2-71 所示。

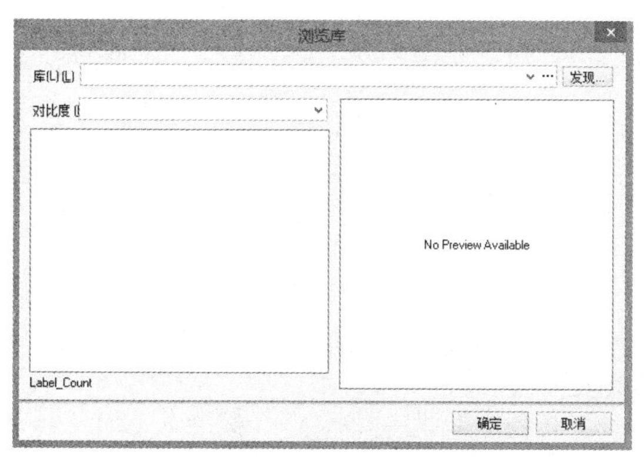

图 2-70　【浏览库】对话框

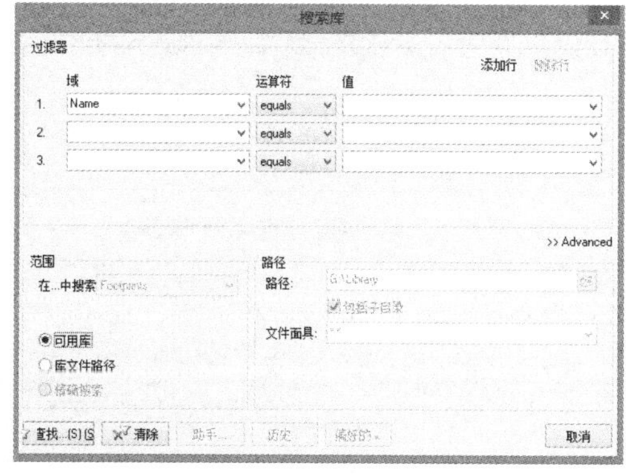

图 2-71　【搜索库】对话框

7400 是一个 14 引脚的元器件，在 1 的运算符下拉菜单中选择“contains”，在其值栏中输入“DIP-14”。选中“库文件路径”选项后，单击【查找】按钮，开始对封装进行搜索。搜索结果如图 2-72 所示。

选中“DIP-14”并单击【确认】按钮，返回【PCB 模型】对话框，添加的封装模型如图 2-73 所示。

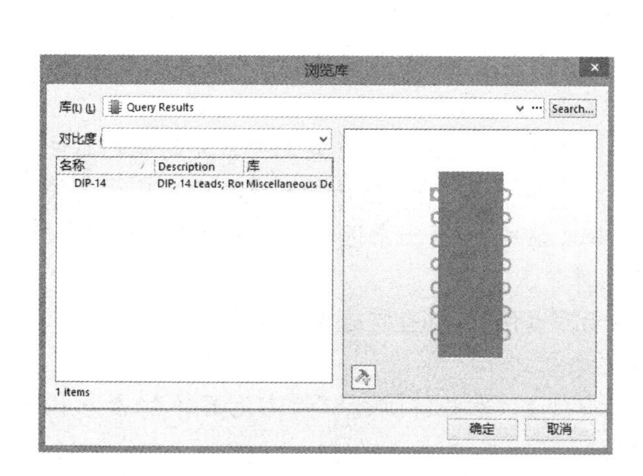

图 2-72　搜索结果

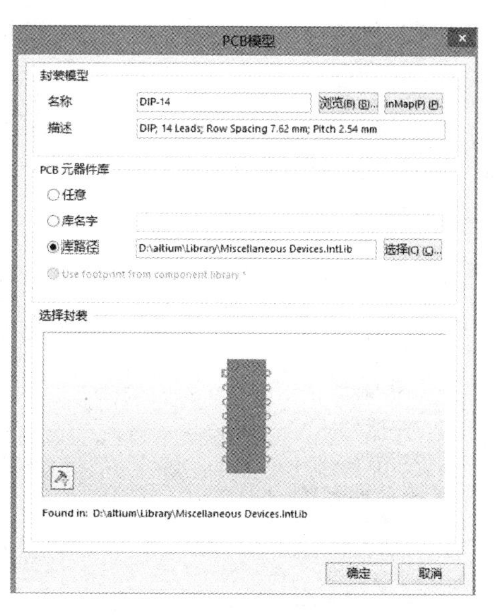

图 2-73　添加的封装模型

单击【确定】按钮，在【Library Component Properties】对话框的 Model 列表中，出现封装模型名称，如图 2-74 所示。

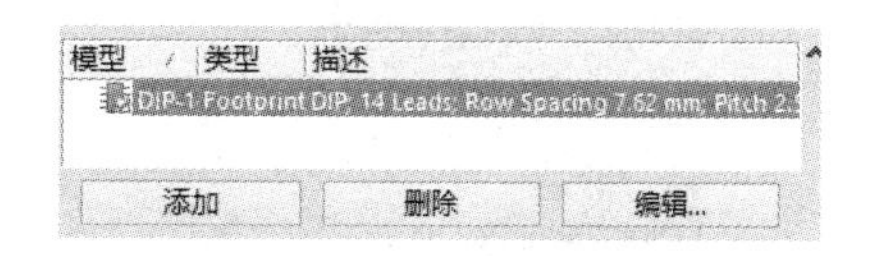

图 2-74　出现封装模型名称

单击【Library Component Properties】对话框中的

【OK】按钮，则完成添加封装模型的工作，如图 2-75 所示。

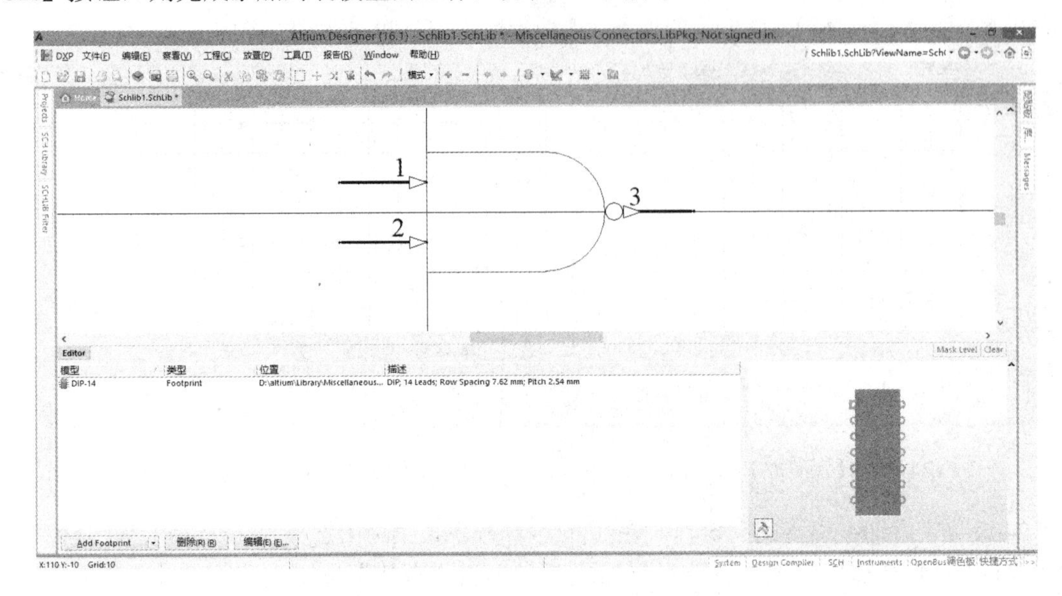

图 2-75　完成添加封装模型的工作

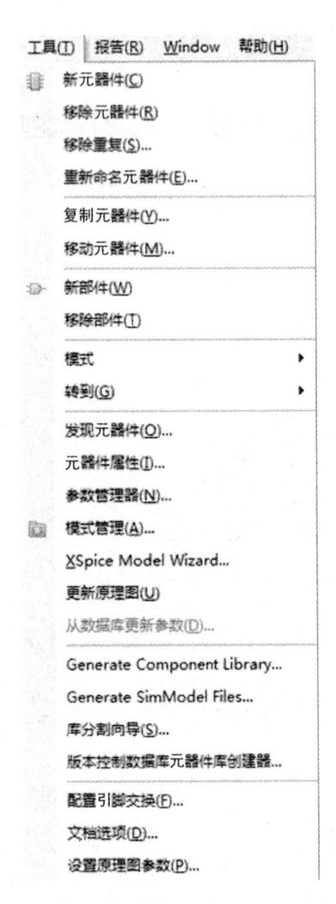

图 2-76　【工具】菜单

6. 元器件编辑命令

在原理图库文件编辑环境中，系统提供了一个对库元器件进行维护的【工具】菜单，如图 2-76 所示。

☺【新元器件】：在当前库文件中创建一个新的库元器件。

☺【移除元器件】：删除当前库文件中选中的所有库元器件。

☺【移除重复】：删除当前库文件中重复的库元器件。

☺【重新命名元器件】：重新命名所选中的库元器件。

☺【复制元器件】：将当前选中的库元器件复制到目标库文件中。

☺【移动元器件】：将当前选中的库元器件移动到目标库文件中。

☺【新部件】：为当前所选中的库元器件创建一个子部件。

☺【移除部件】：删除当前库元器件中选中的一个子部件。

☺【模式】：对库元器件的显示模式进行选择，包括【添加】、【移开】等，其功能与模式工具栏相同，【模式】菜单如图 2-77 所示。

☺【转到】：完成对库元器件及库元器件中的子部件的

快速切换定位，【移到】菜单如图 2-78 所示。

☺【发现元器件】：用于打开【搜索库】对话框，以便进行库元器件的查找，其功能与【库】面板的【Search】按钮相同。

☺【元器件属性】：用于打开【Library Component Properties】对话框，以便进行库元器件属性的编辑和修改。

☺【参数管理器】：对当前的原理图库文件及其库元器件的相关参数进行管理，可以追加或删除。执行该菜单命令后，系统会弹出【参数编辑选项】对话框，如图 2-79 所示。在该对话框中可以设置所要显示的参数，如元器件、引脚、模型和文件等。

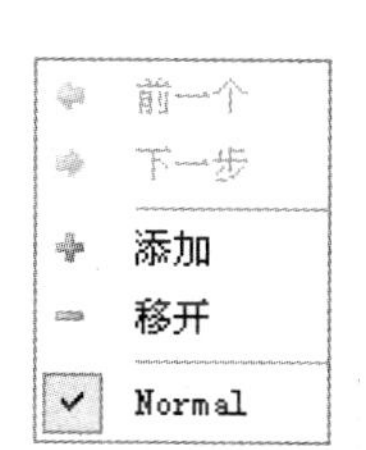

图 2-77 【模式】菜单

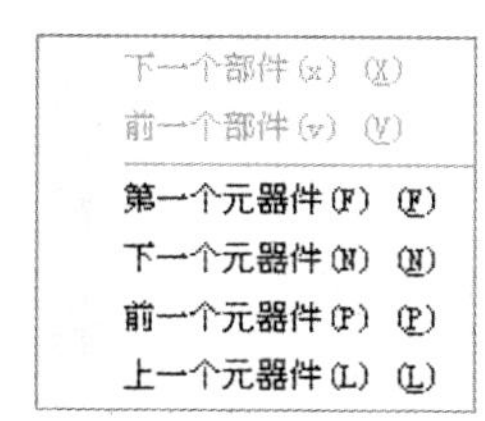

图 2-78 【移到】菜单

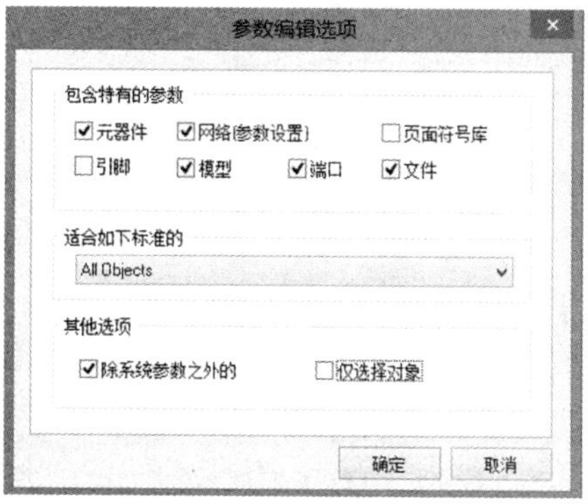

图 2-79 【参数编辑选项】对话框

☺【模式管理】：为当前所选中的库元器件添加其他模型，包括 PCB 模型（Footprint）、信号完整性模型（Signal Integrity）、仿真信号模型（Simulation）和 PCB 3D 模型（PCB3D），【模型管理器】对话框如图 2-80 所示。

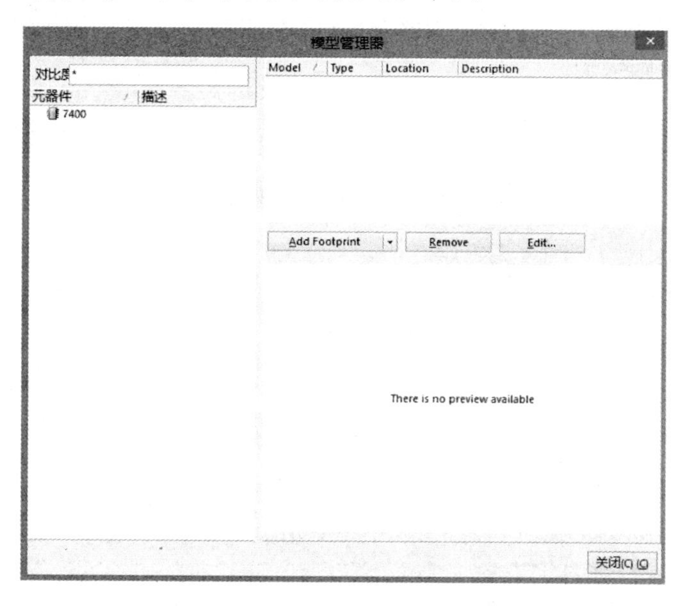

图 2-80 【模型管理器】对话框

☺【XSpice Model Wizard】：引导用户为所选中的库元器件添加一个 XSpice 模型。执行菜单命令【工具】→【XSpice Model Wizard】，打开【SPICE Model Wizard】窗口，如图 2-81 所示。

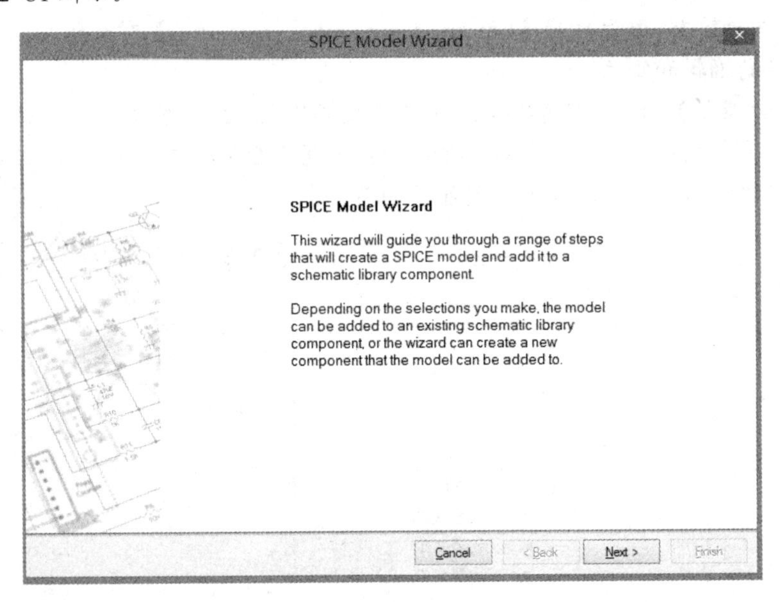

图 2-81 【SPICE Model Wizard】窗口

单击【Next】按钮，进入【SPICE Model Wizard—SPICE Model Types】窗口，如图 2-82 所示。在该窗口中，选择希望生成 SPICE 模型的元器件（本例选择“Semiconductor Capacitor”）。

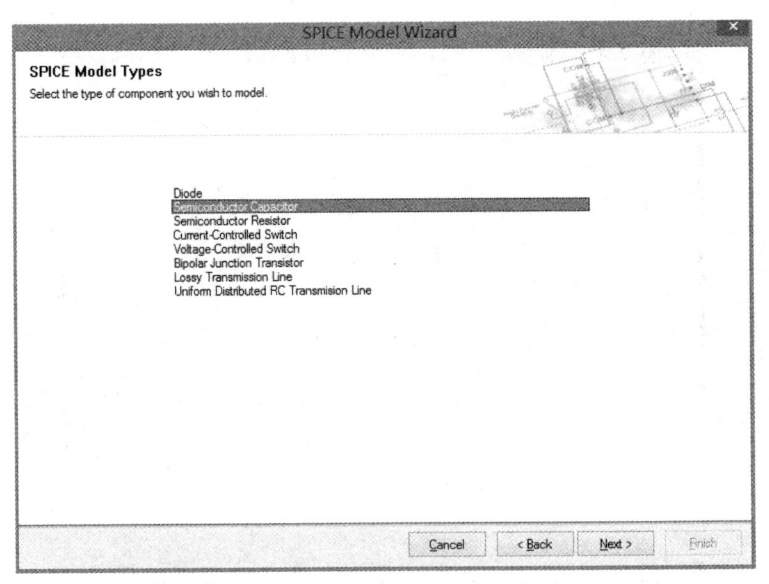

图 2-82 【SPICE Model Wizard—SPICE Model Types】窗口

单击【Next】按钮，进入【Capacitor Semiconductor SPICE Model Wizard—SPICE Model Implementation】窗口，如图 2-83 所示。在该窗口中，可将新建的 SPICE 模型添加到新建原理图库文件或已有的原理图库文件中。

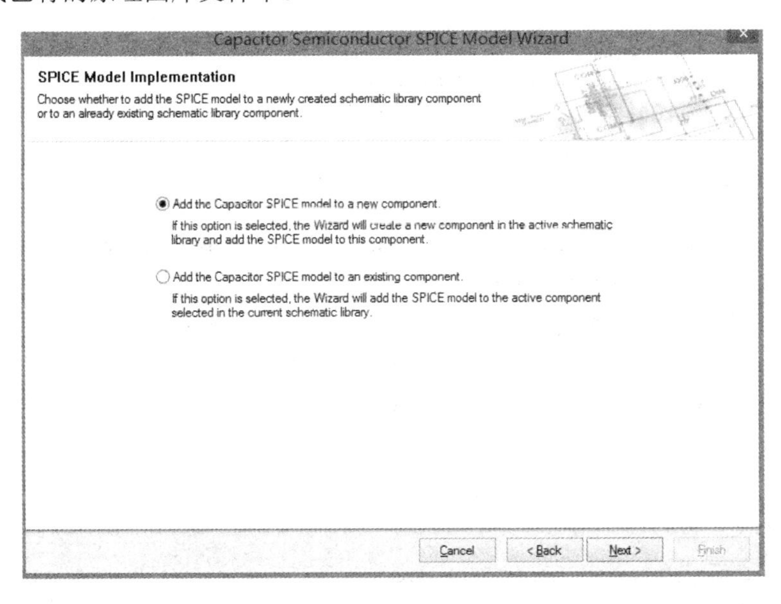

图 2-83 【Capacitor Semiconductor SPICE Model Wizard—SPICE Model Implementation】窗口

单击【Next】按钮，进入【Capacitor Semiconductor SPICE Model Wizard—Semiconductor Capacitor Name and Description】窗口，如图 2-84 所示。在该窗口中，设置电容模型的具体名称及输入电容的描述。

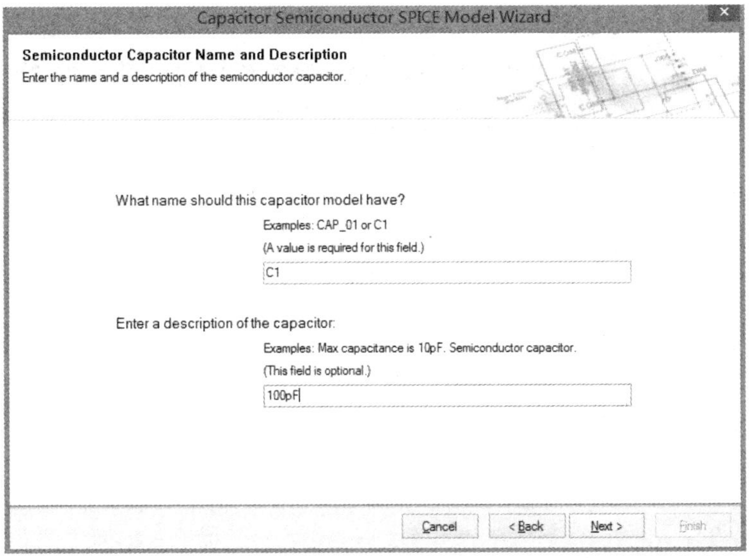

图 2-84 【Capacitor Semiconductor SPICE Model Wizard—Semiconductor Capacitor Name and Description】窗口

单击【Next】按钮，进入【Capacitor Semiconductor SPICE Model Wizard—Semiconductor Capacitor Characterisitics To Be Modelled】窗口，如图 2-85 所示。在该窗口中，设置 SPICE 模型的各项参数值。

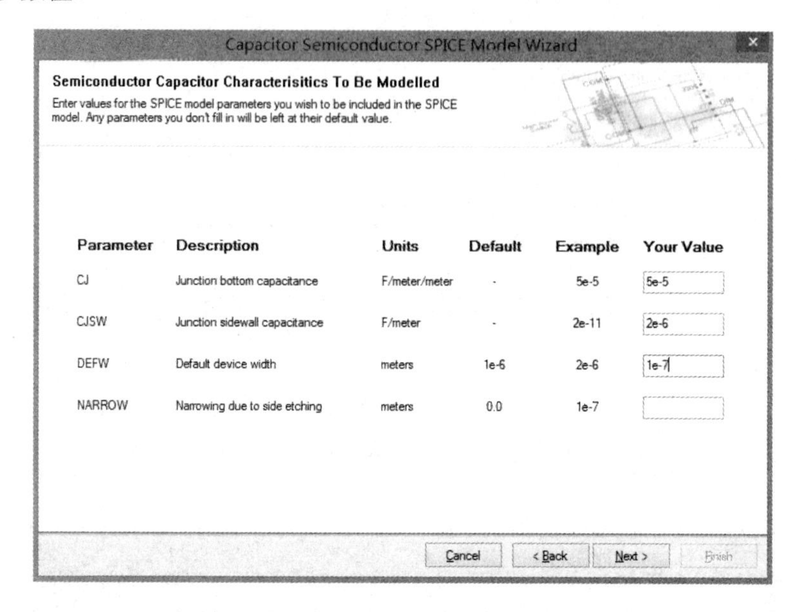

图 2-85 【Capacitor Semiconductor SPICE Model Wizard—Semiconductor Capacitor Characterisitics To Be Modelled】窗口

单击【Next】按钮，进入【Capacitor Semiconductor SPICE Model Wizard—The Semiconductor Capacitor Spice Model】窗口，如图 2-86 所示。在该窗口中，列出了 SPICE 模型的各项参数设置值。

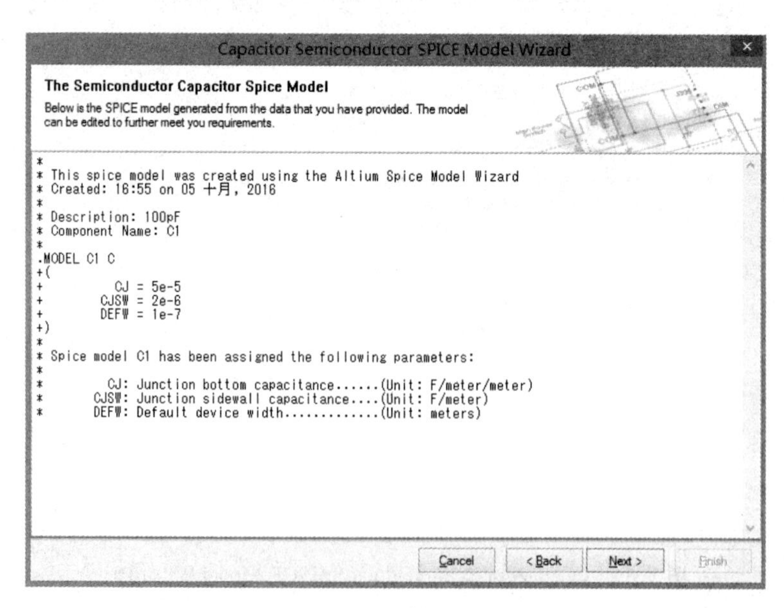

图 2-86 【Capacitor Semiconductor SPICE Model Wizard—The Semiconductor Capacitor Spice Model】窗口

单击【Next】按钮，进入【Capacitor Semiconductor SPICE Model Wizard—End Of Wizard】窗口，如图 2-87 所示。

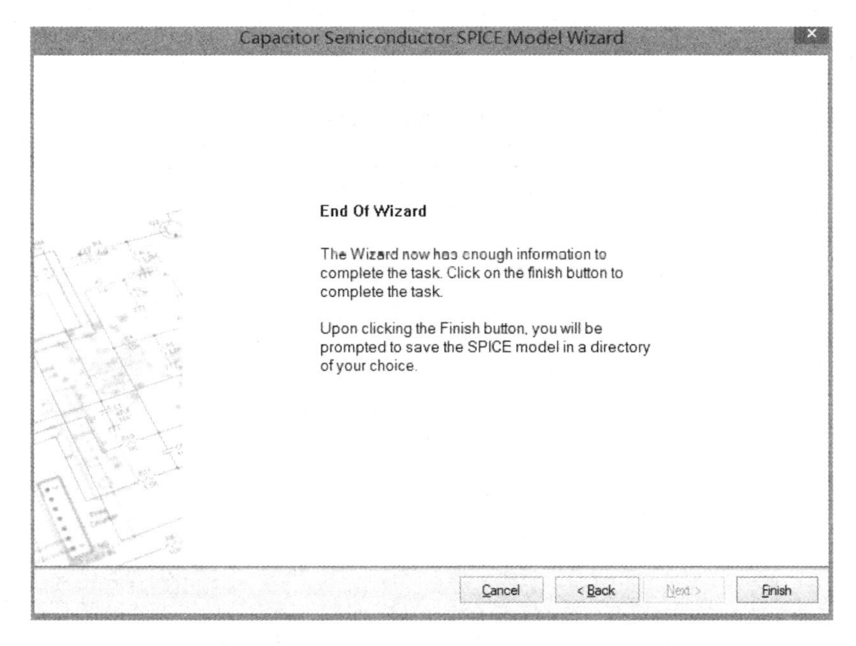

图 2-87 【Capacitor Semiconductor SPICE Model Wizard—End Of Wizard】窗口

单击【Finish】按钮，退出向导设置界面，同时在原理图库文件中生成一个 XSpice 模型，如图 2-88 所示。

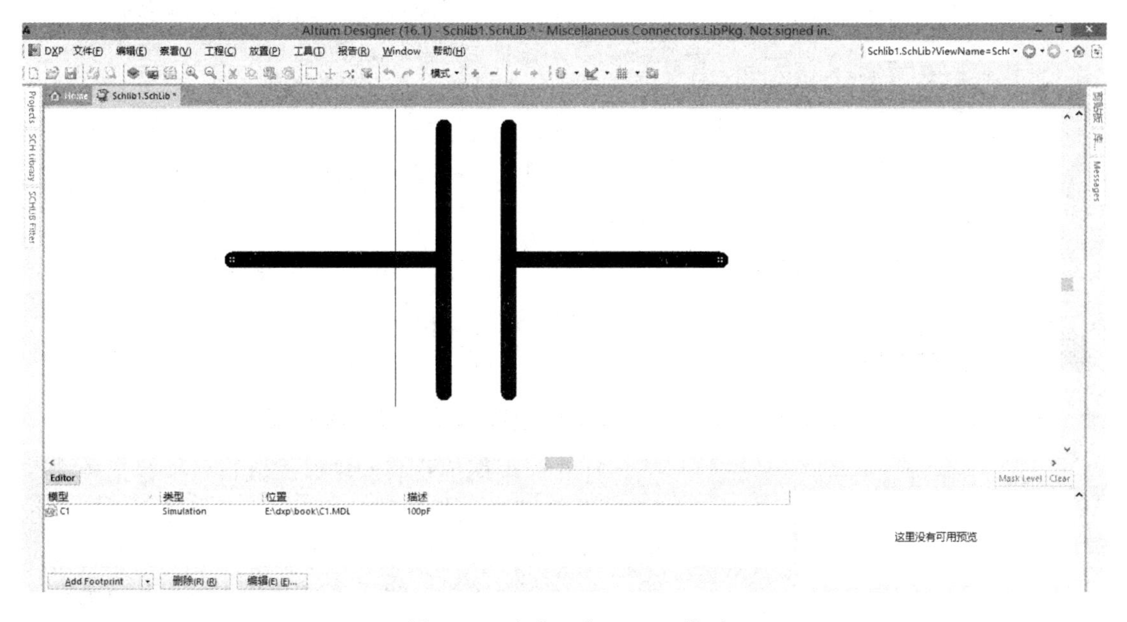

图 2-88 生成一个 XSpice 模型

☺【更新原理图】：将当前库文件中编辑修改后的库元器件更新到打开的电路原理图中。

2.1.3 库文件输出报表

本节以前面章节中创建的原理图库文件 NEW.SchLib 为例，介绍各种报表的生成。

1. 生成元器件报表

打开原理图库文件 NEW.SchLib。在【SCH Library】面板的元器件中选择一个要生成报表的元器件，如 LED。执行菜单命令【报告】→【元器件】，则系统会生成元器件报表，如图 2-89 所示。同时，元器件报表会在【Projects】面板（如图 2-90 所示）中以一个后缀为“.cmp”的文本文件保存。

```
Component Name : LED

Part Count : 2

Part : *
     Pins - (Normal) : 0
          Hidden Pins :

Part : *
     Pins - (Normal) : 24
          H              1              Passive
          G              2              Passive
          F              3              Passive
          E              4              Passive
          1              5              Passive
          2              6              Passive
          3              7              Passive
          4              8              Passive
          5              9              Passive
          6              10             Passive
          7              11             Passive
          8              12             Passive
          8              13             Passive
          7              14             Passive
          6              15             Passive
          5              16             Passive
          4              17             Passive
          3              18             Passive
          2              19             Passive
          1              20             Passive
          D              21             Passive
          C              22             Passive
          B              23             Passive
          A              24             Passive
          Hidden Pins :
```

图 2-89 元器件报表

图 2-90 【Projects】面板

元器件报表列出了元器件的属性、引脚的名称及引脚编号、隐藏引脚的属性等，便于用户检查。

2. 生成库元器件规则检查报表

打开原理图库文件 NEW.SchLib。执行菜单命令【报告】→【库元器件规则检测】，弹出【库元器件规则检测】对话框，如图 2-91 所示。

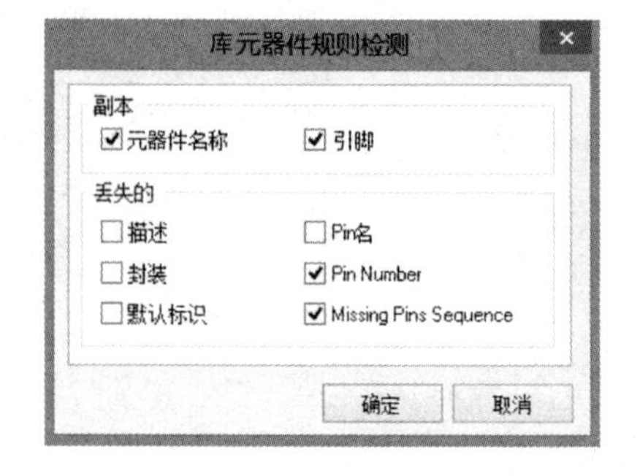

图 2-91 【库元器件规则检测】对话框

☺ 元器件名称：用于设置是否检查重复的元器件名称。

☺ 引脚：用于设置是否检查重复的引脚名称。

☺ 描述：检查每个元器件属性中的描述栏是否空缺。

☺ 封装：检查每个元器件属性中的封装栏是否空缺。

☺ 默认标识：检查每个元器件的标识是否空缺。

☺ Pin 名：检查每个元器件是否存在引脚名的空缺。

☺ Pin Number：检查每个元器件是否存在引脚编号的空缺。

☺ Missing Pin Sequence：检查每个元器件是否存在引脚编号不连续的情况。

设置完毕后，单击【确定】按钮，关闭该对话框，则系统会生成库元器件规则检查报表，如图 2-92 所示（给出存在引脚编号空缺的错误）。

```
Component Rule Check Report for : D:\Documents and Settings\All Users\Documents\Altium\AD 10\Examples\NEW.SchLib

Name                 Errors
-------------------------------------------------------------------
AT89S52              (Missing Pin Number In Sequence : 20 [1..39])
```

图 2-92 库元器件规则检查报表

同时，库元器件规则检查报表会在【Projects】面板中，以一个后缀为“.ERR”的文本文件被保存，如图 2-93 所示。

图 2-93 以一个后缀为“.ERR”的文本文件被保存

根据生成的库元器件规则检查报表，用户可以对相应的元器件进行修改。

3. 生成元器件库报表

打开原理图库文件 NEW.SchLib。执行菜单命令【报告】→【库列表】，则系统会生成元器件库报表，如图 2-94 所示。该报表列出了当前原理图库文件 NEW.SchLib 中所有元器件的名称及相关的描述。同时，元器件库报表会在【Projects】面板中，以一个后缀为“.rep”的文本文件保存，如图 2-95 所示。

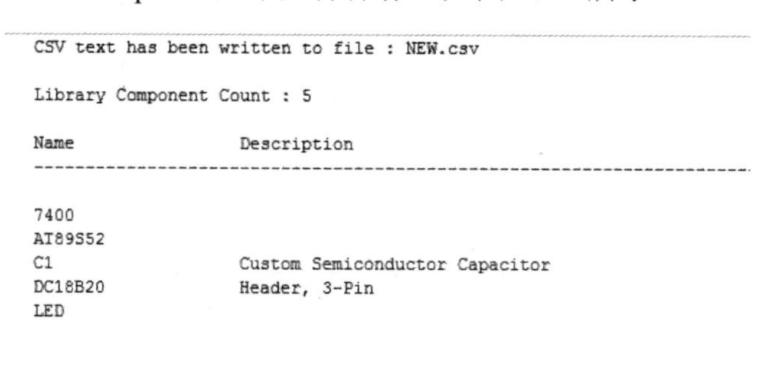

```
CSV text has been written to file : NEW.csv

Library Component Count : 5

Name                 Description
-------------------------------------------------------------------

7400
AT89S52
C1                   Custom Semiconductor Capacitor
DC18B20              Header, 3-Pin
LED
```

图 2-94 元器件库报表

图 2-95 以一个后缀为“.rep”的文本文件保存

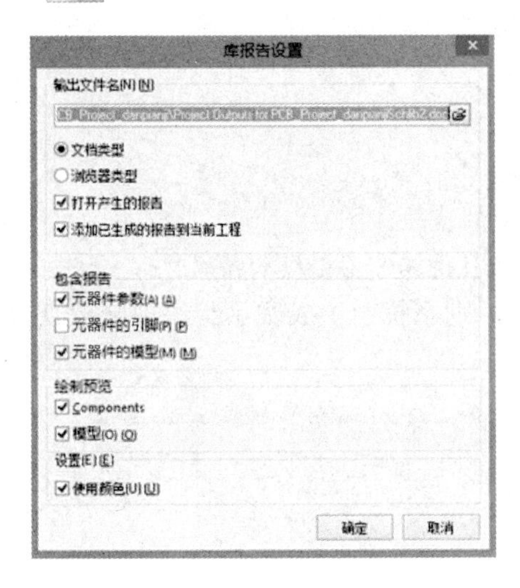

图 2-96 【库报告设置】对话框

4．元器件库报告

元器件库报告是用于描述特定库中所有元器件的详尽信息，它包含了综合的元器件参数、引脚和模型信息、原理图符号预览，以及 PCB 封装和 3D 模型等。生成报告时，可以选择生成文档（Word）格式或浏览器（HTML）格式。如果选择浏览器格式的报告，还可以提供库中所有元器件的超链接列表，通过网络即可进行发布。

打开原理图库文件 NEW.SchLib。执行菜单命令【报告】→【库报告】，则系统会自动弹出【库报告设置】对话框，如图 2-96 所示。该对话框用于设置生成的库报告格式及显示的内容。以文档样式输出的库报告名为“NEW.doc”；以浏览器格式输出的库报告名为“NEW.html”。在此选择以浏览器格式输出报告，其他设置为默认状态即可。单击【确定】按钮，关闭该对话框，同时生成了浏览器格式的库报告，如图 2-97 所示。

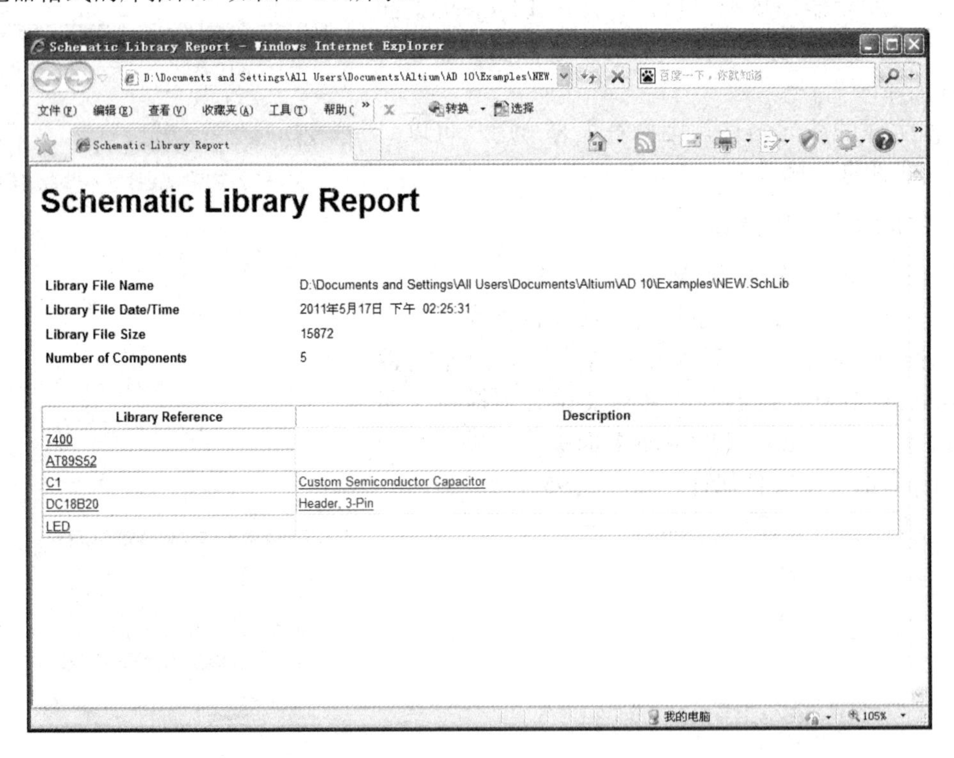

图 2-97 浏览器格式的库报告

该报告提供了库文件 NEW.SchLib 中所有元器件的链接列表。单击列表中的任意一项，即可链接到相应元器件的详细信息处。例如，单击“LED”后显示的信息如图 2-98 所示。

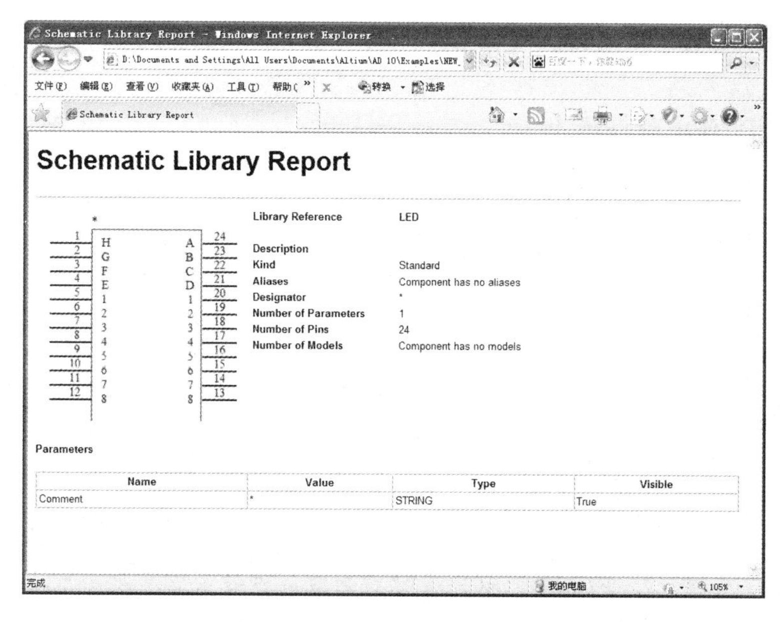

图 2-98 单击“LED”后显示的信息

2.2 制作元器件封装

对于那些在 PCB 库中找不到的元器件封装，就要用户对元器件精确测量后，再手动制作出来。制作元器件封装有 3 种方法，分别是使用 PCB 元器件向导制作元器件封装、手工制作元器件封装和采用编辑方式制作元器件封装。

2.2.1 使用 PCB 元器件向导制作元器件封装

Altium Designer 为用户提供了一种简便快捷的元器件封装制作方法，即使用 PCB 元器件向导。用户只要按照向导给出的提示，逐步输入元器件的尺寸参数，即可完成封装的制作。

执行菜单命令【文件】→【新建】→【库】→【PCB 元器件库】，新建一个空白的 PCB 库文件，将其另存为“New.PcbLib”，同时进入了 PCB 库文件编辑环境中。执行菜单命令【工具】→【元器件向导】，或者在【PCB Libray】面板的元器件封装栏中右击，在弹出的菜单中选择【元器件向导】，即可打开【PCB 元器件向导】窗口，如图 2-99 所示。

单击【下一步】按钮，则进入【元器件图案】窗口，如图 2-100 所示。根据设计的需要，在 12 种可选的封装模型中选择一种合适的封装类型。本节以电容封装 RB2.1-4.22 为例进行讲解，所以选择“Capacitors”，并选择单位为“Metric(mm)”。

系统给出的封装形式有如下 12 种。

☺ Ball Grid Arrays(BGA)：球型栅格列阵封装，这是一种高密度、高性能的封装形式。

☺ Capacitors：电容型封装，可以选择直插式或贴片式封装。

☺ Diodes：二极管封装，可以选择直插式或贴片式封装。

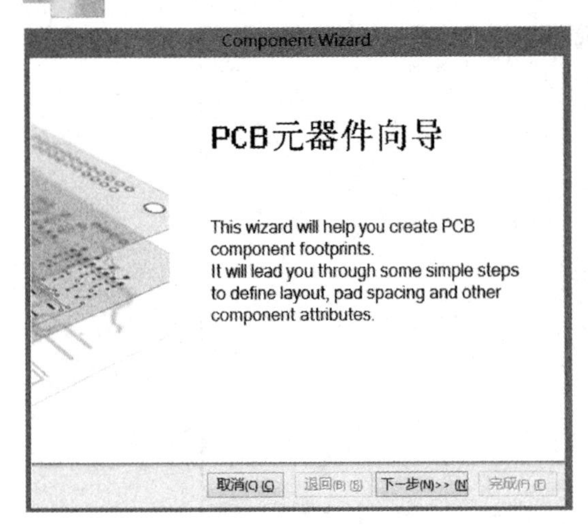

图 2-99 【PCB 元器件向导】窗口

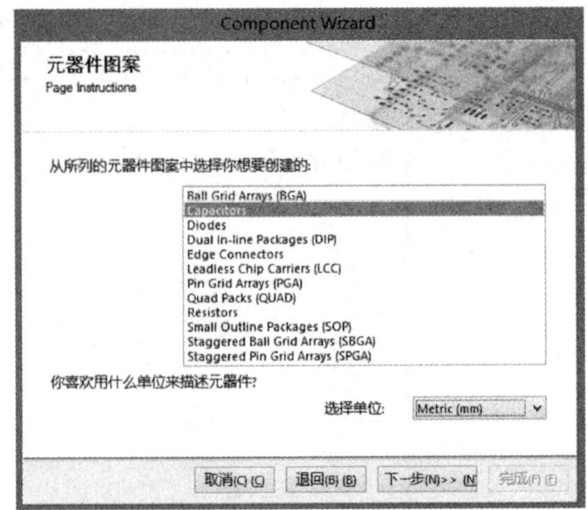

图 2-100 【元器件图案】窗口

- ☺ Dual In-line Packages(DIP)：双列直插式封装，这是最常见的一种集成电路封装形式，其引脚分布在芯片的两侧。
- ☺ Edge Connectors：边缘连接的接插件封装。
- ☺ Leadless Chip Carriers(LCC)：无引线芯片载体式封装，其引脚紧贴于芯片体，在芯片底部向内弯曲。
- ☺ Pin Grid Arrays(PGA)：引脚栅格列阵式封装，其引脚从芯片底部垂直引出，整齐地分布在芯片四周。
- ☺ Quad Packs(QUAD)：方阵贴片式封装，与 LCC 封装相似，但其引脚是向外伸展的，而不是向内弯曲的。
- ☺ Resistors：电阻封装，可以选择直插式或贴片式封装。
- ☺ Small Outline Packages(SOP)：是与 DIP 封装相对应的小型表贴式封装，体积较小。
- ☺ Staggered Ball Grid Arrays(SBGA)：错列的 BGA 封装。
- ☺ Staggered Pin Grid Arrays(SPGA)：错列引脚栅格阵列式封装，与 PGA 封装相似，只是引脚错开排列。

选择好封装形式和单位后，单击【下一步】按钮，在打开的窗口中，选择电容工艺，如图 2-101 所示。

选择好后，单击【Next】按钮，在打开的窗口中设置焊盘尺寸，如图 2-102 所示，根据数据手册，将焊盘的直径设置为“0.42mm”。

单击【Next】按钮，在打开的窗口中设置焊盘间距，如图 2-103 所示，按照手册的参数，将其设置为“2.1mm”。

单击【Next】按钮，在打开的窗口中定义电容外形，如图 2-104 所示，在此选择电容的极性为“Polarised”（有极性的）、选择电容的装配类型为“Radial”（圆形的）。

单击【Next】按钮，在打开的窗口中设置外框的高度和宽度，如图 2-105 所示，在此将外框的高度设置为“2.11mm”，外框的宽度采用系统默认值。

单击【Next】按钮，在打开的窗口中设置电容器名称，如图 2-106 所示，在此将该电容器命名为“RB2.1-4.22”。

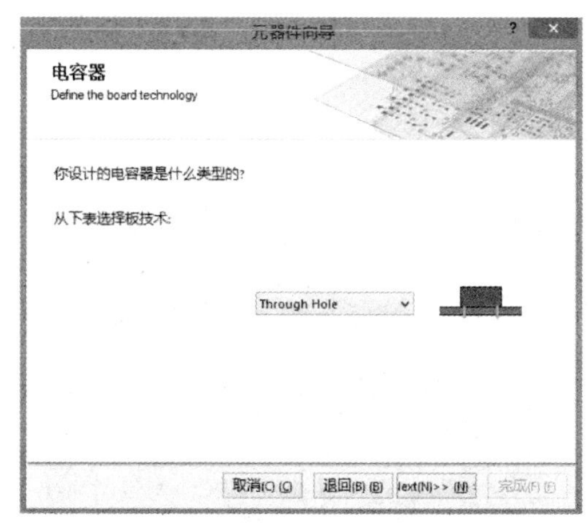

图 2-101　选择电容工艺

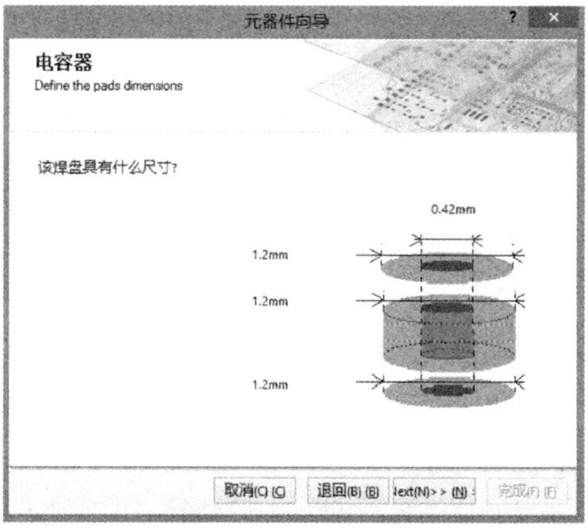

图 2-102　设置焊盘尺寸

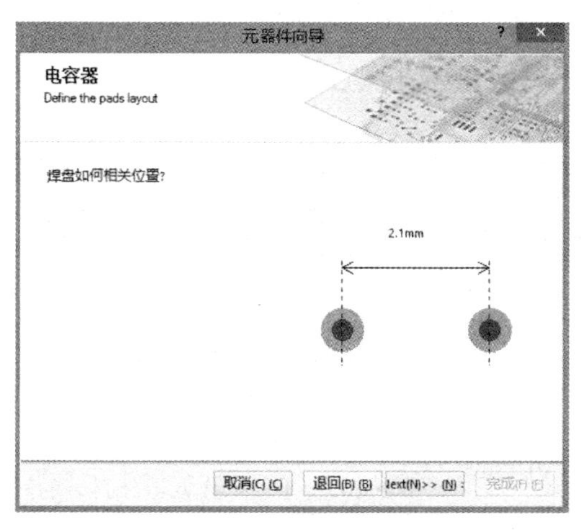

图 2-103　设置焊盘间距

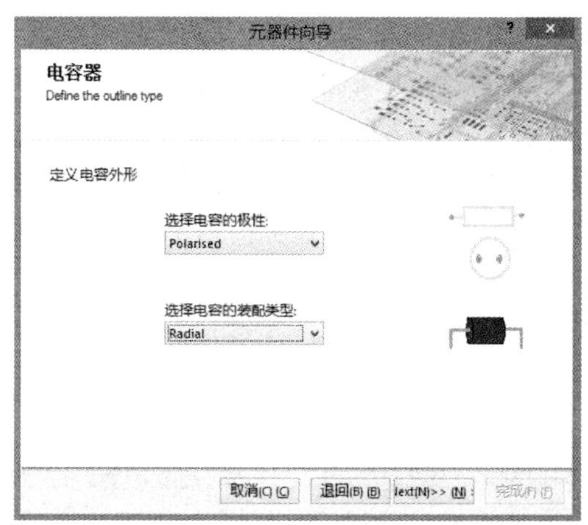

图 2-104　定义电容外形

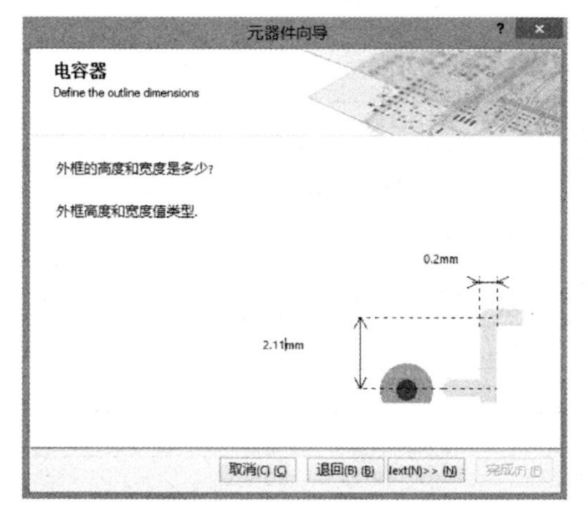

图 2-105　设置外框的高度和宽度

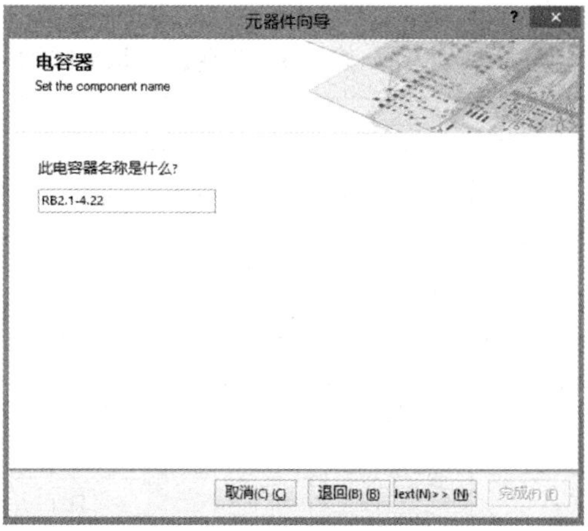

图 2-106　设置电容器名称

单击【Next】按钮，弹出完成封装制作窗口，如图 2-107 所示。

单击【完成】按钮，退出【元器件向导】对话框。在 PCB 库文件编辑窗口内显示出了制作完成的 RB2.1-4.22 封装，如图 2-108 所示。

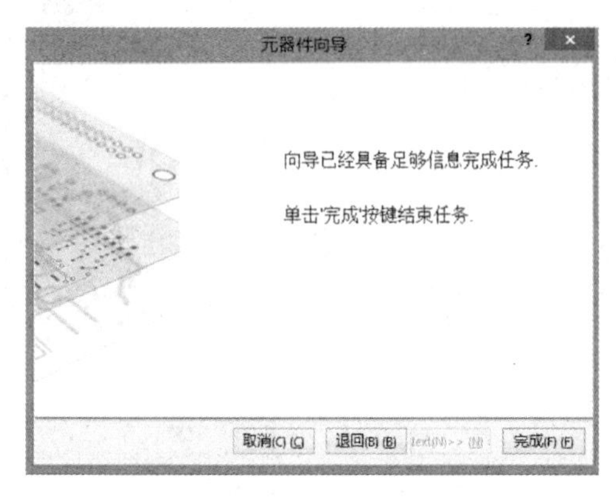

图 2-107　完成封装制作窗口

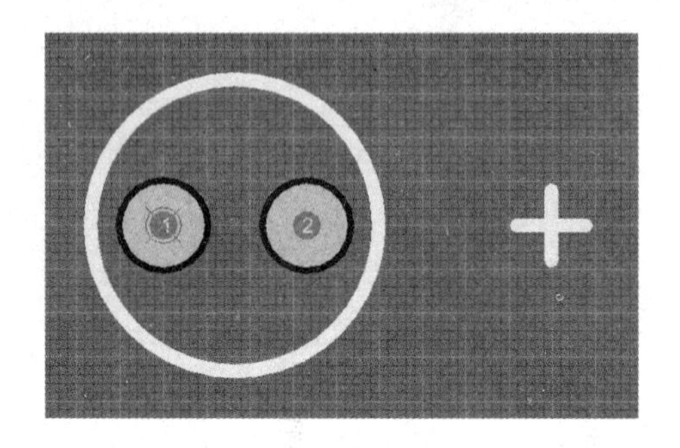

图 2-108　制作完成的 RB2.1-4.22 封装

执行菜单命令【文件】→【保存】，保存制作好的 RB2.1-4.22 封装。

2.2.2　手工制作元器件封装

尽管使用 PCB 元器件向导可以完成多数常用标准元器件封装的创建，但有时也会遇到一些特殊的、非标准的元器件，此时就要手工进行制作了。手工制作元器件封装的流程如图 2-109 所示。

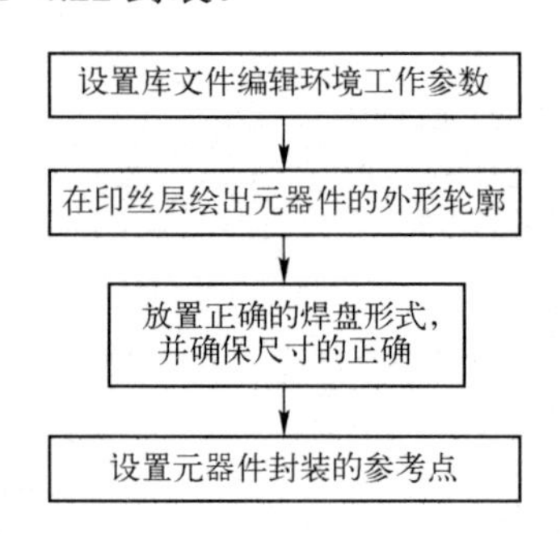

图 2-109　手工制作元器件封装的流程

本节以音频电路的三端稳压电源为例，介绍其封装形式的手工创建方法。三端稳压电源 L7815CV(3)或 L7915CV(3)有 3 个引脚，其尺寸数据如表 2-1 所示。三端稳压电源 L7815CV(3)或 L7915CV(3) 尺寸标注如图 2-110 所示。

表 2-1　三端稳压电源 L7815CV(3)或 L7915CV(3)尺寸数据　（单位：mil）

尺寸参数	最小值	典型值	最大值	尺寸参数	最小值	典型值	最大值
A	173		181	H_1	244		270
b	24		34	J_1	94		107
b_1	45		77	L	511		551
c	19		27	L_1	137		154
D	700		720	L_{20}		745	
E	393		409	L_{30}		1138	
e	94		107	P	147		151
e_1	194		203	Q	104		117
F	48		51				

注：1mil=25.4×10^{-6}m。

在本例中，期望的元器件封装形式如图 2-111 所示。

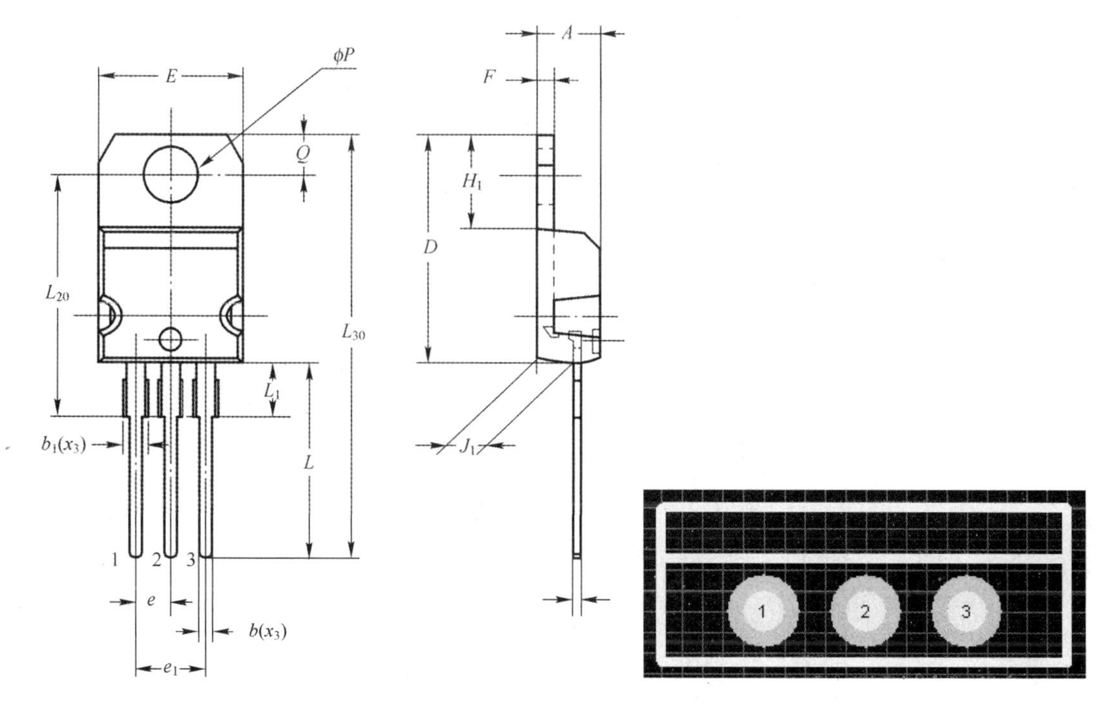

图 2-110　三端稳压电源 L7815CV(3)或 L7915CV(3) 尺寸标注　　图 2-111　期望的元器件封装形式

因此，用户创建稳压电源时需要的数据如表 2-2 所示。

表 2-2　用户创建稳压电源时需要的数据　（单位：mil）

标　号	最 小 值	典 型 值	最 大 值
A（宽度）	173	180	181
b（直径）	24	30	34
c	19	20	27
E（长度）	393	400	409
e（焊盘间距）	94	100	107
F（散热层厚度）	48	50	51
J_1	94	100	107

打开已创建的库文件，可以看到在【PCB Library】面板的元器件封装栏中已有一个封装“PCBCOMPONENT_1”，单击该封装名，即可在编辑窗口中制作所需的封装了。

执行菜单命令【工具】→【元器件库选项】，打开【板选项】对话框，如图 2-112 所示，在此设置相应的工作参数。

为了便于绘制元器件封装，一般对该对话框做如下设置：单击【栅格】按钮，然后双击【Global Board Snap】，则打开【Cartesian Grid Editor】对话框，如图 2-113 所示，在步进 X 和步进 Y 栏中都选择“10mil”。完成上述设置后，单击【适用】按钮，再单击【确定】按钮，退出【Cartesian Grid Editor】对话框，最后单击【确定】按钮，退出【板选项】对话框。

图 2-112 【板选项】对话框

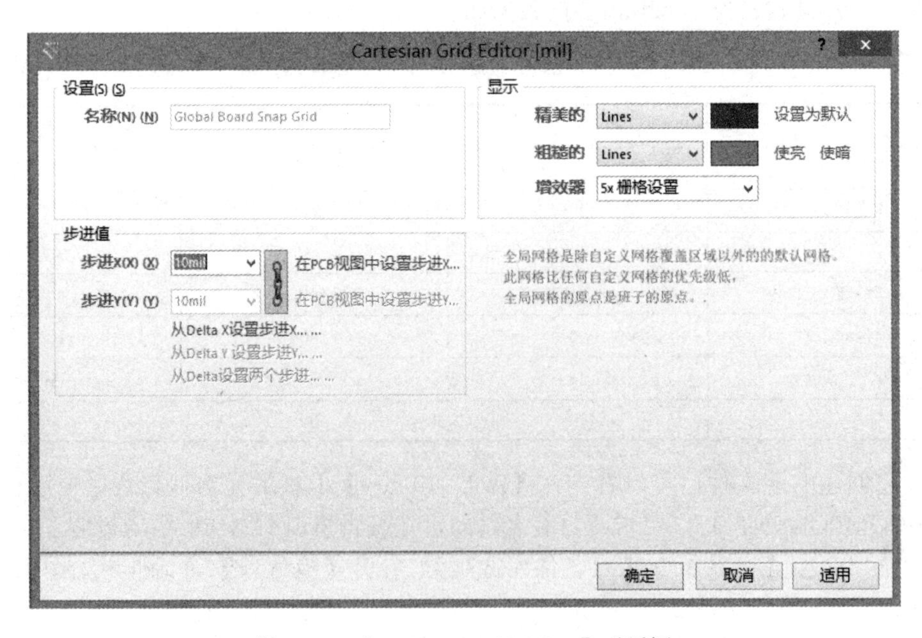

图 2-113 【Cartesian Grid Editor】对话框

执行菜单命令【编辑】→【设置参考】→【定位】，如图 2-114 所示，设置 PCB 库文件编辑环境的原点。设置好的参考原点如图 2-115 所示。

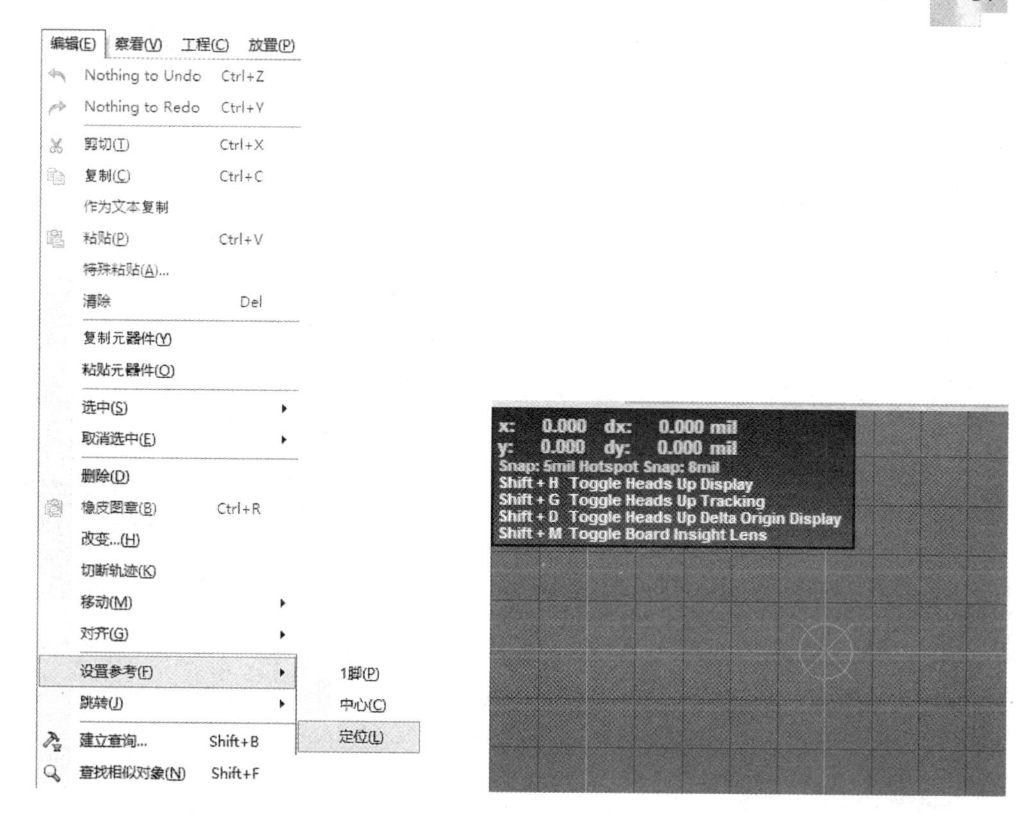

图 2-114 执行菜单命令【编辑】→【设置参考】→【定位】 图 2-115 设置好的参考原点

单击 PCB 库配线工具栏中的/图标，根据设计要求绘制元器件封装的外形轮廓。通过查找技术手册可知，元器件的长度为 400mil，所以绘制一条长度为 400mil 的直线。设置直线长度为 400mil，如图 2-116 所示。绘制好的直线段如图 2-117 所示。

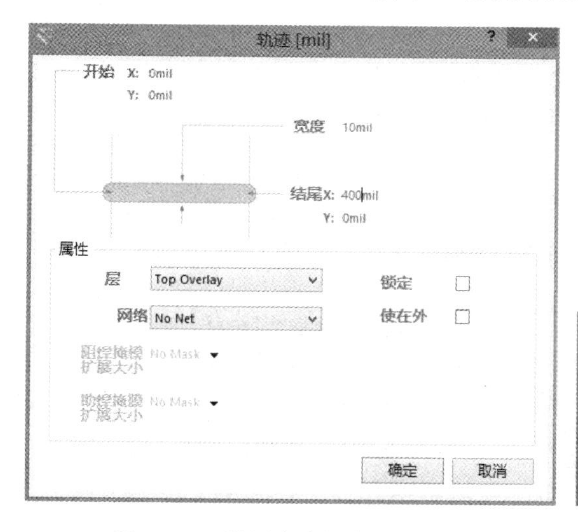

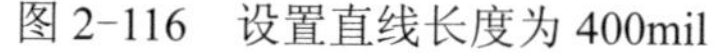

图 2-116 设置直线长度为 400mil 图 2-117 绘制好的直线段

元器件的宽度为 180mil，因此单击 PCB 放置工具栏中的走线工具后，在线段上双击，设置线段的长度为 180mil，如图 2-118 所示。

设置完成后，单击【确定】按钮确认设置。在原点处放置长度为 180mil 的线段如图 2-119 所示。

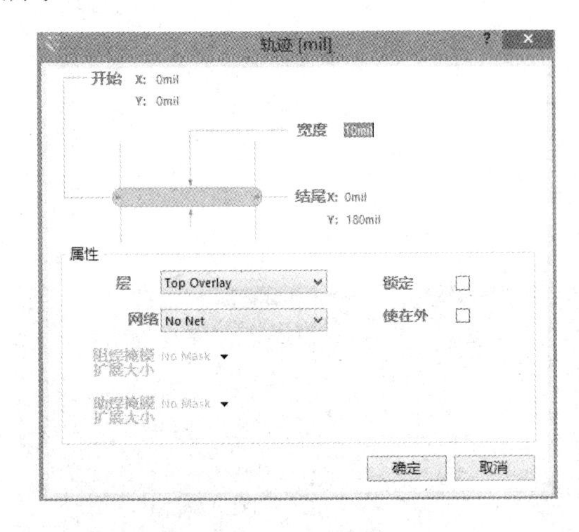

图 2-118　设置线段的长度为 180mil

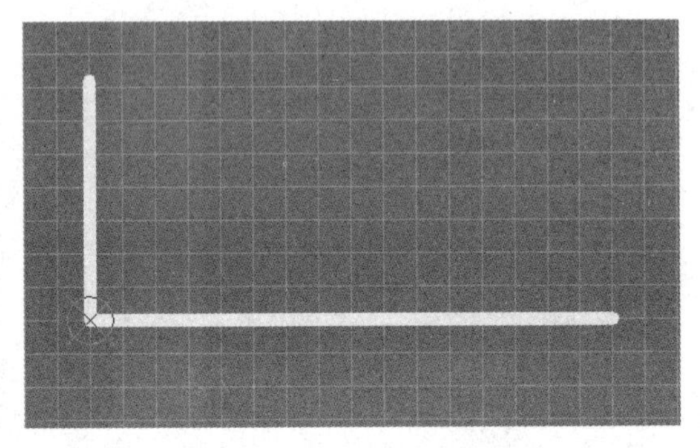

图 2-119　在原点处放置长度为 180mil 的线段

按照上述方式，设置另外两条线段，如图 2-120 所示。

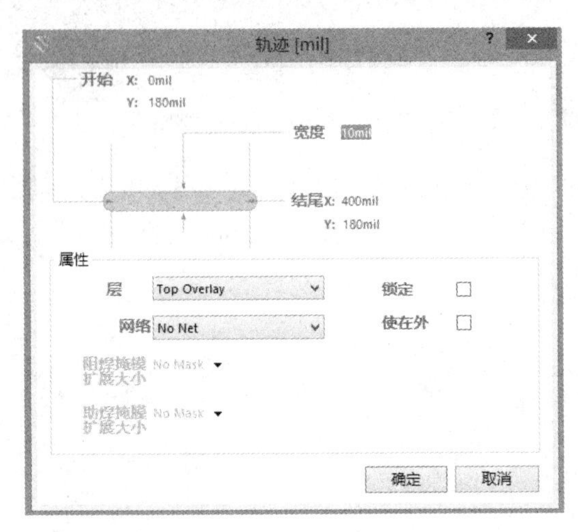

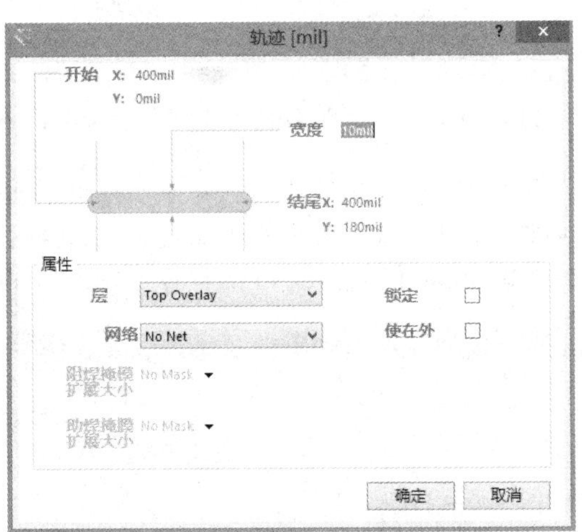

图 2-120　设置另外两条线段

按照上述方式，完成绘制另外两条线段。绘制好的元器件外边框如图 2-121 所示。

接下来放置区分散热层的线段。散热层的厚度为 50mil，因此单击 PCB 放置工具栏中的走线工具后，双击所放置的直线段，设置区分散热层的线段，如图 2-122 所示。设置完成后，单击【确定】按钮确认设置。

至此，绘制好的元器件轮廓如图 2-123 所示。接下来在元器件轮廓中放置焊盘。左侧第一个焊盘的中心位置纵坐标为 70mil，横坐标为 100mil。焊盘的孔径要保证元器件的引脚可以顺利插入，同时还要保证尽可能小，以便满足相邻两个焊盘之间的间距要求。由表 2-2 可知，元器件引脚的直径最大值为 34mil，故将通孔尺寸设为 35mil，略大于引脚尺寸。Altium Designer 16 及以上版本增加焊盘通孔公差功能，本设计将下极限值设为-0mil，上极限值设为+3.5mil，以满足相关要求。在 PCB 放置工具栏中，单击焊盘工具，如图 2-124 所示。

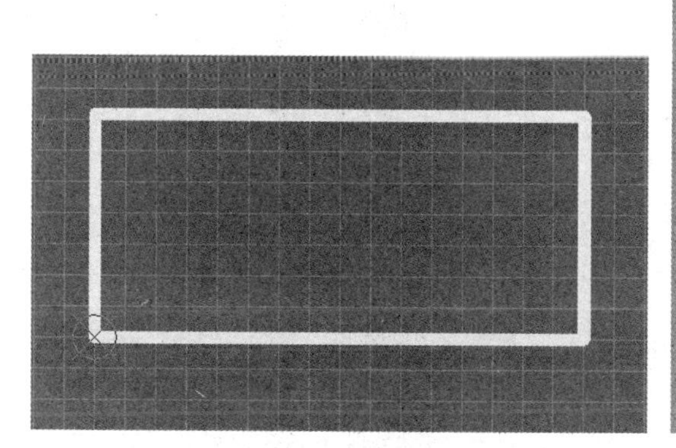

图 2-121 绘制好的元器件外边框

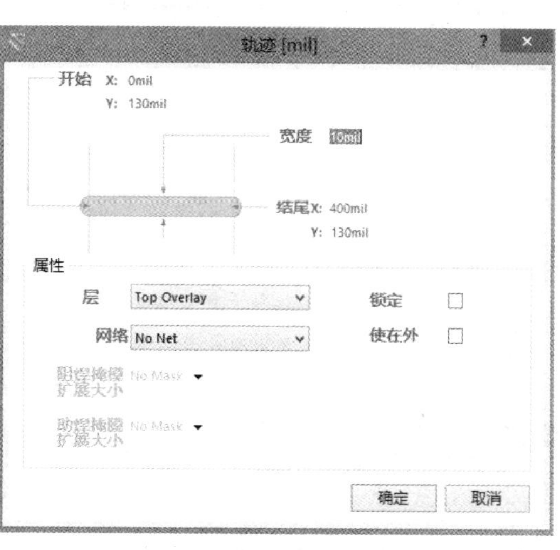

图 2-122 设置区分散热层的线段

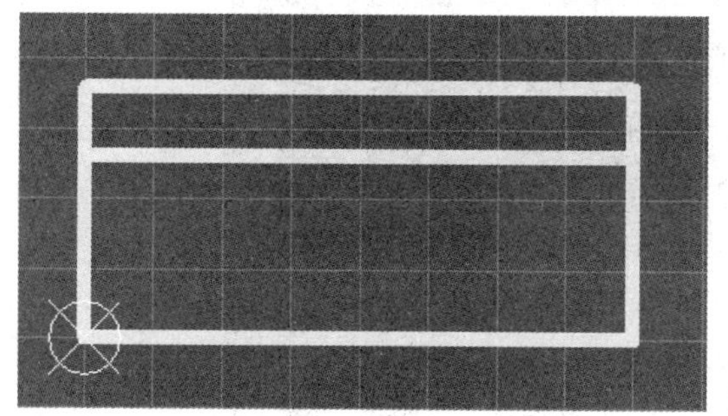

图 2-123 绘制好的元器件轮廓

图 2-124 单击焊盘工具

放下焊盘后，双击焊盘，打开【焊盘】对话框，如图 2-125 所示，设置其坐标位置及焊盘的孔径大小。

其中，焊盘直径通常为通孔尺寸的 1.5～2.0 倍，在本设计中焊盘直径为 70mil。设置完成后，单击【确定】按钮确认设置。完成设置的焊盘如图 2-126 所示。

按照上述方式，放置另外两个焊盘，如图 2-127 所示。

设置完成后，单击【确定】按钮确认设置。制作好的元器件封装如图 2-128 所示。

至此，元器件封装制作完成，执行菜单命令【工具】→【元器件属性】，弹出【PCB 库元器件】对话框，如图 2-129 所示，可以对刚制作好的元器件进行命名。在名称栏中输入“TO220”后，单击【确定】按钮，完成命名操作。单击【保存】按钮，完成 T0220 元器件封装的设计，如图 2-130 所示。

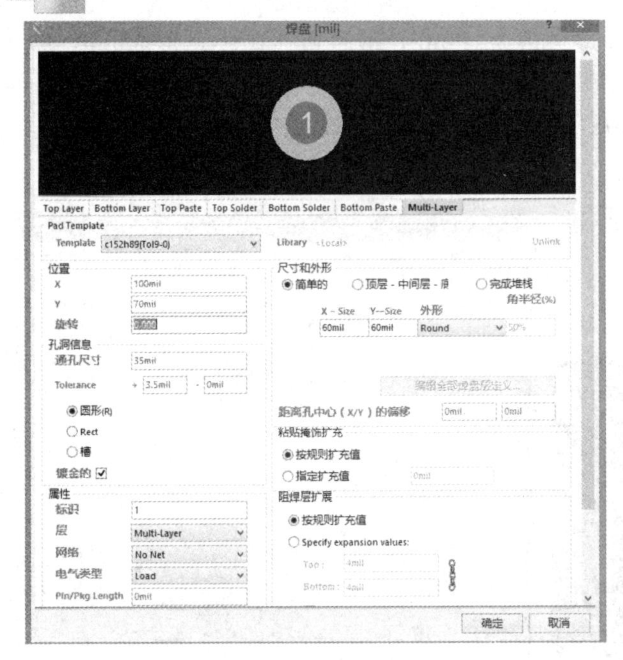

图 2-125 【焊盘】对话框

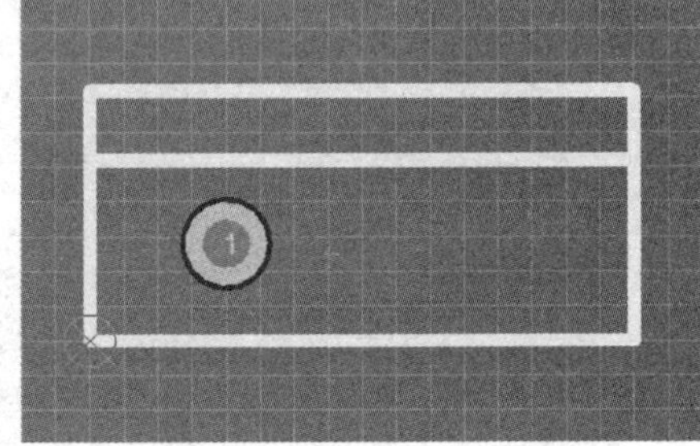

图 2-126 完成设置的焊盘

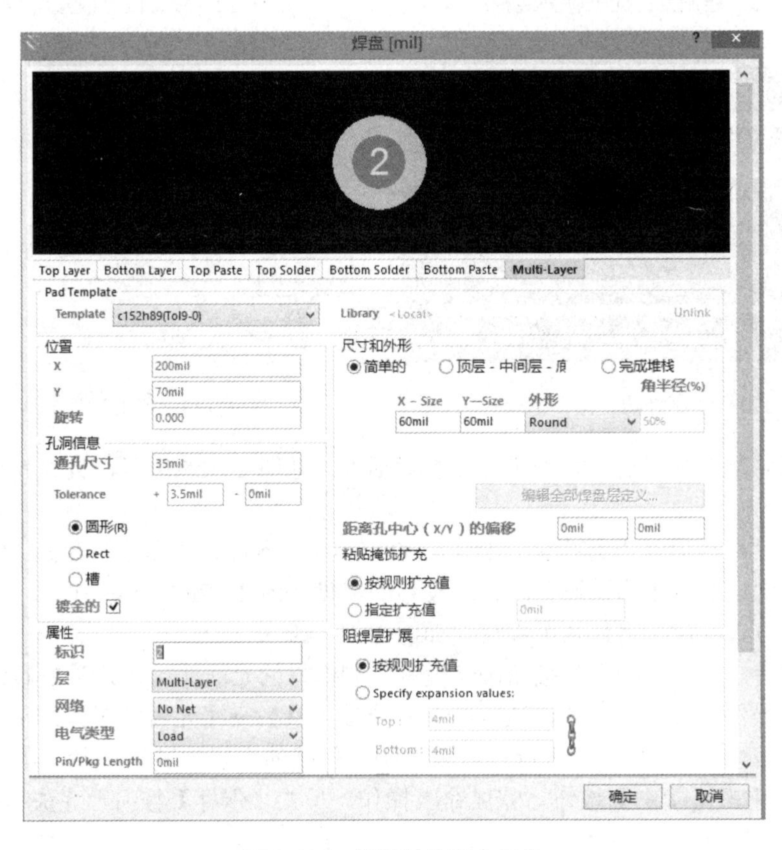

图 2-127 设置另外两个焊盘

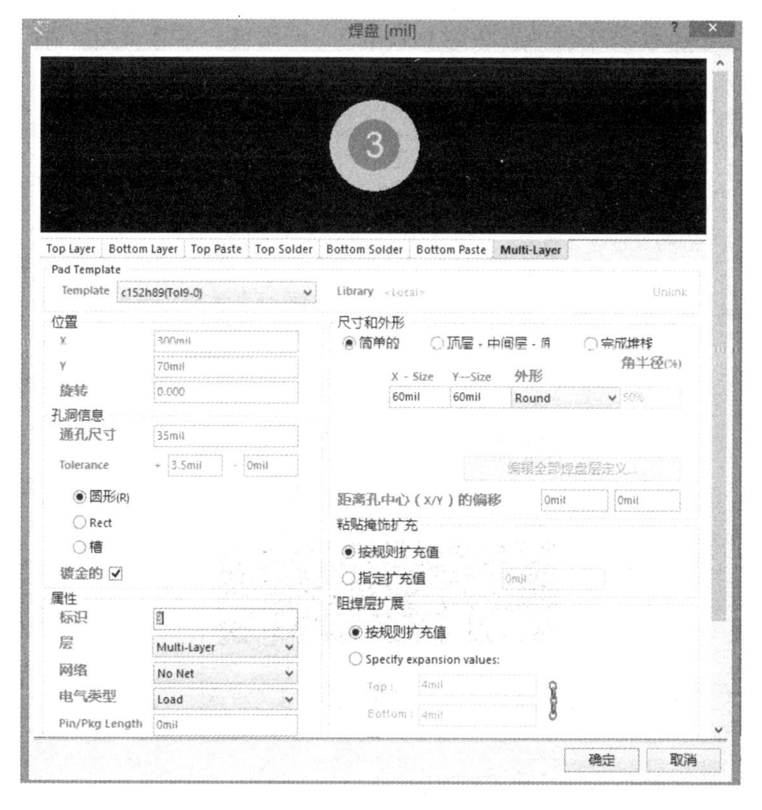

图 2-127　设置另外两个焊盘（续）

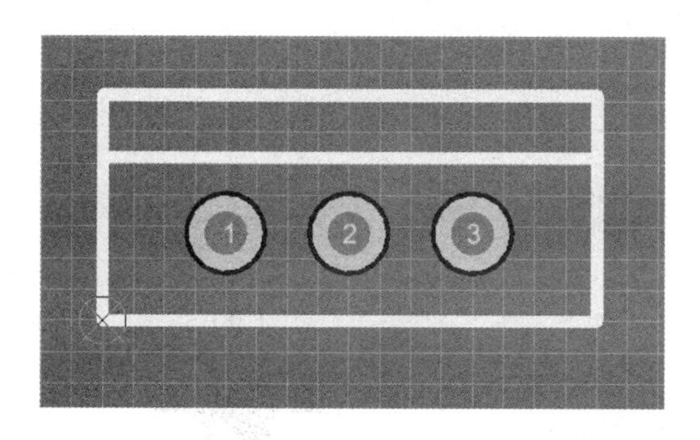

图 2-128　制作好的元器件封装

图 2-129　【PCB 库元器件】对话框

2.2.3　采用编辑方式制作元器件封装

二极管 1N4148 实物及其尺寸如图 2-131 所示。二极管 1N4148 引脚编号如图 2-132 所示。

由图 2-131 可知，该二极管的 PCB 封装与 Altium Designer 提供的元器件封装 DIODE-0.4 相近，只是在尺寸上略有不同，因此，用户可采用编辑 DIODE-0.4 的方式制作元器件 1N4148 的 PCB 封装。

执行菜单命令【文件】→【打开】，选择路径为“C:\Users\Public\Documents\Altium\

AD16\Library\Miscellaneous Devices PCB.PcbLib”，单击【打开】按钮，打开该 PCB 库文件。在 PCB 元器件列表中，找到 DIODE-0.4 封装形式，如图 2-133 所示。

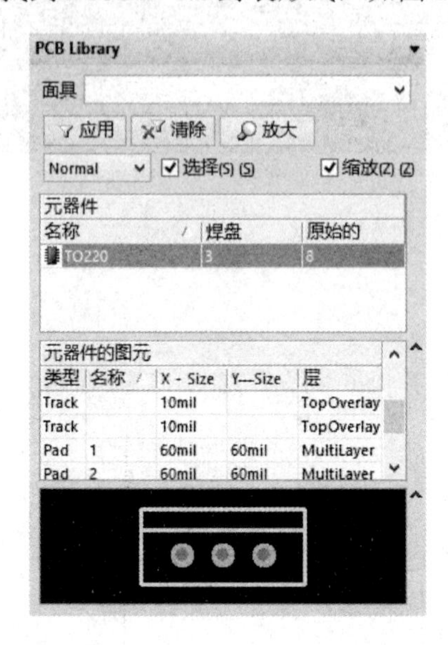

图 2-130　完成 T0220 元器件封装的设计

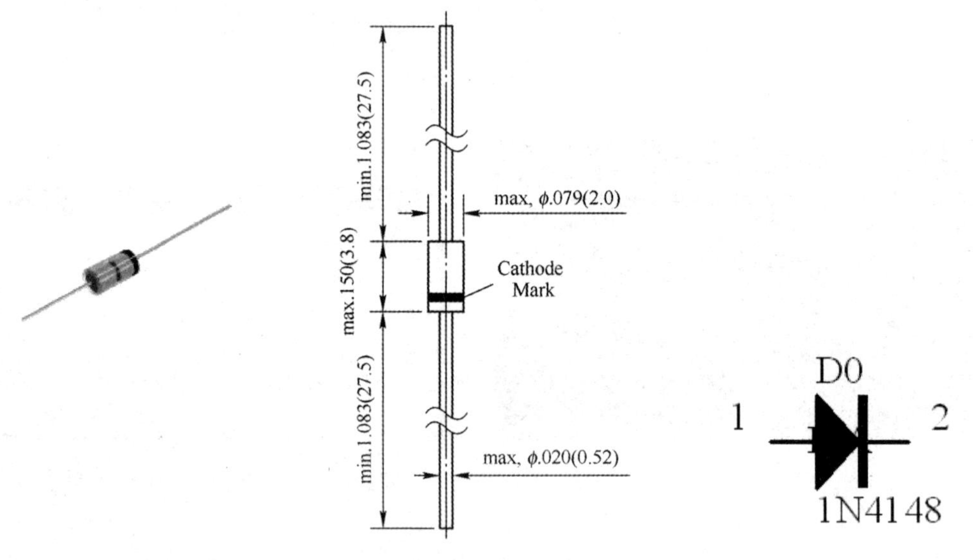

图 2-131　二极管 1N4148 实物及其尺寸　　图 2-132　二极管 1N4148 引脚编号

将光标放置到元器件列表中的“DIODE-0.4”上右击，弹出如图 2-134 所示的右键菜单。执行菜单命令【复制】后，切换界面到前面建立的 PCB 库文件编辑窗口。在 PCB 库文件编辑窗口中右击，从弹出的菜单中，执行菜单命令【粘贴】，如图 2-135 所示，添加 DIODE-0.4 封装到 PCB 库文件中，如图 2-136 所示。

选择合适位置，放下 DIODE-0.4 封装，如图 2-137 所示。

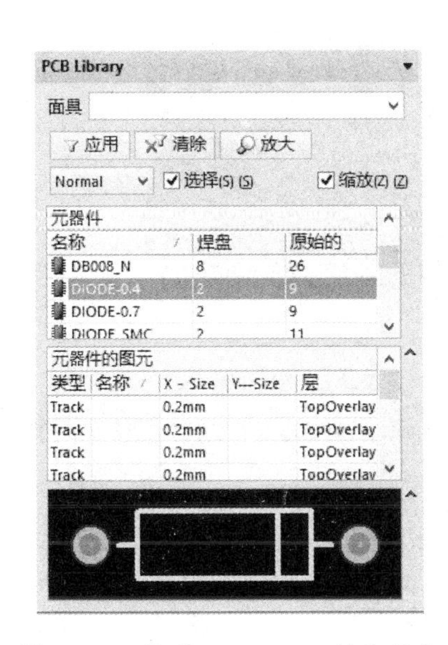

图 2-133　找到 DIODE-0.4 封装形式

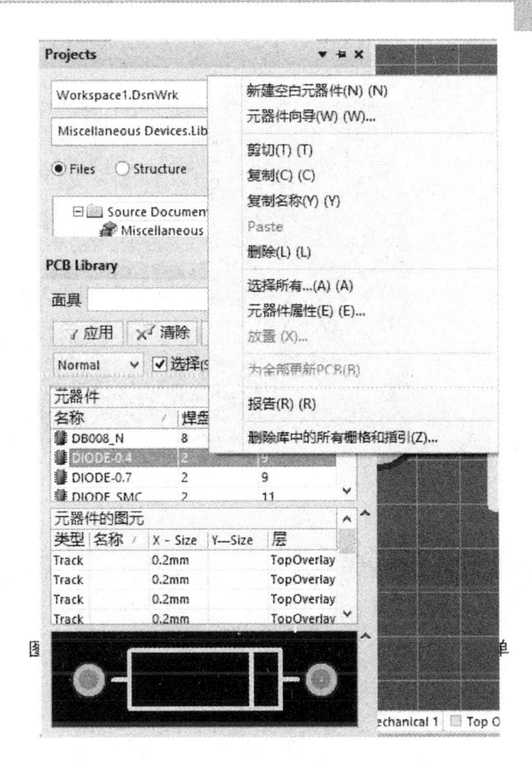

图 2-134　右键菜单

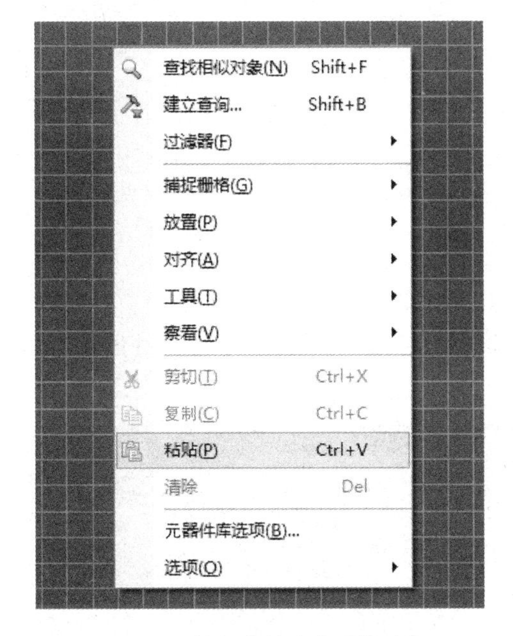

图 2-135　执行菜单命令【粘贴】

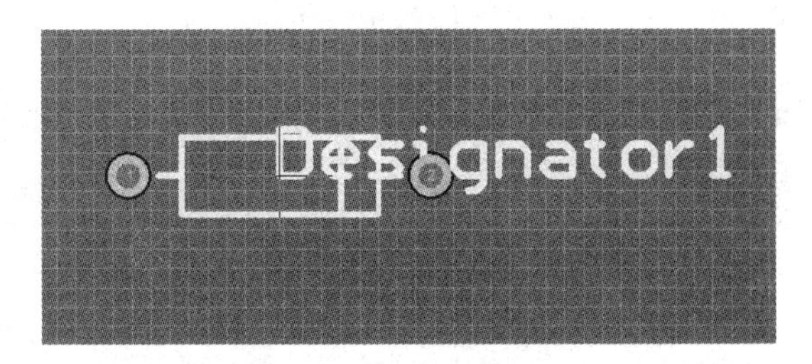

图 2-136　添加 DIODE-0.4 封装到 PCB 库文件中

双击图 2-137 中①号线，弹出①号线编辑窗口，如图 2-138 所示。

修改①号线设置，如图 2-139 所示。修改后，①号线长度为 150mil+150mil×20%=

180mil。

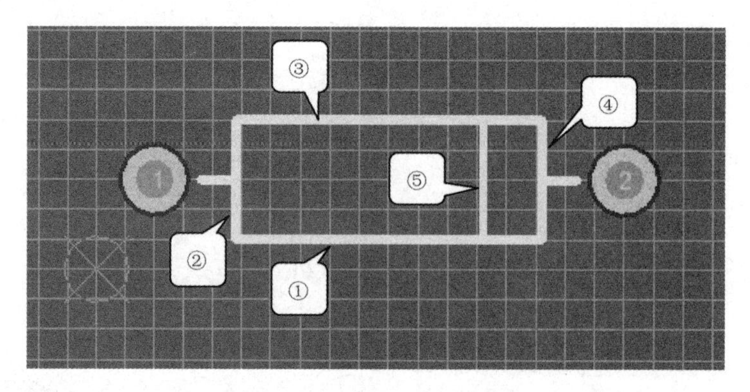

图 2-137　放下 DIODE-0.4 封装

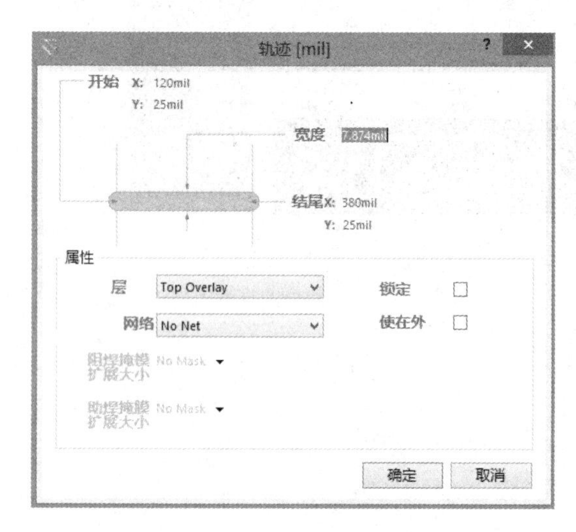

图 2-138　①号线编辑窗口

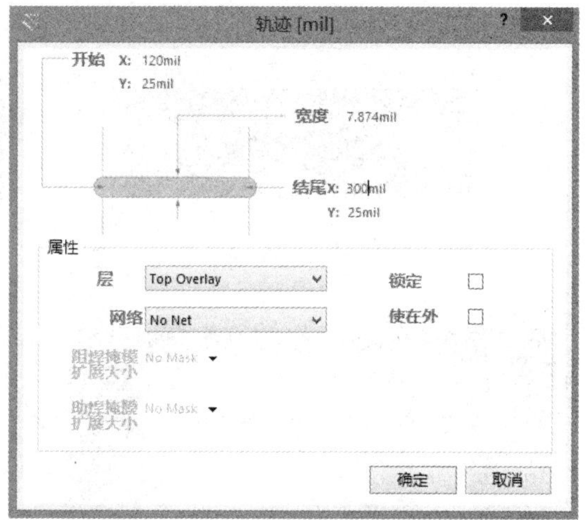

图 2-139　修改①号线设置

修改完成后，单击【确定】按钮确认修改。修改后的①号线如图 2-140 所示。

按照上述方式，修改③号线长度为 180mil，修改②、④、⑤号线长度为 80mil。修改后的②、③、④、⑤号线如图 2-141 所示。

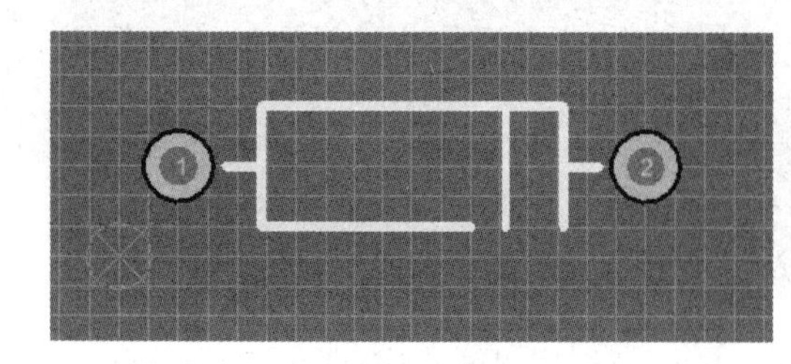

图 2-140　修改后的①号线

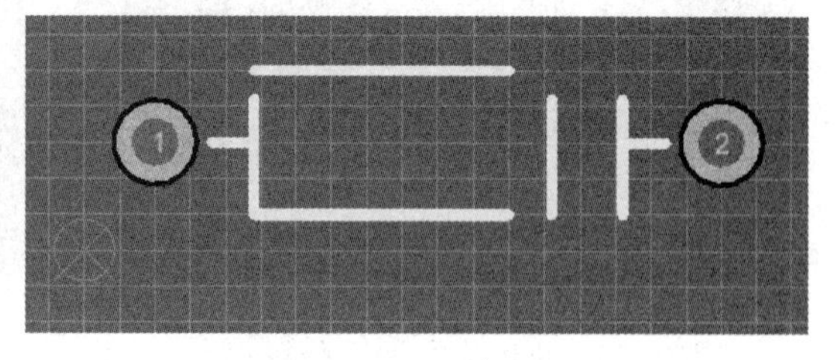

图 2-141　修改后的②、③、④、⑤号线

将③、④、⑤号线调整到合适位置，调整好的元器件封装如图 2-142 所示。为新建的元器件封装重新命名，如图 2-143 所示。

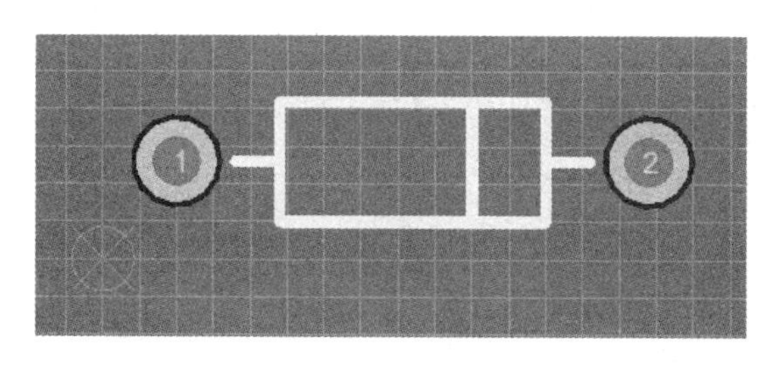

图 2-142　调整好的元器件封装

图 2-143　为新建的元器件重新命名

执行菜单命令【保存】，将 DO-35 封装保存到库文件中，如图 2-144 所示。

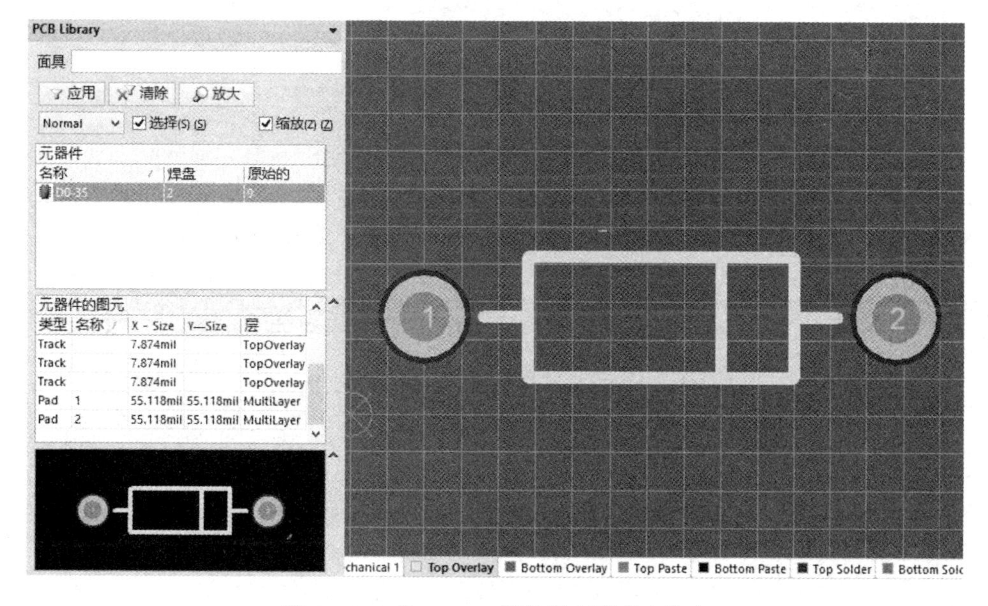

图 2-144　将 DO-35 封装保存到库文件中

【说明】 在 Altium Designer 中，其实是有 DO-35 这种封装形式的。选这个例子只是为了说明如何使用编辑的方式创建新的 PCB 库文件。

2.3　创建元器件集成库

Altium Designer 采用了集成库的概念。在集成库中，元器件不仅是代表元器件的原理图符号，还集成了相应的功能模块，如 Foot Print 封装、电路仿真模块、信号完整性分析模块等，甚至还可以加入设计约束。集成库具有便于移植和共享的特点，而且元器件与模块之间的连接具有安全性。集成库在编译过程中会检测错误，如引脚封装对应等。

执行菜单命令【文件】→【New】→【Project】，如图 2-145 所示。弹出【New Project】对话框，如图 2-146 所示，在 Project Types 列表中选择“Integrated Library”，在 Name 栏中输入“430F149”，在 Location 栏中设置保存路径。

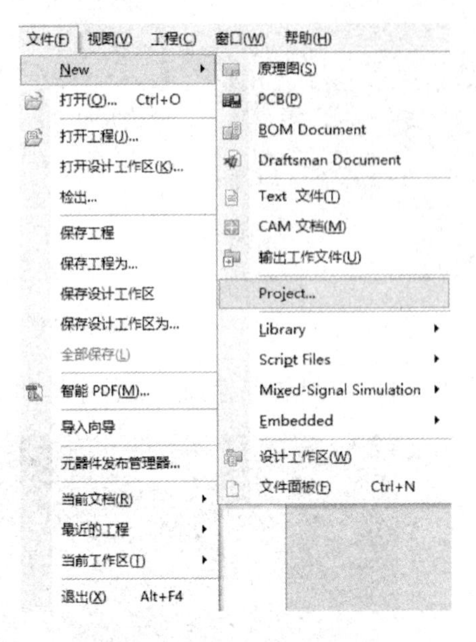

图 2-145 菜单命令【文件】→【New】→【Project】

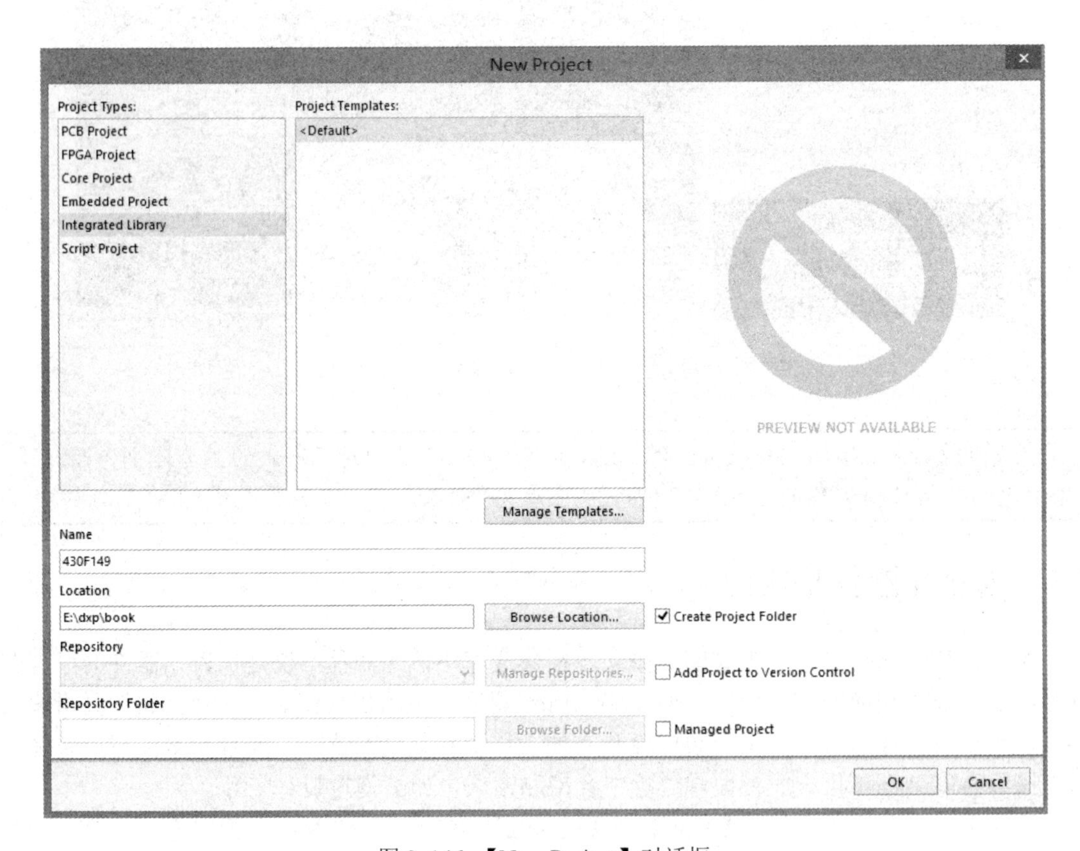

图 2-146 【New Project】对话框

单击【OK】按钮，建立 430F149 集成库项目，如图 2-147 所示。然后在 430F149 集成库项目中，添加新建原理图库文件和新建 PCB 库文件，如图 2-148 所示。

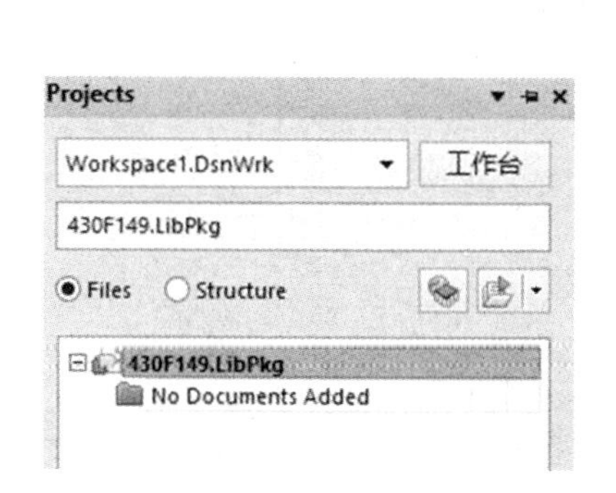

图 2-147　建立“430F149”集成库项目

图 2-148　添加新建原理图库文件和新建 PCB 库文件

参照如图 2-149 所示的 430F149 引脚，在原理图库文件中，绘制 430F149 单片机元器件，如图 2-150 所示。

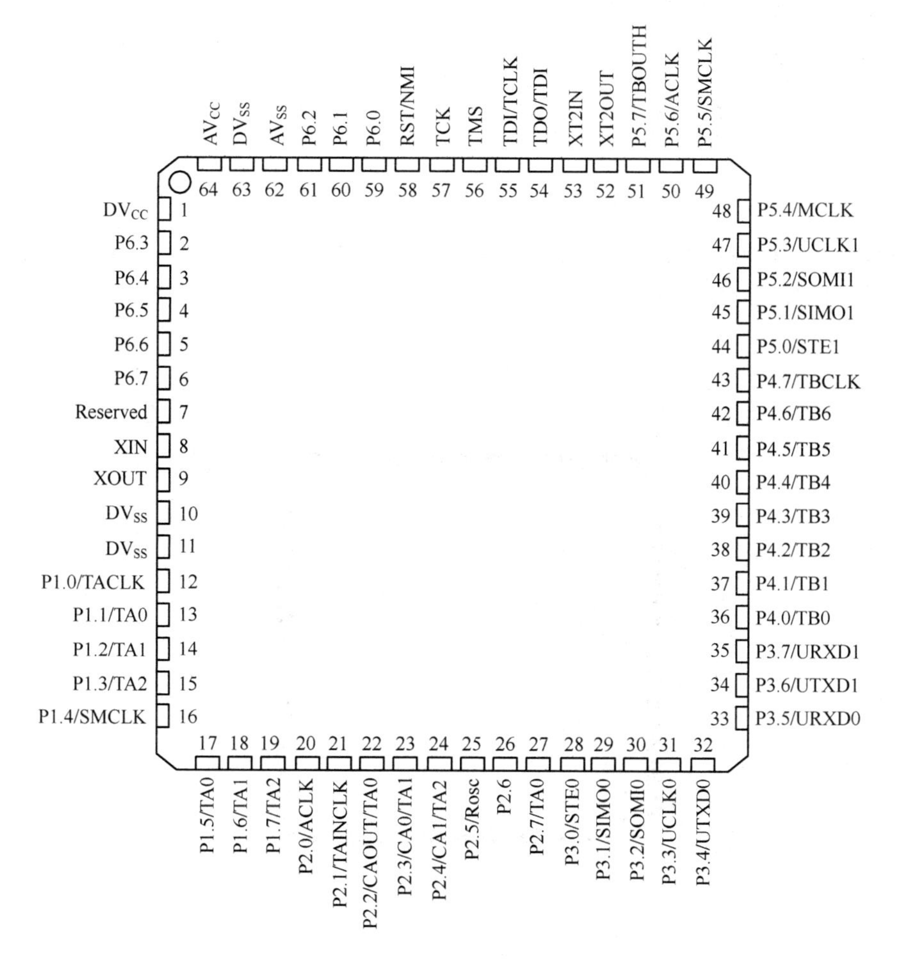

图 2-149　430F149 引脚

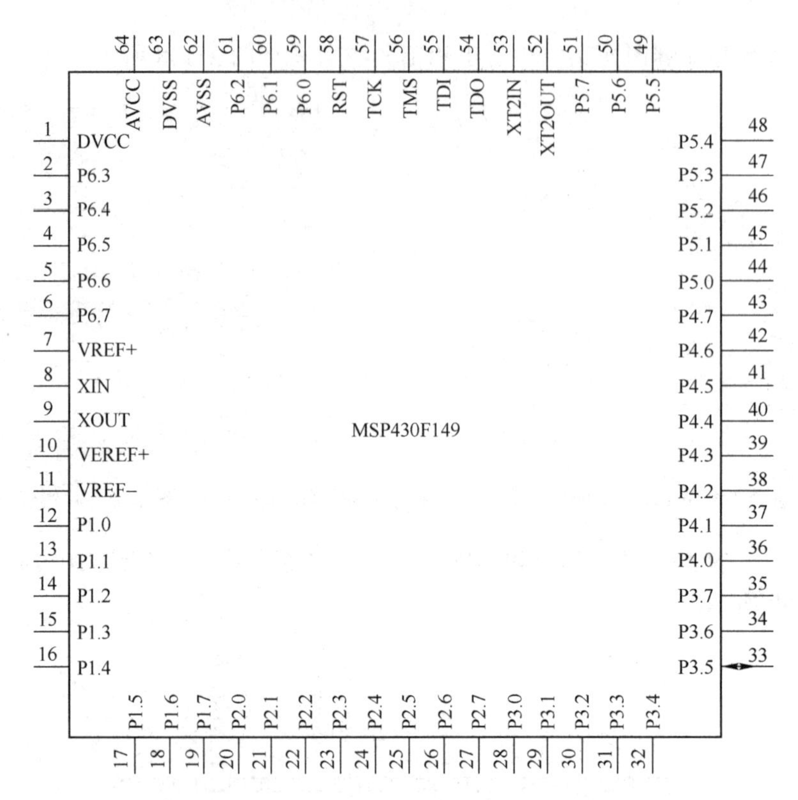

图 2-150　绘制 430F149 单片机元器件

绘制完毕后，保存原理图库文件，并切换到 PCB 库绘制环境下。在绘制 PCB 库前，先查阅 430F149 封装尺寸，如图 2-151 所示。

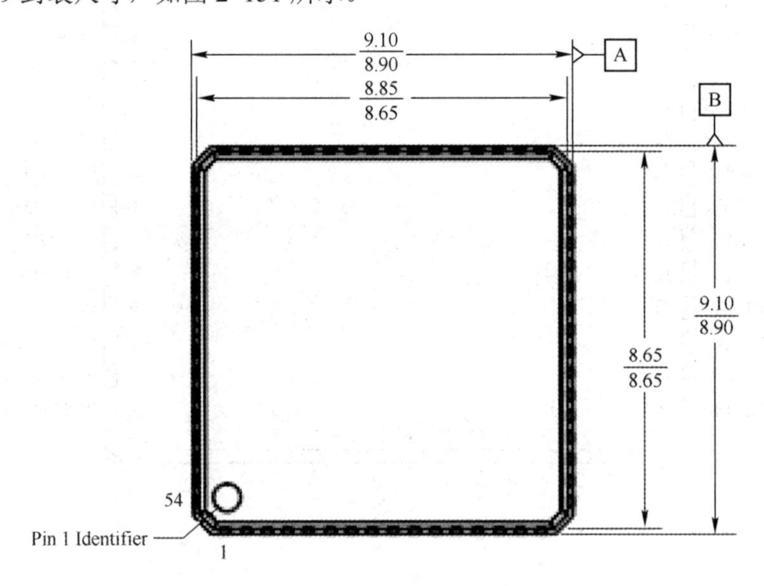

图 2-151　430F149 封装尺寸

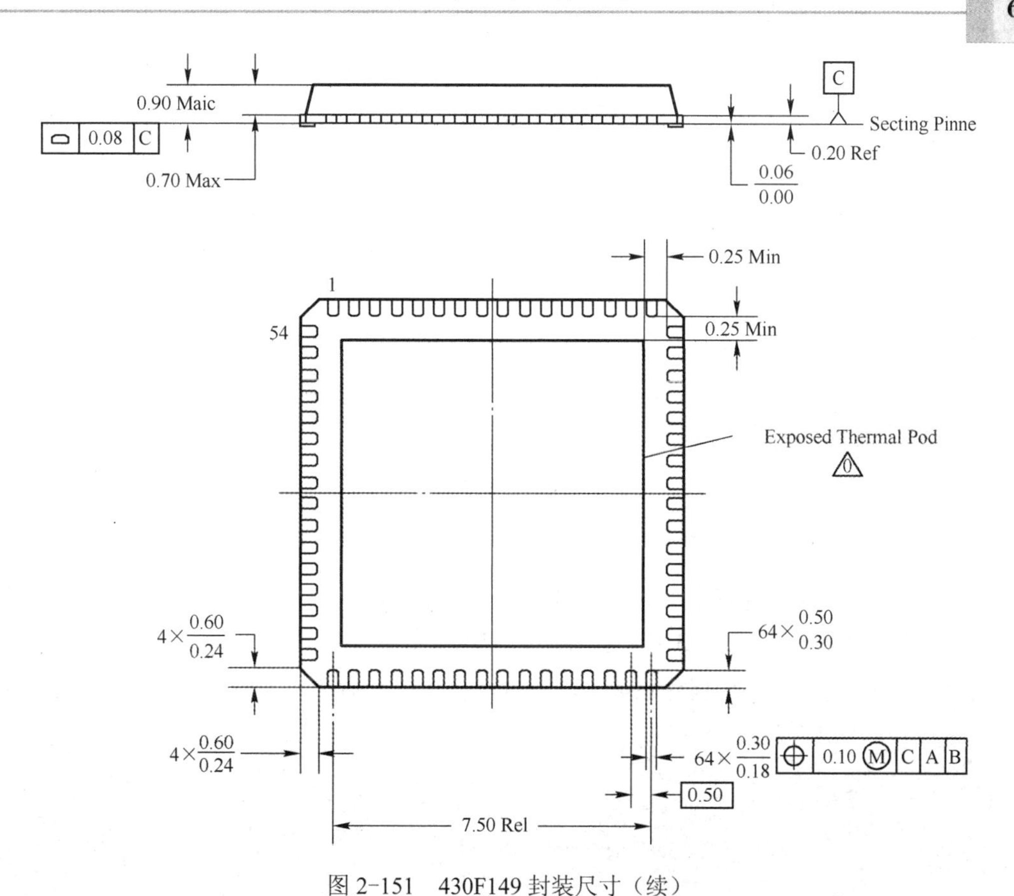

图 2-151　430F149 封装尺寸（续）

在 PCB 库编辑环境下，采用 PCB 元器件向导的方式建立 430F149 芯片的封装。执行菜单命令【工具】→【元器件向导】，弹出【Component Wizard】对话框，如图 2-152 所示，在此选择元器件的形状和单位。根据封装手册设置相关参数，完成封装的绘制，430F149 的 PCB 封装如图 2-153 所示。将 PCB 库文件与原理图库文件保存在同一路径下。

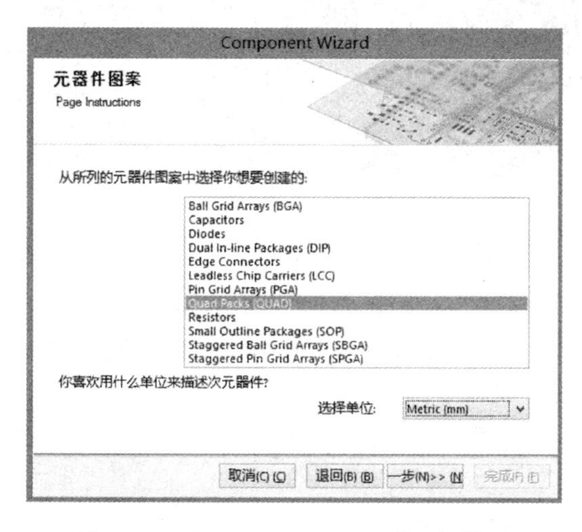

图 2-152　【Component Wizard】对话框

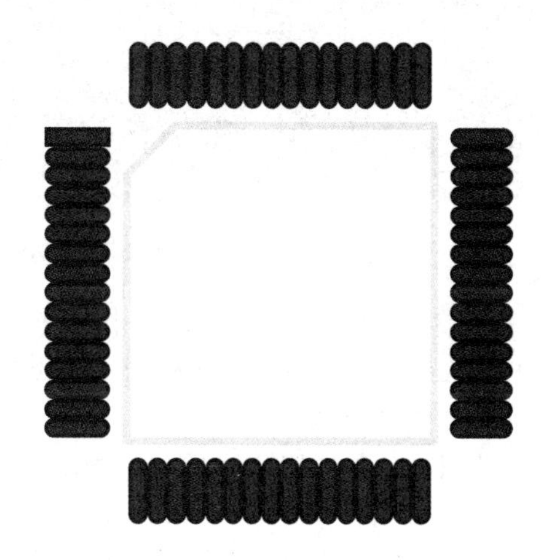

图 2-153　430F149 的 PCB 封装

执行菜单命令【文件】→【新建】→【库】→【PCB3D 库】，在集成库工程中，加入 PCB3D 库文件，如图 2-154 所示。在 PCB3D 库文件编辑环境下，执行菜单命令【工具】→【导入 3D 模型】，如图 2-155 所示。

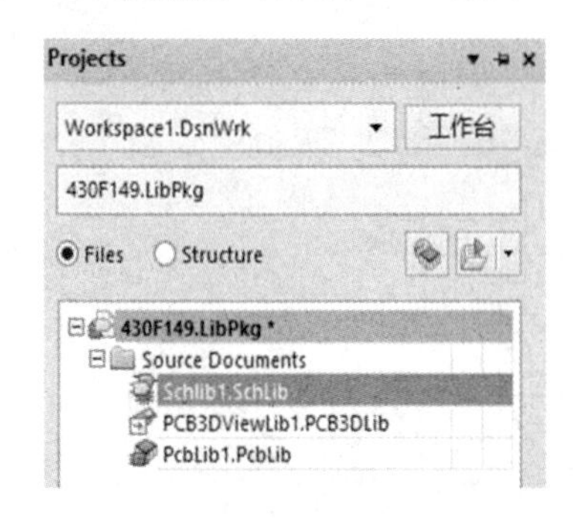

图 2-154 加入 PCB3D 库文件

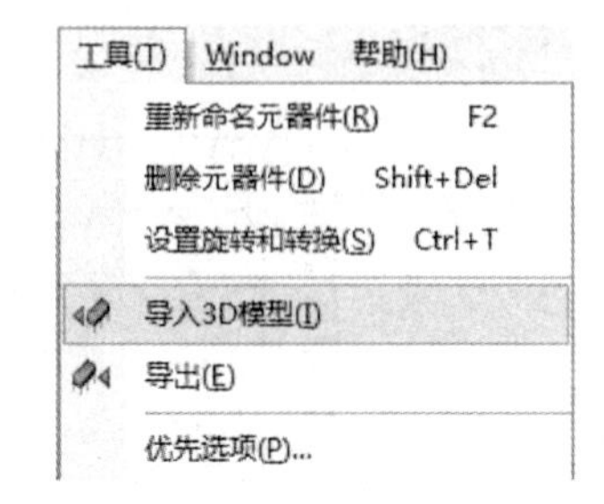

图 2-155 执行菜单命令【工具】→【导入 3D 模型】

在弹出的【导入文件】窗口中，选择 430F149 的 3D 模型（提前已通过 3D 制图软件建立完成，格式为 step）。导入的 3D 模型如图 2-156 所示。

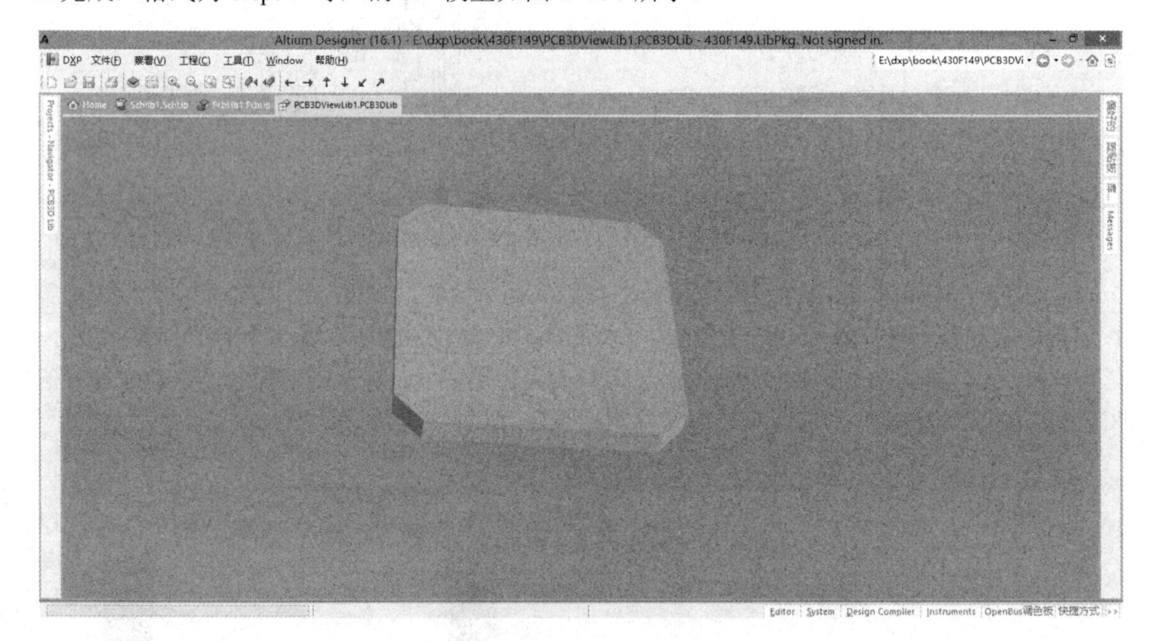

图 2-156 导入的 3D 模型

完成 3 个基本文件创建后，接下来将制作集成库。切换到原理图库编辑环境下，右击【SCH Library】窗口中元器件栏的【编辑】按钮，弹出【Library Component Properties】对话框，如图 2-157 所示。

单击【Add】按钮，弹出【添加新模型】对话框，如图 2-158 所示，选择模型种类为“Footprint”。

单击【确定】按钮，弹出【PCB 模型】对话框，如图 2-159 所示，单击【浏览】按钮，选择新建立的 430F149 的 PCB 封装，单击【inMap】按钮，查看或修改原理图库和 PCB 库元器件引脚的对应情况。

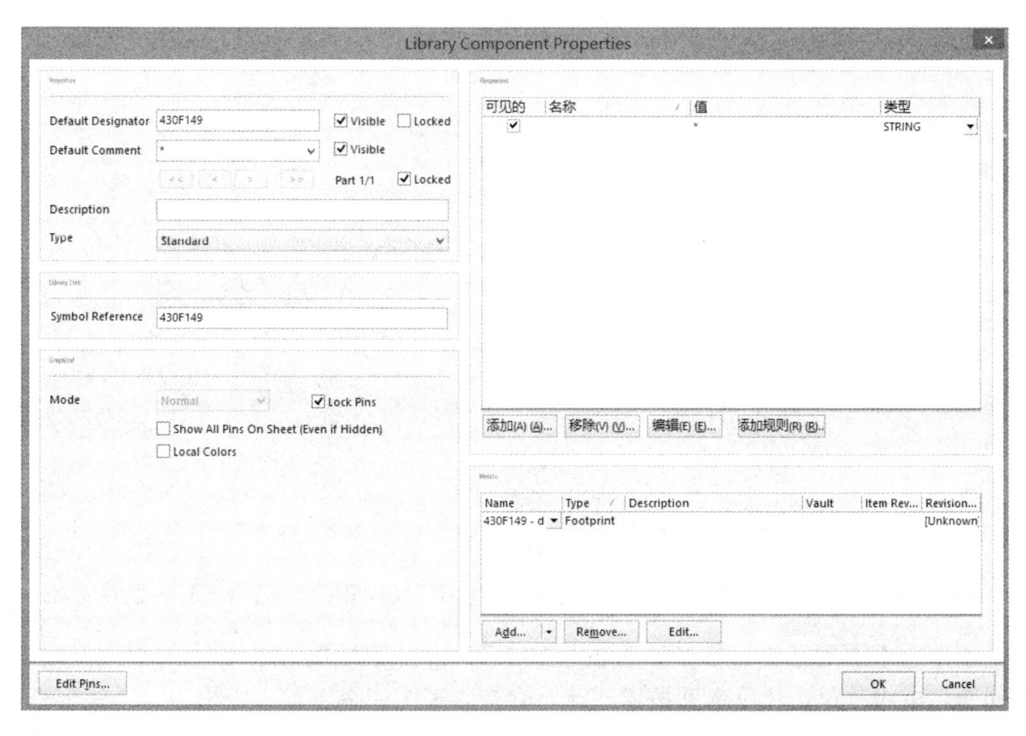

图 2-157 【Library Component Properties】对话框

图 2-158 【添加新模型】对话框

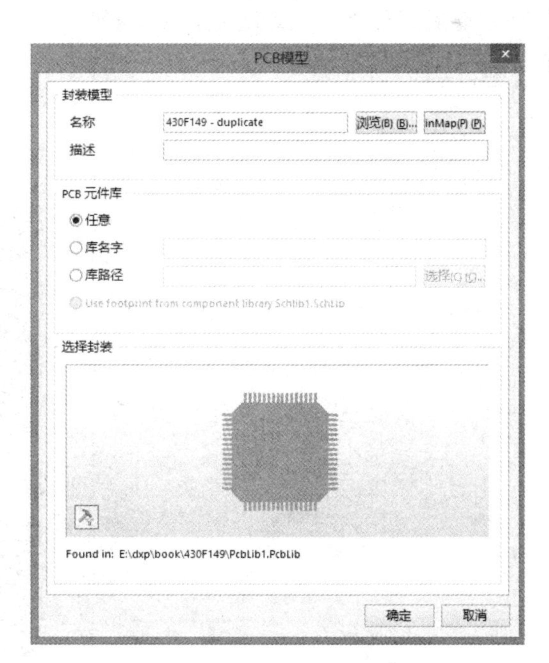

图 2-159 【PCB 模型】对话框

完成此操作后，在【SCH Library】窗口的模型栏中，出现所添加的封装形式，如图 2-160 所示。将 3D 模型添加到 PCB 封装中，切换到原理图库文件编辑环境下，执行菜单命令【放置】→【3D 元器件体】，如图 2-161 所示。

图 2-160　出现所添加的封装形式

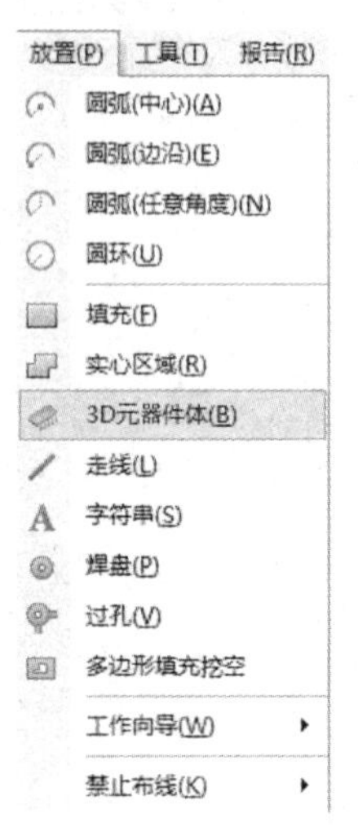

图 2-161　执行菜单命令【放置】→【3D 元器件体】

系统弹出【3D 体】对话框，如图 2-162 所示，并且导入 PCB3D 库中的 3D 模型自动加载在此对话框中，单击【确定】按钮，此时会在原理图库编辑窗口中出现一个矩形框，如图 2-163 所示。

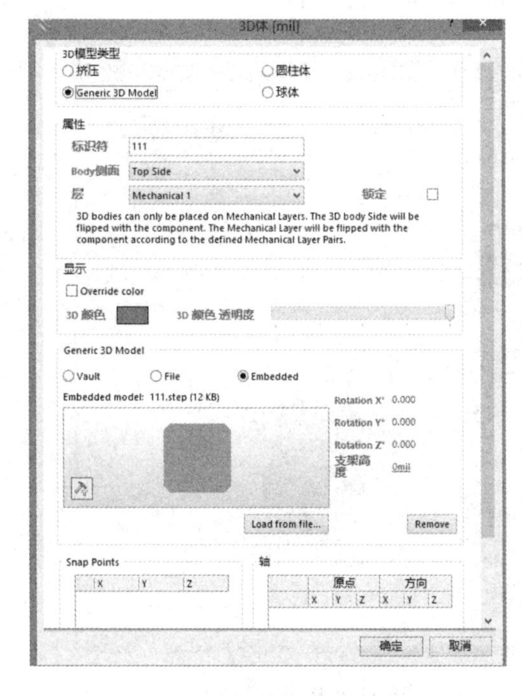

图 2-162　【3D 体】对话框

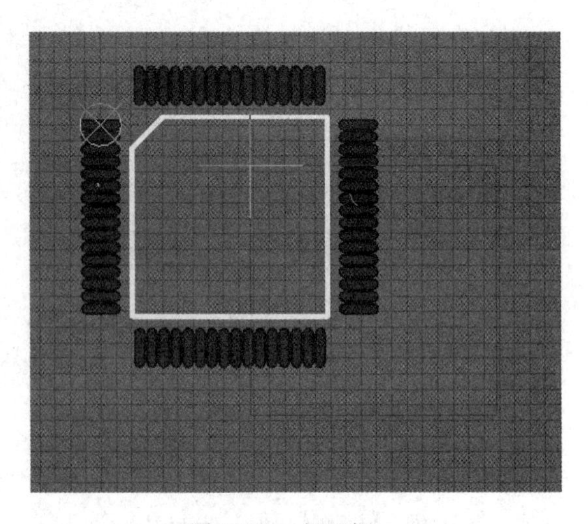

图 2-163　矩形框

选择合适的位置，单击即可完成放置操作，右击退出“放置 3D 体”模式，放置好的 3D 模型如图 2-164 所示。按数字键【3】，切换到“3D 显示”模式，如图 2-165 所示。

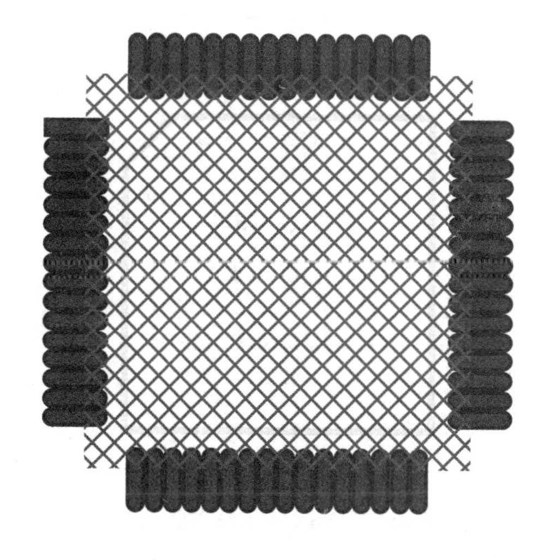

图 2-164　放置好的 3D 模型

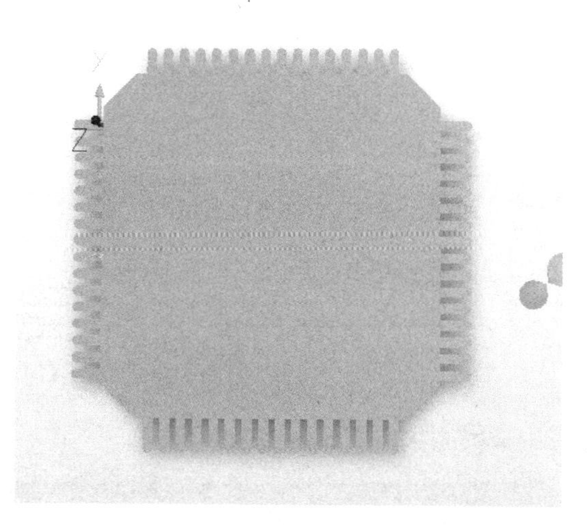

图 2-165　切换到“3D 显示”模式

3 个库文件相互建立联系，通过编译集成库的原始文件，便可生成集成库了。在【Projects】窗口中，右击“430F149.LibPkg”，弹出如图 2-166 所示的右键菜单。

图 2-166　右键菜单

执行菜单命令【Compile Integrated Library 430F149.LibPkg】后，查看【Messages】窗口，如图 2-167 所示，可见编译成功了。

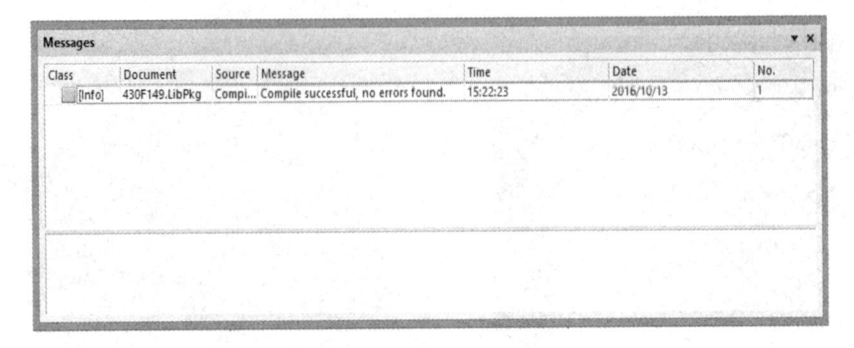

图 2-167 【Messages】窗口

编译好的集成库如图 2-168 所示。

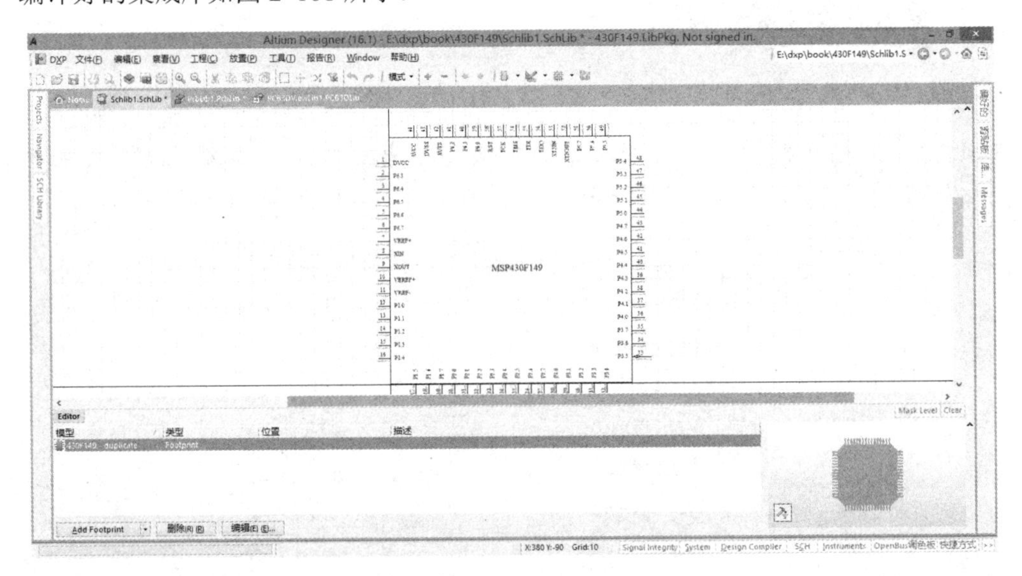

图 2-168 编译好的集成库

查看集成库保存路径，输出的文件如图 2-169 所示，其中包含了 430F149.IntLib 集成库文件。

图 2-169 输出的文件

加载 430F149.IntLib 集成库，如图 2-170 所示。

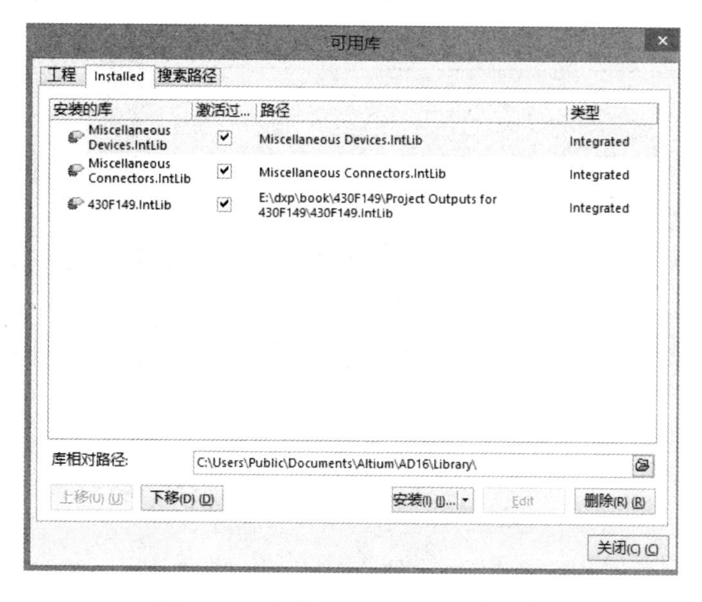

图 2-170　加载 430F149.IntLib 集成库

成功加载后，从库中搜索“430F149”，如图 2-171 所示，即可看到 430F149 的原理图、PCB 封装和 3D 模型。

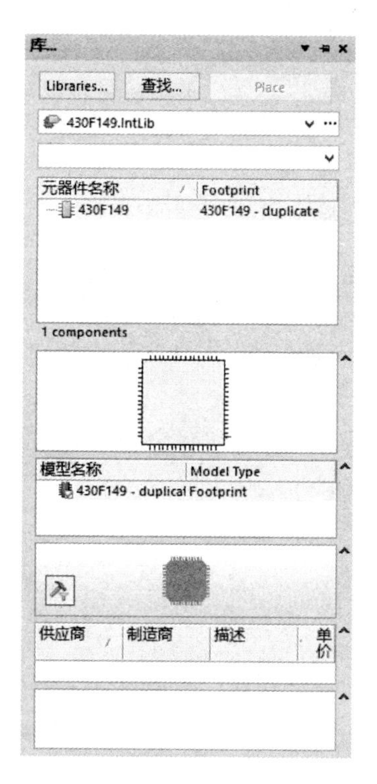

图 2-171　从库中搜索“430F149”

至此，已完成集成库的创建。可以根据此方法创建多个元器件，并将其集成在同一个集成库中，以便调用和编辑。

思考与练习

（1）创建新元器件有几种方法？

（2）Altium Designer 中提供的元器件引脚的类型有哪些？

（3）如何隐藏引脚？

（4）创建一个新的 51 单片机集成库文件，绘制新的元器件。

第3章　绘制电路原理图

3.1　绘制电路原理图的基本知识

1. 参数的设定

参数的设定一般采取默认设置，如果要改动参数，只要在软件安装时重新设定，便可一直沿用下去，这里有以下两种途径可以修改参数的设定。

（1）执行菜单命令【DXP】→【参数选择】，如图 3-1 所示。

（2）执行菜单命令【设计】→【文档选项】，如图 3-2 所示。

图 3-1　执行菜单命令【DXP】→【参数选择】

图 3-2　执行菜单命令【设计】→【文档选项】

执行菜单命令【DXP】→【参数选择】，弹出【参数选择】对话框，如图 3-3 所示，单击【Schematic】→【Graphical Editing】选项，不选中“添加模板到剪切板”复选框，这样就不会在复制所选电路时将图纸的图边、标题栏等也复制进去了。

图 3-3 【参数选择】对话框

2. Tab 键应用

放置元器件是绘制电路原理图时常见的操作。在放置元器件时，按【Tab】键可以更改元器件的参数，包括元器件的名称、大小和封装等。通常在一个原理图中会有相同的元器件，如果在放置元器件时用【Tab】键更改属性，那么对于其他相同元器件的属性，系统也会自动更改，特别是更改元器件的名称和封装形成的情况，这样不仅很方便，还会减少不必要的错误，如元器件的属性忘记更改等。如果等放完元器件再统一更改属性，这样既费时，又费力，还容易出现错误。

3. 元器件的创建与放置

可利用元器件库浏览器放置元器件，对于元器件库内未包括的元器件，用户要自己创建。在创建元器件时，一定要在工作区的中央（0，0）处（即十字形的中心）绘制元器件，否则在原理图中放置制作的元器件时，可能会出现光标总是与要放置的元器件相隔很远的现象。

在 Protel 中画原理图时，有时一不小心，使元器件（或导线）掉到了图纸外面，却怎么也清除不了。这是由于 Protel 在原理图编辑状态下，不能同时用鼠标选中工作面内外的元器件。而使用 Altium Designer 绘制原理图时就不会出现这种问题，这是因为在 Altium Designer

中不允许在图纸边界外放置元器件或进行电路连接。

元器件放置好后，最好及时设置好其属性，若找不到其相应的封装形式，也要及时为其创建适当的封装形式。

在 Protel 中绘制原理图时，对于已完成连接的元器件，拖动它时发现连接线就会断开。为了解决这一问题，Altium Designer 提供了“橡皮筋”功能，即拖曳完成连接的元器件不会发生断线。这一功能在【Preferences】中进行设置。

执行菜单命令【DXP】→【参数选择】，在弹出的【参数选择】对话框中，单击【Schematic】→【Graphical Editing】选项，选中“一直拖拉”复选框，如图 3-4 所示。

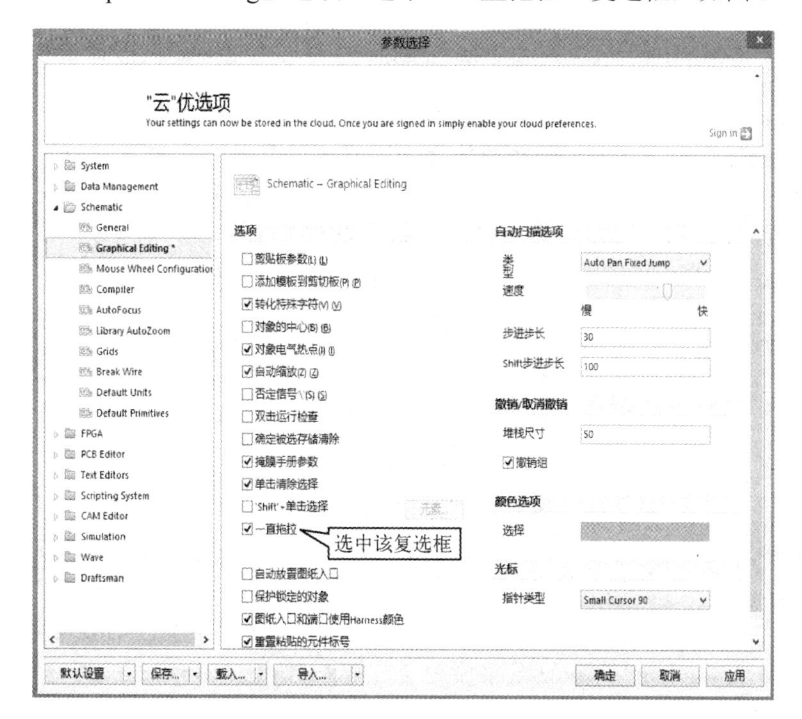

图 3-4 选中“一直拖拉”复选框

4. 元器件封装

元器件封装是指实际元器件焊接到电路板时所显示的外观和焊点的位置，是纯粹的空间概念。因此不同的元器件可用同一元器件封装，同种元器件也可有不同的元器件封装。例如，电阻有传统的针插式，这种元器件体积较大，电路板必须钻孔才能放置元器件，完成钻孔后，插入元器件，再过锡炉或喷锡（也可手焊），成本较高，较新的设计都是采用体积小的表面贴片式元器件（SMD），这种元器件不必钻孔，用钢模将半熔状锡膏倒入电路板，再把 SMD 元器件放上，即可焊接在电路板上。

5. 原理图布线

根据设计目标进行布线。布线应该用原理图工具栏上的 Wiring Tools，不要误用了 Drawing Tools。Wiring Tools 包含有电气特性，而 Drawing Tools 不具备电气特性，会导致原理图出错。

利用网络标签（Net Label）进行原理图布线。网络标签表示一个电气连接点，具有相同网络标签的元器件表明是电气连接在一起的。虽然网络标签主要用于层次式电路或多重式电路中各模块电路之间的连接，但在同一张普通的原理图中也可使用网络标签，可通过命名相同的网络标签使它们在电气上属于同一网络（即连接在一起），从而不用电气接线就实现了各引脚之间的连接，使原理图简洁明了，不易出错，这不但简化了设计，还提高了设计速度。

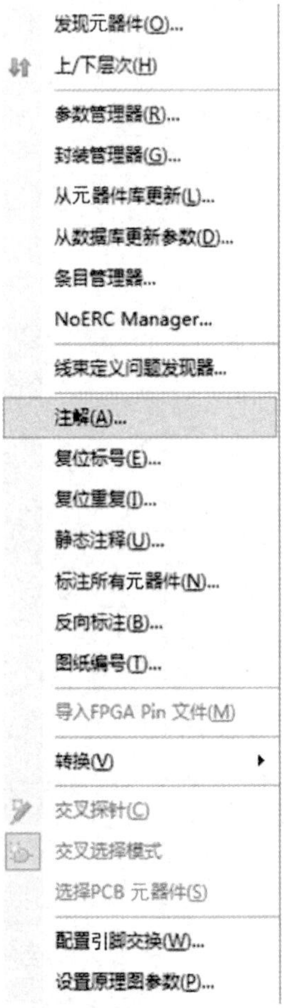

在设计中，有时会发生 PCB 图与原理图不相符，有一些网络没有连上的问题。这种问题的根源在原理图上。原理图的连线看上去是连上了，实际上没有连上。由于画线不符合规范，而导致生成的网络表有误，从而 PCB 图出错。

不规范的连线方式主要有：

☺ 超过元器件的端点连线。

☺ 连线的两部分有重复。

解决方法是在画原理图连线时，应尽量做到：

☺ 在元器件端点处连线。

☺ 元器件连线尽量一线连通，避免采用直接将其端点对接上的方法来实现。

6．元器件编号

当电路较复杂或元器件的数目较多时，用手动编号的方法不仅慢，而且容易出现重号或跳号。重号的错误会在 PCB 编辑器中载入网络表时表现出来，跳号也会导致管理不便，所以 Altium Designer 提供了很好的元器件自动编号功能加以解决，即执行菜单命令【注解】，如图 3-5 所示。

发现元器件(O)...
上/下层次(H)
参数管理器(R)...
封装管理器(G)...
从元器件库更新(L)...
从数据库更新参数(D)...
条目管理器...
NoERC Manager...
线束定义问题发现器...
注解(A)...
复位标号(E)...
复位重复(I)...
静态注释(U)...
标注所有元器件(N)...
反向标注(B)...
图纸编号(T)...
导入FPGA Pin 文件(M)
转换(V)
交叉探针(C)
交叉选择模式
选择PCB 元器件(S)
配置引脚交换(W)...
设置原理图参数(P)...

图 3-5 执行菜单命令【注解】

7．层次电路图

在 Altium Designer 中，提供了一个很好的项目设计工作环境。项目主管的主要工作是将整张原理图划分为各个功能模块。这样，由于网络的应用，整张项目可以分层次进行并行设计，使得设计进程大大加快。

层次设计的方法为用户将系统划分为多个子系统，子系统下面又可以划分为若干功能模块，功能模块又可以再细划分为若干基本模块。设计好基本模块，定义好模块之间的连接关系，即可完成整个电路的设计过程。设计时，用户可以从系统开始逐级向下进行，也可以从基本的模块开始逐级向上进行，调用的原理图可以重复使用。

8．网络表

Altium Designer 能提供电路图中的相关信息，如元器件表、阶层表、交叉参考表、ERC

表和网络表等，其中最重要的还是网络表。网络表是连接原理图和 PCB 的桥梁，网络表正确与否直接影响着 PCB 的设计。对于复杂方案的设计文件，产生正确的网络表更是设计的关键。

网络表的格式很多，通常为 ACLII 文本文件。网络表的内容主要为原理图中各元器件的数据及元器件之间网络连接的数据。Altium Designer 格式的网络表分两部分：第一部分为元器件定义；第二部分为网络定义。

由于网络表是纯文本文件，所以用户可以利用一般的文本文件编辑程序自行建立或修改存在的网络表。当用手工方式编辑网络表时，在保存文件时必须以纯文本格式保存。

3.2 绘制电路原理图的原则及步骤

根据设计需要选择合适的元器件，并将所选用的元器件及其相互之间的连接关系明确地表达出来，这就是原理图的设计过程。

绘制电路原理图时，不仅要保证电路原理图的电气连接正确、信号流向清晰，还应使元器件的整体布局合理、美观、精简。

绘制电路原理图的流程如图 3-6 所示。

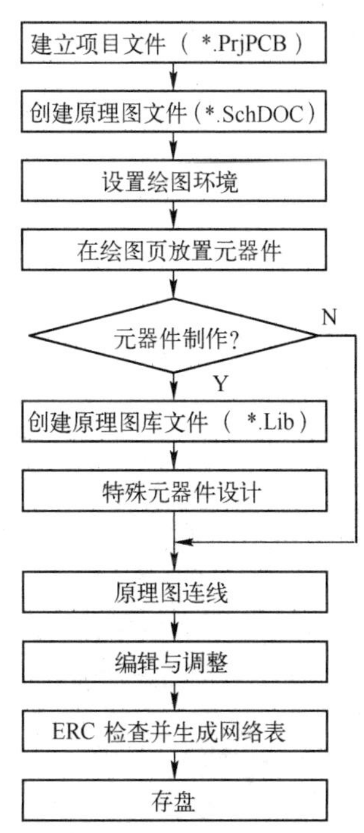

图 3-6　绘制电路原理图的流程

3.3 原理图编辑环境

1．创建原理图文件

为了保证设计的顺利进行和便于管理，建议在进行电路设计前，先选择合适的路径建立一个专属于该项目的文件夹，专门用于存放和管理该项目所有的相关设计文件。

创建原理图文件的操作步骤如下。

（1）执行菜单命令【文件】→【New】→【Projects】，如图 3-7 所示。打开的【Projects】对话框如图 3-8 所示，系统创建一个默认名为“PCB_Project.PrjPCB”的项目。

（2）在“PCB_Project.PrjPCB”工程名上右击，在弹出的菜单中选择【保存工程为】，然后根据需求将工程重命名。

（3）再次右击工程名，在弹出的菜单中选择【给工程添加新的】→【Schematic】，则在该项目中添加了一个新的空白原理图文件（系统默认名为“Sheet1.SchDoc”），同时打开了原理图编辑环境。添加的“Sheet1.SchDoc”原理图文件如图 3-9 所示。在该文件名称上右击，在弹出的菜单中选择【保存为】，可对其进行重命名。

2．原理图编辑环境

原理图编辑环境主要由菜单栏、标准工具栏、布线工具栏、实用工具栏、原理图编辑窗口、仿真工具栏、元器件库面板和面板控制中心等组成。原理图编辑环境的组成如图 3-10 所示。

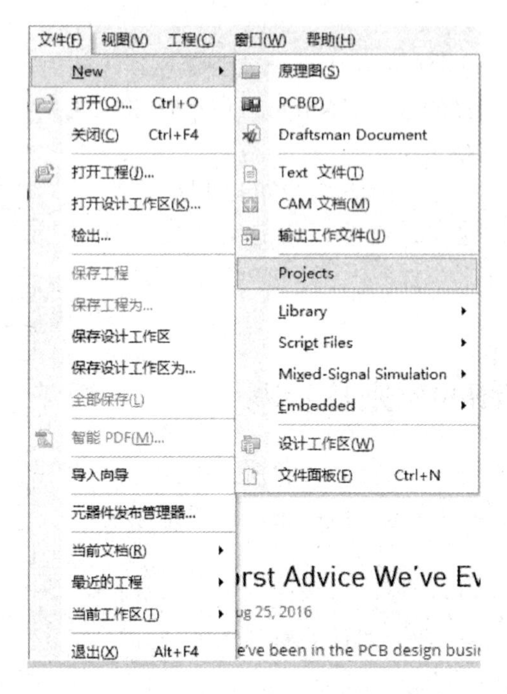

图 3-7 执行菜单命令【文件】→【New】→【Projects】

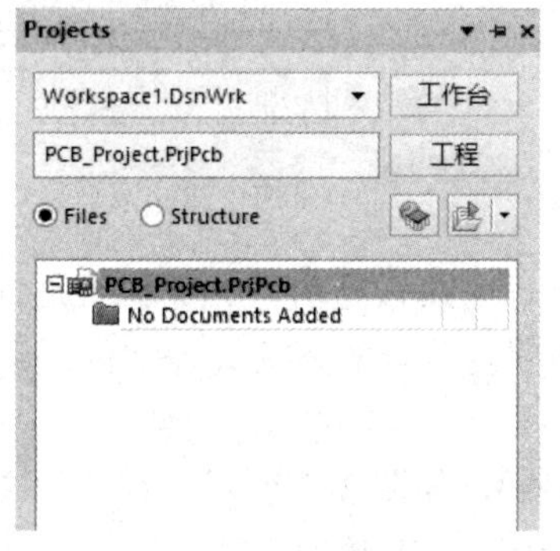

图 3-8 【Projects】对话框

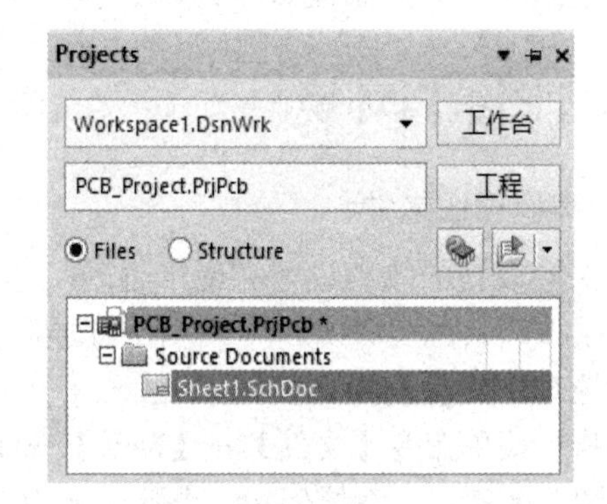

图 3-9 添加的“Sheet1.SchDoc”原理图文件

1）菜单栏

Altium Designer 系统在处理不同类型文件时，其菜单栏内容会发生相应的变化。在原理图编辑环境中，菜单栏如图 3-11 所示。

2）标准工具栏

标准工具栏用于完成对文件的操作，如打印、复制、粘贴和查找等。标准工具栏如图 3-12 所示。

3）布线工具栏

布线工具栏主要用于放置原理图中的元器件、电源、地、端口、图纸符号和网络标签等，同时也给出了元器件之间的连线和总线绘制的工具按钮。布线工具栏如图 3-13 所示。

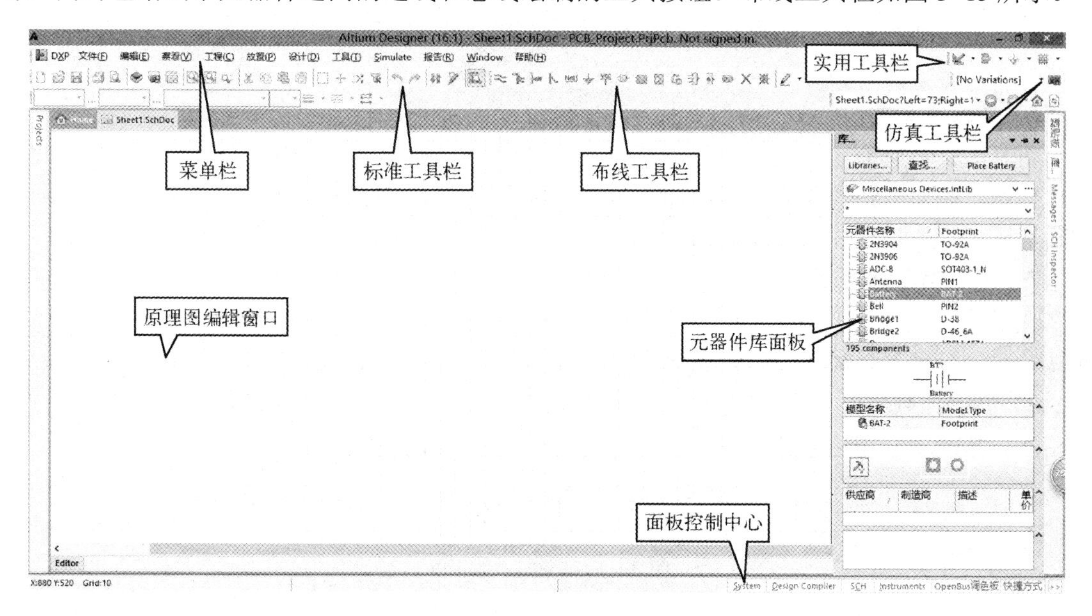

图 3-10　原理图编辑环境的组成

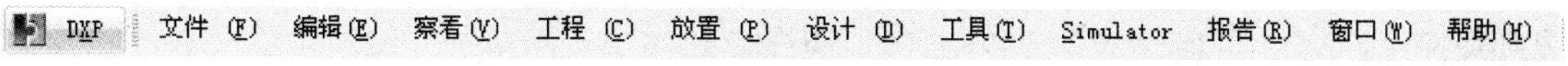

DXP　文件(F)　编辑(E)　察看(V)　工程(C)　放置(P)　设计(D)　工具(T)　Simulator　报告(R)　窗口(W)　帮助(H)

图 3-11　菜单栏

图 3-12　标准工具栏

4）实用工具栏

实用工具栏包括实用工具箱、排列工具箱、电源工具箱和栅格工具箱。实用工具栏如图 3-14 所示，从左向右依次为实用工具箱、排列工具箱、电源工具箱和栅格工具箱。

☺ 实用工具箱：用于在原理图中绘制所需要的标注信息（不代表电气联系）。
☺ 排列工具箱：用于对原理图中的元器件位置进行调整、排列。
☺ 电源工具箱：给出原理图绘制中可能用到的各种电源。
☺ 栅格工具箱：用于完成对栅格的操作。

图 3-13　布线工具栏 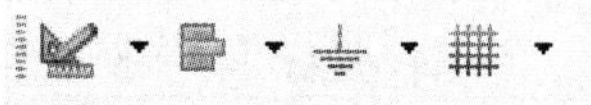　　　　图 3-14　实用工具栏

5）原理图编辑窗口

在原理图编辑窗口中，用户可以绘制一个新的电路原理图，并完成该设计的元器件放置，以及元器件之间的电气连接等工作，也可以在原有的电路原理图中进行编辑和修改。该

编辑窗口是由一些栅格组成的，这些栅格可以帮助用户对元器件进行定位。按住【Ctrl】键调节鼠标滑轮或者按住鼠标滑轮前后移动鼠标，即可对该窗口进行放大或缩小，方便用户的设计。

6）仿真工具栏

仿真工具栏具有运行混合信号仿真、设置混合信号仿真参数、生成 XPICE 网络表几个工作按钮。在原理图绘制完成后，通过该工具栏对原理图进行必要的仿真，以确保原理图的准确性，减少电子设计的开发周期。

7）元器件库面板

在绘制原理图的过程中，通过使用元器件库面板，可以方便地完成对元器件库的操作，如搜索选择元器件、加载或卸载元器件库、浏览库中的元器件信息等。

8）面板控制中心

面板控制中心是用来开启或关闭各种工作面板的。面板控制中心如图 3-15 所示。

System	Design Compiler	SCH	Instruments	OpenBus调色板	快捷方式	>>

图 3-15　面板控制中心

该面板控制中心与集成开发环境中的面板控制中心相比，增加了一项【SCH】标签页。这个标签页可以用来开启或关闭原理图编辑环境中的过滤波（Filter）面板、检查器（Inspector）面板、列表（List）面板及图纸面板等。

3．原理图图纸的设置

为了更好地绘制电路原理图并达到绘制的要求，要对原理图图纸进行相应的设置，包括图纸参数设置和图纸信息设置。

1）图纸参数设置

进入电路原理图编辑环境后，系统会给出一个默认的图纸相关参数，但在多数情况下，这些默认的参数不符合用户的要求，如图纸的尺寸大小。用户应当根据所设计的电路复杂度来对图纸的相关参数进行重新设置，为设计创造最优的环境。

下面就给出如何改变新建原理图图纸的大小、方向、标题栏、颜色和栅格大小等参数的方法。

在新建的原理图文件中，执行菜单命令【文档选项】，如图 3-16 所示，则会打开【文档选项】对话框，如图 3-17 所示。

可以看到，图 3-17 中有【方块电路选项】、【参数】和【单位】等标签页。【方块电路选项】标签页主要用于设置图纸的大小、方向、标题栏和颜色等参数。

☺ 单击标准风格栏右边的下拉按钮，在下拉列表中可以选择系统给出的标准图纸尺寸，如图 3-18 所示，有公制图纸尺寸（A0 ~ A4）、英制图纸尺寸（A ~ E）、OrCAD 标准尺寸（OrCAD A ~ OrCAD E），还有一些其他风格尺寸（如 Letter、Legal、Tabloid）等。

☺ 单击自定义风格区域中的【从标准更新】按钮，即可对当前编辑窗口中的图纸尺寸进行更新。若选中该区域中的“使用自定义风格”复选框，则可以在 5 个文本编辑框中分别输入自定义的图纸尺寸，包括定制宽度、定制高度、X 区域计数、Y 区域计数和刃带宽。自定义风格区域如图 3-19 所示。

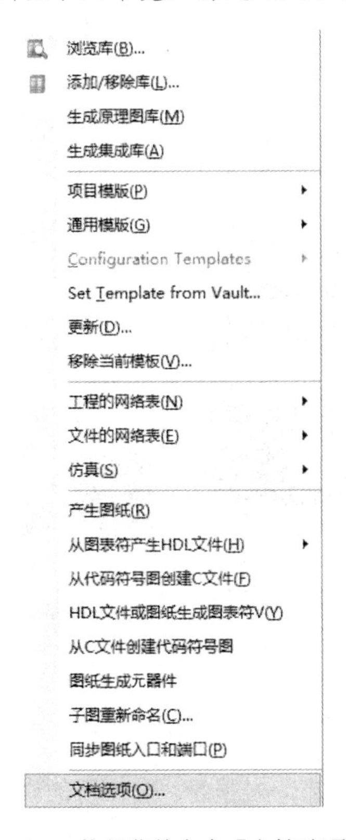

图 3-16 执行菜单命令【文档选项】

图 3-17 【文档选项】对话框

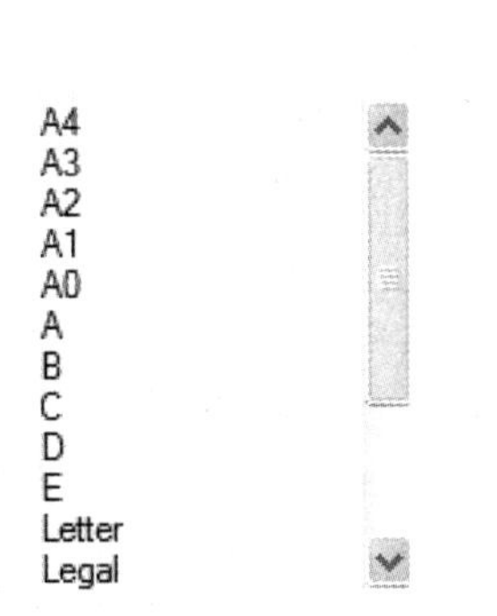

图 3-18 系统给出的标准图纸尺寸

图 3-19 自定义风格区域

【文档选项】对话框左侧的选项区域如图 3-20 所示。

☺ 单击定位右侧的下拉按钮，可设置图纸的放置方向，系统提供了两种选择，即 Landscape（横向）或 Portrait（纵向）。

☺ 单击“标题块”复选框右侧的下拉按钮，可对明细表即标题栏的格式进行设置，系统提供两种选择：Standard（标准格式）和 ANSL（美国国家标准格式）。选中“标题块”复选框后，相应的方块电路数量空间文本编辑栏也被激活。

☺ 单击选项区域中的板的颜色或方块电路颜色的颜色框条，则会打开【选择颜色】对话框，如图 3-21 所示。

图 3-20 选项区域

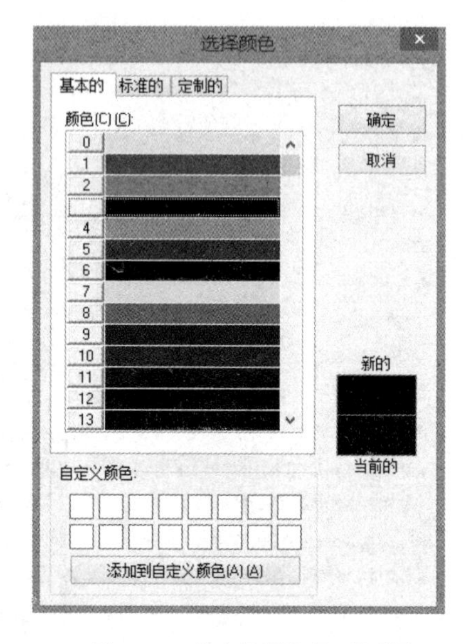

图 3-21 【选择颜色】对话框

在图 3-21 中，提供了 3 种颜色的设置方式。单击要选定的颜色，会在新的栏中显示出来，然后单击【确定】按钮，即可完成相应颜色的设置。

在选项区域中，还提供了以下几种复选框。

☺ 显示零参数：选中该复选框，图纸会显示边框中的参考坐标。

☺ 显示边界：选中该复选框，编辑窗口中会显示图纸边框。

☺ 显示绘制模版：选中该复选框，编辑窗口中会显示模板上的图形和文字等。

在【文档选项】对话框的栅格区域，可对栅格进行具体的设置。

☺ 捕捉：光标每次移动时的距离大小。

☺ 可见的：在图纸上可以看到的栅格大小。

☺ 使能：选中该复选框，意味着启动了系统自动寻找电气节点功能。

栅格方便了元器件的放置和线路的连接，用户可以轻松地完成排列元器件和布线的整齐化，极大地提高了设计速度和编辑效率。设定的栅格值不是一成不变的，在设计过程中执行菜单命令【察看】→【栅格】，可以在弹出的菜单中随意地切换 3 种网格的启用状态，或者重新设定捕获栅格的栅格范围。【栅格】菜单如图 3-22 所示。

☺ 单击【更改系统字体】按钮，则会打开相应的【字体】对话框，如图 3-23 所示，可对原理图中所用的字体进行设置。

所有参数设置完成后，单击【文档选项】对话框中的【确定】按钮即可关闭【文档选项】对话框。

循环跳转栅格 (G)　G
循环跳转栅格（反向）(R)　Shift+G
切换可视栅格 (V)　Shift+Ctrl+G
切换电气栅格 (E)　Shift+E
设置跳转栅格 (S)...

图 3-22 【栅格】菜单

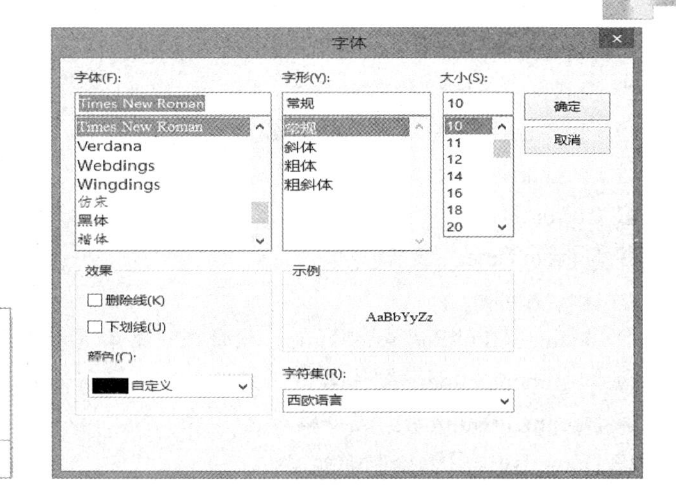

图 3-23 【字体】对话框

2）图纸信息设置

图纸的信息记录了电路原理图的信息和更新记录，这项功能可以使用户更系统、更有效地对电路图纸进行管理。

在【文档选项】对话框中，打开【参数】标签页，如图 3-24 所示，即可看到图纸信息设置的具体内容。

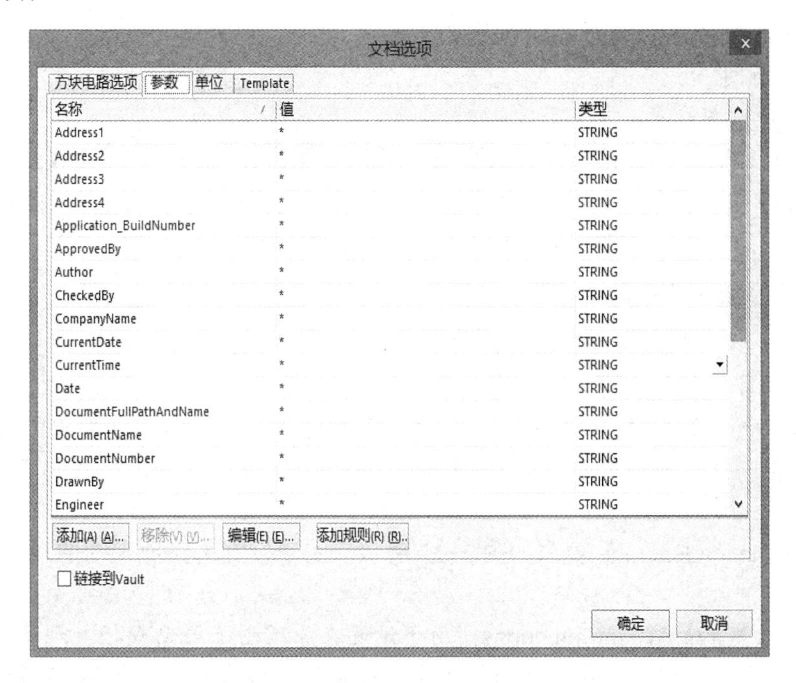

图 3-24 【参数】标签页

☺ Address 1、Address 2、Address 3、Address 4：设计者的通信地址。

☺ Application_BuildNumber：应用标号。

☺ ApprovedBy：项目负责人。
☺ Author：图纸设计者姓名。
☺ CheckedBy：图纸检验者姓名。
☺ CompanyName：设计公司名称。
☺ CurrentDate：当前日期。
☺ CurrentTime：当前时间。
☺ Date：日期。
☺ DocumentFullPathAndName：项目文件名和完整路径。
☺ DocumentName：文件名。
☺ DocumentNumber：文件编号。
☺ DrawnBy：图纸绘制者姓名。
☺ Engineer：设计工程师。
☺ ImagePath：影像路径。
☺ ModifiedDate：修改日期。
☺ Orgnization：设计机构名称。
☺ Revision：设计图纸版本号。
☺ Rule：设计规则。
☺ SheetNumber：电路原理图编号。
☺ SheetTotal：整个项目中原理图总数。
☺ Time：时间。
☺ Title：原理图标题。

双击某项待设置的设计信息或在选中某项待设置的设计信息后，单击【编辑】按钮则会打开相应的【参数属性】对话框，如图 3-25 所示，则可在值文本编辑栏内输入具体信息值。当设置完成后，单击【确定】按钮即可关闭【参数属性】对话框。

4．原理图系统环境参数的设置

原理图系统环境参数的设置是原理图设计过程中重要的一步，用户根据个人的设计习惯，设置合理的环境参数，将会大大提高设计的效率。

执行菜单命令【DXP】→【Preferences】，或者右击编辑窗口，在弹出的菜单中执行菜单命令【选项】→【设置原理图参数】，如图 3-26 所示，将会打开原理图的【参数选择】对话框。

（1）【Schematic-General】窗口如图 3-27 所示，用于设置电路原理图的环境参数。

☺ 选项

  ✧ Break Wires At Autojunctions：用于设置在原理图上拖动或插入元器件时，该元器件与其相连接的导线一直保持直角。若不选中该复选框，则在移动元器件时，该元器件与其导线可以为任意的角度。
  ✧ Optimize Wires Buses：用于设置在导线和总线连接时，防止各种电气连线和非电气连线的相互重叠。

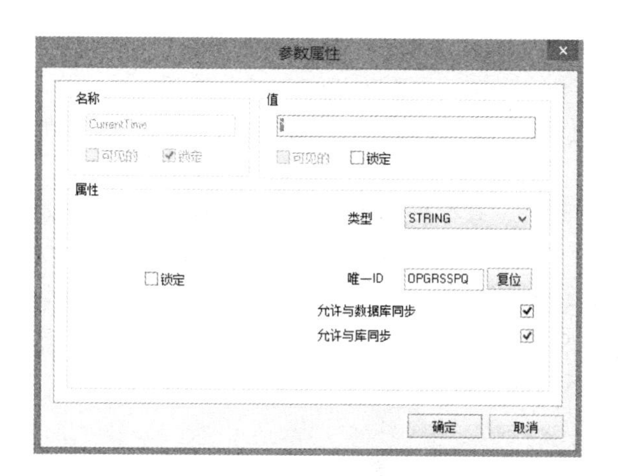

图 3-25 【参数属性】对话框

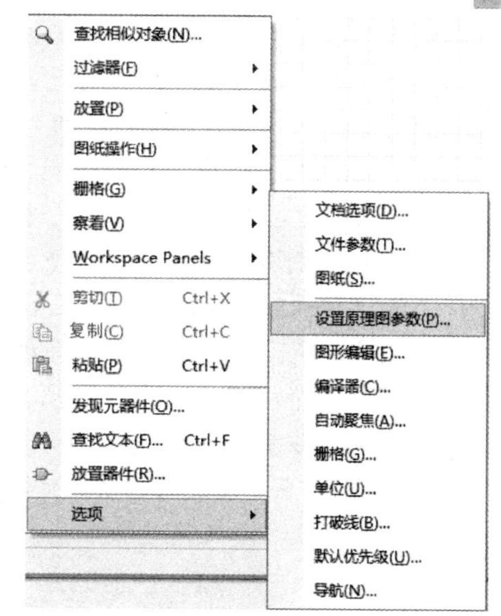

图 3-26　执行菜单命令【选项】→【设置原理图参数】

图 3-27 【Schematic-General】窗口

✧ 元器件割线：若选中“Optimize Wires Buses”复选框后，则“元器件割线”复选框也呈现可选状态，用于设置当放置一个元器件到原理图导线上时，则该导线将被分割为两段，并且导线的两个端点分别自动与元器件的两个引脚相连。

✧ 使能 In-Place 编辑：用于设置在编辑原理图中的文本对象时诸如元器件的序号、注释等信息，可以双击后直接进行编辑、修改，而不必打开相应的对话框。

✧ Ctrl+双击打开图纸：用于设置按下【Ctrl】键并双击原理图中的子图或元器件即可打开该原理图子图或选中元器件。

✧ 转换交叉点：用于设置在 T 字连接处增加一段导线形成 4 个方向的连接时，会自动产生两个相邻的三向连接点。选中“转换交叉点”复选框时的情况如图 3-28 所示。若没有选中该复选框，则形成两条交叉且没有电气连接的导线。未选中“转换交叉点”复选框的情况如图 3-29 所示。若此时选中“显示 Cross-Overs”复选框，则还会在相交处显示一个拐过的曲线。

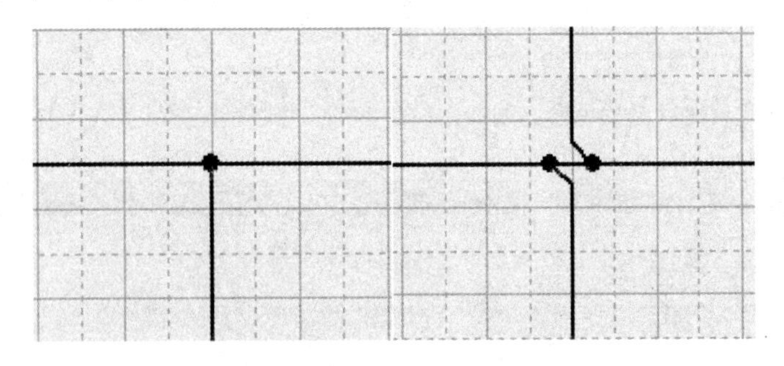

图 3-28 选中“转换交叉点”复选框时的情况

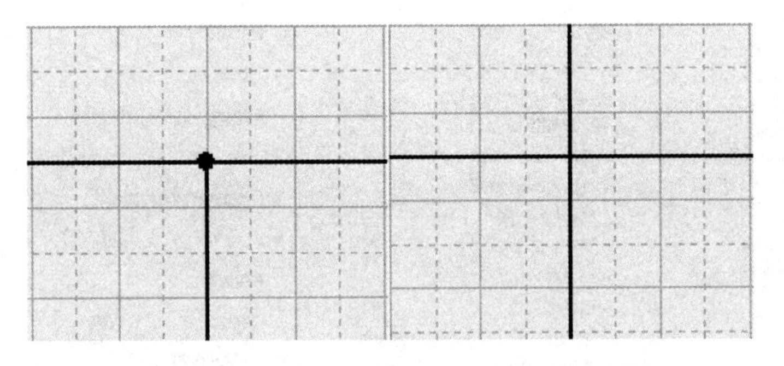

图 3-29 未选中“转换交叉点”复选框的情况

✧ 显示 Cross-Overs：用于设置非电气连线的交叉点以半圆弧显示，如图 3-30 所示。

✧ Pin 方向：用于设置在原理图文档中显示元器件引脚的方向，引脚方向由一个三角符号表示。

✧ 图纸入口方向：用于设置在层次原理图的图纸符号的形状，若选中该复选框，则图纸入口按其属性的 I/O 类型显示，若不选中该复选框，则图纸入口按其属性中的类型显示。

✧ 端口方向：用于设置在原理图文档中端口的类型，若选中该复选框，则端口按其属性中的 I/O 类型显示，若不选中该复选框，则端口按其属性中的类型显示。

✧ 未连接从左到右：用于设置当选中“端口方向”复选框时，原理图中未连接的端口将显示为从左到右的方向。

☺ 包括剪贴板

✧ No-ERC 标记：用于设置在复制、剪切设计对象到剪切板或打印时，将包含图纸中忽略的 ERC 检查符号。

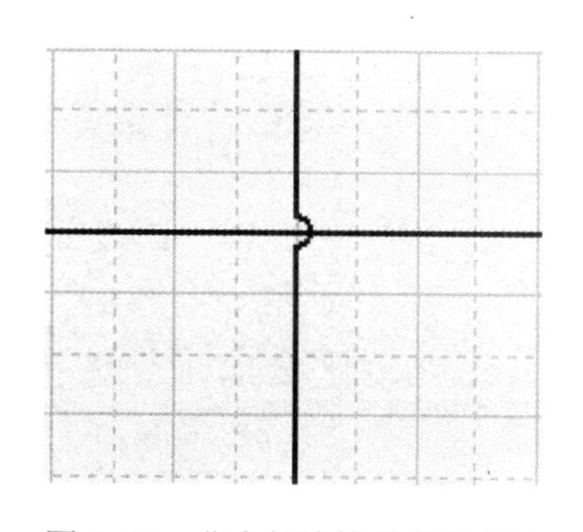

图 3-30　非电气连接的交叉点以半圆弧显示

☺ Alpha 数字后缀：用于设置在放置复合元器件时，其子部件的后缀形式。

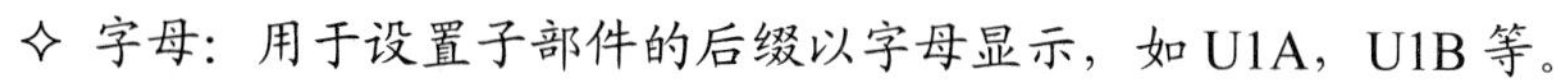

✧ 字母：用于设置子部件的后缀以字母显示，如 U1A，U1B 等。

✧ 数字：用于设置子部件的后缀以数字显示，如 U1:1，U1:2 等。

☺ 引脚余量

✧ 名称：用于设置元器件的引脚名称与元器件符号边界的距离，系统默认值为 5mil。

✧ 数量：用于设置元器件的引脚号与元器件符号边界的距离，系统默认值为 8mil。

☺ 过滤和选择的文档范围：用于设置过滤器和选择功能时的文档范围。

✧ Current Document：表示仅适用于当前打开的文档。

✧ Open Document：表示仅适用于所有打开的文档。

☺ 分段放置

✧ 首要的：用来设置在原理图上相邻两次放置同一种元器件时，元器件序号按照设置的数值自动增加，系统默认设置为 1。

✧ 次要的：用于设置在编辑元器件库时，引脚号的自动增量数，系统默认设置为 1。

☺ 端口交叉参考

✧ 图纸类型：可以设置为 name 或 number。

✧ 位置类型：用于设置空间位置或坐标位置的形式。

☺ Default Blank Sheet Template or Size：可应用已有的模板，也可以用于设置默认的空白原理图的尺寸，用户可以从下拉列表框中选择。

（2）【Schematic-Graphical Editing】窗口如图 3-31 所示，用于设置图形编辑环境参数。

☺ 选项

✧ 剪贴板参数：选中该复选框后，当用户执行菜单命令【Edit】→【Copy】或【Cut】时，会被要求选择一个参考点。建议用户选中该复选框。

✧ 添加模板到剪切板：选中该复选框后，当执行复制或剪切命令时，系统会把当前原理图所用的模板文件一起添加到剪切板上。

✧ 转化特殊字符：选中该复选框后，用户在原理图上使用的特殊字符串将转化为实际字符串。

✧ 对象的中心：选中该复选框后，对象进行移动或拖动时以其参考点或对象的中心为中心。

图 3-31 【Schematic-Graphical Editing】窗口

- ✧ 对象电气热点：选中该复选框后，对象通过与对象最近的电气节点进行移动或拖动。
- ✧ 自动缩放：选中该复选框后，当插入元器件时，原理图可以自动实现缩放。
- ✧ 否定信号：选中该复选框后，以 '\' 表示某字符为非或负，即在名称上面加一横线。
- ✧ 双击运行检查：选中该复选框后，在双击某一对象时，将会打开【Inspector（检查）】面板，而不是【对象属性】对话框。
- ✧ 确定被选存储清除：选中该复选框后，在清除被选的存储器时，将出现要求确认的对话框。
- ✧ 掩膜手册参数：选中该复选框后，若自动定位取消，则用一个点来标识，并且这些参数被移动或旋转。
- ✧ 单击清除选择：选中该复选框后，单击原理图中的任何位置就可以取消设计对象的选中状态。
- ✧ 'Shift' +单击选择：选中该复选框后，按住【Shift】键并单击才可以选中对象。
- ✧ 一直拖拉：选中该复选框后，使用鼠标拖动选择的对象时，与其相连的导线也会随之移动。
- ✧ 自动放置图纸入口：选中该复选框后，系统自动放置图纸入口。
- ✧ 保护锁定的对象：选中该复选框后，系统保护锁定的对象。

☺ 自动扫描选项：用于设置自动移动参数，即绘制原理图时，常常要平移图形，通过该区域可设置移动的形式和速度。
☺ 撤销/取消撤销：用于设置撤销和重操作的最深堆栈次数。
☺ 颜色选项。
  ✧ 选择：用来设置所选中对象的颜色，默认颜色为绿色。
☺ 光标。
  ✧ 指针类型：用于设置光标的类型，用户可以设置 4 种：90° 大光标、90° 小光标、45° 小光标和 45° 微小光标。

3.4　对元器件库的操作

电路原理图是由大量的元器件构成的。绘制电路原理图的本质就是在编辑窗口内不断放置元器件的过程。但元器件的数量庞大、种类繁多，因而要按照不同生产商及不同的功能类别进行分类，并分别存放在不同的文件内，这些专用于存放元器件的文件就是所谓的库文件。

1.【库】面板

【库】面板是 Altium Designer 中最重要的应用面板之一，不仅为原理图编辑器服务，而且在 PCB 编辑器中也同样离不开它，为了更高效地进行电子产品设计，用户应当熟练地掌握它。【库】面板如图 3-32 所示。

☺ 当前加载的元器件库：该栏中列出了当前项目加载的所有库文件。单击右边的下拉按钮，可以进行选择并改变激活的库文件。
☺ 查询条件输入栏：用于输入与要查询的元器件相关的内容，帮助用户快速查找。
☺ 元器件列表：用来列出满足查询条件的所有元器件或用来列出当前被激活的元器件库所包含的所有元器件。
☺ 原理图符号预览：用来预览当前元器件的原理图符号。
☺ 模型预览：用来预览当前元器件的各种模型，如 PCB 封装形式、信号完整性分析及仿真模型等。

在这里，【库】面板提供了对所选择的元器件的预览，包括原理图符号和 PCB 封装形式，以及其他模型符号，以便在元器件放置之前就可以先看到这个元器件大致是什么样子。另外，利用该面板还可以完成元器件的快速查找、元器件库的加载，以及元器件的放置等多种便捷而全面的功能。

2. 加载和卸载元器件库

为了方便地把相应的元器件原理图符号放置到图纸上，一般应将包含所需要的元器件库载入内存中，这个过程就是元器件库的加载。但不能加载系统包含的所有元器件库，这样会占用大量的系统资源，降低应用程序的使用效率。所以，如果有的元器件库暂时用不到，应及时将该元器件库从内存中移出，这个过程就是元器件库的卸载。

下面就具体介绍一下加载和卸载元器件库的操作过程。

（1）执行菜单命令【设计】→【添加/移除库】，如图 3-33 所示，可以打开如图 3-34 所示的【可用库】对话框。

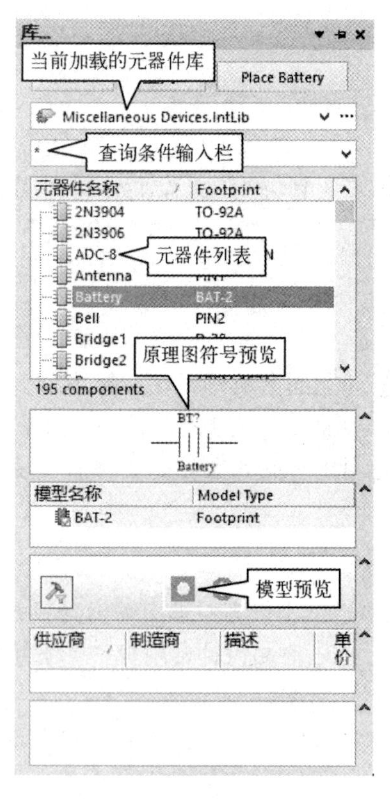

图 3-32 【库】面板

图 3-33 执行菜单命令【设计】→【添加/移除库】

（2）在【Installed】标签页中，单击【安装】按钮，系统会打开如图 3-35 所示的元器件库浏览窗口。

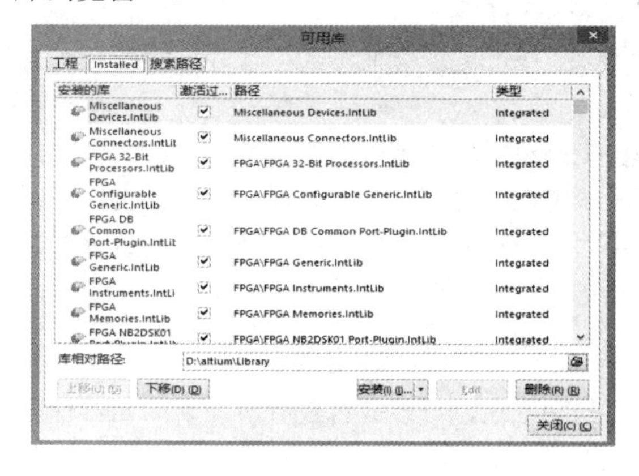

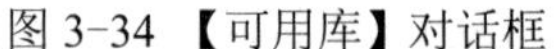
图 3-34 【可用库】对话框

图 3-35 元器件库浏览窗口

（3）在元器件库浏览窗口中选择确定的库文件夹，打开后选择相应的元器件库。例如，选择 Atmel 库文件夹中的元器件库“Atmel AT40K.IntLib”，单击【打开】按钮后，该元器件库就会出现在【可用库】对话框中，完成了元器件库的加载，如图 3-36 所示。

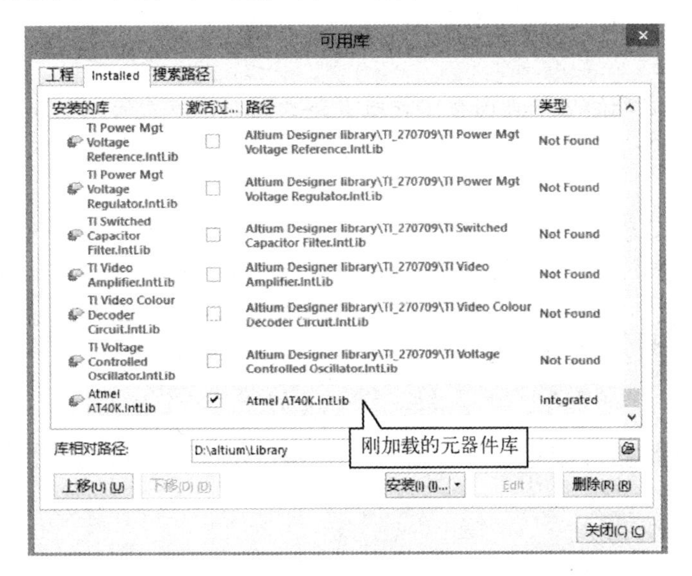

图 3-36　完成了元器件库的加载

重复上述的操作过程，将所需要的元器件库一一进行加载。加载完毕后，单击【关闭】按钮，关闭【可用库】对话框。

（4）在【可用库】对话框中，选中某一不需要的元器件库，单击【删除】按钮，即可完成该元器件库的卸载。

3.5　对元器件的操作

1. 元器件的查找

系统提供两种查找方式：一种是在【可用库】对话框中进行元器件的查找；另一种是用户只知道元器件的名称，并不知道该元器件所在的元器件库名称，这时可以利用系统所提供的查找功能来查找元器件，并加载相应的元器件库。

执行菜单命令【工具】→【发现器件】，或者在【库】面板上，单击【查找】按钮，可以打开如图 3-37 所示的【搜索库】对话框，该对话框为简单查找对话框，主要分成了以下几个部分，了解每部分的用途，便于查找工作的完成。

（1）过滤器：可以输入查找元器件的域属性，如 Name 等；然后选择运算符，如 equals、contains、starts with 和 ends with 等；在值栏中输入所要查找的属性值。

（2）范围：用来设置查找的范围。

☺ 在...中搜索：单击下拉按钮，会提供 4 种可选类型，即 Components（元器件）、Footprints（PCB 封装）、3D Models（3D 模型）、Database Components（数据库元器件）。

☺ 可用库：选中该选项后，系统会在已加载的元器件库中查找。

☺ 库文件路径：选中该选项后，系统按照设置好的路径范围进行查找。

（3）路径：用来设置查找元器件的路径，只有在选中“库文件路径”单选框时，该项设置才是有效的。

☺ 路径：单击右侧的文件夹图标，系统会弹出浏览文件夹窗口，供用户选择设置搜索路径，若选中下面的“包含子目录”复选框，则包含在指定目录中的子目录也会被搜索。

☺ 文件面具：用来设定查找元器件的文件匹配域。

如果要进行高级查询，单击【Advanced】按钮，即可显示高级查找对话框，如图 3-38 所示。在该选项的文本编辑栏中，输入一些与查询内容有关的过滤语句表达式，有助于系统更快捷、更准确地查找。在文本编辑栏中输入“(Name = '*LF347*')”，单击【查找】按钮后，系统开始搜索。

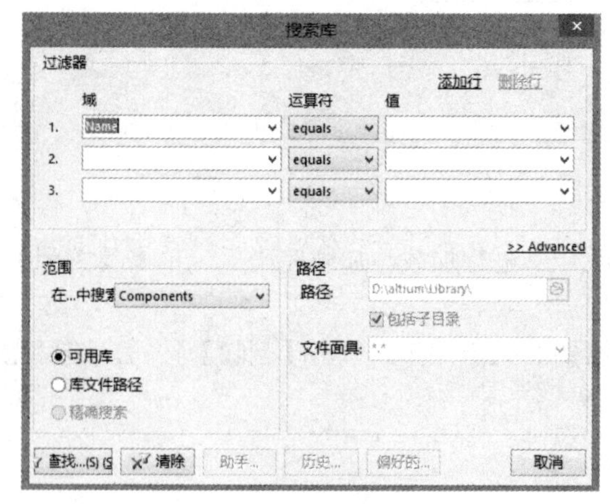

图 3-37 【搜索库】对话框

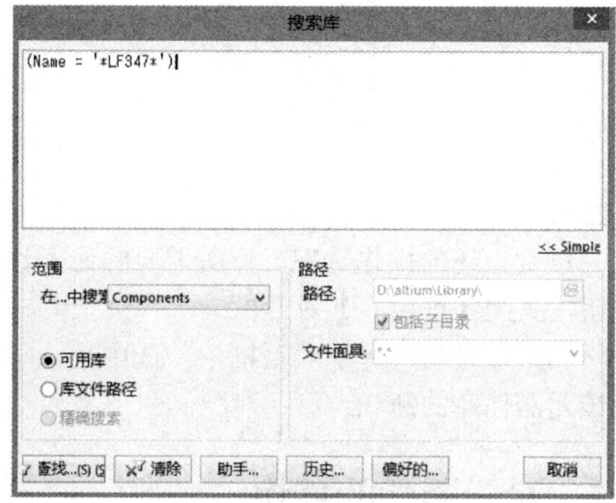

图 3-38 高级查找对话框

除了【查找】按钮，在图 3-38 的下方还有一排按钮，它们的作用如下。

☺【清除】：单击该按钮，可将元器件库查找文本编辑栏中的内容清除干净，方便下次查找工作。

☺【助手】：单击该按钮，可以打开【Query Helper】对话框，如图 3-39 所示。在该对话框内，可以输入一些与查询内容相关的过滤语句表达式，有助于对所需的元器件快捷、精确的查找。

☺【历史】：单击该按钮，则会打开【Expression Manager】对话框中的【History】标签页，如图 3-40 所示，里面存放着以往所有的查询记录。

☺【偏好的】：单击该按钮，则会打开【Expression Manager】对话框中的【Favorites】标签页，如图 3-41 所示，用户可将已查询的内容保存在这里，便于下次用到该元器件时可直接使用。

下面就介绍如何在未知库中进行元器件的查找，并添加相应的库文件。

打开【搜索库】对话框，设置在...中搜索一栏为“Components”，选中“可用库”单选框，此时路径栏内显示系统默认的路径是“D:\altium\Library\”，设置运算符为“contains”，在值栏内输入元器件的全部名称或部分名称，如“LF351”，设置好的【搜索库】对话框如图 3-42 所示。

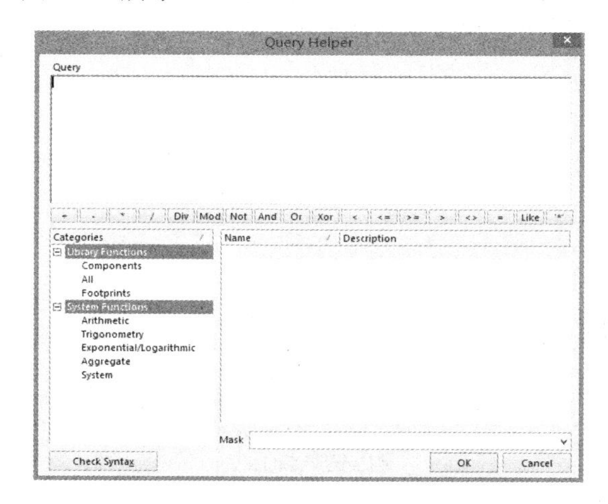

图 3-39 【Query Helper】对话框

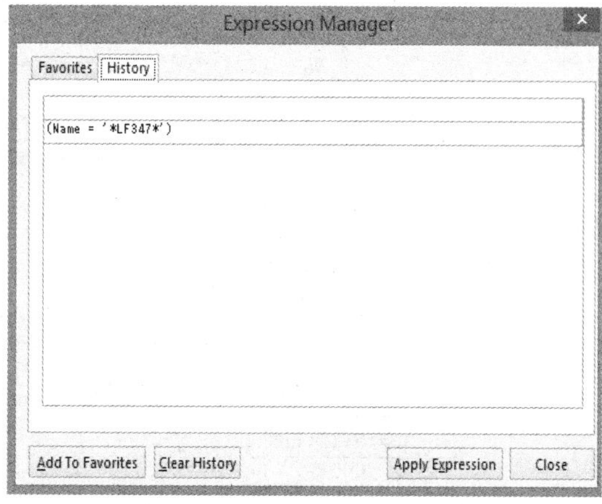

图 3-40 【History】标签页

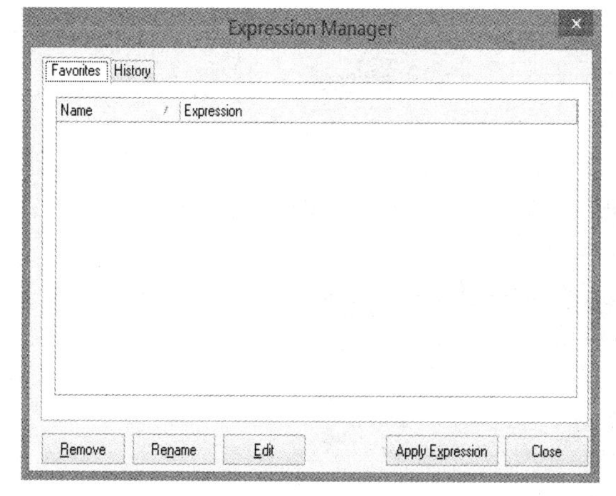

图 3-41 【Favorites】标签页

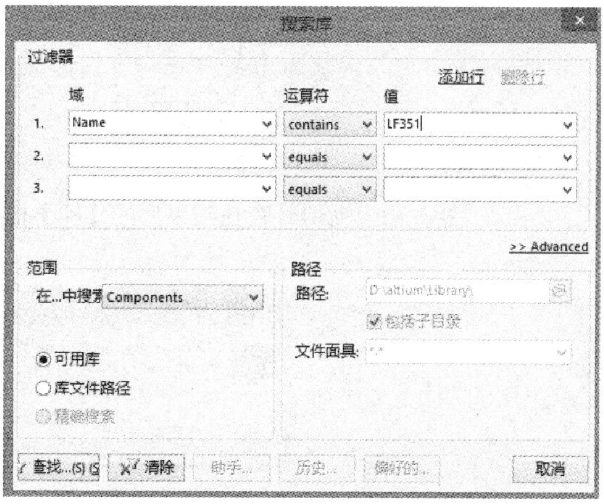

图 3-42 设置好的【搜索库】对话框

单击【查找】按钮后，系统开始查找元器件。在查找过程中，原来【库】面板上的【查找】按钮变成了【Stop】按钮。如要终止查找服务，单击【Stop】按钮即可。

元器件查找结束后的【库】面板如图 3-43 所示。经过查找，满足查询条件的元器件共有两个，它们的元器件名称、原理图符号、模型名称及封装形式在面板上一一被列出。

在元器件名称列表中，选中需要的元器件，如这里选中了“LF351D”。在选中元器件名称上右击，系统会弹出一个元器件操作菜单，如图 3-44 所示。

执行菜单命令【Place LF351D】或单击【库】面板上的【Place LF351D】按钮，则系统弹出如图 3-45 所示的提示框，以提示用户元器件“LF351D”所在元器件库“Motorola Amplifier Operational Amplifier.IntLib”不在系统当前可用的元器件库中，并询问是否加载该元器件库。

单击【是】按钮，则元器件库“Motorola Amplifier Operational Amplifier.IntLib”被加

载。此时单击元器件【库】面板上的【Libraries】按钮，可以发现在【可用库】对话框中，“Motorola Amplifier Operational Amplifier.IntLib”已成为新加载的可用元器件库，如图 3-46 所示。单击【否】按钮，则只是使用该元器件而不加载其所在元器件库。

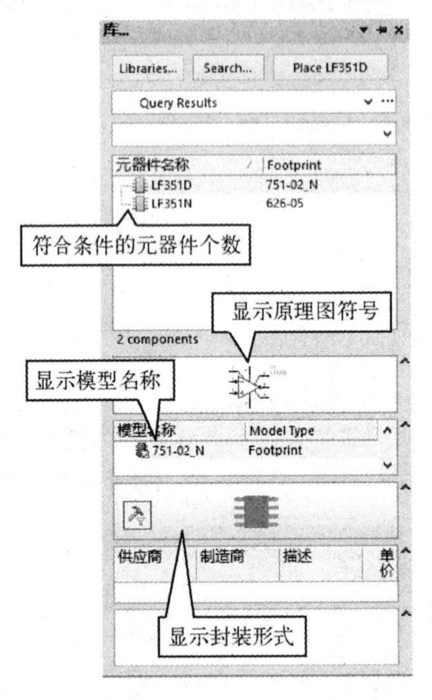

图 3-43　元器件查找结束后的【库】面板

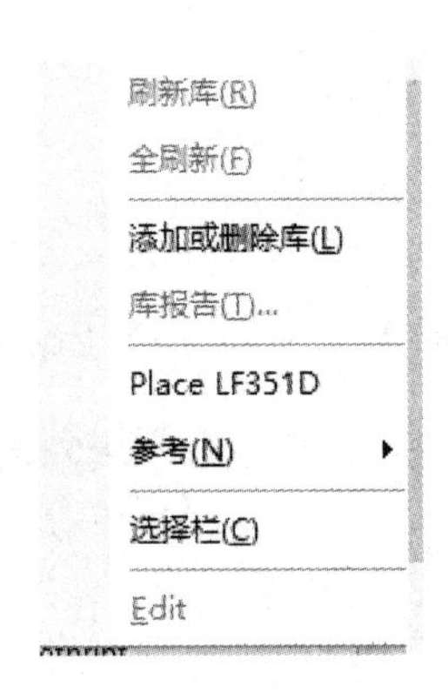

图 3-44　元器件操作菜单

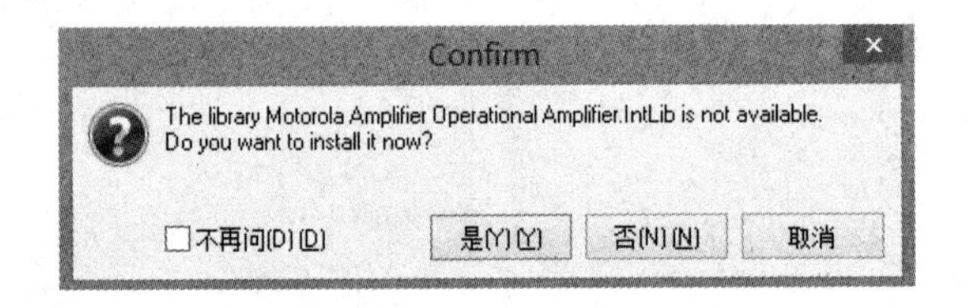

图 3-45　提示框

2. 元器件的放置

在原理图绘制过程中，将各种元器件的原理图符号放置到原理图纸中是很重要的操作之一。系统提供了两种放置元器件的方法：一种是利用菜单命令来完成原理图符号的放置；另一种是使用【库】面板来实现对原理图符号的放置。

由于【库】面板不仅可以完成对元器件库的加载、卸载，以及对元器件的查找、浏览等功能，还可以直观、快捷地进行元器件的放置。所以本书建议使用【库】面板来完成对元器件的放置。至于第一种放置的方法，这里就不做过多介绍了。

打开【库】面板，先在库文件下拉列表中选中所需元器件所在的元器件库，之后在相应的元器件名称列表中选择需要的元器件。例如，选择元器件库“Miscellaneous Devices.IntLib”，选中需要的元器件“Res1”，如图 3-47 所示，此时【库】面板右上方的【Place Res1】按钮被激活。

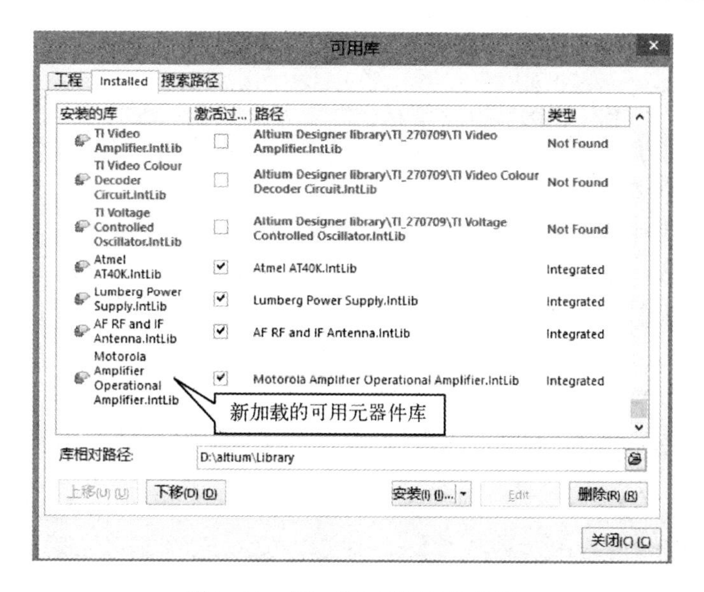

图 3-46　新加载的可用元器件库

单击【Place Res1】按钮，或者直接双击选中的元器件“Res1”，相应的元器件原理图符号就会自动出现在原理图编辑窗口内，并随米字形光标移动。放置元器件“Res1”如图 3-48 所示。

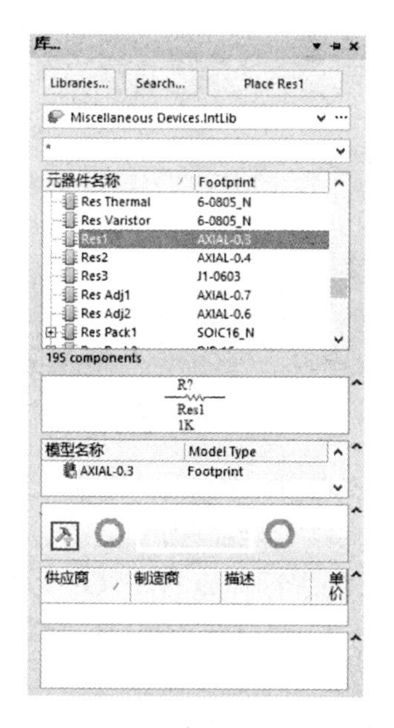

图 3-47　选中需要的元器件“Res1”

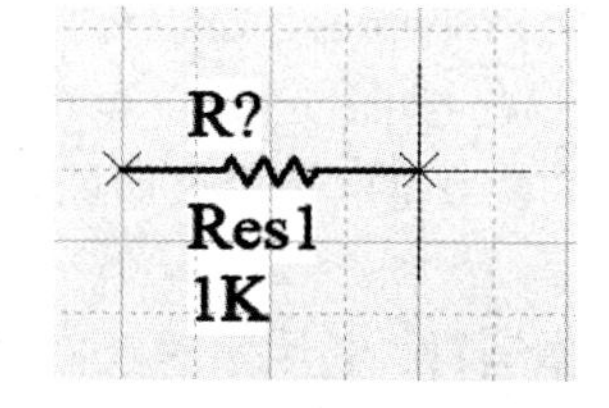

图 3-48　放置元器件“Res1”

到达放置位置后，单击即可完成一次元器件的放置，同时系统会保持放置下一个相同元器件的状态。连续操作，可以放置多个相同的元器件，右击可以退出放置状态。

注：图中 1K=1kΩ，全书余同。

3. 编辑元器件的属性

在原理图上放置的所有元器件都具有自身的特定属性，如标识、注释、位置和所在库名等，在放置好每一个元器件后，都应对其属性进行正确的编辑和设置，以免在后面生成网络表和 PCB 的制作中带来错误。

1）手动给各元器件加标注

下面就以一个电阻的属性设置为例，介绍一下如何设置元器件属性。

执行菜单命令【编辑】→【改变】，此时在编辑窗口内光标变为十字形，将光标移到要编辑属性的元器件上，如电阻元器件“Res1”上，单击，系统会弹出相应的【Properties for Schematic Component in Sheet】对话框，如图 3-49 所示。

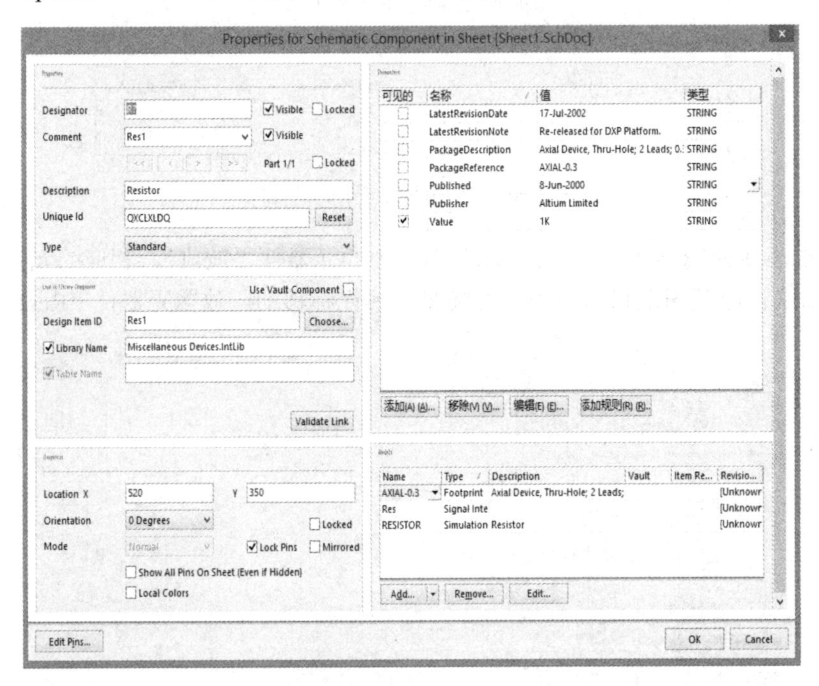

图 3-49 【Properties for Schematic Component in Sheet】对话框

该对话框包括 Properties、Link to Library Component 和 Graphical 等区域。

☺ Properties：包括 Designator 和 Comment 等文本编辑栏。

Designator 文本编辑栏是用来对原理图中的元器件进行标识的，以对元器件进行区分，方便 PCB 的制作。

Comment 文本编辑栏是用来对元器件进行注释、说明的。

一般来说，应选中 Designator 文本编辑栏后面的“Visible”复选框，不选 Comment 文本编辑栏后面的“Visible”复选框。这样在原理图中只是显示该元器件的标识，不会显示其注释内容，便于原理图的布局。该区域中其他属性均采用系统的默认设置。

☺ Link to Library Component：主要显示该元器件所在的库名称和该元器件的名称。

☺ Graphical：用来显示元器件的坐标位置及设置元器件的颜色。

选中 Graphical 区域下部的“Local Colors”复选框，其右边就会给出 3 个颜色设置按钮，如图 3-50 所示。它们分别是对元器件填充色的设置、对元器件边框色的设置和对元器件引脚色的设置。单击其中一个颜色设置按钮，即可进入【选择颜色】对话框，如图 3-51 所示。

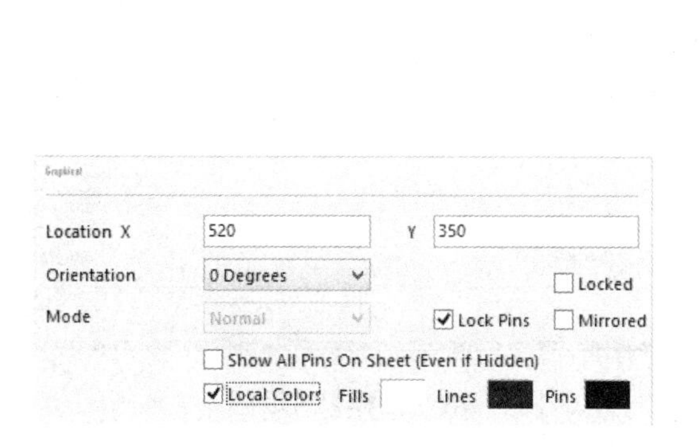

图 3-50　3 个颜色设置按钮

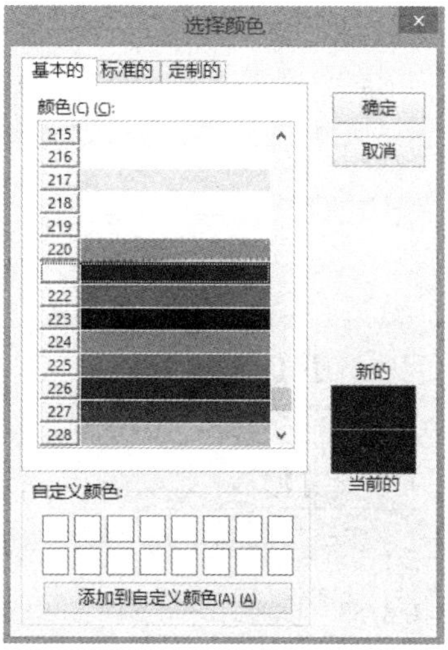

图 3-51　【选择颜色】对话框

☺ 在 Parameters 区域中，设置参数项 Value 的值为“1K”，其余项为系统的默认设置。

☺ 单击左下方的【Edit Pins】按钮，打开如图 3-52 所示的【元器件引脚编辑器】对话框，在这里可对元器件引脚进行编辑设置。

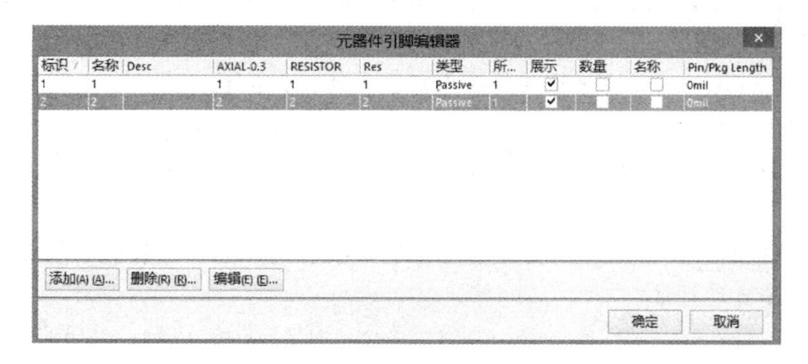

图 3-52　【元器件引脚编辑器】对话框

完成上述属性设置后，单击【确认】按钮，关闭【Properties for Schematic Component in Sheet】对话框，设置后的元器件如图 3-53 所示。

2）自动给各元器件添加标注

有的电路原理图比较复杂，由许多的元器件构成，如果用手动标注的方式对元器件逐个进行操作，不仅效率很低，而且容易出现标识遗漏、编号不连续或重复标注的现象。为了避免上述错误的发生，可以使用系统提供的自动标注功能来轻松完成对元器件的标注编辑。

执行菜单命令【工具】→【注解】，系统会弹出【注释】对话框，如图 3-54 所示。

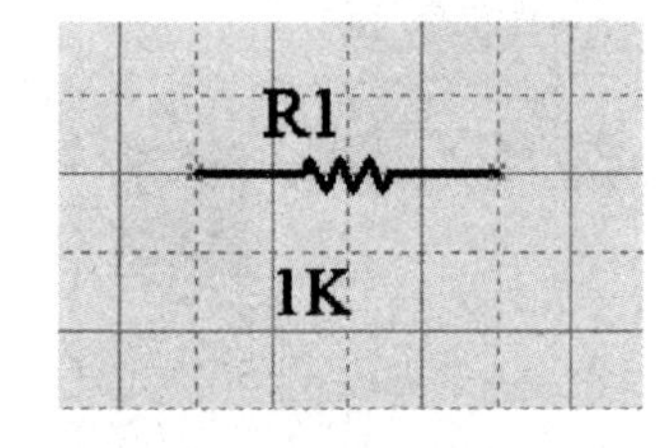

图 3-53　设置后的元器件

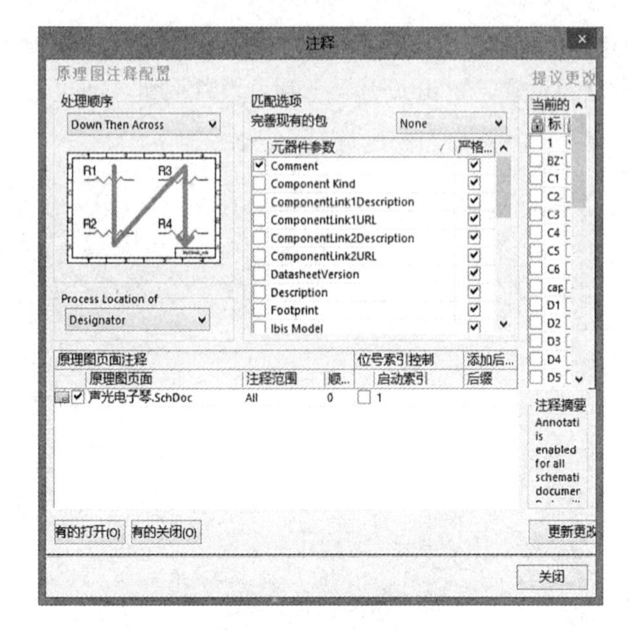

图 3-54 【注释】对话框

可以看到，【注释】对话框包含原理图注释配置和提议更改列表两部分内容，原理图注释配置又包括处理顺序、匹配选项、原理图页面注释 3 部分内容。

（1）处理顺序：用于设置元器件标注的处理顺序，单击其下拉按钮，系统给出了 4 种可供选择的标注方案。

☺ Up Then Across：按照元器件在原理图中的排列位置，先按从下到上、再按从左到右的顺序自动标注。

☺ Down Then Across：按照元器件在原理图中的排列位置，先按从上到下、再按从左到右的顺序自动标注。

☺ Across Then Up：按照元器件在原理图中的排列位置，先按从左到右、再按从下到上的顺序自动标注。

☺ Across Then Down：按照元器件在原理图中的排列位置，先按从左到右、再按从上到下的顺序自动标注。

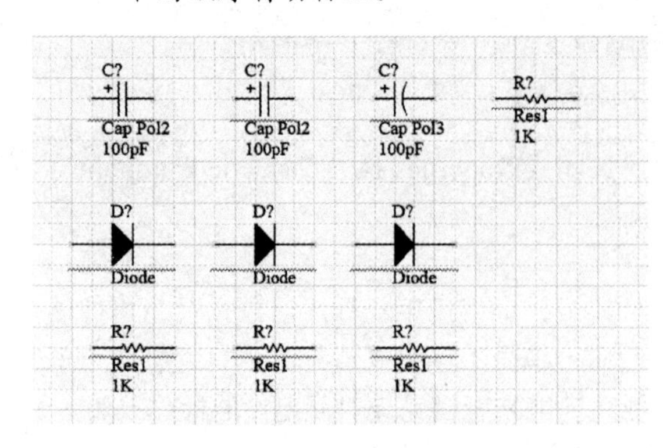

图 3-55　要自动标注的元器件

（2）匹配选项：用于选择元器件的匹配参数，在其下面的列表中列出了多种元器件参数供用户选择。

（3）原理图页面注释：用来选择要标注的原理图文件，并确定注释范围、起始索引值及后缀字符等。

用一个简单的例子，说明如何使用自动标注来给元器件进行标注。

要自动标注的元器件如图 3-55 所示。

打开【注释】对话框，设置处理顺序

为“Down Then Across”（先按从上到下、再按从左到右的顺序），在匹配选项列表中选中两项：“Comment”与“Library Reference”，注释范围设置为“All”，顺序设置为“1”，启动索引也设置为“1”，设置好的【注释】对话框如图 3-56 所示。

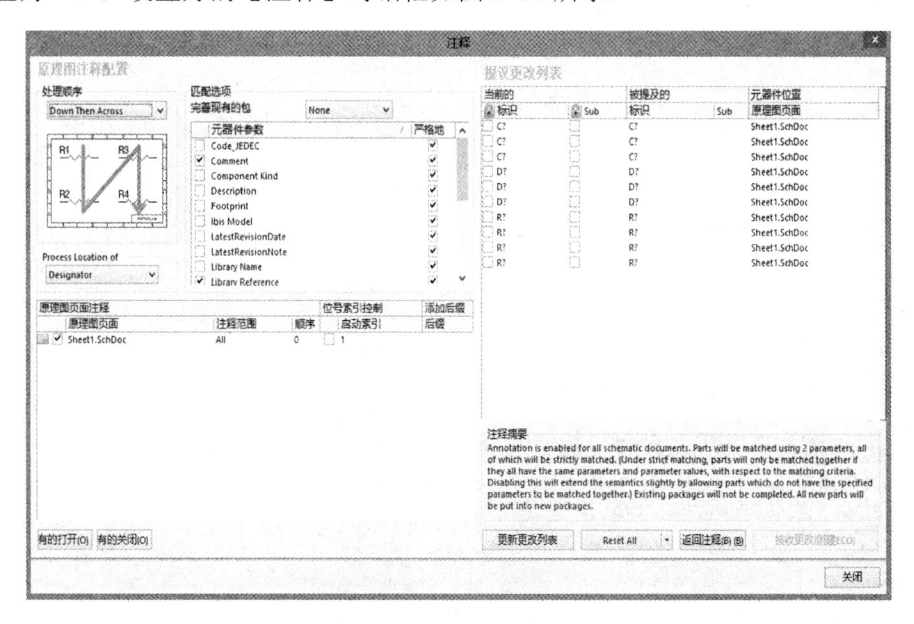

图 3-56　设置好的【注释】对话框

设置完成后，单击【更新更改列表】按钮，系统弹出如图 3-57 所示的提示框，提醒用户元器件状态要发生变化。

单击该提示框中的【OK】按钮，系统会更新要标注的元器件标识，如图 3-58 所示，并显示在提议更改列表中，同时【注释】对话框右下角的【接收更改】按钮处于激活状态。

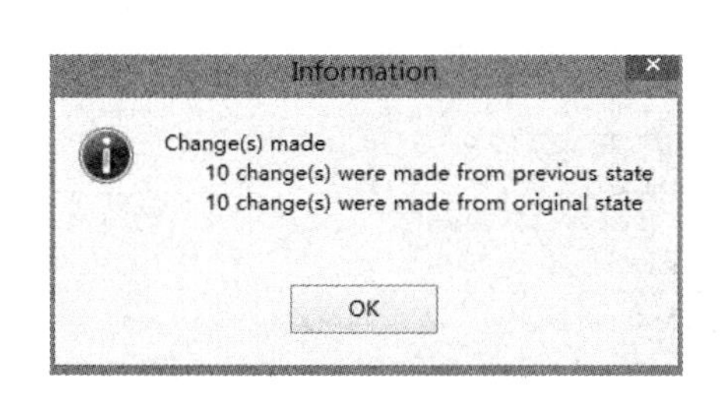

图 3-57　提示框

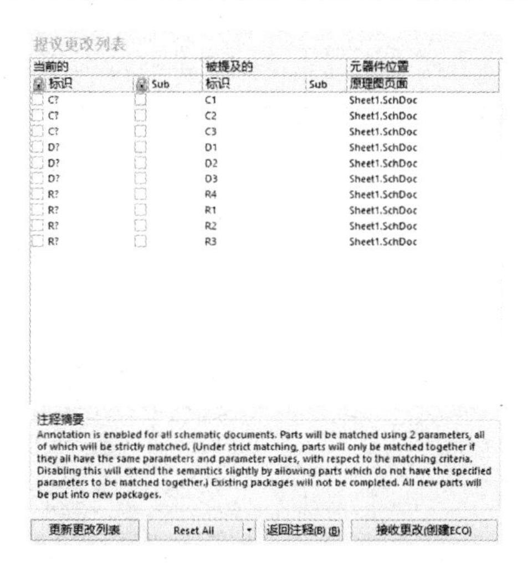

图 3-58　更新要标注的元器件标识

单击【接收更改】按钮，系统自动弹出【工程更改顺序】对话框，如图 3-59 所示。

工程更改顺序

使能	作用	受影响对象		受影响文档	检测	完成	消息
Annotate Component(10)							
✔	Modify	C? -> C1	In	Sheet1.SchDoc			
✔	Modify	C? -> C2	In	Sheet1.SchDoc			
✔	Modify	C? -> C3	In	Sheet1.SchDoc			
✔	Modify	D? -> D1	In	Sheet1.SchDoc			
✔	Modify	D? -> D2	In	Sheet1.SchDoc			
✔	Modify	D? -> D3	In	Sheet1.SchDoc			
✔	Modify	R? -> R1	In	Sheet1.SchDoc			
✔	Modify	R? -> R2	In	Sheet1.SchDoc			
✔	Modify	R? -> R3	In	Sheet1.SchDoc			
✔	Modify	R? -> R4	In	Sheet1.SchDoc			

生效更改　执行更改　报告更改(R) (R)...　仅显示错误　关闭

图 3-59 【工程更改顺序】对话框

单击【生效更改】按钮，可使元器件标号变化有效，单击【执行更改】按钮，如图 3-60 所示，使原理图中的元器件标识显示出变化。

工程更改顺序

使能	作用	受影响对象		受影响文档	检测	完成	消息
Annotate Component(10)							
✔	Modify	C? -> C1	In	Sheet1.SchDoc	✔	✔	
✔	Modify	C? -> C2	In	Sheet1.SchDoc	✔	✔	
✔	Modify	C? -> C3	In	Sheet1.SchDoc	✔	✔	
✔	Modify	D? -> D1	In	Sheet1.SchDoc	✔	✔	
✔	Modify	D? -> D2	In	Sheet1.SchDoc	✔	✔	
✔	Modify	D? -> D3	In	Sheet1.SchDoc	✔	✔	
✔	Modify	R? -> R1	In	Sheet1.SchDoc	✔	✔	
✔	Modify	R? -> R2	In	Sheet1.SchDoc	✔	✔	
✔	Modify	R? -> R3	In	Sheet1.SchDoc	✔	✔	
✔	Modify	R? -> R4	In	Sheet1.SchDoc	✔	✔	

生效更改　执行更改　报告更改(R) (R)...　仅显示错误　关闭

图 3-60 单击【执行更改】按钮

依次关闭【工程更改顺序】对话框和【注释】对话框，可以看到标注后的元器件，如图 3-61 所示。

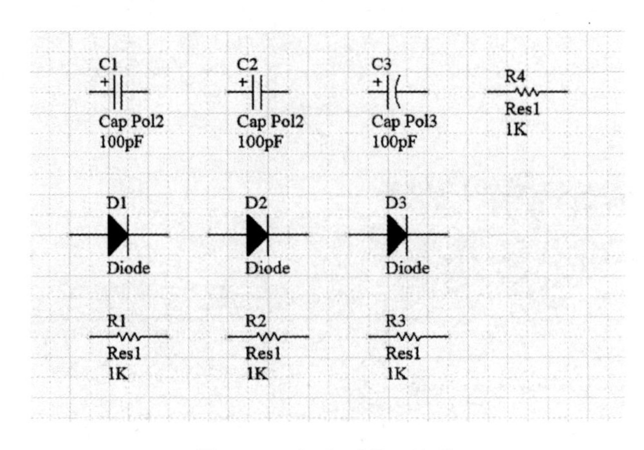

图 3-61 标注后的元器件

4．调整元器件的位置

放置元器件时，其位置一般是大体估计的，并不能满足设计要求的清晰和美观。所以要根据原理图的整体布局，对元器件的位置进行一定的调整。

元器件位置的调整主要包括元器件的移动、元器件方向的设定和元器件的排列等操作。

下面介绍如何对元器件进行排列。对如图 3-62 所示的待排列的元器件进行位置排列，使其在水平方向上均匀分布。

单击标准工具栏中的□图标，光标变成十字形，单击并拖动鼠标将要调整的元器件包围在选择矩形框中，再次单击后，选中待调整的元器件，如图 3-63 所示。

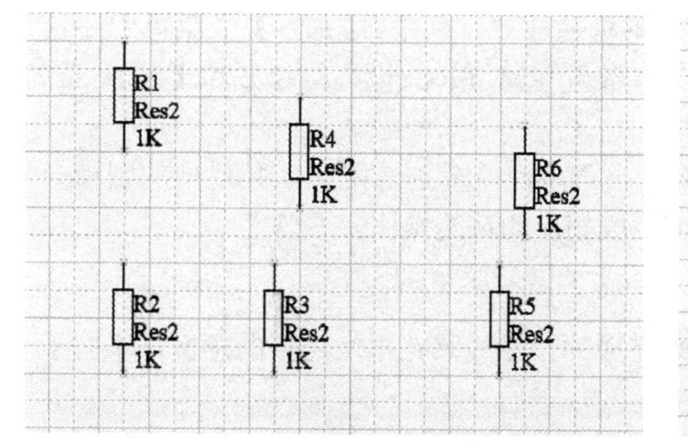

图 3-62 待排列的元器件

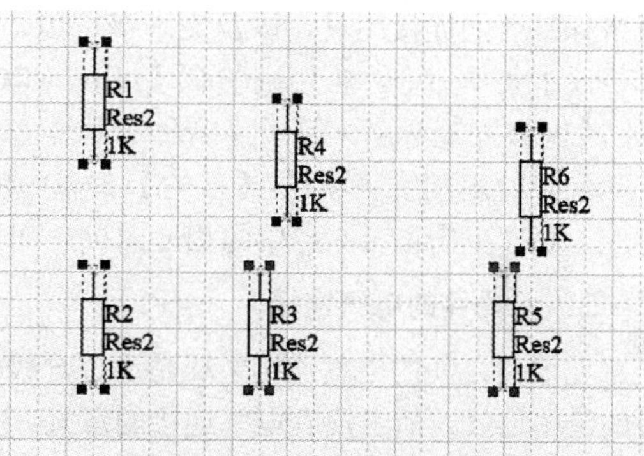

图 3-63 选中待调整的元器件

执行菜单命令【编辑】→【对齐】→【顶对齐】，或者在编辑窗口中按【A】键。

执行菜单命令【顶对齐】，则选中的元器件以最上边的元器件为基准顶端对齐，调整后的元器件如图 3-64 所示。

再按【A】键，执行菜单命令【水平分布】，使选中的元器件在水平方向上均匀分布。单击标准工具栏中的图标，取消元器件的选中状态，操作完成后的元器件排列如图 3-65 所示。

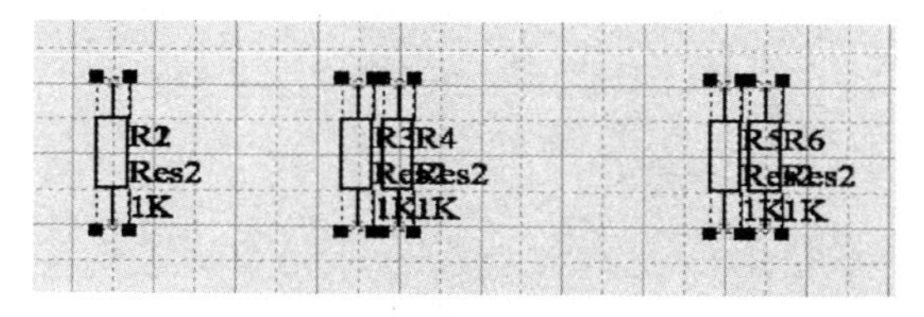

图 3-64 调整后的元器件

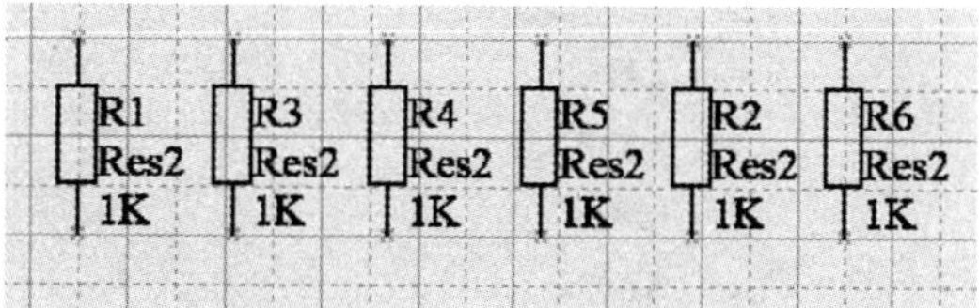

图 3-65 操作完成后的元器件排列

3.6 绘制电路原理图

在原理图中放置好需要的元器件，并编辑好它们的属性后，就可以着手连接各个元器件，从而建立原理图的实际连接。这里所说的连接，实际上就是电气意义的连接。

电气连接有两种实现方式：一种是直接使用导线将各个元器件连接起来，称为物理连接；另外一种是不需要实际的相连操作，而是通过设置网络标签使得元器件之间具有电气连接关系。

1. 原理图连接工具的介绍

系统提供了 3 种对原理图进行连接的操作方法，即使用菜单命令、使用配线工具栏和使用快捷键。由于使用快捷键时，要记忆各个操作的快捷键，容易混乱，不易应用到实际操作中，所以这里不予介绍。

（1）使用菜单命令：执行菜单命令【放置】，如图 3-66 所示。

在该菜单中，包含放置各种原理图元器件的命令，也包括了对总线、总线进口、导线和网络标签等的连接工具，以及文本字符串、文本框的放置。其中，【指示】子菜单中还包含若干项子菜单命令，常用到的有【没有 ERC】（放置忽略 ERC 检查符号）和【PCB 布局】（放置 PCB 布局标志）等子菜单命令。

（2）使用配线工具栏：【放置】菜单中的各项菜单命令分别与配线工具栏中的图标一一对应，直接单击该工具栏中的相应图标，即可完成相应的功能操作。

2. 元器件的电气连接

元器件之间的电气连接主要是通过导线来完成的。导线具有电气连接的意义，不同于一般的绘图连线，后者没有电气连接的意义。

1）绘制导线

绘制导线，有以下两种方法。

（1）执行菜单命令【放置】→【线】。

（2）单击配线工具栏中的放置线图标≈。

单击放置线图标≈后，光标变为十字形。移动光标到放置导线的位置，光标变为米字形，如图 3-67 所示，表示找到了元器件的一个电气节点。

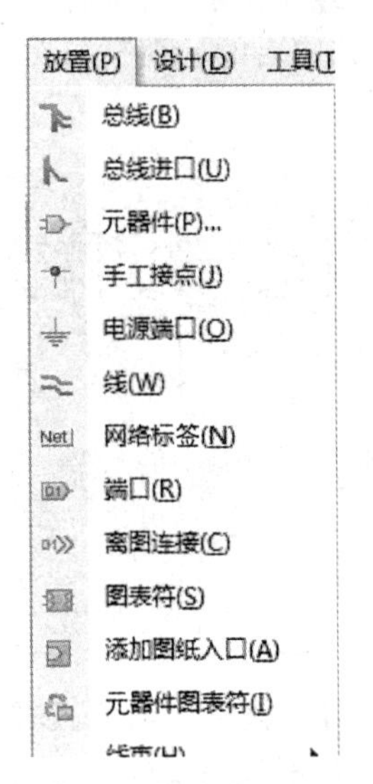

图 3-66 执行菜单命令【放置】

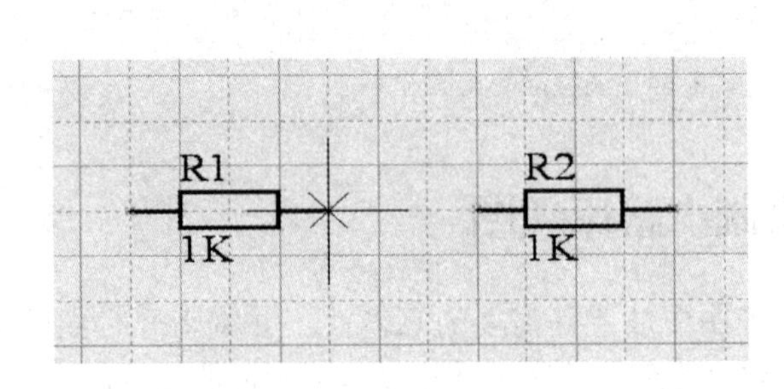

图 3-67 光标变为米字形

在导线起点处单击，拖动鼠标，随之绘制出一条导线，拖动到待连接的另外一个电气节点处，同样光标会变为米字形，连接元器件如图 3-68 所示。完成元器件连接的效果如图 3-69 所示。

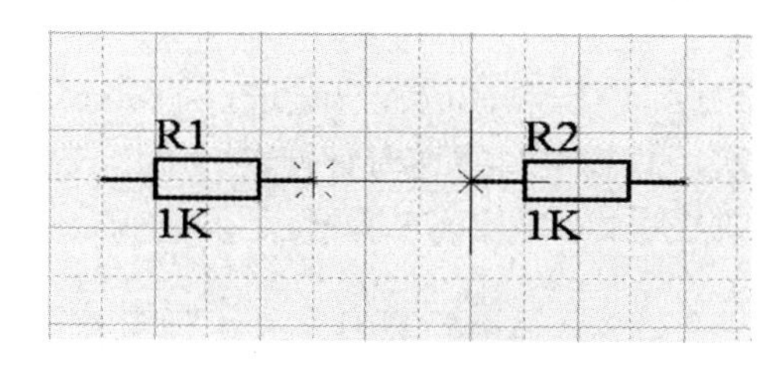

图 3-68　连接元器件

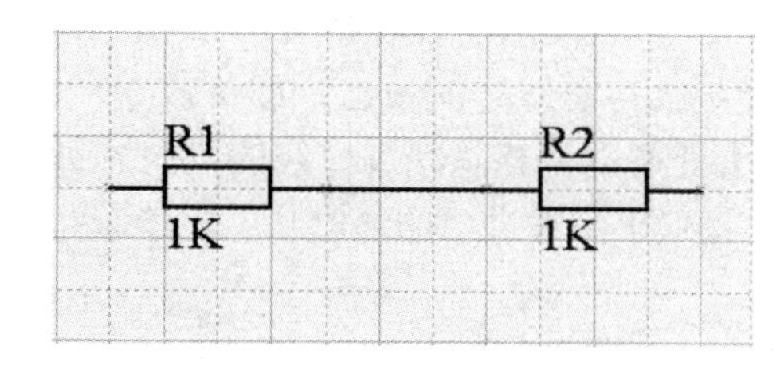

图 3-69　完成元器件连接的效果

如果要连接的两个电气节点不在同一水平线上，则在绘制导线过程中，要单击确定导线的折点位置，再找到导线的终点位置后单击，完成两个电气节点之间的连接。右击或按【Esc】键退出导线的绘制状态。

2）绘制总线

总线是一组具有相同性质的并行信号线的组合，如数据总线、地址总线和控制总线等。在原理图的绘制中，用一根较粗的线条来清晰方便地表示总线。其实在原理图编辑环境中的总线没有任何实质的电气连接意义，仅仅是为了绘制原理图和查看原理图方便而采取的一种简化连线的表现形式。

绘制总线有以下两种方法。

（1）执行菜单命令【放置】→【总线】。

（2）单击配线工具栏中的放置总线图标 。

执行菜单命令【放置】→【总线】后，光标变为十字形，移动光标到待放置总线的起点位置后单击，确定总线的起点位置，然后拖动光标绘制总线，如图 3-70 所示。

在每个拐点位置都要单击进行确认，到达适当位置后再次单击，确定总线的终点。右击或按【Esc】键可退出总线的绘制状态。绘制完成的总线如图 3-71 所示。

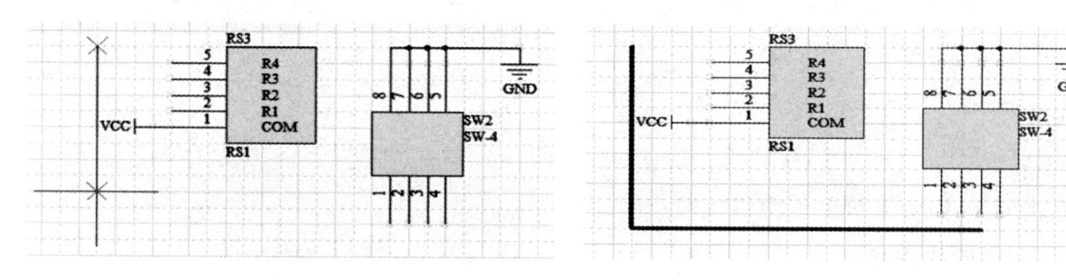

图 3-70　拖动光标绘制总线

图 3-71　绘制完成的总线

3）绘制总线进口

总线进口是单一导线与总线的连接线。与总线一样，总线进口也不具有任何电气连接的意义。使用总线进口，可以使电路原理图更为美观和清晰。

绘制总线进口有以下两种方法。

（1）执行菜单命令【放置】→【总线进口】。

（2）单击配线工具栏中的放置总线进口图标 。

执行菜单命令【放置】→【总线进口】后，光标变为十字形，并带有总线进口符号“/”或“\”。绘制总线进口如图 3-72 所示。

在导线与总线之间单击，即可放置一段总线进口。同时在放置总线进口的状态下，按【空格】键可以调整总线进口线的方向，每按一次，总线进口线逆时针旋转 90°。右击或按【Esc】键退出总线进口的绘制状态。绘制完成的总线进口如图 3-73 所示。

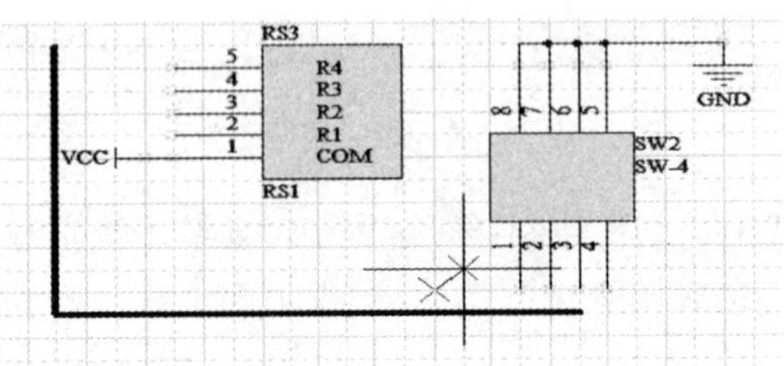

图 3-72 绘制总线进口

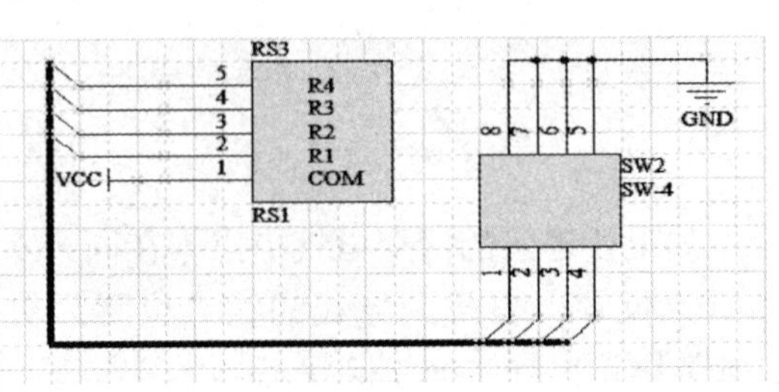

图 3-73 绘制完成的总线进口

3．放置电气节点

在默认情况下，会在导线“T”形交叉点处自动放置电气节点，表示所绘制线路在电气意义上是连接的。但在“十”字交叉点处，系统无法判别在该处导线是否连接，所以不会自动放置电气节点。如果该处导线确实是连接的，就要自己来放置电气节点。

执行菜单命令【放置】→【手工接点】，光标变为十字形，并带有一个电气节点符号。放置电气节点如图 3-74 所示。

移动光标到放置的位置处，单击即可完成电气节点的放置，如图 3-75 所示。

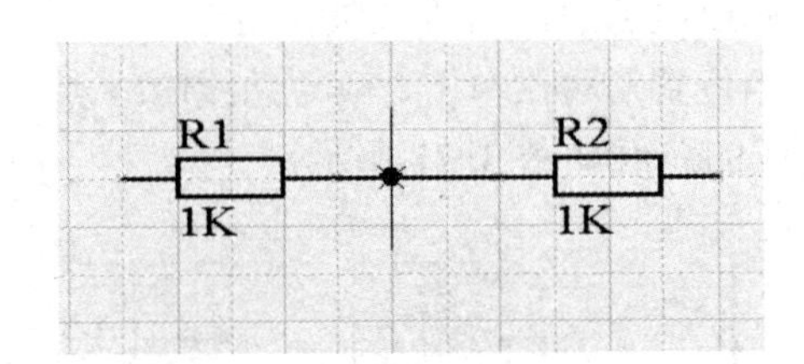

图 3-74 放置电气节点

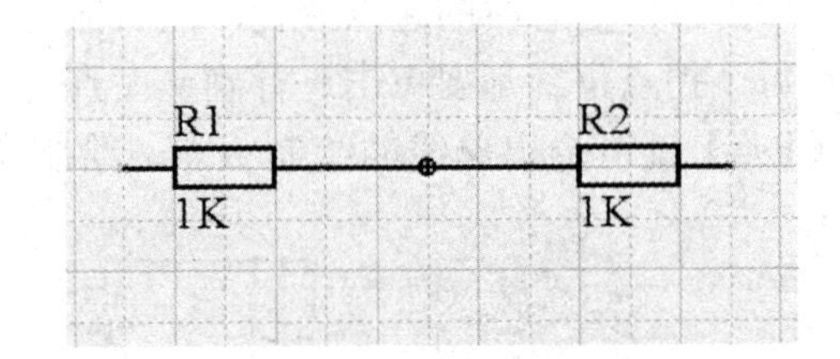

图 3-75 完成电气节点的放置

右击或按【Esc】键可退出电气节点的绘制状态。

4．放置网络标签

在绘制过程中，元器件之间的连接除了可以使用导线外，还可以通过网络标签的方法来实现。

具有相同网络标签名的导线或元器件引脚，无论在图上是否有导线连接，其电气关系都是连接在一起的。使用网络标签代替实际的导线连接可以大大简化原理图的复杂度。例如，在连接两个距离较远的电气节点时，使用网络标签就不必考虑走线的困难。这里还要强调，网络标签名称是区分大小写的。相同的网络标签名称是指形式上完全一致的网络标签名称。

放置网络标签有以下两种方法。

（1）执行菜单命令【放置】→【网络标签】。

（2）单击配线工具栏中的放置网络标签图标 。

执行菜单命令【放置】→【网络标签】命令后，光标变为十字形，并附有一个初始网络标签名称“Net Label1”。放置网络标签如图 3-76 所示。

将光标移动到要放置网络标签的导线处，当光标变为米字形时，表示光标已连接到该导线，此时单击即可完成网络标签的放置，如图 3-77 所示。

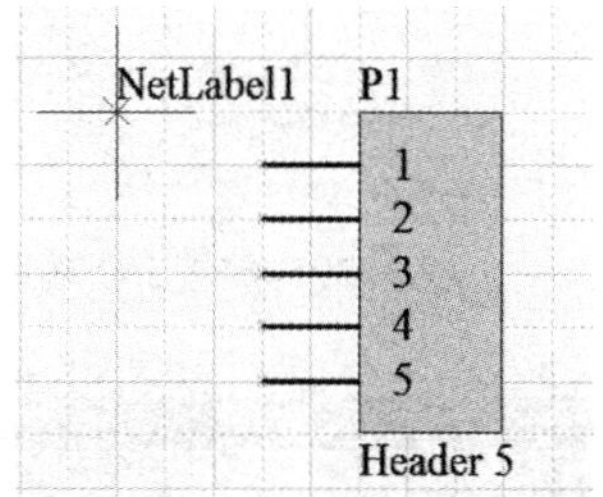

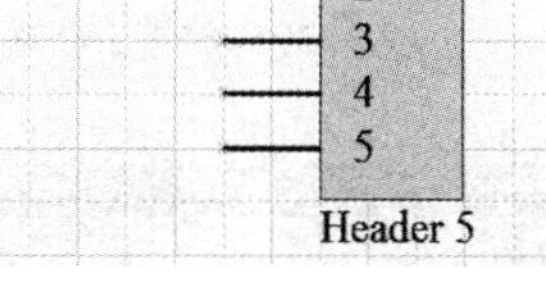

图 3-76　放置网络标签

图 3-77　完成网络标签的放置

将光标移动到其他位置处，单击可连续放置，右击或按【Esc】键可退出网络标签的绘制状态。双击已经放置的网络标签，可以打开【网络标签】对话框，如图 3-78 所示。在其属性区域中的网络文本编辑栏内可以更改网络标签名称，并设置放置方向及字体。单击【确定】按钮，保存设置并关闭【网络标签】对话框。

5. 放置 I/O 端口

实现两点间的电气连接也可以使用 I/O 端口来实现。具有相同名称的 I/O 端口在电气关系上是相连在一起的，这种连接方式一般只是使用在多层次原理图的绘制过程中。

放置 I/O 端口有以下两种方法。

（1）执行菜单命令【放置】→【端口】。

（2）单击配线工具栏中的放置端口图标 。

执行菜单命令【放置】→【端口】后，光标变为十字形，并附带有一个 I/O 端口名称。放置 I/O 端口如图 3-79 所示。

移动光标到适当位置处，当光标变为米字形时，表示光标已连接到该处。单击确定端口的一端位置，然后拖动光标调整端口大小，再次单击确定端口的另一端位置。完成 I/O 端口的放置如图 3-80 所示。

右击或按【Esc】键退出 I/O 端口的绘制状态。

双击所放置的 I/O 端口图标，可以打开【端口属性】对话框，如图 3-81 所示。

在【端口属性】对话框中，可以对端口名称、端口类型进行设置。端口类型包括 Unspecified（未指定类型）、Input（输入端口）、Output（输出端口）等。

设置完成后，单击【确定】按钮并关闭【端口属性】对话框。

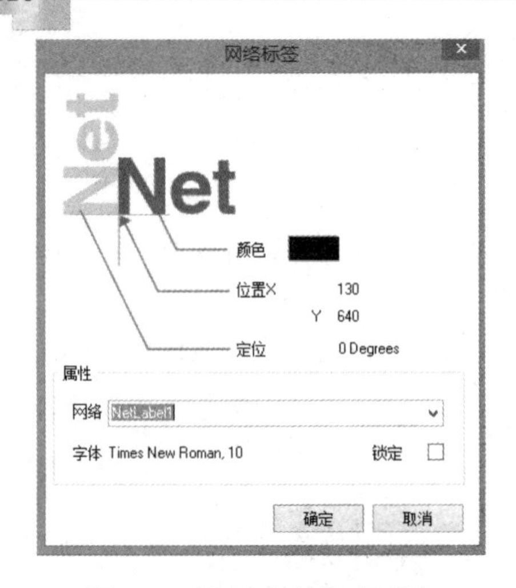

图 3-78 【网络标签】对话框

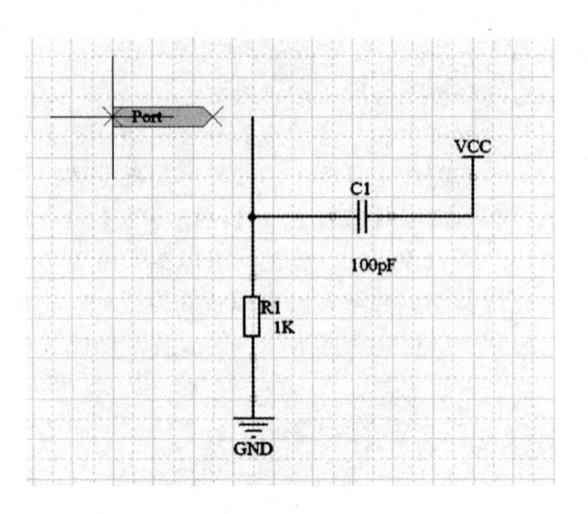

图 3-79 放置 I/O 端口

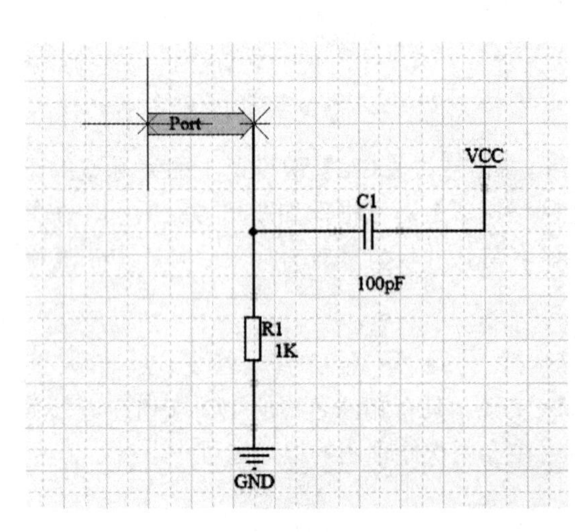

图 3-80 完成 I/O 端口的放置

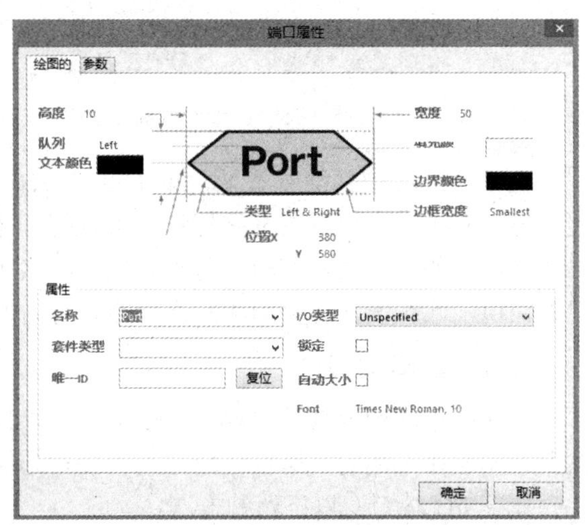

图 3-81 【端口属性】对话框

6. 放置电源或接地端口

作为一个完整的电路，电源符号和接地符号都是其不可缺少的组成部分。系统给出了多种电源符号和接地符号的形式，且每种形式都有其相应的网络标签。

放置电源和接地端口有以下两种方法。

（1）执行菜单命令【放置】→【电源端口】。

（2）单击配线工具栏中的放置电源端口图标或放置接地端口图标

单击放置电源端口图标或放置接地端口图标后，光标变为十字形，并带有一个电源或接地的端口符号。放置电源符号如图 3-82 所示。

移动光标到要放置的位置处，单击即可完成放置，再次单击可实现连续放置。放置好的电源符号如图 3-83 所示。

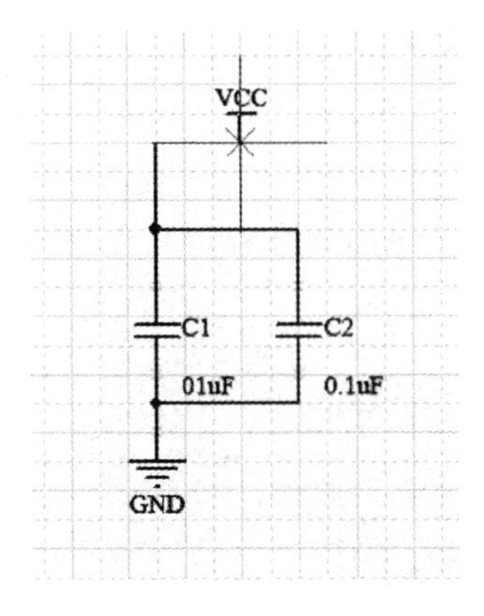

图 3-82　放置电源符号

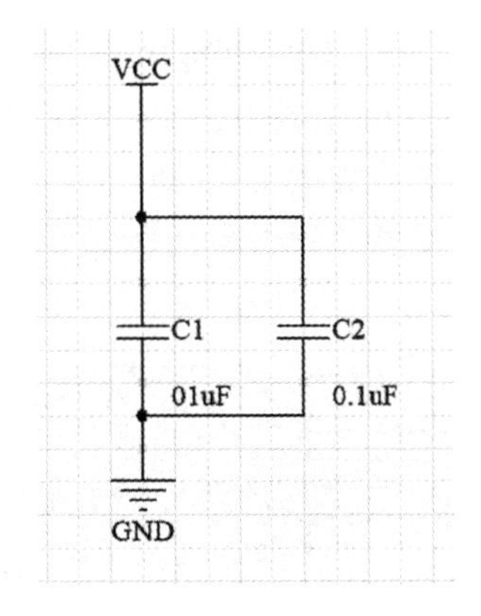

图 3-83　放置好的电源符号

右击或按【Esc】键可退出电源符号的绘制状态。

双击放置好的电源符号，打开【电源端口】对话框，如图 3-84 所示。

在【电源端口】对话框中，可以对电源的名称、样式进行设置，该对话框中包含的电源样式如图 3-85 所示。

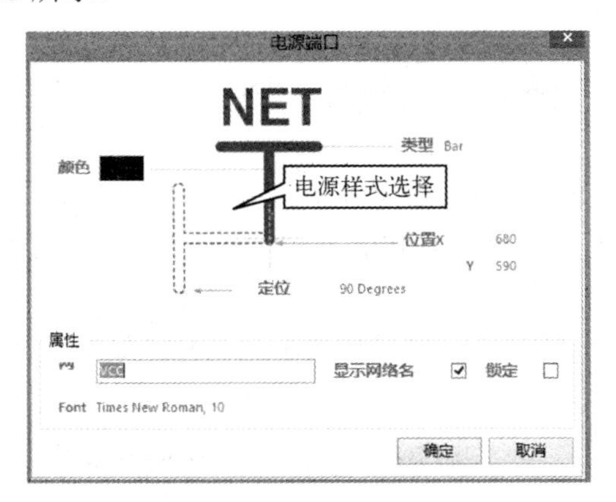

图 3-84 【电源端口】对话框

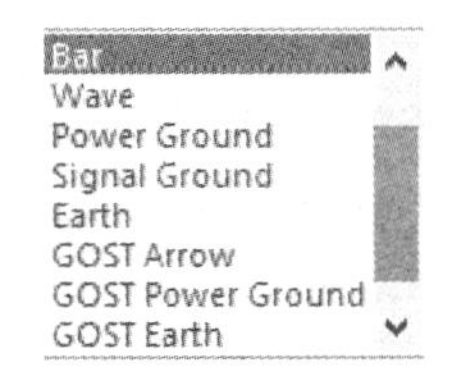

图 3-85　电源样式

设置完成后，单击【确定】按钮并关闭该对话框。

7．放置忽略电气规则（ERC）检查符号

在电路设计过程中，系统进行电气规则检查（ERC）时，有时会产生一些非错误的错误报告，如电路设计中并不是所有引脚都要连接，而在 ERC 检查时，认为悬空引脚是错误的，会给出错误报告，并在悬空引脚处放置一个错误标志。

为了避免用户为查找这种“错误”而浪费资源，可以使用忽略 ERC 检查符号，让系统忽略对此处的电气规则检查。

放置忽略 ERC 检查符号有以下两种方法。

（1）执行菜单命令【放置】→【指示】→【Generic No ERC】。

注：图中“uF”等同于“μF”，全书余同。

（2）单击配线工具栏中的 Place Non-Specific No ERC 图标✕ 。

单击 Place Non-Specific No ERC 图标✕后，光标变为十字形，并附有一个小叉。放置忽略 ERC 检查符号如图 3-86 所示。

移动光标到要放置的位置处，单击即可完成忽略 ERC 检查符号的放置，如图 3-87 所示。

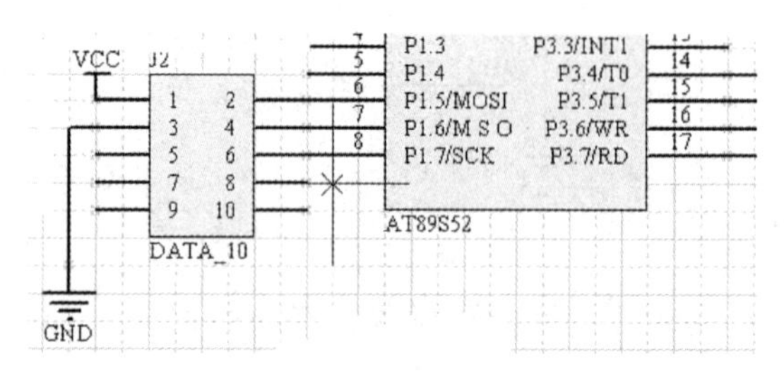

图 3-86 放置忽略 ERC 检查符号

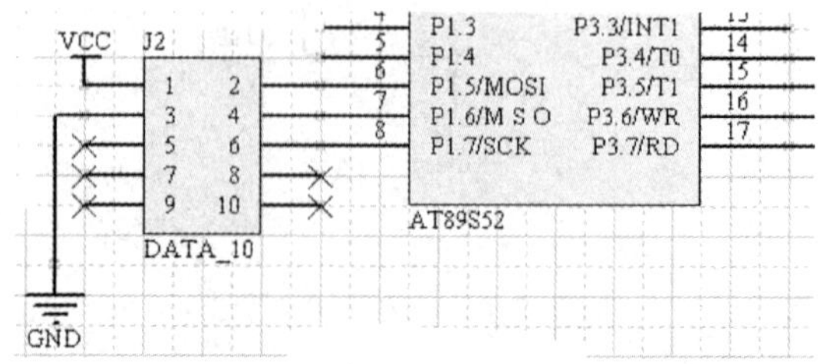

图 3-87 完成忽略 ERC 检查符号的放置

右击或按【Esc】键退出忽略 ERC 检查符号的绘制状态。

8. 放置 PCB 布局标志

用户绘制原理图时，可以在电路的某些位置处放置 PCB 布局标志，以便预先指定该处的 PCB 布线规则。这样，在由原理图创建 PCB 的过程中，系统会自动引入这些特殊的设计规则。

这里介绍一下采用 PCB 布局标志设置导线拐角的方法。

执行菜单命令【放置】→【指示】→【PCB 布局】，在选定位置处放置 PCB 布局标志，如图 3-88 所示。

双击所放置的 PCB 布局标志，系统弹出相应的【参数】对话框，如图 3-89 所示，此时在值栏中显示的是“Undefined”。

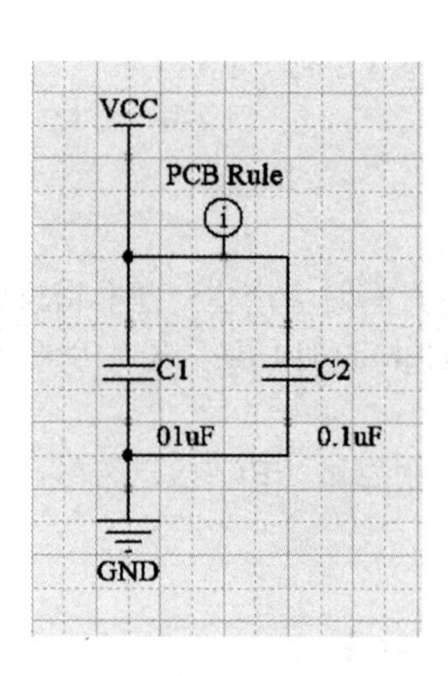

图 3-88 放置 PCB 布局标志

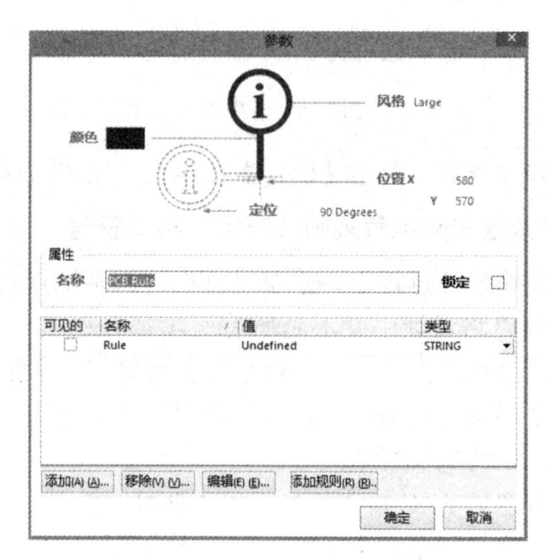

图 3-89 【参数】对话框

单击【编辑】按钮，打开【参数属性】对话框，如图 3-90 所示。

单击该对话框中的【编辑规则值】按钮，进入【选择设计规则类型】对话框，如图 3-91 所示，选中 Routing 规则下的“Routing Corners”选项。

图 3-90　【参数属性】对话框

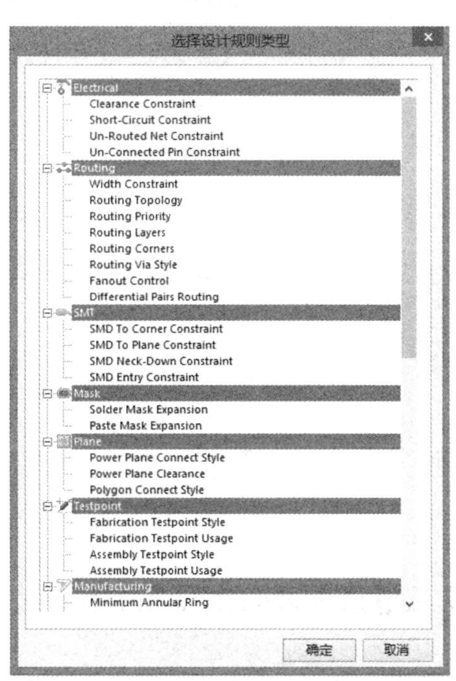

图 3-91　【选择设计规则类型】对话框

单击【确定】按钮后，会打开相应的【Edit PCB Rule】对话框，如图 3-92 所示。

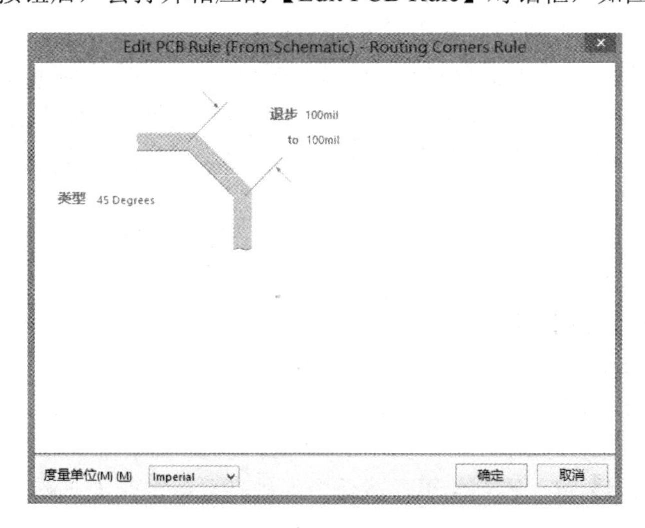

图 3-92　【Edit PCB Rule】对话框

设置完毕，单击【确定】按钮返回【参数属性】对话框，再单击【确定】按钮返回【参数】对话框，此时在值栏中显示的是设置完成后的值参数，如图 3-93 所示。

选中“可见的“复选框，单击【确定】按钮，关闭【参数】对话框。此时，完成后的 PCB 布局标志如图 3-94 所示，在 PCB 布局标志的附近显示出了所设置的具体规则。

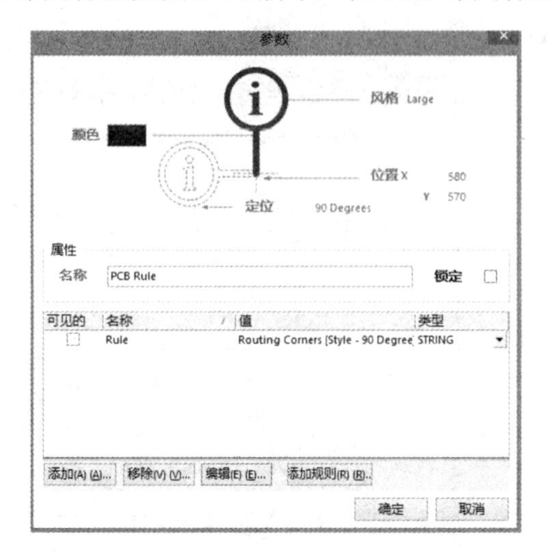

图 3-93　设置完成后的值参数

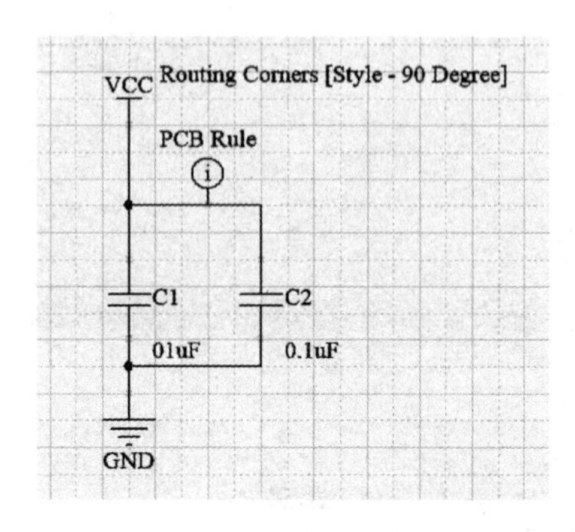

图 3-94　完成后的 PCB 布局标志

3.7　电路原理图绘制的相关技巧

在电路原理图绘制中使用一些小技巧，可更加快捷地绘制原理图。

1．页面缩放

在进行原理图设计时，用户不仅要绘制电路图的各个部分，而且要把它们连接成电路图。在设计复杂电路时，往往会遇到当设计某一部分时要观察整张电路图，此时就要使用缩放功能；在绘制电路原理图时，有时是仅对某一区域实行放大，以便更清晰地观察到各元器件之间的关联，此时就要使用放大功能。因此，用户熟练掌握缩放功能，可加快电路原理图的绘制。

用户可选择以下 3 种方式缩放图纸大小：使用键盘、使用菜单命令或使用鼠标滑轮。

1）使用键盘

当系统处于其他命令下，用户无法用鼠标进行一般命令操作时，要放大或缩小显示状态，可使用功能键。

☺ 放大：按【PageUp】键，可以放大绘图区域。

☺ 缩小：按【PageDown】键，可以缩小绘图区域。

☺ 居中：按【Home】键，可以从原来光标下的图纸位置，移到工作区域的中心位置显示。

☺ 更新：按【End】键，可对绘图区域的图形进行更新，恢复正确显示状态。

2）使用菜单

Altium Designer 提供了【察看】菜单来控制图形区域的放大和缩小，【察看】菜单如图 3-95 所示。

在【察看】菜单中选择相应的缩放菜单命令即可实现绘图页的缩放。

3）使用鼠标滑轮

按住【Ctrl】键，再向上滚动鼠标滑轮，可以完成对图纸的放大操作；按住【Ctrl】键，再向下滚动鼠标滑轮，可以完成对图纸的缩小操作。

2．工具栏的打开与关闭

有效利用工具栏可以大大减少工作量，因此适时打开和关闭工具栏可提高绘图效率。

执行菜单命令【察看】→【Toolbars】，如图 3-96 所示。此时系统将弹出级联菜单，如图 3-97 所示。

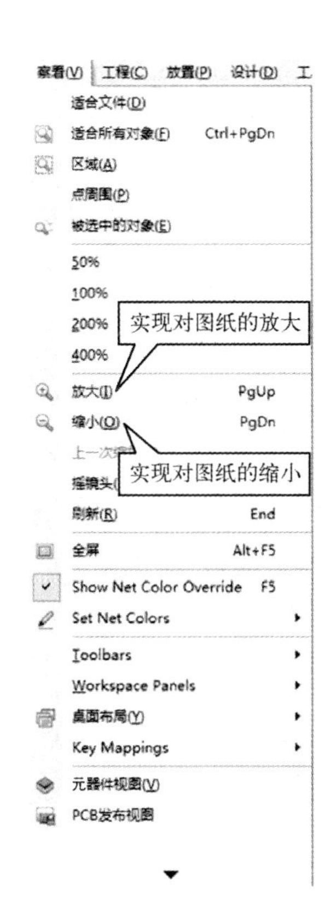

图 3-95 【察看】菜单

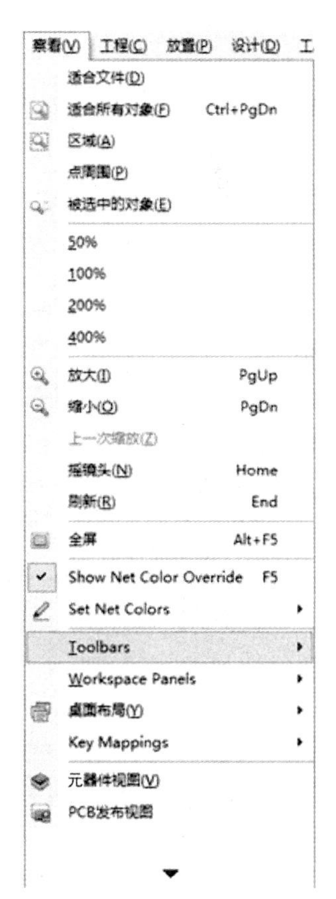

图 3-96 执行菜单命令【察看】→【Toolbars】

选择相应的工具栏，即可打开工具栏。以打开布线工具栏为例，执行菜单命令【察看】→【Toolbars】→【布线】，系统则会打开布线工具栏，如图 3-98 所示。

3．元器件的复制、剪切、粘贴与删除

在原理图绘图页，有一个电阻，如图 3-99 所示。

使用鼠标左键拖出一个选择框，以圈住“Res2”，如图 3-100 所示。

放开鼠标，即选中“Res2”，如图 3-101 所示。

执行菜单命令【编辑】→【复制】，如图 3-102 所示。

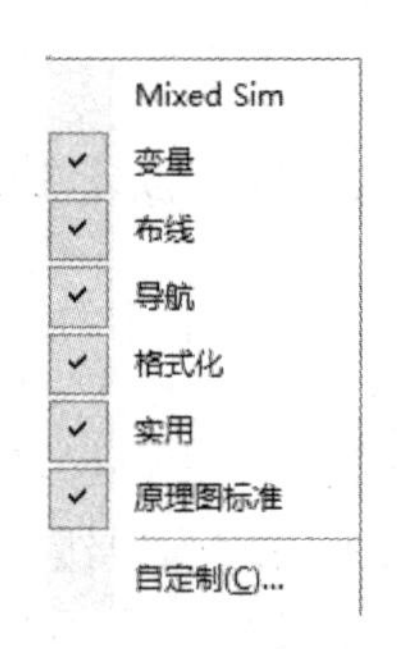

图 3-97　级联菜单

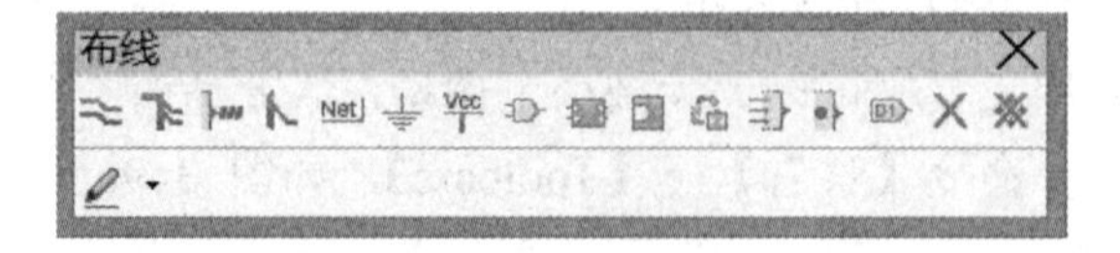

图 3-98　布线工具栏

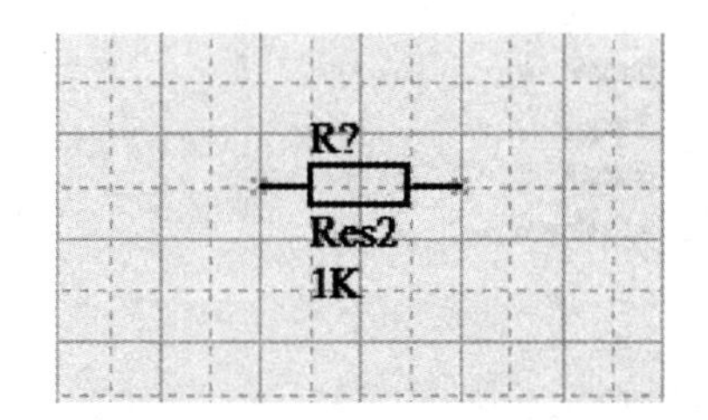

图 3-99　电阻

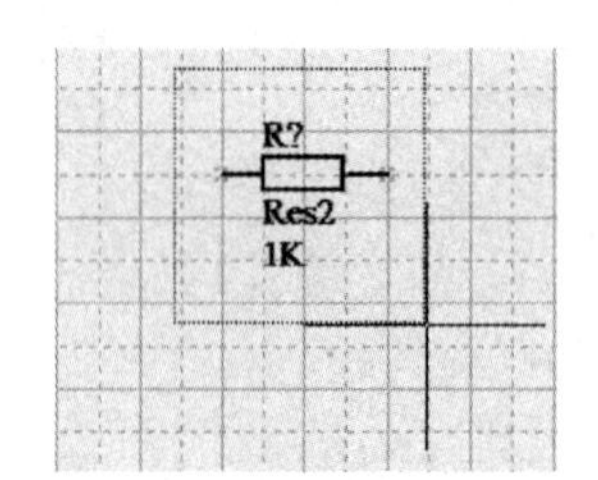

图 3-100　圈住“Res2”

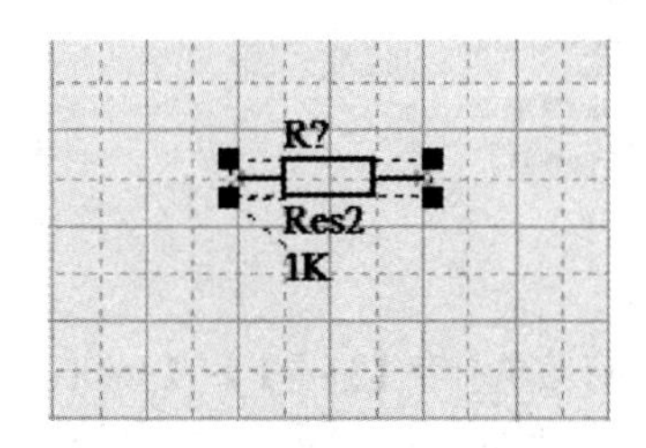

图 3-101　选中“Res2”

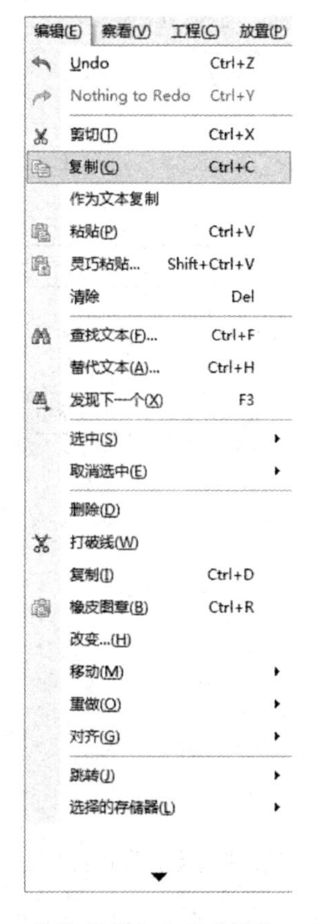

图 3-102　执行菜单命令【编辑】→【复制】

使用【Ctrl+C】组合键也可实现复制功能。执行菜单命令【编辑】→【粘贴】，或单击工具栏中的粘贴图标，或使用【Ctrl+V】组合键，此时在光标下跟随一个电阻，如图 3-103 所示。

在期望放置元器件的位置，单击即可放置元器件，如图 3-104 所示。

菜单命令【剪切】的使用同上，单击工具栏剪切图标或使用【Ctrl+X】组合键也可实现剪切功能。

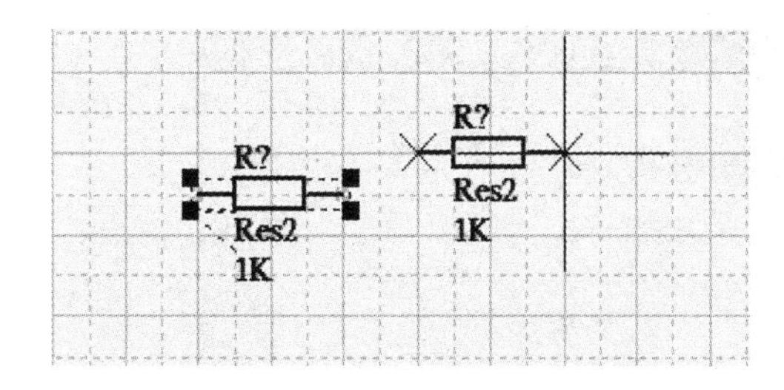

图 3-103　在光标下跟随一个电阻

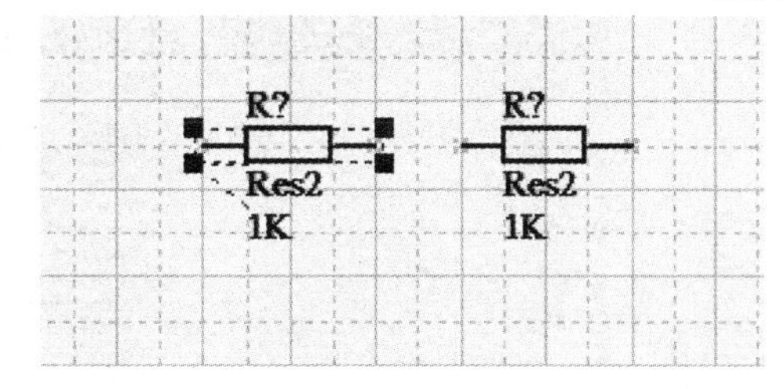

图 3-104　放置元器件

Altium Designer 为用户提供了阵列粘贴功能。按照设定的阵列粘贴能够一次性将某一对象或对象组重复地粘贴到图纸中，当在原理图中放置多个相同对象时，该功能可以很方便地完成操作。

选中要进行复制的元器件，执行菜单命令【编辑】→【灵巧粘贴】，打开【智能粘贴】对话框，如图 3-105 所示。

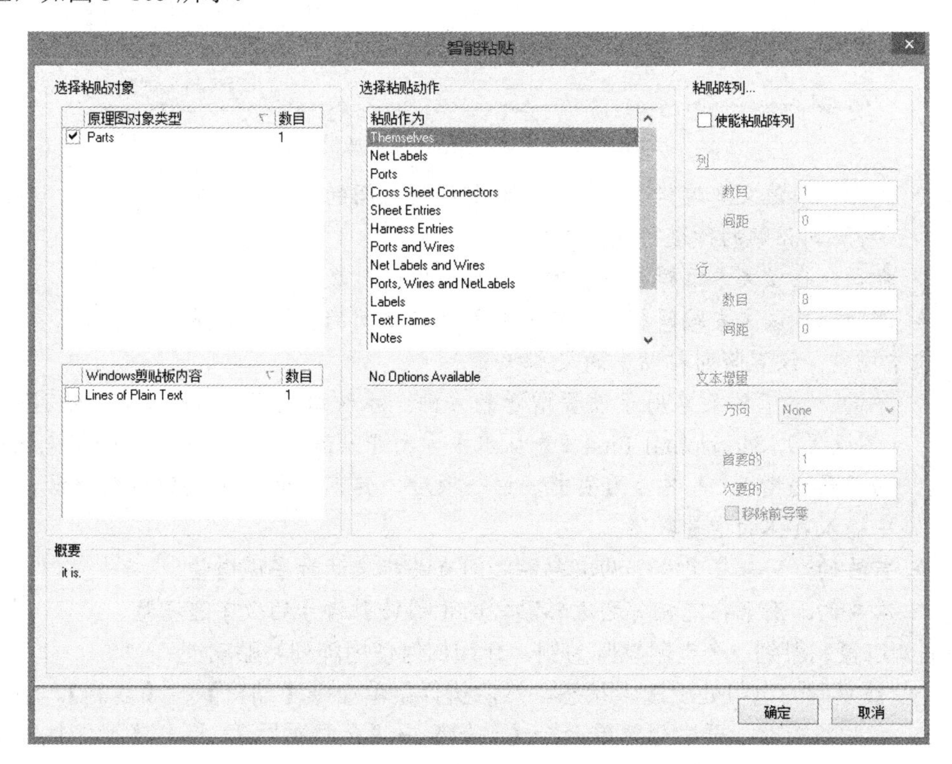

图 3-105 【智能粘贴】对话框

可以看到，在【智能粘贴】对话框的右侧有一个粘贴阵列区域。选中“使能粘贴阵列”复选框，则阵列粘贴功能被激活，如图 3-106 所示。

若要进行阵列粘贴，就要对以下参数进行设置。

☺ 列：对阵列粘贴的列进行设置

✧ 数目：在该文本编辑栏中，输入阵列粘贴的列数。

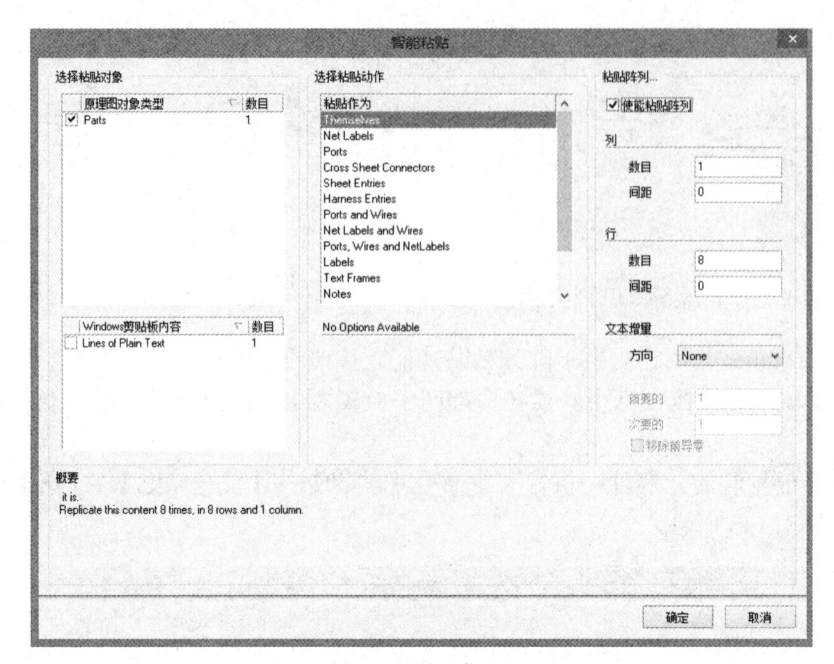

图 3-106 阵列粘贴功能被激活

✧ 间距：在该文本编辑栏中，输入相邻两列之间的空间偏移量。

☺ 行：对阵列粘贴的行进行设置

✧ 数目：在该文本编辑栏中，输入阵列粘贴的行数。

✧ 间距：在该文本编辑栏中，输入相邻两行之间的空间偏移量。

☺ 文本增量：设置阵列粘贴中的文本增量

✧ 方向：该下拉菜单用于设置增量的方向。系统给出了 3 种选择，分别是 None（不设置）、Horizontal First（先从水平方向开始递增）、Vertical First（先从垂直方向开始递增）。选中后两项中任意一项后，其下方的文本编辑栏被激活，可在其中输入具体的增量数值。

✧ 首要的：用来指定相邻两次粘贴之间有关标志的数字递增量。

✧ 次要的：用来指定相邻两次粘贴之间元器件引脚号的数字递增量。

下面就以复制得到一个电阻矩阵为例，介绍如何使用阵列粘贴功能。

首先使被复制的电阻处于选中状态，然后执行菜单命令【编辑】→【复制】，使其粘贴在 Windows 粘贴板上。再执行菜单命令【编辑】→【灵巧粘贴】，打开【智能粘贴】对话框。设置粘贴阵列区域中的参数，如图 3-107 所示。

设置完成后，单击【确定】按钮。此时在光标下会出现一个方框，如图 3-108 所示。

单击即可放置电阻矩阵到合适位置。放置电阻矩阵如图 3-109 所示。

编译后可以看到，被复制的电阻与电阻矩阵的第一个电阻下方各有一条波纹线，这是系统给出的重名错误提示。必须删除这两个电阻中的任意一个。单击要删除的元器件，则在待删除的元器件周围出现虚线框，如图 3-110 所示。

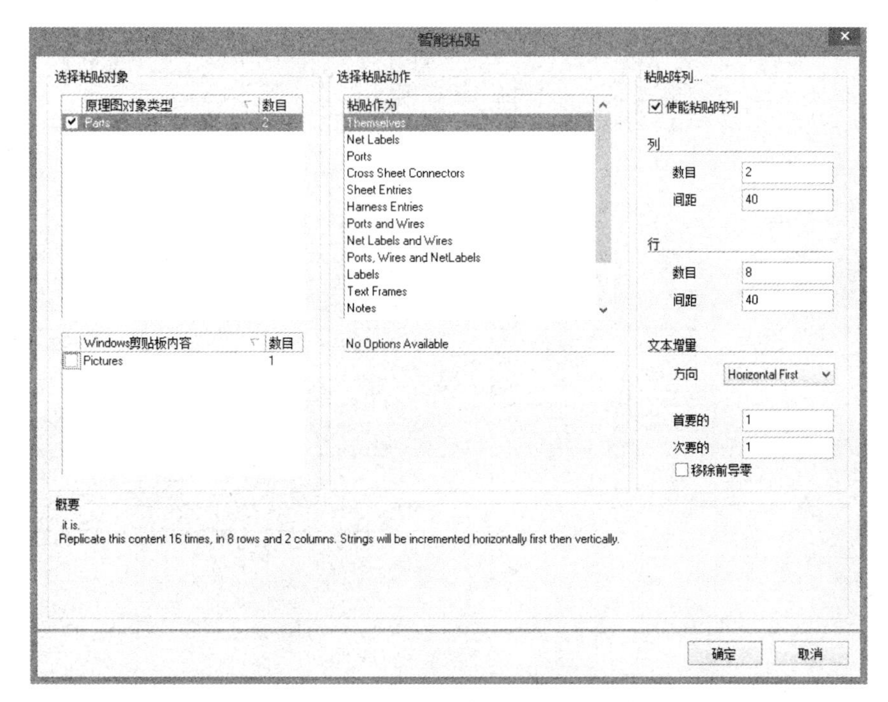

图 3-107　设置粘贴阵列区域中的参数

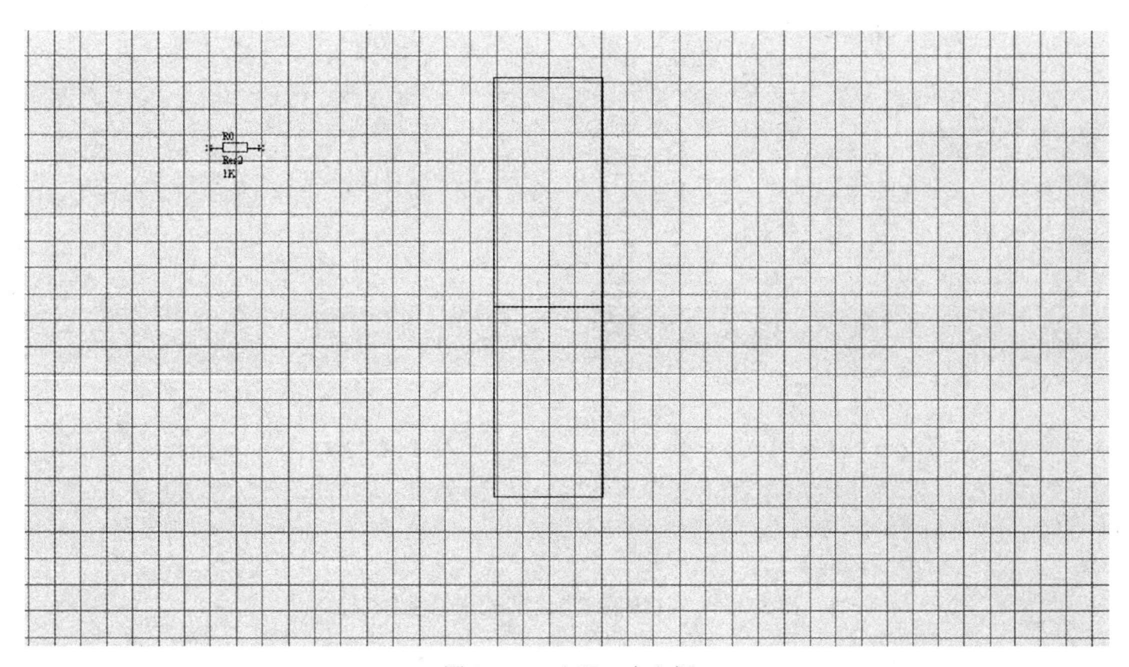

图 3-108　出现一个方框

按【Del】键即可删除元器件。选中元器件，单击工具栏中的剪切图标 也可删除元器件。

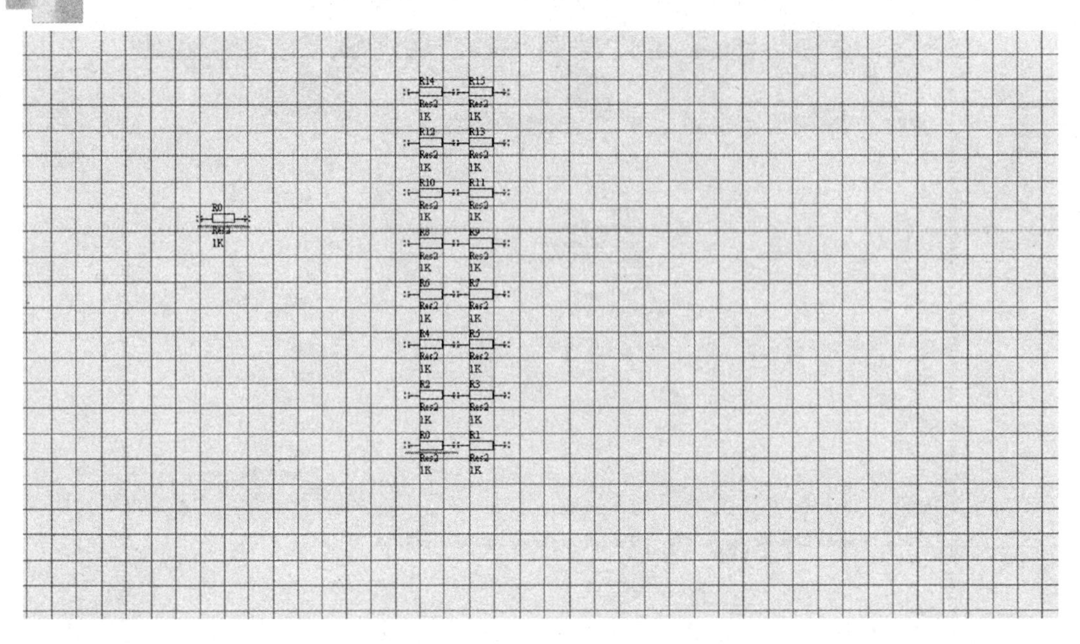

图 3-109　放置电阻矩阵

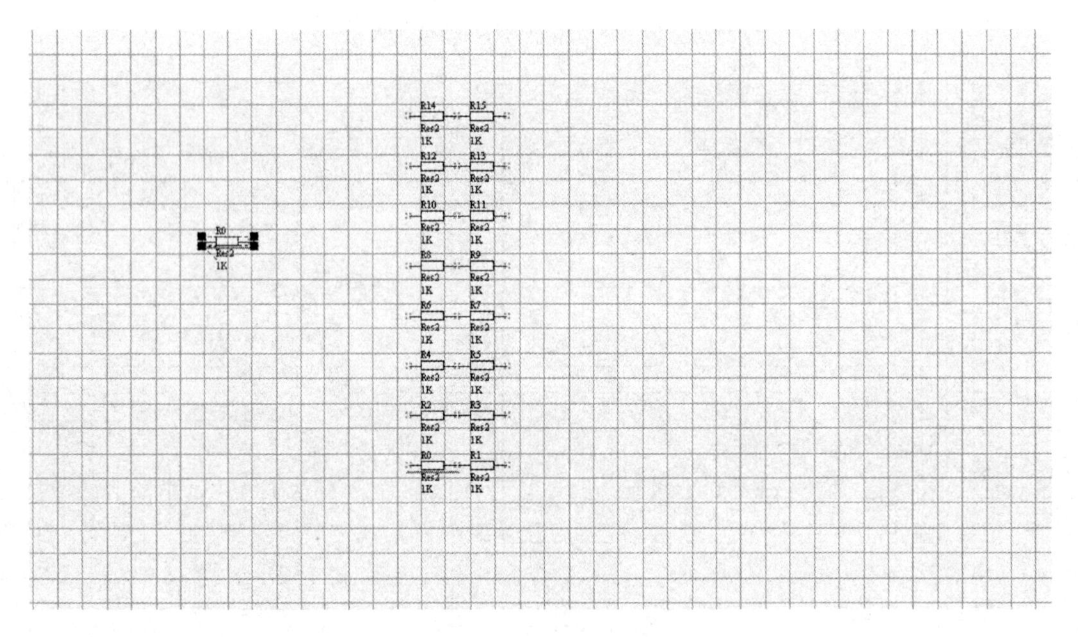

图 3-110　在待删除的元器件周围出现虚线框

3.8　实例介绍

为了更好地掌握绘制原理图的方法，下面就以一个综合实例来介绍绘制原理图的过程。设计好的电路原理图如图 3-111 所示。

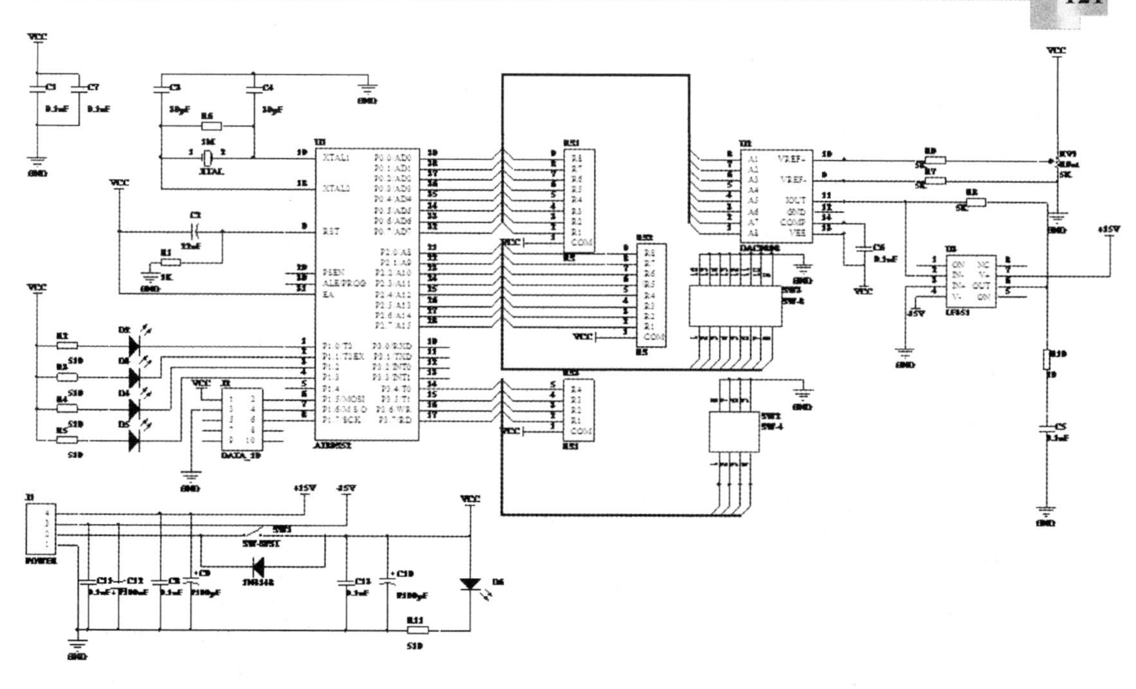

图 3-111　设计好的电路原理图

运行 Altium Designer，执行菜单命令【文件】→【新建】→【工程】→【PCB 工程】，在【Projects】面板中出现了新建的项目文件，系统给出的默认名为“PCB-Project1.PrjPCB”。在项目文件“PCB-Project1.PrjPCB”上右击，执行菜单命令【保存工程为】。在弹出的对话框中，输入项目文件名称“danpianji.PrjPcb”，如图 3-112 所示。在项目文件“danpianji.PrjPcb”上右击，执行菜单命令【给项目添加新的】→【Schematic】，则在该项目中添加了一个新的原理图文件，系统给出的默认名为“Sheet1.SchDoc”。在该文件上右击，执行菜单命令【保存为】，将其保存为与工程名一样的名称。保存项目文件如图 3-113 所示。

在绘制原理图的过程中，首先应放置电路中的关键元器件，然后再放置电阻、电容等外围元器件。本例中用到的核心芯片为“AT89S52”，在系统提供的集成库中不能找到该元器件，因此要用户自己绘制它的原理图符号，再进行放置。对于库元器件的制作，这里暂时不做介绍，在后面的章节会给出详细的描述。

放置芯片“AT89S52”，如图 3-114 所示，并对其进行属性编辑。

在【库】面板的当前元器件库栏中选择【Miscellaneous Devices.IntLib】库，在元器件列表中分别选择电容、电阻、晶振等，并一一进行放置，在各个元器件相应的【Properties for Schematic Component in Sheet】对话框中进行参数设置，完成所有元器件的放置，如图 3-115 所示。

单击配线工具栏上的电源端口图标，放置电源符号。

单击配线工具栏上的接地端口图标，放置接地符号。

放置好电源和接地符号的原理图如图 3-116 所示。

对元器件的位置进行调整，使其更加合理。单击配线工具栏中的放置线图标，完成元器件之间的电气连接。单击配线工具栏中的放置总线图标和放置总线入口图标，完成电路原理图中总线的绘制。完成所有连接后的电路原理图如图 3-117 所示，单击【保存】按钮，对绘制好的原理图加以保存。

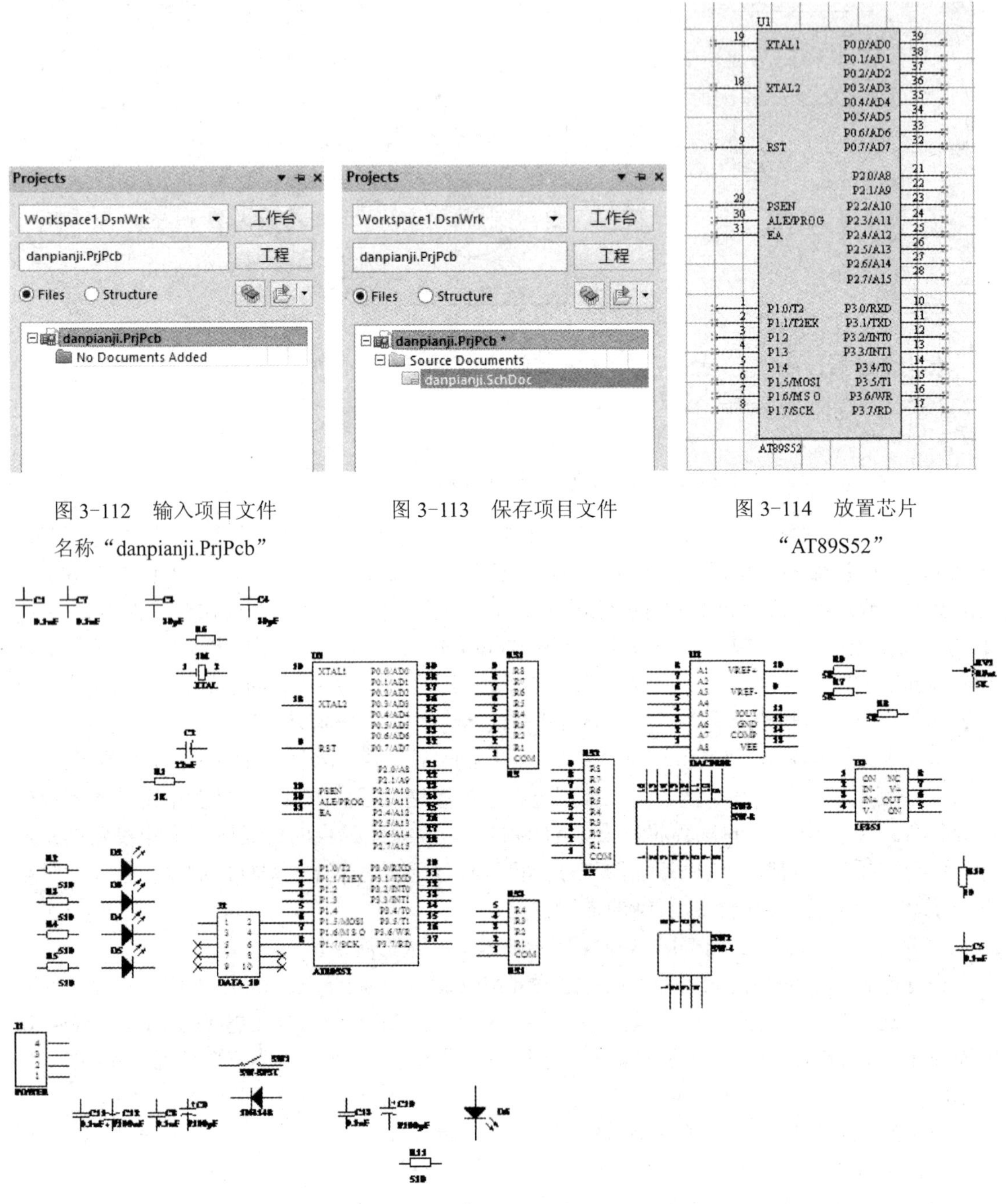

图 3-112　输入项目文件名称“danpianji.PrjPcb”

图 3-113　保存项目文件

图 3-114　放置芯片“AT89S52”

图 3-115　完成所有元器件的放置

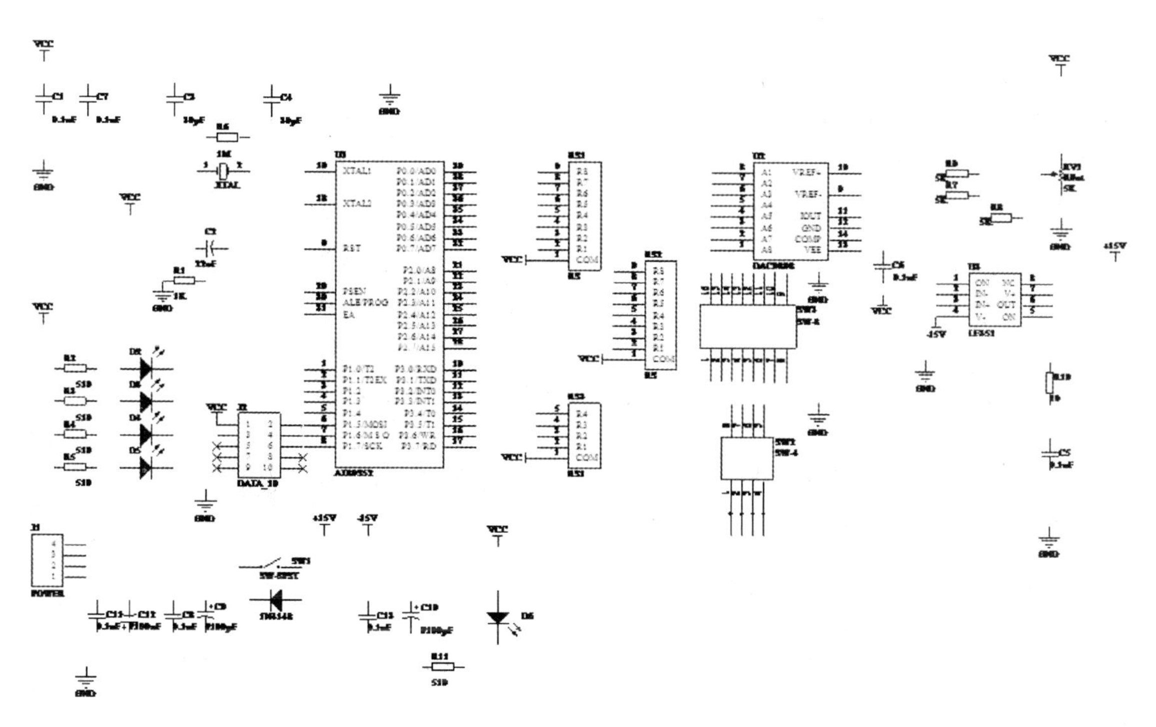

图 3-116　放置好电源和接地符号的原理图

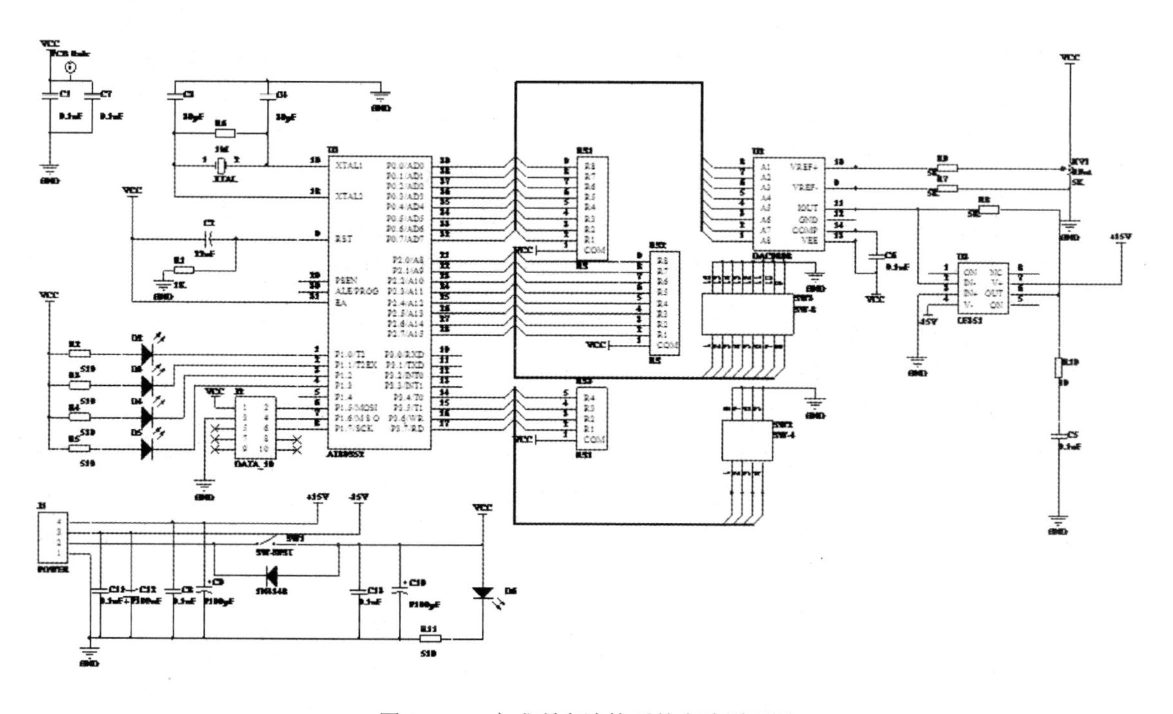

图 3-117　完成所有连接后的电路原理图

3.9 编译项目及查错

在使用 Altium Designer 进行设计的过程中，编译项目是一个很重要的环节。编译时，系统将会根据用户的设置检查整个项目。对于层次原理图来说，编译的目的就是将若干个子原理图联系起来。编译结束后，系统会提供相关的网络构成、原理图层次、设计文件包含的错误类型及分布等报告信息。

1．设置项目选项

选中项目中的设计文件（就以综合实例为例），执行菜单命令【工程】→【工程参数】，如图 3-118 所示。

打开【Options for PCB Project danpianji.PrjPcb】对话框，如图 3-119 所示。

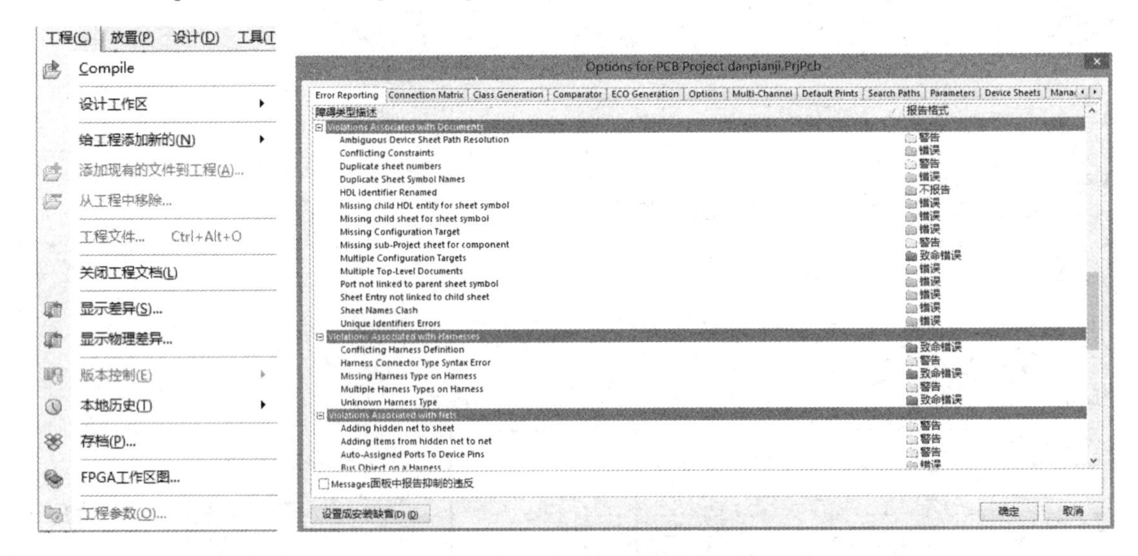

图 3-118 执行菜单命令【工程】→【工程参数】

图 3-119 【Options for PCB Project danpianji.PrjPcb】对话框

在【Error Reporting】（错误报告类型）标签页中，可以设置所有可能出现错误的报告类型。报告类型分为错误、警告、致命错误和不报告 4 种。单击报告格式栏中的报告类型，会弹出一个设置报告类型的下拉菜单，如图 3-120 所示。

【Connection Matrix】标签页如图 3-121 所示，用来显示设置的电气连接矩阵。

要设置当 Passive Pin（无源引脚）未连接时是否产生警告信息，可以在矩阵的右侧找到其所在的行，在矩阵的上方找到 Unconnected（未连接）列。行和列的交点表示 Passive Pin Unconnected，如图 3-122 所示。

移动光标到该点处，此时光标变为手形，连续单击该点，可以看到该点处的颜色在绿、黄、橙、红之间循环变化。其中，绿色代表不报告，黄色代表警告，橙色代表错误，红色代表致命错误。此处设置无源引脚未连接时系统产生警告信息，即设置为黄色。

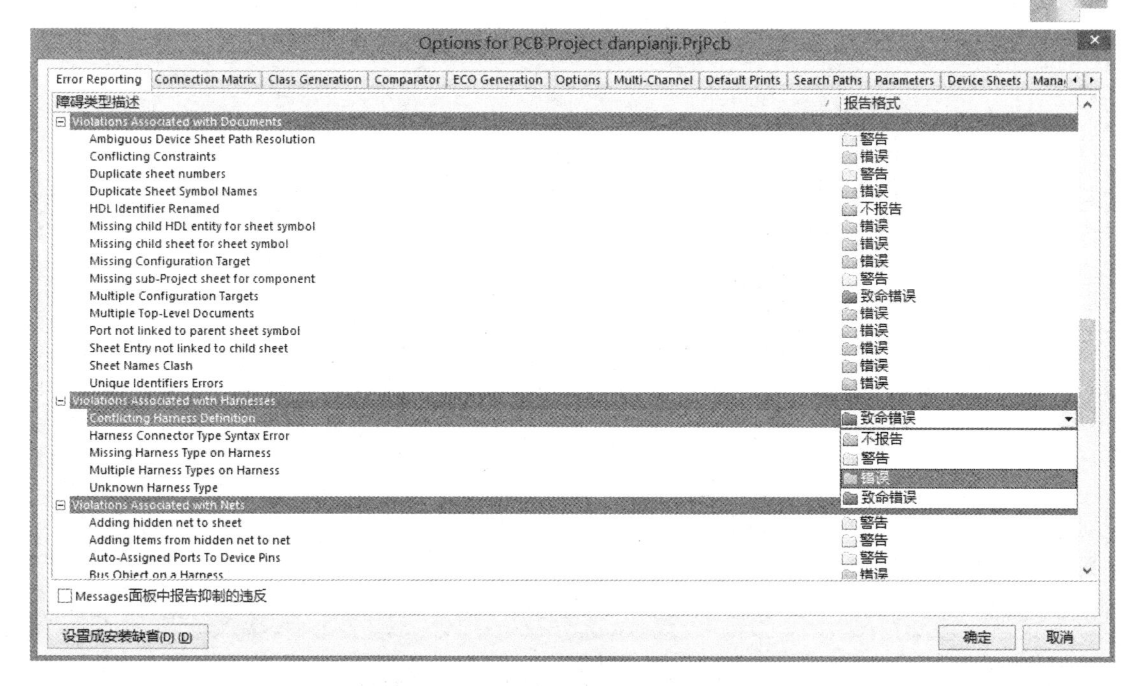

图 3-120　设置报告类型的下拉菜单

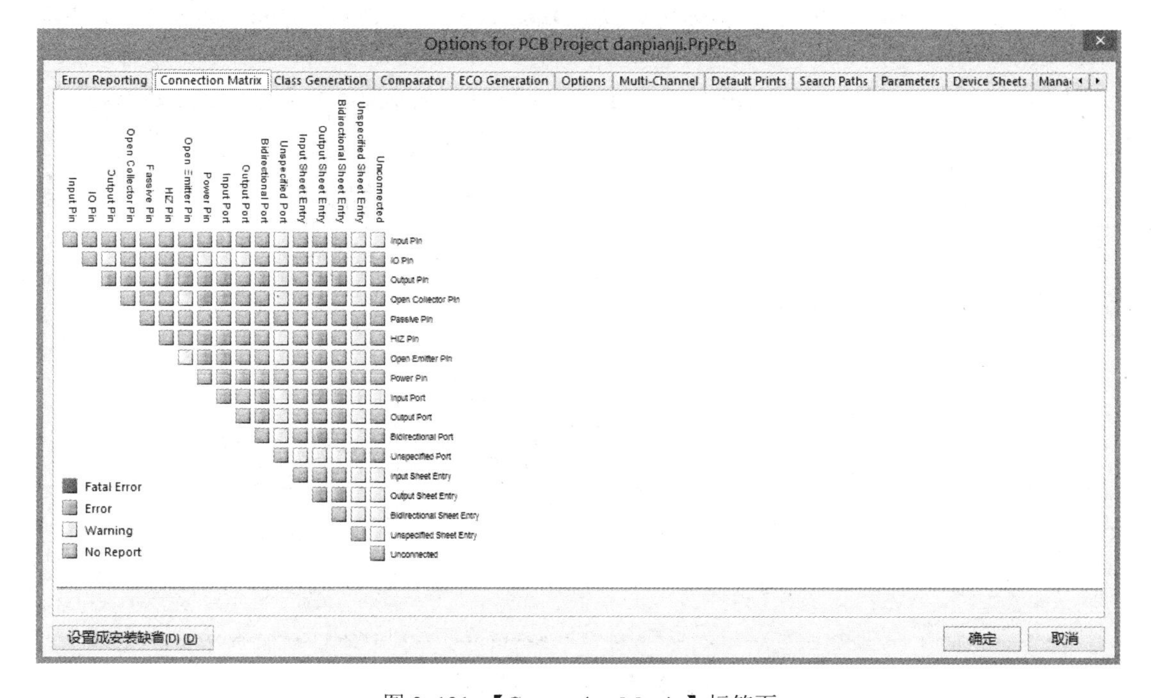

图 3-121　【Connection Matrix】标签页

【Comparator】标签页如图 3-123 所示，用于显示比较器。

如果希望在改变元器件封装后，系统在编译时有信息提示，则找到“Different Footprints”，如图 3-124 所示。

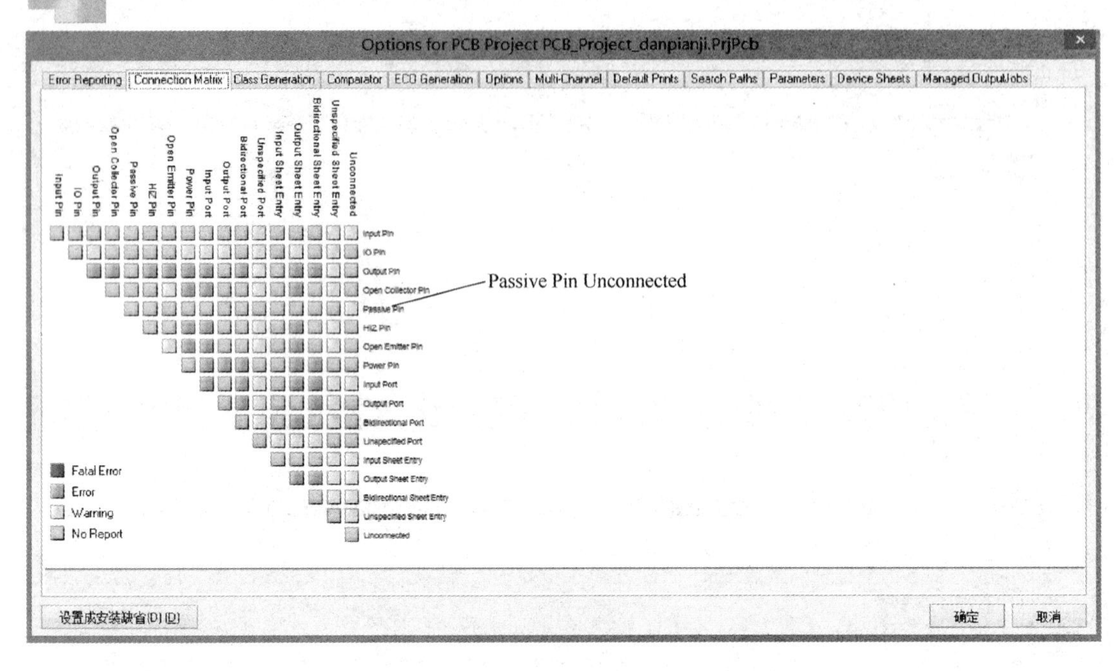

图 3-122　行和列的交点表示 Passive Pin Unconnected

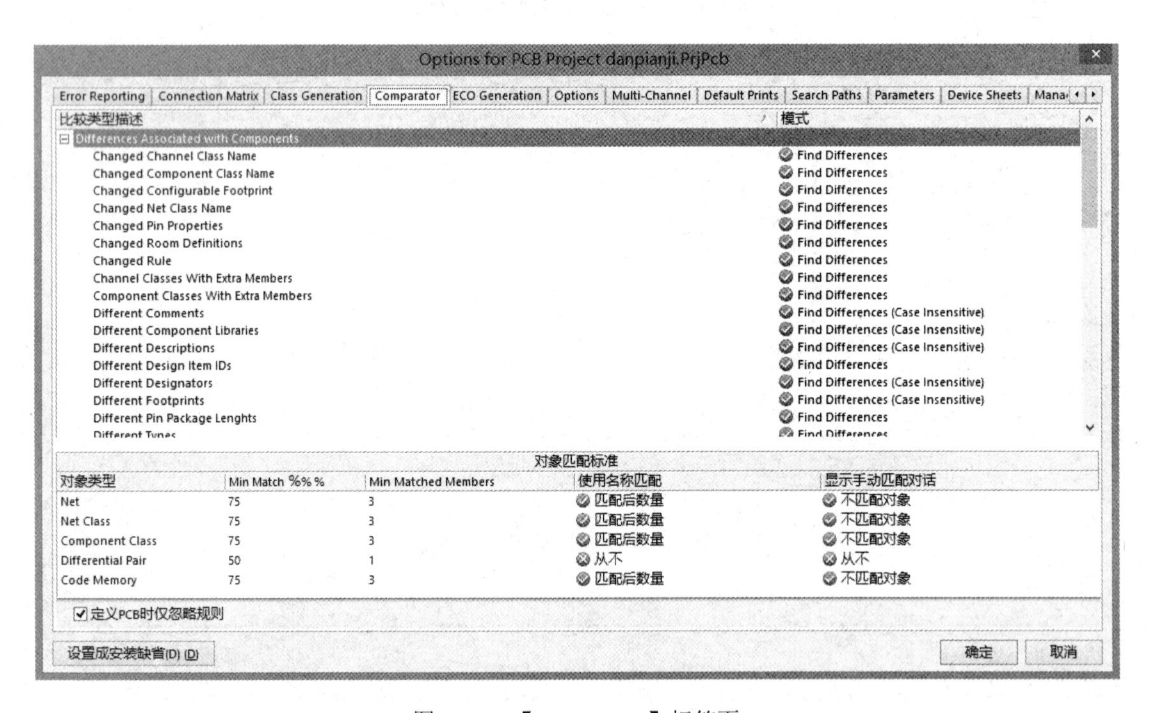

图 3-123　【Comparator】标签页

单击其右侧的模式栏，在下拉菜单中选择“Find Differences”，表示改变元器件封装后系统在编译时有信息提示；在下拉菜单中选择“Ignore Differences”，表示忽略该提示。

当设置完所有信息后，单击【确定】按钮，退出该对话框。

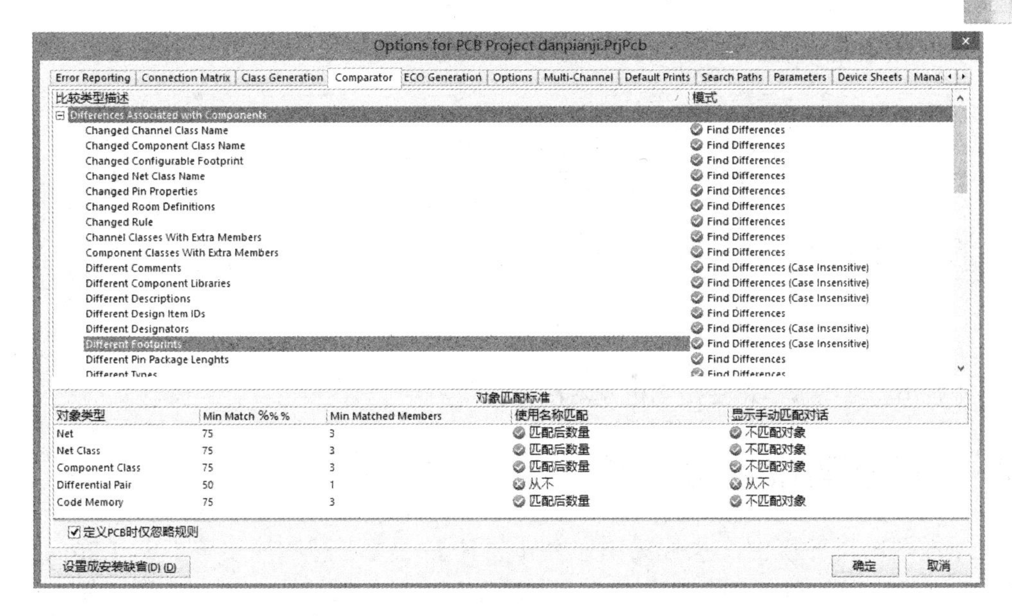

图 3-124　找到“Different Footprints”

2. 编译项目同时查看系统信息

在完成项目选项后，执行菜单命令【工程】→【Compile PCB Project danpianji.PrjPcb】，如图 3-125 所示。

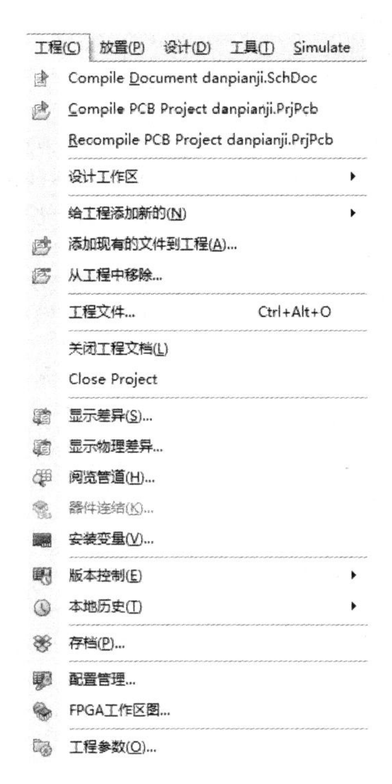

图 3-125　执行菜单命令【工程】→【Compile PCB Project danpianji.PrjPcb】

系统生成编译信息报告，如图 3-126 所示。

Messages

Class	Document	Source	Message	Time	Date	No.
[Warni...	danpianji.SchDoc	Compi...	Unconnected line (500,200) To (500,370)	19:56:42	2016/10/4	49
[Warni...	danpianji.SchDoc	Compi...	Unconnected line (500,200) To (690,200)	19:56:42	2016/10/4	50
[Warni...	danpianji.SchDoc	Compi...	Unconnected line (500,380) To (500,500)	19:56:42	2016/10/4	51
[Warni...	danpianji.SchDoc	Compi...	Unconnected line (500,380) To (780,380)	19:56:42	2016/10/4	52
[Warni...	danpianji.SchDoc	Compi...	Unconnected line (500,520) To (500,660)	19:56:42	2016/10/4	53
[Warni...	danpianji.SchDoc	Compi...	Unconnected line (500,660) To (680,660)	19:56:42	2016/10/4	54
[Warni...	danpianji.SchDoc	Compi...	Unconnected line (680,520) To (680,660)	19:56:42	2016/10/4	55

图 3-126 编译信息报告

不难看出，这些警告都是由于引脚未连接所造成的。

3.10 生成原理图网络表文件

在原理图编辑环境中，执行菜单命令【设计】→【工程的网络表】→【Protel】，如图 3-127 所示，则会在该项目中生成一个与项目同名的网络表文件，双击该文件，打开如图 3-128 所示的网络表文件。

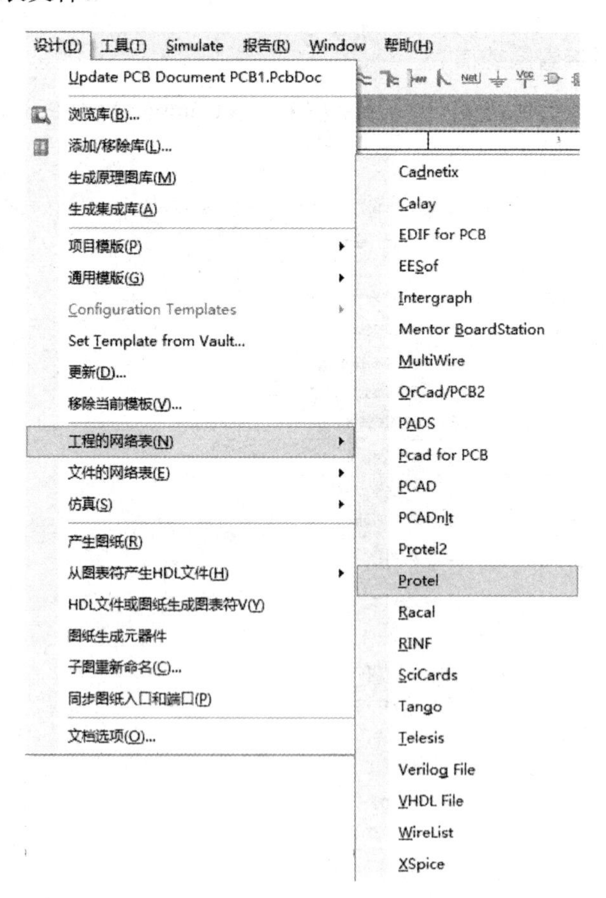

图 3-127 执行菜单命令【设计】→【工程的网络表】→【Protel】

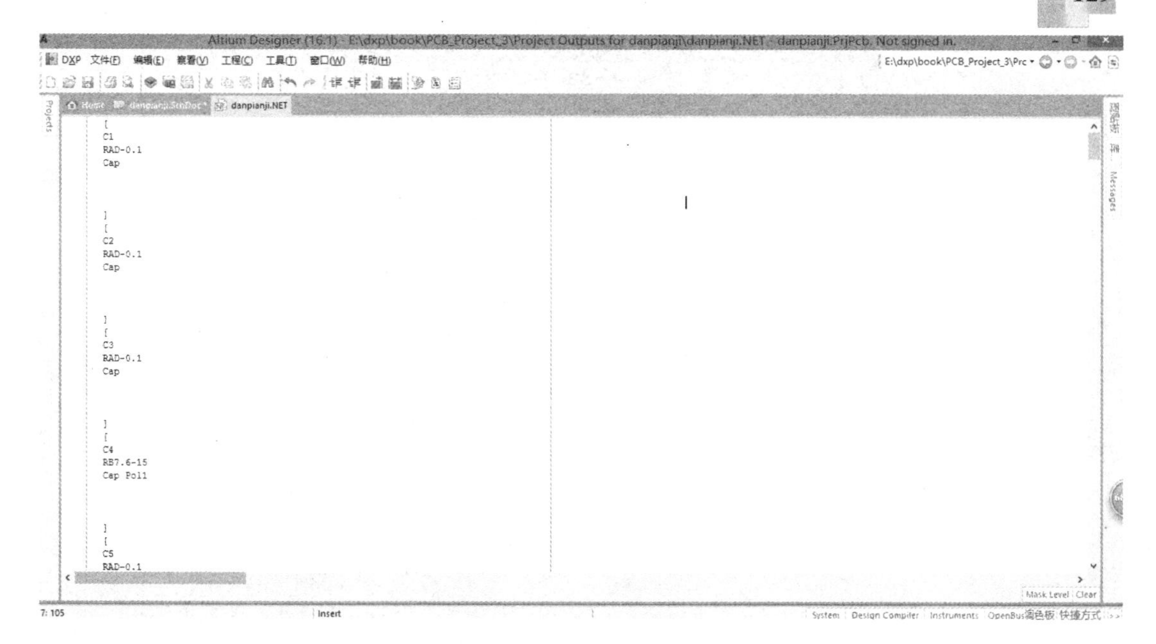

图 3-128 网络表文件

该网络表文件主要分成两个部分：

前一部分描述元器件的属性参数（元器件序号、元器件的封装形式和元器件注释），方括号是一个元器件的标志。以“[”为起始标志，其后为元器件序号、元器件封装形式和元器件注释，最后以“]”为结束标志。

后一部分描述原理图文件中电气连接，标志为圆括号。该网络以“(”为起始标志，首先是网络标签名，其后按字母顺序依次列出与该网络标签相连接的元器件引脚号，最后以“)”结束标志。

3.11 生成和输出各种报表和文件

原理图设计完成后，除了保存有关的项目文件和设计文件以外，还要输出和整个设计项目相关的信息，并以表格的形式保存。在 Altium Designer 中，除了可以生成电路网络表以外，还可将整个项目中的元器件类别和总数以多种格式输出保存和打印。

1. 输出元器件报表

以综合实例的电路为例，执行菜单命令【Bill of Materials】，如图 3-129 所示。系统会弹出【Bill of Materials For Project】对话框，如图 3-130 所示。

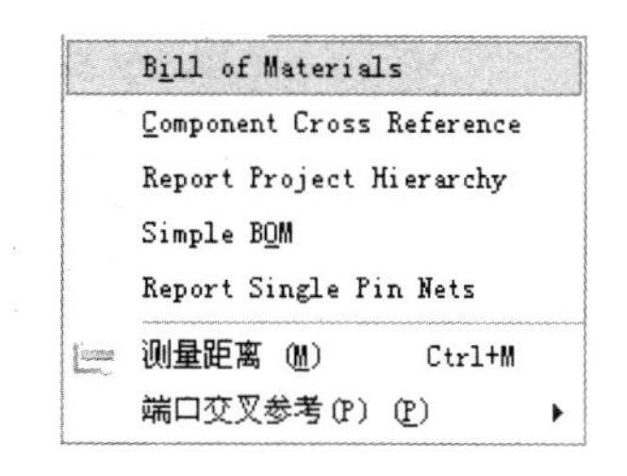

图 3-129 执行菜单命令【Bill of Materials】

在该对话框中列出了整个项目中所用到的元器件，单击表格中的标题按钮，如【Comment】按钮、【Description】按钮等，可以使表格中的内容按照一定的次序排列。

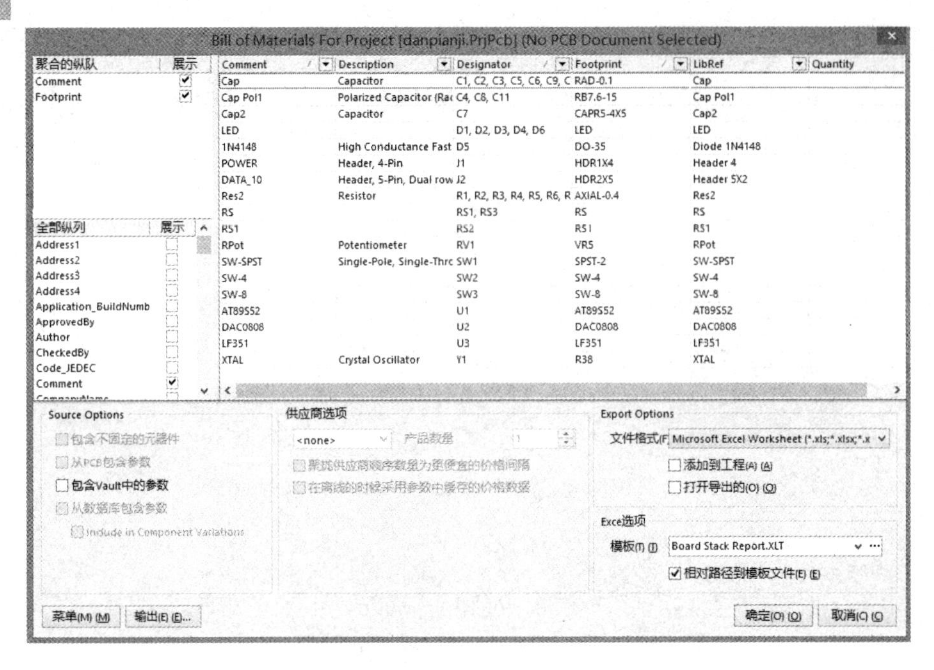

图 3-130 【Bill of Materials For Project】对话框

在【Bill of Materials For Project】对话框中，单击【菜单】按钮，系统将弹出一个如图 3-131 所示的菜单。

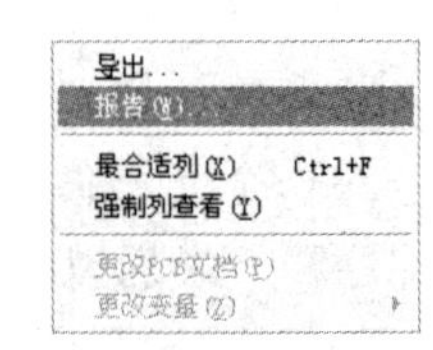

图 3-131 菜单

在该菜单中，执行菜单命令【报告】，会显示【报告预览】对话框，如图 3-132 所示。

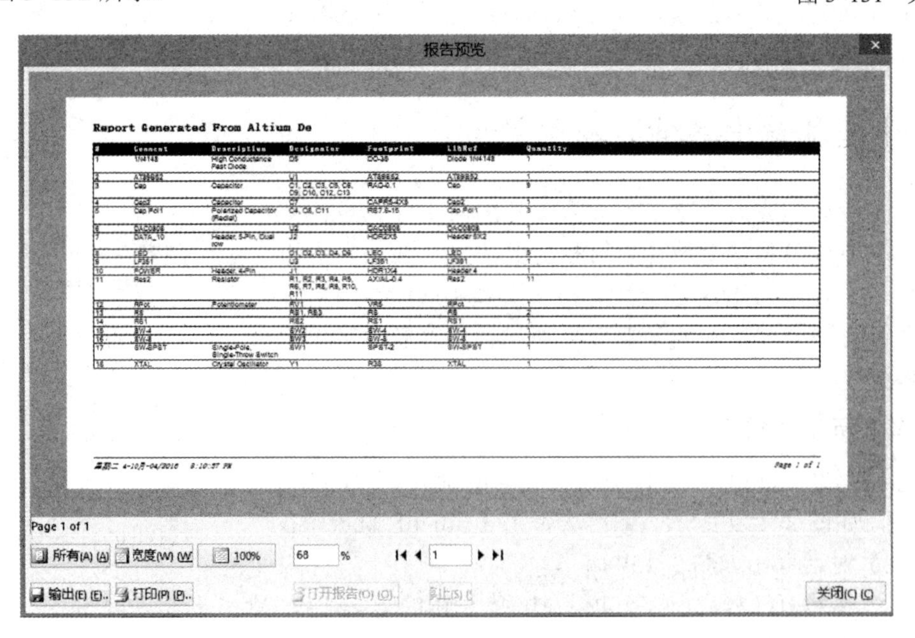

图 3-132 【报告预览】对话框

单击【报告预览】对话框中的【所有】、【宽度】、【100%】按钮，可以改变预览方式，还可以在显示比例文本编辑栏中输入比例值，使报表按一定的比例显示出来。

单击【报告预览】对话框中的【打印】按钮，系统会使用已安装的打印机打印元器件表单。

单击【报告预览】对话框中的【输出】按钮，系统将会弹出【Export Report From Project】对话框，如图 3-133 所示。

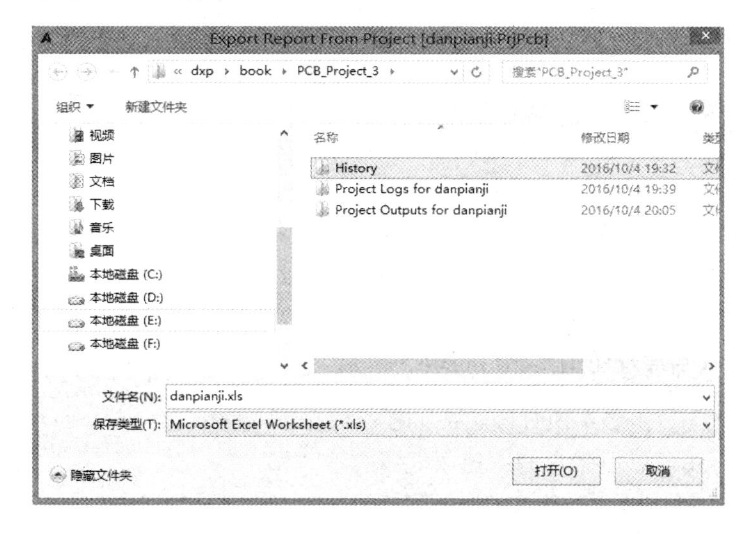

图 3-133　【Export Report From Project】对话框

在文件名栏中输入保存文件的名字，在保存类型下拉列表中选择保存文件的类型，一般选择“Microsoft Excel Worksheet（*.xls）”。单击【保存】按钮将元器件报表以 Excel 表格格式保存，同时系统会打开该元器件报表文件。用 Excel 表格格式显示该元器件报表文件如图 3-134 所示。

	A	B	E	G	J	M	O
1							
2	**Report Generated From Altium Designer**						
3							
4							
5	1	1N4148	High Conductanc	D5	DO-35	Diode 1N4148	1
6			Fast Diode				
7	2	AT89S52		U1	AT89S52	AT89S52	1
8	3	Cap	Capacitor	C1. C2. C3. C5. C6.	RAD-0.1	Cap	9
9				C9. C10. C12. C13			
10	4	Cap2	Capacitor	C7	CAPR5-4X5	Cap2	1
11	5	Cap Pol1	Polarized Capaci	C4. C8. C11	RB7.6-15	Cap Pol1	3
12			(Radial)				
13	6	DAC0808		U2	DAC0808	DAC0808	1
14	7	DATA 10	Header. 5-Pin. Dı	J2	HDR2X5	Header 5X2	1
15			row				
16	8	LED		D1. D2. D3. D4. D6	LED	LED	5
17	9	LF351		U3	LF351	LF351	1
18	10	POWER	Header. 4-Pin	J1	HDR1X4	Header 4	1
19	11	Res2	Resistor	R1. R2. R3. R4. R5.	AXIAL-0.4	Res2	11
20				R6. R7. R8. R9. R10.			
21				R11			
22	12	RPot	Potentiometer	RV1	VR5	RPot	1
23	13	RS		RS1. RS3	RS	RS	2
24	14	RS1		RS2	RS1	RS1	1
25	15	SW-4		SW2	SW-4	SW-4	1
26	16	SW-8		SW3	SW-8	SW-8	1
27	17	SW-SPST	Single-Pole.	SW1	SPST-2	SW-SPST	1
28			Single-Throw Switch				
29	18	XTAL	Crystal Oscillator	Y1	R38	XTAL	1
30							
31							

图 3-134　用 Excel 表格格式显示该元器件报表文件

在【Export Report From Project】对话框中的保存类型下拉列表中选择“Web Page (*.htm;*.html)”选项，单击【保存】按钮，系统将用 IE 浏览器保存并打开该元器件报表文件，如图 3-135 所示。

Report Generated From Altium Designer

#	Comment	Description	Designator	Footprint	LibRef	Quantity
1	1N4148	High Conductance Fast Diode	D5	DO-35	Diode 1N4148	1
2	AT89S52		U1	AT89S52	AT89S52	1
3	Cap	Capacitor	C1, C2, C3, C5, C6, C9, C10, C12, C13	RAD-0.1	Cap	9
4	Cap2	Capacitor	C7	CAPR5-4X5	Cap2	1
5	Cap Pol1	Polarized Capacitor (Radial)	C4, C8, C11	RB7.6-15	Cap Pol1	3
6	DAC0808		U2	DAC0808	DAC0808	1
7	DATA_10	Header, 5-Pin, Dual row	J2	HDR2X5	Header 5X2	1
8	LED		D1, D2, D3, D4, D6	LED	LED	5
9	LF351		U3	LF351	LF351	1
10	POWER	Header, 4-Pin	J1	HDR1X4	Header 4	1
11	Res2	Resistor	R1, R2, R3, R4, R5, R6, R7, R8, R9, R10, R11	AXIAL-0.4	Res2	11
12	RPot	Potentiometer	RV1	VR5	RPot	1
13	RS		RS1, RS3	RS	RS	2
14	RS1		RS2	RS1	RS1	1
15	SW-4		SW2	SW-4	SW-4	1
16	SW-8		SW3	SW-8	SW-8	1
17	SW-SPST	Single-Pole, Single-Throw Switch	SW1	SPST-2	SW-SPST	1
18	XTAL	Crystal Oscillator	Y1	R38	XTAL	1

图 3-135　用 IE 浏览器保存并打开该元器件报表文件

2. 输出整个项目原理图的元器件报表

如果一个设计项目由多个原理图组成，那么整个项目所用的元器件还可以根据它们所处原理图的不同而分组显示。执行菜单命令【Component Cross Reference】，如图 3-136 所示。打开【Component Cross Reference Report For Project】对话框，如图 3-137 所示，可见元器件是按原理图的不同而分组显示的。

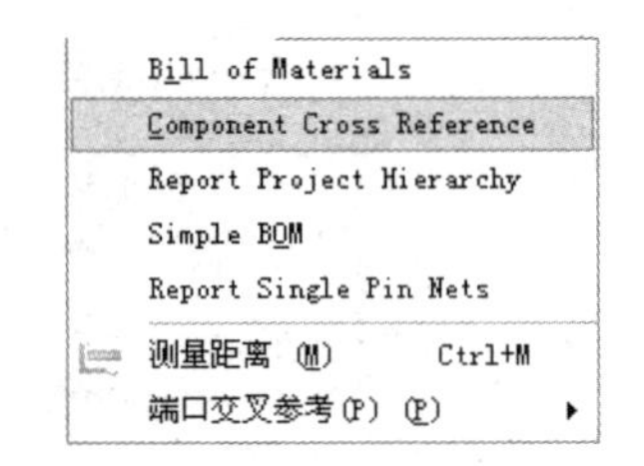

图 3-136　执行菜单命令【Component Cross Reference】

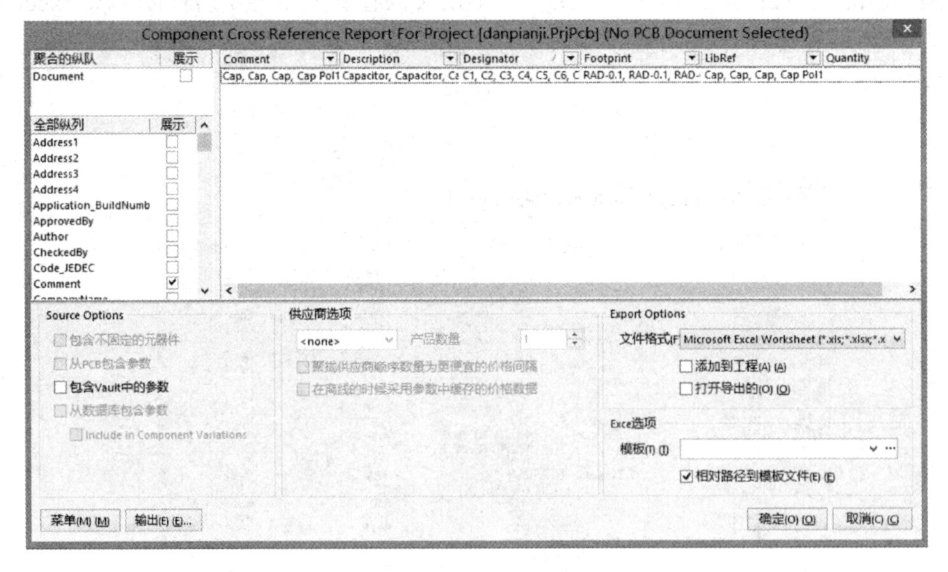

图 3-137　【Component Cross Reference Report For Project】对话框

对【Component Cross Reference Report For Project】对话框的操作，与前面的操作相

同，这里就不再重复介绍了。

思考与练习

（1）启动 Altium Designer，创建一个新的项目文件，将其保存在自己创建的目录中，并为该项目文件加载一个新的原理图文件。

（2）对（1）中的新建原理图文件进行相应的属性设置，图纸大小为 800 × 400（本书单位若无特别说明均为 mm）、水平放置，其他参数按照系统默认设置即可。

（3）在新建原理图文件中，绘制如图 3-138 所示的电路图。

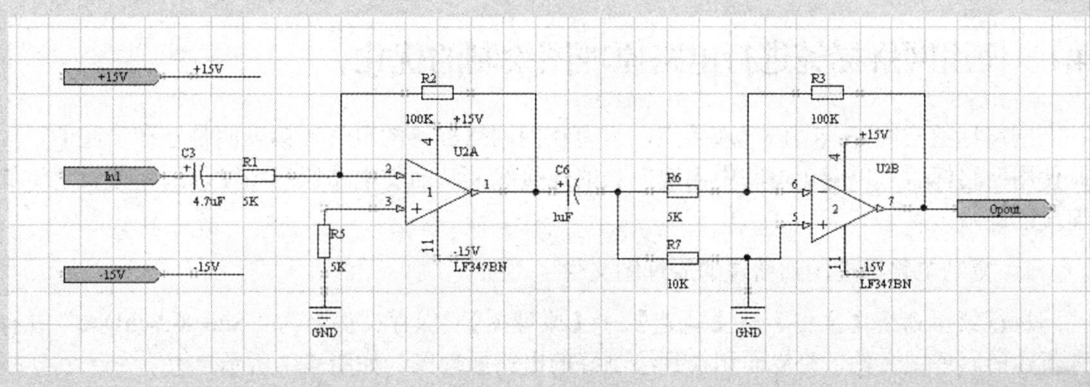

图 3-138　电路图

在这个过程中，熟悉对元器件库的操作、对元器件放置的操作、对元器件之间连接的操作。

（4）熟悉电路原理图绘制的相关技巧。

（5）项目编译有哪些意义？

（6）输出（3）中电路图的相关报表。

第4章　电路原理图绘制的优化方法

前几章中虽然完成了电路原理图的绘制，但电路图的线路连接不清晰，使读者很难厘清电路的结构，而且电路的功能也不能很直观地表达。因此，在本章中要对绘制好的电路原理图进行优化，以增强电路的可读性。

4.1　使用网络标签进行电路原理图绘制的优化

网络标签实际是一个电气连接点，具有相同网络标签的电气连接表明是连在一起的，因此使用网络标签可以避免电路中出现较长的连接线，从而使电路原理图可以清晰地表达电路连接的脉络。

1．复制电路原理图到新建的原理图文件

执行菜单命令【文件】→【新建】→【原理图】，保存文件名为“Sheet6.SchDoc”并打开新建的原理图文件，将界面切换到绘制好的电路原理图，如图 4-1 所示。

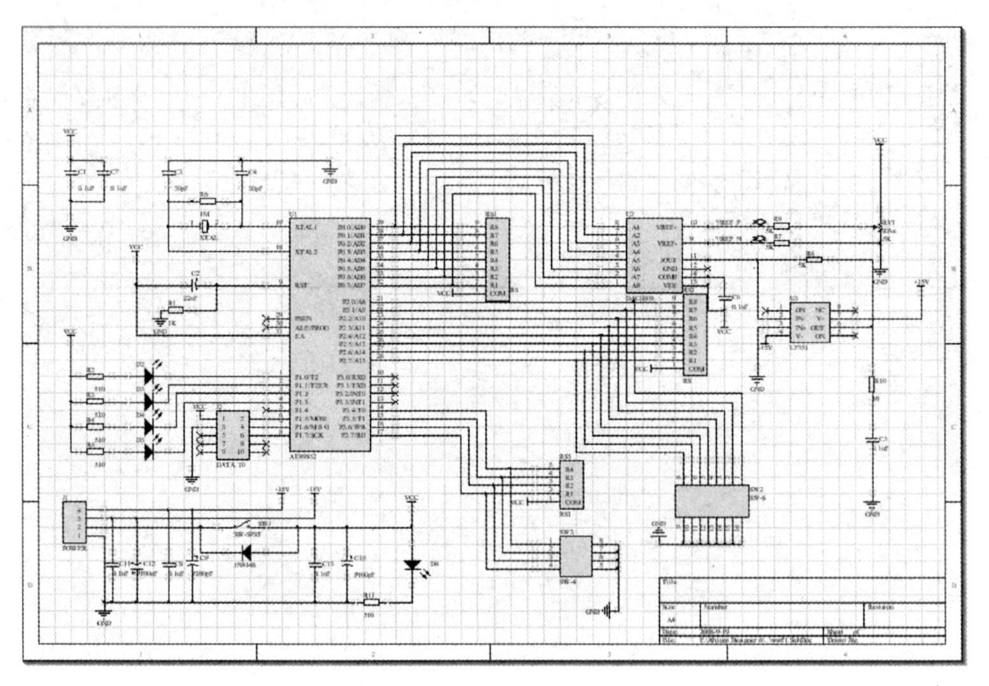

图 4-1　绘制好的电路原理图

执行菜单命令【编辑】→【选中】→【全部】，如图 4-2 所示。

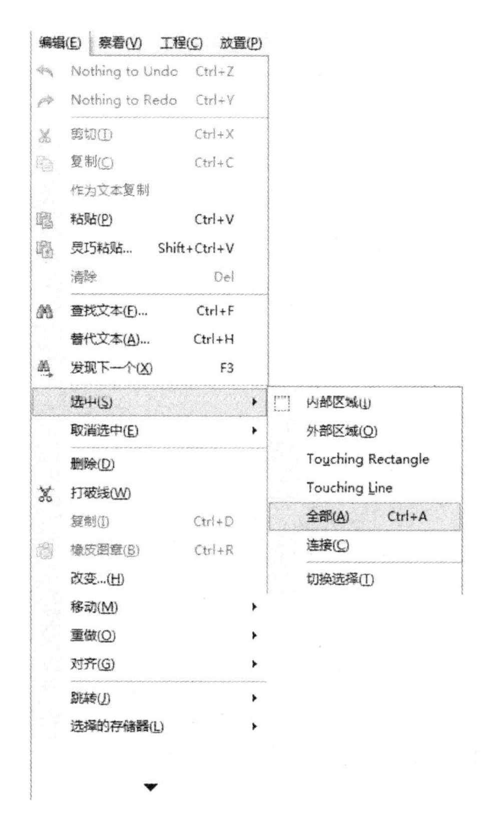

图 4-2　执行菜单命令【编辑】→【选中】→【全部】

选中后的电路原理图如图 4-3 所示。

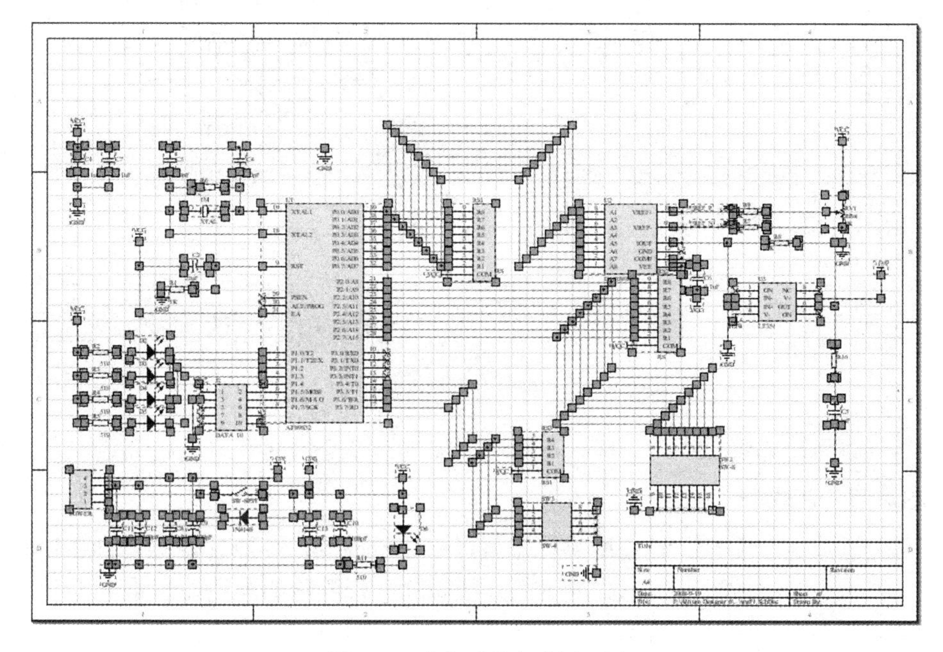

图 4-3　选中后的电路原理图

执行菜单命令【编辑】→【复制】，或右击，在弹出的菜单中执行菜单命令【复制】，如图 4-4 所示。

图 4-4 执行菜单命令【复制】

将界面切换到新建的原理图文件，执行菜单命令【编辑】→【粘贴】。此时，光标下将出现已绘制好的电路原理图，如图 4-5 所示。

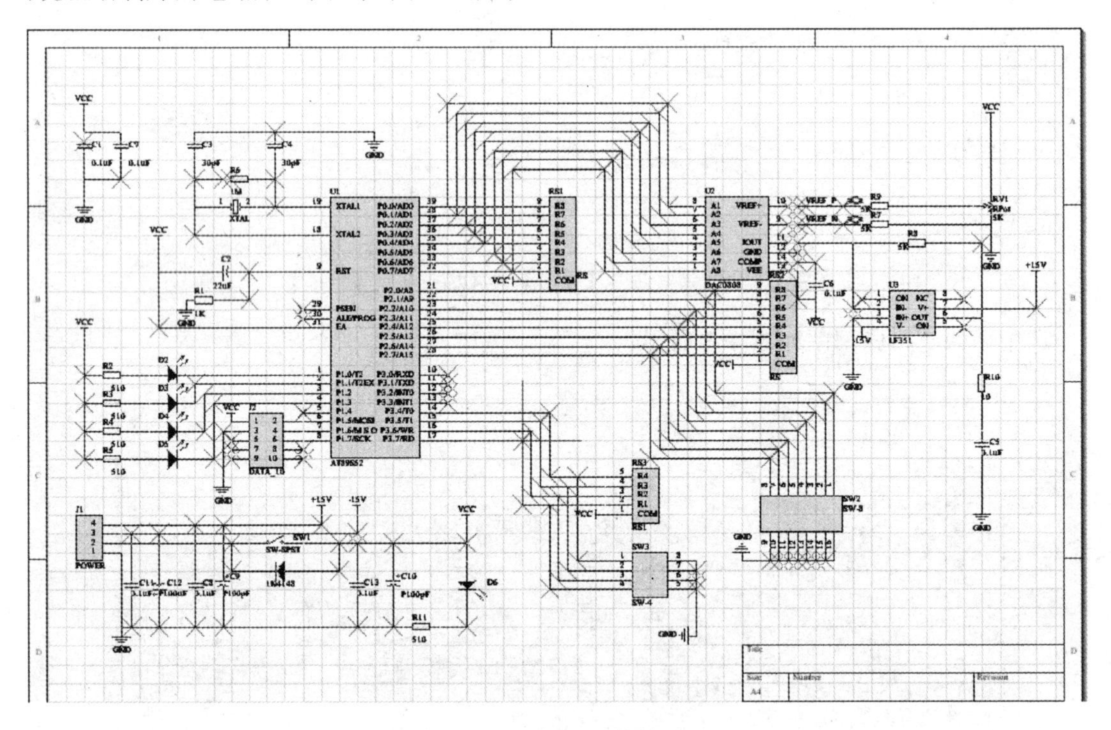

图 4-5 绘制好的电路原理图

在期望放置电路的位置单击，即可放置电路原理图，如图 4-6 所示。

2. 删除部分连线

有的部分连线比较复杂，使用网络标签可以简化原理图，使原理图更为直观和清晰。在本设计中，拟将电路中的以粗线形式表示的连线删除，待删除的连线如图 4-7 所示。

选择某一连线，如图 4-8 所示，则在连线两个端点出现绿色手柄。

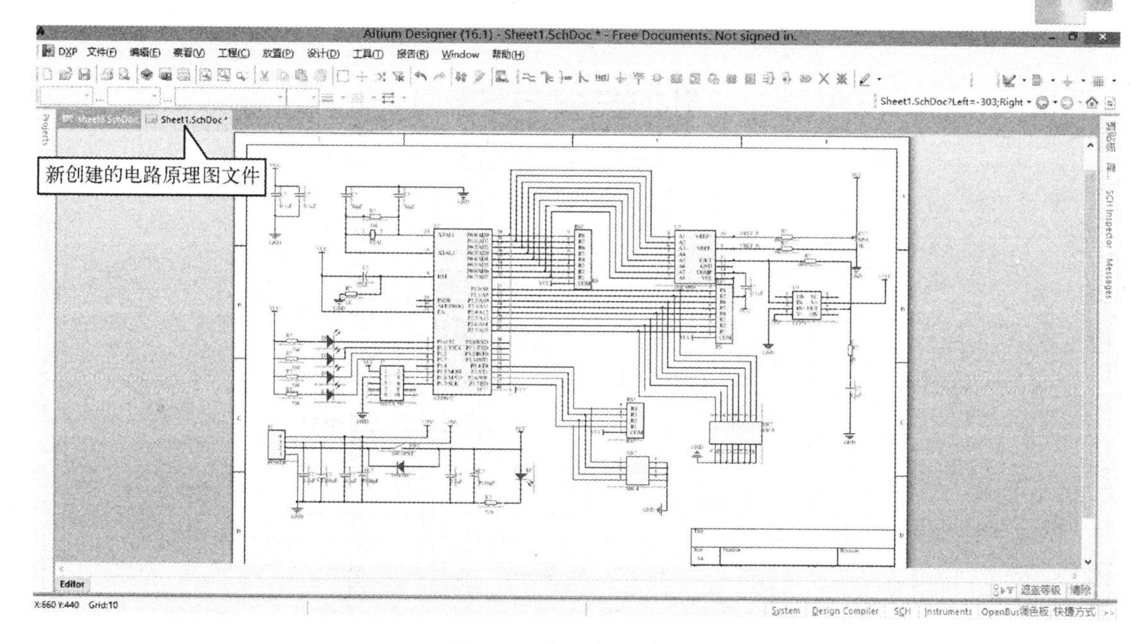

图 4-6　放置电路原理图

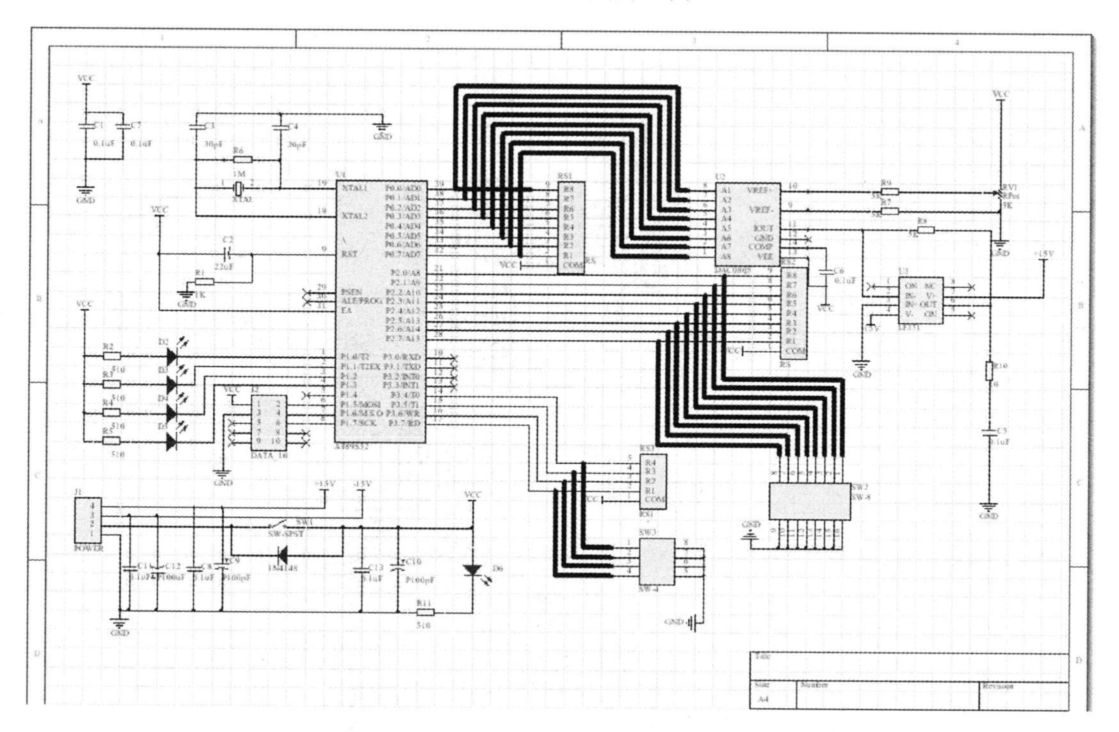

图 4-7　待删除的连线

按【Delete】键，即可删除连线，如图 4-9 所示。

在这里，用户已知待删除的连线群，可采用下述方式删除多条连线。将光标放置到待删除的连线上，按住【Shift】键再单击，可以一次选中多条待删除的连线，如图 4-10 所示。

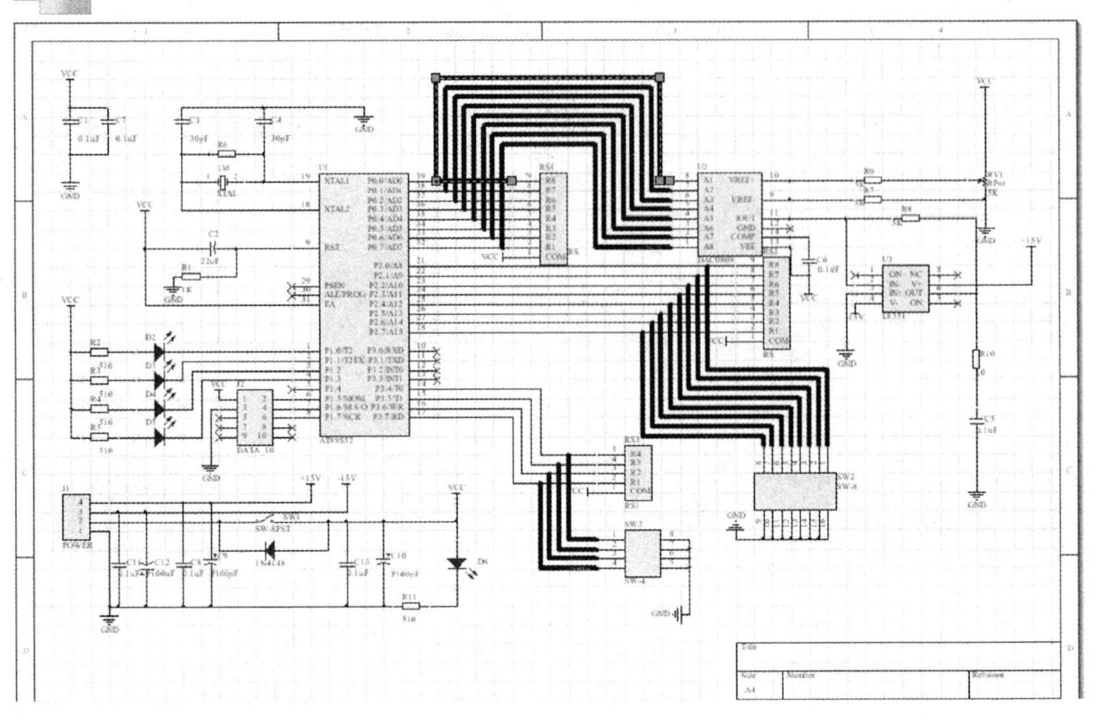

图 4-8　选择某一连线

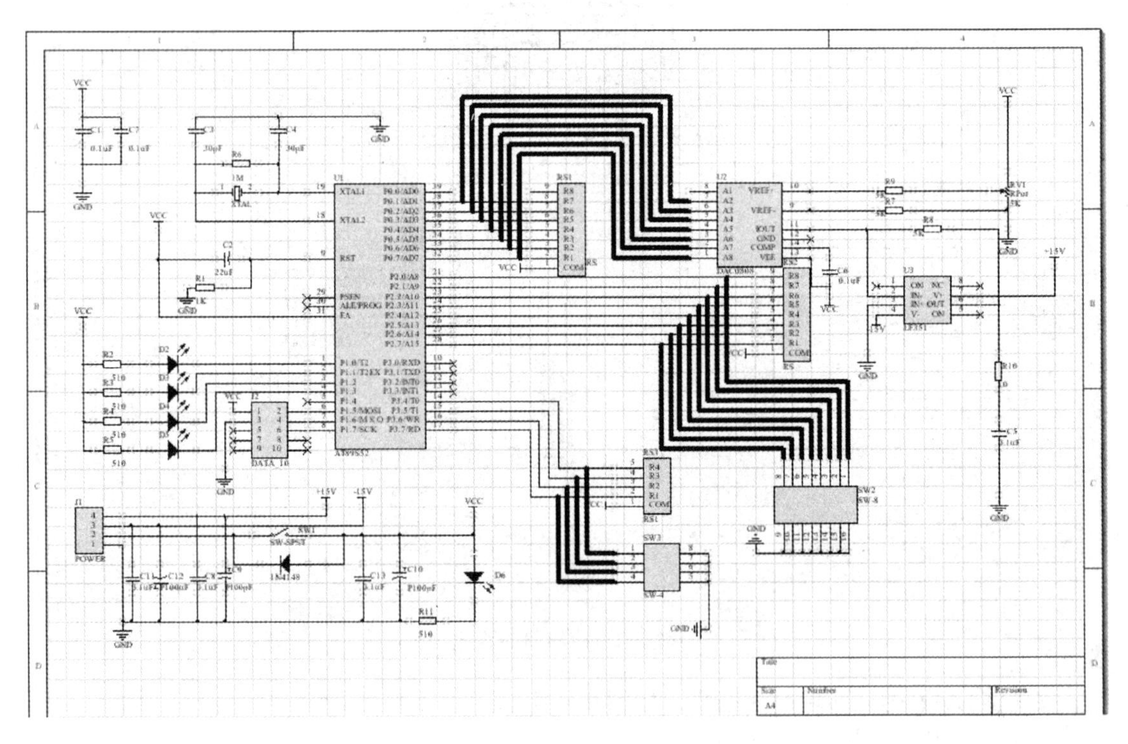

图 4-9　删除连线

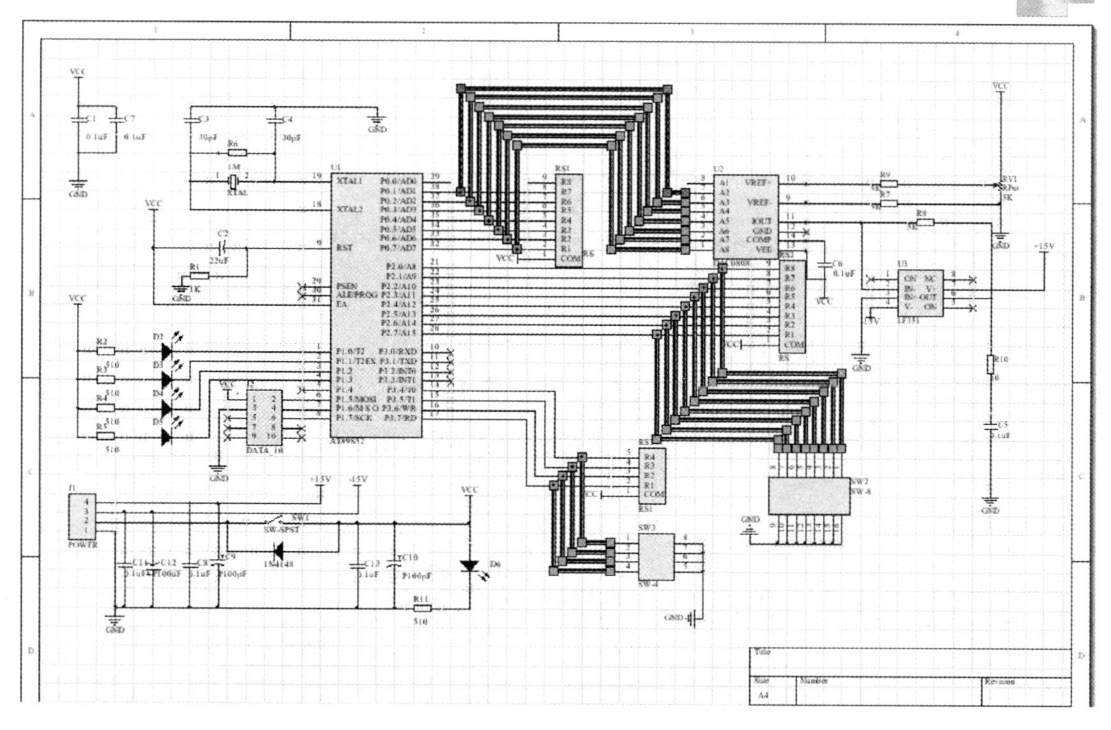

图 4-10　一次选中多条待删除的连线

按【Delete】键，即可删除所有选中的连线，如图 4-11 所示。

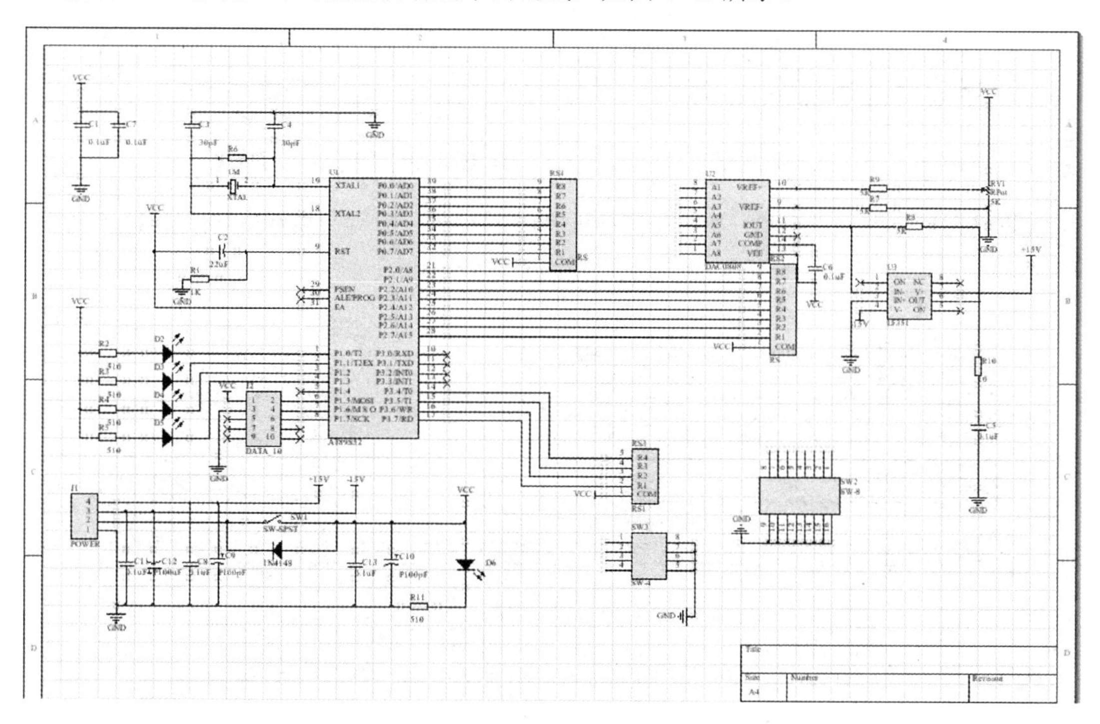

图 4-11　删除所有选中的连线

3. 使用网络标签优化电路连接

在画线工具栏中，选择放置网络标签工具，如图 4-12 所示。

图 4-12　选择放置网络标签工具

此时，光标下出现如图 4-13 所示的网络标签编辑框。

按下【Tab】键，此时系统弹出如图 4-14 所示的【网络标签】对话框。

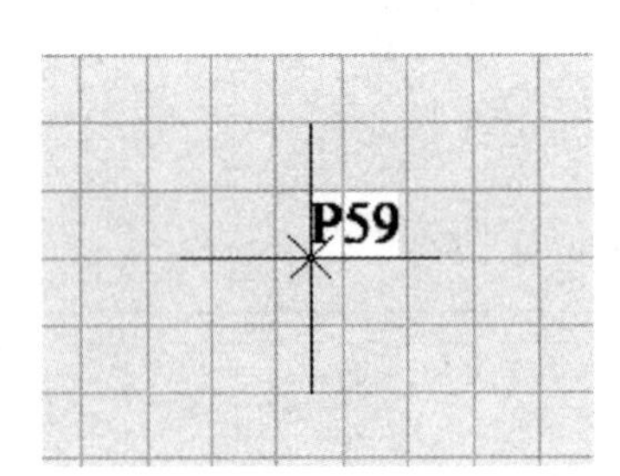

图 4-13　网络标签编辑框

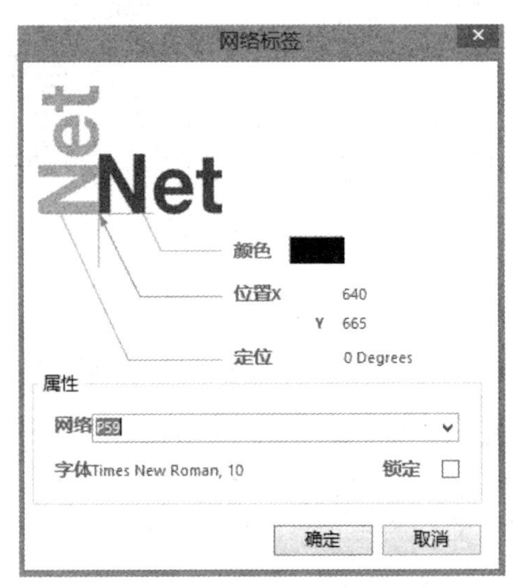

图 4-14　【网络标签】对话框

在网络栏中，键入“AD0”后，在单片机 P0.0 接口处，放置网络标签，如图 4-15 所示。

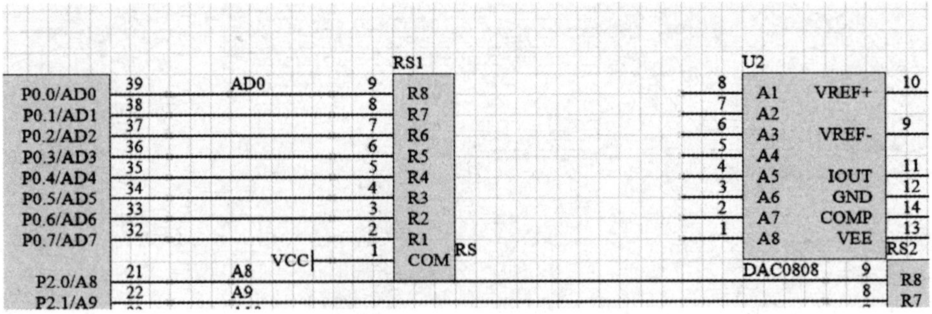

图 4-15　放置网络标签

按照上述方式，标注其他 P0 接口，标注结果如图 4-16 所示。

再标注 P2 接口，如图 4-17 所示。再标注 P3 接口，如图 4-18 所示。

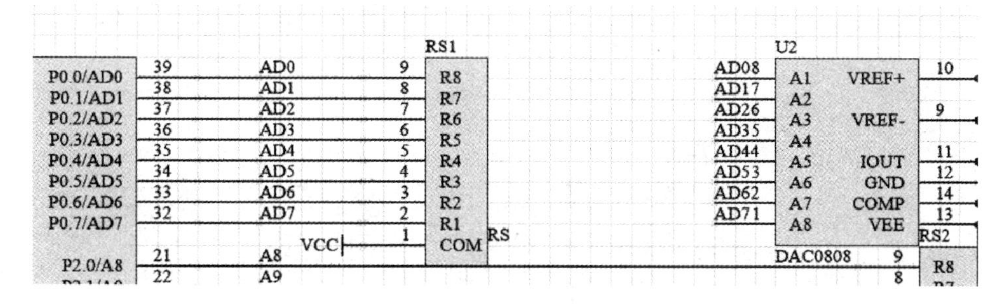

图 4-16　标注结果

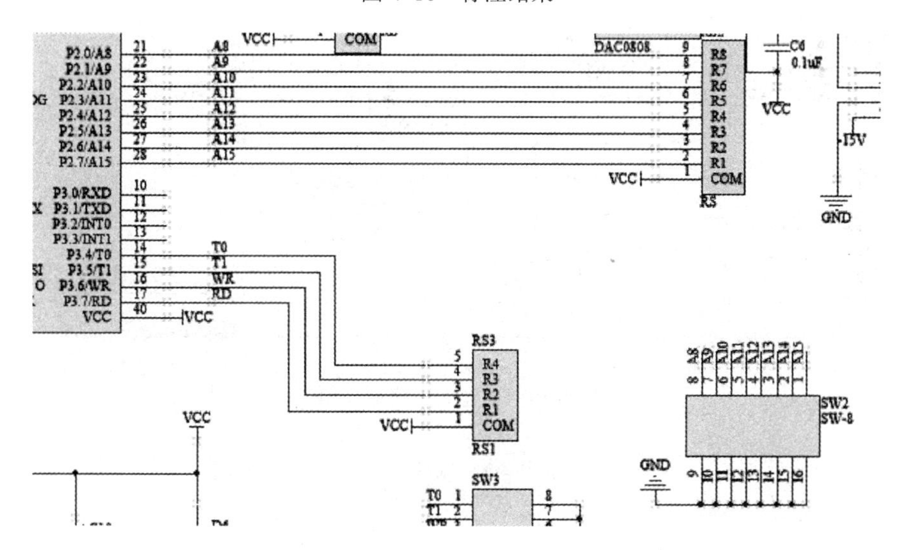

图 4-17　标注 P2 接口

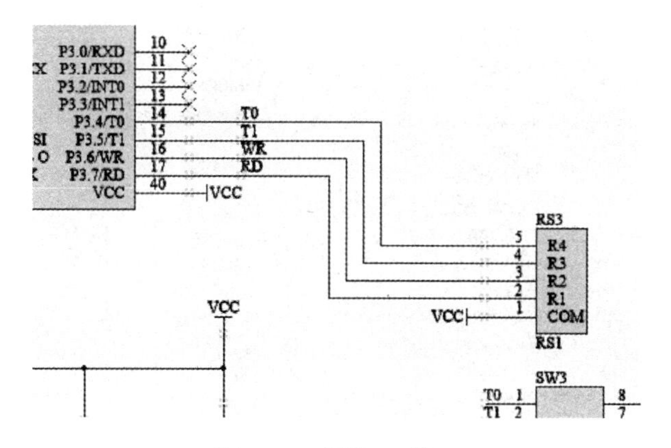

图 4-18　标注 P3 接口

标注完所有接口，优化的电路原理图如图 4-19 所示。

单击工具栏的保存工具图标，保存对电路原理图的编辑。

4. 使用网络表查看网络连接

执行菜单命令【设计】→【工程的网络表】→【Protel】，如图 4-20 所示。

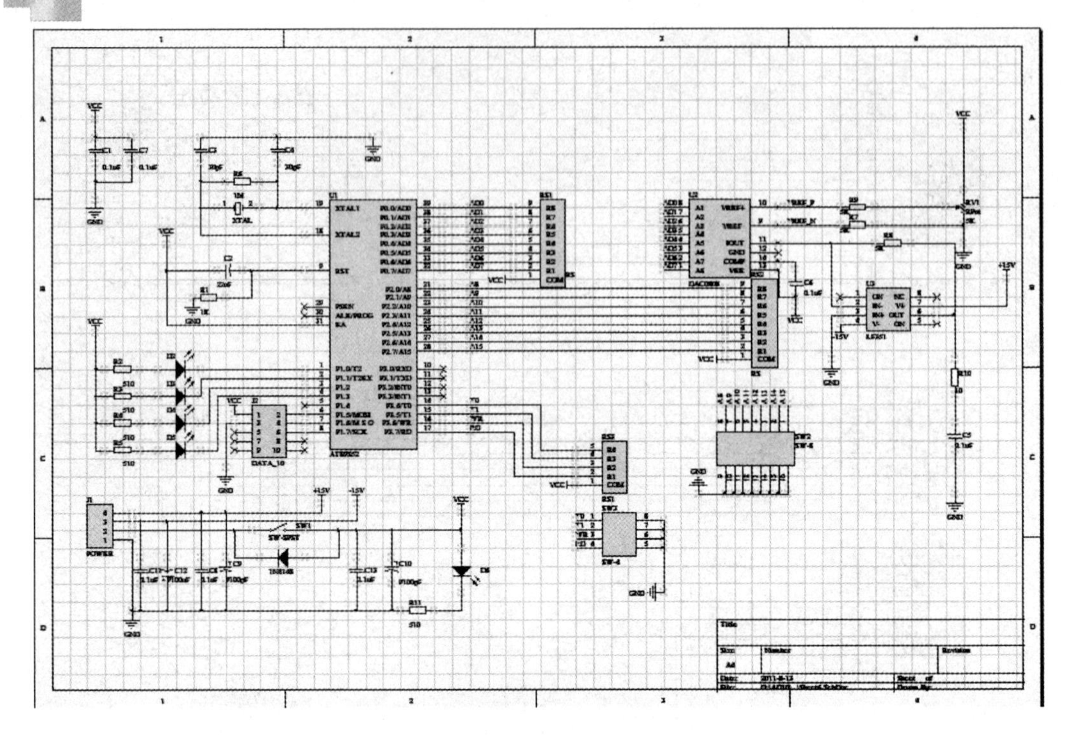

图 4-19　优化的电路原理图

图 4-20　执行菜单命令【设计】→【工程的网络表】→【Protel】

系统会在工程文件中添加一个文本文件，如图 4-21 所示，其后缀是“.NET”。

```
Altium Designer (16.1) - E:\AD资料\altium designer16.1
DXP 文件(F) 编辑(E) 察看(V) 工程(C) 工具(T) 窗口(W) 帮助(H)
sheet6.SchDoc  Sheet1.SchDoc  sheet6网络标号优化.SchDoc  sheet6网络标号优化.NET
[
C1
RAD-0.1
Cap



]
[
C2
CAPR5-4X5
Cap2



]
[
C3
RAD-0.1
Cap



]
[
C4
RAD-0.1
Cap



]
[
C5
RAD-0.1
1: 1    Insert
```

图 4-21　在工程文件中添加一个文本文件

使用窗口中的滚动条查看电路的网络连接，其中 AD7 的网络如图 4-22 所示。

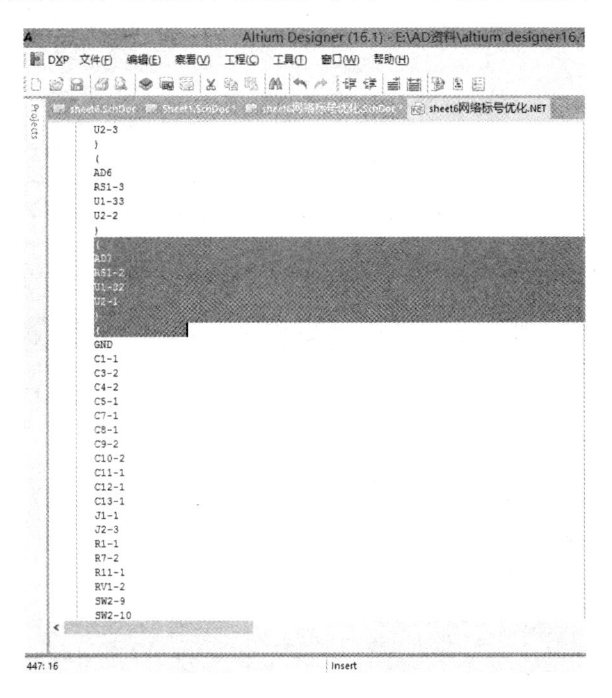

图 4-22　AD7 的网络

从网络表可知，AD7 的网络包含 RS1 的引脚 2、U1 的引脚 32 及 U2 的引脚 1，与电路连接一致，因此可以在较复杂的连线时采用网络标签来简化电路，使电路图更加直观，更利于用户读图。

4.2 使用端口进行电路原理图绘制的优化

在电路中使用 I/O 端口，并设置某些 I/O 端口，使其具有相同的名称，这样就可以将具有相同名称的 I/O 端口视为同一网络或者认为它们在电气关系上是相互连接的。这一方式与网络标签相似。

1. 采用另存为方式创建并输入原理图

在 4.1 节中生成了“Sheet6.SchDoc”原理图。在【Projects】面板中，选择“Sheet6.SchDoc”文件，如图 4-23 所示。

此时，系统在编辑窗口中出现“Sheet6.SchDoc”原理图绘制窗口。在右键菜单中，执行菜单命令【保存为】，如图 4-24 所示。

图 4-23 选择“Sheet6.SchDoc”文件

图 4-24 执行菜单命令【另存为】

此时，系统弹出如图 4-25 所示的【Save AS】对话框。

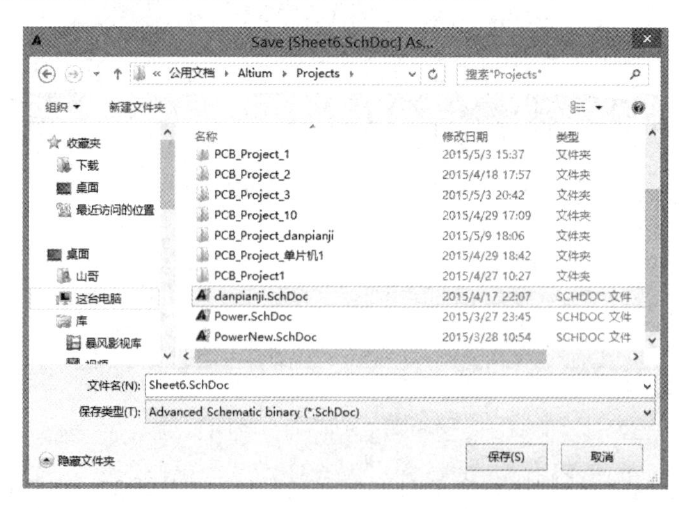

图 4-25 【Save AS】对话框

在文件名栏中输入文件名，如图 4-26 所示，如“Sheet7.SchDoc”，并设置保存路径。

图 4-26　输入文件名

然后单击【保存】按钮，此时系统将切换到【Sheet7.SchDoc】标签页，如图 4-27 所示。

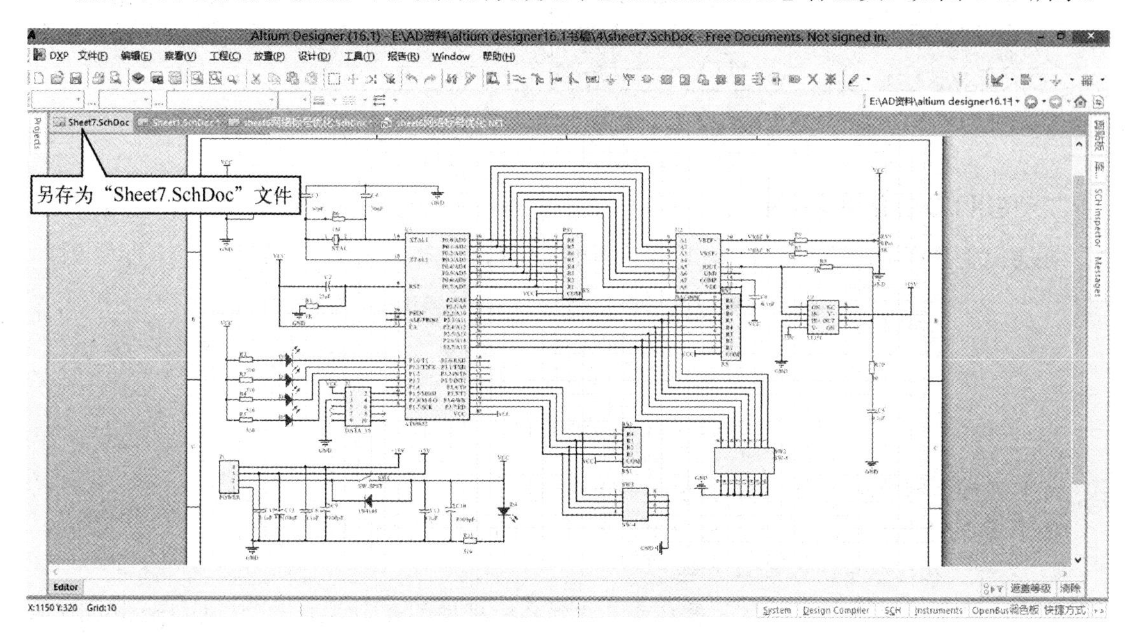

图 4-27 【Sheet7.SchDoc】标签页

在图 4-27 中，AT89S52 与 DAC0808 相连接部分可以使用端口来简化电路的连接。

2. 删除电路原理图中部分连线

单击网络标签，如图 4-28 所示。

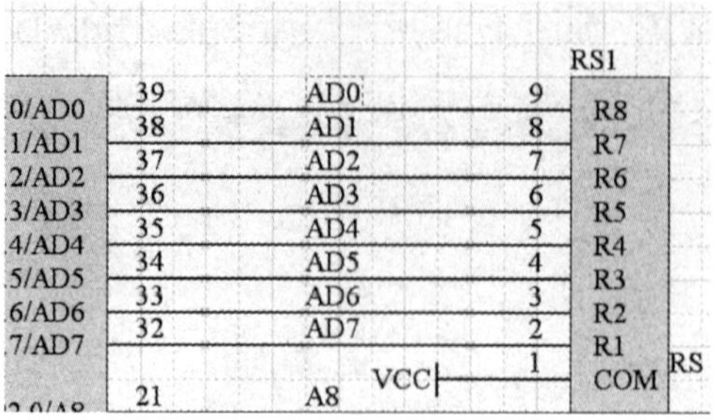

图 4-28　单击网络标签

然后按下【Delete】键，此时选择的网络标签被删除。

按照上述方法，在电路原理图中，删除 AT89S52 与 DAC0808 相连接部分的网络标签，如图 4-29 所示。

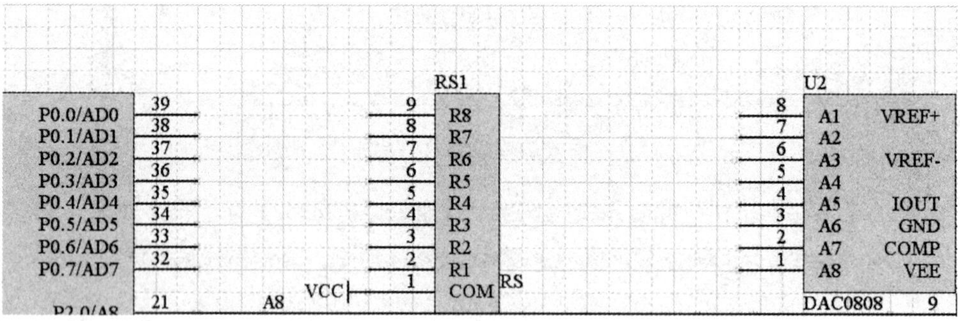

图 4-29　删除 AT89S52 与 DAC0808 相连接部分的网络标签

3．使用 I/O 优化电路连接

在布线工具栏中，选择放置端口工具，如图 4-30 所示。

图 4-30　选择放置端口工具

此时光标下将出现如图 4-31 所示的 I/O 端口。

按下【Tab】键，此时系统弹出如图 4-32 所示的【端口属性】对话框。

☺ 名称：在该栏中输入端口名称。

☺ I/O 类型：单击下拉按钮，用户可以看到系统提供了 4 种端口类型：Unspecified（未指定）、Output（输出端口）、Input（输入端口）及 Bidirectional（双向端口）。

☺ 队列：端口名称的放置位置，单击其下拉按钮，用户可以看到系统提供了 3 种位置：Center（居中）、Left（左对齐）及 Right（右对齐）。

☺ 类型：端口风格，单击其下拉按钮，将出现系统提供的端口风格，如图 4-33 所示。

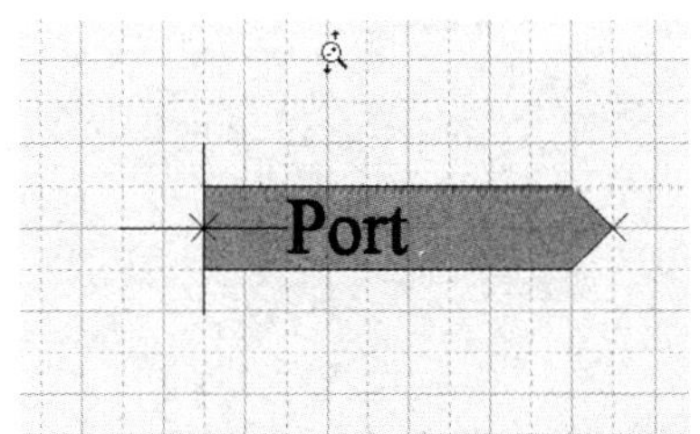

图 4-31　I/O 端口

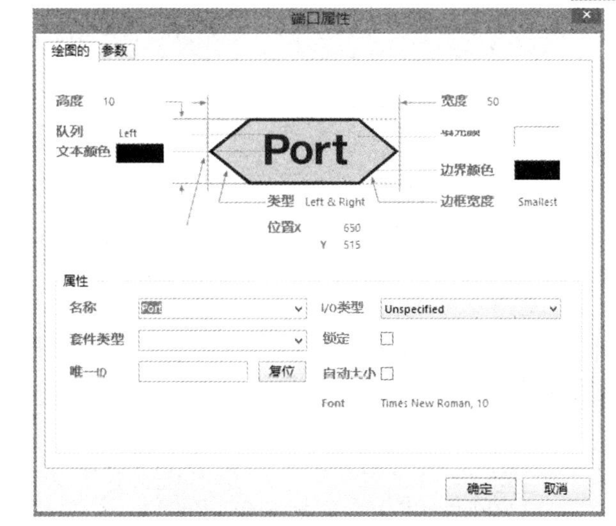

图 4-32　【端口属性】对话框

其中，各种端口风格对应的端口外观如图 4-34 所示。

图 4-33　端口风格

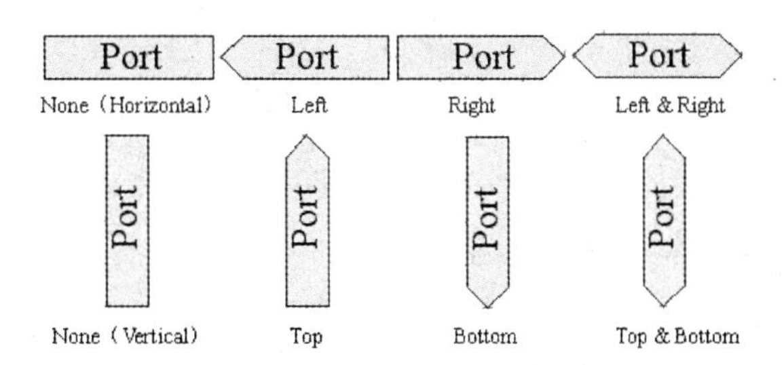

图 4-34　各种端口风格对应的端口外观

在名称栏中输入 I/O 端口名“AD0”，选择端口类型为“Right”，设置 I/O 类型为“Output”，设置队列为“Center”，其他采用系统的默认设置，单击【确定】按钮，完成设置，如图 4-35 所示。

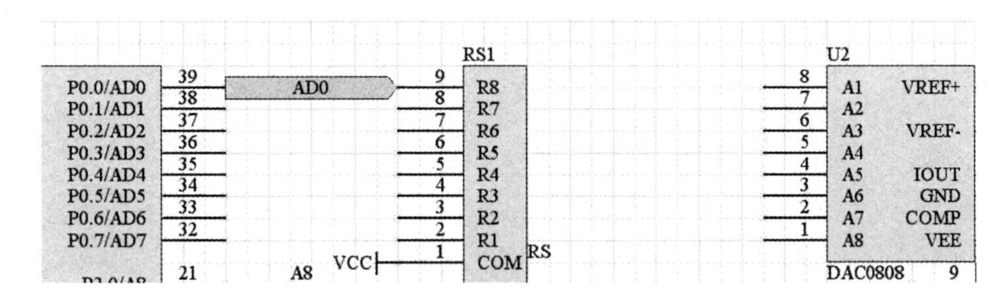

图 4-35　完成设置

按照上述方式，在 P0 接口的其他引脚线上放置 I/O 端口。设置类型为“Right”，设置 I/O 类型为“Output”，设置队列为“Center”，其他采用系统的默认设置。放置其他 I/O 端口如图 4-36 所示。

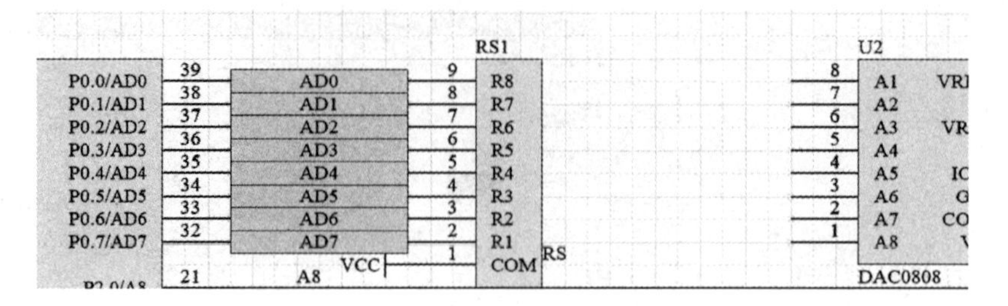

图 4-36　放置其他 I/O 端口

按照上述方法，为 DAC0808 放置 I/O 端口，如图 4-37 所示，应注意这里放置的端口的 I/O 类型应设置成“Input”。

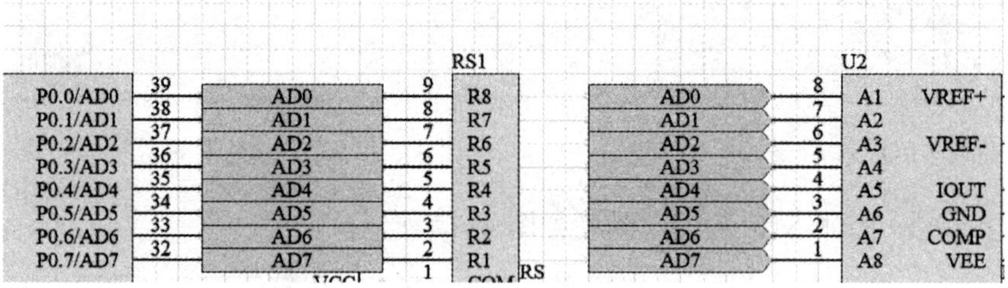

图 4-37　为 DAC0808 放置 I/O 端口

单击工具栏的保存工具图标，保存对电路图的编辑。

4．使用网络表查看网络连接

执行菜单命令【设计】→【工程的网络表】→【Protel】。打开【Sheet7 网络标签优化.NET】标签页，如图 4-38 所示。

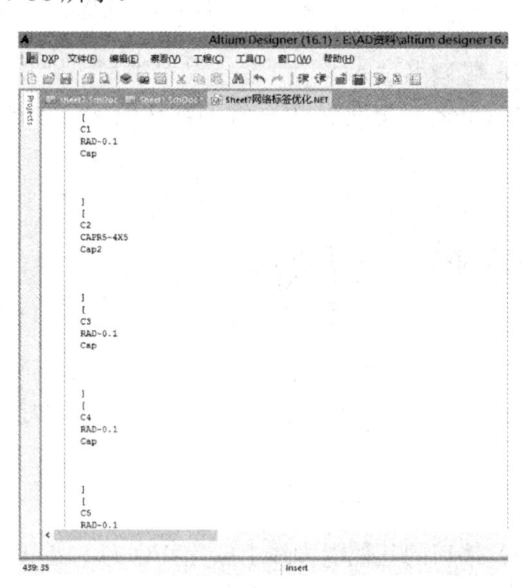

图 4-38 【Sheet7 网络标签优化.NET】标签页

使用窗口中的滚动条查看电路的网络连接。按下【Ctrl+F】组合键，系统弹出如图 4-39 所示的【Find Text】对话框。

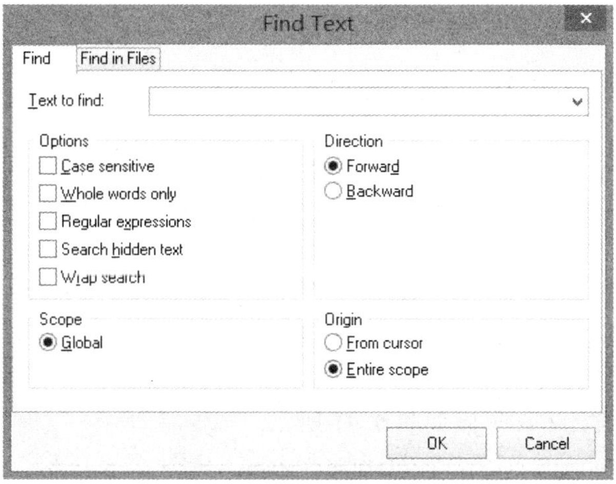

图 4-39 【Find Text】对话框

在 Text to find 栏中输入待查找的内容“AD7”后，单击【OK】按钮，光标停留在第一次查找到“AD7”字段的位置，如图 4-40 所示。

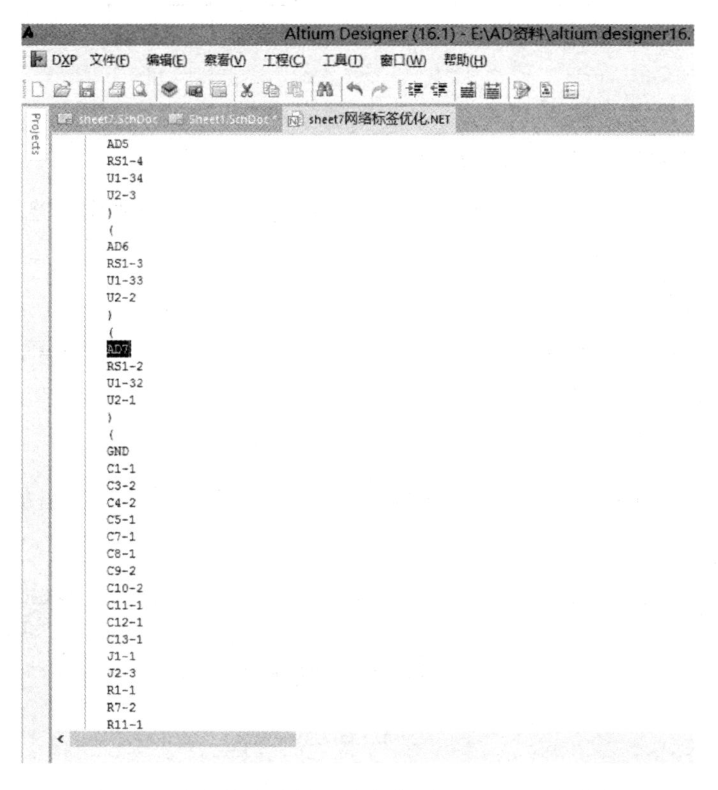

图 4-40　光标停留在第一次查找到“AD7”字段的位置

从网络表可知，AD7 的网络包含 RS1 的引脚 2、U1 的引脚 32 及 U2 的引脚 1，与电路连接一致，因此可以在较复杂的连线时采用 I/O 端口来简化电路，使电路图更加直观，更便于用户读图。

4.3 自上而下的层次电路设计方法

对于一个庞大的电路设计任务来说，用户不可能一次完成，也不可能在一张电路图中绘制，更不可能一个人完成。Altium Designer 充分满足用户在实践中的需求，提供了一个自上而下的层次电路设计方法。

自上而下的层次电路设计方法实际是一种模块化的方法。用户将系统划分为多个子系统，子系统又由多个功能模块构成，在大的工程项目中，还可将设计进一步细化。将项目分层后，即可分别完成各子块，子块之间通过定义好的方式连接，即可完成整个电路的设计。自上而下的层次电路设计方法框图如图 4-41 所示。

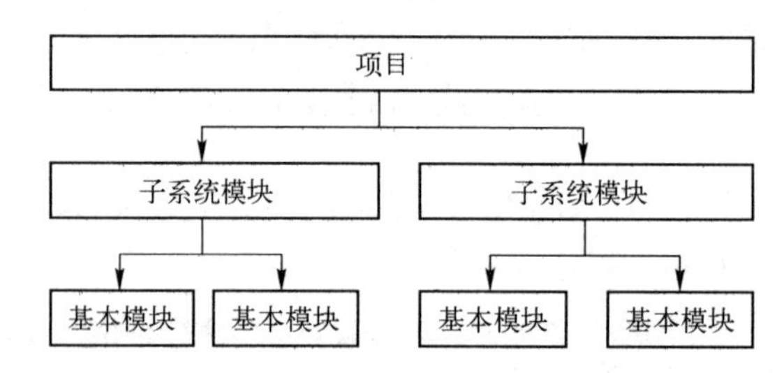

图 4-41 自上而下的层次电路设计方法框图

1. 将电路划分为多个电路功能块

可将该电路划分为 3 个功能模块，分别是电源块、单片机及外围电路块、DA 转换输出模块。

2. 创建原理图输入文件

新的原理图输入文件的创建在 4.1.1 节中已经介绍过，这里不再赘述，在这一节中创建文件名为“Sheet8.SchDoc”的文件。

3. 绘制主电路原理图

将界面切换到“Sheet8.SchDoc”编辑窗口，在布线工具栏中，单击放置图表符工具，如图 4-42 所示。

图 4-42 单击放置图表符工具

此时，光标下将出现如图 4-43 所示的图表符。

按【Tab】键，系统弹出如图 4-44 所示的【方块符号】对话框。

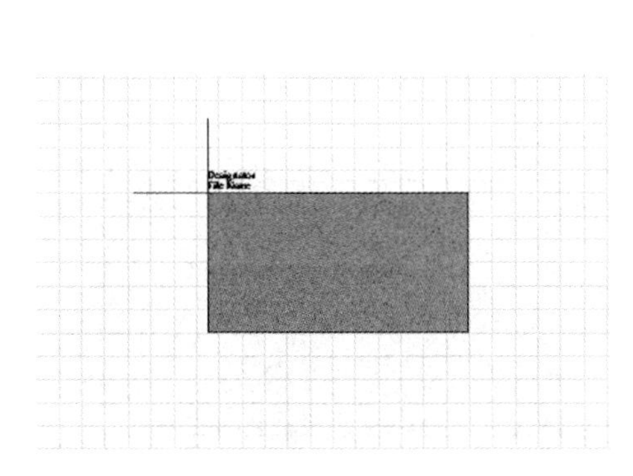

图 4-43　图表符

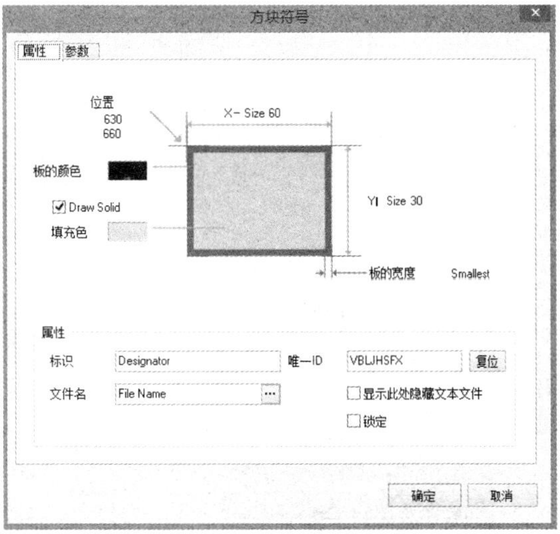

图 4-44 【方块符号】对话框

【方块符号】对话框中包含对子电路块名称、大小、颜色等参数的设置。

单击并拖动光标到合适大小，再次单击，完成子电路块的放置，如图 4-45 所示。

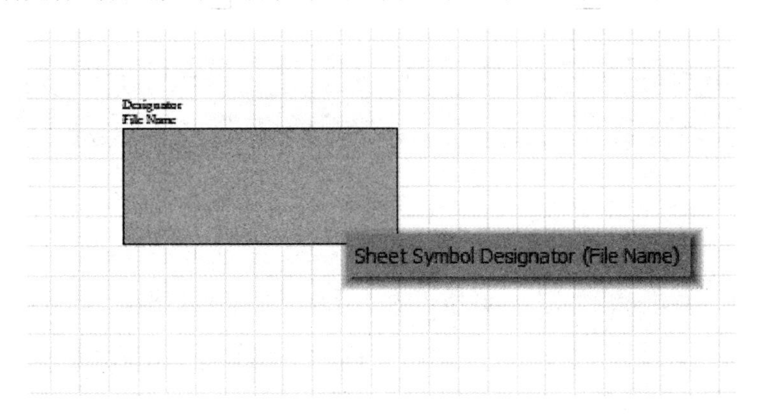

图 4-45　完成子电路块的放置

按照上述方式，放置其他子电路块，如图 4-46 所示。

接下来编辑 Power 图表符的端口。Power 图表符代表电源电路，在电源电路中有 4 个引脚连接端子，用于输入从外界稳压电源来的电压，因此 Power 子电路块须放置 3 个输入端口；并要在 Power 子电路块中放置 3 个输出端口。

在布线工具栏中，单击放置图纸入口工具，如图 4-47 所示。

将光标放置到图表符上单击，此时光标下出现如图 4-48 所示的图纸入口端口。

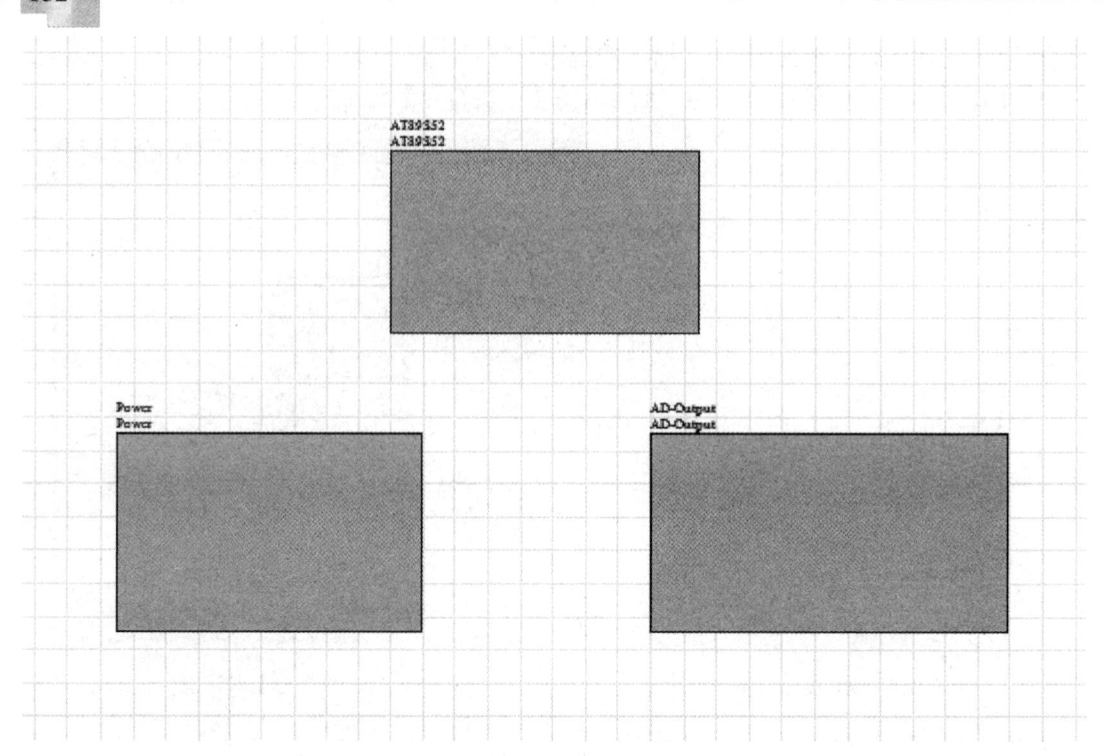

图 4-46　放置其他子电路块

图 4-47　单击放置图纸入口工具

按【Tab】键，系统弹出如图 4-49 所示的【方块入口】对话框。

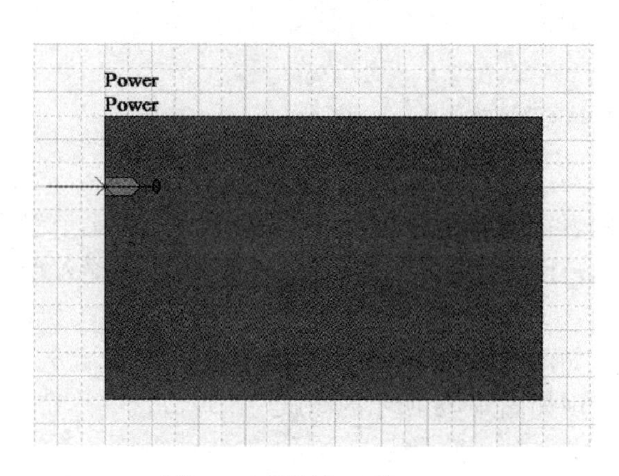

图 4-48　图纸入口端口

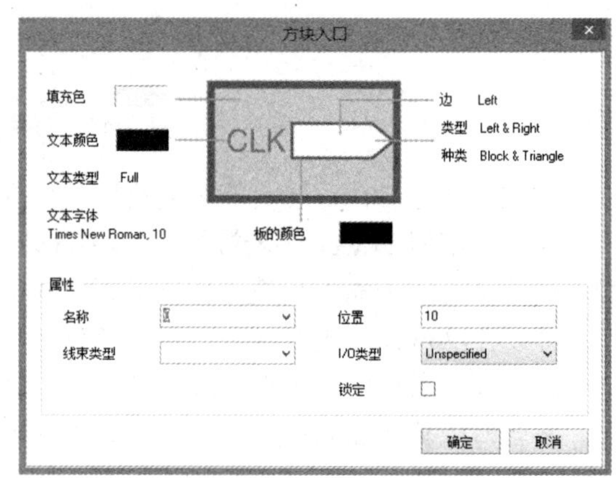

图 4-49 【方块入口】对话框

☺ 名称：设置端口名称。

☺ I/O 类型：端口类型。系统提供了 4 种端口类型，单击 I/O 类型栏的下拉按钮，可选择端口类型。

☺ 边：端口位置。系统提供了 4 种端口放置位置，单击边栏的下拉按钮，可选择端口放置位置。

☺ 类型：端口风格。系统提供了 4 种端口风格，单击类型栏的下拉按钮，可选择端口风格。

定义端口名称为“In1”，I/O 类型定义为“Input”，边设置为“Left”，类型设置为“Right”，其他项目采用系统默认设置，设置完成后，单击【确定】按钮，设置的端口如图 4-50 所示。

按照上述方式，在 Power 子电路块中放置其他端口，如图 4-51 所示。

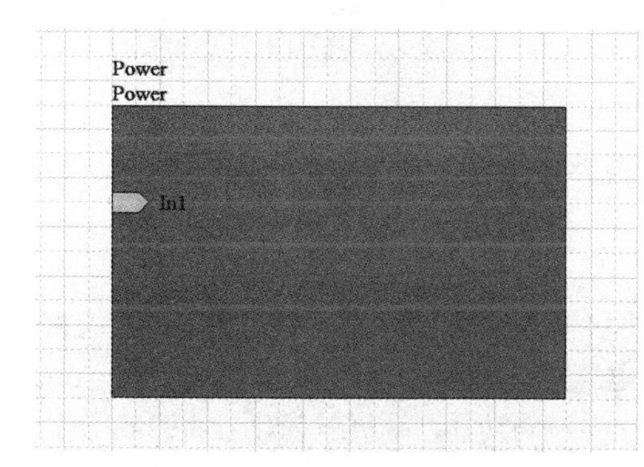

图 4-50 设置的端口

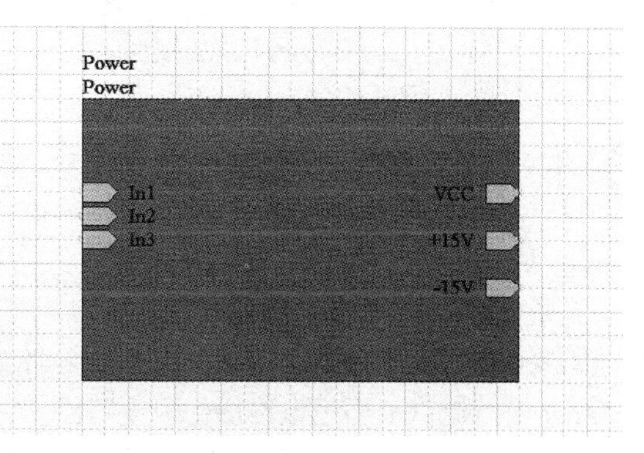

图 4-51 放置其他端口

通常左侧放置输入端口，右侧放置输出端口，在本例当中也遵照这一常规。

按照上述方式，编辑其他子电路块，编辑好的电路块如图 4-52 所示。

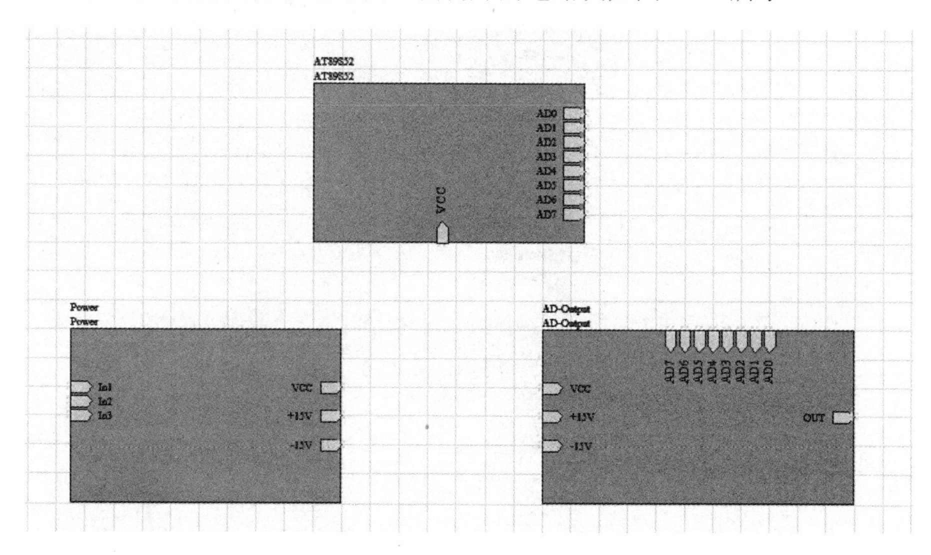

图 4-52 编辑好的电路块

接下来放置各连接端子，然后连接子电路块，如图 4-53 所示。

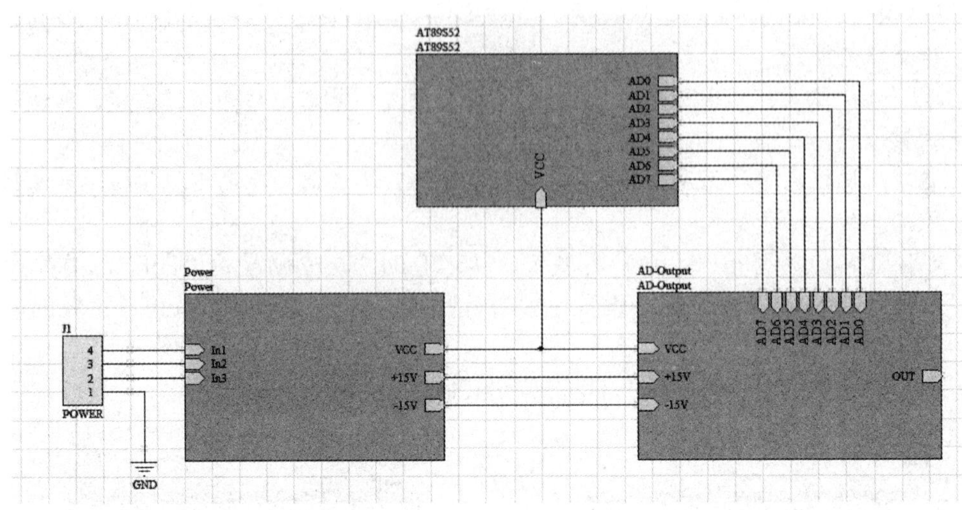

图 4-53　连接子电路块

4. 在子电路块中输入电路原理图

当子电路块原理图绘制完成后，用户为子电路块输入电路原理图。首先要建立子电路块与电路图的连接，Altium Designer 中子电路块与电路原理图通过 I/O 端口匹配。在 Altium Designer 中，提供了由子电路块生成电路原理图 I/O 端口的功能，这样就简化了用户的操作。

执行菜单命令【设计】→【产生图纸】，如图 4-54 所示。

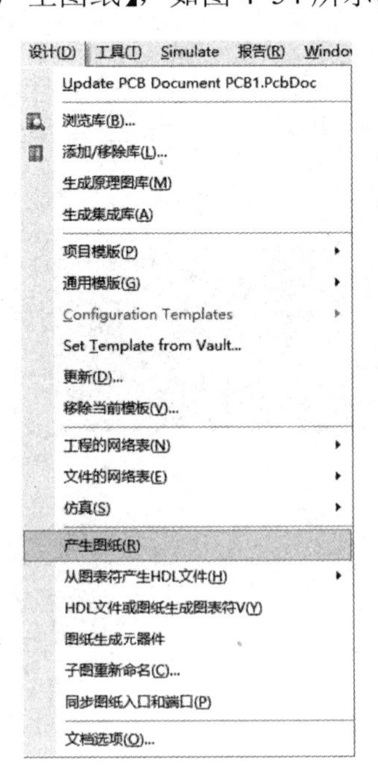

图 4-54　执行菜单命令【设计】→【产生图纸】

此时，光标变为十字形，单击 Power 电路块，图纸就会跳转到一个新打开的原理图编辑窗口，其名称为“Power.SchDoc”。跳转到的“Power.SchDoc”编辑窗口如图 4-55 所示。

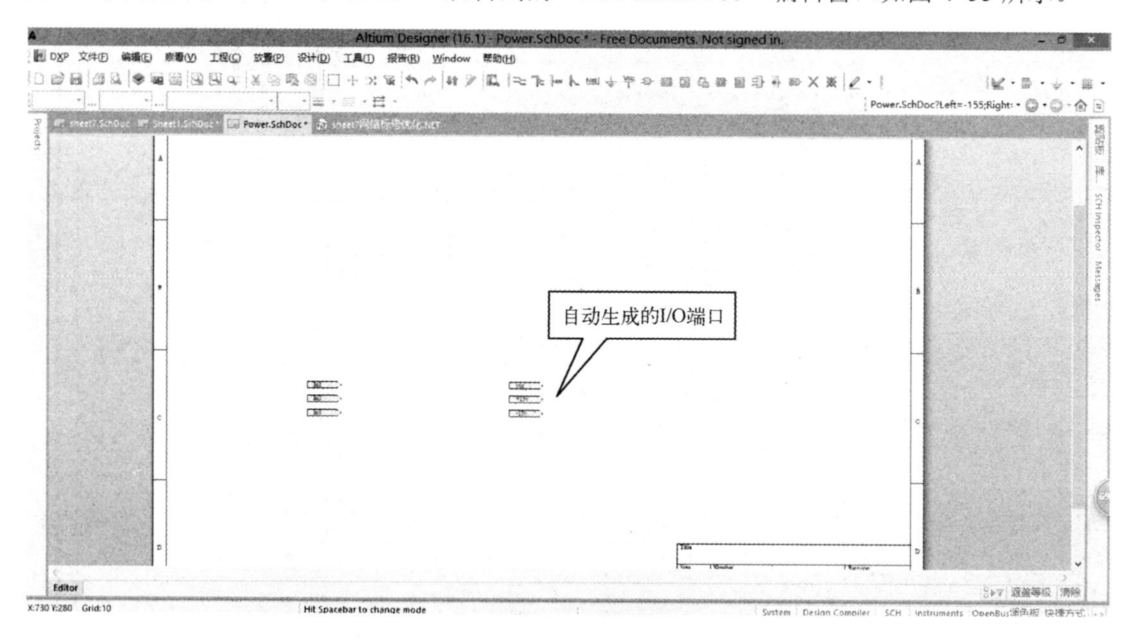

图 4-55　跳转到的“Power.SchDoc”编辑窗口

在图 4-55 中可以看到系统自动生成的 I/O 端口。

采用复制方法输入原理图，并连接 I/O 端口，连接好的 Power 电路原理图如图 4-56 所示。

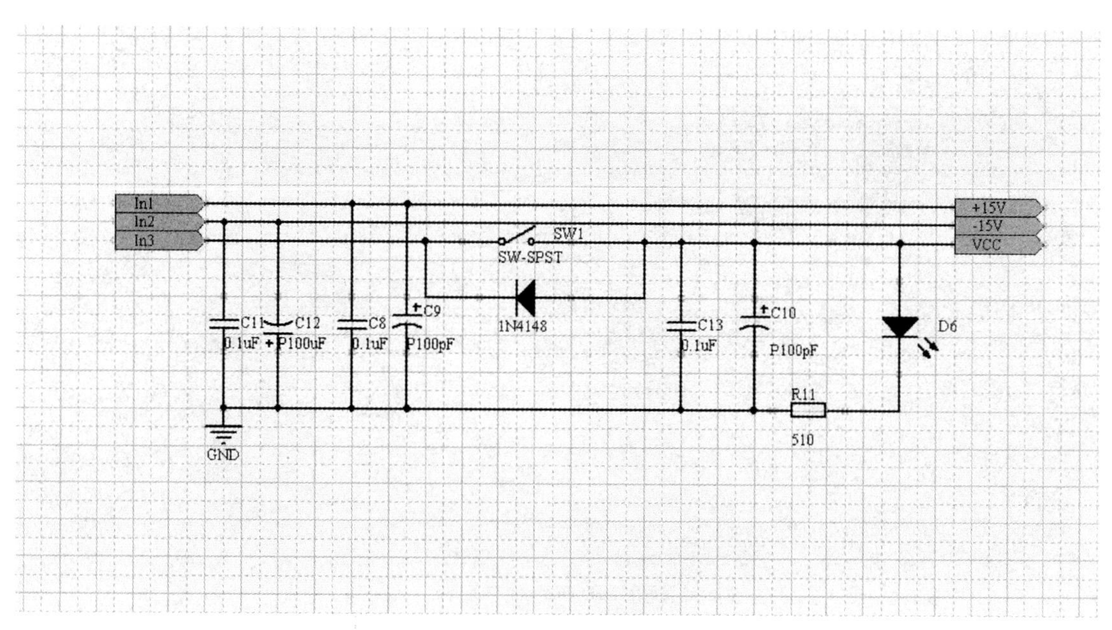

图 4-56　连接好的 Power 电路原理图

按照上述方法，将另两块电路块输入电路原理图，并连接端口，连接好的电路原理图如图 4-57 所示。

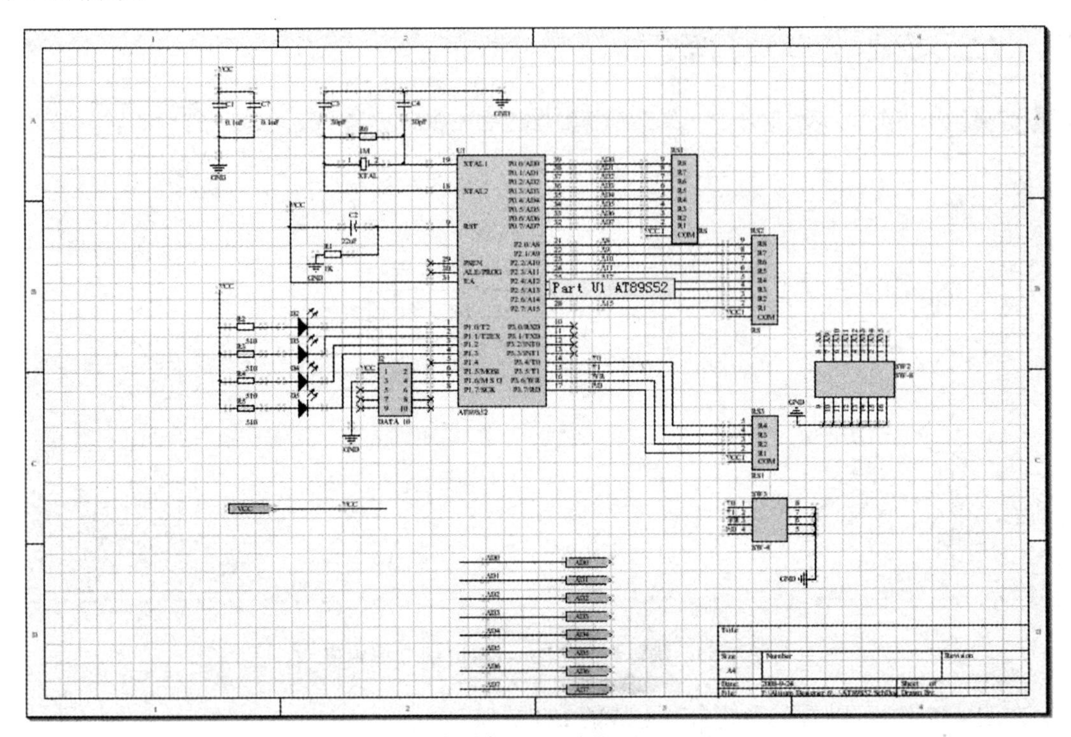

（a）连接好的AT89S52电路原理图

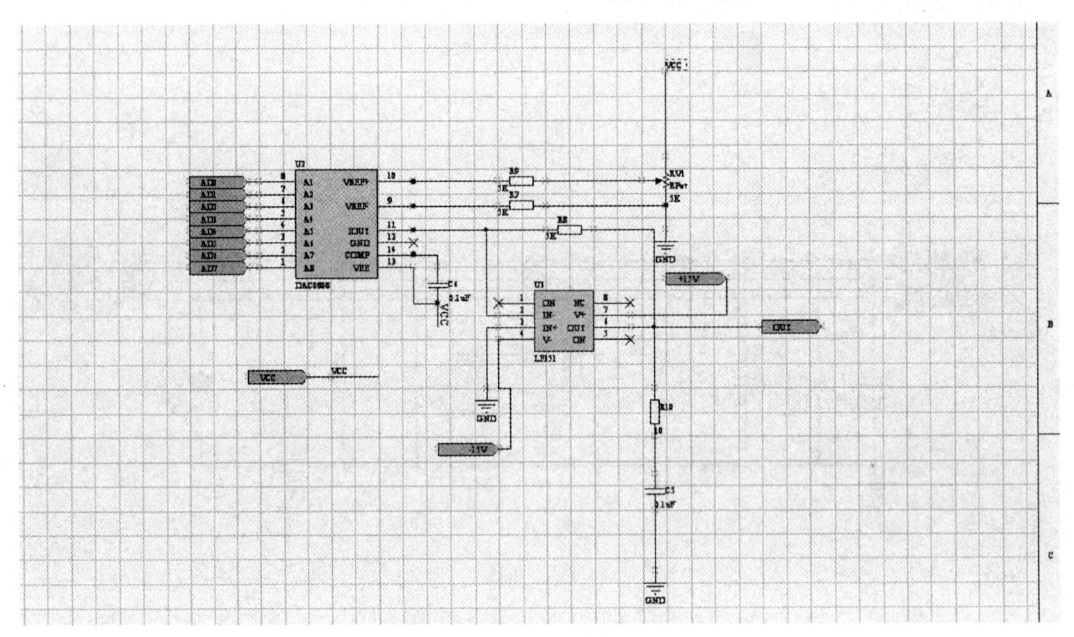

（b）连接好的 AD-Output 电路原理图

图 4-57　连接好的电路原理图

至此，采用自上而下的层次电路设计完成。

执行菜单命令【工具】→【上/下层次】，如图 4-58 所示。

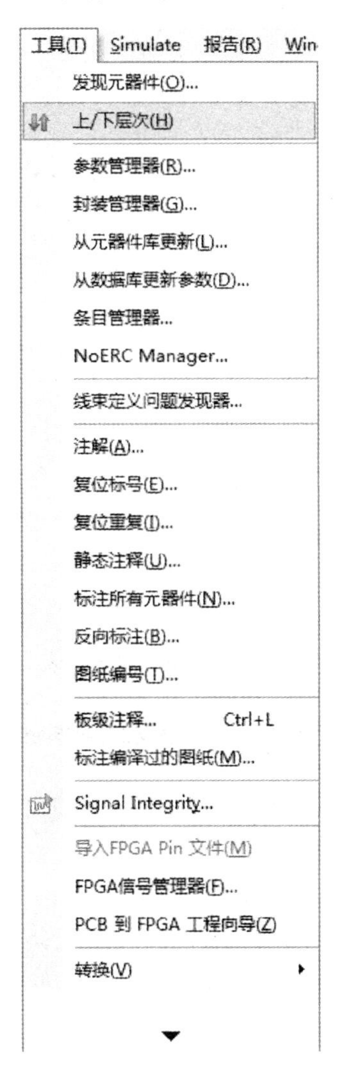

图 4-58　执行菜单命令【工具】→【上/下层次】

此时，光标变为十字形，电路中的端口即可实现上层到下层或下层到上层的切换。

5. 使用网络表查看网络连接

执行菜单命令【设计】→【工程的网络表】→【Protel】，此时系统将生成该原理图的网络表，如图 4-59 所示。

使用鼠标滑轮，在网络表中，找到 AD7 的网络连接，如图 4-60 所示。

从网络表可知，AD7 的网络包含 RS1 的引脚 2、U1 的引脚 32 及 U2 的引脚 1，与电路连接一致，因此可以在较复杂的连线时采用层次化电路来简化电路原理图的设计，使电路图的针对性更强，更便于用户读图。

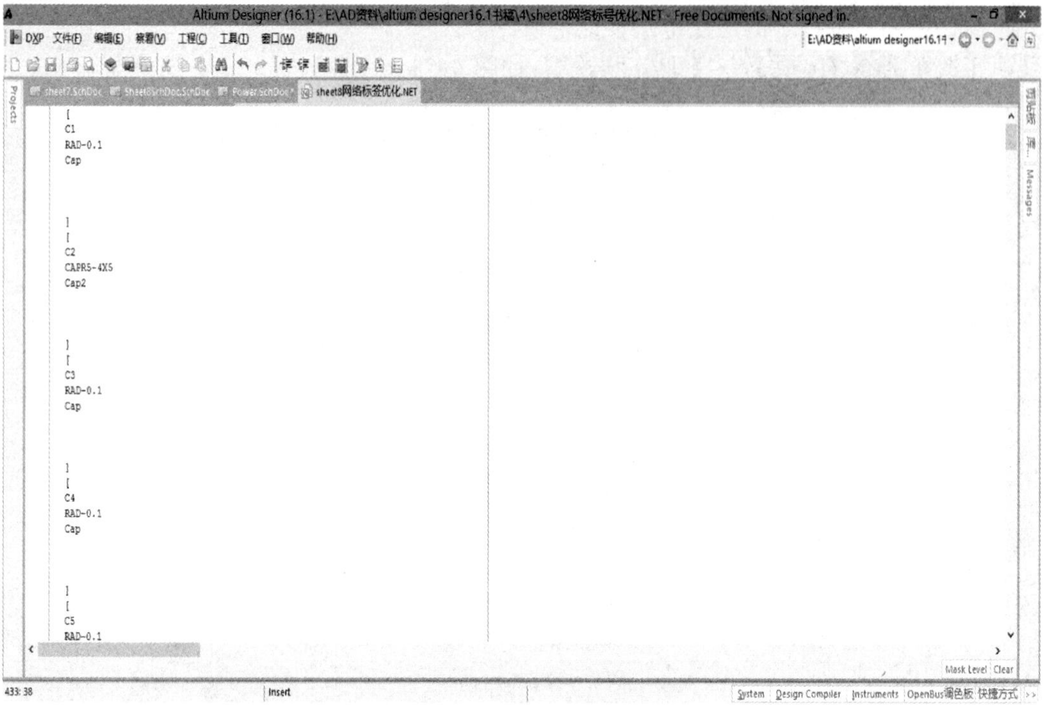

Altium Designer (16.1) - E:\AD资料\altium designer16.1书稿\4\sheet8网络标号优化.NET - Free Documents. Not signed in.

```
[
C1
RAD-0.1
Cap



]
[
C2
CAPR5-4X5
Cap2



]
[
C3
RAD-0.1
Cap



]
[
C4
RAD-0.1
Cap



]
[
C5
RAD-0.1
```

图 4-59　原理图的网络表

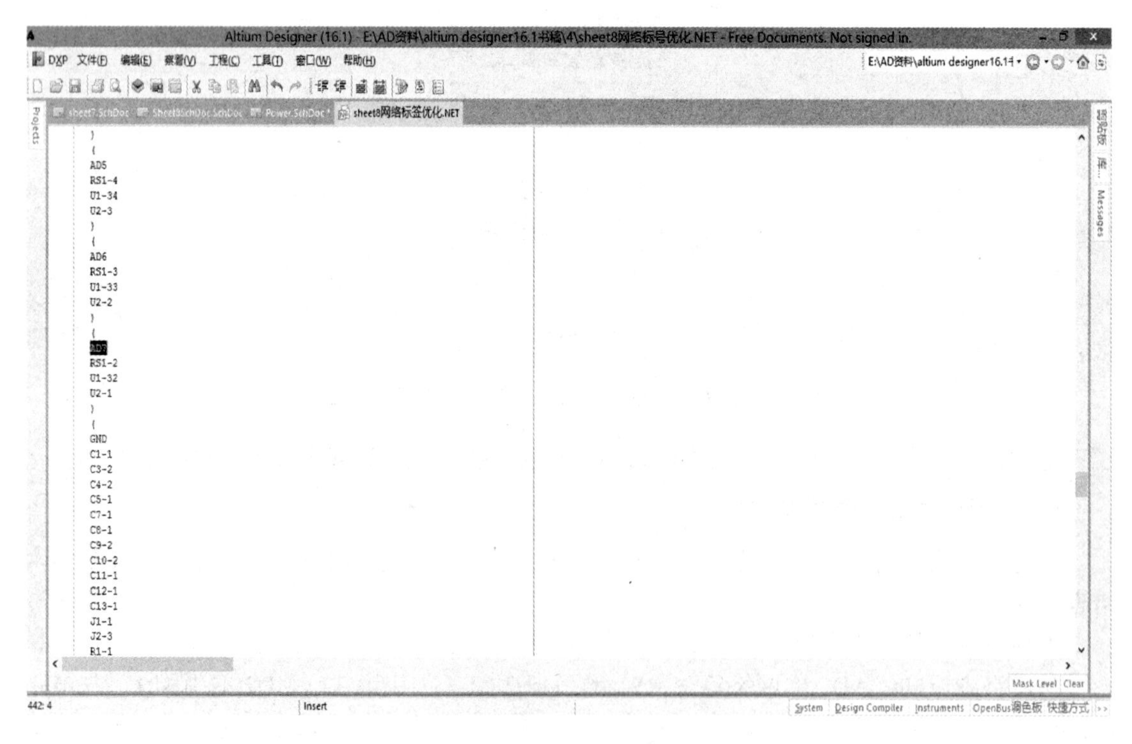

图 4-60　找到 AD7 的网络连接

4.4　自下而上的层次电路设计方法

自下而上的层次电路设计方法，即先子模块后主模块，先底层后顶层，先部分后整体。自下而上的层次电路设计方法框图如图 4-61 所示。

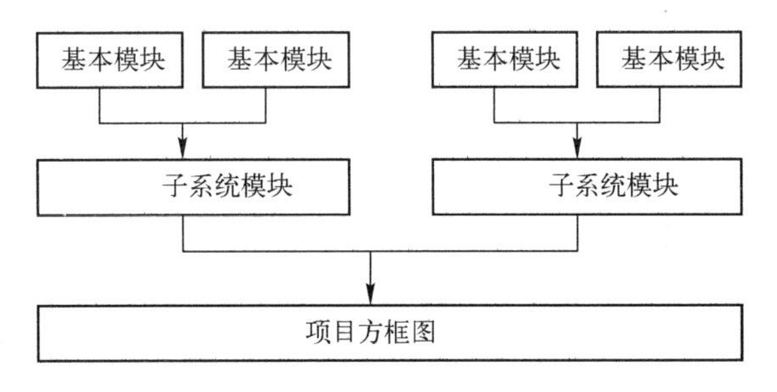

图 4-61　自下而上的层次电路设计方法框图

1. 创建子模块电路

采用另存为方式创建子模块电路。因为在自上而下的层次电路中以创建了子模块电路，因此打开“Power.SchDoc”电路，执行菜单命令【文件】→【保存为】，此时系统将弹出【Save As】对话框，如图 4-62 所示。

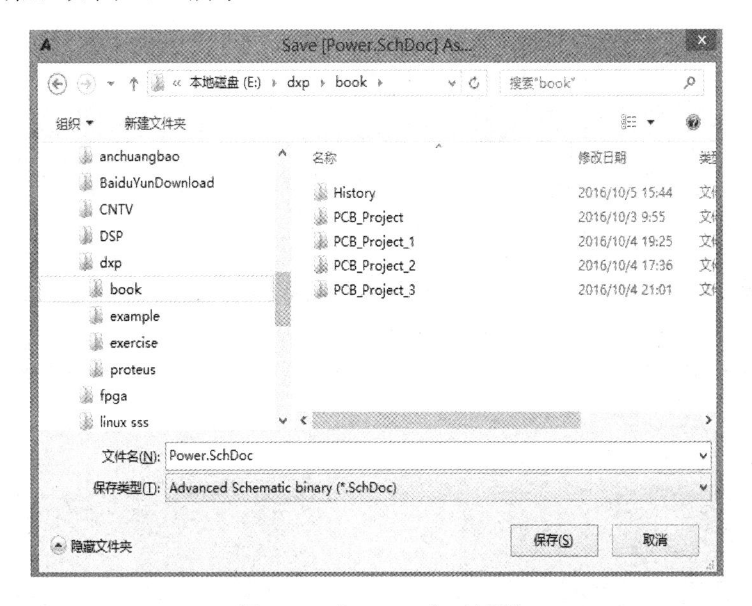

图 4-62　【Save As】对话框

修改文件名为“PowerNew.SchDoc”，然后单击【保存】按钮确认。

按照上述方式，创建“AT89S52New.SchDoc”与“AD-OutputNew.SchDoc”文件。

2. 从子电路生成子电路模块

执行菜单命令【文件】→【新建】→【原理图】，打开一个新的原理图文件，将其命名为“Sheet9.SchDoc”

在新建原理图编辑环境中，执行菜单命令【设计】→【HDL 文件或图纸生成图表符】，如图 4-63 所示。

此时，系统弹出如图 4-64 所示的【Choose Document to Place】对话框。

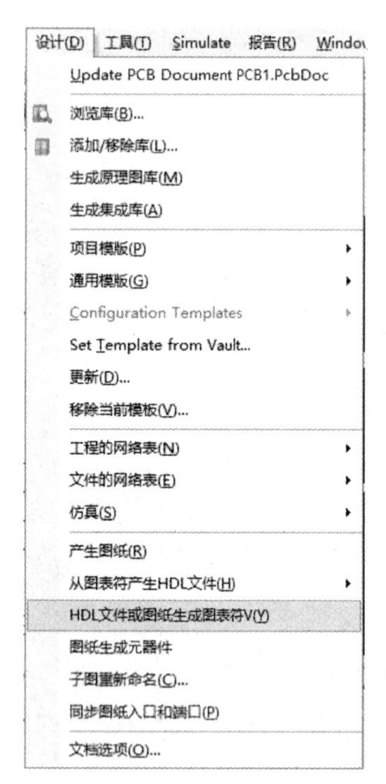

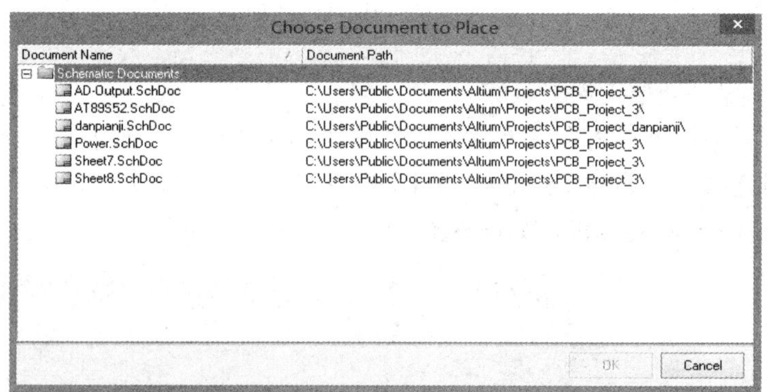

图 4-63 执行菜单命令【设计】→【HDL 文件或图纸生成图表符】

图 4-64 【Choose Document to Place】对话框

选择“PowerNew.SchDoc”文件后，单击【确定】按钮。

此时，光标下出现子电路模块，如图 4-65 所示。

在期望放置子电路模块的位置单击，即可放置子电路模块，如图 4-66 所示。

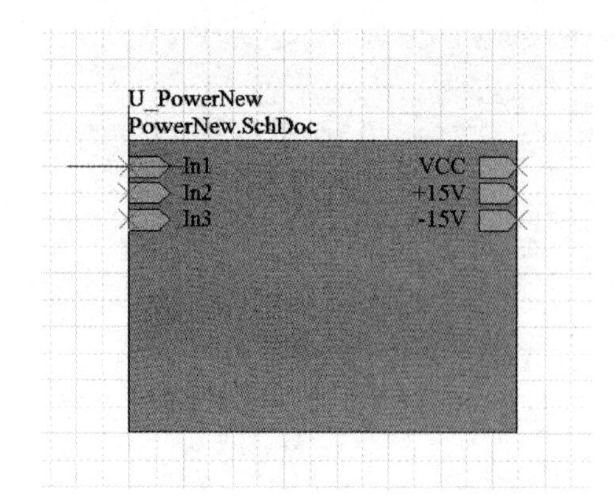

图 4-65 子电路模块

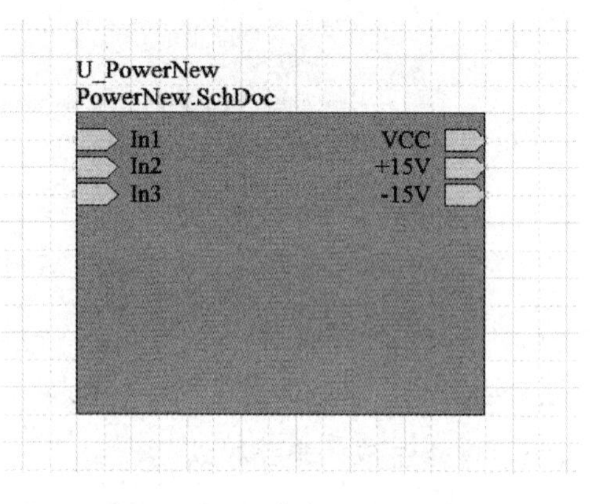

图 4-66 放置子电路模块

系统自动创建的子电路模块不美观，因此单击子电路模块，如图 4-67 所示，将在子电路模块四周出现绿色手柄。拖动绿色手柄即可改变子电路模块尺寸，如图 4-68 所示。

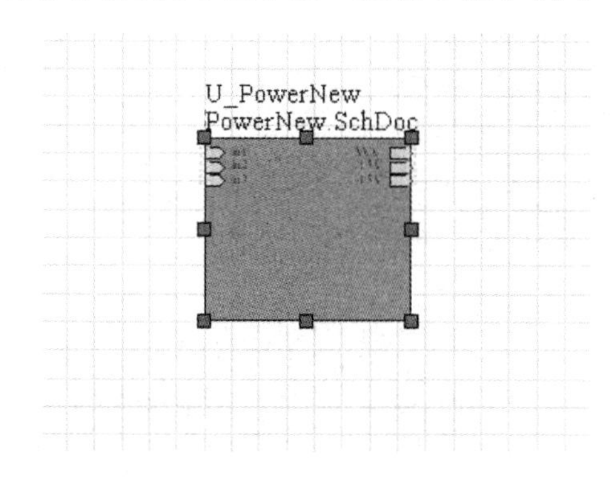

图 4-67　单击子电路模块

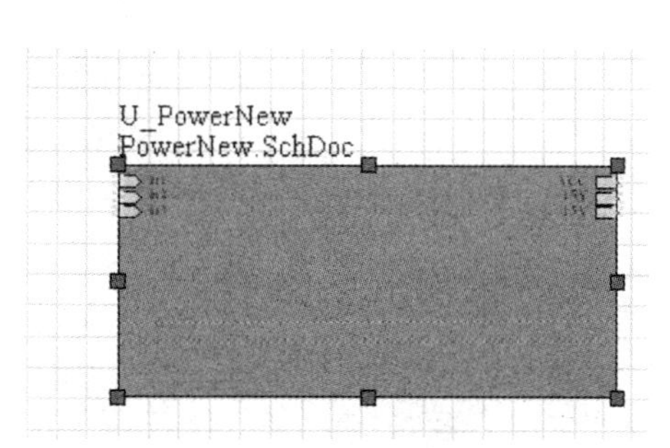

图 4-68　改变子电路模块尺寸

按照上述方法，生成“AT89S52New.SchDoc”及“AD-OutputNew.SchDoc”子电路模块，如图 4-69 所示，并对其进行调整。

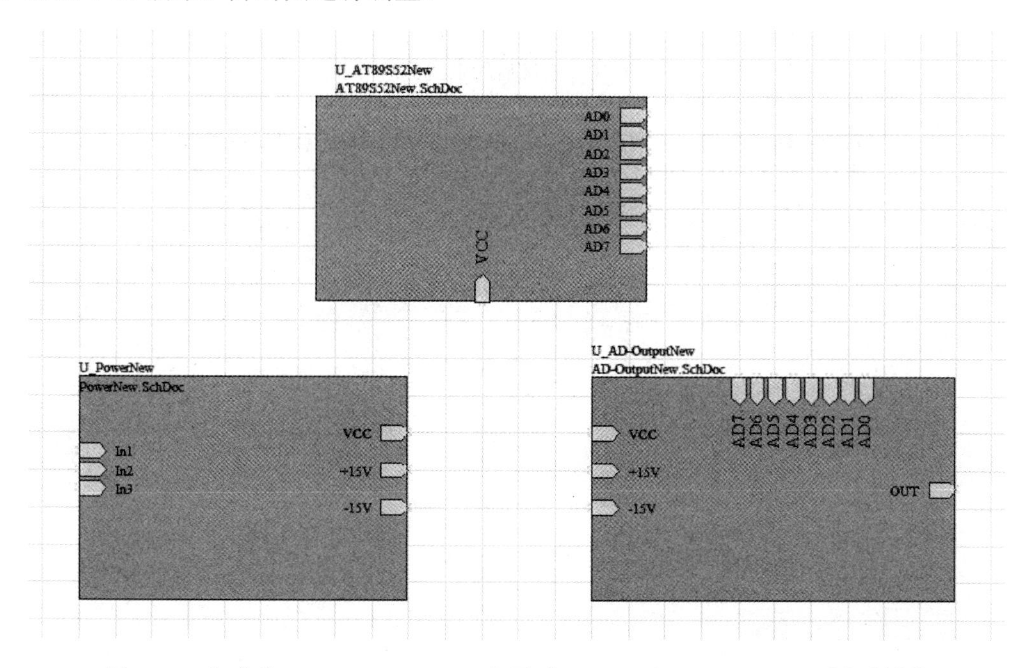

图 4-69　生成“AT89S52New.SchDoc”及“AD-OutputNew.SchDoc”子电路模块

3. 连接电路模块

在 Power 模块应放置 4 个引脚连接端子，连接后的电路模块如图 4-70 所示。

4. 使用网络表查看网络连接

执行菜单命令【设计】→【工程的网络表】→【Protel】。打开【Sheet9 网络标签优化.NET】标签页，如图 4-71 所示。

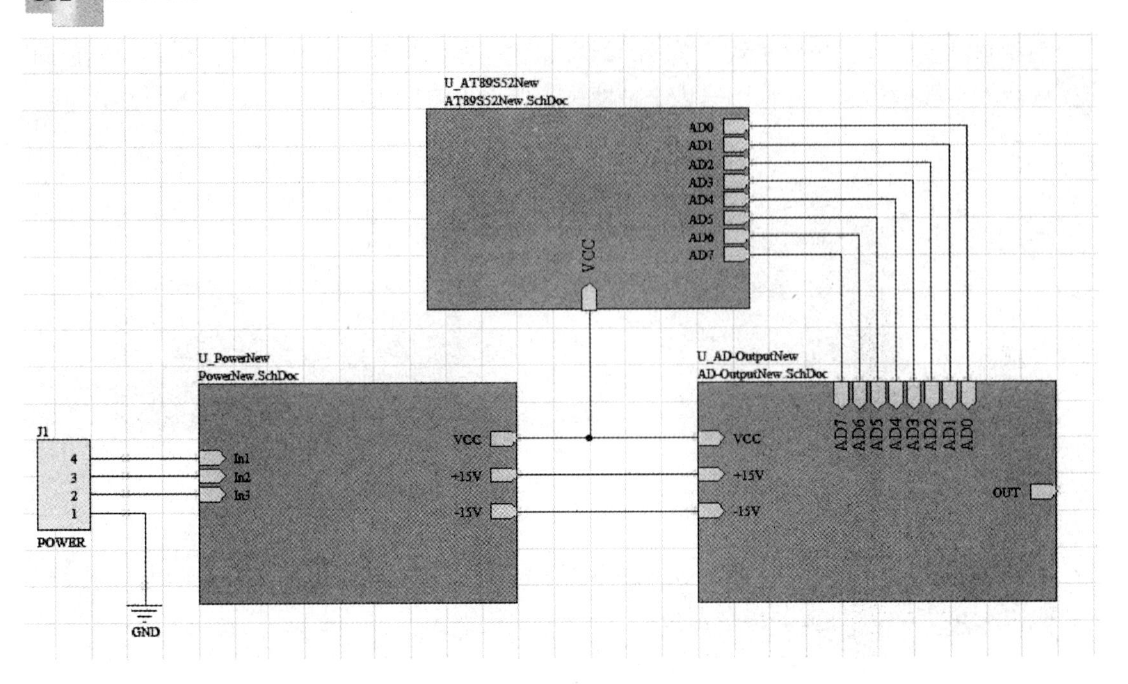

图 4-70　连接后的电路模块

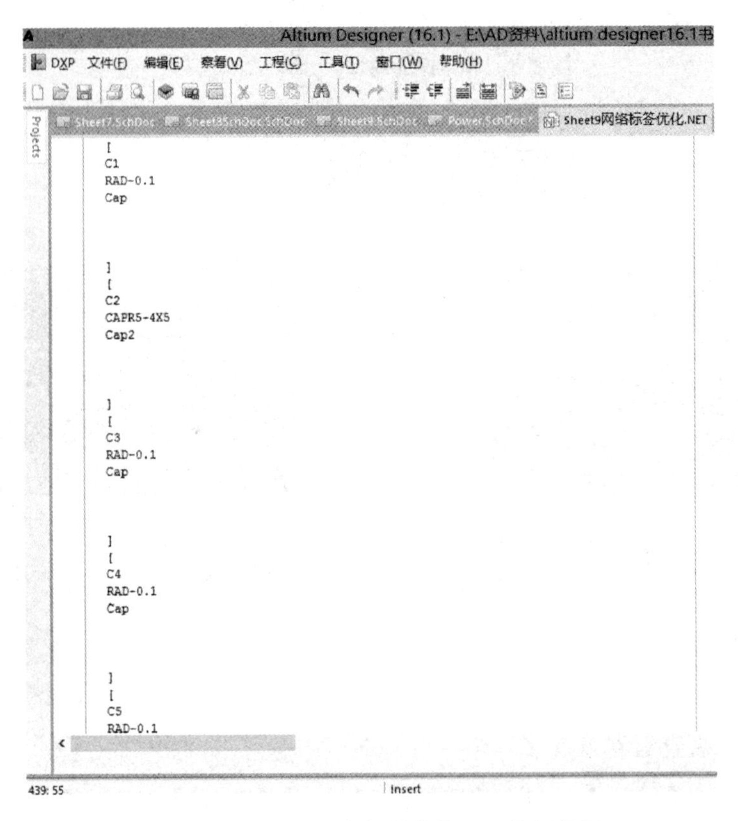

图 4-71　【Sheet9 网络标签优化.NET】标签页

使用鼠标滑轮，在网络表中，找到 AD7 的网络连接，如图 4-72 所示。

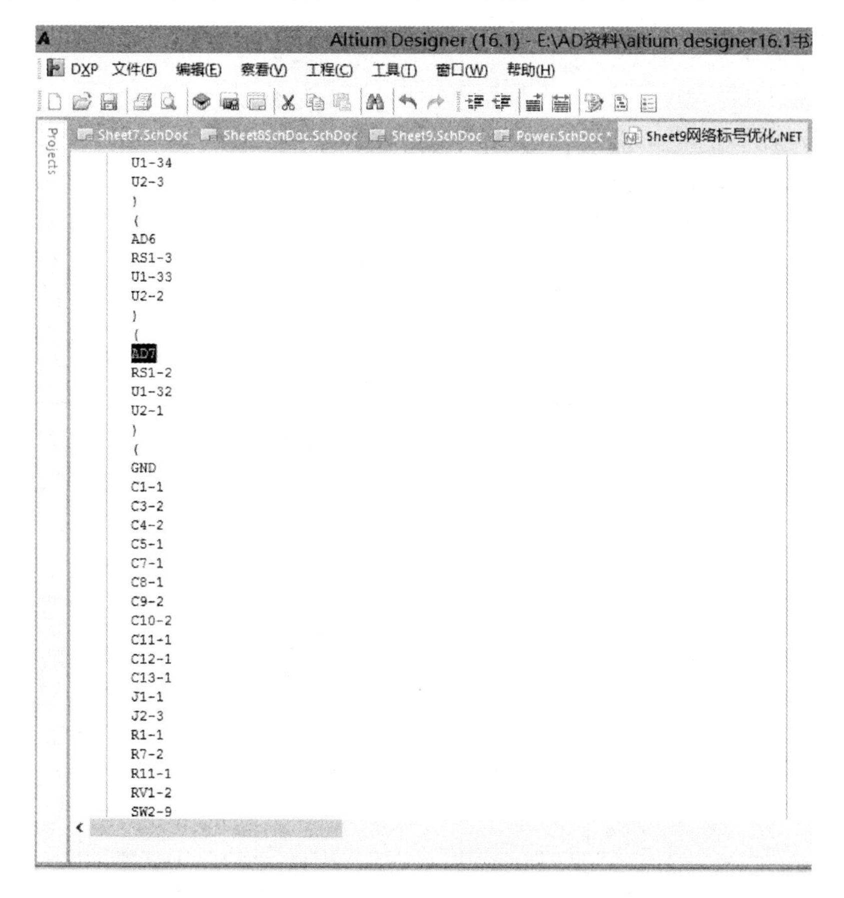

图 4-72　找到 AD7 的网络连接

从网络表可知，AD7 的网络包含 RS1 的引脚 2、U1 的引脚 32 及 U2 的引脚 1，与电路连接一致，因此可以在较复杂的连线时采用层次化电路来简化电路原理图的设计，使电路图的针对性更强，更便于用户读图。

4.5　层次电路设计的特点

☺ 将一个复杂的电路设计分为几个部分，分配给不同的技术人员同时进行设计，这样可缩短设计周期。

☺ 按功能将电路设计分成几个部分，使具有不同特长的设计人员负责不同部分的设计，这样降低了设计难度。

☺ 复杂电路图需要很大的页面图纸绘制，而打印输出设备不能打印过大的电路图。

☺ 目前，自上而下的层次电路设计方法已成为电路和系统设计的主流，这种设计方法与层次电路结构相一致。因此，相对复杂的电路和系统设计目前大多采用层次结构。

4.6 在电路中标注元器件参数

在图例电路中包含电阻，当有电流流过电阻时，电阻要发热，如果温度太高，容易烧毁电阻。为了使电路正常工作，在选用电阻时，用户要考虑选择何种功率的电阻；电路中还用到电容，电容的耐压值是保证电路正常工作的重要参数；此外，电路中用到二极管，二极管的最大反向工作电压值也是关系电路正常工作的重要参数，如果反向电压选取不当，可能会造成二极管被击穿。因此，在电路中标注元器件参数，便于阅读电路。电路中各元器件参数如表 4-1 所示。

表 4-1 电路中各元器件参数

元器件类型	元器件标号	标称值或类型值及其参数	封 装
二极管（包括 LED）	D	1N4148/25V	DO-35
	D2	LED/25V	LED-1
	D3	LED/25V	
	D4	LED/25V	
	D5	LED/25V	
	D6	LED/25V	
电解电容	C9	P100μF/50V	RB7.6-15
	C10	P100μF/50V	
	C12	P100μF/50V	
电容	C1	0.1μF/50V	RAD-0.3
	C3	30pF/50V	
	C4	30pF/50V	
	C5	0.1μF/50V	
	C6	0.1μF/50V	
	C7	0.1μF/50V	
	C8	0.1μF/50V	
	C11	0.1μF/50V	
	C13	0.1μF/50V	
电阻	R1	1kΩ/0.25W	AXIAL-0.4
	R2	510Ω/0.25W	
	R3	510Ω/0.25W	
	R4	510Ω/0.25W	
	R5	510Ω/0.25W	
	R6	1MΩ/0.25W	
	R7	5kΩ/0.25W	
	R8	5kΩ/0.25W	
	R9	5kΩ/0.25W	

续表

元器件类型	元器件标号	标称值或类型值及其参数	封　装
电阻	R10	10Ω/0.25W	
	R11	510Ω/0.25W	

双击电路中的电容 C1，此时系统将弹出【Properties for Schematic Component in Sheet】对话框，编辑电容 C1 的参数，如图 4-73 所示。

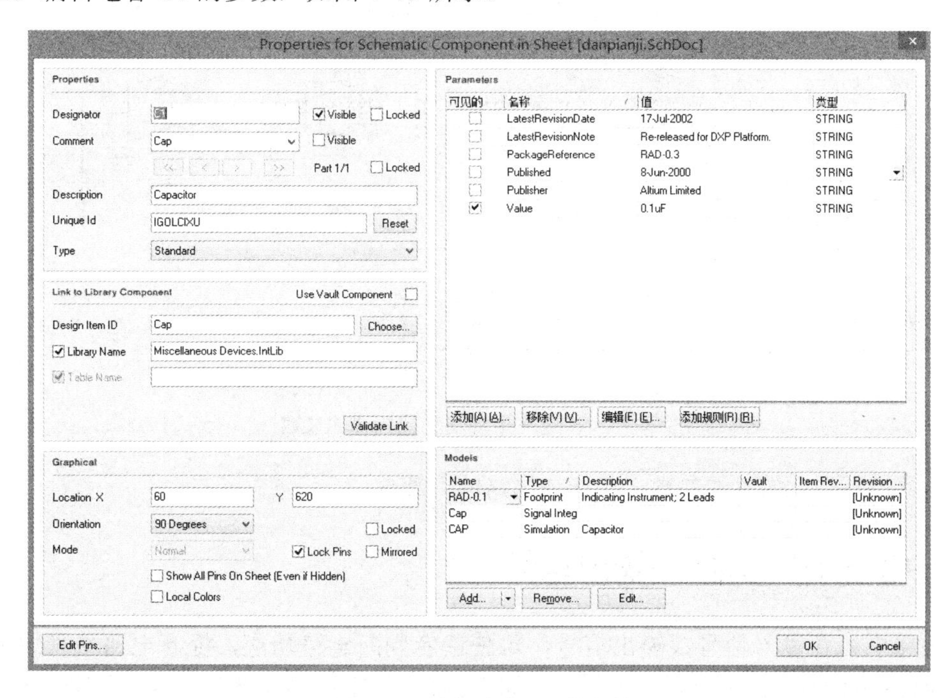

图 4-73　编辑电容 C1 的参数

编辑完成后，单击【OK】按钮，完成设置。编辑完成后的电容 C1 如图 4-74 所示。

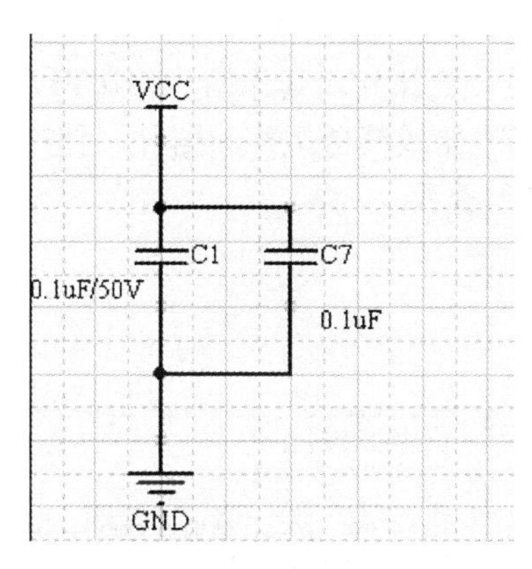

图 4-74　编辑完成后的电容 C1

按照上述方式，在电路中标注其他元器件参数，如图 4-75 所示。

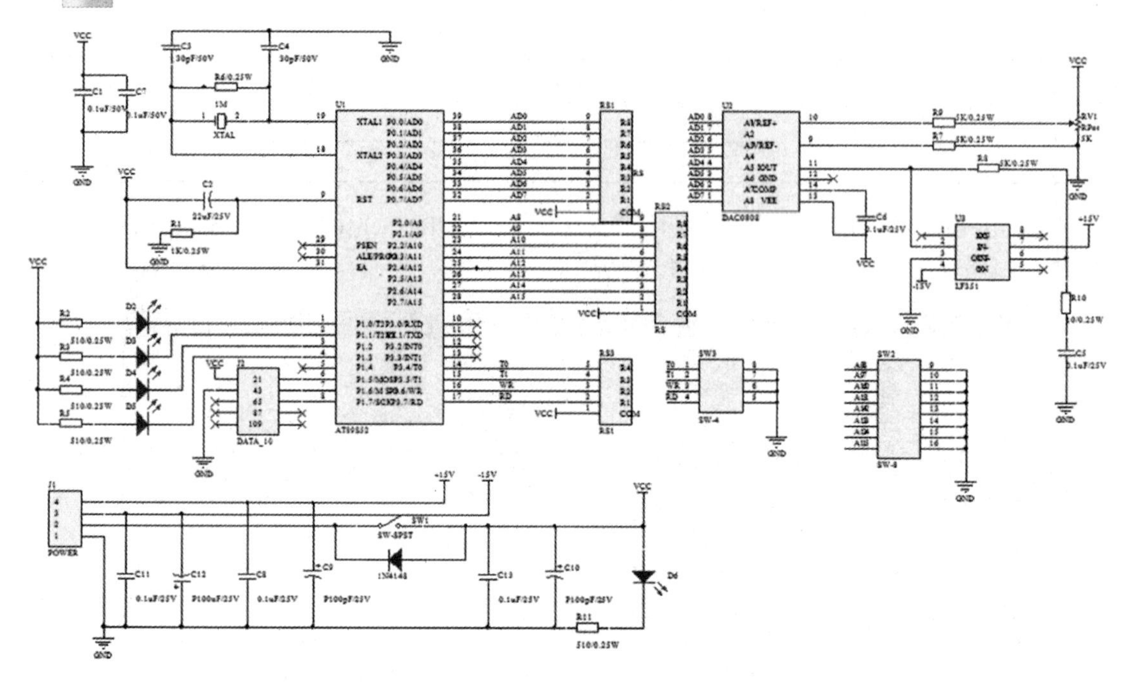

图 4-75　在电路中标注其他元器件参数

在电路中标注元器件的参数，可增加电路的可读性。

4.7　在电路中标注输入/输出信号

在电路中标注输入信号或输出信号，可使读者判断电路功能，提高电路原理图的可读性。在 Altium Designer 中，系统提供了实用工具箱，如图 4-76 所示，用户可使用实用工具箱绘制标注信号。

该部分以一个音频放大电路为例，介绍如何在 Altium Designer 中，标注输入/输出信号。

音频放大器是音响系统中的关键部分，其作用是将传声元器件获得的微弱信号放大到足够的强度去推动放声系统中的扬声器或其他电声元器件，使原声响重现。

音频放大器的结构如图 4-77 所示。

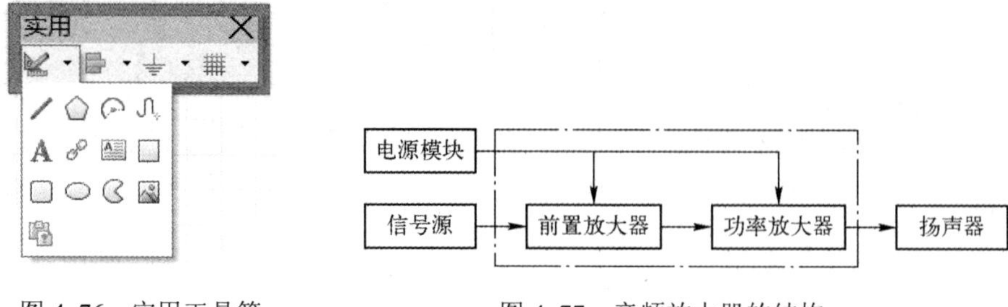

图 4-76　实用工具箱　　　　图 4-77　音频放大器的结构

音频放大器电路如图 4-78 所示。

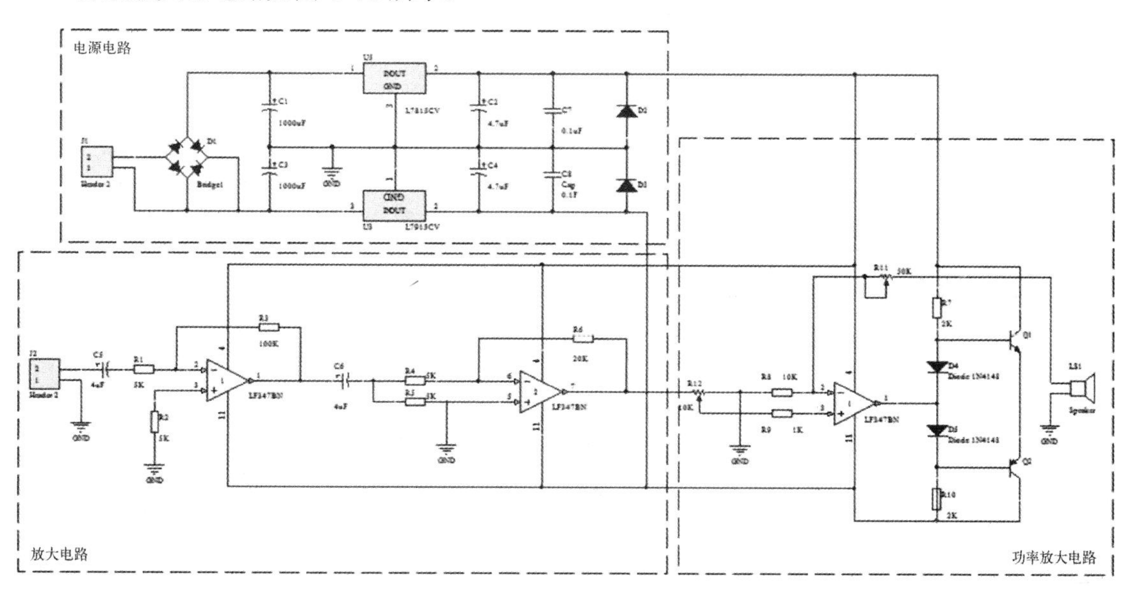

图 4-78　音频放大器电路

1．在电源电路中标注输入/输出信号

在音频放大器电路中，可用端口简化电源部分。电源简化电路如图 4-79 所示。

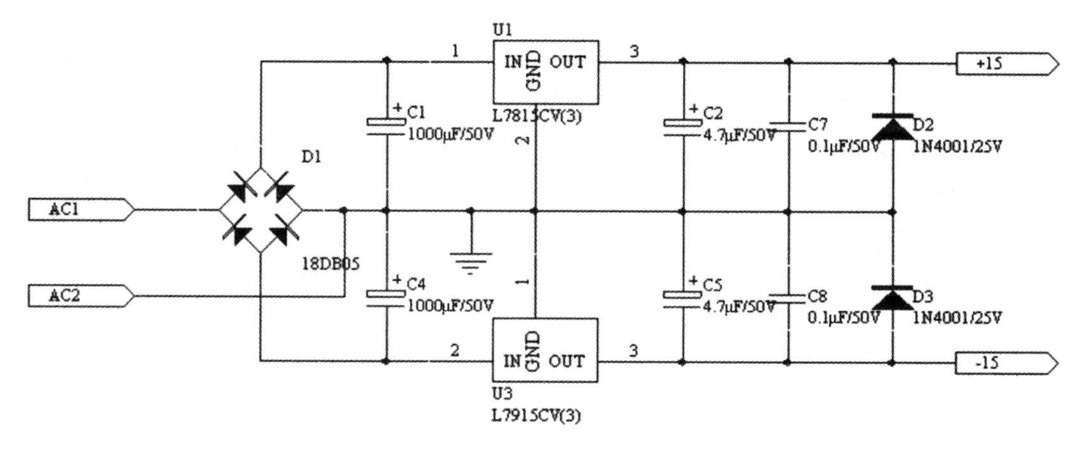

图 4-79　电源简化电路

用户通过变压器给电源电路的 AC1 与 AC2 两端输入 18~20V 的交流电压，接着信号进入整流桥，通过整流桥整流滤波后得到的直流输入电压分别接在 7815 与 7915 的输入端和公共端之间，此时在输出端即可得到稳定的输出电压。因此，可在电源电路的输入端绘制同频率、相位相反的正弦波信号。

执行菜单命令【设计】→【文档选项】，此时系统弹出【文档选项】对话框，如图 4-80 所示，设置捕捉和可见的栏为“5”。

修改完成后，单击【确定】按钮确认修改。

接下来绘制正弦波信号。在实用工具栏中，选择放置线工具，如图 4-81 所示。

图 4-80 【文档选项】对话框

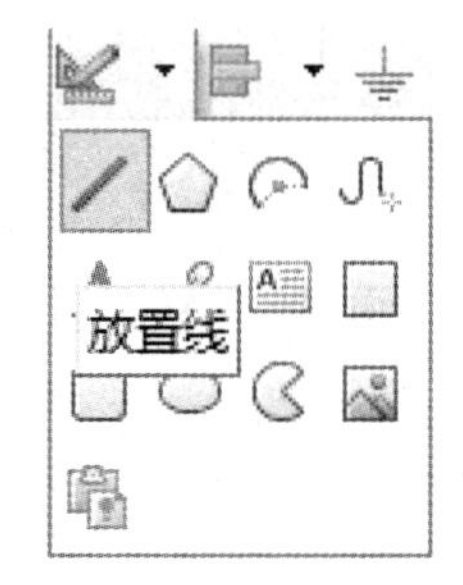

图 4-81 选择放置线工具

此时，光标变为十字形。在期望绘制直线起始点的位置单击，然后拖动光标，可看到在绘图页上出现直线，如图 4-82 所示。

在期望的直线结束点处单击，即可确定直线，如图 4-83 所示。

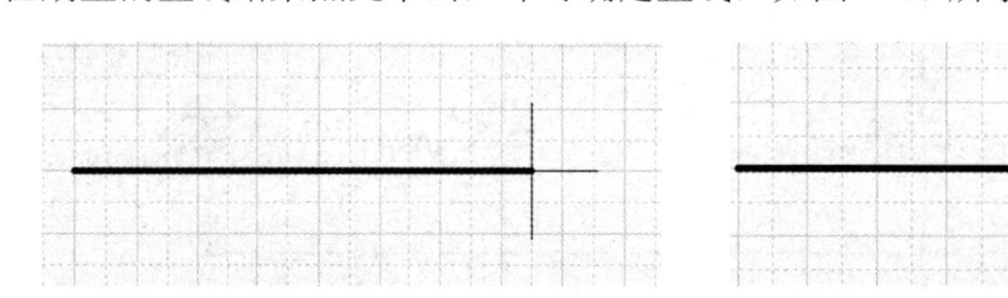

图 4-82 出现直线　　图 4-83 确定直线

按照上述方式，放置坐标系的纵坐标及箭头，如图 4-84 所示。

接下来绘制正弦波信号。在实用工具栏中，选择放置贝济埃曲线工具，如图 4-85 所示。

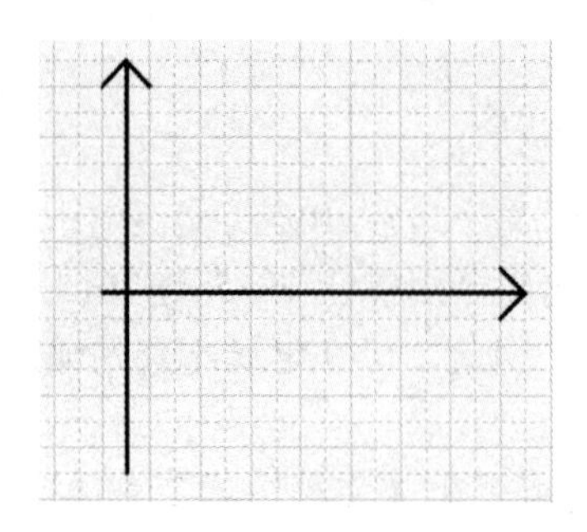

图 4-84 放置坐标系的纵坐标及箭头

图 4-85 选择放置贝济埃曲线工具

此时，光标变为十字形。在期望绘制曲线起始点的位置单击，确定曲线的起始点位置，如图 4-86 所示。

移动光标到曲线期望的第一个控制点，单击，确定第一个控制点位置，如图 4-87 所示。

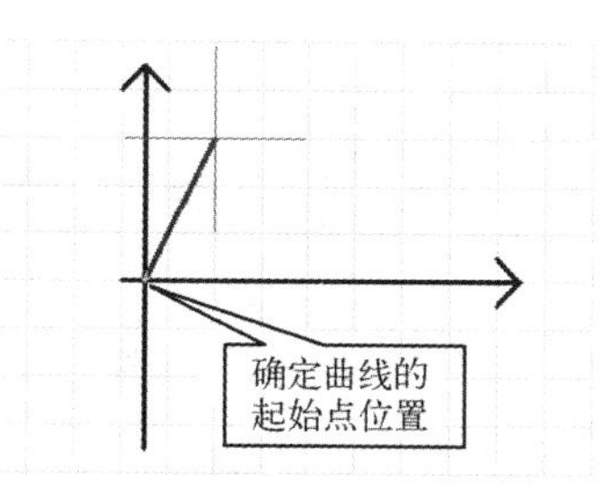

图 4-86　确定曲线的起始点位置

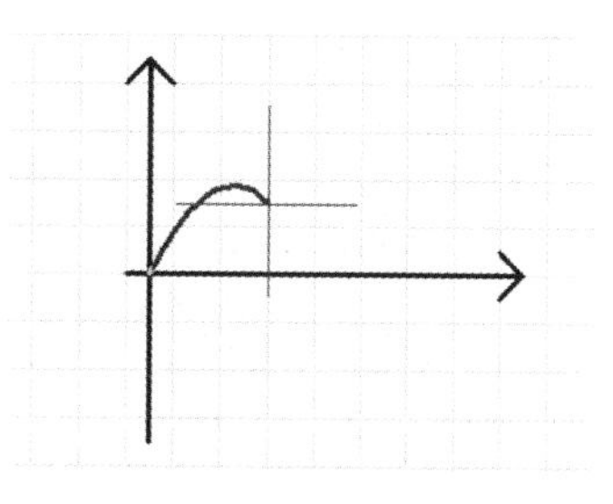

图 4-87　确定第一个控制点位置

移动光标到曲线期望的第二个控制点，单击，确定第二个控制点位置，如图 4-88 所示。

此时的曲线形状为正弦波的正半波。单击确认曲线，如图 4-89 所示。

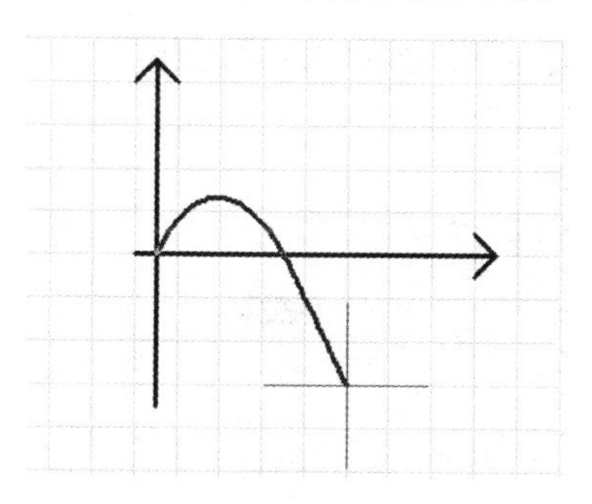

图 4-88　确定第二个控制点位置

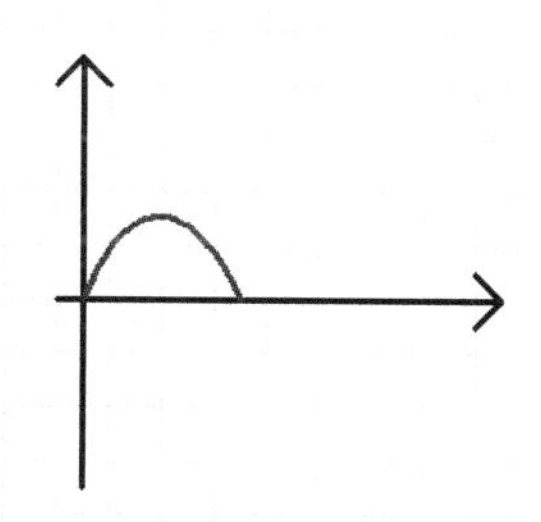

图 4-89　单击确认曲线

移动光标绘制正弦波的负半波。在以第二控制点为对称中心、与第一控制点形成中心对称的位置单击，确定第三个控制点位置，如图 4-90 所示。

按照上述方式，在以第二控制点为对称中心、与起始点形成中心对称的位置单击，确定第四个控制点位置，如图 4-91 所示。

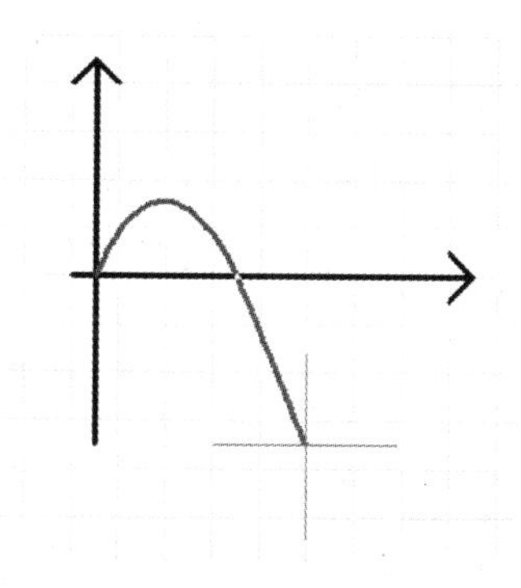

图 4-90　确定第三个控制点位置

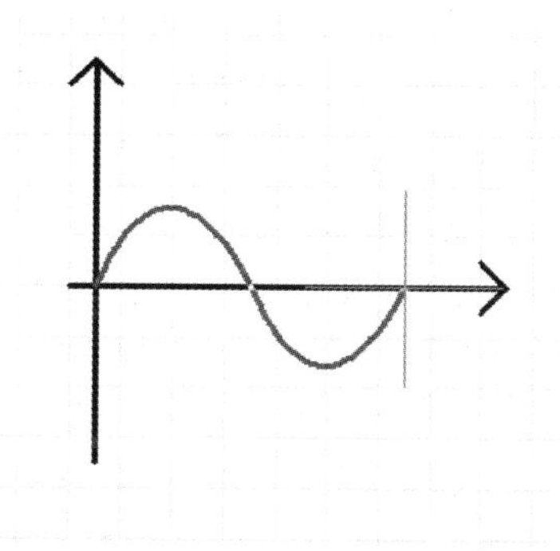

图 4-91　确定第四个控制点位置

在结束点处再次单击，然后右击退出曲线绘制，绘制好的正弦波信号如图 4-92 所示。

此正弦波信号为变压器的输出信号，在实用工具栏中，选择放置文本字符串工具，如图 4-93 所示。

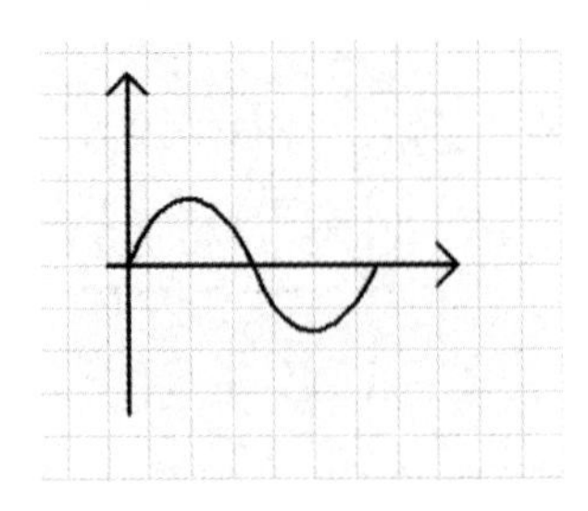

图 4-92　绘制好的正弦波信号

图 4-93　选择放置文本字符串工具

此时光标下出现一个 Text 编辑框，如图 4-94 所示。

按【Tab】键，此时系统将弹出【标注】对话框，如图 4-95 所示。

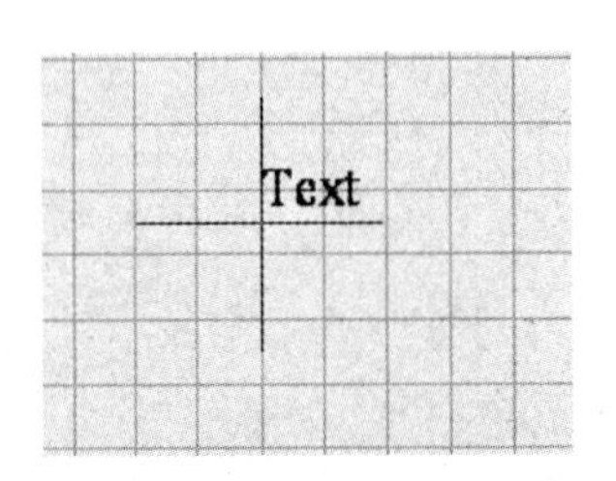

图 4-94　Text 编辑框

图 4-95　【标注】对话框

在【标注】对话框的文本栏中输入“变压器输出信号”字段，其他选项采用系统的默认设置，设置完成后，单击【确定】按钮确认设置，此时在期望放置字段的位置单击，即可放置标注文本，如图 4-96 所示。

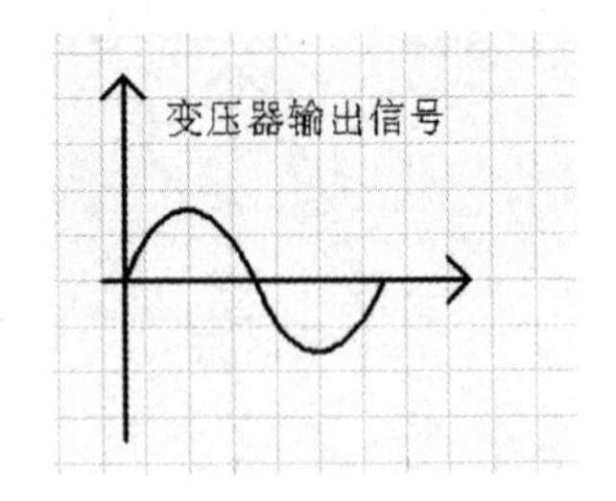

图 4-96　放置标注文本

另外，要对坐标轴进行说明。其中，横轴为时间轴，纵轴为电压轴，因此对坐标轴的标注如图 4-97 所示。

按照上述方式标注 AC2 输入端信号，如图 4-98 所示。

变压器输出信号经过整流桥后变为单相信号，因此我们在整流桥后标注输出信号，以增加电路的可读性。选中 AC1 信号，执行菜单命令【编辑】→【复制】，如图 4-99 所示。

在绘图页右击，然后执行菜单命令【编辑】→【粘贴】，此时光标将出现 AC1 信号轮廓，在期望放置图形的位置单击，即可放置图形，如图 4-100 所示。

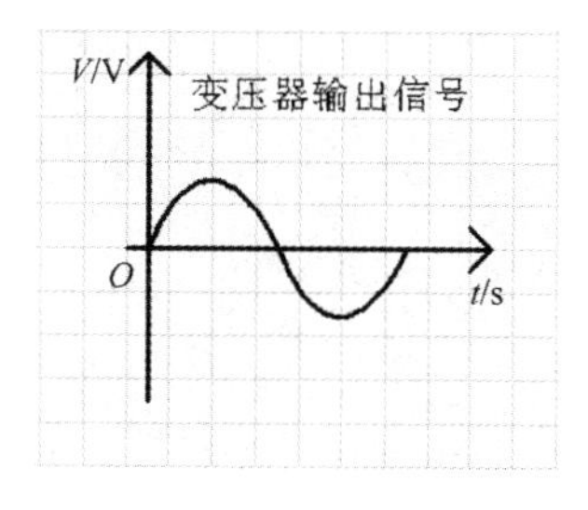

图 4-97　对坐标轴的标注

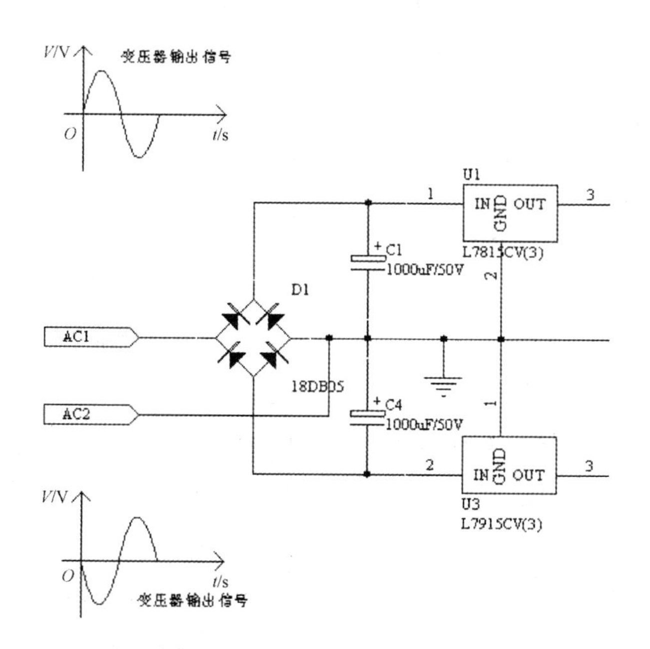

图 4-98　标注 AC2 输入端信号

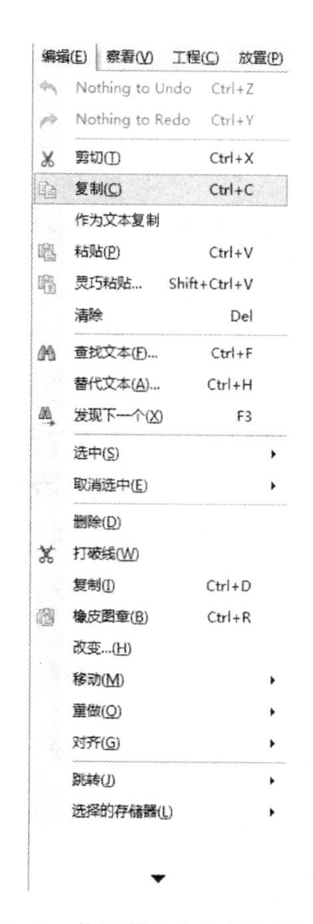

图 4-99　执行菜单命令【编辑】→【复制】

单击复制图形中的曲线，则曲线四周出现控制点，如图 4-101 所示。

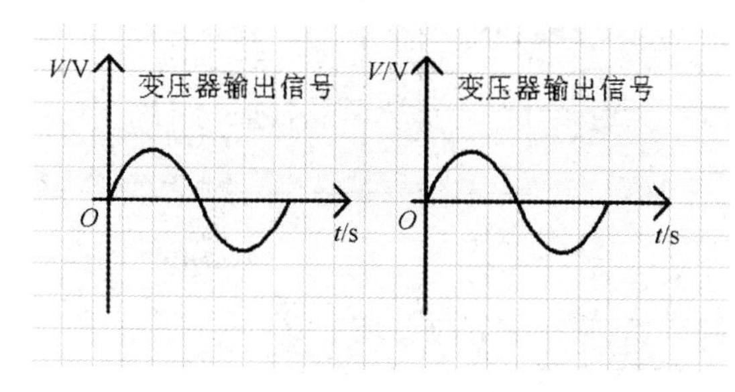

图 4-100　放置图形

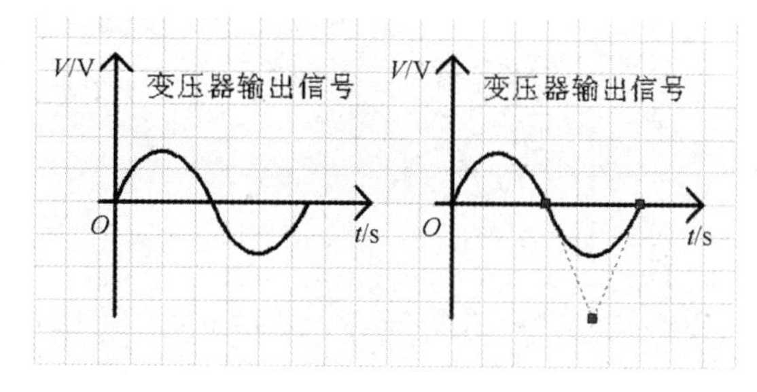

图 4-101　曲线四周出现控制点

由于正弦波信号经整流桥后变为半波信号，因此要调整曲线。单击曲线最下端的控制点，并拖动控制点到以时间轴对称的位置，如图 4-102 所示。

在绘图页空白处单击，退出调整曲线状态，调整后的图形如图 4-103 所示。

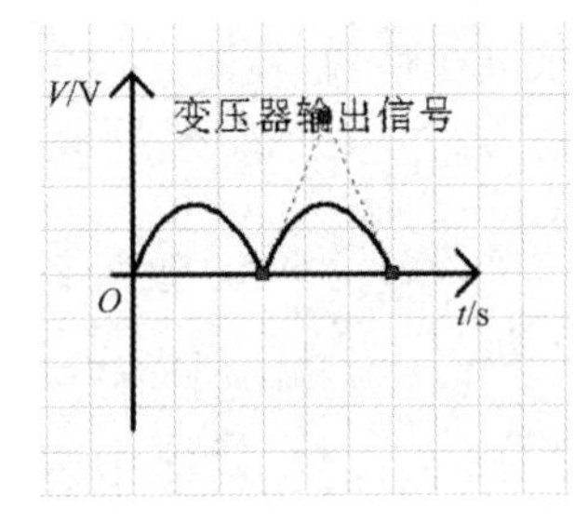

图 4-102 拖动控制点到以时间轴对称的位置

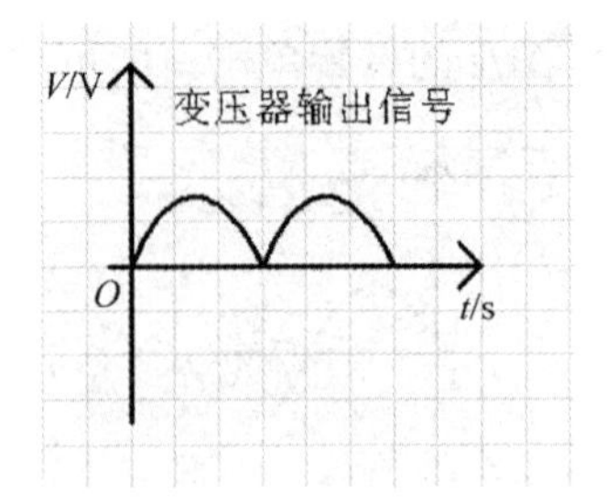

图 4-103 调整后的图形

双击“变压器输出信号”字段，系统将进入【标注】对话框，如图 4-104 所示。

将该对话框中的文本栏中的内容修改为“全桥整流”，然后单击【确定】按钮，退出编辑窗口。标注修改后的图形如图 4-105 所示。

按照上述方式，标注经整流桥后的另外一路信号，如图 4-106 所示。

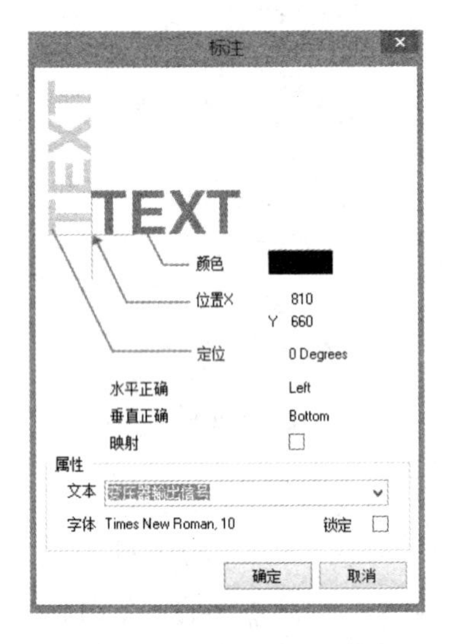

图 4-104 【标注】对话框

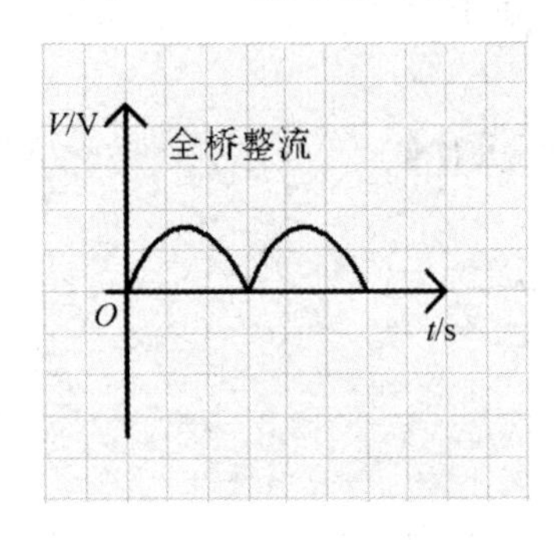

图 4-105 标注修改后的图形

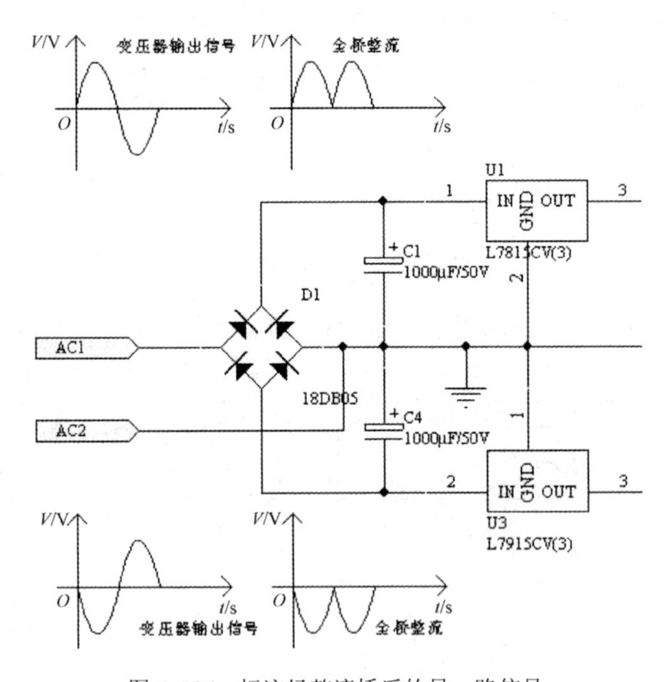

图 4-106 标注经整流桥后的另一路信号

全桥整流后的信号经 L7815 及 L7915 输出直流稳压电流，因此标注后的电源电路如图 4-107 所示。

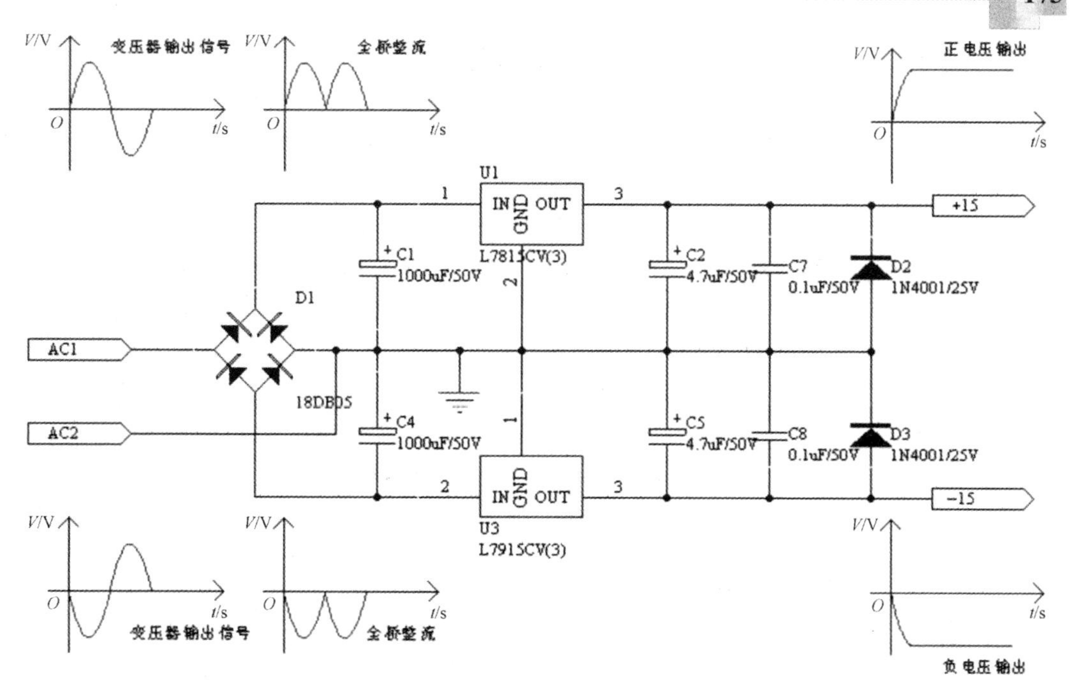

图 4-107　标注后的电源电路

用箭头标注各个图形所在的测试点，如图 4-108 所示。

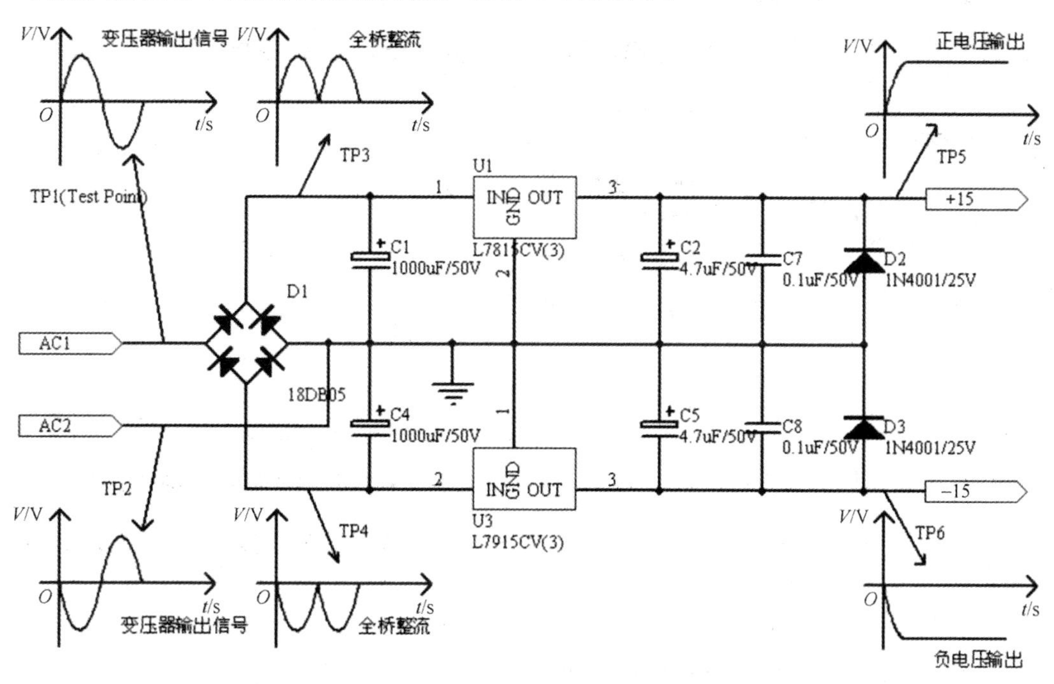

图 4-108　用箭头标注各个图形所在的测试点

2. 在绘图页放置说明文本

在电路绘图页放置说明文本，便于读者进一步理解电路。对于功率放大电路，在实用工

图 4-109　选择放置文本框工具

具栏中，选择放置文本框工具，如图 4-109 所示。

此时，光标变为十字形。在期望绘制放置标注文本框的位置单击，确定文本框的左上角位置，然后拖动光标，此时将出现文本框轮廓，如图 4-110 所示。

在期望的结束点单击，则文本框被确定，此时文本框以“Text”字段起始，如图 4-111 所示。

双击文本框，系统将弹出【文本结构】对话框，如图 4-112 所示。

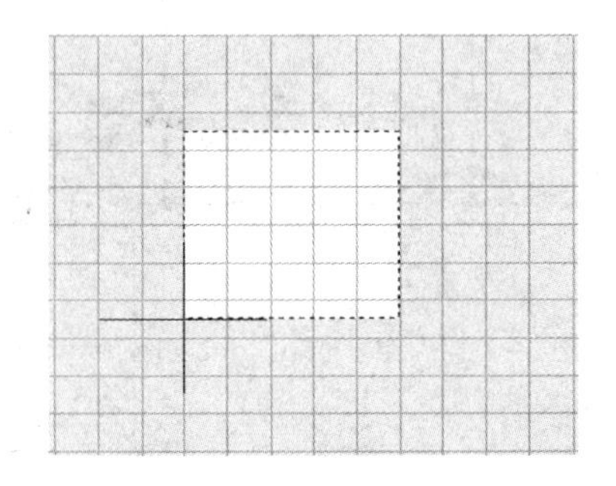

图 4-110　出现文本框轮廓

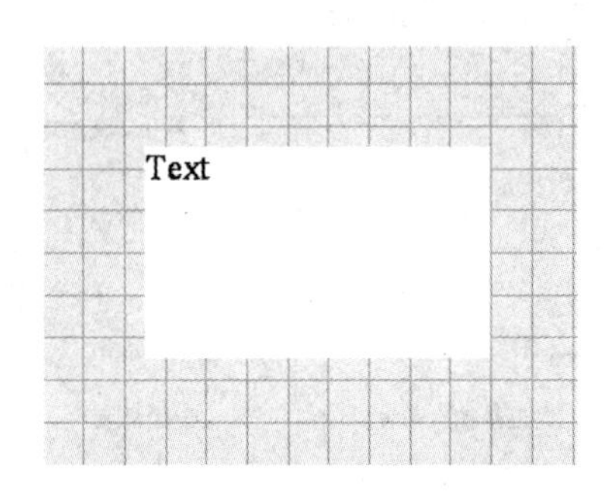

图 4-111　文本框以“Text”字段起始

☺ 文本：单击【改变】按钮，系统弹出如图 4-113 所示的【Text Frame Text】对话框。

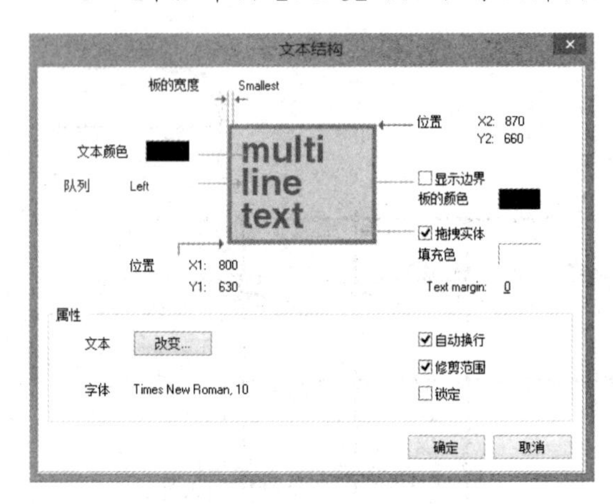

图 4-112　【文本结构】对话框

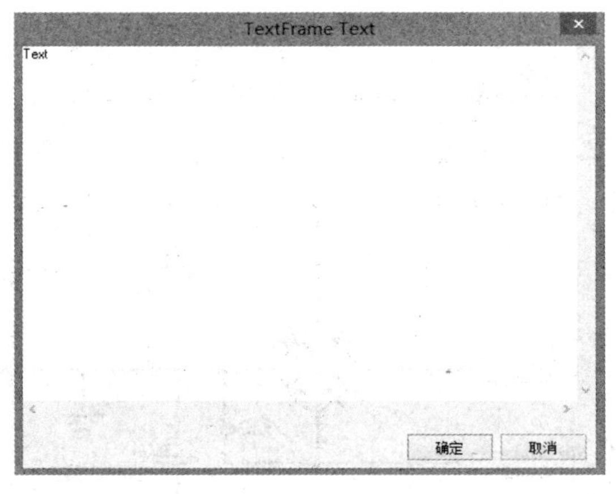

图 4-113　【Text Frame Text】对话框

在【Text Frame Text】对话框的文本编辑窗口可输入期望的字段。编辑完成后，单击【确定】按钮完成文本输入。

☺ 位置：X1、Y1、X2、Y2 用于定义文本框位置。

☺ 板的颜色：用于定义板样式及板颜色。

☺ 填充色：用于设置文本框填充颜色。

☺ 文本颜色：用于设置文本的颜色。

在【Text Frame Text】对话框中，输入“通用运放的输出电流有限，多为十几毫安；输出电压范围受运放电源的限制，不可能太大。因此，可以通过互补对称电路进行电流放大，以提高电路的输出功率。”字段。编辑后的【Text Frame Text】对话框如图 4-114 所示。

其他设置如图 4-115 所示。

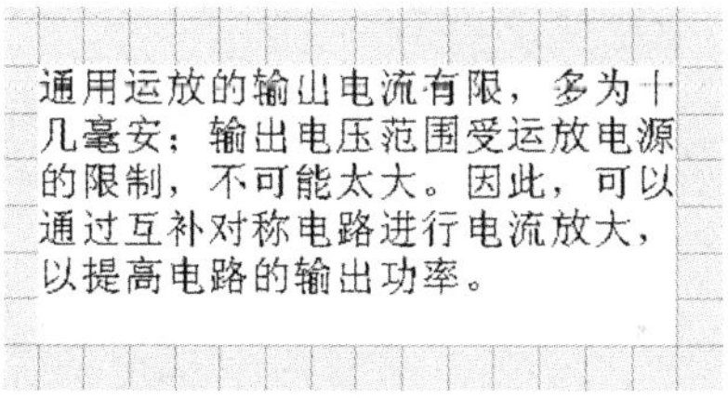

通用运放的输出电流有限，多为十几毫安；输出电压范围受运放电源的限制，不可能太大。因此，可以通过互补对称电路进行电流放大，以提高电路的输出功率。

图 4-114　编辑后的【Text Frame Text】对话框

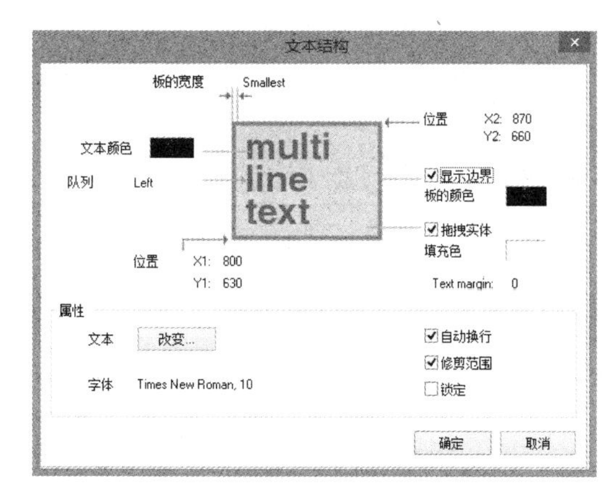

图 4-115　其他设置

编辑后的功率放大电路如图 4-116 所示。

通用运放的输出电流有限，多为十几毫安；输出电压范围受运放电源的限制，不可能太大。因此，可以通过互补对称电路进行电流扩大，以提高电路的输出功率。

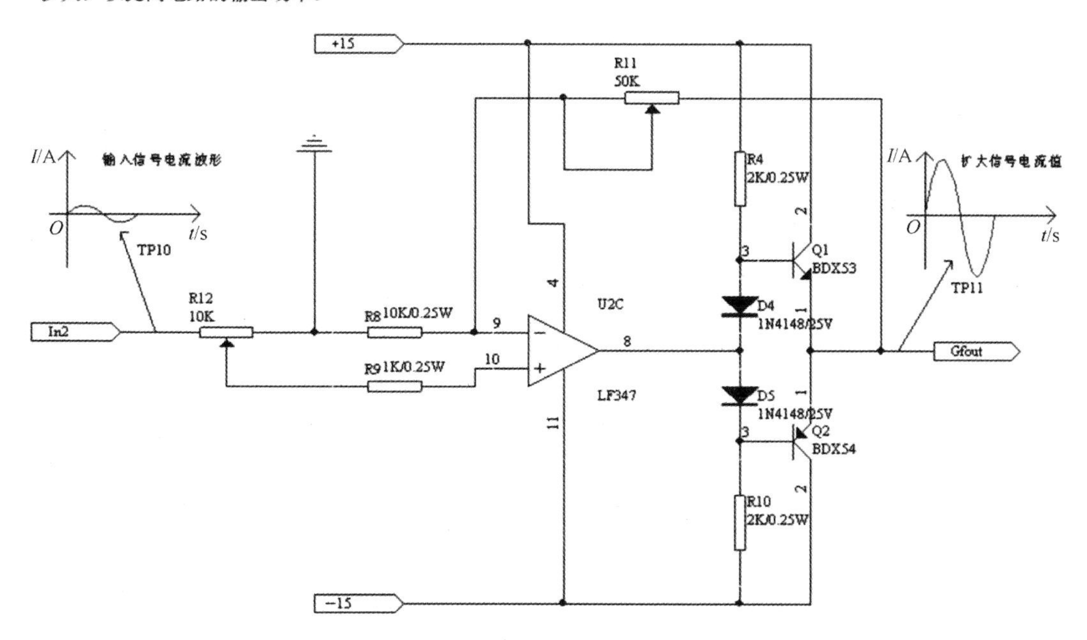

图 4-116　编辑后的功率放大电路

至此，设计优化完成。

思考与练习

（1）优化原理图绘制有哪些方法？

（2）写出自上而下的层次电路设计和自下而上的层次电路设计的框图，并说说这两种方法之间的差别。

（3）层次电路的优点有哪些？

第5章 PCB设计预备知识

印制电路板（Printed Circuit Board，PCB）又称印制线路板或印制板。通常把在绝缘材料上，按预定设计，制成印制线路、印制元器件或两者组合而成的导电图形称为印制电路。而在绝缘基材上提供元器件之间电气连接的导电图形，称为印制线路。这样就把印制电路或印制线路的成品板称为印制电路板。

印制电路的基板是由绝缘隔热、不易弯曲的材质制作而成。在表面可以看到的细小线路是铜箔，原本铜箔是覆盖在整个板子上的，而在制造过程中部分被蚀刻处理掉，留下来的部分就变成网状的细小线路了，这些线路称为导线或布线，并用来提供PCB上零件的电路连接。

印制电路板几乎应用到各种电子设备中，如电子玩具、手机、计算机等，只要有集成电路等电子元器件，都会使用印制电路板，以使它们之间的电气互联。

5.1 PCB的构成及基本功能

1. PCB的构成（如图5-1所示）

一块完整的PCB主要由以下几部分构成。

☺ 绝缘基材：一般由酚醛纸基、环氧纸基或环氧玻璃布制成。

☺ 铜箔面：铜箔面为电路板的主体，它由裸露的焊盘和被绿色油漆覆盖的铜箔电路所组成，焊盘用于焊接电子元器件。

☺ 阻焊层：用于保护铜箔电路，由耐高温的阻焊剂制成。

☺ 字符层：用于标注元器件的编号和标识，便于PCB加工时的电路识别。

☺ 孔：用于基板加工、元器件安装、产品装配及不同层面的铜箔电路之间的连接。

PCB上的绿色或棕色是阻焊漆的颜色，这一层是绝缘的防护层，可以保护铜线，也可以防止零件被焊到不正确的地方。在阻焊层上还会印上一层丝网印刷面，通常在这上面会印上文字与符号（大多是白色的），以标示出各零件在板子上的位置。丝网印刷面又称图标面。

2. PCB的机械支撑功能（如图5-2所示）

PCB为集成电路等各种电子元器件固定、装配提供了机械支撑。

3. PCB的电气连接（如图5-3所示）或电绝缘功能

PCB实现了集成电路等各种电子元器件之间的布线和电气连接。PCB也实现了集成电路等各种电子元器件之间的电绝缘。

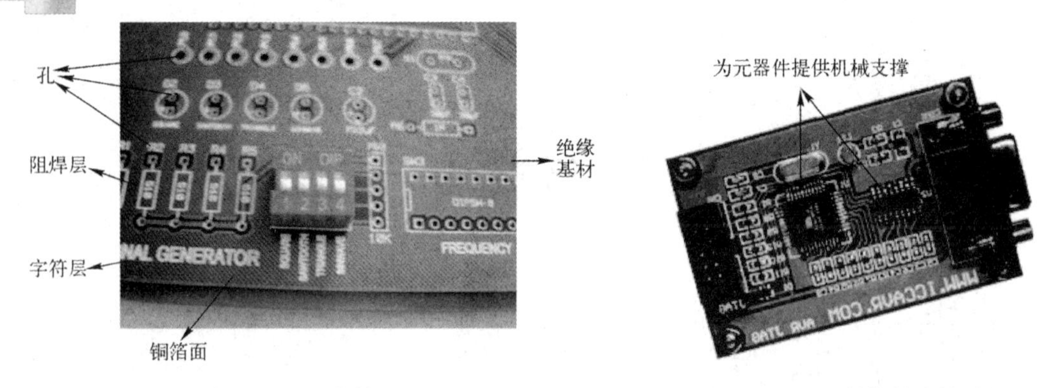

图 5-1　PCB 的构成　　　　图 5-2　PCB 的机械支撑功能

4．PCB 的其他功能（如图 5-4 所示）

PCB 为自动装配提供阻焊图形，同时也为元器件的插装、检查、维修提供识别字符和图形。

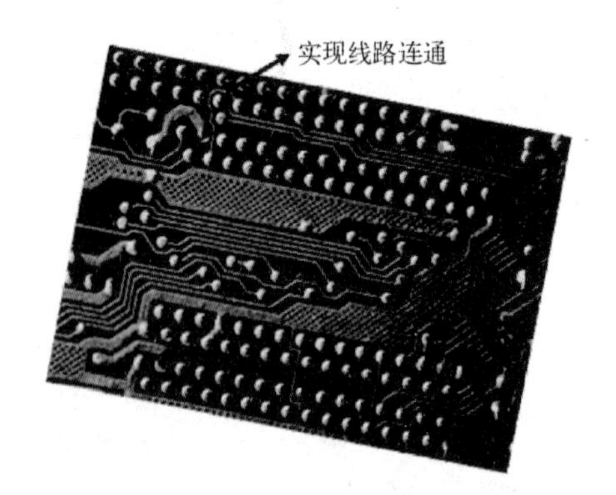

图 5-3　PCB 的电气连接

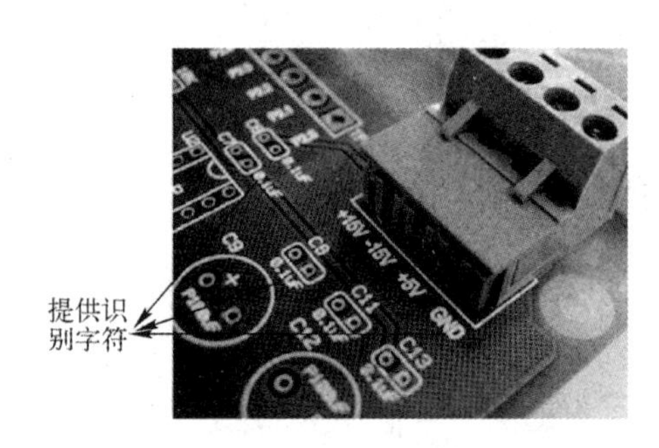

图 5-4　PCB 的其他功能

5.2　PCB 制造工艺流程

1．菲林底版

菲林底版是 PCB 生产的前导工序。在生产某一种 PCB 时，PCB 的每种导电图形（信号层电路图形和地、电源层图形）和非导电图形（阻焊图形和字符）至少都应有一张菲林底版。菲林底版在 PCB 生产中的用途：可作为图形转移中的感光掩膜图形，包括线路图形和光致阻焊图形；可用于网印工艺中的丝网模板的制作，包括阻焊图形和字符的制作；可作为机加工（钻孔和外形铣）数控机床编程依据及钻孔参考。

2．基板材料

覆铜箔层压板（Copper Clad Laminates，CCL）简称覆铜箔板或覆铜板，是制造 PCB 的基板材料。目前最广泛应用的蚀刻法制成的 PCB，就是在覆铜箔板上有选择地进行蚀刻，得到所需的线路图形。

覆铜箔板在整个 PCB 上，主要担负着导电、绝缘和支撑 3 个方面的功能。

3. 拼版及光绘数据生成

PCB 设计完成后，因为 PCB 的板形太小，不能满足生产工艺要求，或者一个产品由几块 PCB 组成，这样就要把若干小板拼成一个面积符合生产要求的大板，或者将一个产品所用的多个 PCB 拼在一起，此道工序即为拼版。

拼版完成后，用户要生成光绘图数据。PCB 生产的基础是菲林底版。早期制作菲林底版时，要先制作出菲林底图，然后再利用底图进行照相或翻版。随着计算机技术的发展，PCB 的 CAD 技术有了极大进步，PCB 生产工艺水平也不断向多层、细导线、小孔径、高密度方向迅速提高，原有的菲林制版工艺已无法满足 PCB 的设计需要，于是出现了光绘技术。使用光绘机可以直接将 CAD 设计的 PCB 图形数据文件送入光绘机的计算机系统，以控制光绘机利用光线直接在底片上绘制图形，然后经过显影、定影得到菲林底版。

光绘图数据的产生是指将 CAD 软件产生的设计数据转化成为光绘数据（多为 Gerber 数据），经过 CAM 系统进行修改、编辑，完成光绘预处理（拼版、镜像等），使之达到 PCB 生产工艺的要求。然后将处理完的数据送入光绘机，由光绘机的光栅（Raster）图像数据处理器转换成为光栅数据，此光栅数据通过高倍快速压缩还原算法发送至激光光绘机，完成光绘。

5.3 PCB 中的名称定义

1. 导线

原本铜箔是覆盖在整个板子上的，而在制造过程中部分被蚀刻处理掉，留下来的部分就变成网状的细小线路了，这些线路称为导线（或布线），如图 5-5 所示。

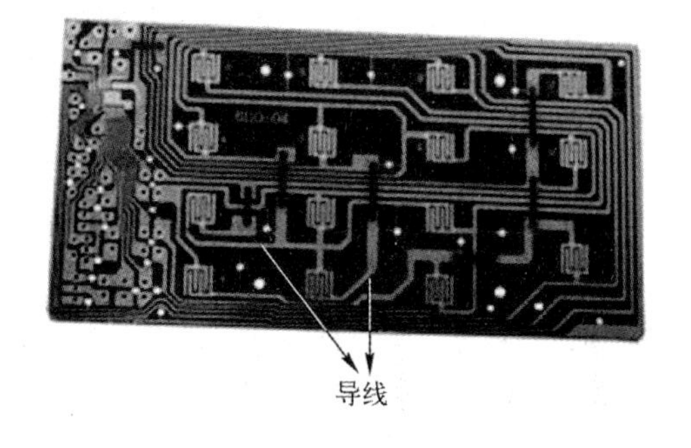

图 5-5　导线（或布线）

2. ZIF 插座

为了将零件固定在 PCB 上，将它们的引脚直接焊在布线上。在最基本的 PCB（单面板）上，零件都集中在其中一面，导线则都集中在另一面。因此就要在板子上打洞，这样引脚才能穿过板子到另一面，所以零件的引脚是焊在另一面上的。其中，PCB 的正面称为零件面，而 PCB 反面称为焊接面。如果 PCB 上面有某些零件要在制作完成后也可以拿掉或装回去，那么该零件安装时会用到插座。由于插座是直接焊在板子上的，零件可以任意的拆装。零插拔力式（Zero Insertion Force，ZIF）插座可以让零件轻松插进插座，也可以拆下来。ZIF 插座如图 5-6 所示。

3. 边接头（俗称金手指）

如果要将两块 PCB 相互连接，一般都会用到金手指的边接头（Edge Connector）。金手指上包含了许多裸露的铜垫，这些铜垫事实上也是 PCB 布线的一部分。通常连接时，我们将其中一片 PCB 上的金手指插进另一片 PCB 上合适的插槽上（一般称为扩充槽）。在计算机中，如显示卡、声卡或其他类似的界面卡，都是靠金手指来与主机板连接的。边接头如

图 5-7 所示。

图 5-6　ZIF 插座

图 5-7　边接头

5.4　PCB 板层

1．PCB 分类

1）单面板（Single-Sided Boards）

在最基本的 PCB 上，元器件集中在其中一面，导线则集中在另一面上。因为导线只出现在其中一面，所以这种 PCB 称为单面板。因为单面板在设计线路上有许多严格的限制（因为只有一面，布线间不能交叉，而必须绕独自的路径），所以只有早期的电路才使用这类板子。

2）双面板（Double-Sided Boards）

双面板的两面都有布线。不过要用上两面的导线，必须要在两面间有适当的电路连接才行。这种电路间的"桥梁"称为导孔。导孔是在 PCB 上充满或涂上金属的小洞，它可以与两面的导线相连接。因为双面板的面积比单面板大了一倍，而且布线可以互相交错（可以绕到另一面），它更适合用在比单面板更复杂的电路上。双面板如图 5-8 所示。

3）多层板（Multi-Layer Boards）

为了增加可以布线的面积，多层板用上了更多单或双面的布线板。多层板使用数片双面板，并在每层板间放进一层绝缘层后黏牢（压合）。板子的层数就代表了有几层独立的布线层，通常层数都是偶数，并且包含最外侧的两层。大部分的主机板都是 4～8 层的结构，不过技术上可以做到近 100 层的 PCB。大型的超级计算机大多使用相当多层的主机板，不过因为这类计算机已经可以用许多普通计算机的集群代替，超多层板已经渐渐不被使用了。因为 PCB 中的各层都紧密地结合，一般不太容易看出实际数目。

导孔如果应用在双面板上，那么一定都是打穿整个板子。不过在多层板当中，如果只想连接其中一些线路，那么导孔可能会浪费一些其他层的线路空间。埋孔（Buried Vias）和盲孔（Blind Vias）技术可以避免这个问题，因为它们只穿透其中几层。盲孔是将几层内部 PCB 与表面 PCB 连接，不须穿透整个板子。埋孔则只连接内部的 PCB，所以光从表面是看不出来的。

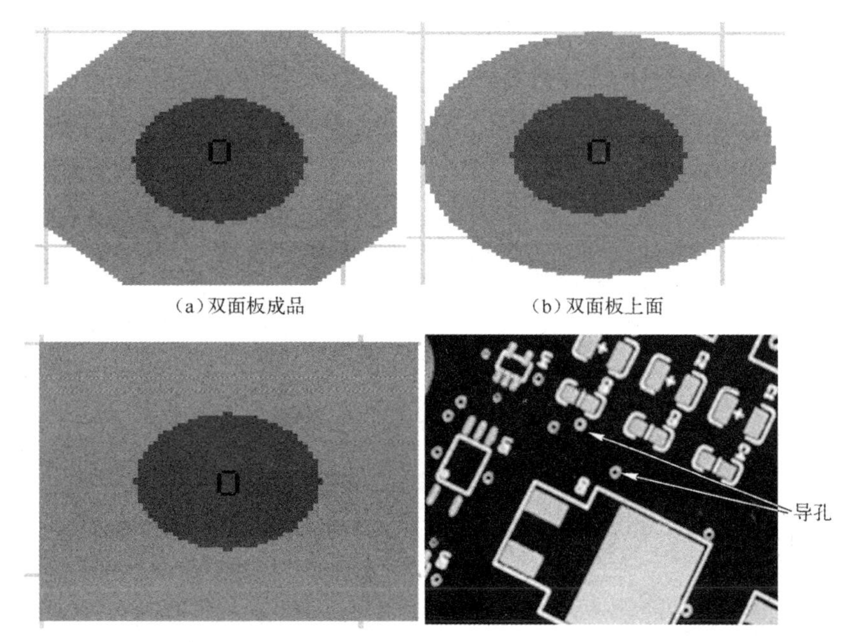

（a）双面板成品　　（b）双面板上面

（c）双面板下面　　（d）双面板上的导孔

图 5-8　双面板

在多层板中，整层都直接连接上地线与电源。所以我们将各层分类为信号层（Signal）、电源层（Power）或地线层（Ground）。如果 PCB 上的零件需要不同的电源供应，通常这类 PCB 会有两层以上的电源与电线层。

2. Altium Designer 中的板层管理

PCB 板层结构的相关设置及调整，是通过如图 5-9 所示的【Layer Stack Manager】对话框来完成的。

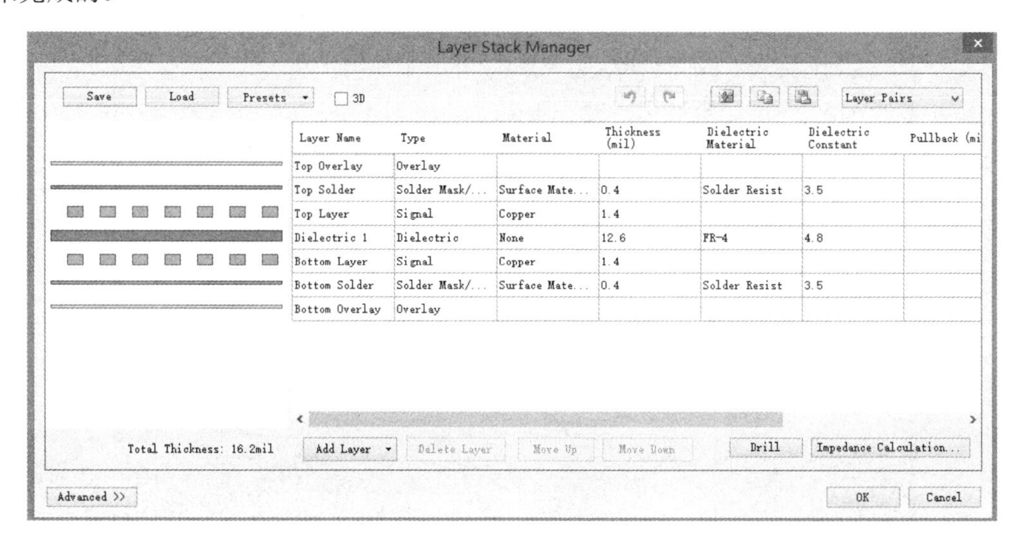

图 5-9　【Layer Stack Manager】对话框

打开【Layer Stack Manager】对话框可以采用以下两种方式。

（1）执行菜单命令【设计】→【层叠管理】，如图 5-10 所示。

（2）在编辑窗口内右击，在弹出的菜单中执行菜单命令【选项】→【层叠管理】。

【Layer Stack Manager】对话框包括以下内容。

☺【Presets】下拉菜单：单击【Presets】下拉按钮，会显示出系统所提供的若干种具有不同结构的电路板层样式。【Presets】下拉菜单如图 5-11 所示，用户可以选择使用，而无须重新进行设置。

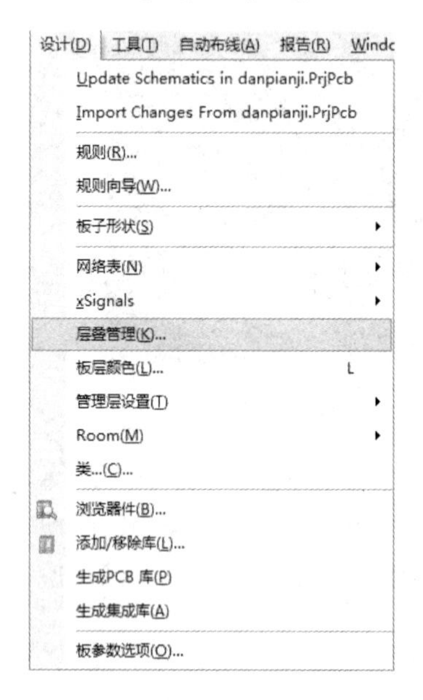

图 5-10　执行菜单命令【设计】→【层叠管理】

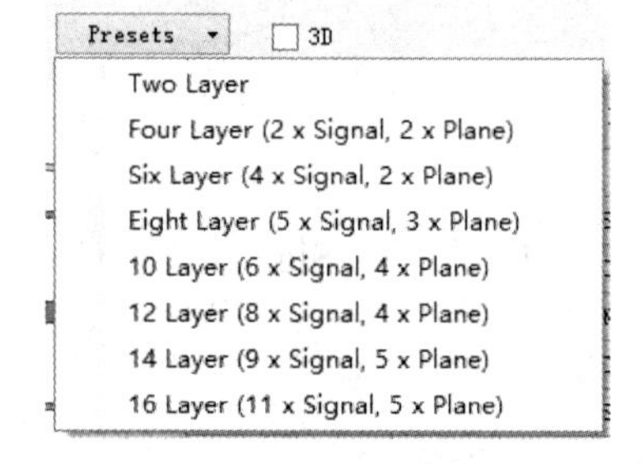

图 5-11　【Presets】下拉菜单

✧ Two Layer：双层板，如图 5-12 所示。

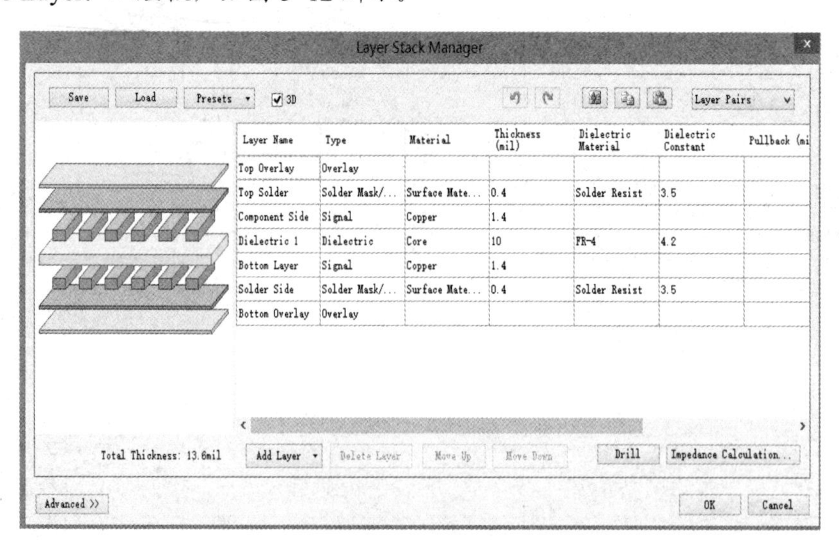

图 5-12　双层板

✧ Four Layer（2×Signal，2×Plane）：四层板，如图 5-13 所示，包括两个信号层、两个内层电源/接地层。

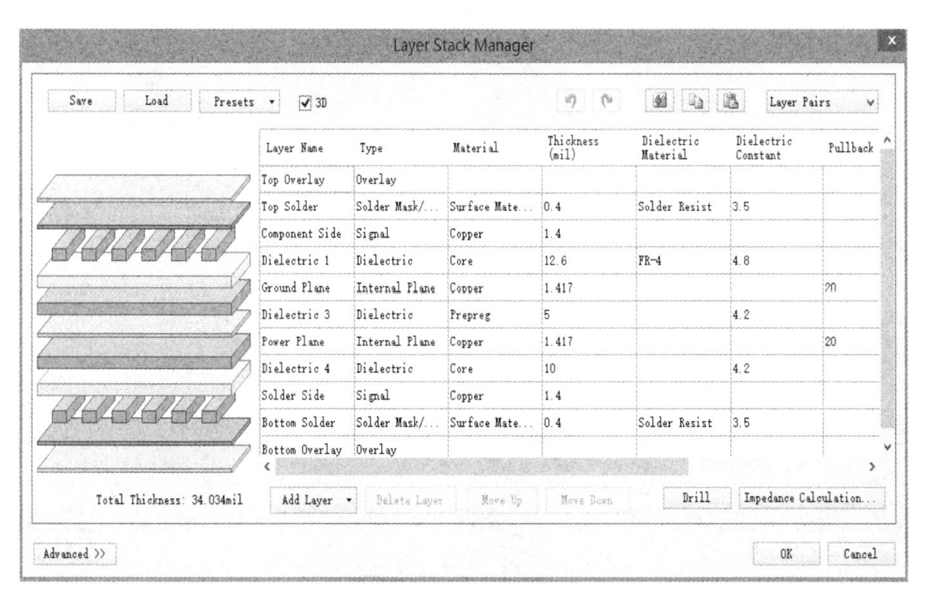

图 5-13　四层板

✧ Six Layer（4×Signal，2×Plane）：六层板，如图 5-14 所示，包括 4 个信号层、两个内层电源/接地层。

该下拉菜单中还有几种层堆的举例，这里就不做介绍了。

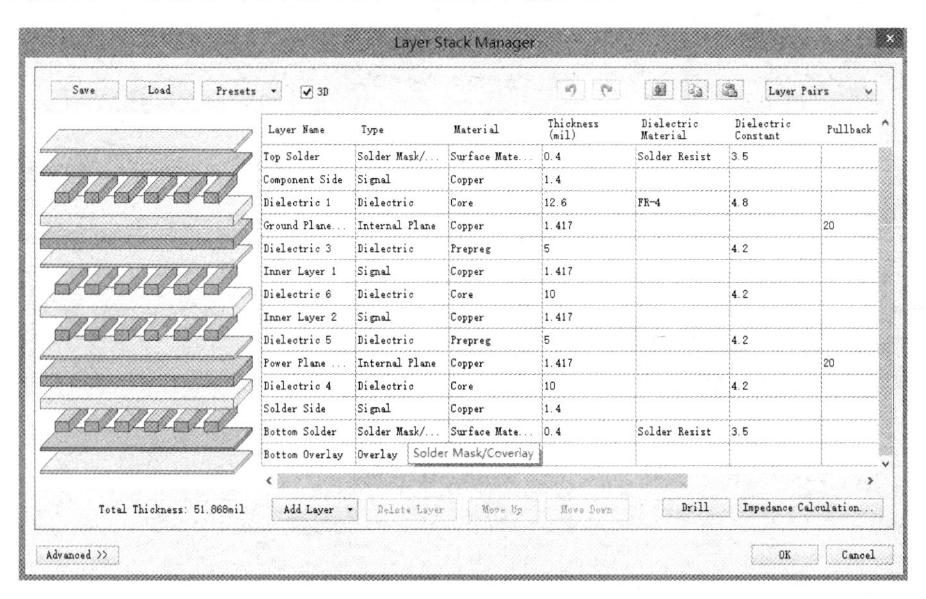

图 5-14　六层板

☺ 添加信号层：单击【Add Layer】下拉按钮，选择“Add layer”，可以在选中的某层下方添加一层信号层，若选中底层，则在其上方添加。添加信号层如图 5-15 所示。

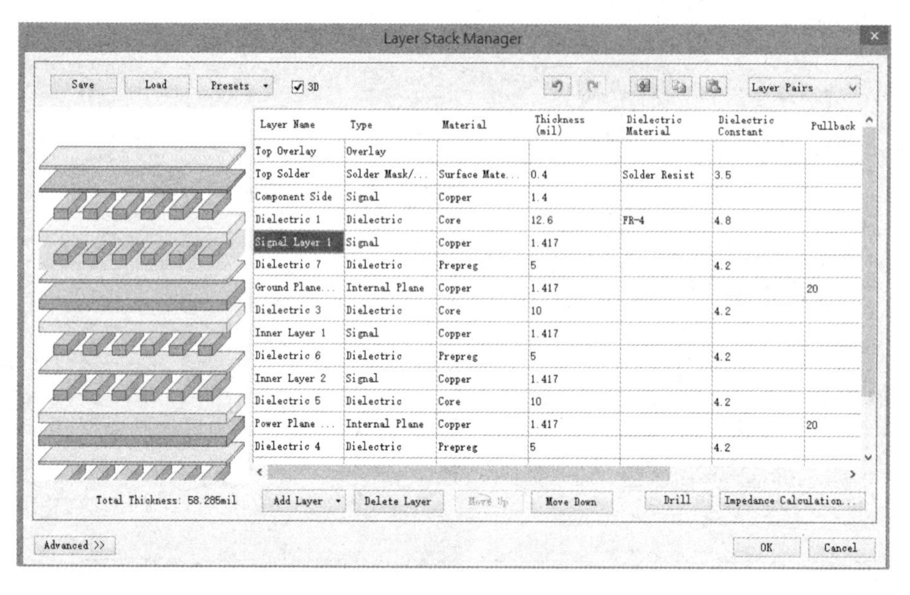

图 5-15　添加信号层

☺ 添加平面：单击【Add layer】下拉按钮，选择“Add internal Plane”，可以在 PCB 中添加一层内电层，与添加信号层的操作一样。添加内电层如图 5-16 所示。

☺【Move Up】：单击该按钮，可将选中的工作层上移一层。

☺【Move Down】：单击该按钮，可将选中的工作层下移一层。

☺【Delete Layer】：单击该按钮，可删除选中的工作层。

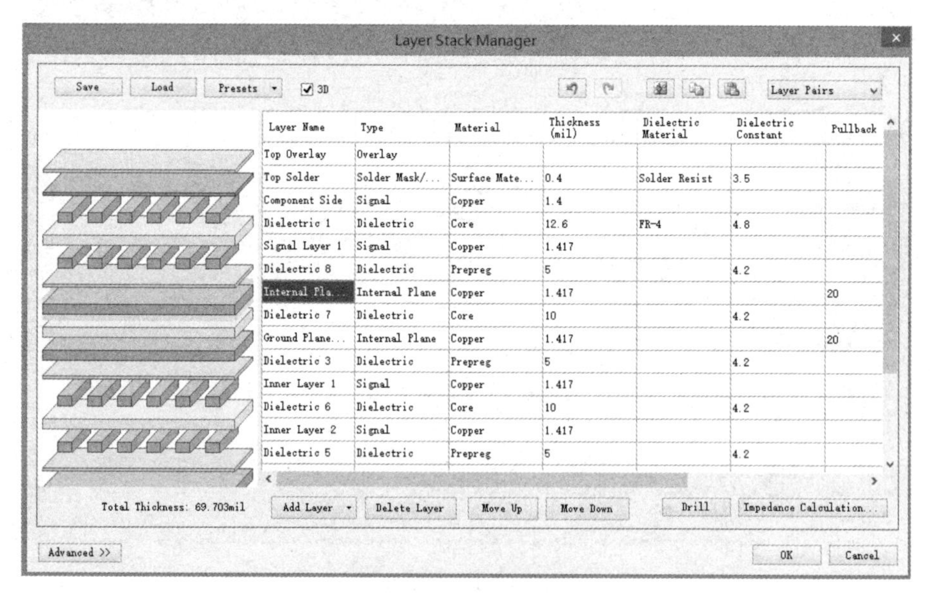

图 5-16　添加内电层

☺【Drill】：单击该按钮，则进入【钻孔对管理器】对话框，如图 5-17 所示。

☺【Impedance Calculation】：单击该按钮，则进入【阻抗公式编辑器】对话框，如图 5-18 所示。可以根据导线的宽度、高度、距离电源层的距离等参数来计算 PCB 的阻抗。

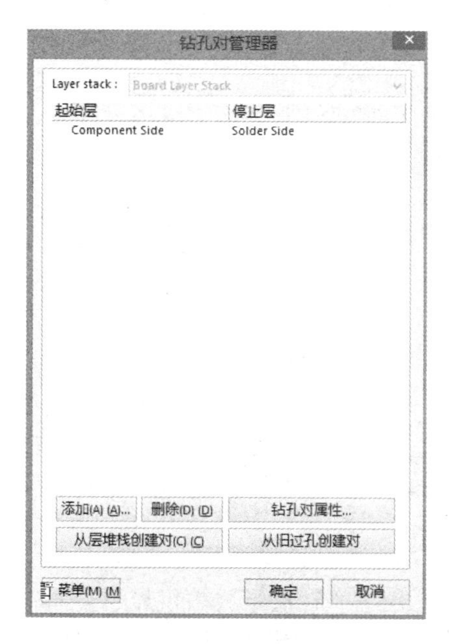

图 5-17 【钻孔对管理器】对话框

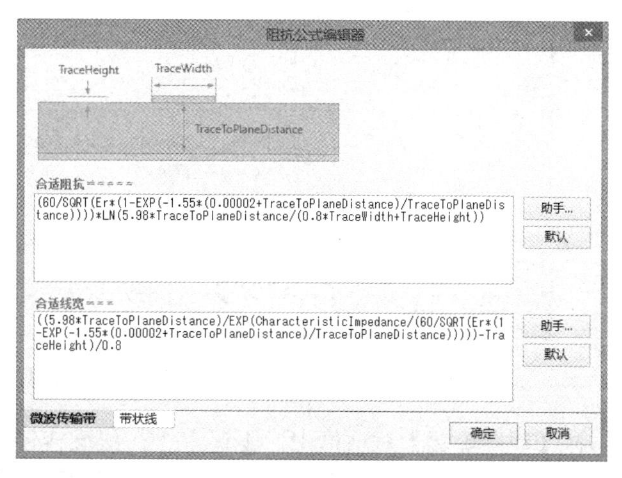

图 5-18 【阻抗公式编辑器】对话框

单击【Advanced】按钮，可打开板层堆栈设置，单击【Add Stack】按钮，如图 5-19 所示，可增加堆栈数。

进行了有关设置后，单击【Layer Stack Manager】对话框中的【OK】按钮加以保存。

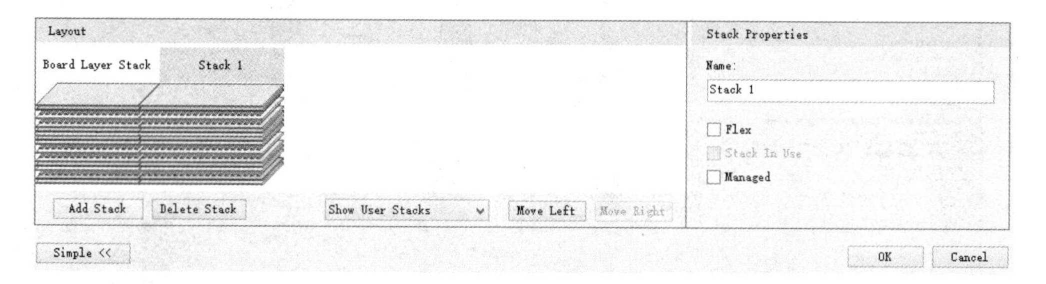

图 5-19 单击【Add Stack】按钮

5.5 Altium Designer 中的分层设置

Altium Designer 为用户提供了多个工作层，板层标签用于切换 PCB 工作的层面，所选中的板层颜色将显示在最前端。在 PCB 编辑环境中，单击菜单命令【设计】→【板层颜色】，可打开【视图配置】对话框，如图 5-20 所示。

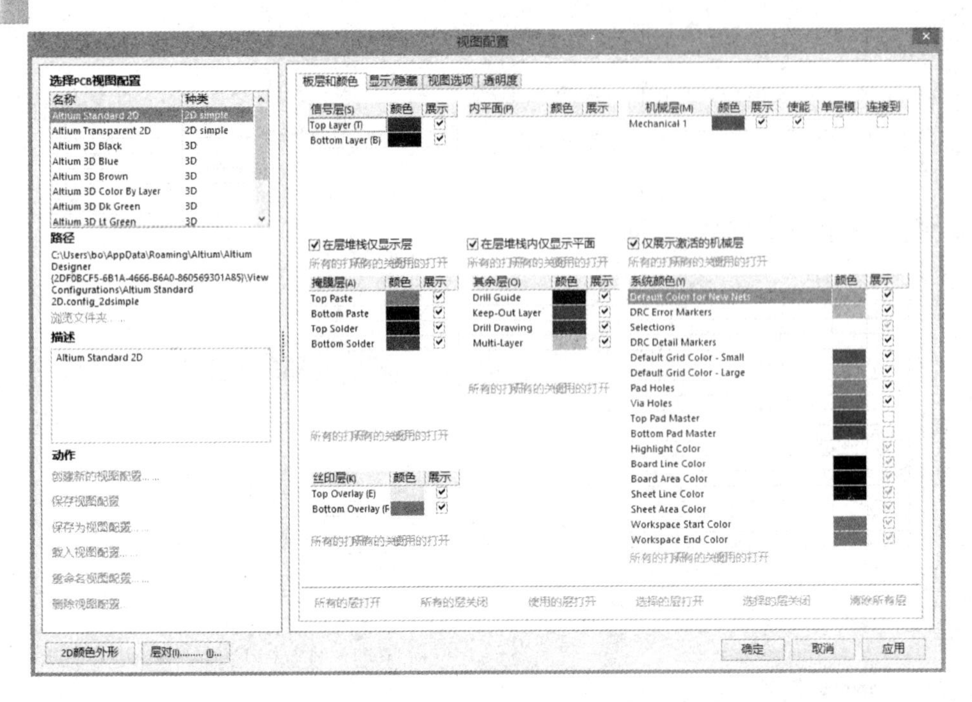

图 5-20 【视图配置】对话框

在【视图配置】对话框中，不选中“在层堆栈仅显示层”、“在层堆栈内仅显示平面”和“仅展示激活的机械层”复选框，即可看见所有的层，修改后的【视图配置】对话框如图 5-21 所示。

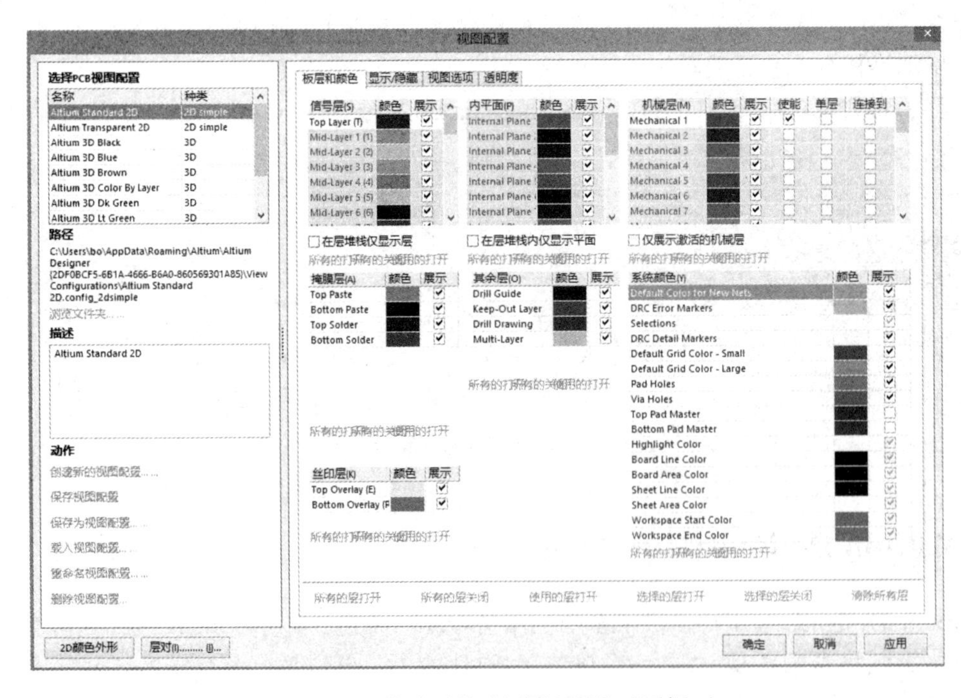

图 5-21 修改后的【视图配置】对话框

Altium Designer 提供的工作层主要有以下几种。

1. 信号层

Altium Designer 提供了 32 个信号层，分别为 Top layer（顶层）、Mid-Layer1（中间层 1）、Mid-Layer2（中间层 2）……Mid-Layer30（中间层 30）和 Bottom layer（底层）。信号层主要用于放置元器件（顶层和底层）和布线。

2. 内平面

Altium Designer 提供了 16 个内平面层，分别为 Internal Plane1（内平面层 1）、Internal Plane2（内平面层 2）……Internal Plane16（内平面层 16）。内平面层主要用于布置电源线和地线网络。

3. 机械层

Altium Designer 提供了 16 个机械层，分别为 Mechanical1（机械层 1）、Mechanical2（机械层 2）……Mechanical16（机械层 16）。机械层一般用于放置有关制板和装配方法的指示性信息，如电路板轮廓、尺寸标记、数据资料、过孔信息、装配说明等信息。制作 PCB 时，系统默认的机械层为机械层 1。

4. 掩膜层

Altium Designer 提供了 4 个掩膜层，分别为 Top Paste（顶层锡膏防护层）、Bottom Paste（底层锡膏防护层）、Top Solder（顶层阻焊层）和 Bottom Solder（底层阻焊层）。

5. 丝印层

Altium Designer 提供了两个丝印层，分别为 Top Overlay（顶层丝印层）和 Bottom Overlay（底层丝印层）。丝印层主要用于绘制元器件的外形轮廓、放置元器件的编号、注释字符或其他文本信息。

6. 其余层

☺ Drill Guide（钻孔说明）和 Drill Drawing（钻孔视图）：用于绘制钻孔图和钻孔的位置。

☺ Keep-Out Layer（禁止布线层）：用于定义元器件布线的区域。

☺ Multi-layer（多层）：焊盘与过孔都要设置在多层上，如果关闭此层，焊盘与过孔就无法显示出来。

5.6 元器件封装技术

1. 元器件封装的具体形式

元器件封装分为插入式封装和表贴式封装。其中，将零件安置在板子的一面，并将引脚焊在另一面上，这种技术称为插入式（Through Hole Technology，THT）封装；而引脚是焊在与零件同一面，不用为每个引脚的焊接而在 PCB 上钻洞，这种技术称为表贴式（Surface Mounted Technology，SMT）封装。使用 THT 封装的元器件要占用大量的空间，并且要为每只引脚钻一个洞，因此它们的引脚实际上占掉两面的空间，而且焊点也比较大；SMT 元器件比 THT 元器件要小，因此使用 SMT 技术的 PCB 上的零件要密集很多；SMT 封装元器件也比 THT 元器件要便宜，所以现今的 PCB 上大部分都是 SMT 元器件。但 THT 元器件和 SMT 元器件相比，其与 PCB 连接的构造更好些。

元器件封装的具体形式如下。

1）SOP/SOIC 封装

小外形封装（Small Outline Package，SOP）技术由菲利浦公司开发成功，以后逐渐派生出 SOJ（J 型引脚小外形封装）、TSOP（薄小外形封装）、VSOP（甚小外形封装）、SSOP（缩小型 SOP）、TSSOP（薄的缩小型 SOP）及 SOT（小外形晶体管）、SOIC（小外形集成电路）等。SOJ-14 封装如图 5-22 所示。

2）DIP 封装

双列直插式封装（Double In-line Package，DIP）属于插装式封装，引脚从封装两侧引出，封装材料有塑料和陶瓷两种。DIP 是最普及的插装型封装，应用范围包括标准逻辑 IC、存储器 LSI 及微机电路。DIP-14 封装如图 5-23 所示。

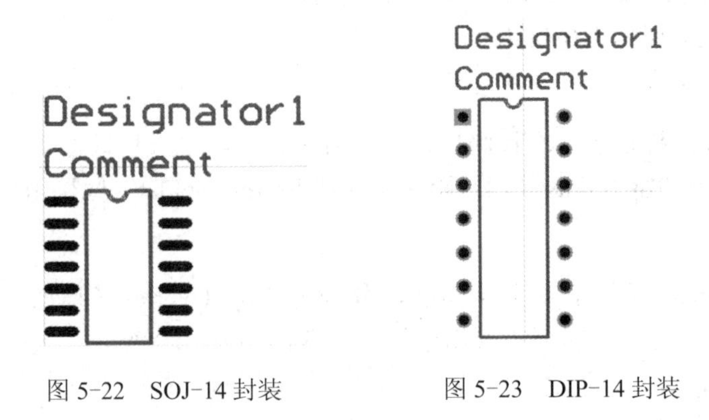

图 5-22　SOJ-14 封装　　图 5-23　DIP-14 封装

3）PLCC 封装

塑封 J 引线封装（Plastic Leaded Chip Carrier，PLCC）方式的外形呈正方形，四周都有引脚，其外形尺寸比 DIP 封装小得多。PLCC 封装适合用 SMT 表面安装技术在 PCB 上安装布线，具有外形尺寸小、可靠性高的优点。PLCC-20 封装如图 5-24 所示。

4）TQFP 封装

薄塑封四角扁平封装（Thin Quad Flat Package，TQFP）工艺能有效利用空间，从而降低 PCB 空间大小的要求。由于缩小了高度和体积，这种封装工艺非常适合对空间要求较高的应用，如 PCMCIA 卡和网络元器件。

5）PQFP 封装

塑封四角扁平封装（Plastic Quad Flat Package，PQFP）的芯片引脚之间距离很小，引脚很细，一般大规模或超大规模集成电路采用这种封装形式。PQFP84（N）封装如图 5-25 所示。

6）TSOP 封装

薄型小尺寸封装（Thin Small Outline Package，TSIP）技术的一个典型特征就是在封装芯片的周围做出引脚，TSOP 适合用 SMT 技术在 PCB 上安装布线，适合高频应用场合，操作比较方便，可靠性也比较高。TSOP8×14 封装如图 5-26 所示。

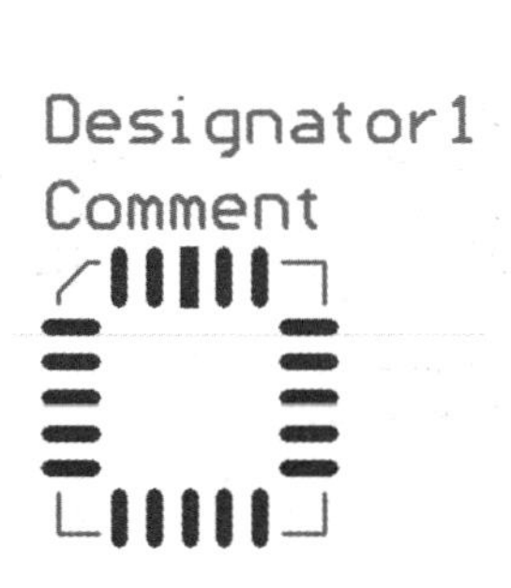

图 5-24　PLCC-20 封装

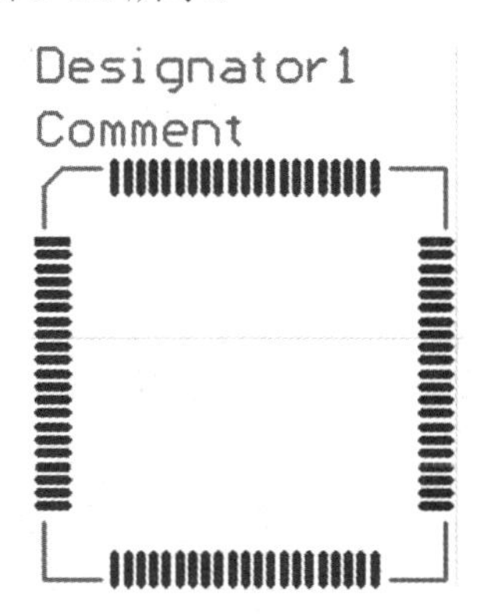

图 5-25　PQFP84（N）封装

7）BGA 封装

球栅阵列封装（Ball Grid Array Package，BGA）的 I/O 端子以圆形或柱状焊点按阵列形式分布在封装下面，BGA 技术的优点是：I/O 引脚数虽然增加了，但引脚间距并没有减小，反而增加了，从而提高了组装成品率；虽然它的功耗增加，但 BGA 能用可控塌陷芯片法焊接，从而可以改善它的电热性能；厚度和质量都较以前的封装技术有所减少；寄生参数减小，信号传输延迟小，使用频率大大提高；组装可用共面焊接，可靠性高。BGA10-25-1.5 封装如图 5-27 所示。

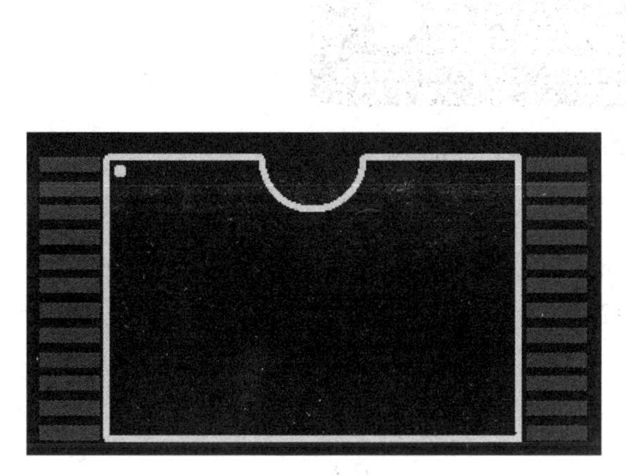

图 5-26　TSOP8×14 封装

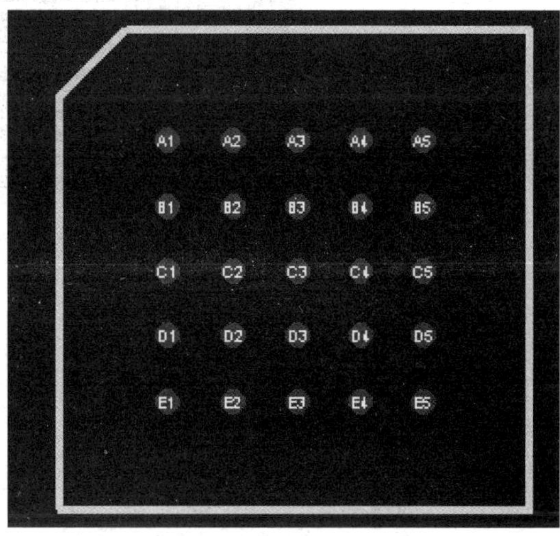

图 5-27　BGA10-25-1.5 封装

2. Altium Designer 中的元器件及封装

Altium Designer 中提供了许多元器件模型及其封装形式，如电阻、电容、二极管、三极管等。

1）电阻

电阻是电路中最常用的元器件。电阻实物如图 5-28 所示。

Altium Designer 中的电阻标识为 Res1、Res2、Res semi 等，其封装属性为 AXIAL 系列。而 AXIAL 的中文意义就是轴状的。Altium Designer 中的电阻如图 5-29 所示。

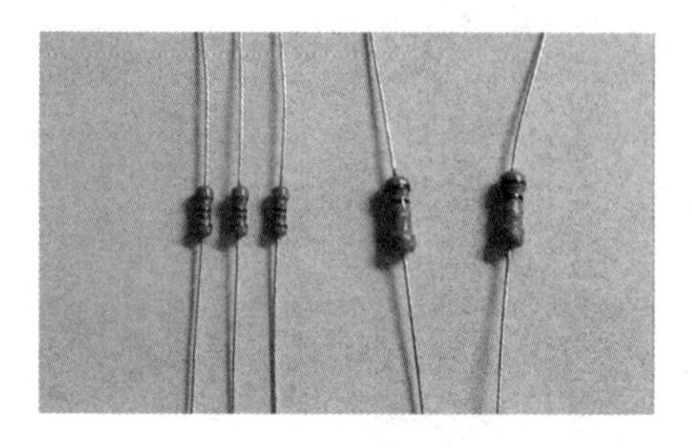

图 5-28　电阻实物

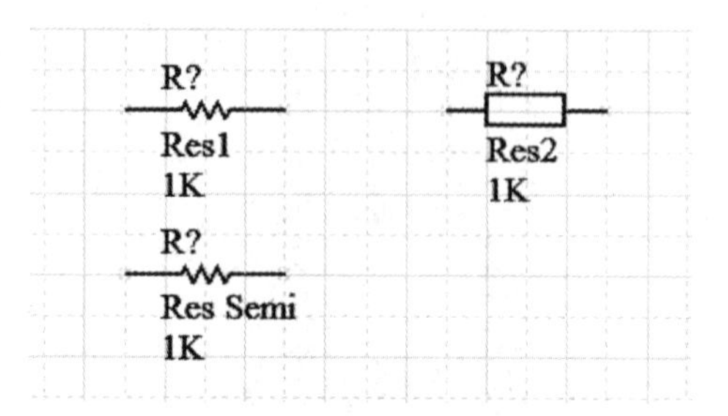

图 5-29　Altium Designer 中的电阻

Altium Designer 中的 AXIAL 系列电阻封装如图 5-30 所示。

图 5-30 中的电阻封装为 AXIAL0.3、AXIAL0.4 及 AXIAL0.5，其中 0.3 是指该电阻在 PCB 上焊盘间距为 300mil，0.4 是指该电阻在 PCB 上焊盘间距为 400mil，依次类推。

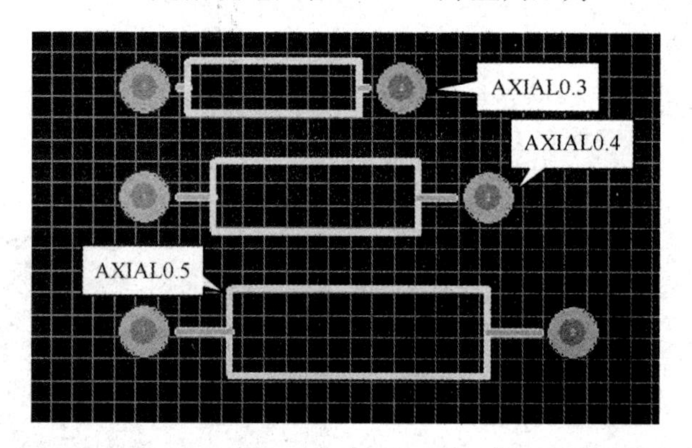

图 5-30　Altium Designer 中的 AXIAL 系列电阻封装

2）电位器

电位器实物如图 5-31 所示。Altium Designer 中的电阻标识为 RPOT 等，其封装属性为 VR 系列。Altium Designer 中的电位器如图 5-32 所示。

图 5-31　电位器实物

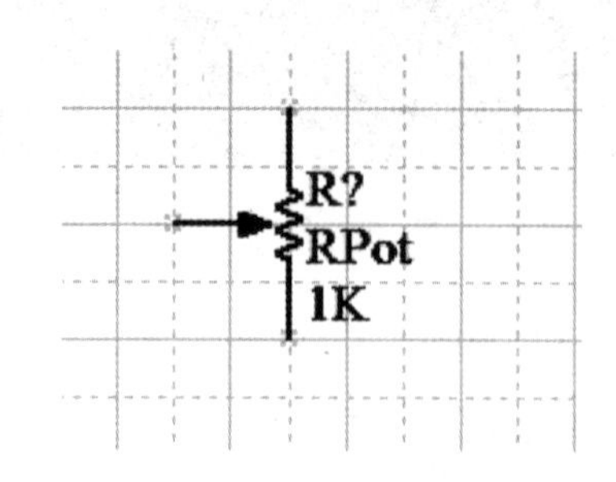

图 5-32　Altium Designer 中的电位器

Altium Designer 中的 VR 系列电位器封装如图 5-33 所示。

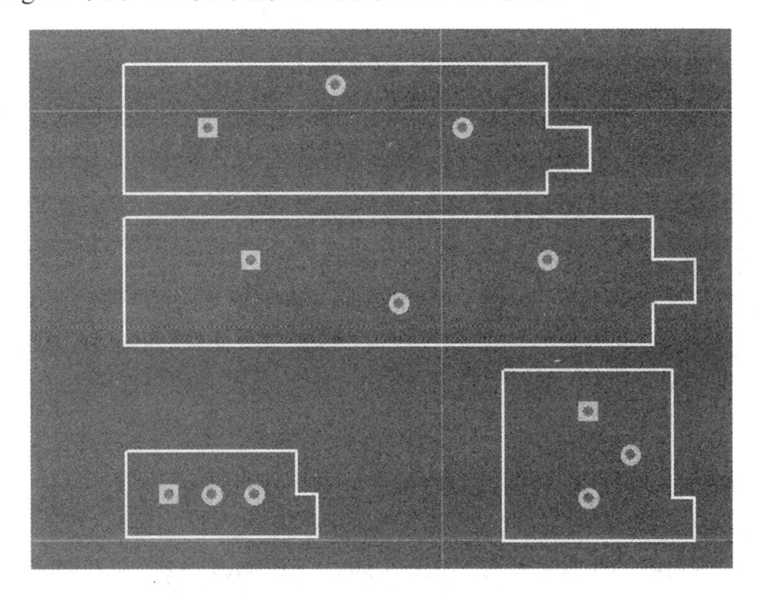

图 5-33　Altium Designer 中的 VR 系列电位器封装

3）电容（无极性电容）

电路中的无极性电容实物如图 5-34 所示。Altium Designer 中的无极性电容标识为 CAP 等，其封装属性为 RAD 系列。Altium Designer 中的无极性电容如图 5-35 所示。

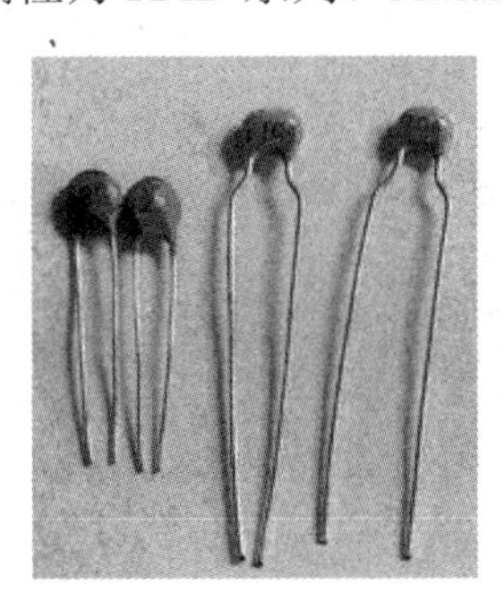

图 5-34　电路中的无极性电容实物

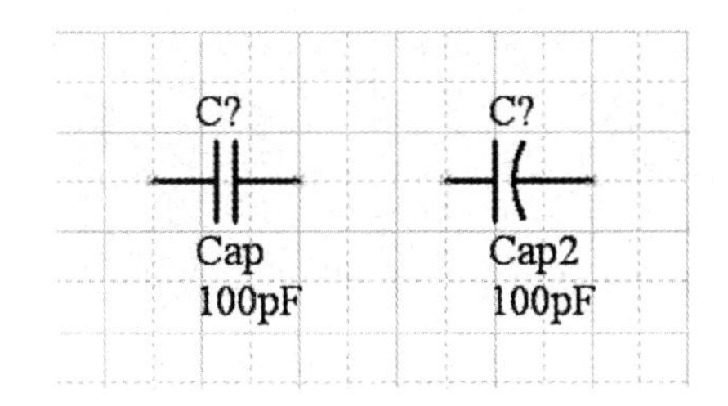

图 5-35　Altium Designer 中的无极性电容

Altium Designer 中的 RAD 系列无极性电容封装如图 5-36 所示。

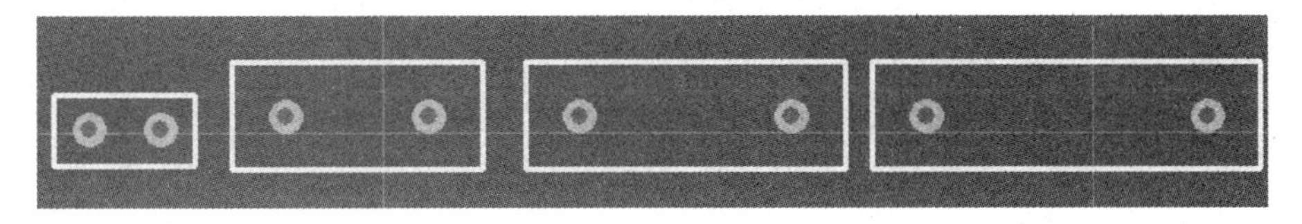

图 5-36　Altium Designer 中的 RAD 系列无极性电容封装

图 5-36 中的无极性电容封装自左向右依次为 RAD0.1、RAD0.2、RAD0.3、RAD0.4。其中，0.1 是指该电阻在 PCB 上焊盘间距为 100mil，0.2 是指该电阻在 PCB 上焊盘间距为

200mil，依次类推。

4）极性电容

电路中的极性电容，如电解电容，其实物如图 5-37 所示。Altium Designer 中的电解电容标识为 Cap Pol，其封装属性为 RB 系列。Altium Designer 中的电解电容如图 5-38 所示。

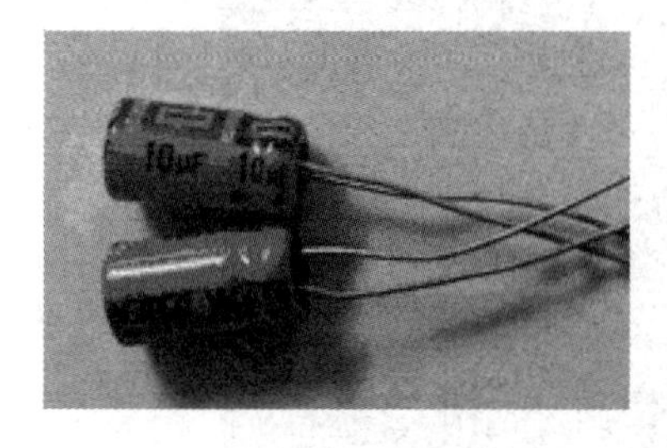

图 5-37 电解电容实物

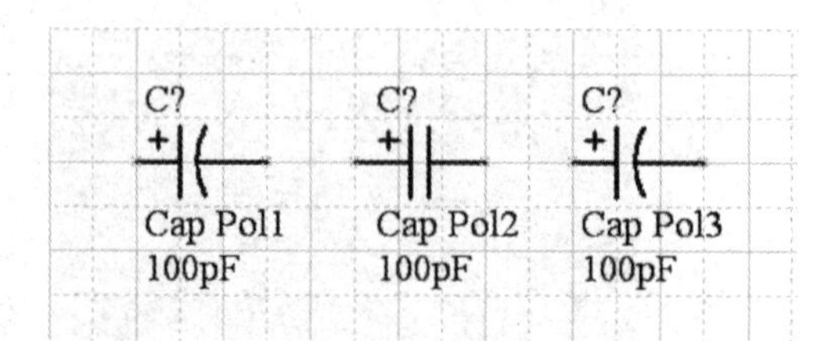

图 5-38 Altium Designer 中的电解电容

Altium Designer 中的 RB 系列电解电容封装如图 5-39 所示。

图 5-39 中的电解电容封装从左到右分别为 RB5-10.5、RB7.6-15。其中，RB5-10.5 中的 5 表示焊盘间距为 5mm，10.5 表示电容圆筒的外径为 10.5mm，RB7.6-15 的含义同上。

5）二极管

二极管的种类比较多，其中常用的有整流二极管 1N4001 和开关二极管 1N4148。二极管实物如图 5-40 所示。

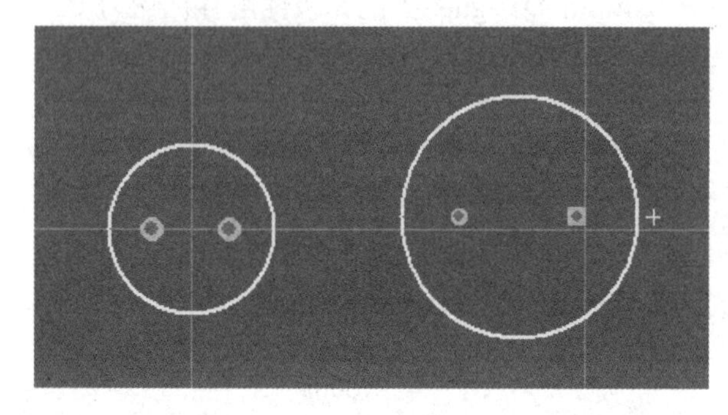

图 5-39 Altium Designer 中的 RB 系列电解电容封装

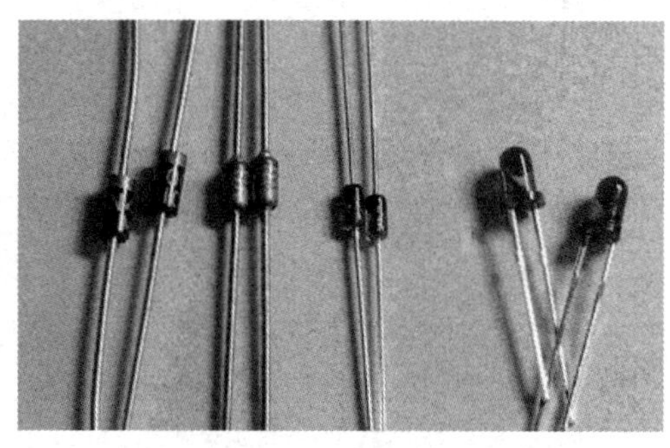

图 5-40 二极管实物

Alitum Designer 中的二极管标识为 DIODE（普通二极管）、D Schottky（肖特基二极管）、D Tunnel（隧道二极管）、D Varactor（变容二极管）及 DIODE Zener（稳压二极管），其封装属性为 DIODE 系列。Altium Designer 中的二极管如图 5-41 所示。

Altium Designer 中的 DIODE 系列二极管封装如图 5-42 所示。

图 5-42 中的二极管封装从左到右依次为 DIODE-0.4、DIODE-0.7。其中，DIODE-0.4 中的 0.4 表示焊盘间距为 400mil；DIODE-0.7 中的 0.7 表示焊盘间距为 700mil。后缀数字越大，表示二极管的功率越大。

对于发光二极管，Altium Designer 中的标识为 LED。Alitum Designer 中的 LED 如图 5-43 所示。

Atlium Designer 中的 LED 封装如图 5-44 所示。

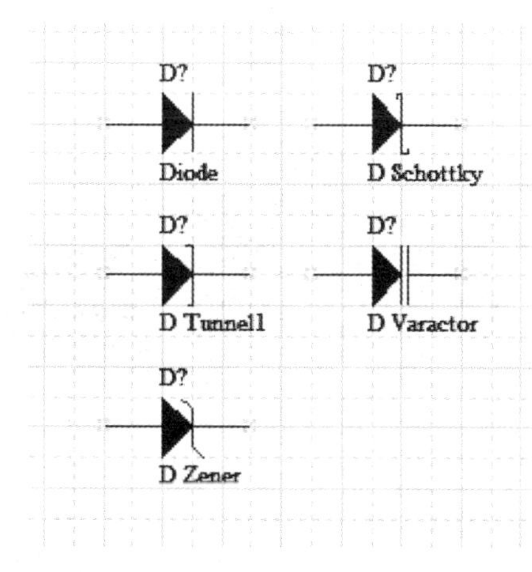

图 5-41 Alitum Designer 中的二极管

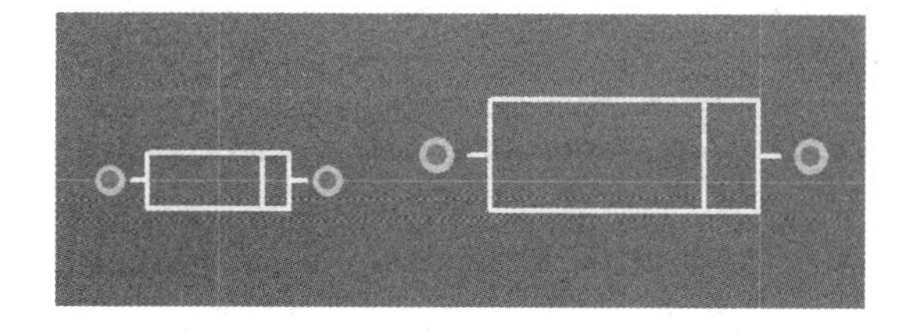

图 5-42 Alitum Designer 中的 DIODE 系列二极管封装

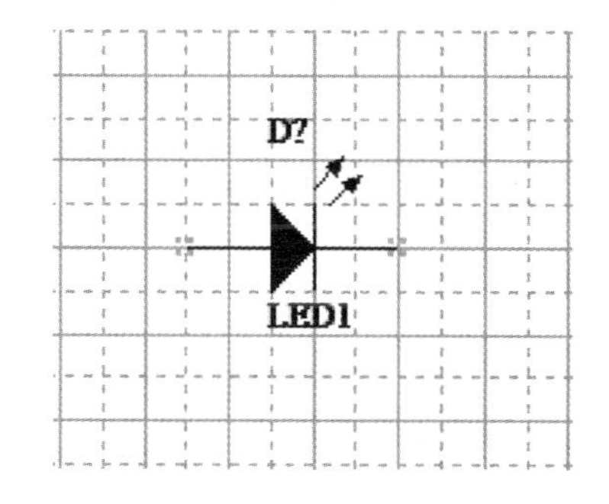

图 5-43 Altium Designer 中的 LED

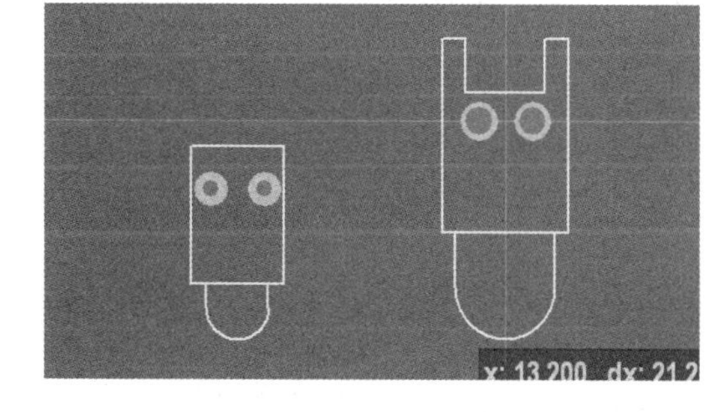

图 5-44 Altium Designer 中的 LED 封装

图 5-44 中的 LED 封装从左到右依次为 LED-1、LED-0。

6）三极管

三极管分为 PNP 型和 NPN 型，三极管的 3 个引脚分别为 E、B 和 C。三极管实物如图 5-45 所示。Altium Designer 中的三极管标识为 NPN、PNP，其封装属性为 TO 系列。Altium Designer 中的三极管如图 5-46 所示。

图 5-45 三极管实物

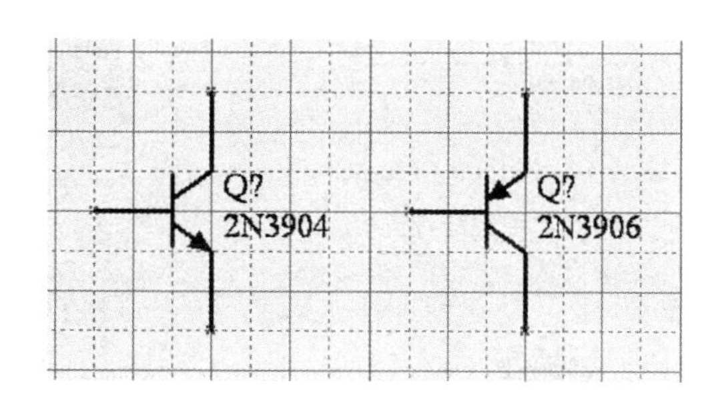

图 5-46 Altium Designer 中的三极管

Altium Designer 中的 TO 系列三极管封装如图 5-47 所示。

7）集成电路 IC

常用的集成电路 IC 实物如图 5-48 所示。

图 5-47　Altium Designer 中的 TO 系列三极管封装

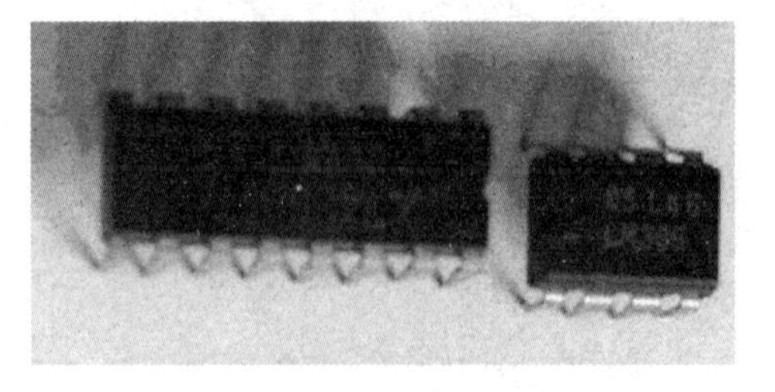

图 5-48　常用的集成电路 IC 实物

集成电路 IC 有双列直插（DIP）封装形式，也有单排直插（SIP）封装形式。Altium Designer 中的常用集成电路如图 5-49 所示。

Altium Designer 中的 DIP、SIP 系列集成电路 IC 封装如图 5-50 所示。

19 XTAL1　P0.0/AD0 39
P0.1/AD1 38
P0.2/AD2 37
18 XTAL2　P0.3/AD3 36
P0.4/AD4 35
P0.5/AD5 34
P0.6/AD6 33
9 RST　P0.7/AD7 32
P2.0/A8 21
P2.1/A9 22
29 PSEN　P2.2/A10 23
30 ALE/PROG　P2.3/A11 24
31 EA　P2.4/A12 25
P2.5/A13 26
P2.6/A14 27
P2.7/A15 28
1 P1.0/T2　P3.0/RXD 10
2 P1.1/T2EX　P3.1/TXD 11
3 P1.2　P3.2/INT0 12
4 P1.3　P3.3/INT1 13
5 P1.4　P3.4/T0 14
6 P1.5/MOSI　P3.5/T1 15
7 P1.6/MISO　P3.6/WR 16
8 P1.7/SCK　P3.7/RD 17
AT89S52

图 5-49　Atlium Designer 中的常用集成电路

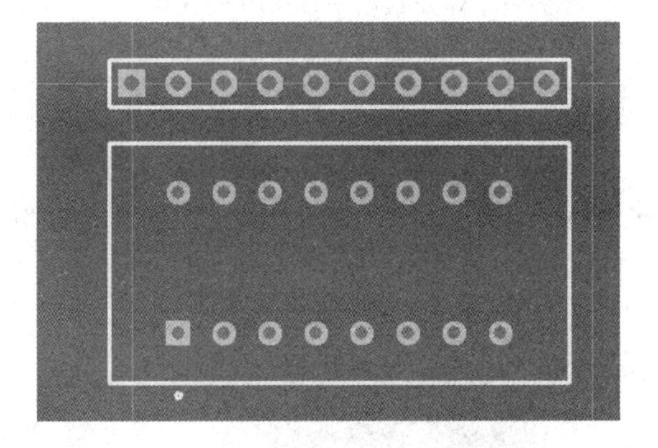

图 5-50　Atlium Designer 中的 DIP、SIP 系列集成电路 IC 封装

从图 5-50 中可以看到，在上方的是 SIP 封装形式，下方的就是 DIP 封装形式。

8）单排多针插座

单排多针插座实物如图 5-51 所示。Altium Designer 中的单排多针插座标识为 Header。Altium Designer 中的单排多针插座如图 5-52 所示。

Header 后的数字表示单排插座的针数，如 Header12，即为 12 个引脚单排插座。

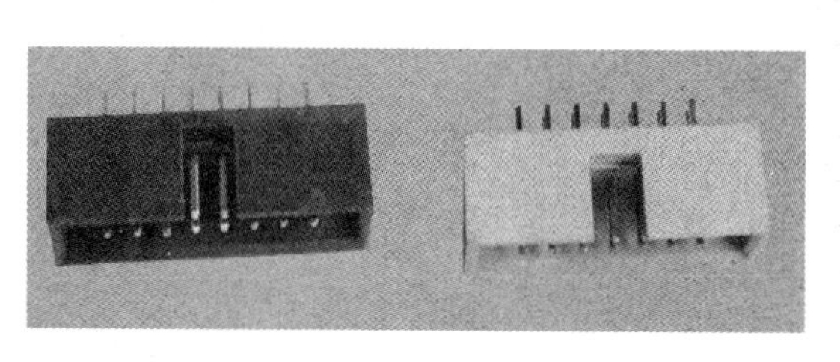

图 5-51　单排多针插座实物

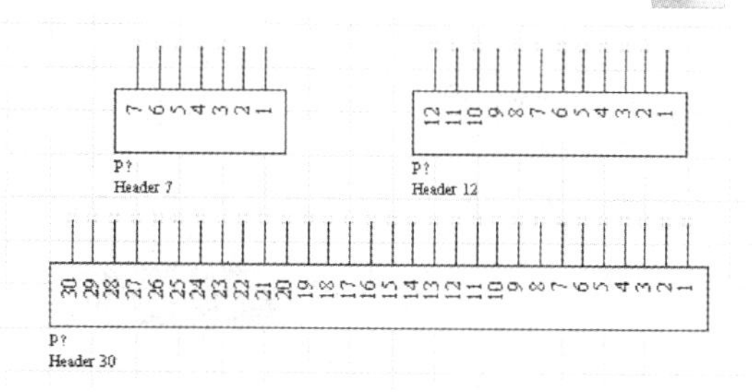

图 5-52　Altium Designer 中的单排多针插座

Altium Designer 中的 SIP 系列单排多针插座封装如图 5-53 所示。

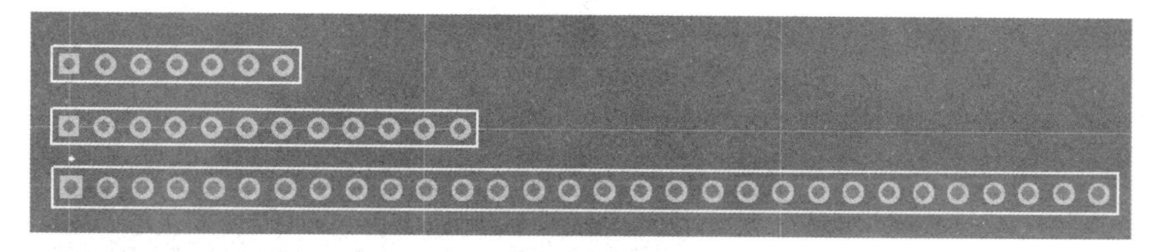

图 5-53　Altium Designer 中的 SIP 系列单排多针插座封装

9）整流桥

整流桥实物如图 5-54 所示。Altium Designer 中的整流桥标识为 Bridge。Altium Designer 中的整流桥如图 5-55 所示。

图 5-54　整流桥实物

D?
Bridge1

图 5-55　Altium Designer 中的整流桥

Altium Designer 中的 D 系列整流桥封装如图 5-56 所示。

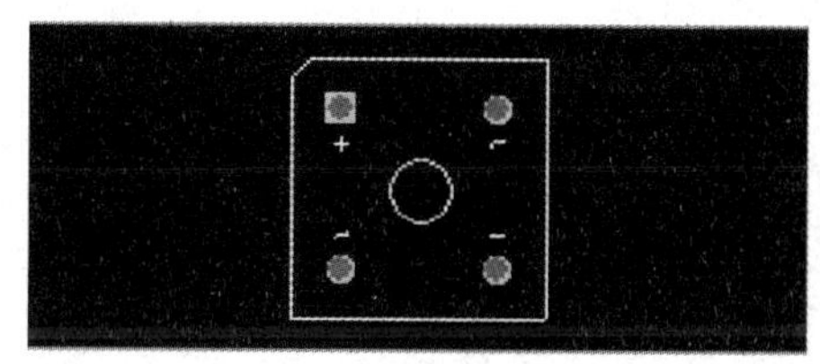

（a）D-38 整流桥封装

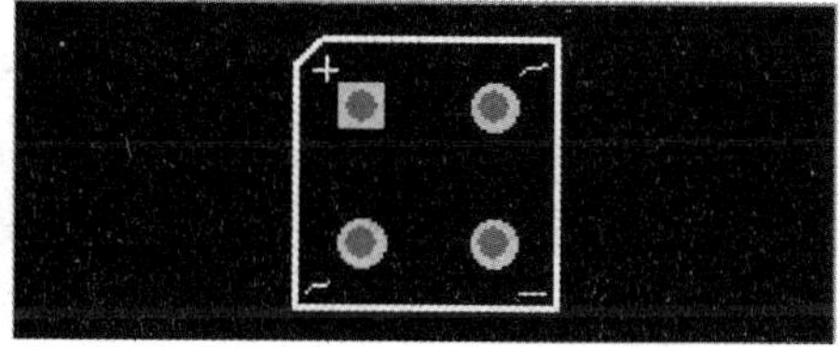

（b）D-46_6A 整流桥封装

图 5-56　Altium Designer 中的 D 系列整流桥封装

10）数码管

数码管实物如图 5-57 所示。

图 5-57　数码管实物

Altium Designer 中的数码管标识为 Dpy Amber。Altium Designer 中的数码管如图 5-58 所示。Altium Designer 中的 LEDDIP 系列数码管封装如图 5-59 所示。

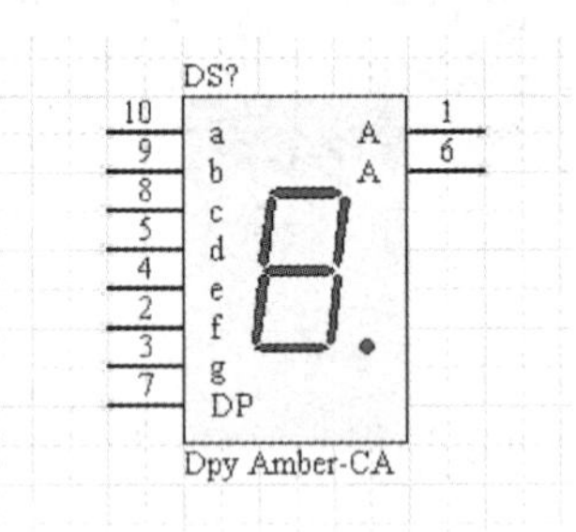

图 5-58　Altium Designer 中的数码管

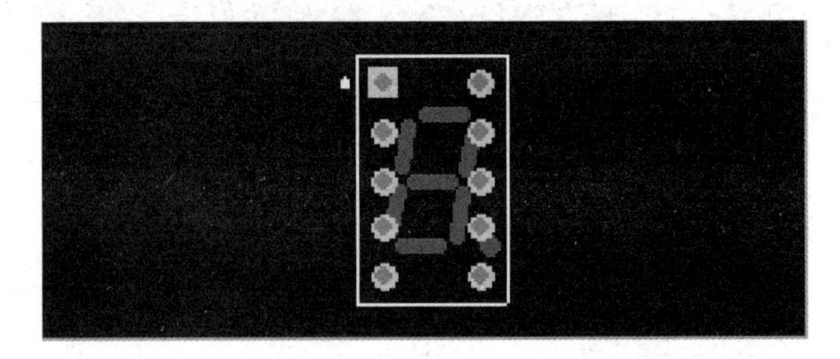

图 5-59　Altium Designer 中的 LEDDIP 系列数码管封装

3．元器件引脚间距

元器件不同，其引脚间距也不相同。但大多数引脚都是 2.54mm（100mil）的整数倍。在 PCB 设计中，必须准确测量元器件的引脚间距，因为它决定着焊盘放置间距。通常对于非标准元器件的引脚间距，用户可使用游标卡尺进行测量。

焊盘间距是根据元器件引脚间距来确定的。而元器件间距有软尺寸和硬尺寸之分。软尺寸是指基于引脚能够弯折的元器件，如电阻、电容、电感等。引脚间距为软尺寸的元器件如图 5-60 所示。

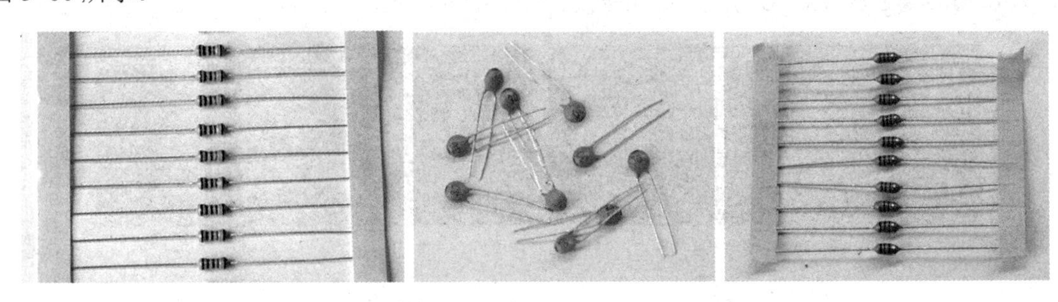

图 5-60　引脚间距为软尺寸的元器件

因引脚间距为软尺寸的元器件引脚可弯折，故设计该类元器件的焊盘间距的范围比较宽。而硬尺寸是基于引脚不能弯折的元器件，如排阻、三极管、集成电路 IC 等。引脚间距为硬尺寸的元器件如图 5-61 所示。由于其引脚不可弯折，因此其对焊盘间距要求相当准确。

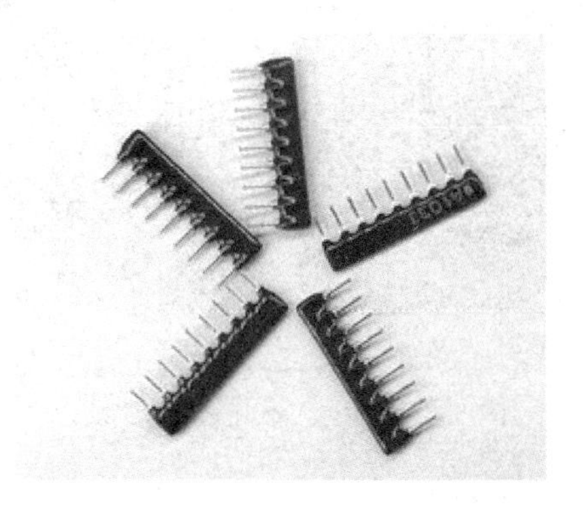

图 5-61　引脚间距为硬尺寸的元器件

5.7　PCB 形状及尺寸定义

PCB 尺寸的设置直接影响电路板成品的质量。当 PCB 尺寸过大时，必然造成印制线路长，而导致阻抗增加，致使电路的抗噪声能力下降，成本也增加；而当 PCB 尺寸过小，则导致 PCB 的散热不好，且印制线路密集，必然使临近线路易受干扰。因此 PCB 尺寸定义应引起设计者的重视。通常应根据设计的 PCB 在产品中的位置、空间的大小、形状及与其他部件的配合来确定 PCB 外形及尺寸。

1. 根据安装环境设置 PCB 形状及尺寸

当设计的 PCB 有具体的安装环境时，用户要根据实际的安装环境设置电路形状及尺寸。例如，设计并行下载电路时，并行下载电路的安装插头如图 5-62 所示。

图 5-62　并行下载电路的安装插头

并行下载电路 PCB 要根据其安装环境设置其形状及尺寸。并行下载电路 PCB 设计如图 5-63 所示。

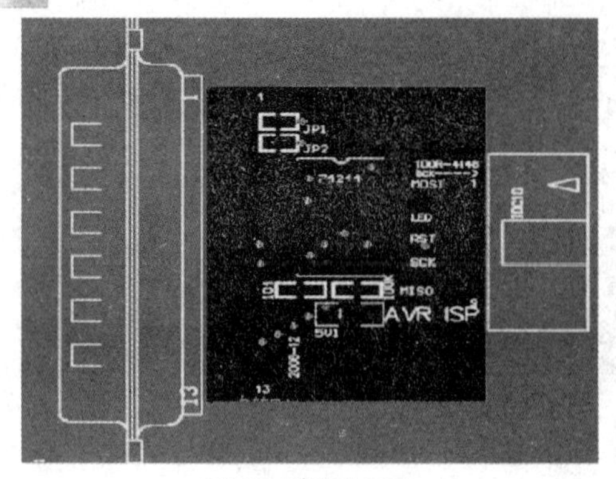

（a）并行下载电路 PCB

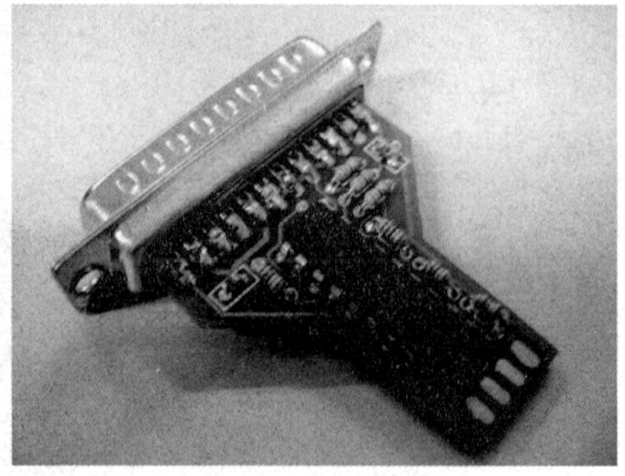

（b）并行下载电路 PCB 实物

图 5-63　并行下载电路 PCB 设计

2. 布局布线后定义 PCB 尺寸

当 PCB 尺寸及形状没有特别要求时，可在完成布局布线后，再定义板框。布局布线如图 5-64 所示，电路没有具体的板框尺寸及形状要求，因此用户可先根据电路功能进行布局布线。

布局布线后，用户可根据布线结果绘制板框，如图 5-65 所示。

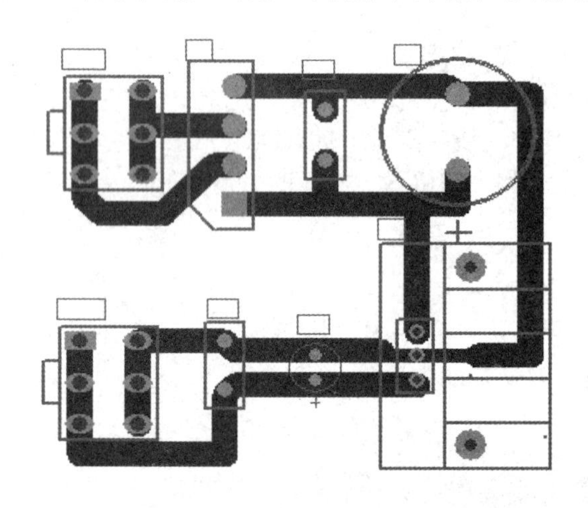

图 5-64　布局布线

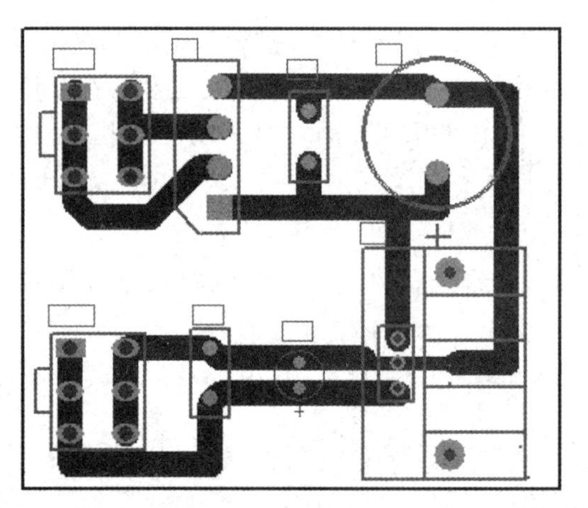

图 5-65　绘制板框

5.8 PCB 设计的一般原则

1. PCB 导线

在 PCB 设计中，用户应注意 PCB 导线的长度、宽度、间距。

1）导线长度

在 PCB 设计中，导线长度应尽量短。

2）导线宽度

PCB 导线宽度与电路电流承载值有关，一般导线越宽，承载电流的能力越强。因此在布线时，应尽量加宽电源、地线宽度，最好是地线比电源线宽，它们的关系是：地线宽度>电源线宽度>信号线宽度，通常信号线宽度为 0.2～0.3mm（8～12mil）。

在实际的 PCB 制作过程中，导线宽度应以能满足电气性能要求而又便于生产为宜，它的最小值以承受的电流大小而定，导线宽度和间距可取 0.3mm（12mil）；导线宽度在大电流的情况下还要考虑其温升问题。

在 DIP 封装的 IC 引脚间往往要通过导线，当两引脚间通过 2 根导线时，焊盘直径可设为 50mil，导线宽度与导线间距都为 10mil；当两引脚间只通过 1 根导线时，焊盘直径可设为 64mil，导线宽度与导线间距都为 12mil。

3）导线间距

相邻导线间必须满足电气安全要求，其最小间距至少要能承载直流或交流峰值电压。最小导线间距主要取决于相邻导线的峰值电压差、环境大气压力、PCB 表面的涂覆层。无外涂覆层的导线间距（海拔低于 3048m）如表 5-1 所示。

表 5-1 无外涂覆层的导线间距（海拔低于 3048m）

导线间的直流或交流峰值电压（V）	最小间距	最小间距
0～50	0.38mm	15mil
51～150	0.635mm	25mil
151～300	1.27mm	50mil
301～500	2.54mm	100mil
>500	0.005mm/V	0.2mil/V

无外涂覆层的导线间距（海拔高于 3048m）如表 5-2 所示。

表 5-2 无外涂覆层的导线间距（海拔高于 3048m）

导线间的直流或交流峰值电压（V）	最小间距	最小间距
0～50	0.635mm	25mil
51～100	1.5mm	59mil
101～170	3.2mm	126mil
171～250	12.7mm	500mil
>250	0.025mm/V	1mil/V

内层和有外涂覆层的导线间距（任意海拔）如表 5-3 所示。

表 5-3 内层和有外涂覆层的导线间距（任意海拔）

导线间的直流或交流峰值电压（V）	最小间距	最小间距
0～9	0.127mm	5mil
10～30	0.25mm	10mil
31～50	0.38mm	15mil
51～150	0.51mm	20mil

续表

导线间的直流或交流峰值电压（V）	最小间距	最小间距
151～300	0.78mm	31mil
301～500	1.52mm	60mil
>250	0.003mm/V	0.12mil/V

此外，导线不能有急剧的拐弯和尖角，拐角不得小于 90°。

2．PCB 焊盘

元器件通过 PCB 上的引线孔，用焊锡焊接固定在 PCB 上，印制导线把焊盘连接起来，实现元器件在电路中的电气连接，引线孔及其周围的铜箔称为焊盘。PCB 中的焊盘如图 5-66 所示。

焊盘直径和内孔尺寸要从元器件引脚直径、公差尺寸、焊锡层厚度、内孔金属化电镀层厚度等方面考虑，焊盘内孔一般不小于 0.6mm（24mil），因为小于 0.6mm（24mil）的内孔开模冲孔时不易加工，通常以金属引脚直径值加 0.2mm（8mil）作为焊盘内孔直径。例如，电容的金属引脚直径为 0.5mm（20mil）时，其焊盘内孔直径应设置为 0.5mm+0.2mm=0.7mm（28mil）。焊盘直径与内孔直径之间的关系如表 5-4 所示。

表 5-4　焊盘直径与内孔直径之间的关系

内孔直径（mm）	焊盘直径（mm）	内孔直径（mil）	焊盘直径（mil）
0.4	1.5	16	59
0.5		20	
0.6		24	
0.8	2	31	79
1.0	2.5	39	98
1.2	3.0	47	118
1.6	3.5	63	138
2.0	4	79	157

通常焊盘的外径一般应当比内孔直径大 1.3mm（51mil）以上。

当焊盘直径为 1.5mm（59mil）时，为了增加焊盘抗剥强度，可采用长度不小于 1.5mm（59mil）、宽度为 1.5mm（59mil）的长圆形焊盘，如图 5-67 所示。

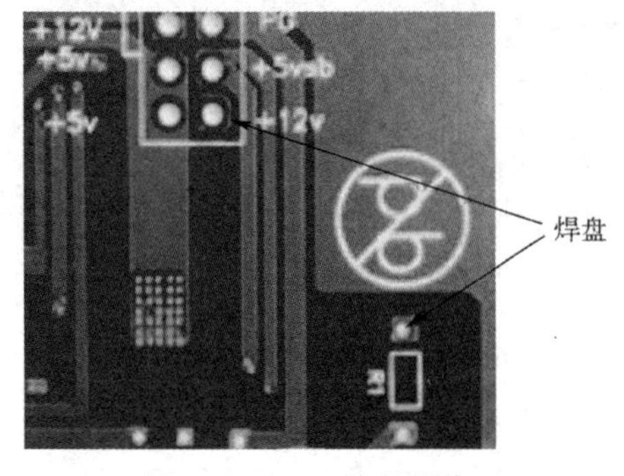

图 5-66　PCB 中的焊盘

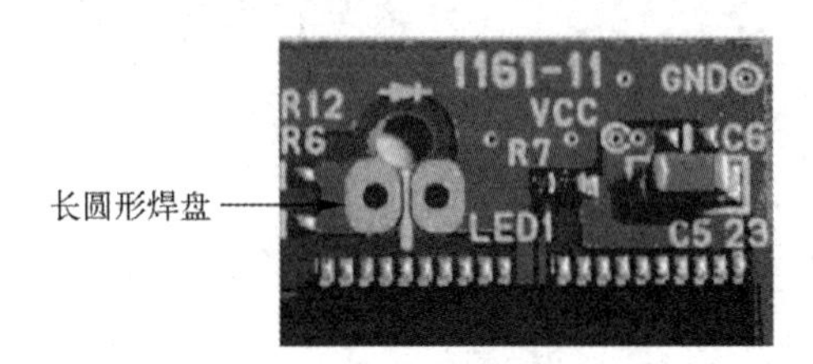

图 5-67　长圆形焊盘

PCB 设计时，焊盘的内孔边缘距离 PCB 边缘应大于 1mm（39mil），以避免加工时焊盘的缺损；当与焊盘连接的导线较细时，要将焊盘与导线之间的连接设计成水滴状，以避免导线与焊盘断开；相邻的焊盘要避免成锐角等。

此外，在 PCB 设计中，用户可根据电路特点选择不同形式的焊盘。焊盘形状选择原则如表 5-5 所示。

表 5-5　焊盘形状选取原则

焊盘形状	形状描述	用途
	圆形焊盘	广泛用于元器件规则排列的单、双面 PCB 中
	方形焊盘	用于 PCB 上元器件大而少、且印制导线简单的电路
	多边形焊盘	用于区别外径接近而内孔直径不同的焊盘，以便加工和装配

3. PCB 抗干扰设计

PCB 抗干扰设计与具体电路有着密切的关系，这里仅介绍 PCB 抗干扰设计的几项常用措施。

1）电源线设计　根据 PCB 电流的大小，选择合适的电源，尽量加粗电源线宽度，减小环路电阻。同时，使电源线、地线的走向和电流的方向一致，这样有助于增强抗噪声能力。

2）地线设计

☺ 数字地与模拟地分开。若 PCB 上既有逻辑电路又有线性电路，应使它们尽量分开。低频电路的地应尽量采用单点并联接地，实际布线有困难时可部分串联后再并联接地。高频电路宜采用多点串联接地，地线应短而粗，高频元器件周围尽量用栅格状的大面积铜箔。

☺ 接地线应尽量加粗。若接地线用很细的线条，则接地点随电流的变换而变化，使抗噪声能力降低。因此应将接地线加粗，使它能通过 3 倍于 PCB 上的允许电流。如有可能，接地线应在 2～3mm 以上。

☺ 接地线构成环路。只由数字电路组成的 PCB，其接地电路构成闭环能提高抗噪声能力。

5.9　PCB 测试

PCB 制作完成之后，用户要测试 PCB 是否能正常工作。测试分为两个阶段：第一阶段是裸板测试，主要目的在于测试未插置元器件之前 PCB 中相邻铜膜布线间是否存在短路的现象；第二阶段的测试是组合板的测试，主要目的在于测试插置元器件并焊接之后整个 PCB 的工作情况是否符合设计要求。

PCB 测试是通过测试仪器（如示波器、频率计或万用表等）来完成的。为了使测试仪器的探针便于测试电路，Altium Designer 提供了生成测试点功能。

一般合适的焊盘和内孔都可作为测试点，当电路中无合适的焊盘和内孔时，用户可生成测试点。测试点可能位于 PCB 的顶层或底层，也可以双面都有。

☺ PCB 上可设置若干个测试点，这些测试点可以是内孔或焊盘。

☺ 测试孔设置与再流焊导通孔要求相同。

☺ 探针测试支撑导通孔和测试点。

采用在线测试时，PCB 上要设置若干个探针测试支撑导通孔和测试点，这些孔或点和焊盘相连时，可从有关布线的任意处引出，但应注意以下几点。

☺ 不同直径的探针进行自动在线测试（ATE）时的最小间距可能不同。

☺ 导通孔不能选在焊盘的延长部分，与再流焊导通孔要求相同。

☺ 测试点不能选择在元器件的焊点上。

思考与练习

（1）说说 PCB 的构成和基本功能。

（2）什么是俗称的金手指？

（3）如何对 PCB 进行分类？

（4）什么是元器件封装技术？

第6章　PCB设计基础

PCB 设计是电路设计中最重要、最关键的一步。在 Altium Designer 中，PCB 设计的流程如图 6-1 所示。

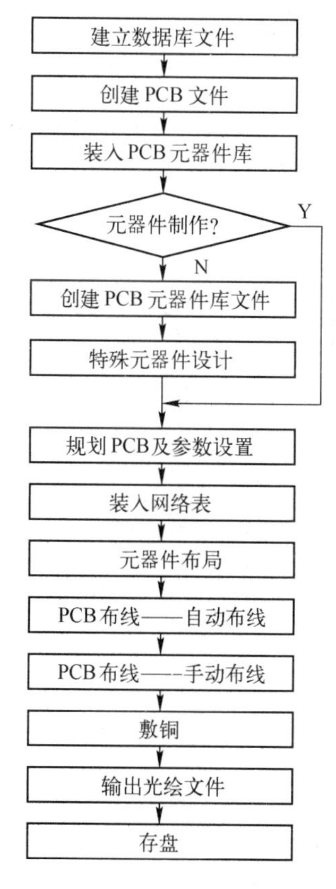

图 6-1　PCB 设计的流程

数据库文件已在原理图绘制中创建，在这里 PCB 设计从创建 PCB 文件开始。

- ☺ 创建 PCB 文件：用于用户调用 PCB 服务器。
- ☺ 装入 PCB 元器件库：用于在 PCB 电路中放置对应的元器件。
- ☺ 元器件制作：用于创建 PCB 封装库中未包含的元器件。
- ☺ 规划 PCB：用于确定 PCB 尺寸，确定 PCB 为单层板、双层板或其他。
- ☺ 参数设置：是 PCB 设计中非常重要的步骤，用于设置布线工作层、地线线宽、电源线线宽、信号线线宽等。
- ☺ 装入网络表：用于实现原理图电路与 PCB 电路的对接。
- ☺ 元器件布局：当网络表装入 PCB 文件后，所有的元器件都会放在工作区的零点，重叠在一起，下一步的工作就是把这些元器件分开，按照一些规则摆放，即元器件布局。元器件布局分为自动布局和手动布局，为了使布局更合理，多数设计者都采用手动布局。
- ☺ PCB 布线：分为自动布线和手动布线，其中自动布线采用无网络、基于形状的对角线技术，只要设置相关参数，元器件布局合理，自动布线的成功率几乎是 100%；通常在自动布线后，用户常采用 Altium Designer 提供手动布线功能调整自动布线不合理的地方，以便使电路走线趋于合理。
- ☺ 敷铜：通常对于大面积的地或电源敷铜，起到屏蔽作用；对于布线较少的 PCB 板层敷铜，可保证电镀效果，或者压层不变形；此外，敷铜后可给高频数字信号一个完整的回流路径，并减少直流网络的布线。
- ☺ 输出光绘文件：光绘文件用于驱动光学绘图仪。

6.1 创建 PCB 文件

在 Altium Designer 中，可以采用两种方法来创建 PCB 文件，一是使用系统提供的新建电路板向导；二是通过执行相应的菜单命令，来自行创建。下面就介绍一下这两种方法创建 PCB 文件的过程。

1. 使用新建电路板向导创建 PCB 文件

新建电路板向导使得 PCB 文件的创建变得非常简单。PCB 设计既可以选择一些现成的工业标准模板，也可以创建自定义的 PCB，快捷地设置电路板参数。

（1）打开 Altium Designer 主页面，如图 6-2 所示。在左侧的从模板新建文件栏内选择“PCB Board Wizard”，如图 6-3 所示，系统进入 PCB 向导创建页面。

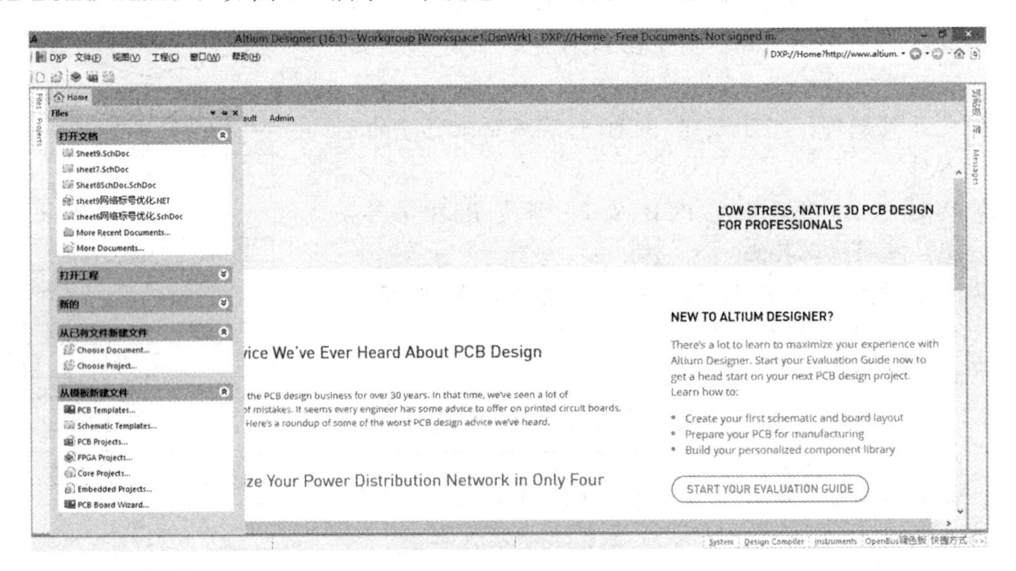

图 6-2 Altium Designer 主页面

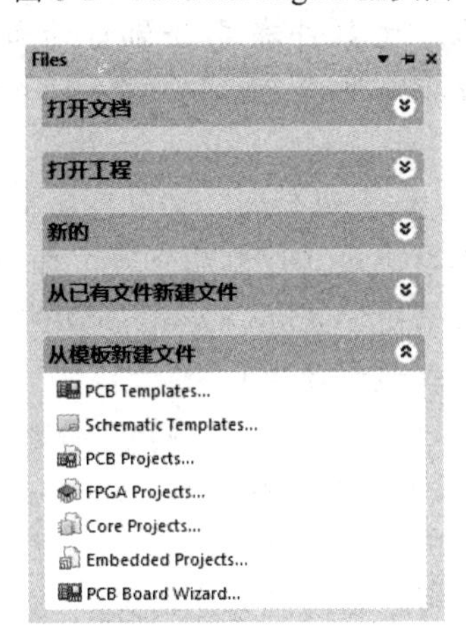

图 6-3 选择“PCB Board Wizard”

（2）完成上一步后，打开【新板向导】窗口，如图 6-4 所示。

（3）单击【下一步】按钮，进入如图 6-5 所示的【选择板单位】窗口，提示用户选择设置 PCB 上使用的尺寸单位。系统给出的默认是英制单位，这也是 PCB 中最常用的一种度量单位。也可以选择公制单位，方便制作 PCB 库文件。这两种单位之间的关系为 1mm=39.3701mil。

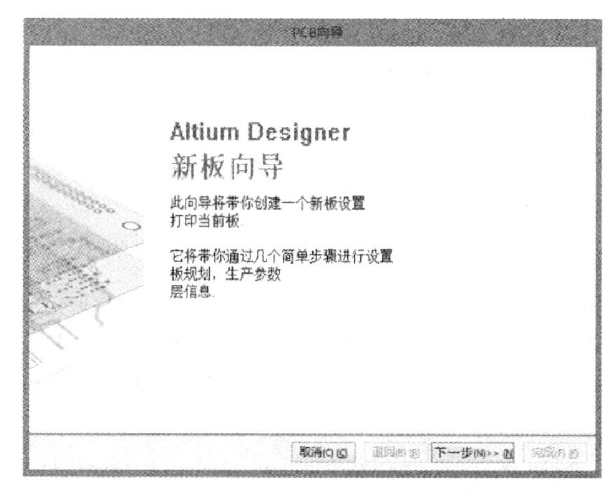

图 6-4 【新板向导】窗口

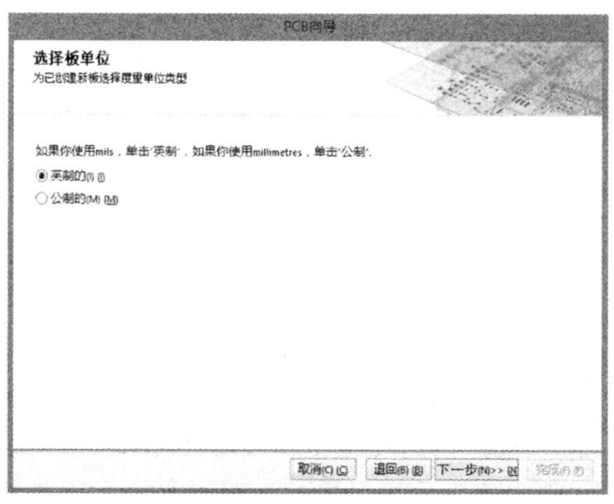

图 6-5 【选择板单位】窗口

（4）单击【下一步】按钮，进入【选择板剖面】窗口，如图 6-6 所示。系统提供了一些标准电路板的图样大小。可以根据设计要求，选择自己需要的电路板尺寸。

（5）单击【下一步】按钮，进入【选择板详细信息】窗口，如图 6-7 所示。

在【选择板详细信息】窗口中，用户可以自行设置 PCB 的各项参数。

☺ 外形形状：有 3 个单选框，分别是“矩形”、“圆形”和“定制的”，一般选择“矩形”来完成 PCB 的设计。

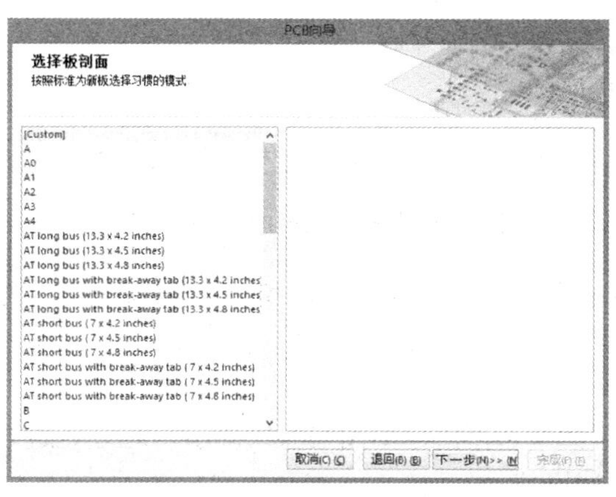

图 6-6 【选择板剖面】窗口

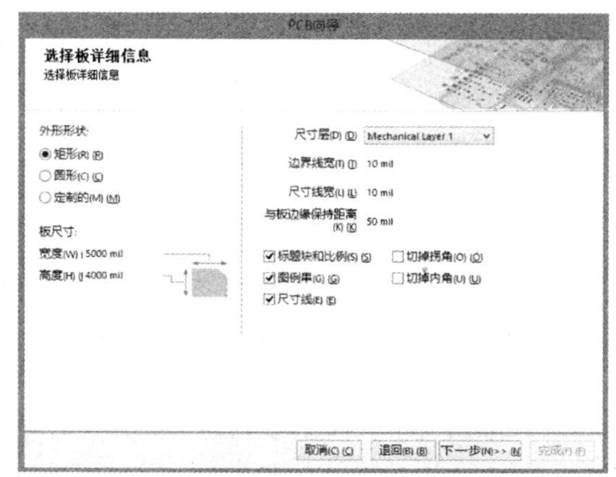

图 6-7 【选择板详细信息】窗口

☺ 板尺寸：由上面提到的外形形状决定板子尺寸设置。当选择了“矩形”时，在该项中就会出现两个文本编辑栏，分别是宽度和高度。当选择了“圆形”时，在该项中只会出现一个文本编辑栏，可在其中输入圆形的半径。当选择了“定制的”时，在该项中会出现两个文本编辑栏，分别是宽度和高度。在各文本编辑栏中，可以输入确定的数值，来确定板子的尺寸。

☺ 尺寸层：单击其右边的下拉按钮，选择用于尺寸标注的机械层。
☺ 边界线宽、尺寸线宽：这两项一般采用系统的默认值。
☺ 与板边缘保持距离：一般设置为“100mil”。
☺ 标题块和比例：选中该复选框，系统将在 PCB 图纸上添加标题栏和刻度栏。
☺ 图例串：选中该复选框，系统将在 PCB 图纸中加入图标字符串，并放置在钻孔视图层，在 PCB 文件输出时会自动转换成钻孔列表信息。
☺ 尺寸线：选中该复选框，工作区内将显示 PCB 的尺寸标注线。
☺ 切掉拐角：选中该复选框后，单击【下一步】按钮，进入【选择板切角加工】窗口，如图 6-8 所示。在该窗口中，可以完成对特殊板形设计的要求。
☺ 切掉内角：选中该复选框后，单击【下一步】按钮，进入【选择板内角加工】窗口，如图 6-9 所示。在该窗口中，通过设置，可以在 PCB 的内部切除一个方形板块，以满足特殊板的设计要求。

从图 6-9 中可以看到，左下方一组数据是可用来确定方形的位置，右上方的一组数据可用来确定方形的大小，即设置方形的长度和宽度。

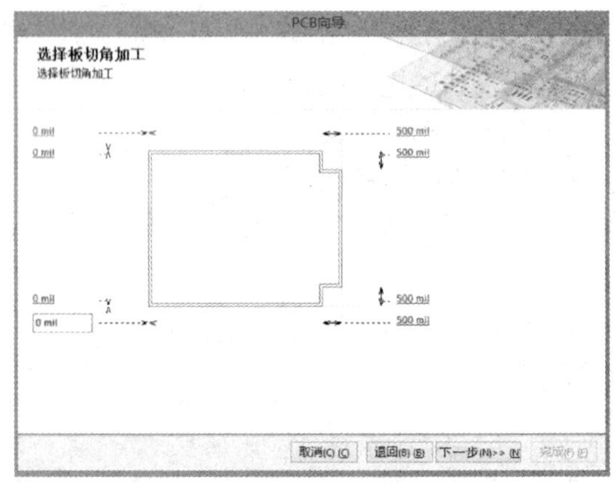

图 6-8 【选择板切角加工】窗口

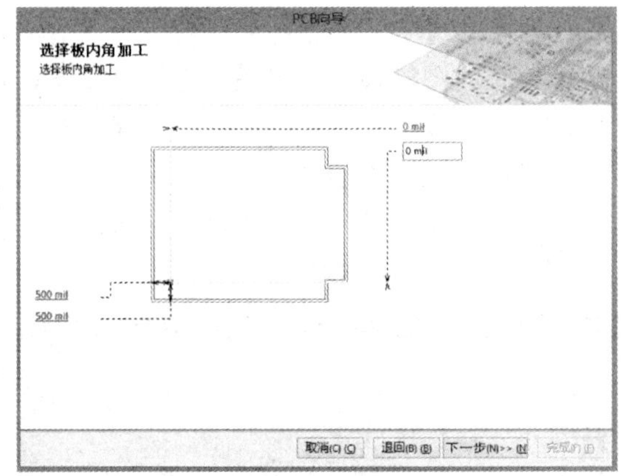

图 6-9 【选择板内角加工】窗口

（6）单击【下一步】按钮，进入【选择板层】窗口，如图 6-10 所示，可以分别设定信号层和电源层的层数。双面板的信号层一般为“Top Layer”（顶层）和“Bottom Layer”（底层）。

（7）单击【下一步】按钮，进入【选择过孔类型】窗口，如图 6-11 所示，对过孔进行设置，可以选择“仅通孔的过孔”或“仅盲孔和埋孔”。

（8）单击【下一步】按钮，进入【选择元器件和布线工艺】窗口，如图 6-12 所示。该窗口主要用于设置所设计的 PCB 是以表面装配元器件为主还是以通孔元器件为主。

图 6-10　【选择板层】窗口

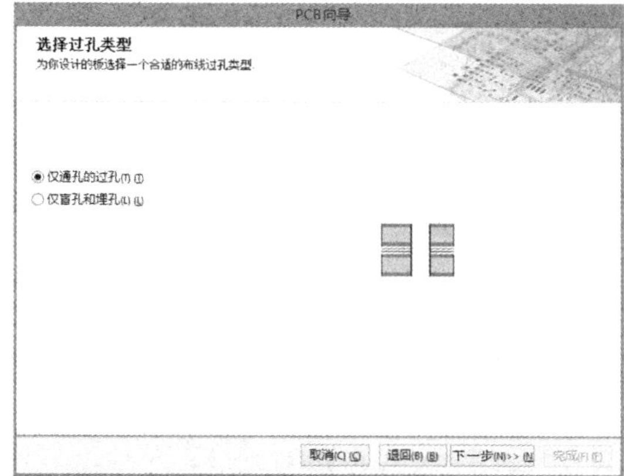

图 6-11　【选择过孔类型】窗口

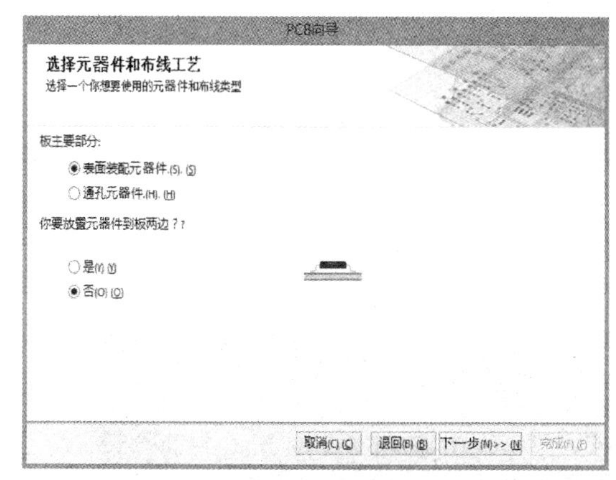

（a）以表面装配元器件为主

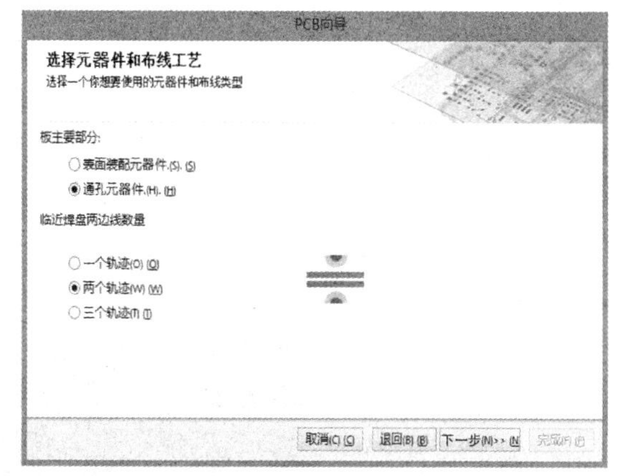

（b）以通孔元器件为主

图 6-12 【选择元器件和布线工艺】窗口

（9）单击【下一步】按钮，进入【选择默认线和过孔尺寸】窗口，如图 6-13 所示。该窗口用于设置 PCB 的最小导线尺寸、过孔尺寸及导线之间的距离。

（10）单击【下一步】按钮，进入【板向导完成】窗口，如图 6-14 所示。该窗口表示所创建 PCB 文件的各项设置已经完成。

（11）单击【完成】按钮，系统可根据前面的设置生成一个默认名为“PCB1.PcbDoc”的新 PCB 文件，同时进入了 PCB 设计环境。在 PCB 文件中，执行菜单命令【文件】→【另存为】，可以对该 PCB 文件重新命名。

2. 使用菜单命令创建 PCB 文件

在 Altium Designer 主页面中，执行菜单命令【文件】→【New】→【PCB】，则可新建一个 PCB 文件。需要说明的是，这样创建的 PCB 文件，其各项参数均采用了系统的默认值。因此在具体设计时，还要设计者进行全面的设置。

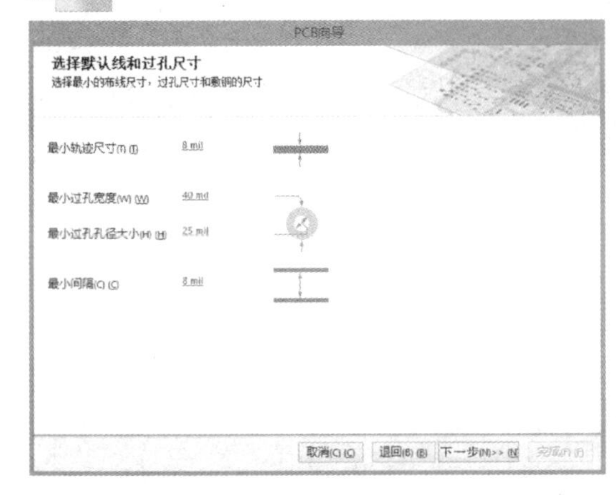

图 6-13 【选择默认线和过孔尺寸】窗口

图 6-14 【板向导完成】窗口

6.2 PCB 设计环境

在创建一个新的 PCB 文件或打开一个现有的 PCB 文件后，则启动了 Altium Designer 的 PCB 编辑器，进入了 PCB 设计环境，如图 6-15 所示。

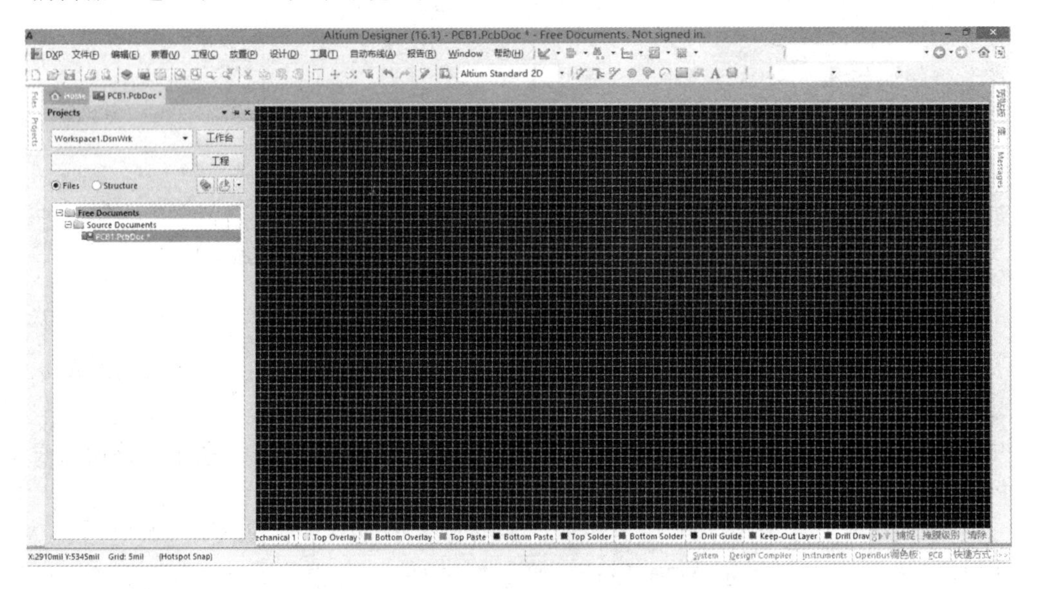

图 6-15 PCB 设计环境

1. 菜单栏

菜单栏如图 6-16 所示，它显示了供用户选用的菜单命令。在 PCB 设计过程中，通过使用菜单栏中的菜单命令，可以完成各项操作。

2. PCB 标准工具栏

PCB 标准工具栏如图 6-17 所示，它提供了一些基本操作命令，如打印、放缩、快速定位、浏览元器件等，其与原理图编辑环境中的标准工具栏基本相同。

DXP　文件(F)　编辑(E)　察看(V)　工程(C)　放置(P)　设计(D)　工具(T)　自动布线(A)　报告(R)　Window　帮助(H)

图 6-16　菜单栏

Altium Standard 2D

图 6-17　PCB 标准工具栏

3．布线工具栏

布线工具栏如图 6-18 所示，它提供了 PCB 设计中常用的图元放置命令，如焊盘、过孔、文本编辑等，还包括了几种布线的方式，如交互式布线连接、交互式差分对连接、使用灵巧布线交互布线连接。

图 6-18　布线工具栏

4．过滤工具栏

过滤工具栏如图 6-19 所示。使用过滤工具栏来设置网络、元器件标号等过滤参数，可以使符合设置的图元在编辑窗口内高亮显示。

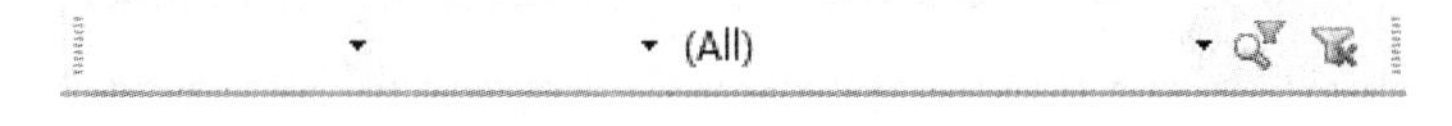

图 6-19　过滤工具栏

5．导航工具栏

导航工具栏如图 6-20 所示，它用于指示当前页面的位置，借助所提供的左、右按钮可以实现 Altium Designer 中所打开的窗口之间的相互切换。

图 6-20　导航工具栏

6．PCB 编辑窗口

PCB 编辑窗口是进行 PCB 设计的工作平台，它用于进行元器件的布局、布线有关的操作。PCB 设计主要在这里完成。

7．板层标签

板层标签如图 6-21 所示，它用于切换 PCB 工作的层面，所选中的板层颜色将显示在最前端。

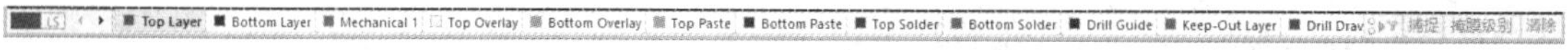

Top Layer　Bottom Layer　Mechanical 1　Top Overlay　Bottom Overlay　Top Paste　Bottom Paste　Top Solder　Bottom Solder　Drill Guide　Keep-Out Layer　Drill Drawing

图 6-21　板层标签

8．状态栏

状态栏如图 6-22 所示，它用于显示光标指向的坐标值、所指向元器件的网络位置、所在板层和有关参数，以及编辑器当前的工作状态。

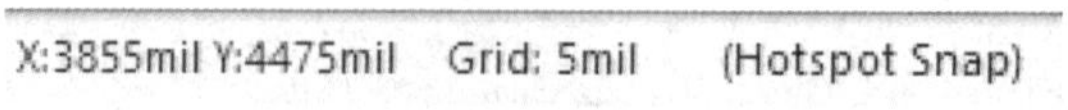

X:3855mil Y:4475mil　Grid: 5mil　(Hotspot Snap)

图 6-22　状态栏

6.3　元器件在 Altium Designer 中的验证

为了确保 Altium Designer 提供的元器件封装与元器件实物一一对应，下面对元器件实物与 Altium Designer 提供的元器件封装进行验证。

1．二极管匹配验证

二极管 1N4001 的元器件符号如图 6-23 所示。二极管 1N4001 的实物尺寸如图 6-24 所示。在 Altium Designer 中，二极管 1N4001 采用的是 DO-41 封装形式，如图 6-25 所示。

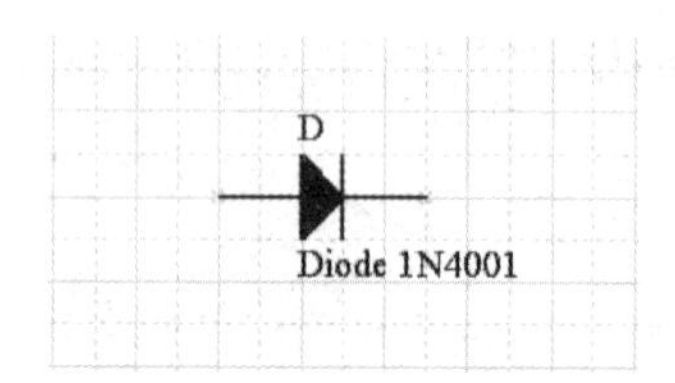

图 6-23　二极管 1N4001 的元器件符号

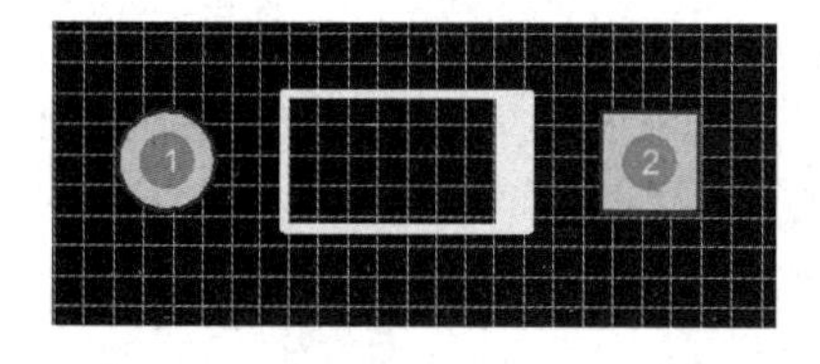

图 6-25　DO-41 封装形式

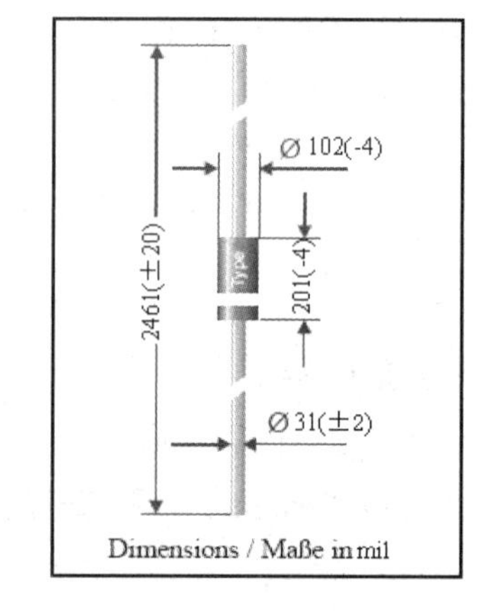

图 6-24　二极管 1N4001 的实物尺寸

双击左、右焊盘，系统会给出焊盘的具体数据，如图 6-26 所示，如焊盘大小、焊盘的坐标定位等。

通过计算，两焊盘间距离为 10.16mm，折合成英制为 400mil。通孔尺寸为 0.85mm，折合成英制为 33.4646mil。与二极管实物尺寸对照，可知 Altium Designer 所提供的 DO-41 封装尺寸与二极管实物尺寸相匹配。

2．运算放大器匹配验证

运算放大器 LF347N 的实物尺寸如图 6-27 所示。图 6-27 中的尺寸单位为 in（millimeters）。

（a）

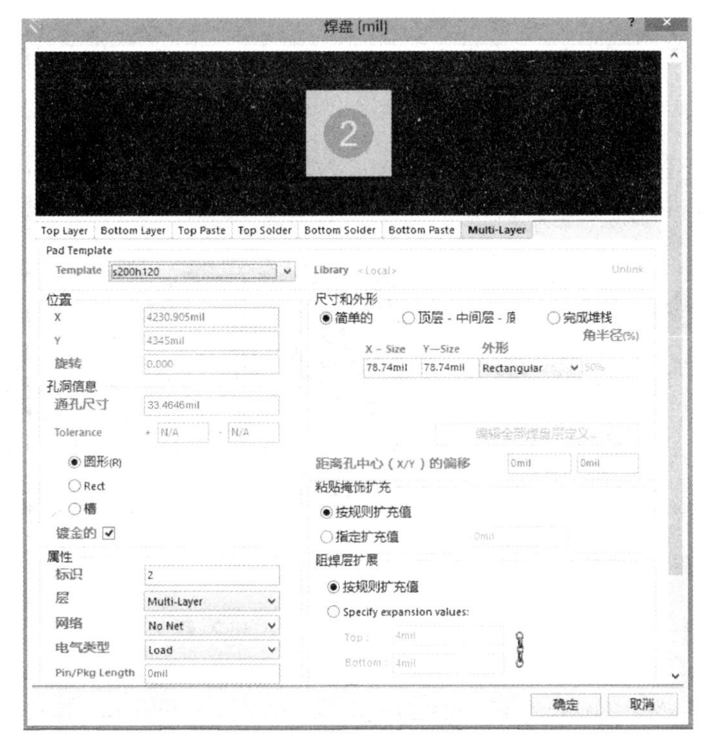

（b）

图 6-26　焊盘的具体数据

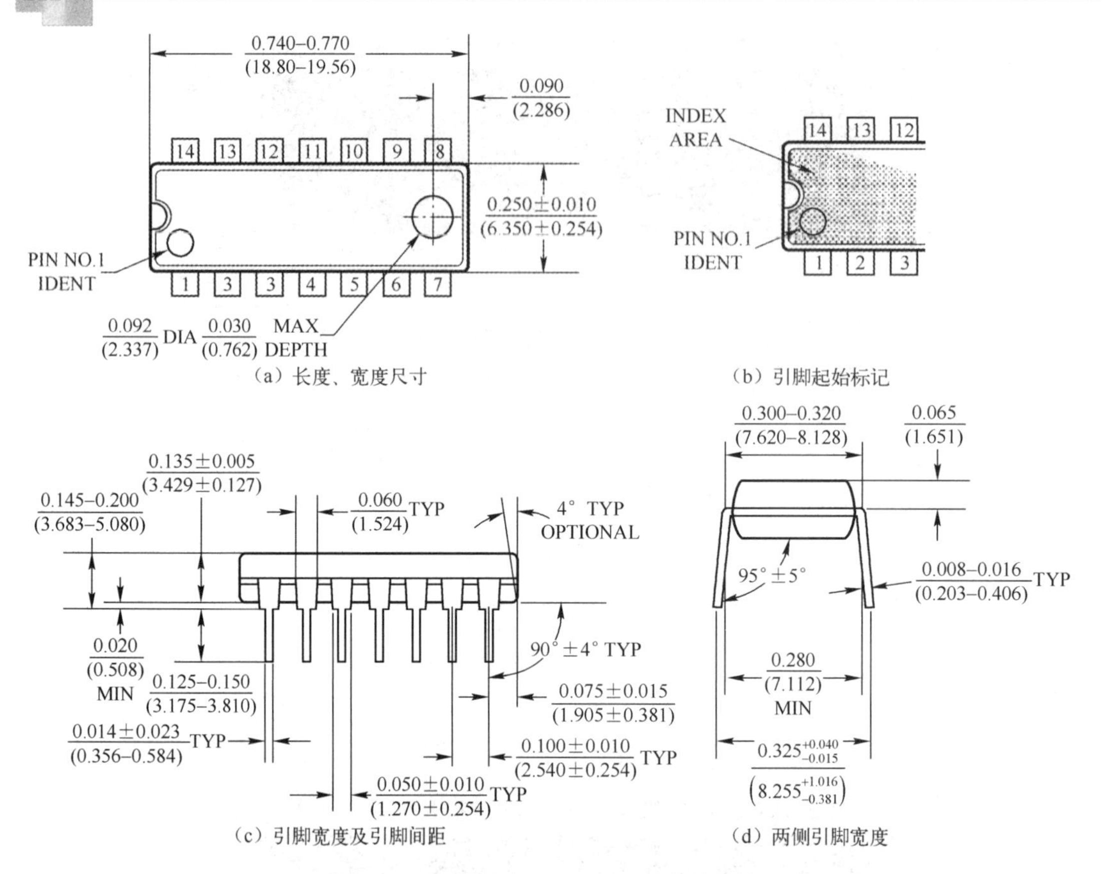

（a）长度、宽度尺寸 （b）引脚起始标记

（c）引脚宽度及引脚间距 （d）两侧引脚宽度

图 6-27 运算放大器 LF347N 的实物尺寸

运算放大器 LF347N 的元器件符号如图 6-28 所示。

在 Altium Designer 中，运算放大器 LF347N 采用的是 N147A 封装形式如图 6-29 所示。

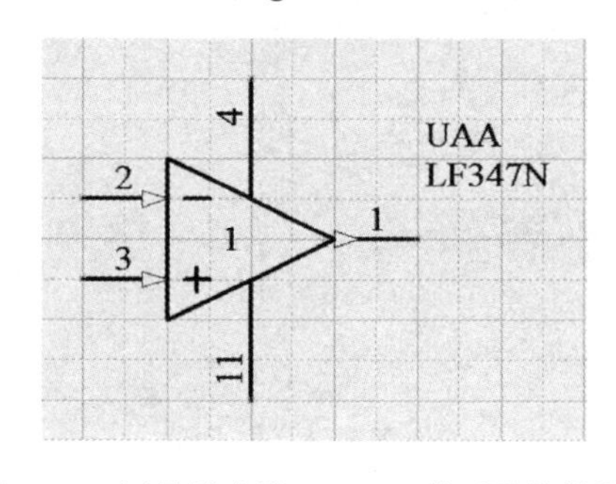

图 6-28 运算放大器 LF347N 的元器件符号

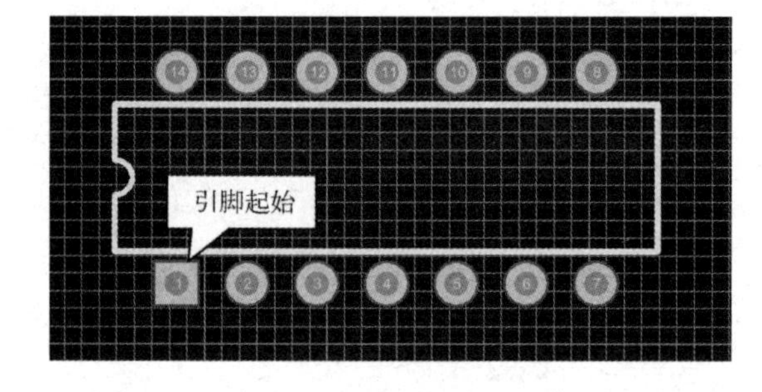

图 6-29 N14A 封装形式

与之前实例同样的操作，双击任意两个相邻引脚，可以打开引脚的属性窗口，计算出相邻引脚之间的距离为 100mil，相对引脚之间的距离为 300mil，通孔尺寸为 35.433mil，N14A 封装的长度如图 6-30 所示。N14A 封装的宽度如图 6-31 所示。与实物对照，N14A 封装尺寸满足设计要求。

图 6-30　N14A 封装的长度

图 6-31　N14A 封装的宽度

3. 无极性电容封装匹配验证

电容为 100pF、耐压为 50V 的无极性电容实物如图 6-32 所示。它在 Altium Designer 中采用的是 RAD-0.3 封装形式。它的尺寸示意图如图 6-33 所示。它的实物尺寸如表 6-1 所示。

图 6-32　电容为 100pF、耐压为 50V 的无极性电容实物

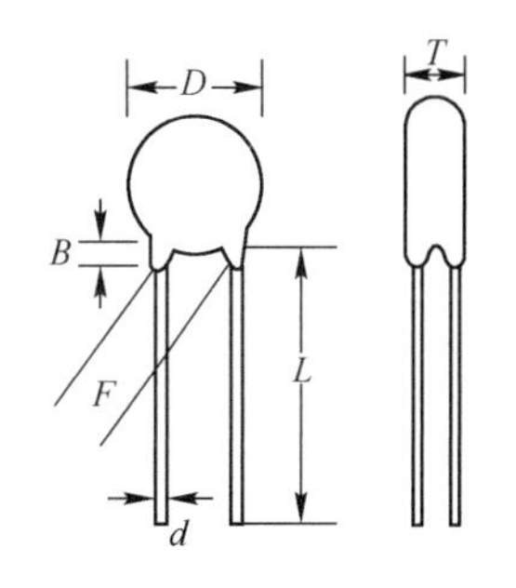

图 6-33　电容为 100pF、耐压为 50V 的无极性电容的尺寸示意图

表 6-1　电容为 100pF、耐压为 50V 的无极性电容的实物尺寸

电容值	耐压	*B*		*D*		*d*		*F*		*L*		*T*	
		mm	mil	mm	mil	mm	mil	mm	mil	mm	mil	mm	mil
100pF	50V	2	79	7.16	281	0.5	20	6.88	231	25	984	4.36	172

RAD-0.3 封装形式如图 6-34 所示。

双击两焊盘，可打开 RAD-0.3 封装的引脚属性对话框，如图 6-35 所示。

通过与电容的实物尺寸比较可知，RAD-0.3 封装的焊盘间距为 300mil。由于无极性电容的焊盘间距为软尺寸，因此可以满足设计需要。

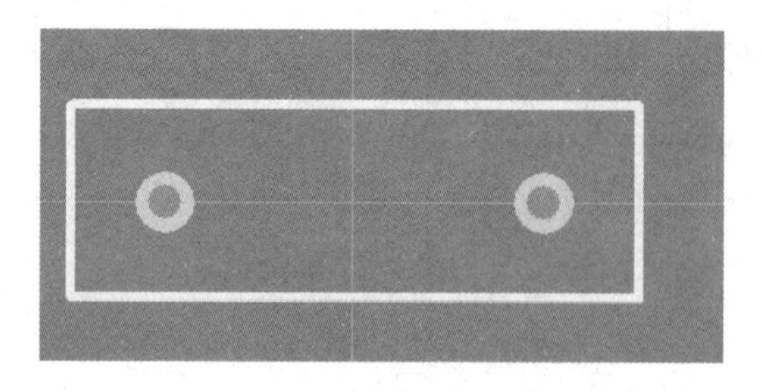

图 6-34　RAD-0.3 封装形式

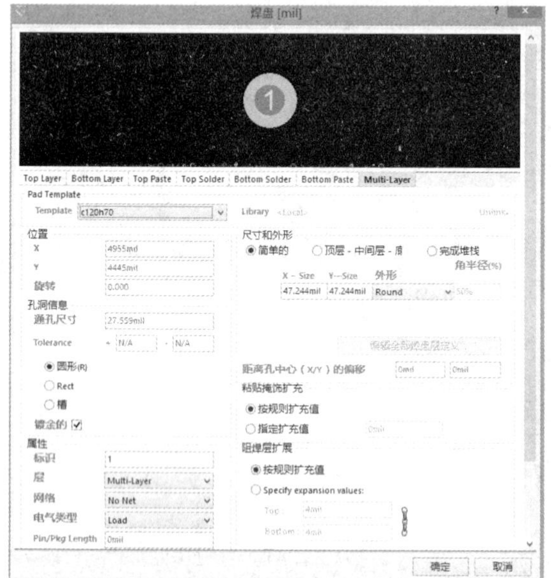

（a）引脚 1 属性对话框

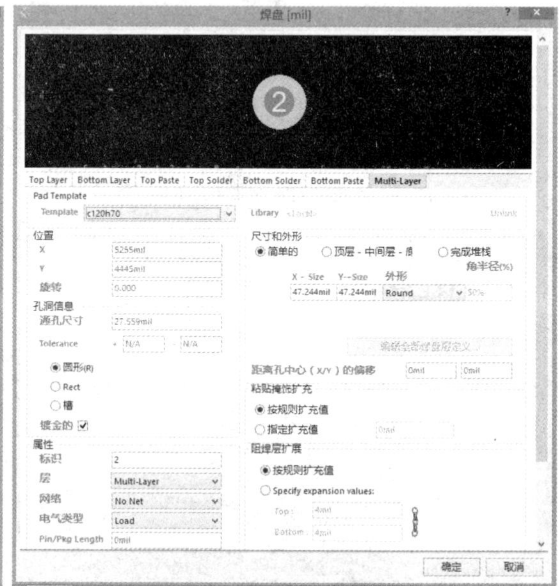

（b）引脚 2 属性对话框

图 6-35　RAD-0.3 封装的引脚属性对话框

4．电阻封装匹配验证

电阻实物如图 6-36 所示。电阻的尺寸示意图如图 6-37 所示。电阻的实物尺寸如表 6-2 所示。

表 6-2　电阻的实物尺寸

电阻功率值	*L*		*D*		*d*	
	mm	mil	mm	mil	mm	mil
1/4W	6.90	232	3.24	128	0.50	16

在 Altium Designer 中，电阻采用的是 AXIAL-0.4 封装形式，如图 6-38 所示。

双击两焊盘，可打开 AXIAL-0.4 封装的引脚属性对话框，如图 6-39 所示。

可以验证，两焊盘之间的距离为 400mil，过孔尺寸为 33.465mil，满足设计要求。因此

AXIAL-0.4 可作为电阻的封装形式。

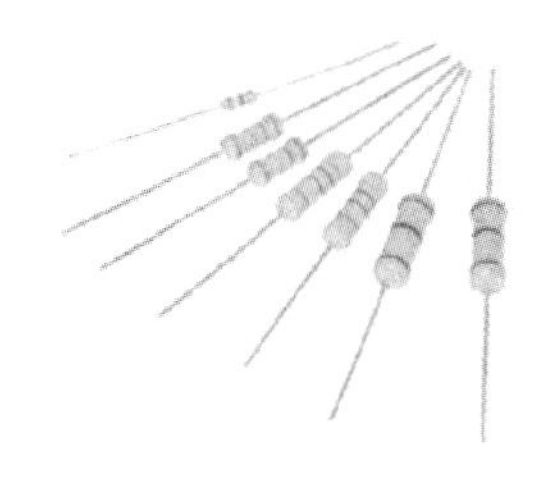

图 6-36　电阻实物

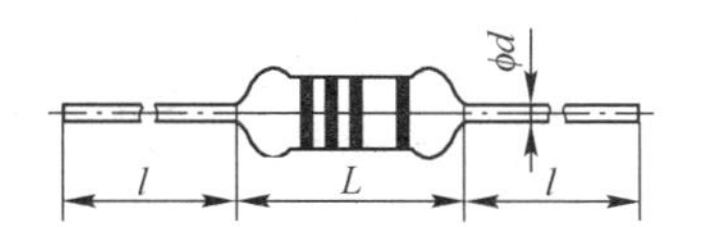

图 6-37　电阻的尺寸示意图

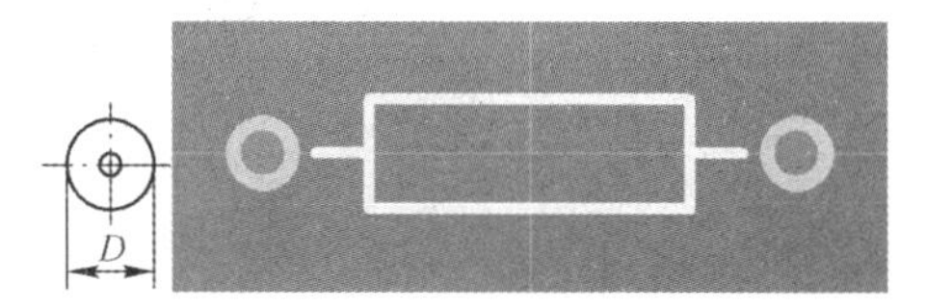

图 6-38　AXIAL-0.4 封装形式

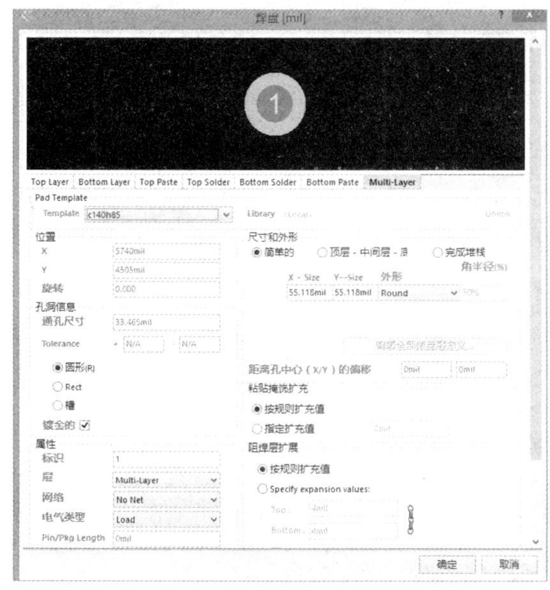

（a）引脚 1 属性对话框

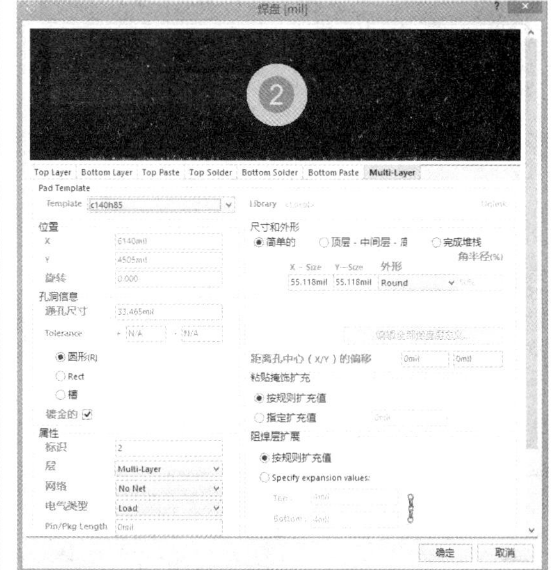

（b）引脚 2 属性对话框

图 6-39　AXIAL-0.4 封装的引脚属性对话框

6. 变阻器封装匹配验证

变阻器实物如图 6-40 所示。变阻器的实物尺寸如表 6-3 所示。

表 6-3　变阻器的实物尺寸

电阻值	长度		宽度		焊盘间距		引脚与边界的距离	
	mm	mil	mm	mil	mm	mil	mm	mil
10kΩ/50kΩ	8.13	320	6.10	200	2.54	100	2.54	100

在 Altium Designer 中，变阻器采用的是 VR5 封装形式，如图 6-41 所示。

双击两焊盘，打开 VR5 封装的引脚属性对话框，如图 6-42 所示。

图 6-40　变阻器实物

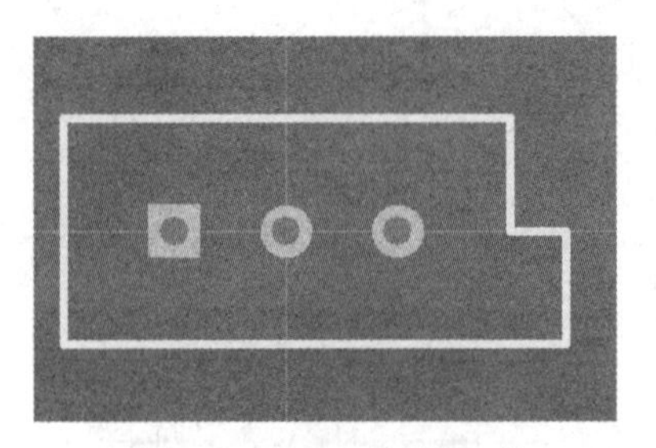

图 6-41　VR5 封装形式

（a）引脚 1 属性对话框

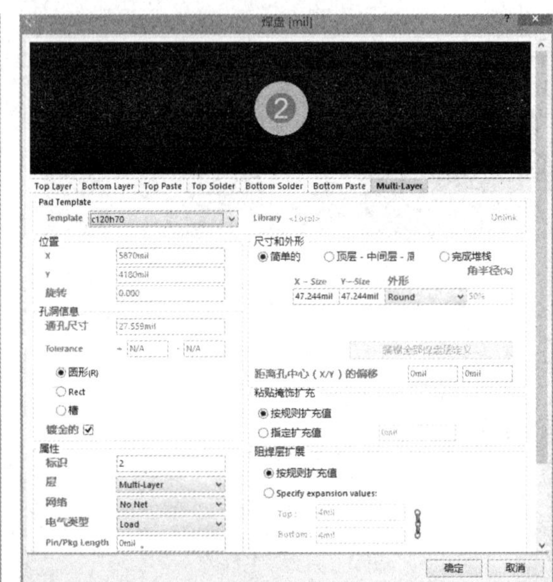

（b）引脚 2 属性对话框

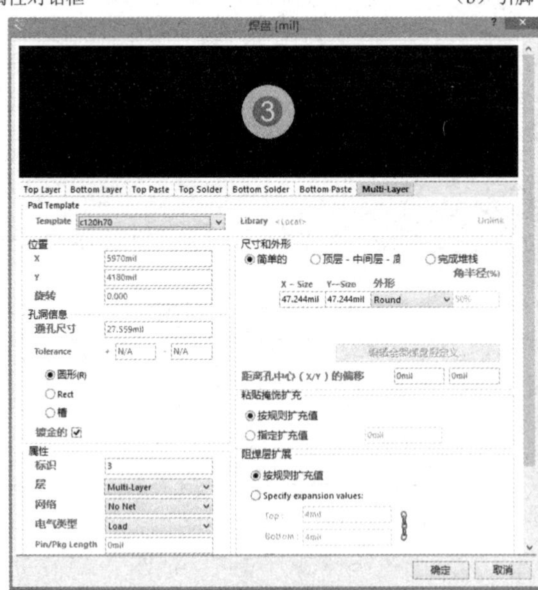

（c）引脚 3 属性对话框

图 6-42　VR5 封装的引脚属性对话框

可以看到，VR5 封装的引脚之间的距离为 100mil，可以满足设计要求，与给出的实际尺寸相匹配。

6. 电解电容封装匹配验证

在 Altium Designer 中，通常电容值小于 100μF 的电解电容采用的是 RB2.1-4.22 封装形式，即外径为 200mil、焊盘间距为 100mil 的封装。在本例中，4.7μF/50V 电解电容实物如图 6-43 所示。

图 6-43　4.7μF/50V 电解电容实物

4.7μF/50V 电解电容的实物尺寸如表 6-4 所示。

表 6-4　4.7μF/50V 电解电容的实物尺寸

电容值	耐压值	外径		焊盘间距		孔径	
		mm	mil	mm	mil	mm	mil
4.7μF	50V	4.22	166	2.1	83	0.42	16

由于此电解电容焊盘间距为软尺寸，因此可使用 RB2.1-4.22 封装形式。由于 Altium Designer 中未找到 RB2.1-4.22 封装形式，因此用户要手动制作该封装形式。

6.4　规划 PCB 及参数设置

对于要设计的电子产品，设计人员首先要确定其电路板尺寸。因此，规划 PCB 也成为 PCB 制板中首先要解决的问题。

规划 PCB 也就是确定 PCB 的板边，并且确定 PCB 的电气边界。规划 PCB 有两种方法：一种是手动规划 PCB；另一种是利用 Altium Designer 向导，这种方法前面已经介绍过了，就不再重复介绍，下面介绍手动规划 PCB。

单击编辑区域下方的【Mechanical 1】标签，将编辑区域切换到机械层，如图 6-44 所示。

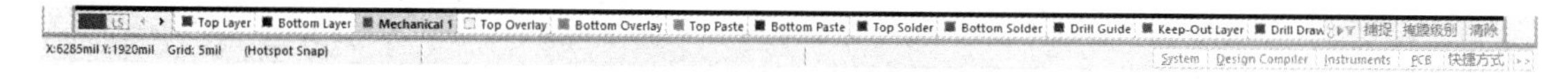

图 6-44　将编辑区域切换到机械层

然后执行菜单命令【设计】→【板子形状】→【定义板剪切】，进入规划板子外形界面，如图 6-45 所示。

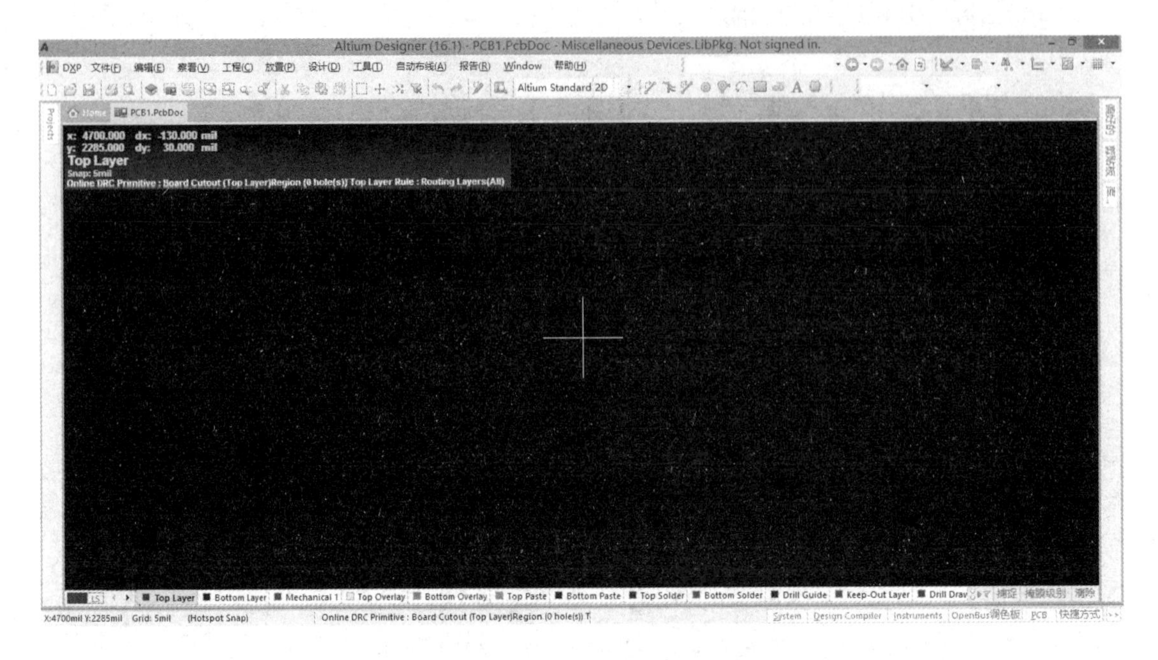

图 6-45　进入规划板子外形界面

用十字形光标框选出一个矩形，如图 6-46 所示。

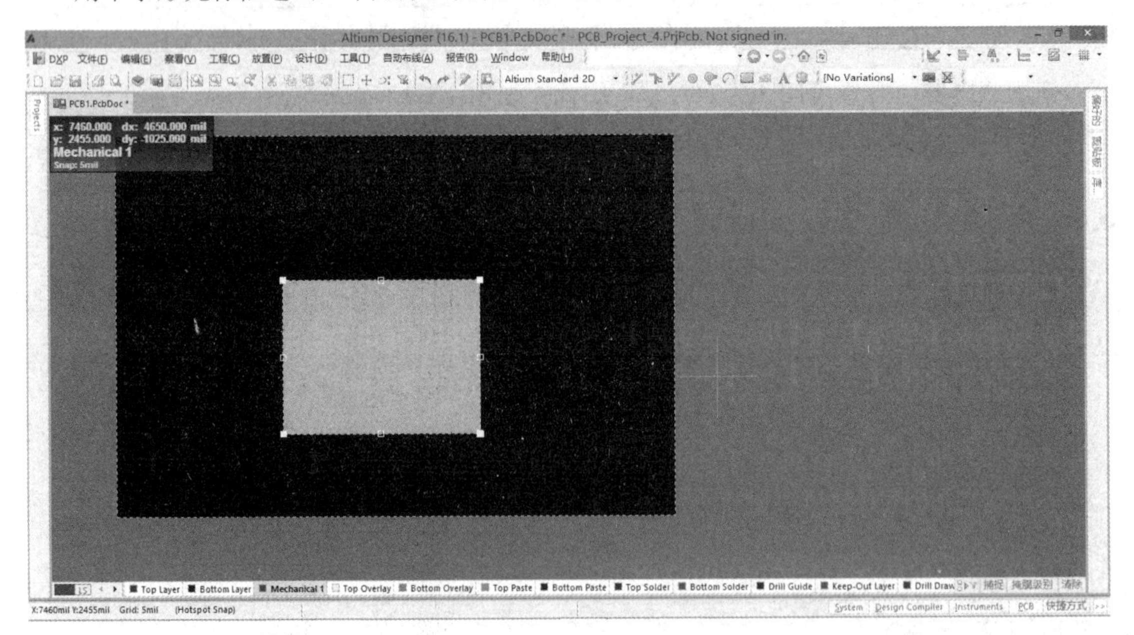

图 6-46　用十字形光标框选出一个矩形

右击可退出【定义板剪切】界面，裁剪好的板子外形如图 6-47 所示。

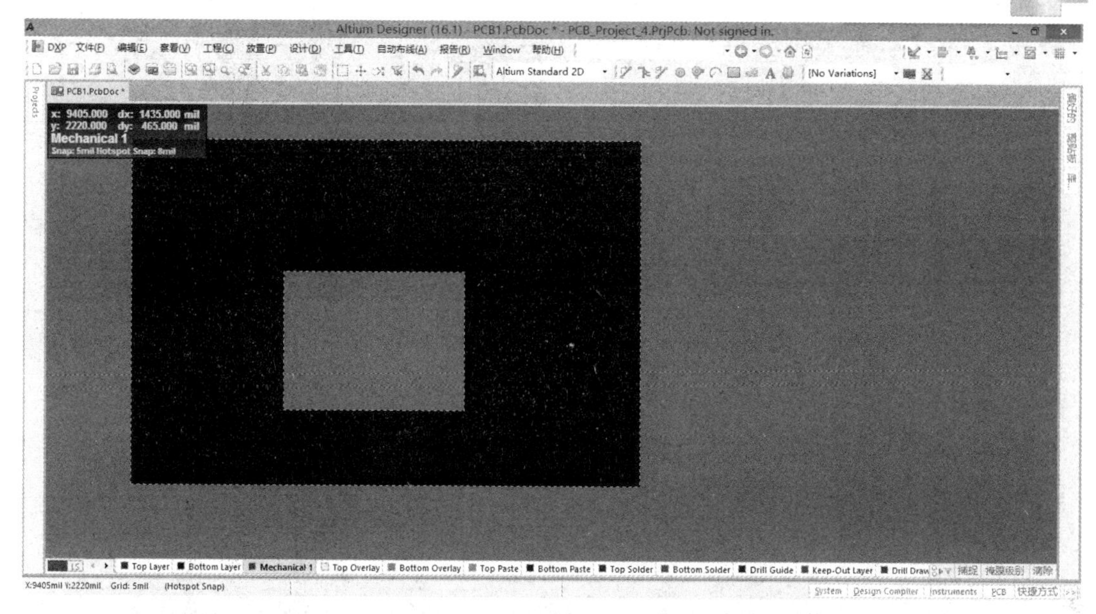

图 6-47　裁剪好的板子外形

按键盘中数字键【3】，可以 3D 显示，如图 6-48 所示，可知框选的部分为裁掉部分。

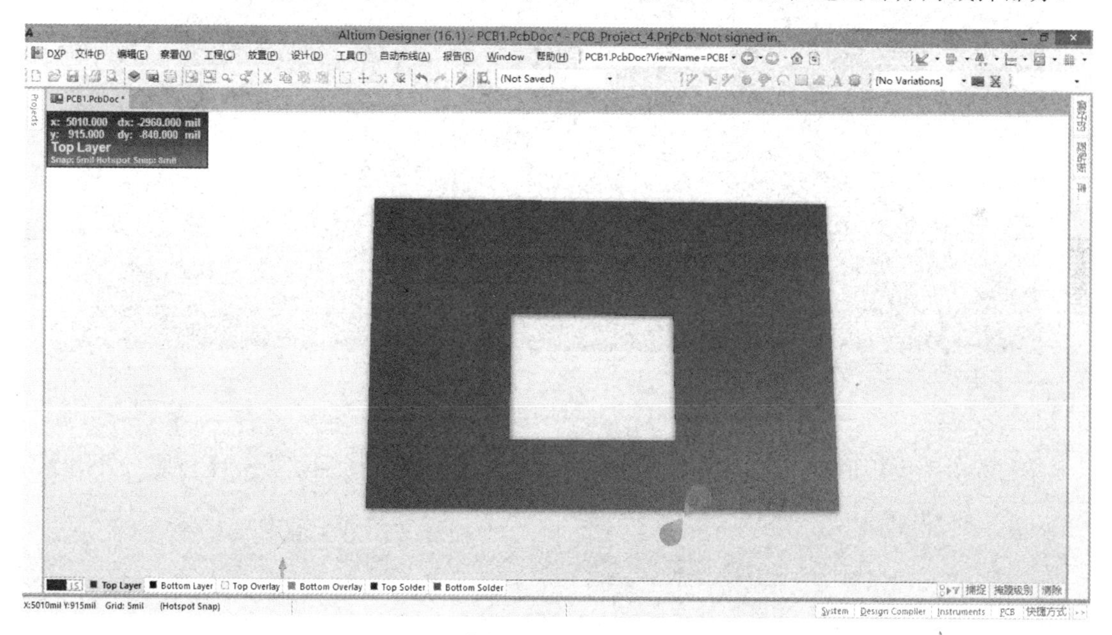

图 6-48　3D 显示

按键盘中数字键【2】，返回到 2D 显示，并切换层面到禁止布线层（Keep-Out Layer），然后执行菜单命令【设计】→【板子形状】→【根据板子外形生成线条】，出现【从板外形而来的线/弧原始数据】对话框，如图 6-49 所示。

选中“包含剪切板”复选框，并单击【确定】按钮，绘制出了 PCB 的电气边界，如图 6-50 所示。

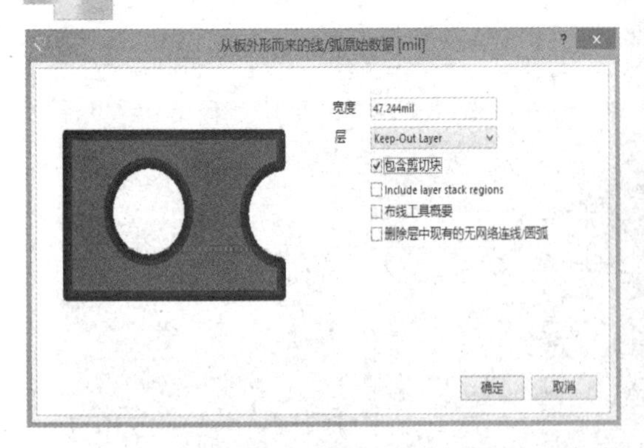

图 6-49 【从板外形而来的线/弧原始数据】对话框

图 6-50 PCB 的电气边界

另一种规划 PCB 的方法是按照选择对象定义。执行菜单命令【放置】→【走线】，绘制 PCB 的物理边界，如图 6-51 所示。

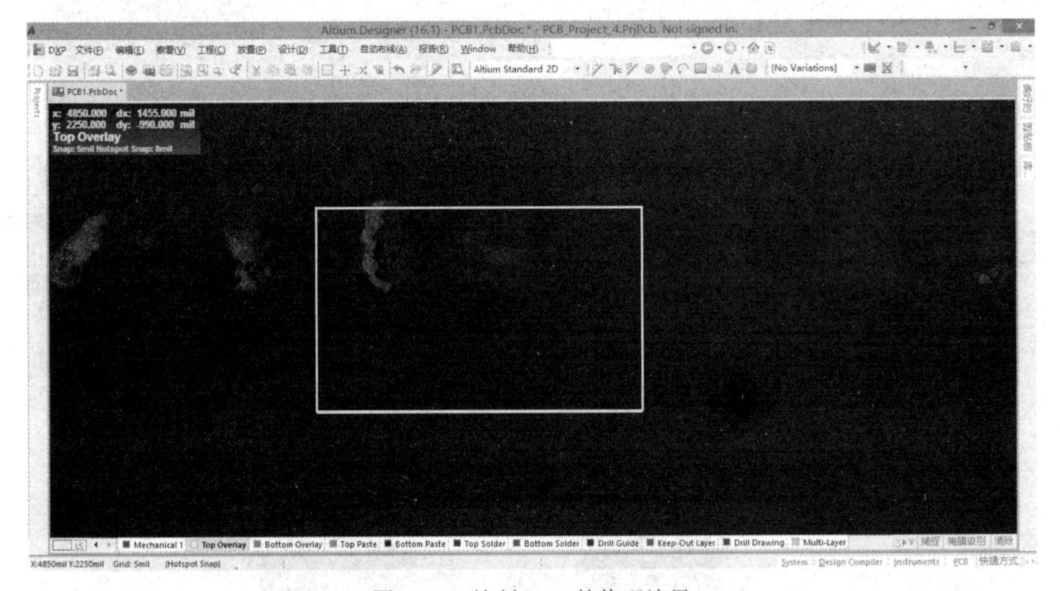

图 6-51 绘制 PCB 的物理边界

首先选中整个矩形框，然后执行菜单命令【设计】→【板子形状】→【按照选择对象定义】，出现【Confirm】对话框，如图 6-52 所示。

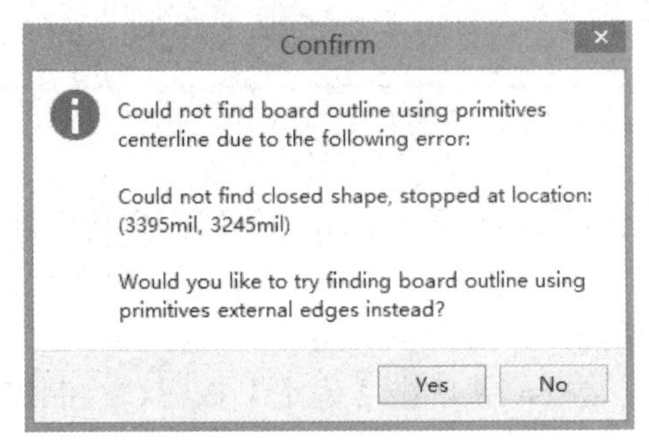

图 6-52 【Confirm】对话框

单击【Yes】按钮，裁剪好的 PCB 如图 6-53 所示，可见线框外部为裁掉部分。

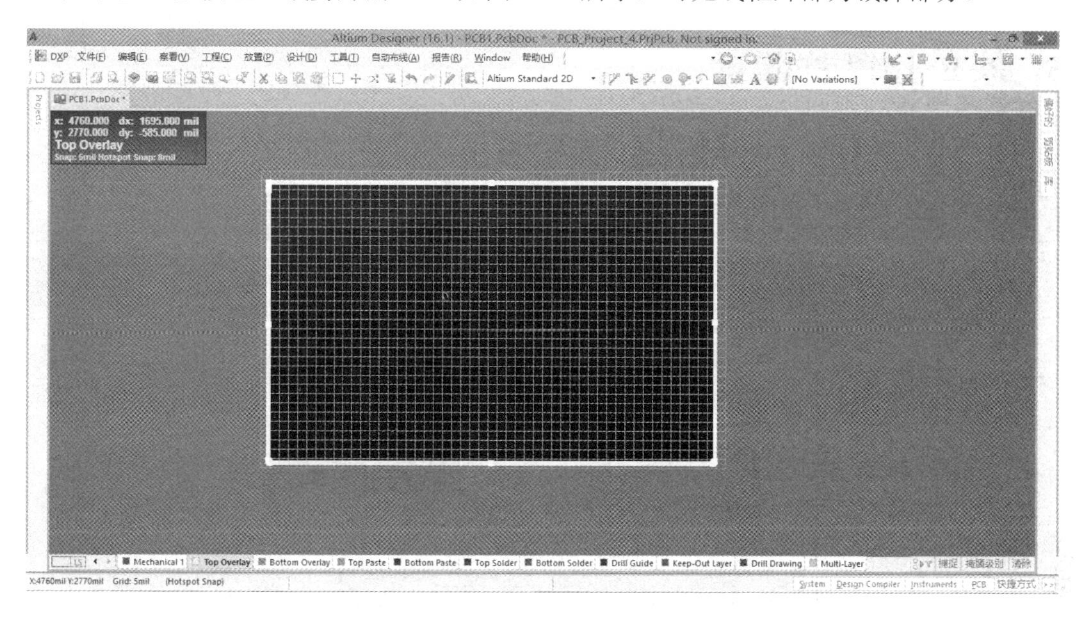

图 6-53　裁剪好的 PCB

切换层面到禁止布线层（Keep-Out Layer），如图 6-54 所示。

图 6-54　切换层面到禁止布线层（Keep-Out Layer）

再次执行菜单命令【放置】→【走线】，绘制出 PCB 的电气边界，如图 6-55 所示。

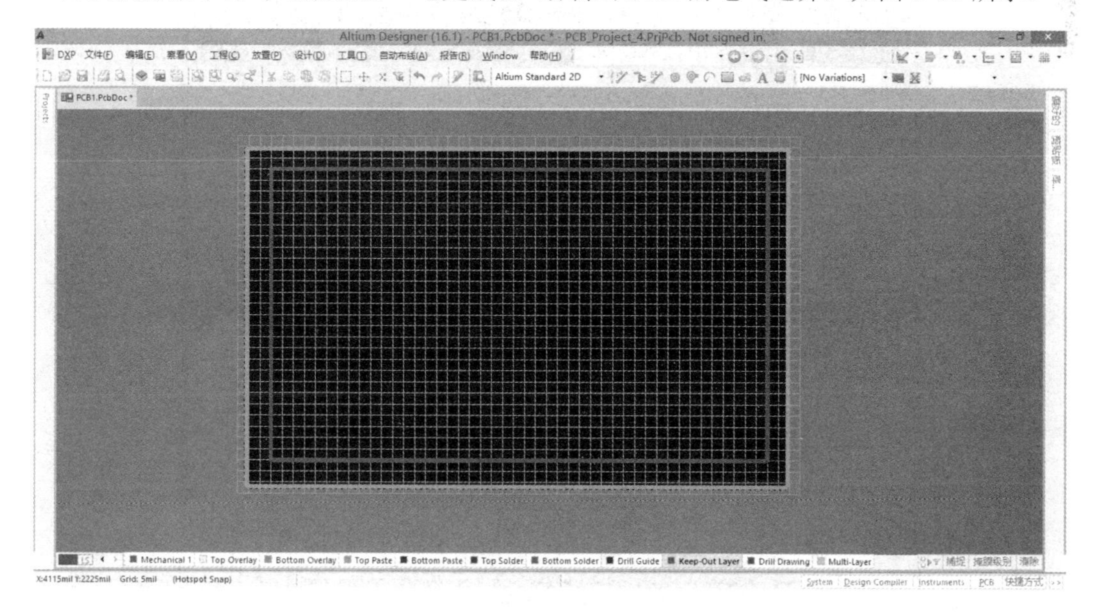

图 6-55　PCB 的电气边界

至此，PCB 的规划就完成了。

6.5 PCB 工作层的设置

执行菜单命令【设计】→【管理层设置】→【板层设置】，如图 6-56 所示。

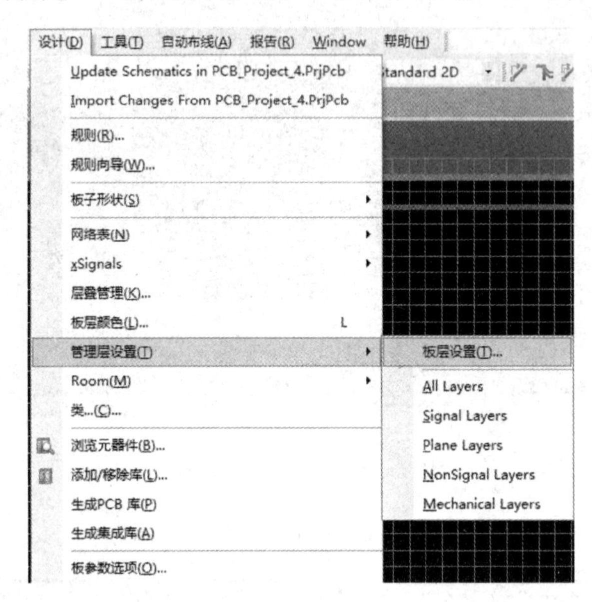

图 6-56 执行菜单命令【设计】→【管理层设置】→【板层设置】

打开【层设置管理器】对话框，如图 6-57 所示。

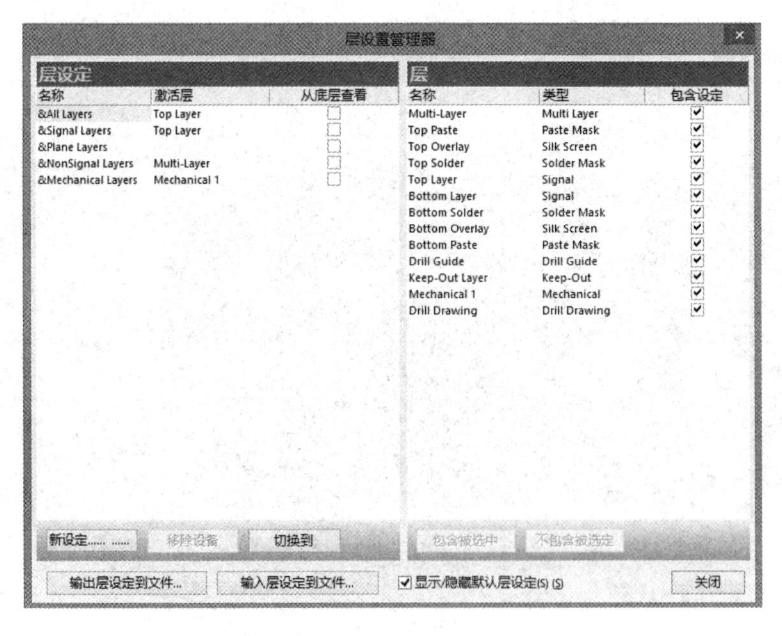

图 6-57 【层设置管理器】对话框

通过单击【新设定】、【移除设备】按钮，可以加入新设置和删除设置。这里，所有设置保持默认状态，无须再进行设置。

6.6　PCB 网格及图纸页面的设置

网格就是 PCB 编辑窗口内显示出来的横竖交错的格子。设计工作人员借助网格可以更准确地操作元器件的定位布局及布线的方向，网格设置主要通过【板参数选项】对话框来完成。

执行菜单命令【设计】→【板参数选项】，或者在编辑窗口内右击，在弹出的菜单中执行菜单命令【选项】→【板参数选项】，则会打开【板选项】对话框，如图 6-58 所示。

【板选项】对话框用于设置一些基本的工作参数，其作用范围就是当前的 PCB 文件，主要由 5 个区域组成。

- ☺ 度量单位：用于设置 PCB 设计中使用的度量单位，有 Metric（公制）和 Imperial（英制）两项选择。一般常用的元器件封装多用英制单位。例如，双列直插元器件的引脚间距正好是 100mil，其宽度通常为 300mil 或 600mil，非表贴元器件的引脚间距大都是 100mil 的整数倍，因此为了布局布线上的方便，通常用英制单位作为测量单位。
- ☺ 标识显示：用于设定元器件标识的显示方式，可显示“Display Physical Designators”（物理标识）或“Display Logical Designators”（逻辑标识）。
- ☺ 布线工具路径：用于设定布线工具层，可选择“Dot not use”（不使用层）或“mechanical1”（机械层）。
- ☺ 图纸位置：用于设定图纸的起始“X”和“Y”坐标，以及宽度和高度。选中“显示页面”复选框后，编辑窗口内将显示图纸页面；选中“自动尺寸链接层”复选框后，将锁定图纸上的图元。
- ☺ 捕获选项：本项设置提供了若干复选框，分别如下。
  - ✧ 捕捉到栅格：用于切换光标是否能捕获板上定义的网格。
  - ✧ 捕捉到线性向导：用于切换光标是否能捕获手动放置的线性捕获参考线。
  - ✧ 捕捉到点向导：用于切换光标是否能捕获手动放置的捕获参考点。
  - ✧ Snap To Object Axis：用于切换光标是否能捕获动态对齐向导线，该动态对齐向导线是通过接近所放置对象的热点生成的。当在工作区域移动对象时，系统会在光标附近自动产生参考线，这个参考线是基于已放置对象相关捕获点的。光标可以根据对象捕获点的位置进行水平或垂直方向对齐，这样允许靠近光标的捕获点在同一轴上，远端的捕获点在另一轴上，这样可以驱动光标的位置。
  - ✧ 捕捉到目标热点：就是指电气网格，用于切换光标是否能在它靠近所放置对象的热点时捕获该对象。该特殊子系统启用时这个命令将被检测。若选中“捕捉到目标热点”复选框，则激活了系统的电气网格捕获功能，即以光标为圆心，以捕获范围为半径，自动寻找电气连接点，如果在此范围内找到交叉的连接点，系统会自动把光标指向该连接点，并在连接点上放置一个焊盘，进行电气连接。捕获范围可以在范围文本编辑栏中设置，如这里选用系统默认的范围值为“8mil”。

单击【Advanced】按钮，进入【板选项】对话框的高级设置，如图 6-59 所示。

图 6-58 【板选项】对话框

图 6-59 【板选项】对话框的高级设置

单击【栅格】按钮，进入【栅格管理器】对话框，如图 6-60 所示。单击【菜单】按钮，弹出如图 6-61 所示的菜单。可以添加卡迪尔栅格和极坐标栅格，同时可以对 3 种栅格进行属性设置。

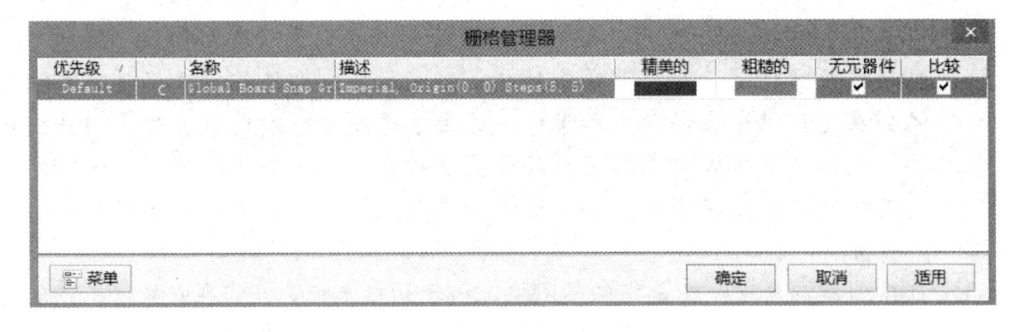

图 6-60 【栅格管理器】对话框

执行菜单命令【属性】，则进入【Cartesian Grid Editor】对话框，如图 6-62 所示，步进值区域可以设置 PCB 视图中所需的“X”和“Y”值，显示区域提供了“Lines”（直线式）、“Dots”（点阵式）和“Do Not Draw”（不画）3 种栅格类型选项，并可自定义栅格颜色及增效器大小。

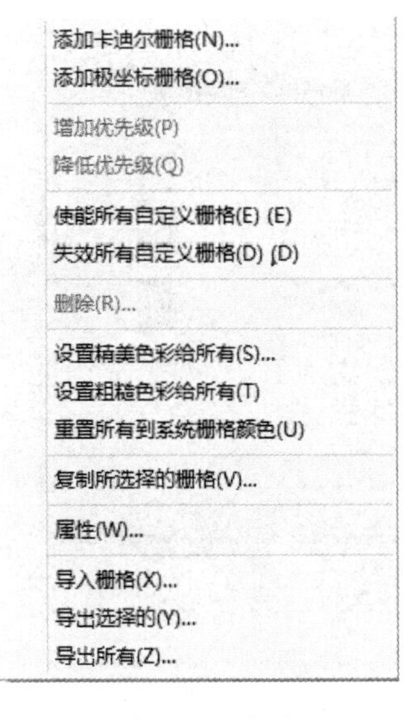

图 6-61　菜单

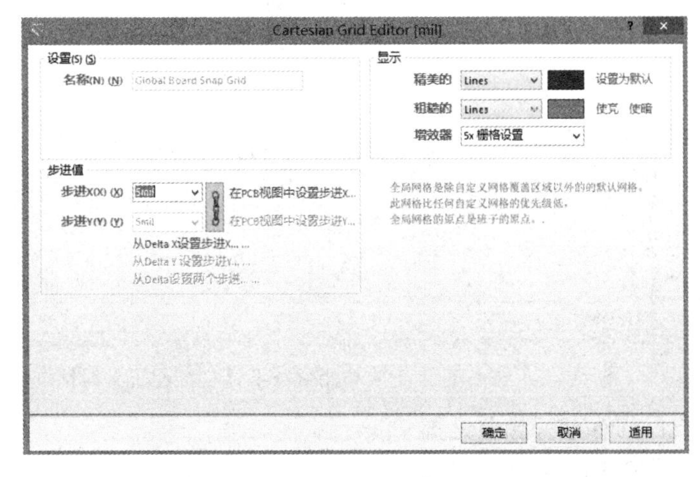

图 6-62　【Cartesian Grid Editor】对话框

设置好后，单击【适用】→【确定】按钮，则退出【Cartesian Grid Editor】对话框。

执行菜单命令【板选项】→【向导】→【添加】，打开【捕捉向导管理器】对话框，如图 6-63 所示，可以添加各种类型的捕获参考线和捕获参考点。

设置好所有参数后，单击【确定】按钮，则退出【板选项】对话框。

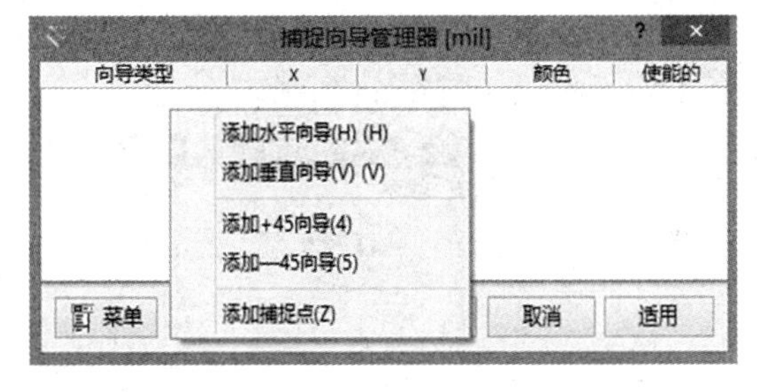

图 6-63　【捕捉向导管理器】对话框

6.7　PCB 工作层面的颜色及显示的设置

为了便于区分，编辑窗口内所显示的不同工作层应该选用不同的区分颜色，设计人员可以根据自己的设计习惯，通过 PCB 的【板层颜色】对话框来加以设定。通过【板层颜色】对话框还可以设定相应层面是否在编辑窗口内显示出来。

执行菜单命令【设计】→【板层颜色】，或者在编辑窗口内右击，在弹出的菜单中执行菜单命令【选项】→【板层颜色】，则会打开如图 6-64 所示的【视图配置】对话框。

【视图配置】对话框主要分为两部分：工作层面颜色设置和系统颜色设置。

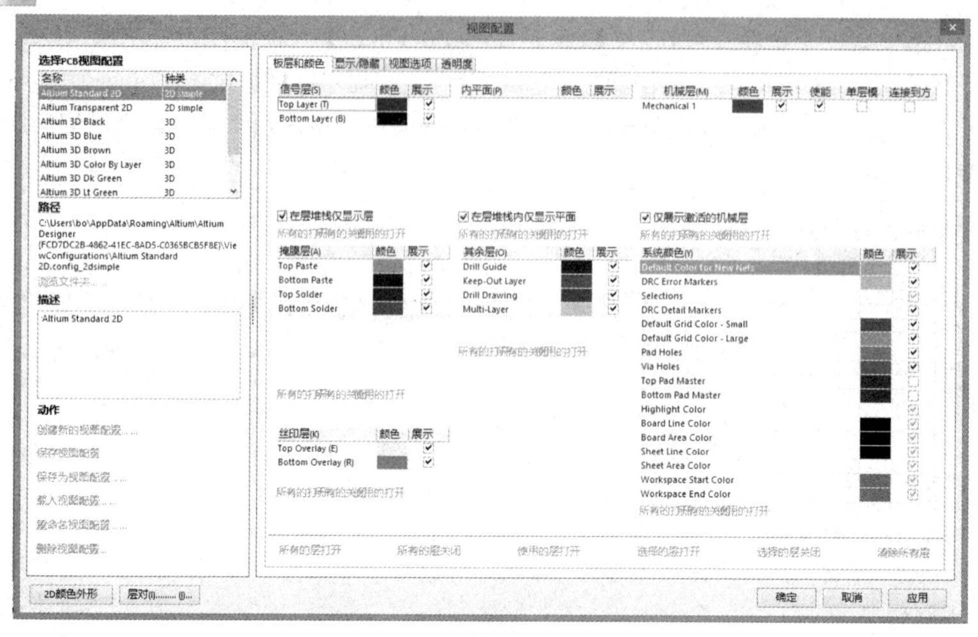

图 6-64　【视图配置】对话框

1. 工作层面颜色设置

PCB 的工作层面是按照信号层、内平面、机械层、掩膜层、其余层和丝印层 6 个区域分类设置的。各个区域中，每个工作层面的后面都有 1 个颜色块和 1 个复选框，若选中该复选框，则相应的工作层面标签会在编辑窗口中显示出来；单击颜色块，可打开【2D 系统颜色】对话框，如图 6-65 所示。

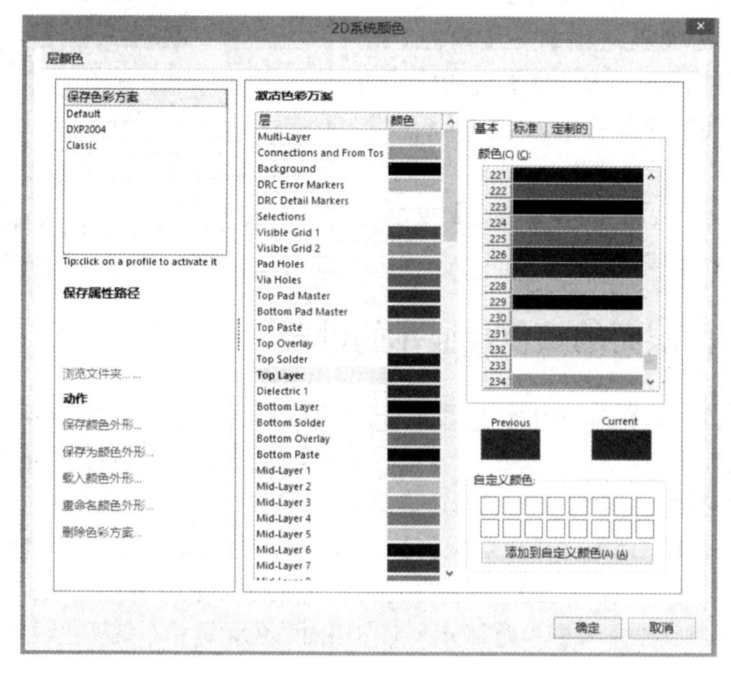

图 6-65　【2D 系统颜色】对话框

2．系统颜色设置

☺ Default Color for New Nets：用于设置对新网络默认颜色。

☺ DRC Error Markers：用于设置违反 DRC 设计规则的错误信息显示。

☺ DRC Detail Markers：用于设置 DRC 设计规则的信息显示

☺ Selections：该项为选择显示项，用于设置被选中图元的覆盖颜色。

☺ Default Grid Corlor–Small：用于设置默认小栅格的颜色。

☺ Default Grid Corlor–Large：用于设置默认大栅格的颜色。

☺ Pad Holes：用于设置焊盘孔的颜色。

☺ Via Holes：用于设置过孔的颜色。

☺ Highlight Color：用于设置高亮显示的颜色。

☺ Board Line Color：用于设置 PCB 边界线的颜色。

☺ Board Area Color：用于设置 PCB 区域的颜色。

☺ Sheet Line Color：用于设置图纸边界线的颜色。

☺ Sheet Area Color：用于设置图纸页面的颜色。

☺ Workspace Start Color：用于设置编辑窗口起始端的颜色。

☺ Workspace End Color：用于设置编辑窗口终止端的颜色。

系统提供了 3 种默认的工作层面颜色和系统颜色的设置方案，分别是“Default”“DXP 2004”“Classic”，选择其中之一就可以进行相应的设定。通常为了满足 PCB 的通用性和标准化要求，建议用户使用系统所提供的默认颜色设置方案进行设计。

图 6-65 给出的即为“Default”的颜色设置方案，而“DXP 2004”“Classic”的颜色设置方案即可在图 6-65 的左上角保存色彩方案中设置。

6.8　PCB 系统环境参数的设置

系统环境参数的设置是 PCB 设计过程中非常重要的一步，用户根据个人的设计习惯，设置合理的环境参数，将会大大提高设计的效率。

执行菜单命令【DXP】→【参数选择】，或者在编辑窗口内右击，在弹出的菜单中执行菜单命令【选项】→【优先选项】，如图 6-66 所示，将会打开 PCB 编辑器的【参数选择】对话框。

【参数选择】对话框中有 15 个选项供设计者进行设置。

☺【General】：用于设置 PCB 设计中的各类操作模式，【General】窗口如图 6-67 所示。

☺【Display】：用于设置 PCB 编辑窗口内的显示模式，【Display】窗口如图 6-68 所示。

☺【Board Insight Display】：用于设置 PCB 图文件在编辑窗口内的显示方式，【Board Insight Display】窗口如图 6-69 所示。

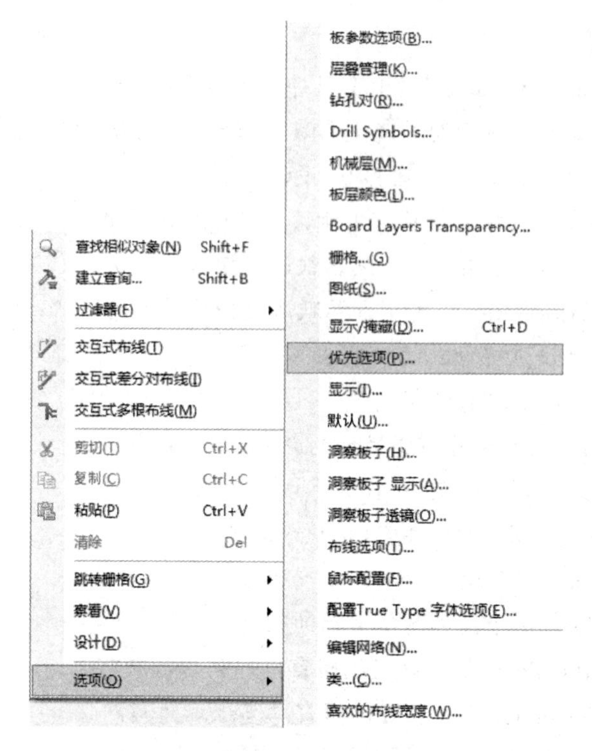

图 6-66 执行菜单命令【选项】→【优先选项】

图 6-67 【General】窗口

图 6-68 【Display】窗口

图 6-69 【Board Insight Display】窗口

☺【Board Insight Modes】：用于 Board Insight 系统的显示模式设置，【Board Insight Modes】窗口如图 6-70 所示。

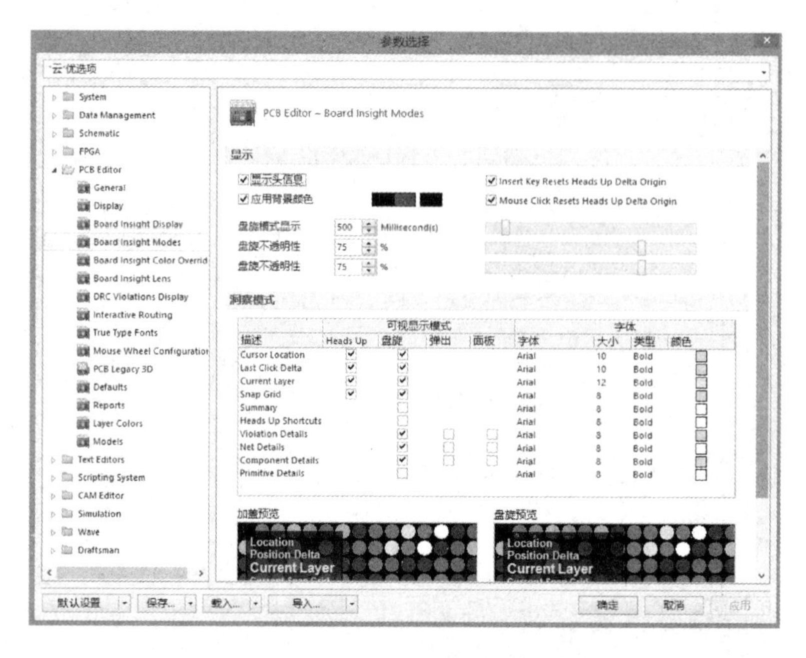

图 6-70 【Board Insight Modes】窗口

☺【Board Insight Color Overrides】：用于 Board Insight 系统的覆盖色模式设置，【Board Insight Color Overrides】窗口如图 6-71 所示。

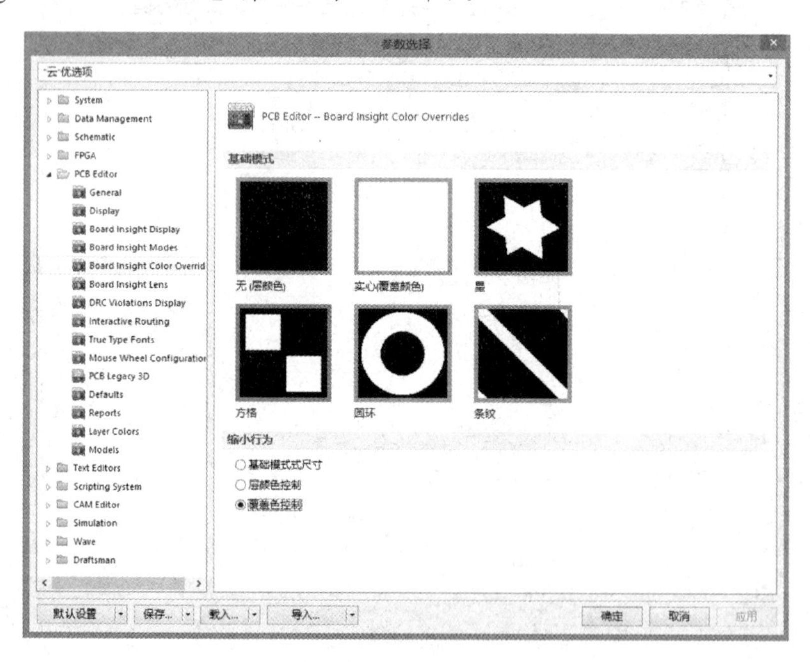

图 6-71 【Board Insight Color Overrides】窗口

☺【Board Insight Lens】：用于 Board Insight 系统的放大镜功能的模式设置，【Board Insight Lens】窗口如图 6-72 所示。

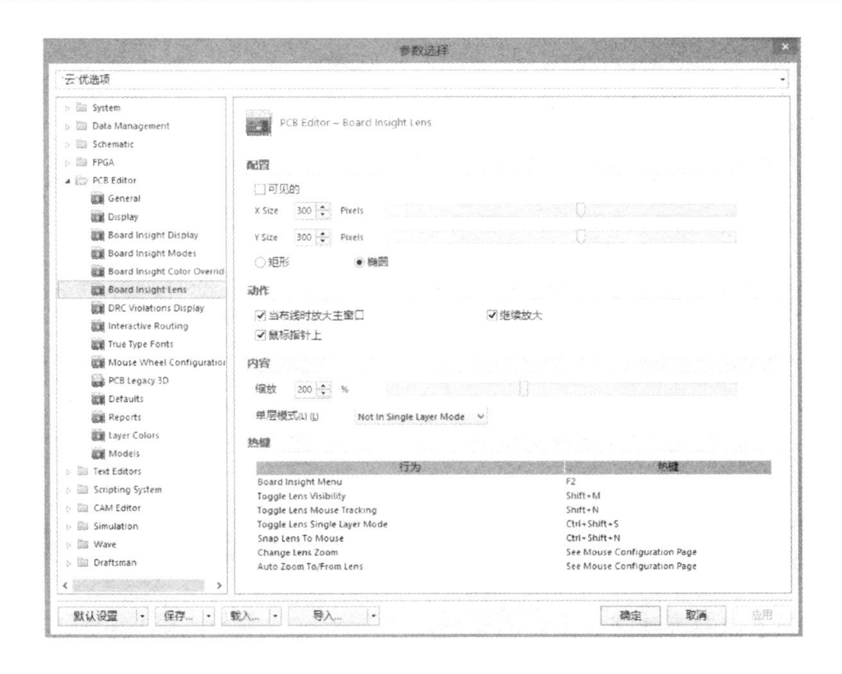

图 6-72 【Board Insight Lens】窗口

☺【DRC Violations Display】: 用于 DRC 冲突显示的模式设置，【DRC Violations Display】窗口如图 6-73 所示。

图 6-73 【DRC Violations Display】窗口

☺【Interactive Routing】: 用于交互式布线操作的有关模式设置，【Interactive Routing】窗口如图 6-74 所示。

图 6-74 【Interactive Routing】窗口

☺【True Type Fonts】：用于选择设置 PCB 设计中所用的 True Type 字体，如图 6-75 所示。

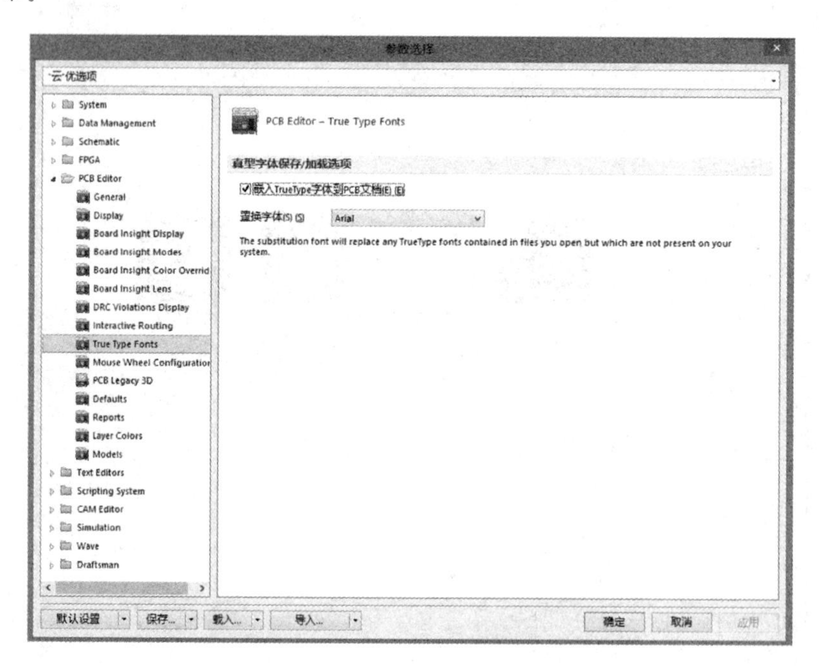

图 6-75 【True Type Fonts】窗口

☺【Mouse Wheel Configuration】：用于对鼠标滚轮的功能进行设置，以便实现对编辑窗口的快速移动及板层切换等，【Mouse Wheel Configuration】窗口如图 6-76 所示。

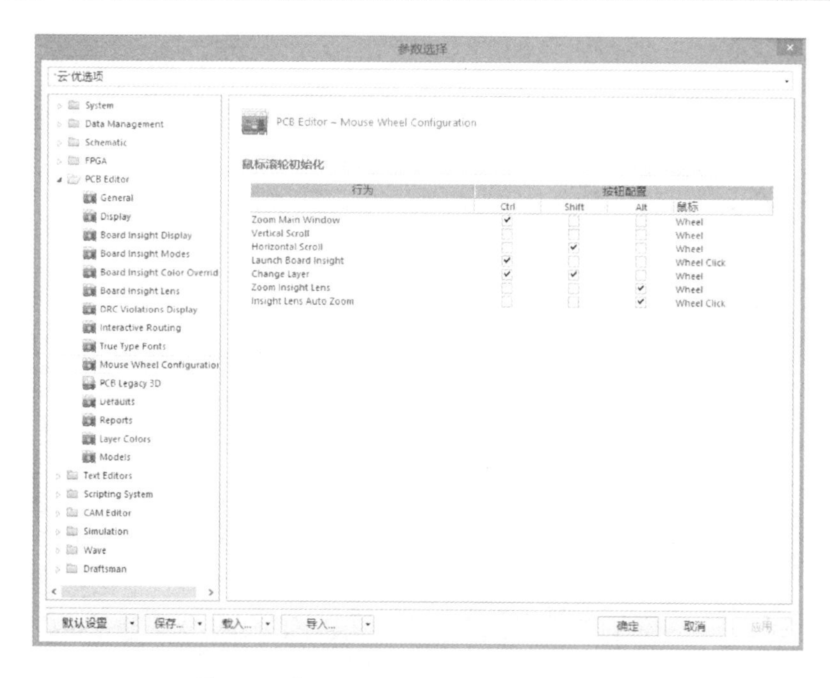

图 6-76 【Mouse Wheel Configuration】窗口

☺【PCB Legacy 3D】：用于设置 PCB 设计中的 3D 效果图参数，【PCB Legacy 3D】窗口如图 6-77 所示。

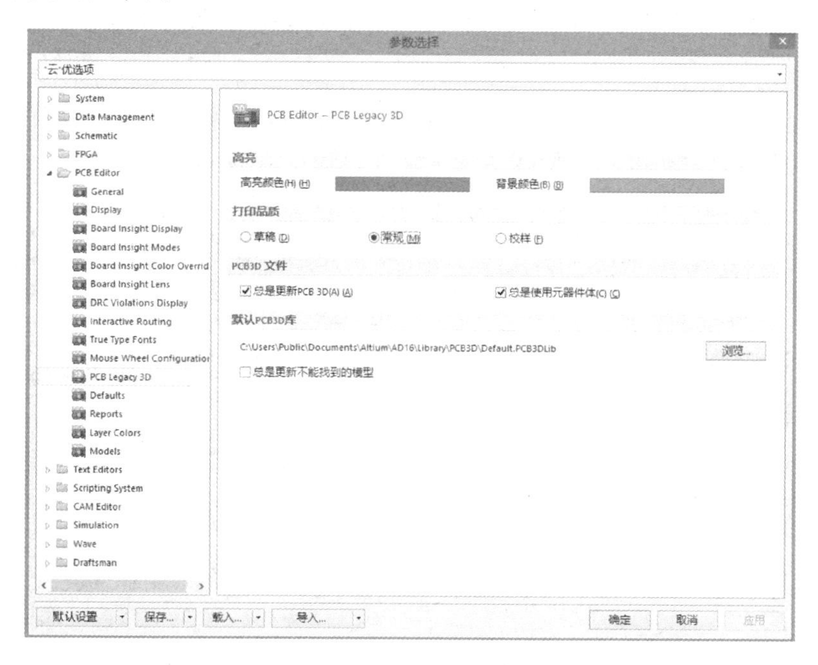

图 6-77 【PCB Legacy 3D】窗口

☺【Defaults】：用于设置各种类型图元的系统默认值，可以对 PCB 设计中各项图元的值进行设置，也可以将设置后的图元的值恢复到系统默认状态，【Defaults】窗口如

图 6-78 所示。

图 6-78 【Defaults】窗口

☺【Reports】：用于对 PCB 相关文档的批量输出进行设置，【Reports】窗口如图 6-79 所示。

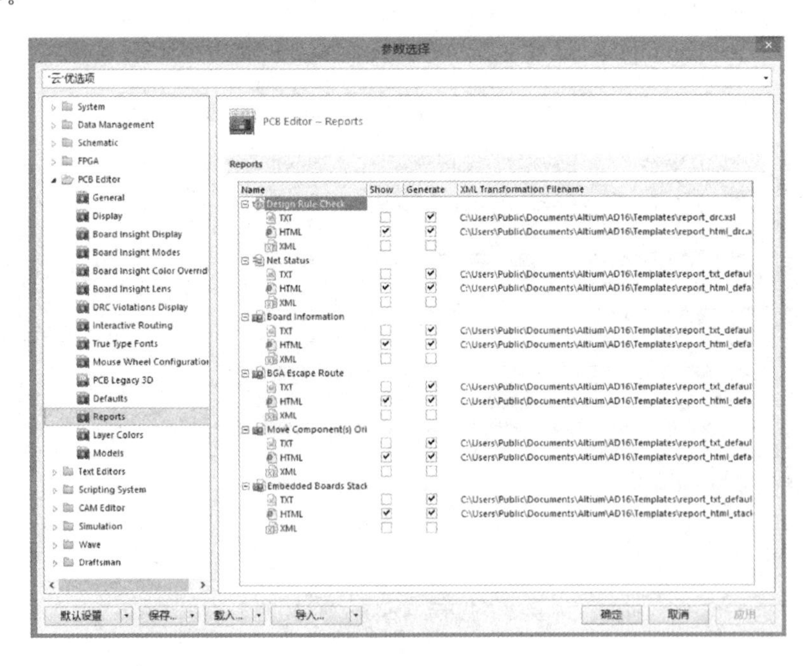

图 6-79 【Reports】窗口

☺【Layer Colors】: 用于设置 PCB 各层板的颜色,【Layer Colors】窗口如图 6-80 所示。

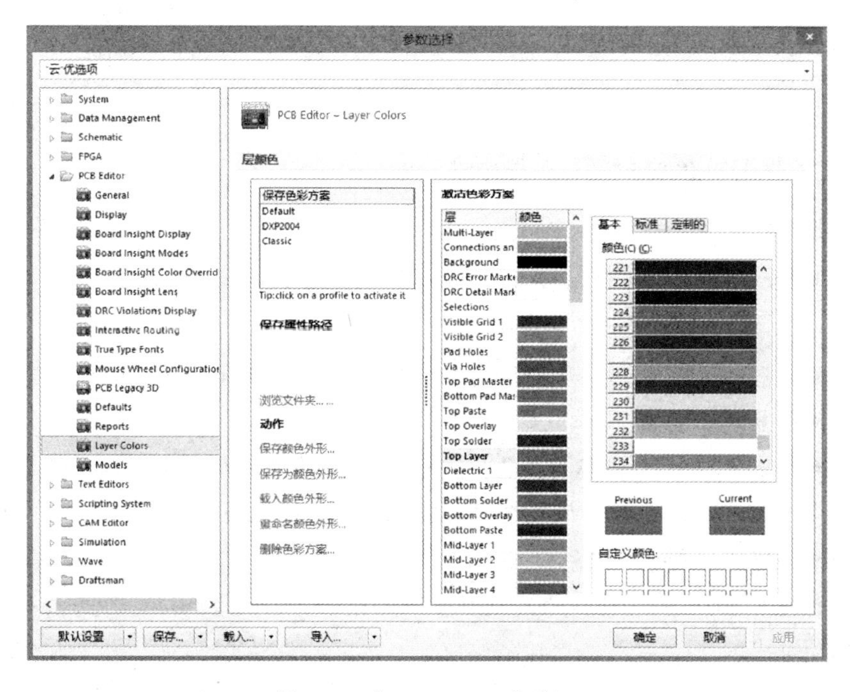

图 6-80 【Layer Colors】窗口

☺【Models】: 用于设置模型搜索路径等,【Models】窗口如图 6-81 所示。

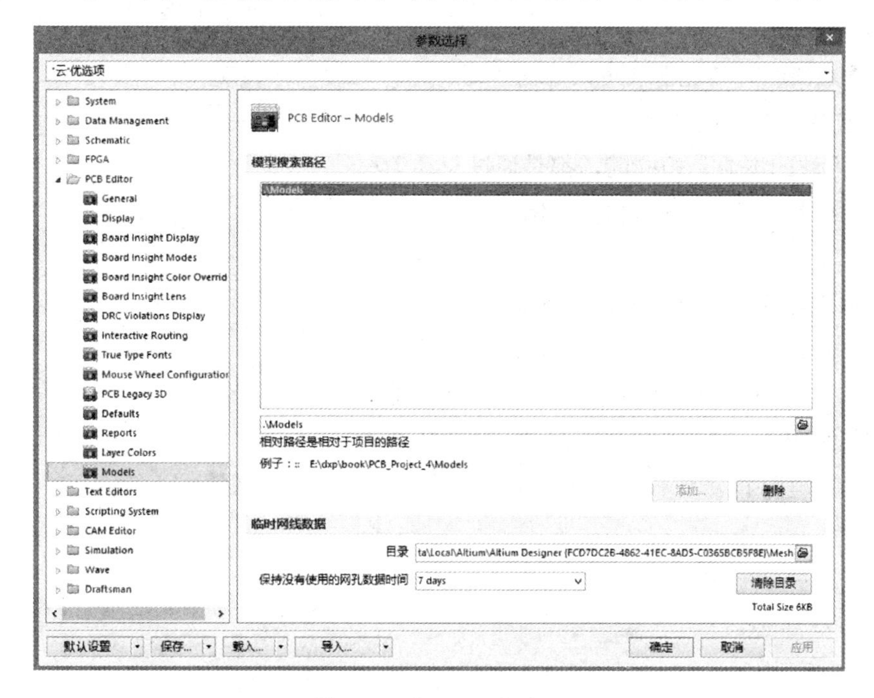

图 6-81 【Models】窗口

6.9 载入网络表

加载网络表，即将原理图中元器件的相互连接关系及元器件封装尺寸数据输入 PCB 编辑器中，实现原理图向 PCB 的转化，以便进一步制板。

1. 准备设计转换

要将原理图中的设计信息转换到新的空白 PCB 文件中，首先应完成以下项目的准备工作。

☺ 对项目中所绘制的电路原理图进行编译检查，验证设计，确保电气连接的正确性和元器件封装的正确性。

☺ 确认与电路原理图和 PCB 文件相关联的所有元器件库均已加载，保证原理图文件中所指定的封装形式在可用库文件中都能找到并可以使用。PCB 元器件库的加载和原理图元器件库的加载方法完全相同。

☺ 将所新建的 PCB 空白文件添加到与原理图相同的项目中。

2. 网络与元器件封装的装入

Altium Designer 为用户提供了两种装入网络与元器件封装的方法。

☺ 在原理图编辑环境中使用设计同步器。

☺ 在 PCB 编辑环境中执行菜单命令。

这两种方法的本质是相同的，都是通过启动工程变化订单来完成的。下面就以相同的例子，介绍一下这两种方法。

1）在原理图编辑环境中使用设计同步器

创建新的工程项目“PCB_Project1.PrjPcb”，在工程名上右击，在弹出的菜单中执行菜单命令【添加现有的文件到工程】，如图 6-82 所示，将已绘制好的电路原理图和要进行设计的 PCB 文件导入该工程。

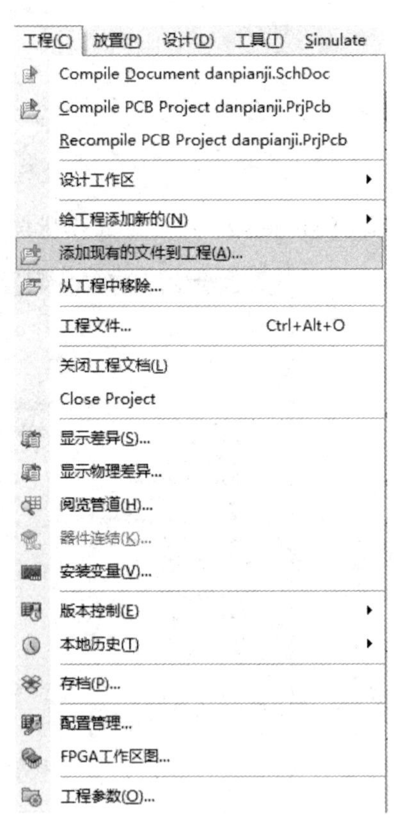

图 6-82 执行菜单命令【添加现有的文件到工程】

将工作界面切换到已绘制好的电路原理图界面，如图 6-83 所示。

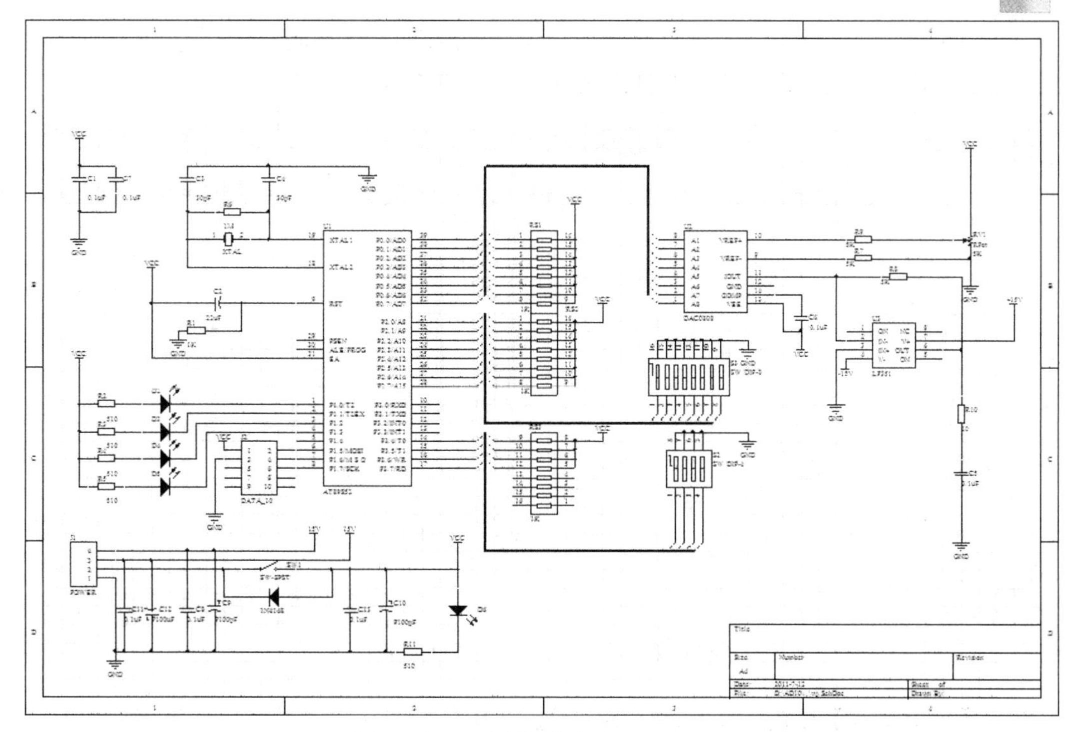

图 6-83　已绘制好的电路原理图界面

执行菜单命令【工程】→【Compile PCB Project PCB_Project1.PrjPcb】，编译项目“PCB_Project1.PrjPcb”。若没有弹出错误信息提示，证明电路绘制正确。

在原理图编辑环境中，执行菜单命令【设计】→【Update Schematics in PCB_Project1.PrjPcb】，如图 6-84 所示。

设计(D)　工具(T)　自动布线(A)　报告(R)　Window

Update Schematics in PCB_Project1.PrjPcb

Import Changes From PCB_Project1.PrjPcb

规则(R)...

规则向导(W)...

板子形状(S)

网络表(N)

xSignals

层叠管理(K)...

板层颜色(L)...　L

管理层设置(T)

Room(M)

类...(C)...

浏览元器件(B)...

添加/移除库(L)...

生成PCB 库(P)

生成集成库(A)

板参数选项(O)...

图 6-84　执行菜单命令【设计】→【Update Schematics in PCB_Project1.PrjPcb】

执行完上述菜单命令后，系统会打开如图 6-85 所示的【工程更改顺序】对话框。该对话框中显示了本次要进行载入的元器件封装及载入的 PCB 文件名等。

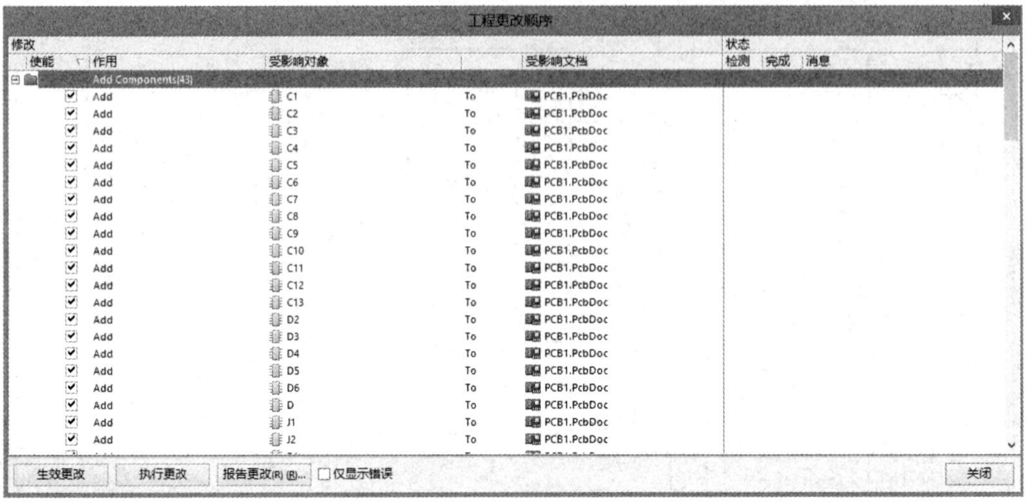

图 6-85　【工程更改顺序】对话框

单击【生效更改】按钮，在状态区域的检测栏中将会显示检查的结果，出现绿色的对号标志，表明对网络及元器件封装的检查是正确的，变化有效。当出现红色的叉号标志，表明对网络及元器件封装检查是错误的，变化无效。检查网络及元器件封装如图 6-86 所示。

图 6-86　检查网络及元器件封装

需要强调的是，如果网络及元器件封装检查是错误，一般是由于没有装载可用的集成库，无法找到正确的元器件封装。

单击【执行更改】按钮，如图 6-87 所示，将网络及元器件封装装入 PCB 文件“PCB1.PcbDoc”中，如果装入正确，则在状态区域的完成栏中显示出绿色的对号标志。

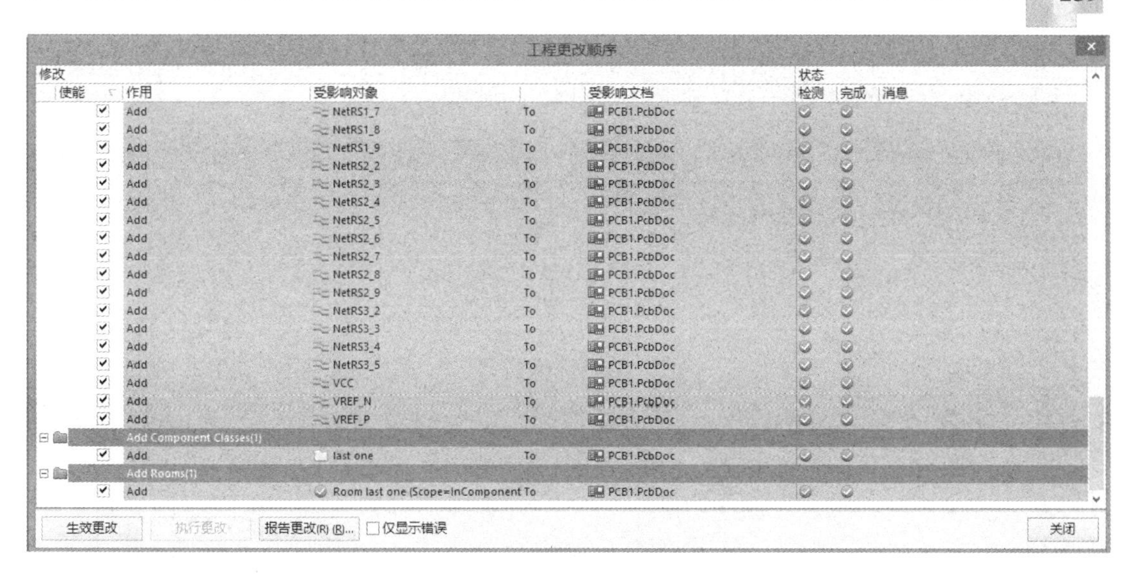

图 6-87　单击【执行更改】按钮

单击【关闭】按钮即可退出【工程更改顺序】对话框，并可以看到所装入的网络与元器件封装放置在 PCB 的电气边界以外，并且以飞线的形式显示着网络和元器件封装之间的连接关系。装入网络与元器件封装的效果如图 6-88 所示。

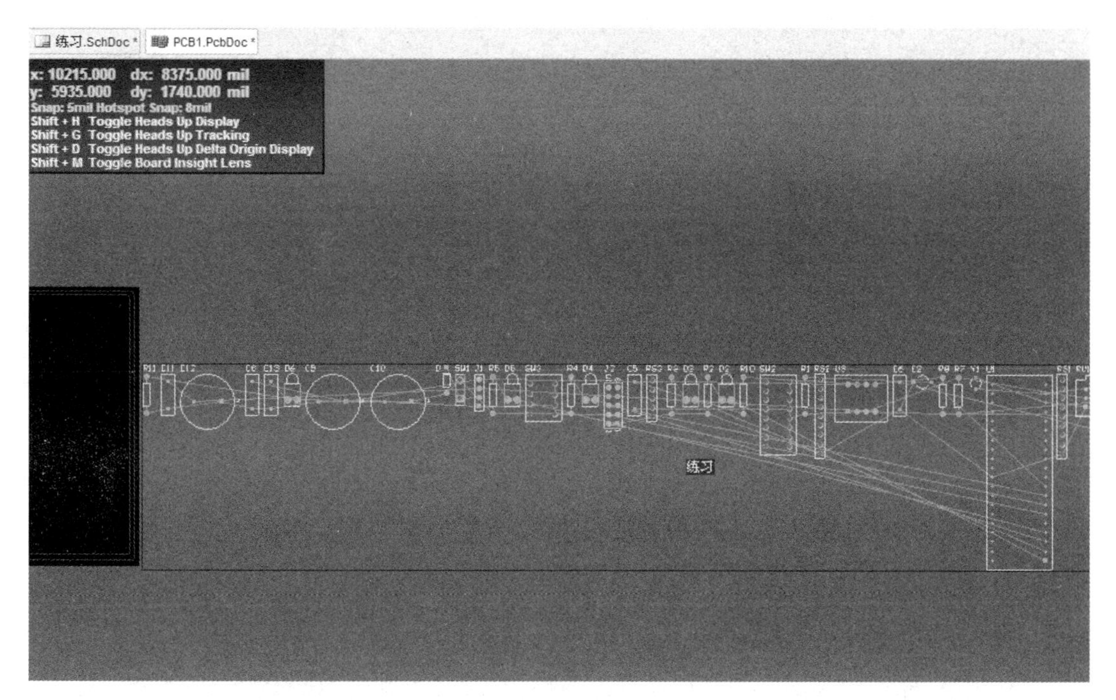

图 6-88　装入网络与元器件封装的效果

2）在 PCB 编辑环境中执行菜单命令

确认原理图文件及 PCB 文件已经加载到新建的工程项目中，操作与前面相同。将界面切换到 PCB 编辑环境，执行菜单命令【设计】→【Import Changes From PCB_Project1.PrjPcb】，打开【工程更改顺序】对话框，如图 6-89 所示。

工程更改顺序

使能	作用	受影响对象		受影响文档	检测	完成	消息
Add Components(16)							
✔	Add	D2	To	PCB1.PcbDoc			
✔	Add	D3	To	PCB1.PcbDoc			
✔	Add	D4	To	PCB1.PcbDoc			
✔	Add	D5	To	PCB1.PcbDoc			
✔	Add	D6	To	PCB1.PcbDoc			
✔	Add	D	To	PCB1.PcbDoc			
✔	Add	RS1	To	PCB1.PcbDoc			
✔	Add	RS2	To	PCB1.PcbDoc			
✔	Add	RS3	To	PCB1.PcbDoc			
✔	Add	SW1	To	PCB1.PcbDoc			
✔	Add	SW2	To	PCB1.PcbDoc			
✔	Add	SW3	To	PCB1.PcbDoc			
✔	Add	U1	To	PCB1.PcbDoc			
✔	Add	U2	To	PCB1.PcbDoc			
✔	Add	U3	To	PCB1.PcbDoc			
✔	Add	Y1	To	PCB1.PcbDoc			
Add Pins To Nets(113)							
✔	Add	D2-A to NetD2_A	In	PCB1.PcbDoc			
✔	Add	D2-K to NetD2_K	In	PCB1.PcbDoc			
✔	Add	D3-A to NetD3_A	In	PCB1.PcbDoc			
✔	Add	D3-K to NetD3_K	In	PCB1.PcbDoc			

生效更改　执行更改　报告更改(R)(B)...　仅显示错误　关闭

图 6-89 【工程更改顺序】对话框

之后的操作与前面相同，这里就不再重复描述。

3）飞线

将原理图文件导入 PCB 文件后，系统会自动生成飞线。飞线如图 6-90 所示，它是一种形式上的连线。它只从形式上表示出各个焊点间的连接关系，没有电气的连接意义，其按照电路的实际连接将各个节点相连，使电路中的所有节点都能够连通，且无回路。

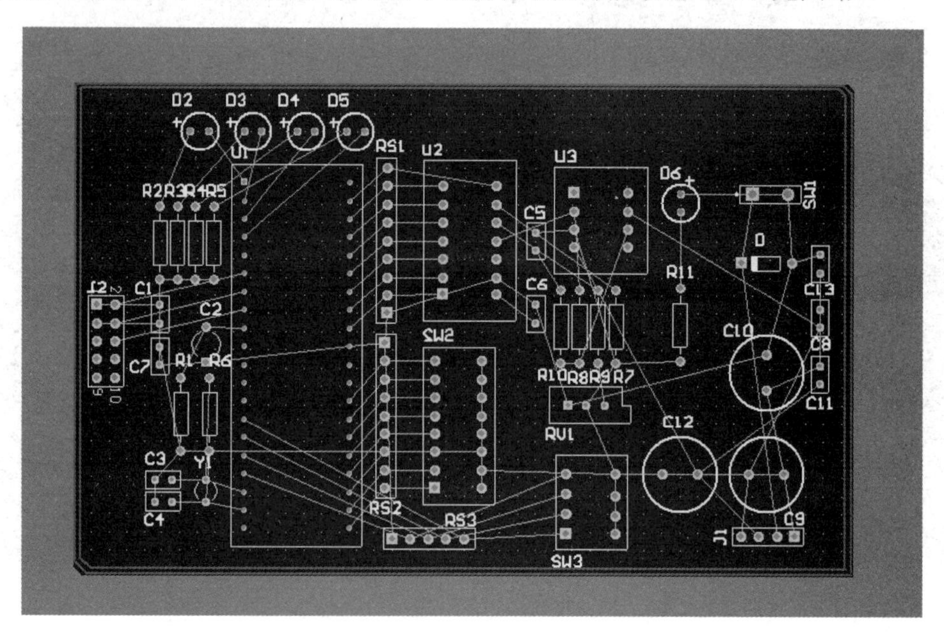

图 6-90　飞线

思考与练习

（1）在第 3 章思考与练习（1）所建立的项目文件中，添加一个新的 PCB 文件。

（2）对 PCB 形状进行重新定义，给出 PCB 的物理边界和电气边界。

（3）在第 3 章思考与练习（3）的基础上，导出网络表到该 PCB 中。

第7章 元器件布局

装入网络表和元器件封装后，用户要将元器件封装放入工作区，这就是对元器件封装进行布局。在 PCB 设计中，布局是一个重要的环节。布局的好坏将直接影响布线的效果，因此可以认为，合理的布局是 PCB 设计成功的第一步。

布局的方式分为两种，即自动布局和手动布局。

自动布局是指设计人员布局前先设定好设计规则，系统自动在 PCB 上进行元器件的布局，这种方法效率较高，布局结构比较优化，但缺乏一定的布局合理性，所以在自动布局完成后，要进行一定的手工调整，以达到设计的要求。

手动布局是指设计者手工在 PCB 上进行元器件的布局，包括移动、排列元器件。这种布局结果一般比较合理和实用，但效率比较低，完成一块 PCB 布局的时间比较长。所以，一般采用这两种方法相结合的方式进行 PCB 设计。

7.1 自动布局

为了实现系统的自动布局，首先设计者要对布局规则进行设置。在这里有必要介绍一下布局规则设置选项，合理设置自动布局选项可以使自动布局结果更加完善。

1. 布局规则设置

在 PCB 编辑环境中，执行菜单命令【设计】→【规则】，如图 7-1 所示，即可打开【PCB 规则及约束编辑器】对话框，如图 7-2 所示。

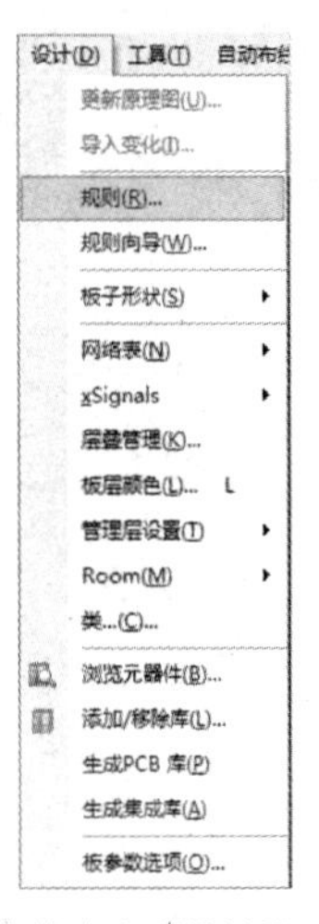

图 7-1 执行菜单命令【设计】→【规则】

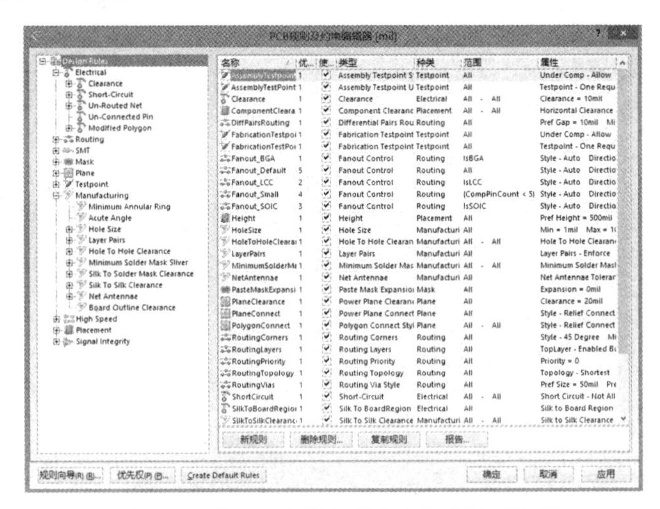

图 7-2 【PCB 规则及约束编辑器】对话框

在该对话框的左列表框中，列出了系统所提供的 10 类设计规则，分别是【Electrical】（电气规则）、【Routing】（布线规则）、【SMT】（贴片式元器件规则）、【Mask】（屏蔽层规则）、【Plane】（内层规则）、【Testpoint】（测试点规则）、【Manufacturing】（制板规则）、【High Speed】（高频电路规则）、【Placement】（布局规则）、【Signal Integrity】（信号分析规则）。

这里要进行设置的规则是【Placement】（布局规则）。单击布局规则前面的加号，可以看到布局规则的 6 项子规则，如图 7-3 所示。

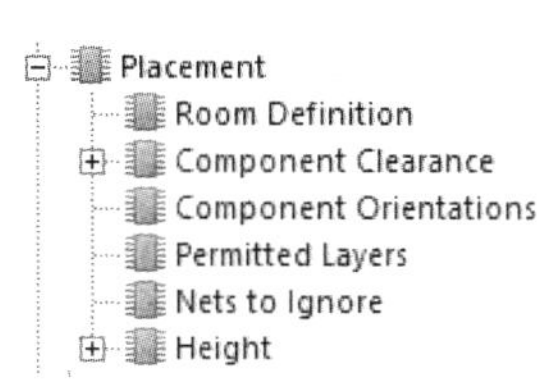

图 7-3　布局规则的 6 项子规则

1）【Room Definition】（空间定义）子规则

【Room Definition】子规则主要用来设置 Room 空间的尺寸，以及它在 PCB 中所在的工作层面。单击【Room Definition】，可在【PCB 规则及约束编辑器】对话框的右侧打开如图 7-4 所示的【Room Definition】窗口。

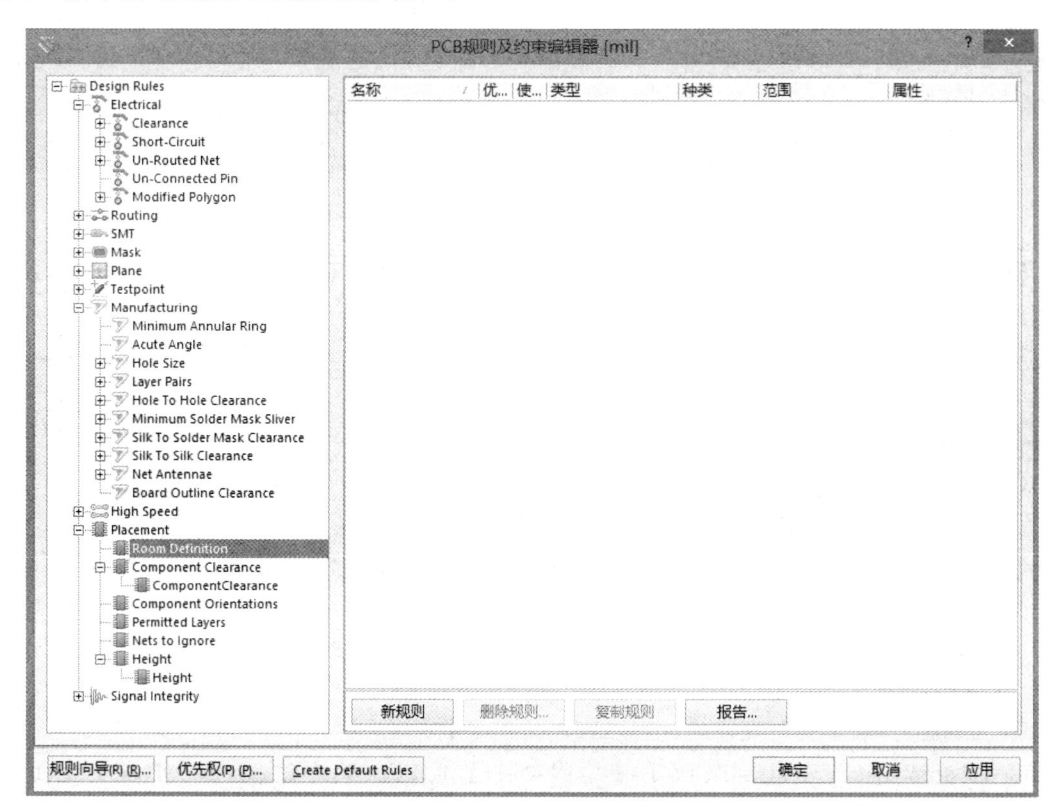

图 7-4　【Room Definition】窗口

单击【新规则】按钮，在【PCB 规则及约束编辑器】对话框的左侧【Room Definition】下会展开一个【Room Definition】子规则，单击新生成的子规则，则【PCB 规则及约束编辑器】对话框的右侧打开如图 7-5 所示的【Room Definition】子规则窗口。

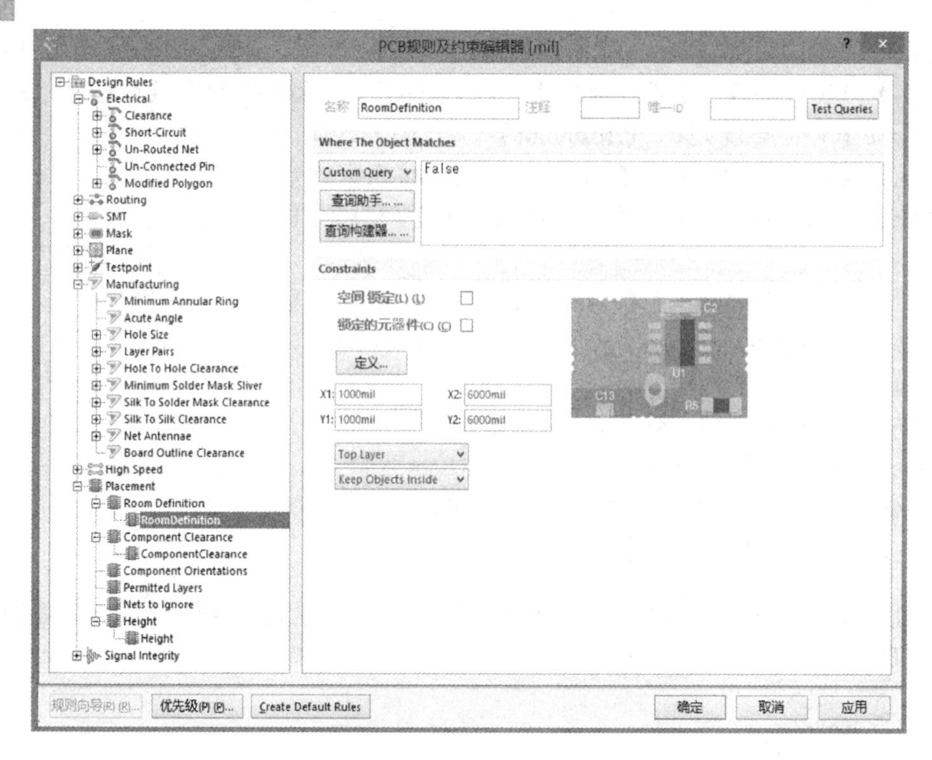

图 7-5 【Room Definition】子规则窗口

【Room Definition】子规则窗口分为两部分。上部分主要用于设置该规则的具体名称及适用的范围。这部分主要包括了一些文本编辑栏（对子规则命名及填写子规则描述信息等）和一个下拉菜单（供用户设置规则匹配对象的范围）。【Custom Query】下拉菜单如图 7-6 所示。

Custom Query
All
Component
Component Class
Footprint
Package
Custom Query

图 7-6 【Custom Query】下拉菜单

☺ All：表示当前设定的规则在整个 PCB 上有效。

☺ Component：表示当前设定的规则在某个选定的元器件上有效，此时在右端的文本编辑栏内可设置元器件名称。

☺ Component Class：表示当前设定的规则可在全部元器件或几个元器件上有效。

☺ Footprint：表示当前设定的规则在选定的引脚上有效，此时在右端的编辑框内可设置引脚名称。

☺ Package：表示当前设定的规则在选定的范围中有效。

☺ Custom Query：表示激活了【询问助手】按钮，单击该按钮，可启动【Query Helper】对话框来编辑一个表达式，以便自定义规则的适用范围。

下部分主要用于设置规则的具体约束特性。对于不同的规则，约束特性的设置内容也是不同的。在【Room Definition】子规则中，需要设置的有以下几项。

☺ 空间锁定：选中该复选框后，表示 PCB 图纸上的 Room 空间被锁定，此时用户不能再重新定义 Room 空间，同时在进行自动布局或手动布局时，该空间也不能再被拖动。

☺ 锁定的元器件：选中该复选框后，Room 空间中元器件封装的位置和状态将被锁定，在进行自动布局或手动布局时，不能再移动它们的位置和编辑它们的状态。

对于 Room 空间大小，可通过【定义】按钮或输入“X1”“X2”“Y1”“Y2”4 个对角坐标来完成。其中，“X1”和“Y1”用来设置 Room 空间最左下角的横坐标和纵坐标的值，“X2”和“Y2”用来设置 Room 空间最右上角的横坐标和纵坐标的值。

约束区域最下方是两个下拉菜单，用于设置 Room 空间所在工作层及元器件所在位置。工作层设置包括两个选项，即“Top Layer”（顶层）和“Bottom Layer”（底层）。元器件位置设置也包括两个选项，即“Keep Objects Inside”（元器件位于 Room 空间内）和“Keep Objects Outside”（元器件位于 Room 空间外）。

2）【Component Clearance】（元器件间距）子规则

【Component Clearance】子规则用来设置自动布局时元器件封装之间的安全距离。

单击【Component Clearance】子规则前面的加号，则会展开一个【Component Clearance】子规则，单击该规则可在【PCB 规则及约束编辑器】对话框的右侧打开如图 7-7 所示的【Component Clearance】子规则窗口。

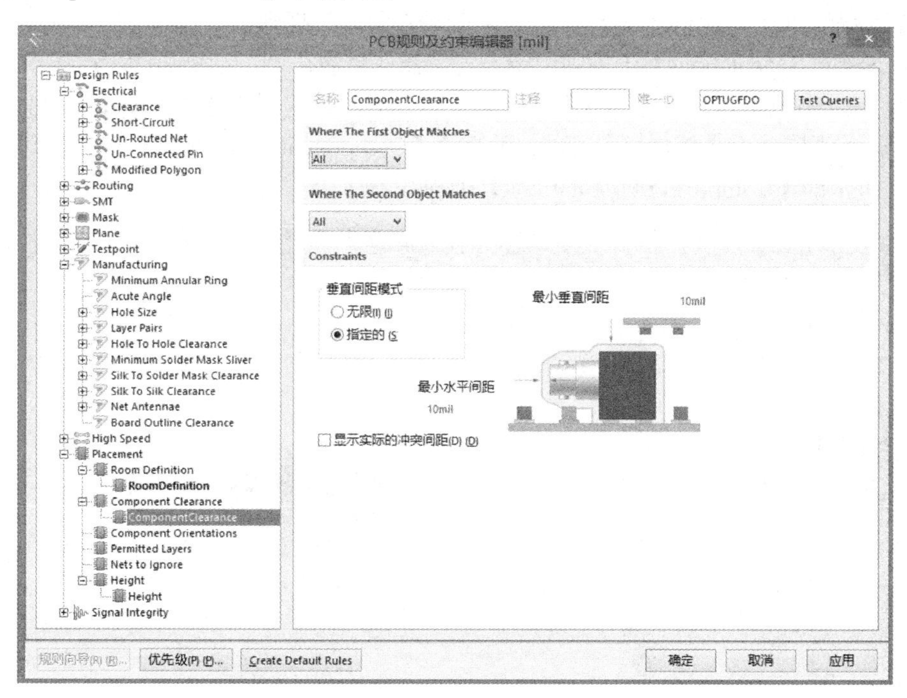

图 7-7 【Component Clearance】子规则窗口

元器件间距是相对于两个对象而言的，因此在该子规则窗口中，相应地会有两个规则匹配对象的范围设置，设置方法与前面的相同。

在 Constraints 区域的垂直间距模式栏内，提供了两种对该子规则进行检查的模式。对应于不同的检查模式，在布局中对于是否违规判断的依据会有所不同。这两种模式分别为“无限”和“指定的”检查模式。

☺ 无限：以元器件的外形尺寸为依据。选中该模式，Constraints 区域就会变成如图 7-8 所示的“无限”检查模式。在该模式下，只要设置最小水平距离。

☺ 指定的：以元器件本体图元为依据，忽略其他图元。在该模式中要设置元器件本体图元之间的最小水平间距和最小垂直间距。选中该模式，Constraints 区域就会变成如图 7-9 所示的“指定的”检查模式。

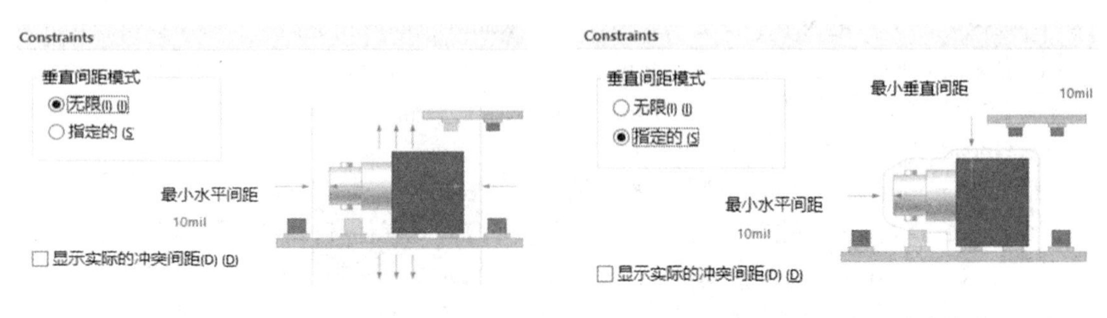

图 7-8 “无限”检查模式　　　　图 7-9 “指定的”检查模式

3）【Component Orientations】（元器件布局方向）子规则

【Component Orientations】子规则用于设置元器件封装在 PCB 上的放置方向。通过图 7-5 可以看到，该子规则前没有加号，说明该子规则并未被激活。右击【Component Orientations】子规则，执行菜单命令【新规则】。单击新建的【Component Orientations】子规则即可打开如图 7-10 所示的【Component Orientations】子规则窗口。

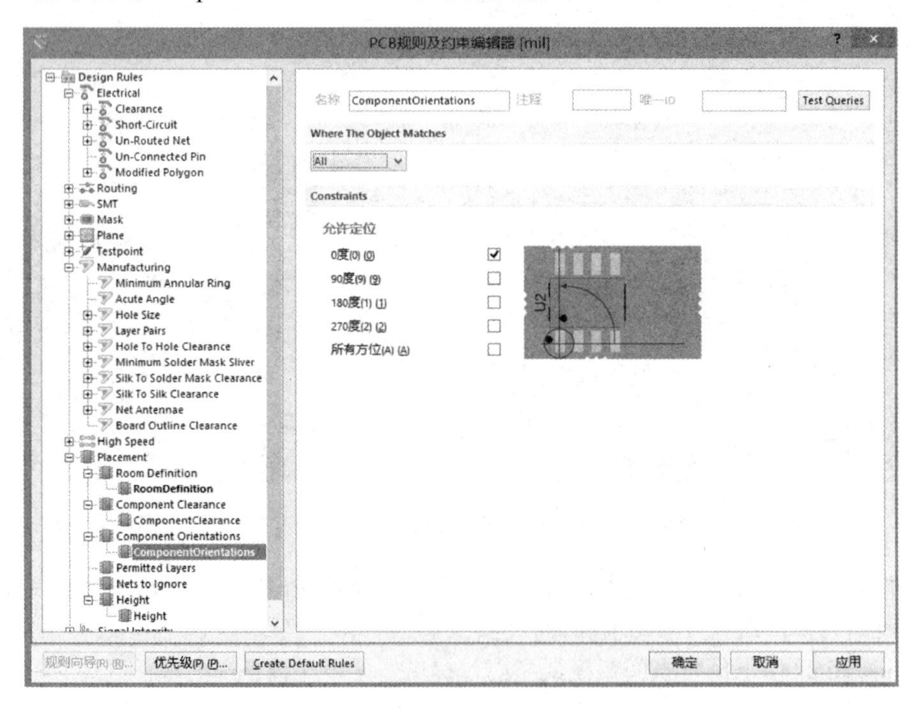

图 7-10 【Component Orientations】子规则窗口

在 Constraints 区域内，提供了以下 5 种允许元器件旋转角度的复选框。

☺ 0 度：选中该复选框，表示元器件封装放置时不用旋转。

☺ 90 度：选中该复选框，表示元器件封装放置时可以旋转 90°。

☺ 180 度：选中该复选框，表示元器件封装放置时可以旋转 180°。

☺ 270 度：选中该复选框，表示元器件封装放置时可以旋转 270°。

☺ 所有方位：选中该复选框，表示元器件封装放置时可以旋转任意角度。当该复选框被选中后，其他复选框都处于不可选状态。

4）【Permitted Layers】（工作层设置）子规则

【Permitted Layers】子规则用于设置 PCB 上允许元器件封装所放置的工作层。执行菜单命令【新规则】，单击新建的【Permitted Layers】子规则即可打开如图 7-11 所示的【Permitted Layers】子规则窗口。

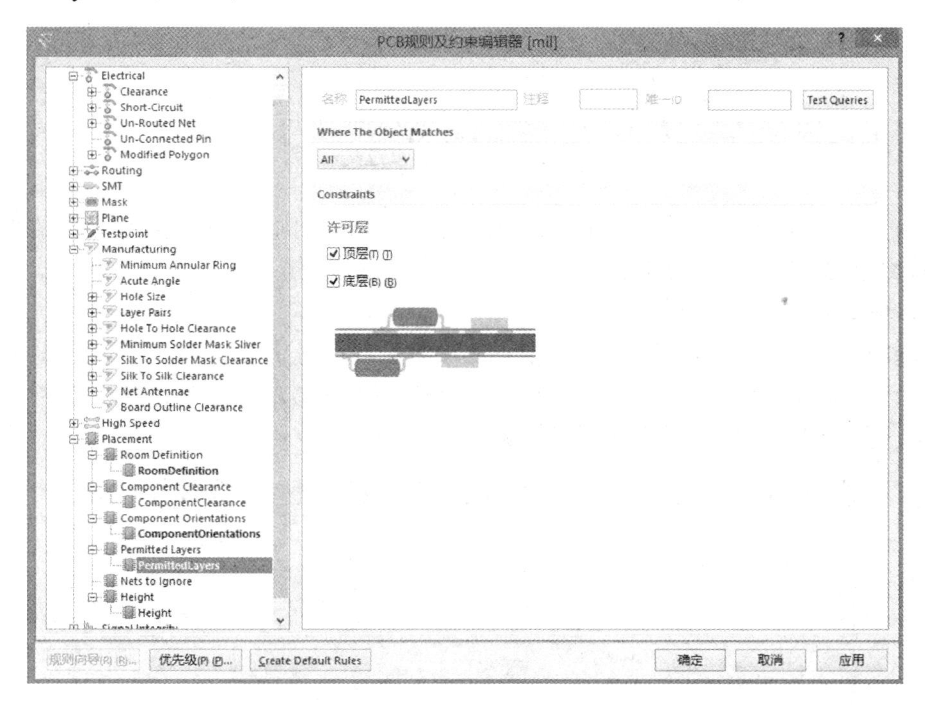

图 7-11 【Permitted Layers】子规则窗口

在 Constraints 区域内，提供了两个工作层选项允许放置元器件封装，即“顶层”和“底层”。一般过孔式元器件封装都放置在 PCB 的顶层，而贴片式元器件封装既可以放置在顶层又可以放置在底层。若要求某一面不能放置元器件封装，则可以通过该设置实现这一要求。

5）【Nets To Ignore】（忽略网络）子规则

【Nets To Ignore】子规则用于设置在采用成群的放置项方式执行元器件自动布局时可以忽略的一些网络，在一定程度上提高了自动布局的质量和效率。执行菜单命令【新规则】，单击新建的【Permitted Layers】子规则即可打开如图 7-12 所示的【Nets To Ignore】子规则窗口。

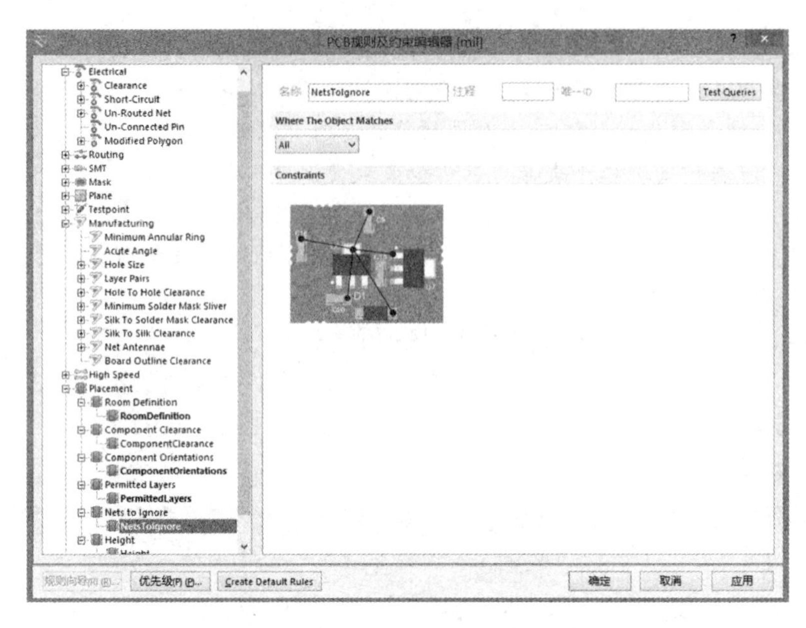

图 7-12 【Nets To Ignore】子规则窗口

【Nets To Ignore】子规则的约束条件是通过对上面的规则匹配对象适用范围的设置来完成的，选出要忽略的网络名称即可。

6）【Height】（高度）子规则

【Height】子规则用于设置元器件封装的高度范围。单击【Height】子规则前面的加号，则会展开一个【Height】子规则，单击该子规则可在【PCB 规则及约束编辑器】对话框的右边打开如图 7-13 所示的【Height】子规则窗口。

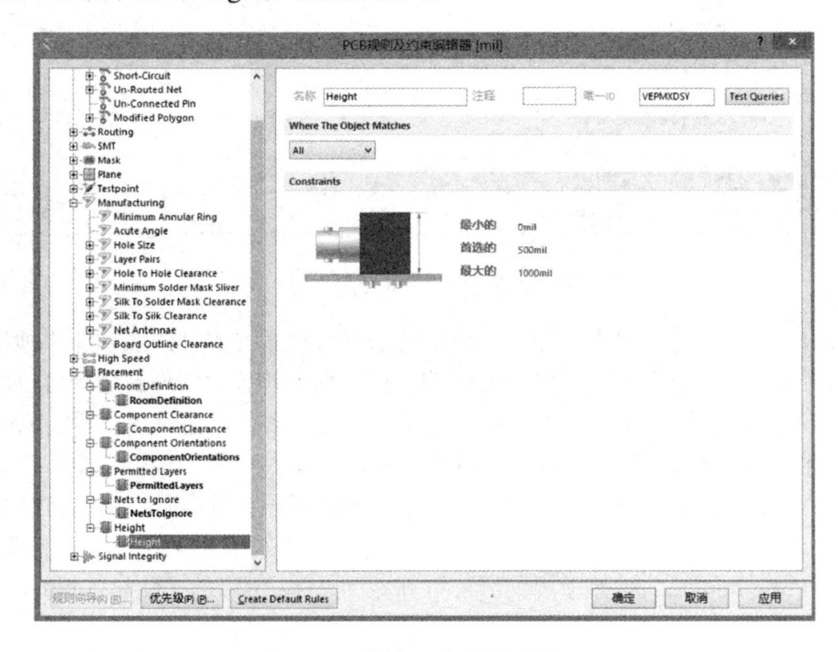

图 7-13 【Height】子规则窗口

在 Constraints 区域内可以对元器件封装的最小、最大及优选高度进行设置。

2. 元器件自动布局

首先对自动布局规则进行设置，所有的自动布局规则设置如图 7-14 所示。

ComponentOrientatic	1	✔	Component Orientations	Placement	All	Allowed Rotations - 0,
ComponentClearanc	1	✔	Component Clearance	Placement	All - All	Horizontal Clearance =
PermittedLayers	1	✔	Permitted Layers	Placement	All	Permitted Layers - Top
Height	1	✔	Height	Placement	All	Pref Height = 500mil
练习	1	✔	Room Definition	Placement	InComponentClass(练	Region (BR) = (6235m

图 7-14　所有的自动布局规则设置

打开已导入网络和元器件封装的 PCB 文件，选中 Room 空间“练习”，拖动光标，将其移动到 PCB 内部，如图 7-15 所示。

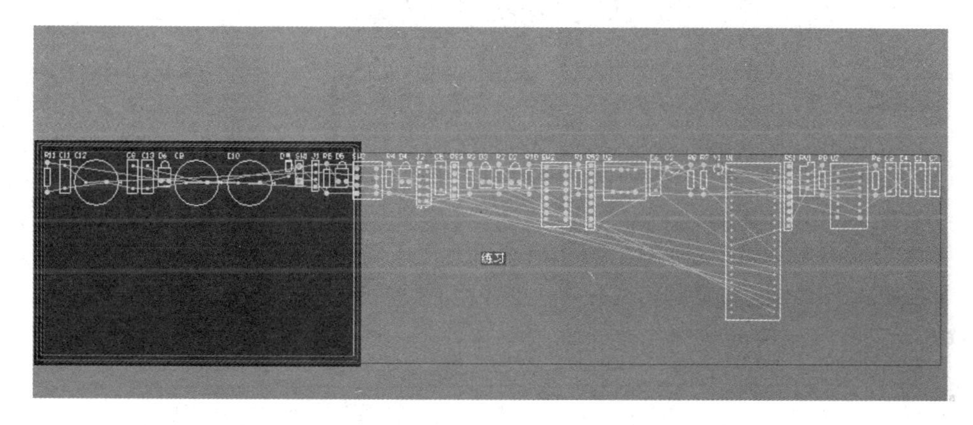

图 7-15　将 Room 空间“练习”移动到 PCB 内部

首先选中所有元器件，如图 7-16 所示。

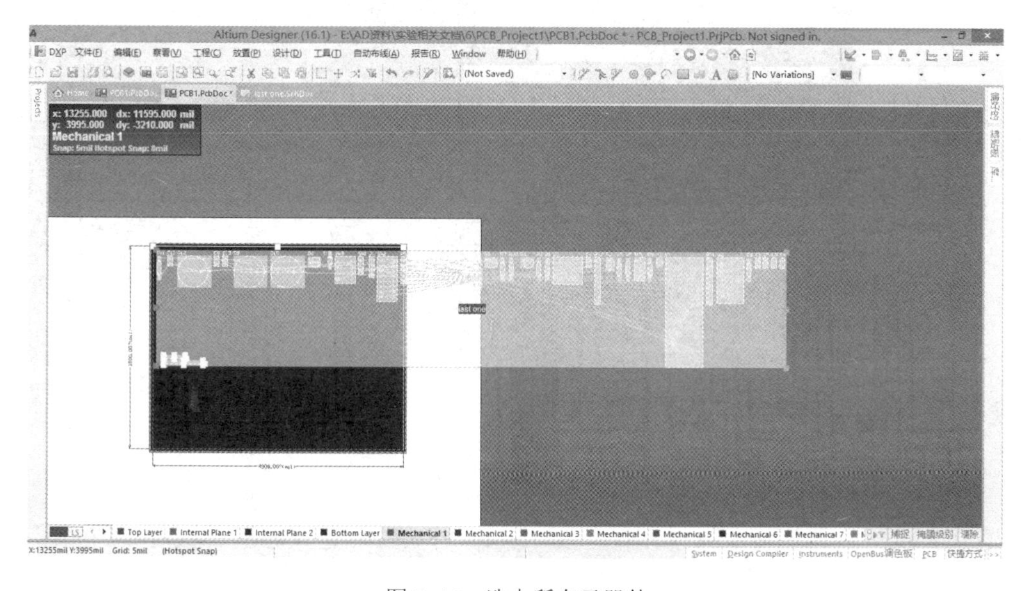

图 7-16　选中所有元器件

执行菜单命令【工具】→【元器件布局】→【在矩形区域内排列】，并在 PCB 图纸中框选出矩形区域，如图 7-17 所示。

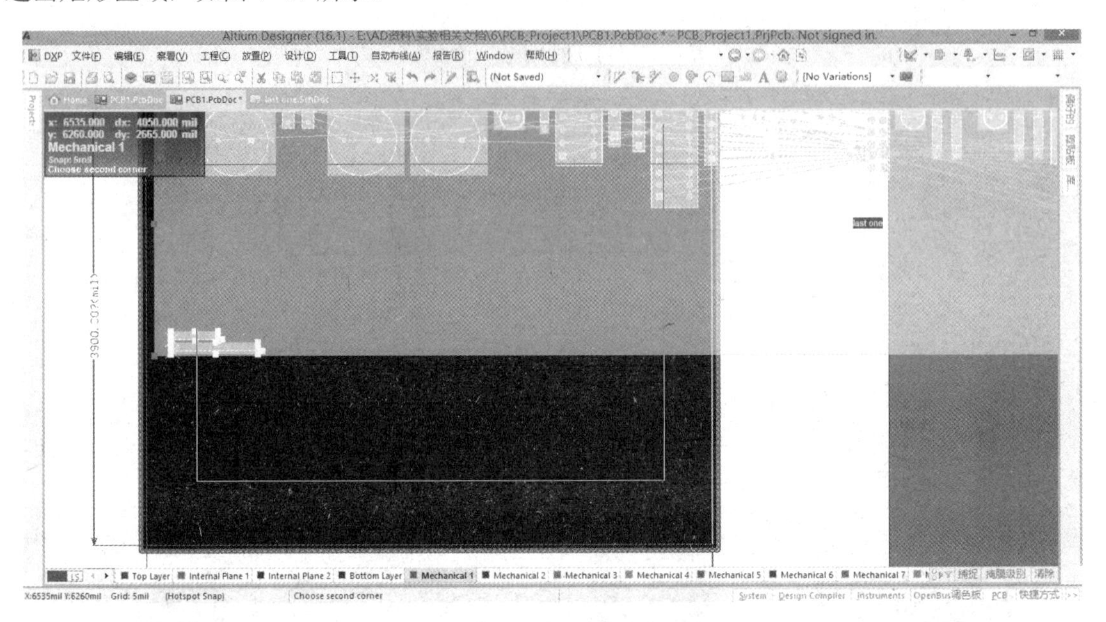

图 7-17　框选出矩形区域

此时，元器件自动布局如图 7-18 所示。

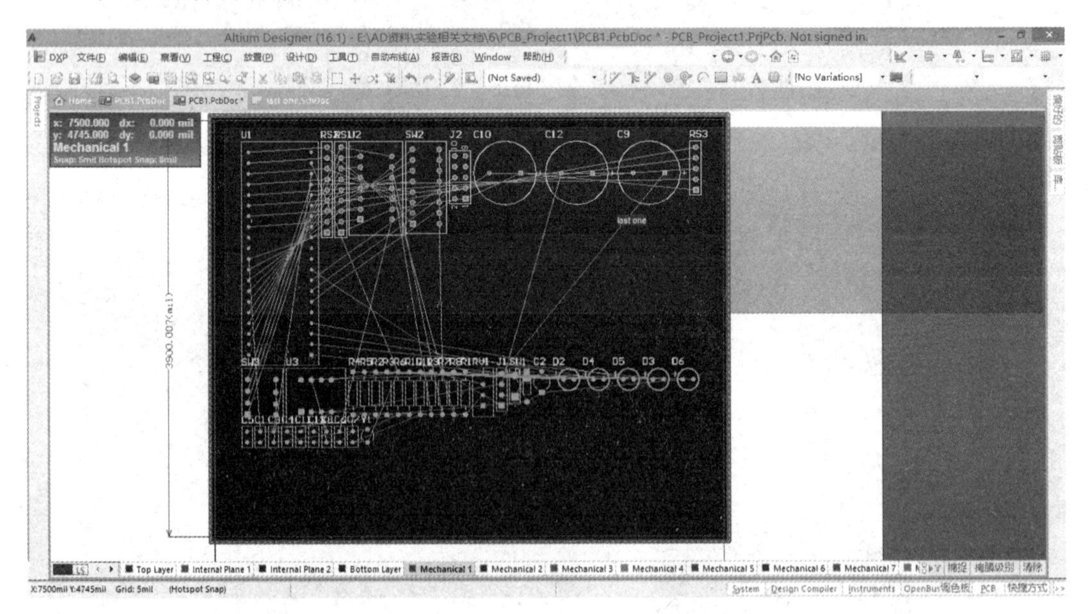

图 7-18　元器件自动布局

调节 Room 区域，使所有元器件都在 Room 区域内，完成矩形区域内布局如图 7-19 所示。

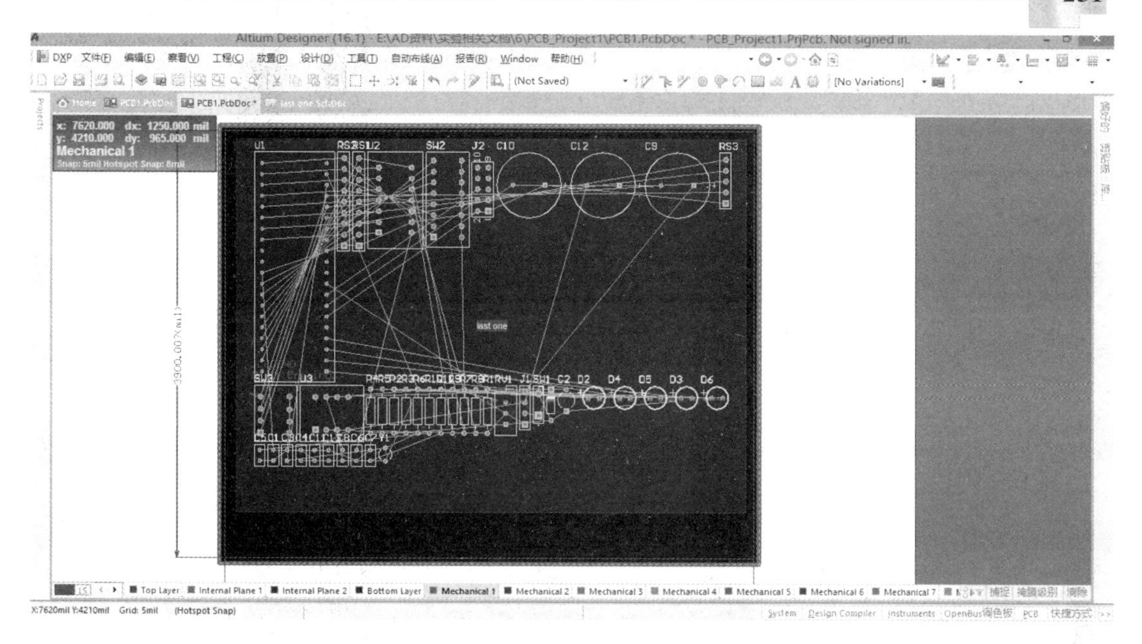

图 7-19　完成矩形区域内布局

按照 Room 区域也可实现元器件的自动布局，首先调节 Room 区域，然后选中所有元器件，再执行菜单命令【工具】→【元器件布局】→【按照 Room 排列】，执行后的结果如图 7-20 所示。

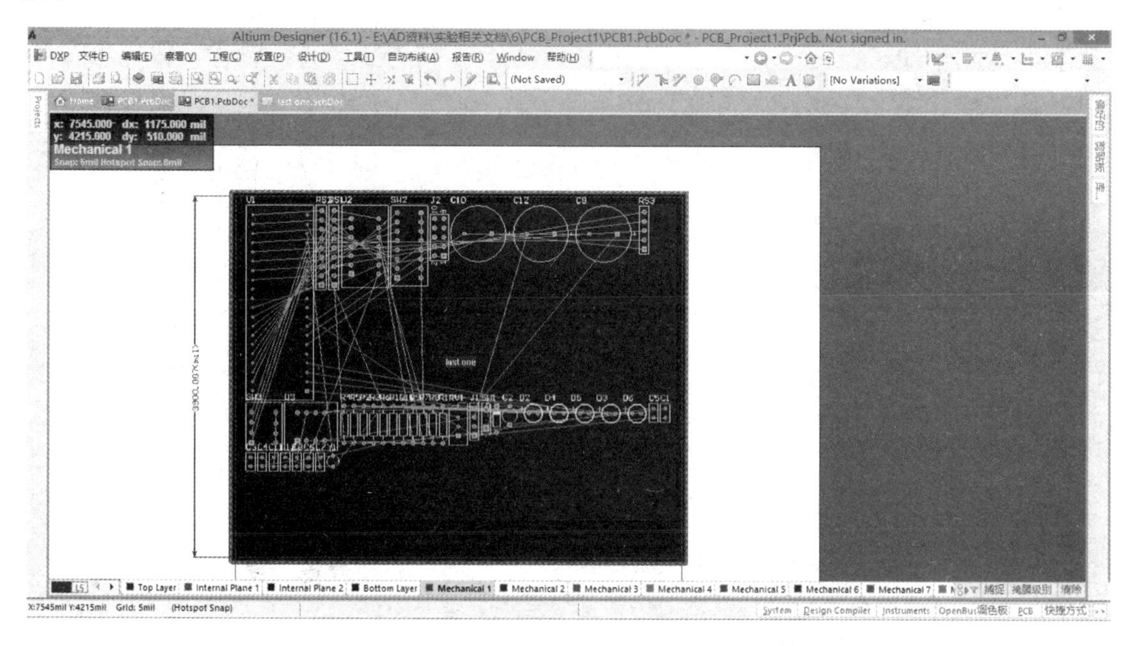

图 7-20　执行后的结果

执行菜单命令【工具】→【元器件布局】→【自动布局】，也可将所有元器件放置在 PCB 上，与以上操作相似，这里不再赘述。从元器件布局结果来看，自动布局只是将元器件放入到板框中，并未考虑电路信号流向及特殊元器件的布局要求，因此自动布局一般不能满足用户的需求，用户还要采用手动方式布局进行调整。

7.2 手动布局

手动布局应严格遵循原理图的绘制结构。首先将全图最核心的元器件放置到合适的位置，然后将其外围元器件，按照原理图的结构放置到该核心元器件的周围。通常使具有电气连接的元器件引脚比较接近，这样使走线距离短，从而使整个 PCB 的导线能够易于连通。

1. 元器件的排列

执行菜单命令【编辑】→【对齐】，系统会弹出【对齐】菜单，如图 7-21 所示。

系统还提供了排列工具栏，如图 7-22 所示。

对齐(A)...	
定位元器件文本(P)...	
左对齐(L)	Shift+Ctrl+L
右对齐(R)	Shift+Ctrl+R
向左排列（保持间距）(E)	Shift+Alt+L
向右排列（保持间距）(G)	Shift+Alt+R
水平中心对齐(C)	
水平分布(D)	Shift+Ctrl+H
增加水平间距	
减少水平间距	
顶对齐(T)	Shift+Ctrl+T
底对齐(B)	Shift+Ctrl+B
向上排列（保持间距）(I)	Shift+Alt+I
向下排列（保持间距）(N)	Shift+Alt+N
垂直中心对齐(V)	
垂直分布(I)	Shift+Ctrl+V
增加垂直间距	
减少垂直间距	
对齐到栅格上(G)	Shift+Ctrl+D
移动所有元器件原点到栅格上(O)	

图 7-21 【对齐】菜单

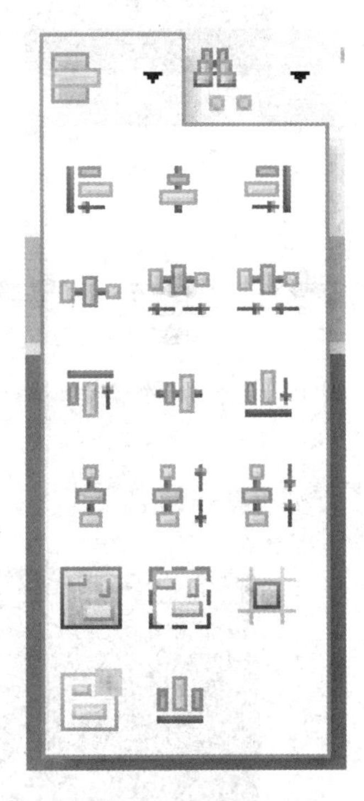

图 7-22 排列工具栏

图 7-22 中的各图标的意义如下。

☺ ：将选取的元器件向最左边的元器件对齐。

☺ ：将选取的元器件向水平中心对齐。

☺ ：将选取的元器件向最右边的元器件对齐。

☺ ：将选取的元器件水平平铺。

☺ ：将选取放置的元器件的水平间距扩大。

☺ ：将选取放置的元器件的水平间距缩小。

☺ ：将选取的元器件与最上边的元器件对齐。

☺ ：将选取的元器件按元器件的垂直中心对齐。

☺ ：将选取的元器件与最下边的元器件对齐。

☺ ：将选取的元器件垂直平铺。

☺ ：将选取放置的元器件的垂直间距扩大。

☺ ：将选取放置的元器件的垂直间距缩小。

☺ ：将所选的元器件在空间中内部排列。

☺ ：将所选的元器件在一个矩形框内部排列。

☺ ：将元器件对齐到栅格上。

执行菜单命令【编辑】→【对齐】→【定位元器件文本】，系统则打开如图 7-23 所示的【元器件文本位置】对话框。

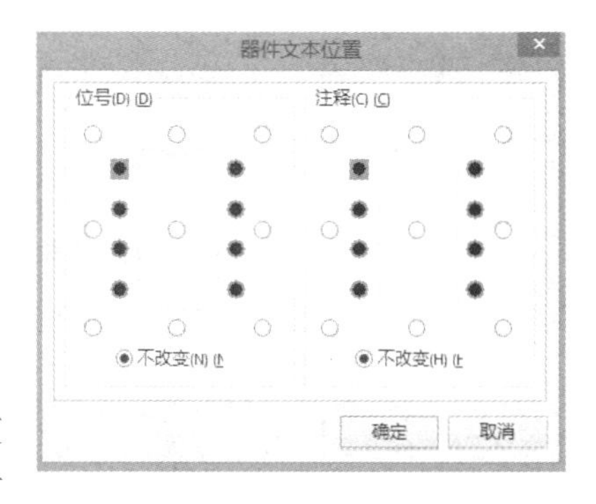

图 7-23 【元器件文本位置】对话框

在【元器件文本位置】对话框中，用户可以对元器件文本（标号和说明内容）的位置进行设置，也可以直接手动调整文本位置。

使用上述菜单命令，可以实现元器件的排列，并使 PCB 的布局更加整齐和美观。

2. 手动布局

如图 7-24 所示，完成了网络和元器件封装的装入，下面就可以开始在 PCB 上放置元器件了。

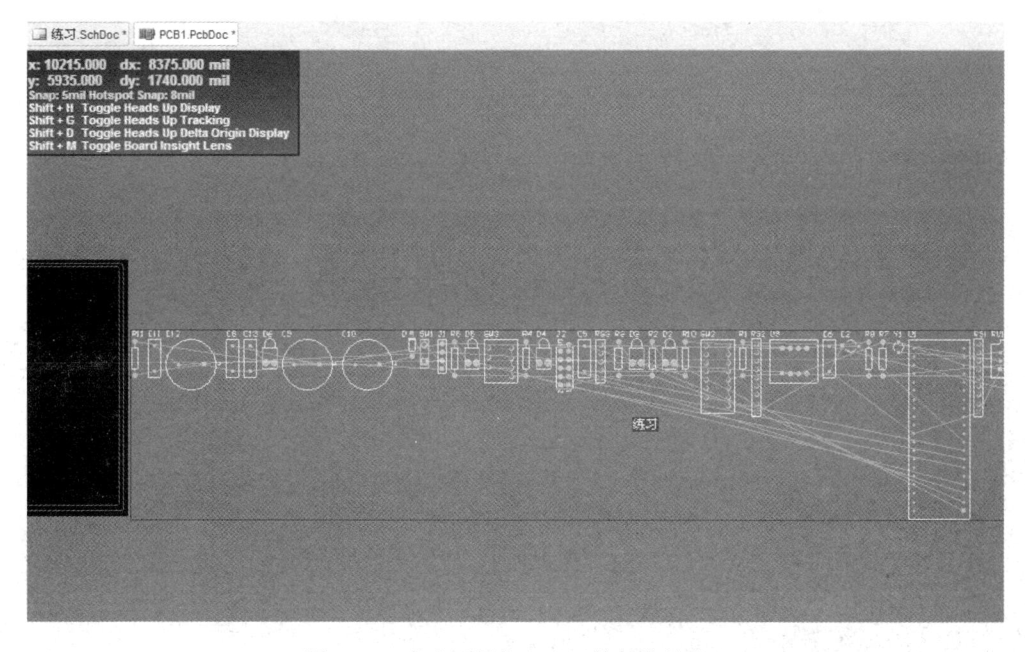

图 7-24 完成了网络和元器件封装的装入

执行菜单命令【设计】→【板参数选项】，在打开的【板选项】对话框中，设置合适的栅格参数，如图 7-25 所示。

图 7-25　设置合适的栅格参数

使用快捷键【V】和【D】，在编辑窗口中，显示整个 PCB 和所有元器件，如图 7-26 所示。

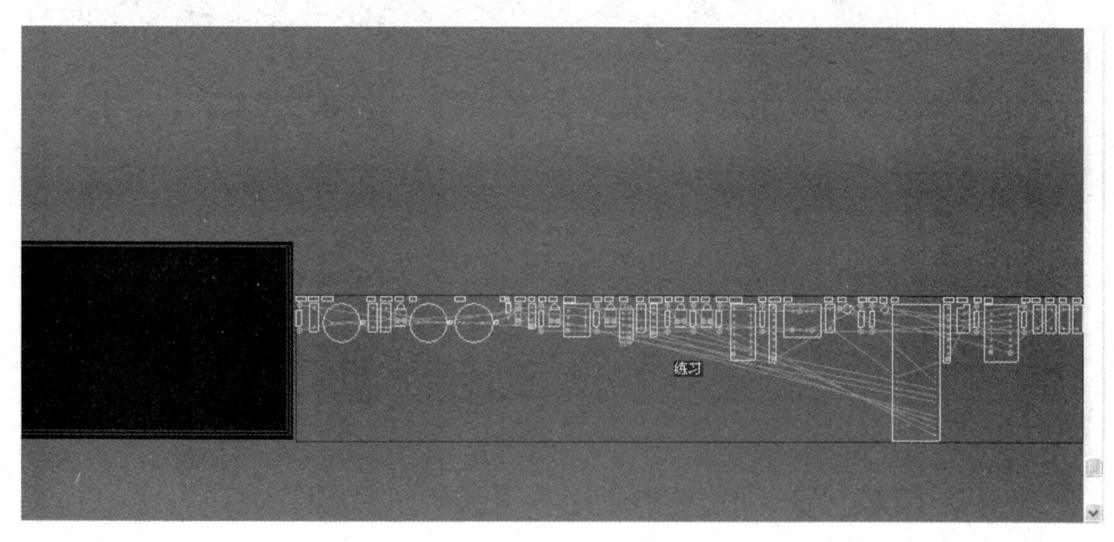

图 7-26　显示整个 PCB 和所有元器件

参照电路原理图，首先将核心元器件 U1 移动到 PCB 上。将光标放在 U1 封装的轮廓上，按下鼠标不动，光标变成一个大十字形，移动光标，拖动元器件，将其移动到合适的位置，松开鼠标将元器件放下。放置元器件 U1 到 PCB 中如图 7-27 所示。

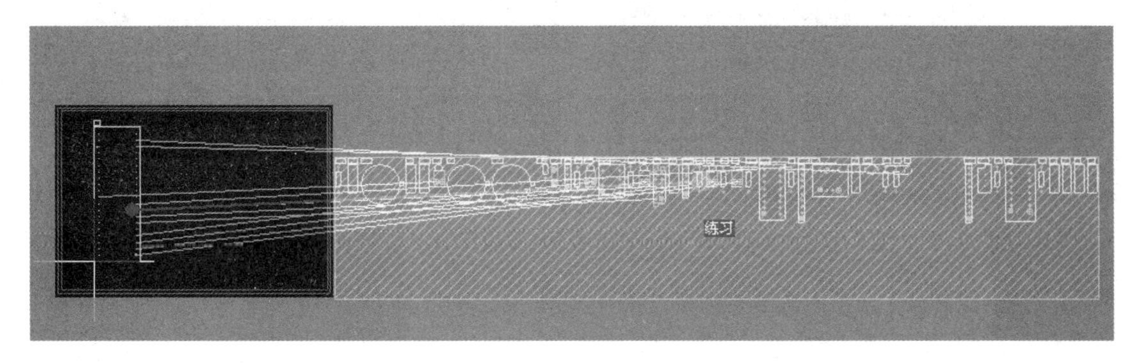

图 7-27　放置元器件 U1 到 PCB 中

用同样的操作方法，将其余元器件封装一一放置到 PCB 中，完成所有元器件的放置，如图 7-28 所示。

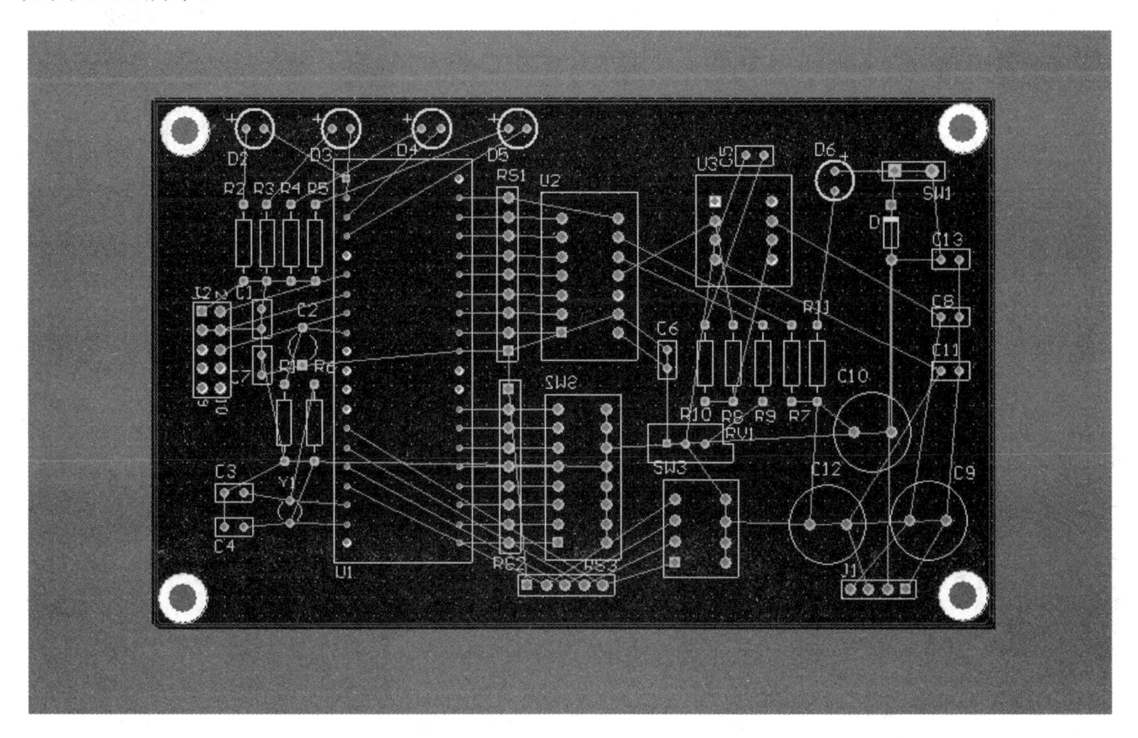

图 7-28　完成所有元器件的放置

调整元器件封装的位置，尽量对齐，并对元器件的标注文字进行重新定位、调整。无论是自动布局，还是手动布局，根据电路的特性要求在 PCB 上放置了元器件封装后，一般都要进行一些排列对齐操作。一组待排列的电容如图 7-29 所示。

单击菜单命令【顶对齐】后，使电容向顶端对齐。对齐后的电容组如图 7-30 所示。

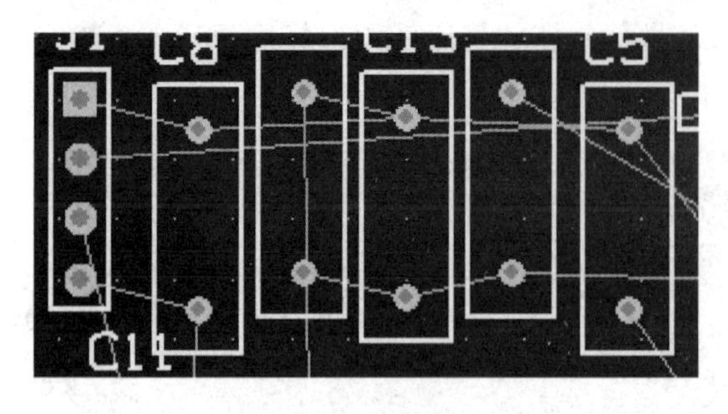

图 7-29　一组待排列的电容

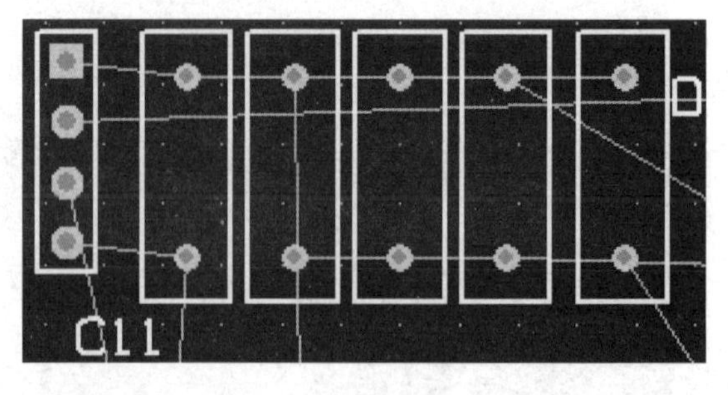

图 7-30　对齐后的电容组

单击菜单命令【水平分布】，水平分布电容组如图 7-31 所示。

Altium Designer 提供的【对齐】菜单，并不是只是针对元器件与元器件之间的对齐，还包括焊盘与焊盘之间的对齐。为了使布线时遵从最短走线原则，电阻 R9 和滑动变阻器 RV1 相对的两焊盘应对齐，待对齐的两个焊盘如图 7-32 所示。

选中这两个焊盘，单击菜单命令【右对齐】，使两个焊盘对齐到一条直线上，对齐焊盘如图 7-33 所示。

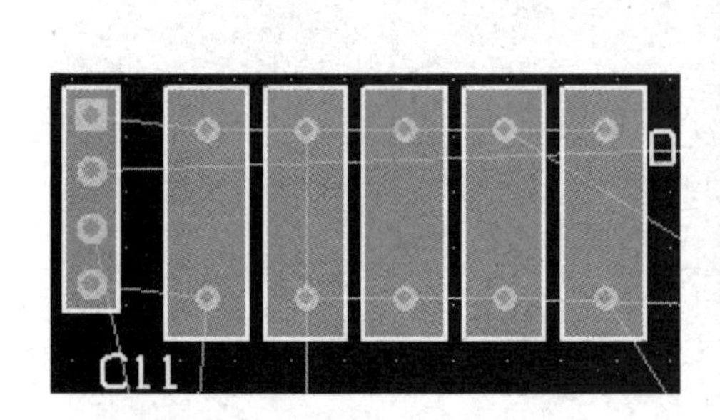

图 7-31　水平分布电容组

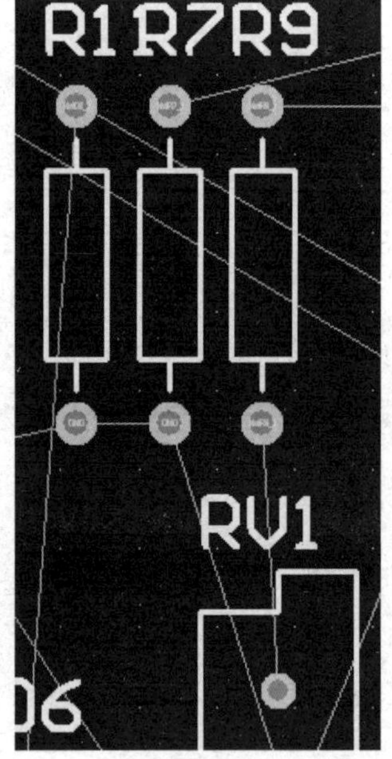

图 7-32　待对齐的两个焊盘

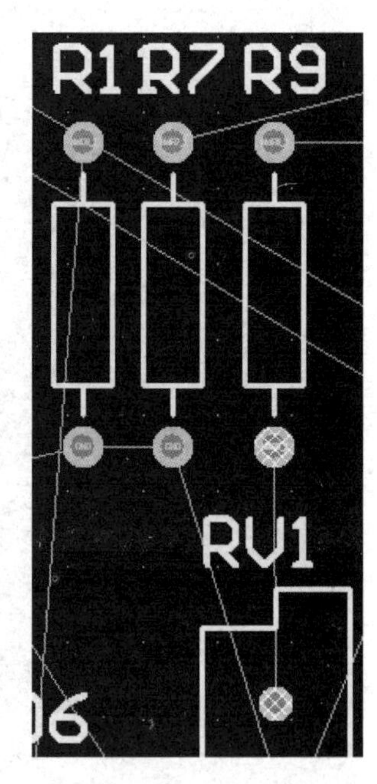

图 7-33　对齐焊盘

在上述初步布局的基础上，为了使电路更加美观、经济，用户要进一步优化电路布局。在已布局电路中，元器件 C9 存在交叉线，如图 7-34 所示。

因此，用户要按【Space】键，调整 C9 元器件的方位以消除交叉线。调整后的元器件布局如图 7-35 所示。

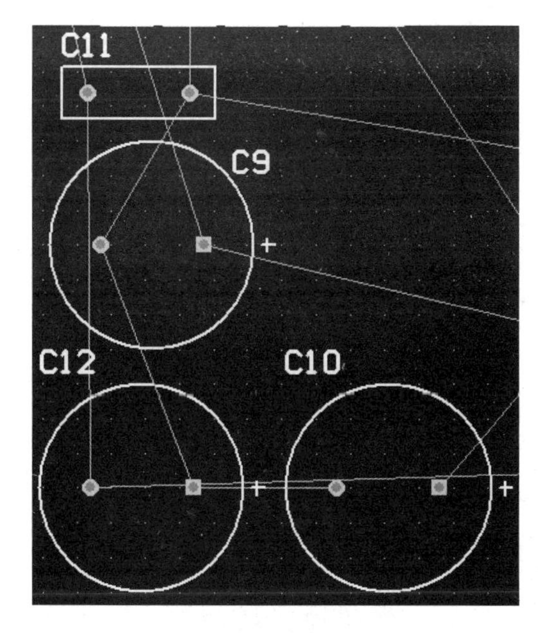

图 7-34　元器件 C9 存在交叉线

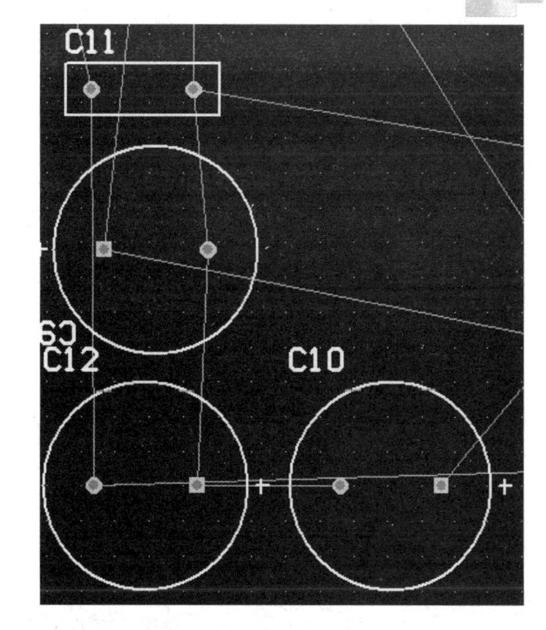

图 7-35　调整后的元器件布局

从调整后的元器件布局可以看出，在对某些元器件进行旋转调整的同时，元器件标注也跟着进行了旋转，旋转后的元器件标注看起来不是很直观，因此，在这里对某些元器件的标注进行调整，调整的方式与调整元器件的方式相同。以调整图 7-35 中元器件 C9 的标注为例，将光标放置到元器件 C9 的标注上单击，同时按下【Space】键，此时元器件 C9 的标注发生旋转，如图 7-36 所示。调整后的元器件 C9 的标注如图 7-37 所示。

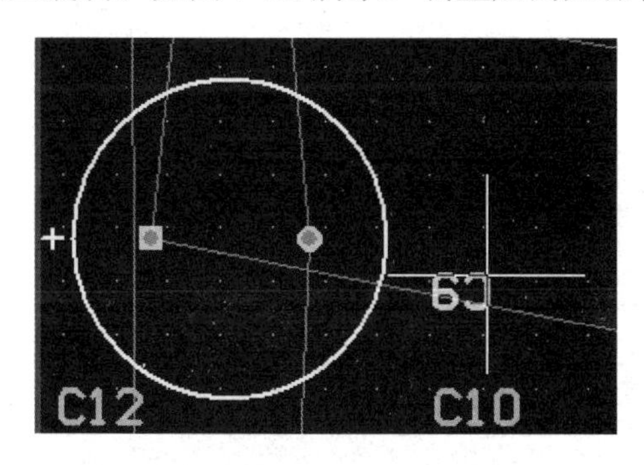

图 7-36　元器件 C9 的标注发生旋转

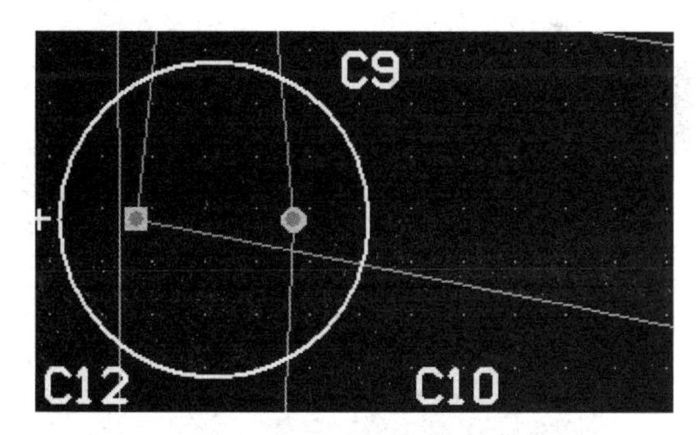

图 7-37　调整后的元器件 C9 的标注

7.3　密度分析

由于电子元器件对热比较敏感，因此当 PCB 上的某个区域元器件密度过高时，会导致热能集中，这样会降低这一区域内的电子元器件的使用寿命。因此，用户应在元器件布局结束后，对布局好的 PCB 进行密度分析。执行菜单命令【工具】→【密度图】，如图 7-38 所示。

系统的密度分析图如图 7-39 所示。

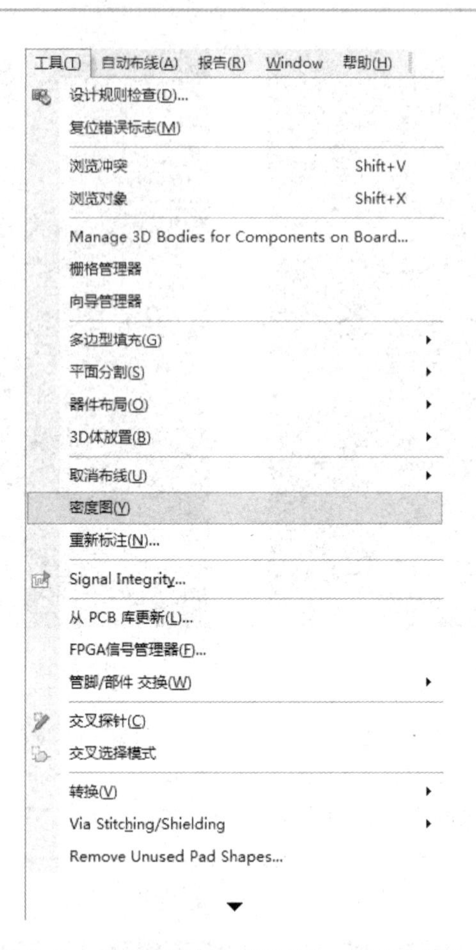

图 7-38　执行菜单命令【工具】→【密度图】

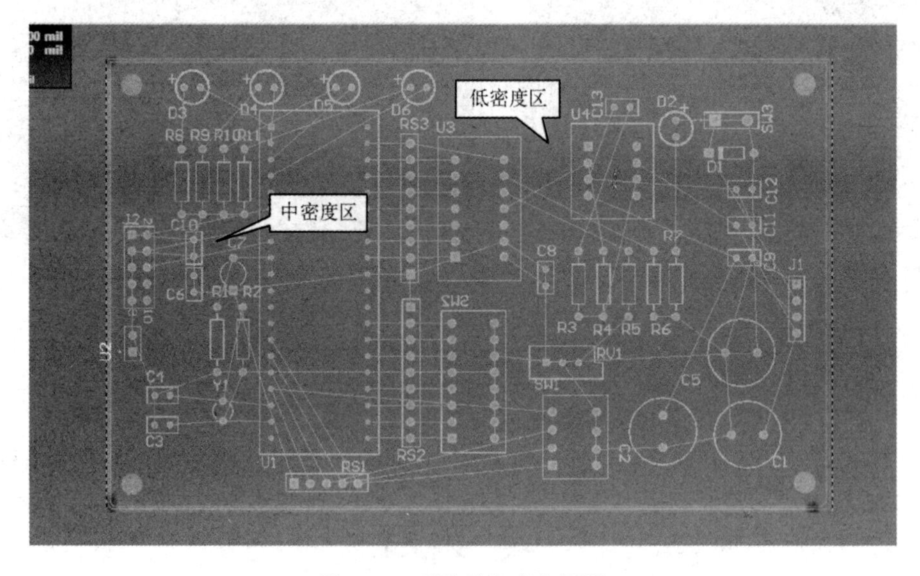

图 7-39　系统的密度分析图

在密度分析图中，用颜色表示密度级别，其中绿色表示低密度，黄色表示中密度，而红色表示高密度。从图 7-39 中的密度分析结果可知，本例密度分布差异不大，密度分布较均匀。

7.4　3D 效果图

用户可通过 3D 效果图查看电路布局的密度。执行菜单命令【工具】→【遗留工具】→【3D 显示】，如图 7-40 所示。

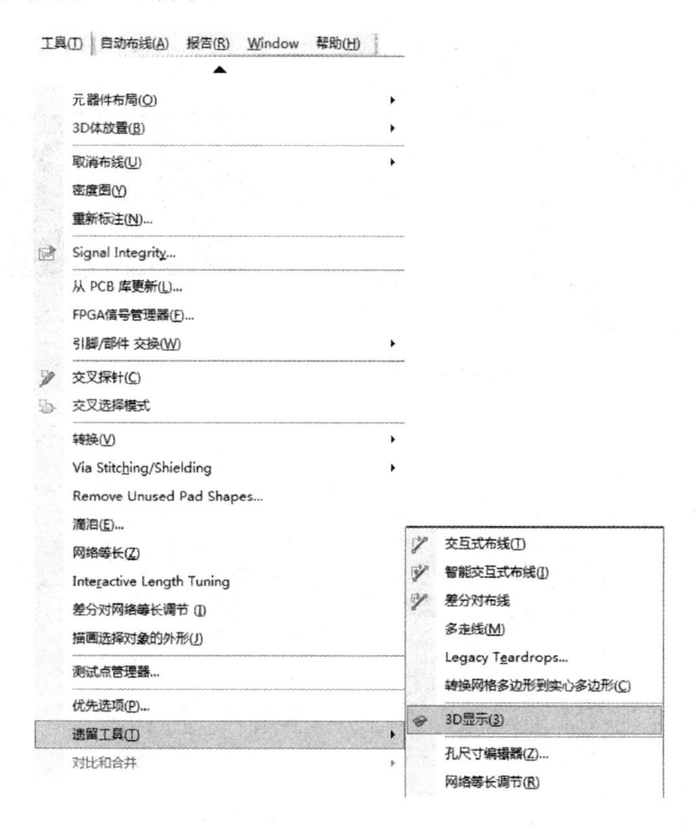

图 7-40　执行菜单命令【工具】→【遗留工具】→【3D 显示】

此时，系统生成 3D 效果图，如图 7-41 所示。

Altium Designer 的 3D 拟真特性可让用户提前看到焊接、安装元器件后的板子外观。在 3D 效果图界面中，单击右下角面板控制中心中的【PCB3D】面板，则会在 3D 效果图界面的左侧打开【PCB3D】面板，如图 7-42 所示。该面板主要是用于控制 3D 图形的显示效果。

在浏览网络区域中，列出了当前 PCB 文件的所有网络。选择其中的一个或几个网络，如这里选中网络“NetC2_2”，单击【高亮】按钮，则 3D 效果图中相应网络会呈高亮状态显示。高亮显示“NetC2_2”如图 7-43 所示。

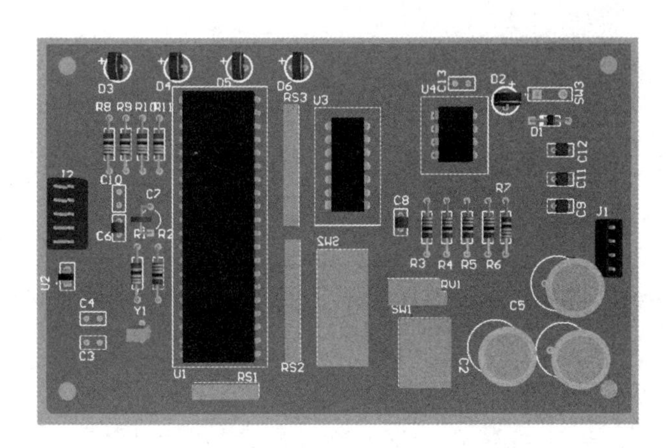

图 7-41　3D 效果图

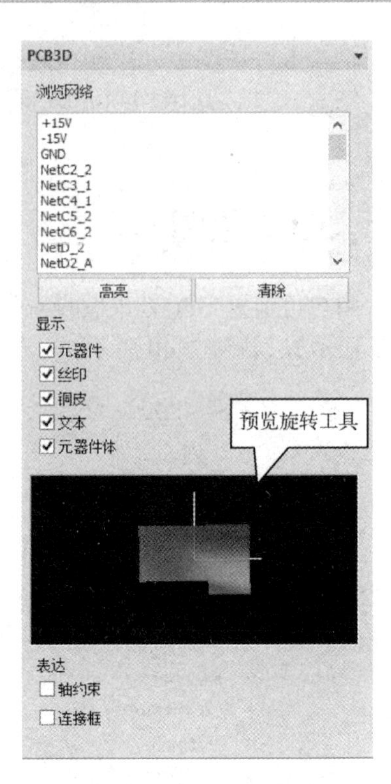

图 7-42　【PCB3D】面板

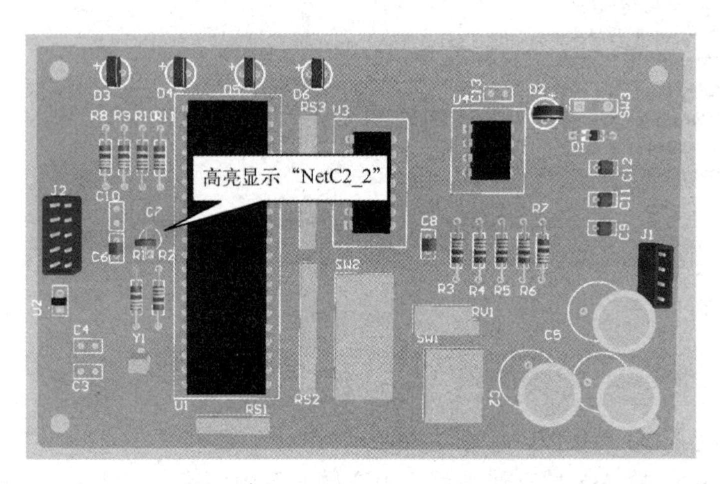

图 7-43　高亮显示“NetC2_2”

当用户期望取消对“NetC2_2”的高亮显示时，单击【清除】按钮即可取消对“NetC2_2”的高亮显示。

在显示区域列表中列出了 3D 影像图中显示的元素，包括“元器件”、“丝印”、“铜皮”、“文本”及“元器件体”。若取消显示“元器件”元素，则在 3D 影像图中，不再显示“元器件”元素，如图 7-44 所示。

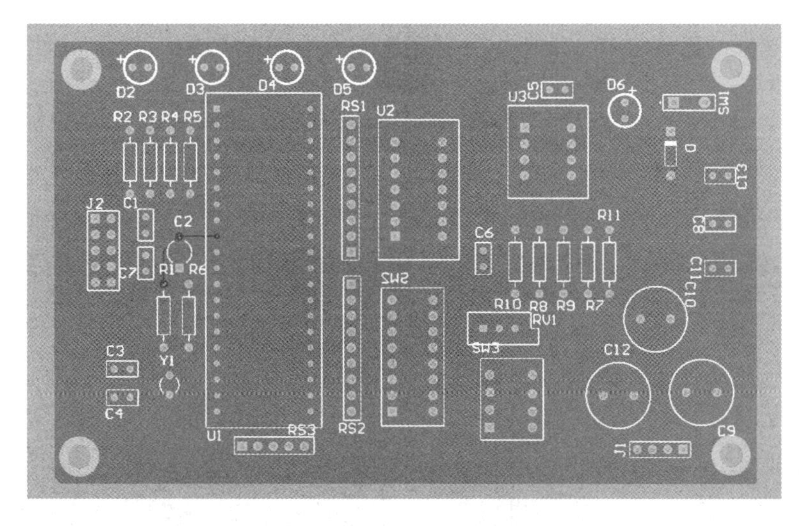

图 7-44　不再显示“元器件”元素

在预览旋转工具区域，可以预览当前 3D 图形的方向及位置。移动光标到该区域中并单击，在该区域内上、下、左、右拖动光标，3D 图形也会随之转动，可以看到不同方向上的 3D 图形，如图 7-45 所示。

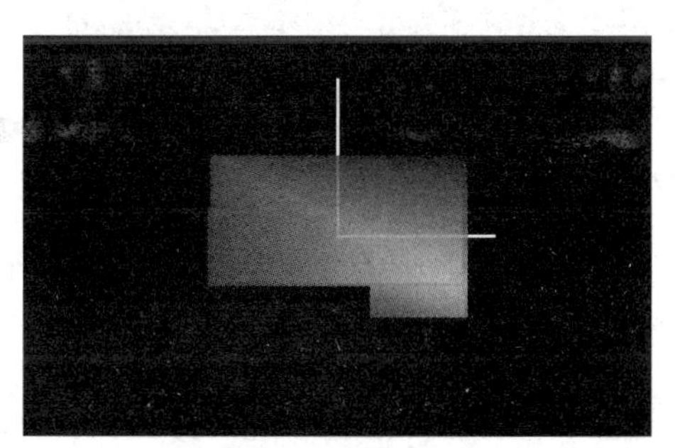

（a）初始位置的 3D 图形

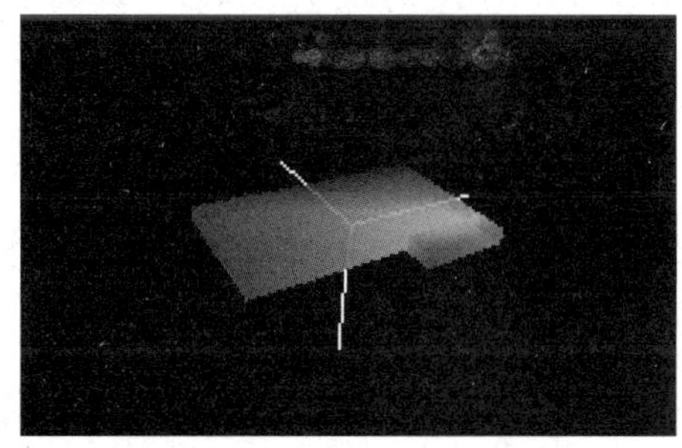

（b）旋转一个角度后的 3D 图形

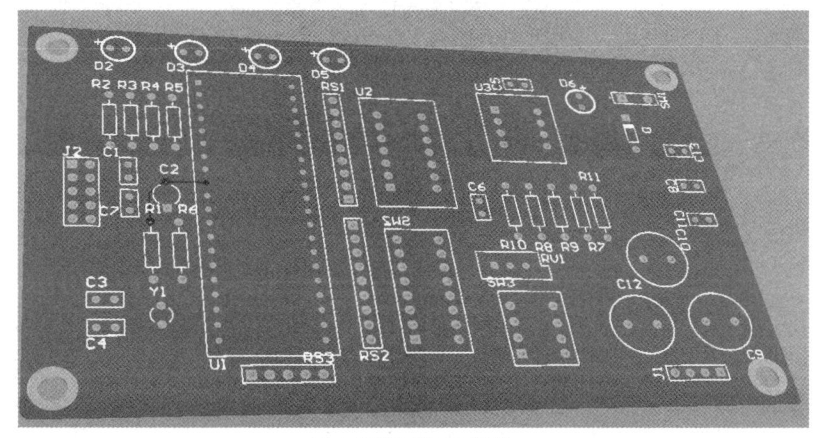

（c）旋转后的 3D 图形

图 7-45　不同方向上的 3D 图形

在表达区域中，包含两个复选框，分别是“轴约束”和“连接框”，它们可用于控制 3D 图形的显示方式。

☺ 轴约束：选中该复选框后，每次光标调整 PCB 方向时只能沿一个坐标轴旋转。

☺ 连接框：选中该复选框后，3D 图形将以线框的形式表现出来。这里我们选中该复选框，3D 效果图如图 7-46 所示。

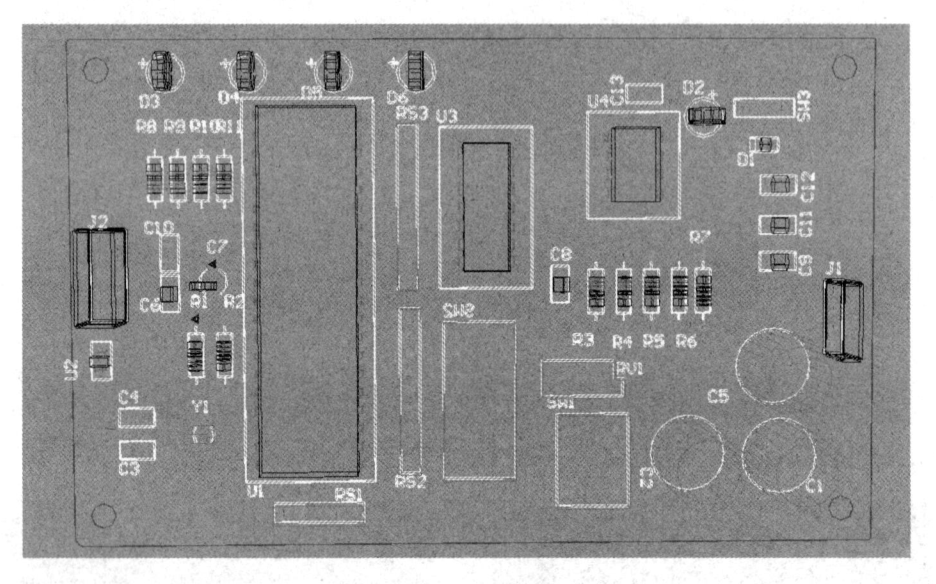

图 7-46　3D 效果图

当用户期望打印 3D 效果图时，可执行菜单命令【文件】→【打印】，如图 7-47 所示。此时，系统将弹出【将打印输出另存为】对话框，如图 7-48 所示。

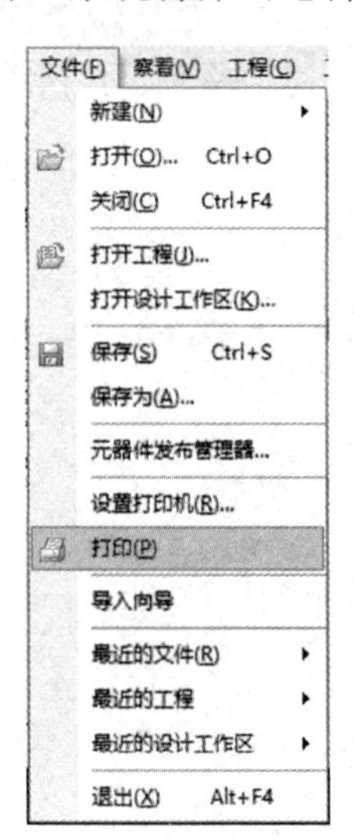

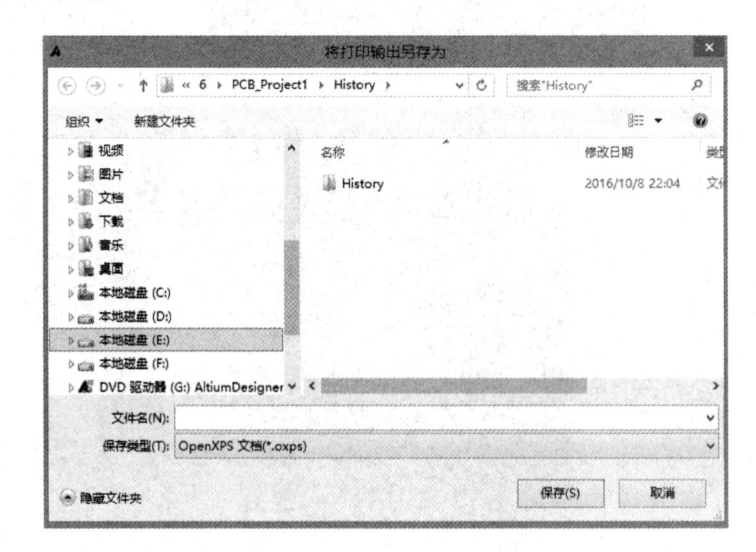

图 7-47　执行菜单命令【文件】→【打印】

图 7-48　【将打印输出另存为】对话框

选择期望的保存位置后，单击【保存】按钮，即可保存 3D 效果图并打印。

7.5 元器件布局注意事项

元器件布局依据的原则是：保证电路功能和性能指标；满足工艺性、检测和维修等方面的要求；元器件排列整齐、疏密得当，兼顾美观性。对于初学者，合理的布局是确保 PCB 正常工作的前提，因此用户必须特别注意元器件布局。

1．按照信号流向布局

元器件布局时，应遵循信号流向从左到右或从上到下的原则，即在元器件布局时输入端放在 PCB 的左侧或上方，而将输出放置到 PCB 的右侧或下方。按信号流向布局如图 7-49 所示。

（a）电源电路

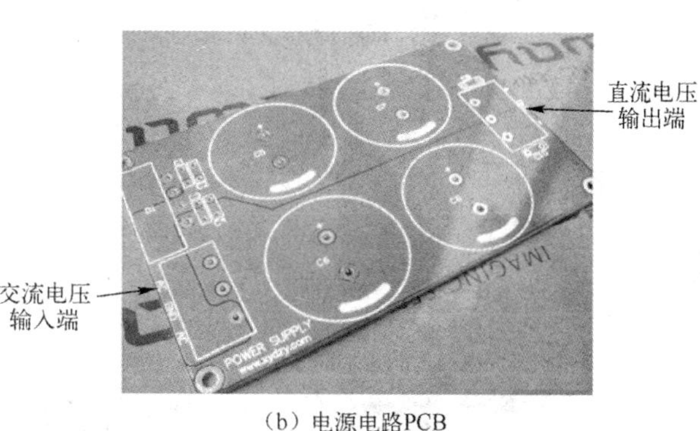

（b）电源电路PCB

图 7-49　按信号流向布局

将电路按照信号流向逐一排布元器件，便于信号的流通。此外，与输入端直接相连的元器件应当放在靠近输入接插件的地方，同理，与输出端直接相连的元器件应当放在靠近输出接插件的地方。

当元器件布局受到连线优化或空间的约束而要放置到 PCB 同侧时，输入端与输出端不宜靠得太近，以避免产生寄生电容而引起电路振荡，甚至导致系统工作不稳定。

2．优先确定核心元器件的位置

以电路功能判别电路的核心元器件，然后以核心元器件为中心，围绕核心元器件布局，如图 7-50 所示。

优先确定核心元器件的位置有利于其余元器件的布局。

3．考虑电路的电磁特性

在元器件布局时，应充分考虑电路的电磁特性。通常强电部分（220V 交流电）与弱电部分要远离，电路的输入级与输出级的元器件应尽量分开。同时，当直流电源引线较长时，要增加滤波元器件，以防止 50Hz 交流电的干扰。

当元器件间可能有较高的电位差时，应加大它们之间的距离，以避免因放电、击穿引起的意外。此外，金属壳的元器件应避免相互接触。

4．考虑电路的热干扰

对于发热元器件应尽量放置在靠近外壳或通风较好的位置，以便利用机壳上开凿的散热孔散热。当元器件要安装散热装置时，应将元器件放置到 PCB 的边缘，以便于安装散热器或小风扇，从而确保元器件的温度在允许范围内。安装散热装置的电路如图 7-51 所示。

图 7-50 围绕核心元器件布局

图 7-51 安装散热装置的电路

对于温度敏感的元器件，如晶体管、集成电路、热敏电路等，不宜放在热源附近。

5．可调节元器件布局

对于可调元器件，如可调电位器、可调电容器、可调电感线圈等，进行布局时，须考虑其机械结构。可调元器件实物如图 7-52 所示。

图 7-52 可调元器件实物

在放置可调元器件时，应尽量布置在操作者的手方便操作的位置，以便可调元器件的使用。

而对于一些带高电压的元器件，则应尽量布置在操作者的手不宜触及的地方，以确保调试、维修的安全。

> **注意**
>
> 元器件布局还应考虑以下事项。
>
> ☺ 按电路模块布局，实现同一功能的相关电路称为一个模块，电路模块中的元器件应用就近原则，同时数字电路和模拟电路分开。
>
> ☺ 定位孔、标准孔等非安装孔周围 1.27mm（50mil）内不得贴装元器件，螺钉等安装孔周围 3.5mm（138mil）（对于 M2.5）及 4mm（157mil）内不得贴装元器件。
>
> ☺ 贴装元器件焊盘的外侧与相邻插装元器件的外侧距离大于 2mm（79mil）。
>
> ☺ 金属壳体元器件和金属体（屏蔽盒等）不能与其他元器件相碰，不能紧贴印制线、焊盘，其间距应大于 2mm（79mil）；定位孔、紧固件安装孔、椭圆孔及板中其他方孔外侧距板边的尺寸大于 3mm（118mil）。

☺ 高热元器件要均衡分布。
☺ 电源插座要尽量布置在 PCB 的四周，电源插座与其相连的汇流条接线端布置在同侧，且电源插座及焊接连接器的布置间距应考虑方便电源插头的插拔。
☺ 所有 IC 元器件单边对齐，有极性元器件极性标示明确，同一个 PCB 上，极性标示不得多于两个方向，出现两个方向时，两个方向互相垂直。
☺ 贴片单边对齐，字符方向一致，封装方向一致。

思考与练习

（1）设置布局的规则。
（2）在第 6 章思考与练习（3）的基础上，对 PCB 进行布局。
（3）元器件布局时应考虑哪些问题?

第8章 布 线

在 PCB 设计中，布线是完成产品设计的重要步骤，可以说前面的准备工作都是为它而做的。在整个 PCB 设计中，以布线的设计过程限定最高、技巧最细、工作量最大。PCB 布线分为单面布线、双面布线及多层布线 3 种。PCB 布线可使用系统提供的自动布线和手动布线两种方式。虽然系统给设计者提供了一个操作方便的自动布线功能，但在实际设计中，仍然会有不合理的地方，这时就要设计者手动调整 PCB 上的布线，以获得最佳的设计效果。

8.1 布线的基本规则

PCB 设计的好坏对电路抗干扰能力影响很大。因此，在进行 PCB 设计时，必须遵守 PCB 设计的基本原则，并应符合抗干扰设计的要求，使得电路获得最佳的性能。

- ☺ 印制导线的布设应尽可能短；同一元器件的各条地址线或数据线应尽可能保持一样长；在高频电路或布线密集的情况下，印制导线的拐弯应成圆角，如果印制导线的拐弯成直角或尖角，则会影响电路的电气特性。
- ☺ 当双面布线时，两面的导线应互相垂直、斜交或弯曲布线，避免相互平行，以减小寄生耦合电容。
- ☺ PCB 尽量使用 45° 折线布线，而不用 90° 折线布线，以避免高频信号对外的发射与耦合。
- ☺ 作为电路的输入及输出用的印制导线应尽量避免相邻平行，以免发生回流，在这些导线之间最好加接地线。
- ☺ 当板面布线疏密差别大时，应以网状铜箔填充，网格宽度大于 8mil（0.2mm）。
- ☺ 贴片焊盘上不能有通孔，以免焊膏流失造成元器件虚焊。
- ☺ 重要信号线不准从插座间穿过。
- ☺ 卧装电阻、电感（插件）、电解电容等元器件的下方避免布过孔，以免波峰焊后孔与元器件壳体短路。
- ☺ 手工布线时，先布电源线，再布地线，且电源线应尽量在同一层面。
- ☺ 信号线不能出现环路布线，如果不得不出现环路，要尽量减小环路面积。
- ☺ 布线通过两个焊盘之间而不与它们连通的时候，应该与它们保持最大而相等的间距。
- ☺ 布线与导线之间的距离应当均匀、相等并且保持最大。

☺ 导线与焊盘连接处的过渡要圆滑，避免出现小尖角。
☺ 当焊盘之间的中心距小于一个焊盘的外径时，焊盘之间的连接导线宽度可以和焊盘的直径相同；当焊盘之间的中心距大于焊盘的外径时，应减小导线的宽度；当一条导线上有3个以上的焊盘，它们之间的距离应该大于两个直径的宽度。
☺ 印制导线的公共地线应尽量布置在PCB的边缘部分。在PCB上应尽可能多地保留铜箔作为地线，这样得到的屏蔽效果比一条长地线要好，传输线特性和屏蔽作用也将得到改善，另外还起到了减小分布电容的作用。印制导线的公共地线最好形成环路或网状，这是因为当在同一块板上有许多集成电路时，由于图形上的限制产生了接地电位差，从而引起噪声容限的降低，当做成回路时，接地电位差减小。
☺ 为了抑制噪声，接地和电源的图形应尽可能与数据的流动方向平行。
☺ 多层PCB可采取其中若干层作为屏蔽层，电源层、地线层均可视为屏蔽层，要注意的是，一般地线层和电源层设计在多层PCB的内层，信号线设计在内层或外层。
☺ 数字区与模拟区尽可能进行隔离，并且数字地与模拟地要分离，最后接于电源地。

8.2　布线规则的设置

布线规则是通过【PCB规则及约束编辑器】对话框来完成设置的。在该对话框提供的10类规则中，与布线有关的主要是【Electrical】（电气）规则和【Routing】（布线）规则。下面就对这两类规则分别进行介绍。

1.【Electrical】（电气）规则的设置

【Electrical】（电气）规则的设置是针对具有电气特性的对象，用于系统的DRC电气校验。当布线过程中违反电气特性规则时，DRC校验器将自动报警，提示用户修改布线。执行菜单命令【设计】→【规则】，打开【PCB规则及约束编辑器】对话框，在该对话框左边的列表栏中，单击【Electrical】前面的加号，可以看到要设置的5项电气子规则，如图8-1所示。

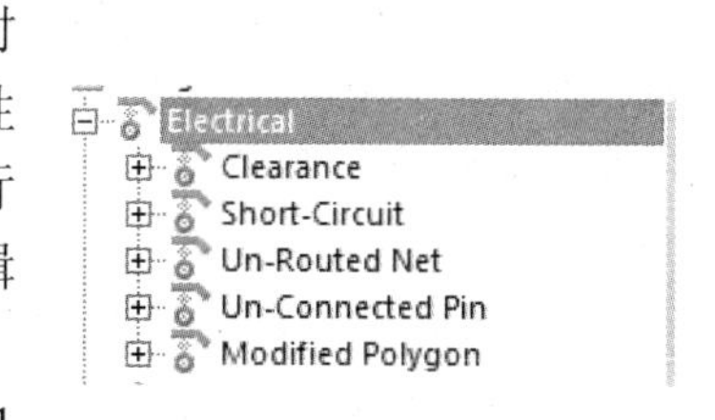

图8-1　5项电气子规则

1）【Clearance】（安全间距）子规则

【Clearance】（安全间距）子规则主要用于设置PCB设计中导线与导线之间、导线与焊盘之间、焊盘与焊盘之间等导电对象之间的最小安全距离，以避免彼此由于距离过近而产生电气干扰。单击【Clearance】子规则前面的加号，则会展开一个【Clearance】子规则，单击该规则可在【PCB规则及约束编辑器】对话框的右边打开如图8-2所示的【Clearance】子规则窗口。

在Altium Designer中，【Clearance】子规则规定了板上不同网络的布线、焊盘和过孔等之间必须保持的距离。在单面板和双面板的设计中，该距离首选值为10～12mil；在4层及以上的PCB中，该距离首选值为7～8mil；最大安全间距一般没有限制。

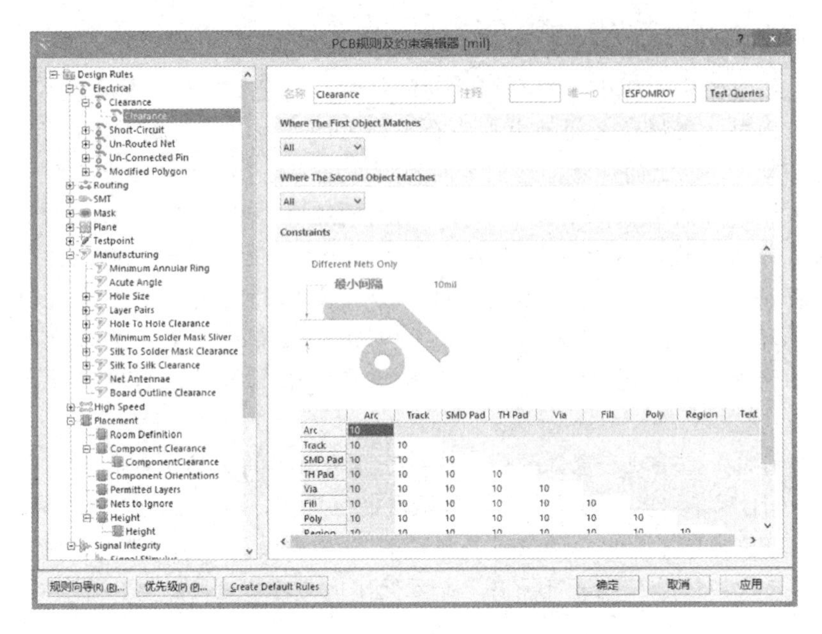

图 8-2 【Clearance】子规则窗口

相邻导线间距必须能满足电气安全要求，而且为了便于操作和生产，间距应尽量宽些。最小间距至少要能承受适合的电压。这个电压一般包括工作电压、附加波动电压及其他原因引起的峰值电压。如果相关技术条件允许在线之间存在某种程度的金属残粒，则其间距会减小。因此，设计者在考虑电压时应把这种因素考虑进去。在布线密度较低时，信号线的间距可适当加大，对高、低电压悬殊的信号线应尽可能地缩短长度并加大间距。

电气规则的设置窗口与布局规则的设置窗口一样，也是由上、下两部分构成。上半部分是用来设置规则的适用对象范围，前面已做过详细的讲解，这里就不再重复了。下半部分是用来设置规则的约束条件，在 Constraints 区域内，主要用于设置该项规则适用的网络范围，由一个下拉菜单给出。

☺ Different Nets Only：仅适用于不同的网络之间。

☺ Same Net Only：仅适用在同一网络中。

☺ All Net：适用于一切网络。

☺ Different Differential pair：用来设置不同导电对象之间具体的安全距离。一般导电对象之间的距离越大，产生干扰或元器件之间短路的可能性就越小，但电路板就要求很大，成本也会相应提高，所以应根据实际情况加以设定。

☺ Same Differential pair：用来设置相同导电对象之间具体的安全距离。

2）【Short-Circuit】（短路）子规则

【Short-Circuit】（短路）子规则用于设置短路的导线是否允许出现在 PCB 上。【Short-Circuit】子规则窗口如图 8-3 所示。

在该窗口的 Constraints 区域内，只有一个复选框，即“允许短电流”复选框。若选中该复选框，表示在 PCB 布线时允许设置的匹配对象中的导线短路。系统默认状态为不选中该复选框。

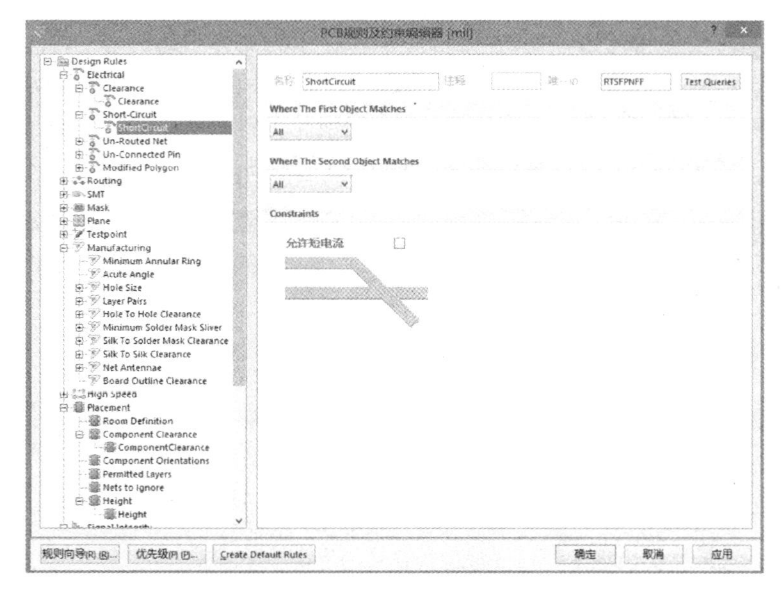

图 8-3 【Short-Circuit】子规则窗口

3）【Un-Routed Net】（未布线网络）子规则

【Un-Routed Net】（未布线网络）子规则用于检查 PCB 中指定范围内的网络是否已完成布线，对于没有布线的网络，仍以飞线形式保持连接。【Un-Routed Net】子规则窗口如图 8-4 所示。

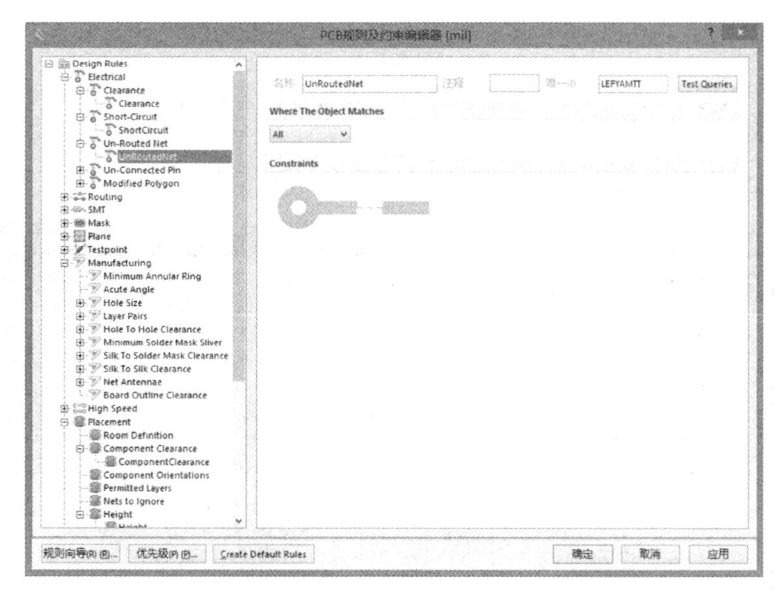

图 8-4 【Un-Routed Net】子规则窗口

在该规则的 Constraints 区域内没有任何约束条件设置，只要创建规则，为其设定使用范围即可。

4）【Un-Connected Pin】（未连接引脚）子规则

【Un-Connected Pin】（未连接引脚）子规则用于检查指定范围内的元器件引脚是否已连

接到网络，对于没有连接的引脚，给予警告提示，显示为高亮状态。

选中【PCB 规则及约束编辑器】对话框左边规则列表中的【Un-Connected Pin】子规则，右击，执行菜单命令【新规则】，在规则列表中会出现一个新的默认名为“Un Connected Pin”的规则。单击该新建规则，打开【Un-Connected Pin】子规则窗口，如图 8-5 所示。

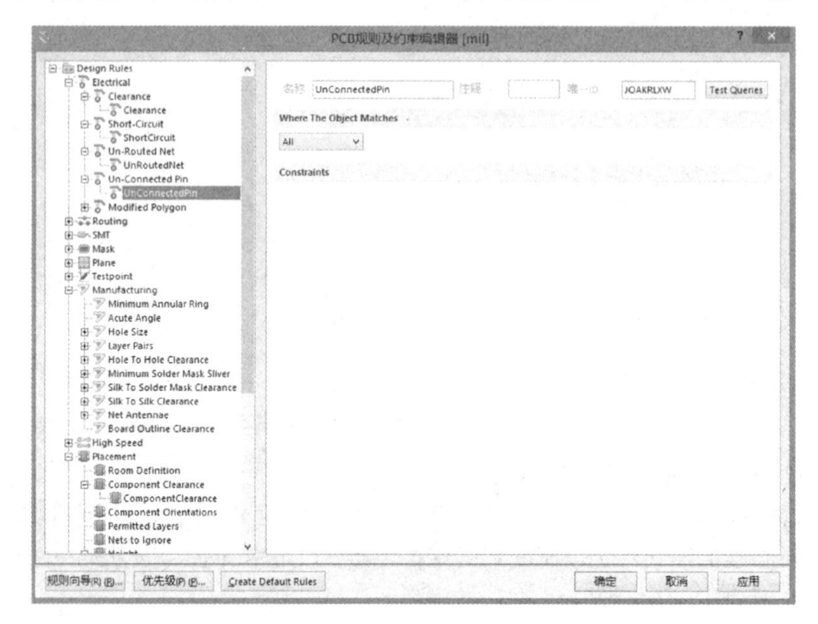

图 8-5 【Un-Connected Pin】子规则窗口

在该规则的 Constraints 区域内也没有任何约束条件设置，只要创建规则，为其设定使用范围即可。

当完成该项设置后，未连接到网络的引脚效果如图 8-6 所示。

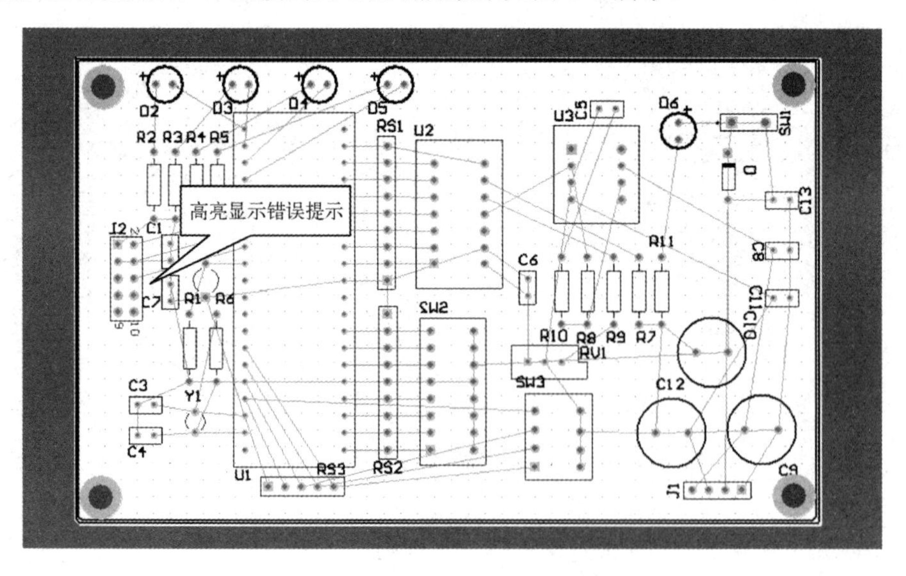

图 8-6 未连接到网络的引脚效果

5）【Modified Polygon】（修改后多边形）子规则

选中【PCB 规则及约束编辑器】对话框左边规则列表中的【Modified Polygon】子规则，右击，执行菜单命令【新规则】，在规则列表中会出现一个新的默认名为“UnpouredPolygon”的规则。单击该新建规则，打开【Modified Polygon】子规则窗口，如图 8-7 所示。

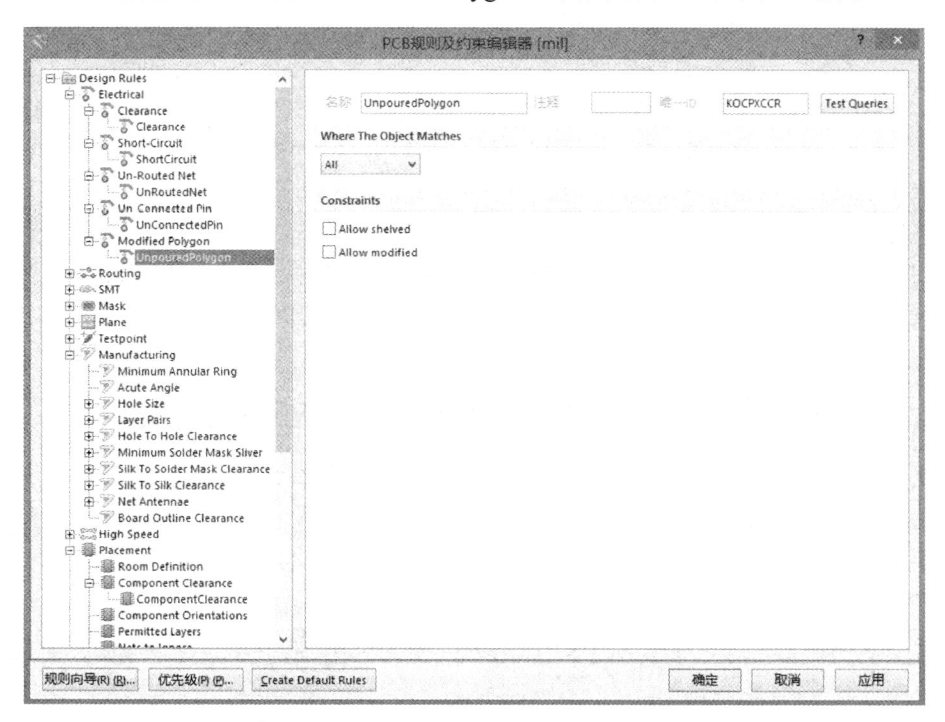

图 8-7 【Modified Polygon】子规则窗口

2. 【Routing】（布线）规则的设置

执行菜单命令【设计】→【规则】，打开【PCB 规则及约束编辑器】对话框，在该对话框左边的规则列表栏中，单击【Routing】前面的加号，可以看到要设置的电气子规则有 8 项，如图 8-8 所示。

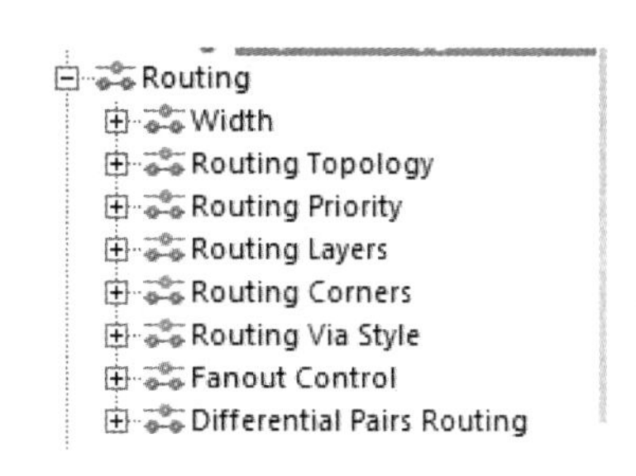

图 8-8 【Routing】规则

1）【Width】（布线宽度）子规则

布线宽度是指 PCB 铜膜导线的实际宽度。在制作 PCB 时，大电流信号用粗线（如 50mil，甚至以上），小电流信号可以用细线（如 10mil）。通常布线的经验值是 $10A/mm^2$，即横截面积为 $1mm^2$ 的布线能安全通过的电流值为 10A。如果线太细，在大电流通过时布线就会烧毁。当然，电流烧毁布线也要遵循能量公式：$Q=I^2t$，例如，对于一个要通过 10A 电流的布线来说，突然出现一个 100A 的电流毛刺，持续时间为μs 级，那么 30mil 的导线是肯定能够承受住的，因此在实际中还要综合导线的长度进行考虑。

PCB 导线的宽度应满足电气性能要求而又便于生产，最小宽度主要由导线与绝缘基板间的黏附强度和流过的电流值所决定，但最小宽度不宜小于 8mil。在高密度、高精度的印制线路中，导线宽度和间距一般可取 12mil。在大电流情况下，导线宽度还要考虑其温升的因素。单面板实验表明，当铜箔厚度为 50μm、导线宽度为 1～1.5mm、通过电流 2A 时，温升很小，一般选用 40～60mil 的导线宽度就可以满足设计要求而不致引起温升。印制导线的公共地线应尽可能粗，这在带有微处理器的电路中尤为重要，因为地线过细时，由于流过的电流变化，地电位变动，微处理器定时信号的电压不稳定，会使噪声容限劣化。在 DIP 封装的 IC 引脚间布线，可采用“10-10”与“12-12”的原则，即当两引脚间通过两根线时，焊盘直径可设为 50mil，线宽与线距均为 10mil；当两引脚间只通过 1 根线时，焊盘直径可设为 64mil，线宽与线距均为 12mil。

【Width】子规则用于设置 PCB 布线时允许采用的导线宽度。单击【Width】子规则前面的加号，则会展开一个【Width】子规则，单击该规则可在【PCB 规则及约束编辑器】对话框的右侧打开如图 8-9 所示的【Width】子规则窗口。

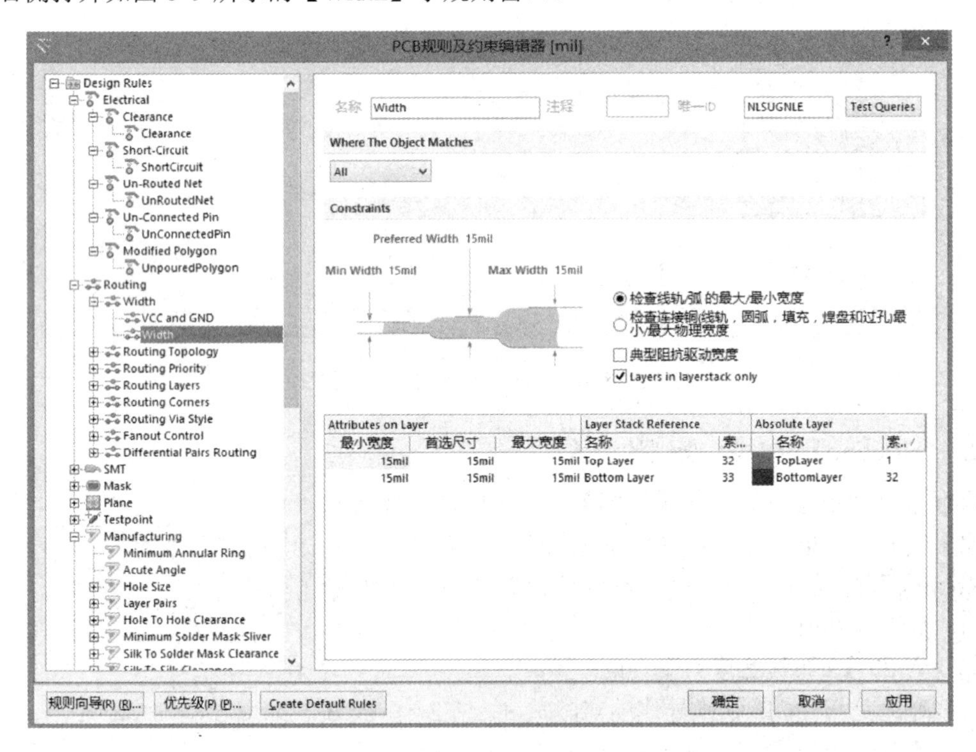

图 8-9 【Width】子规则窗口

在 Constraints 区域内，可以设置导线宽度，它有最大、最小和首选之分。其中，最大宽度和最小宽度确定了导线的宽度范围，而首选尺寸则为导线放置时系统默认的导线宽度。

在 Constraints 区域内，还包含了两个复选框。

☺ 典型阻抗驱动宽度：选中该复选框后，将显示铜膜导线的特征阻抗值。用户可对最大、最小及优先阻抗进行设置。选中“典型阻抗驱动宽度”复选框如图 8-10 所示。

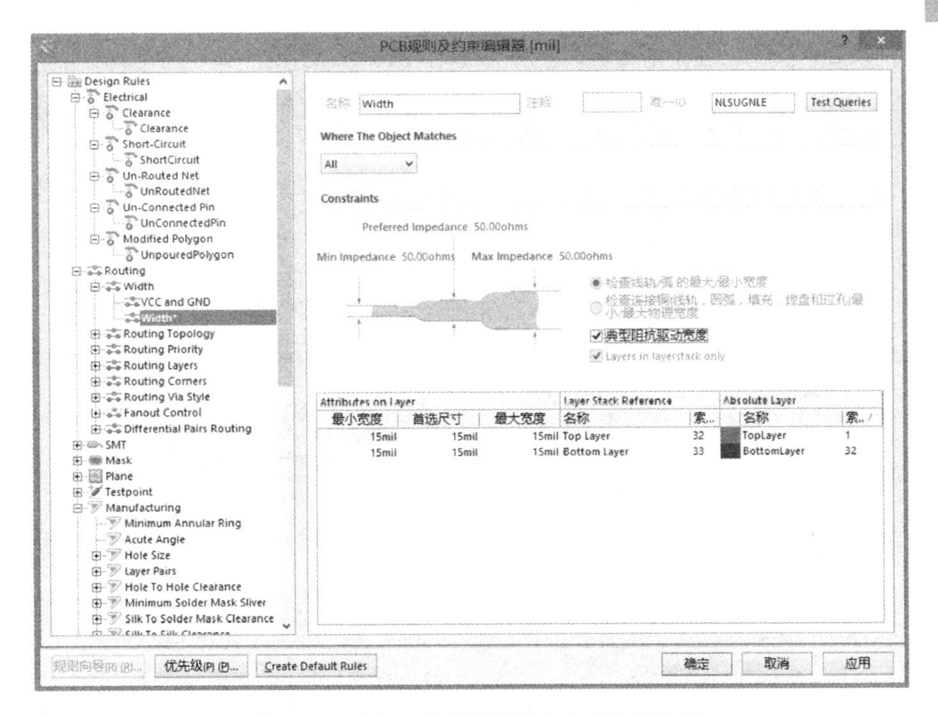

图 8-10 选中“典型阻抗驱动宽度”复选框

☺ Layers in layerstack only：选中该复选框后，当前的宽度规则仅适用于图层堆栈中所设置的工作层。系统默认为选中状态。选中“Layers in layerstack only”复选框后，则有两个单选框可以进行设置。

☺ 检查线轨/弧的最大/最小宽度：选中该单选框后，可检查线轨和圆弧的最大/最小宽度。

☺ 检查连接铜（线轨，圆弧，填充，焊盘和过孔）最小/最大物理宽度：选中该单选框后，可检查线轨、圆弧、填充、焊盘和过孔最小/最大宽度。

Altium Designer 设计规则针对不同的目标对象，可以定义同类型的多个规则。例如，用户可定义一个适用于整个 PCB 的导线宽度约束条件，所有导线都是这个宽度。但由于电源线和地线通过的电流比较大，比起其他信号线要宽一些，所以要对电源线和地线重新定义一个导线宽度约束规则。

下面就以定义两种导线宽度规则为例，给出如何定义同类型的多重规则。

首先定义第一种导线宽度规则，在打开的【Width】子规则窗口中，设置最大宽度、最小宽度和首选尺寸都为“10mil”，在名称文本编辑栏内输入“All”。完成第一种导线宽度规则设置如图 8-11 所示。

然后定义第二种导线宽度规则，选中【PCB 规则及约束编辑器】对话框窗口左边规则列表中的【Width】子规则，右击，执行菜单命令【新规则】，在规则列表中会出现一个新的默认名为“Width”的导线宽度规则。单击该新建规则，打开设置窗口。在 Constraints 区域内，将最大宽度、最小宽度和首选尺寸都设置为“20mil”，在名称文本编辑栏内输入“VCC and GND”。完成第二种导线宽度规则设置如图 8-12 所示。

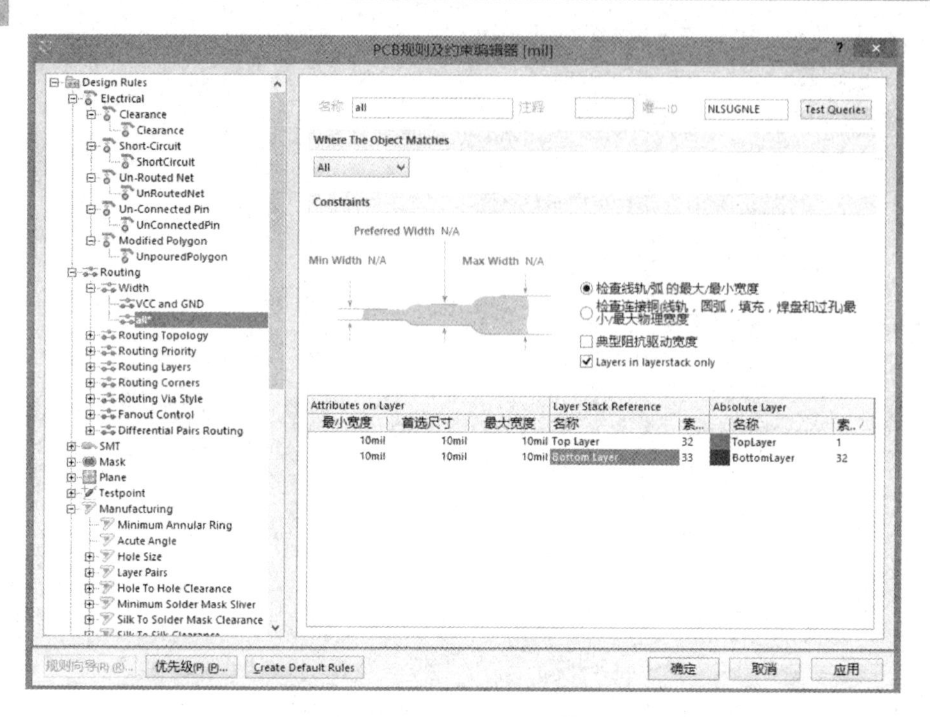

图 8-11　完成第一种导线宽度规则设置

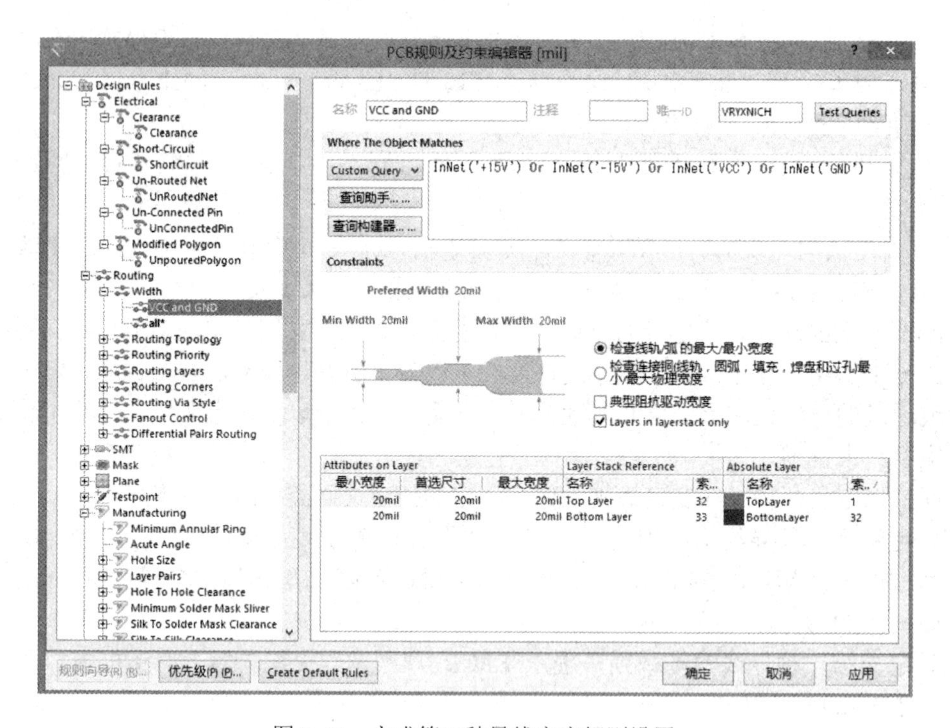

图 8-12　完成第二种导线宽度规则设置

接下来，设置匹配对象的范围如图 8-13 所示，这里选择对象为“Net”，单击下拉按钮，在下拉列表中选择“+15V”。

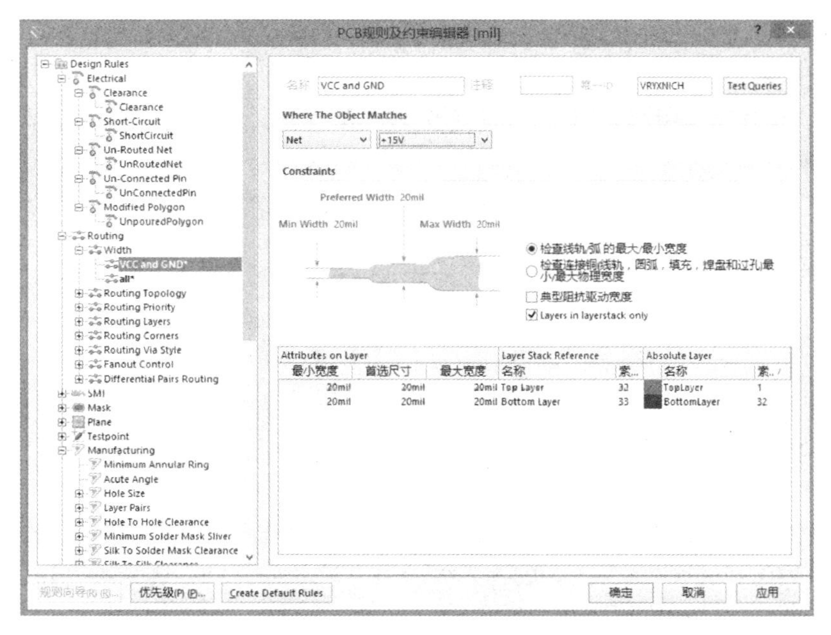

图 8-13　匹配对象范围设置

选中“Custom Query”选项，单击被激活的【询问助手】按钮，启动【Query Helper】对话框，此时在 Query 区域中显示的内容为“InNet('+15V')”。单击【Or】按钮，此时【Query】区域中显示的内容变为“InNet('+15V') Or”。使光标停留在“Or”的右侧，单击【PCB Functions】目录中的【Membership Checks】，在右边的 Name 栏中找到并双击“InNet”，此时【Query】区域中的内容为“InNet('+15V') Or InNet()”。将光标停留在第二个括号中。单击【PCB Objects Lists】目录中的【Nets】，在右边的【Name】栏中找到并双击“-15V”，此时【Query】区域中的内容为“InNet('+15V') Or InNet('-15V')”。按照上述操作，将“VCC”网络和“GND”网络添加为匹配对象。【Query】区域中显示的内容最终为“InNet('+15V') Or InNet('-15V') Or InNet('VCC') Or InNet('GND')”，如图 8-14 所示。

单击【Check Syntax】按钮，进行语法检查，系统会弹出检查信息提示框，如图 8-15 所示。

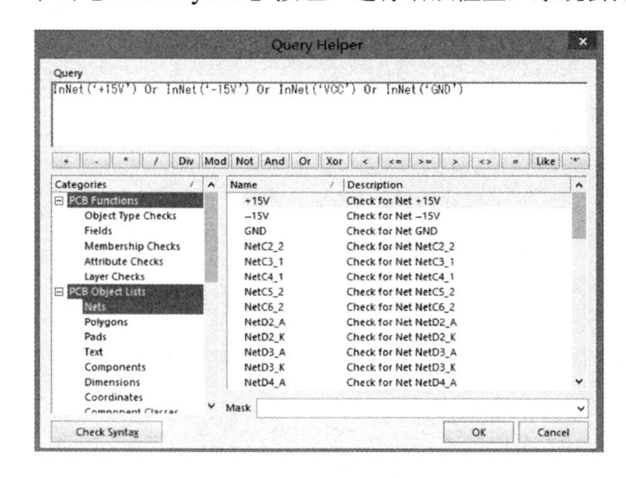

图 8-14　设置规则适用的网络

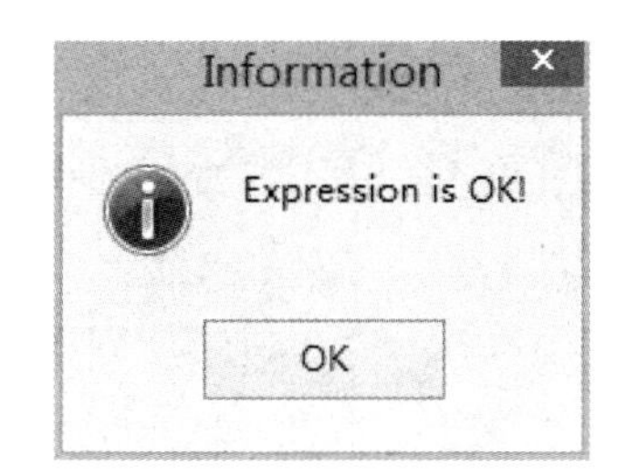

图 8-15　检查信息提示框

单击【OK】按钮，关闭检查信息提示框。单击【Query Helper】对话框中的【OK】按钮，关闭该对话框，返回规则设置窗口。

单击【Width】子规则窗口左下方的【优先级】按钮，进入【编辑规则优先级】对话框，如图 8-16 所示。

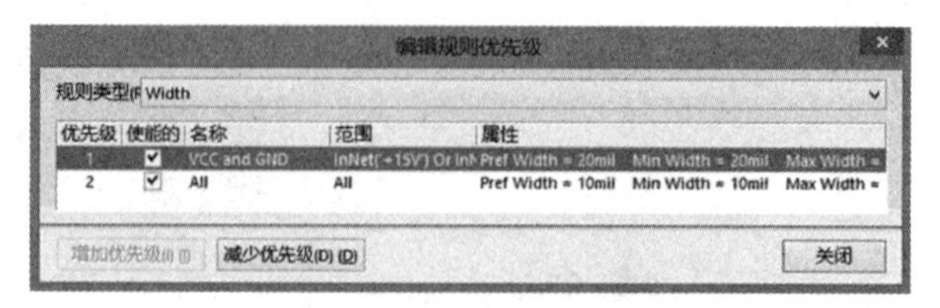

图 8-16 【编辑规则优先级】对话框

在【编辑规则优先级】对话框中，列出了所创建的两个导线宽度规则。其中，“VCC and GND”规则的优先级为“1”，“All”优先级为“2”。单击该对话框下方的【减少优先级】按钮或【增加优先级】按钮，即可调整所列规则的优先级。此处单击【减少优先级】按钮，则可将“VCC and GND”规则的优先级降为“2”，而“All”优先级提升为“1”，如图 8-17 所示。

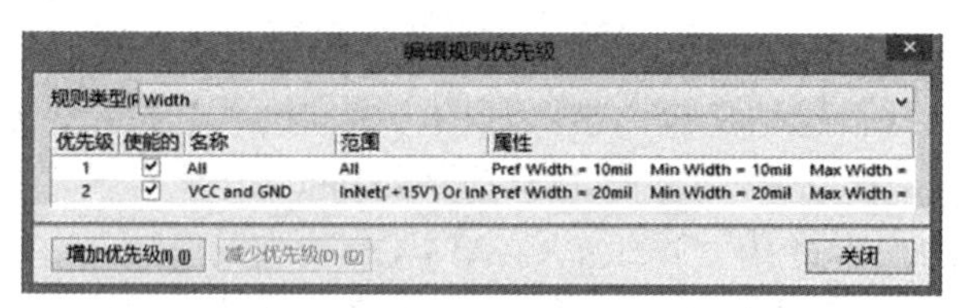

图 8-17 对规则优先级的操作

2)【Routing Topology】（布线拓扑逻辑）子规则

【Routing Topology】（布线拓扑逻辑）子规则用于设置自动布线时同一网络内各节点间的布线方式。【Routing Topology】子规则窗口如图 8-18 所示。

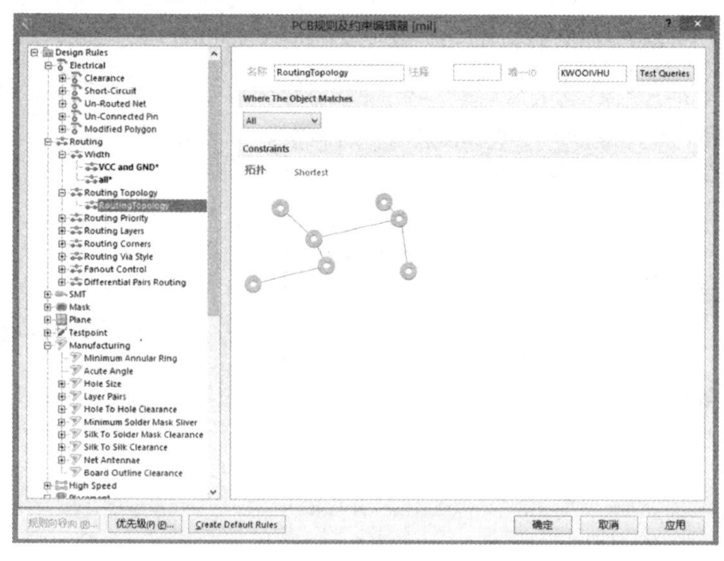

图 8-18 【Routing Topology】子规则窗口

在 Constraints 区域内，单击【拓扑】下拉按钮，用户即可选择相应的拓扑结构，7 种可选的拓扑结构如图 8-19 所示。各拓扑结构意义如表 8-1 所示。

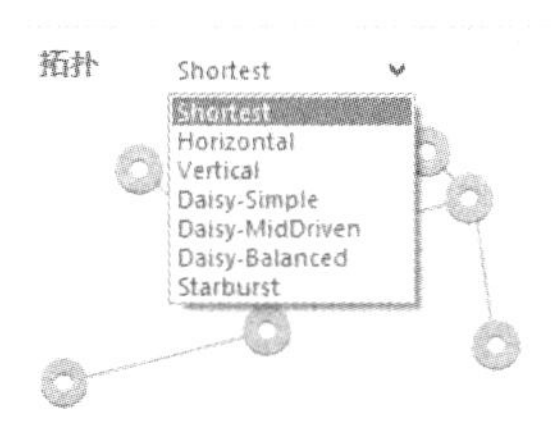

图 8-19　7 种可选的拓扑结构

表 8-1　各拓扑结构意义

名　　称	图　　解	说　　明
Shortest （最短）		在布线时连接所有节点的连线最短
Horizontal（水平）		连接所有节点后，在水平方向连线最短
Vertical（垂直）		连接所有节点后，在垂直方向连线最短
Daisy- Simple（简单雏菊）		使用链式连通法则，从一点到另一点连通所有的节点，并使连线最短
Daisy-MidDriven（雏菊中点）	Source	选择一个源点（Source），以它为中心向左右连通所有的节点，并使连线最短
Daisy-Balanced（雏菊平衡）	Source	选择一个源点，将所有的中间节点数目平均分成组，所有的组都连接在源点上，并使连线最短
Starburst（星形）	Source	选择一个源点，以星形方式去连接别的节点，并使连线最短

用户可根据实际电路选择拓扑结构。通常系统在自动布线时，布线的线长最短为最佳，一般可以使用默认值“Shortest”。

3）【Routing Priority】（布线优先级）子规则

【Routing Priority】（布线优先级）子规则用于设置 PCB 中各网络布线的先后顺序，优先级高的网络先进行布线，如图 8-20 所示。

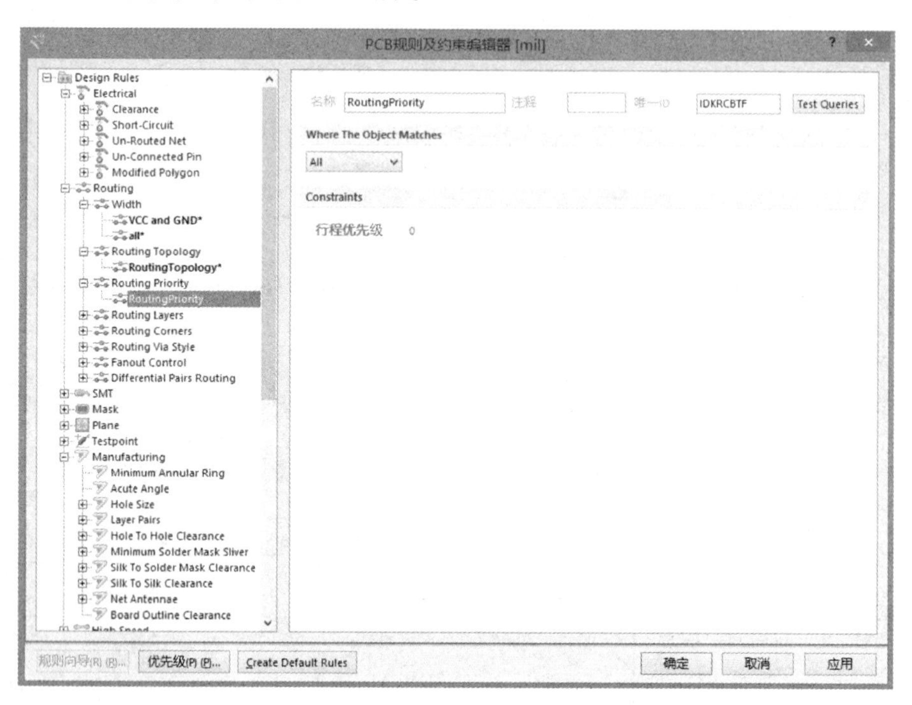

图 8-20 【Routing Priority】子规则窗口

在 Constraints 区域内，只有一项数字选择框【行程优先级】用于设置指定匹配对象的布线优先级，级别的取值范围是“0～100”，数字越大相应的级别就越高，即 0 表示优先级最低，100 表示优先级最高。对于匹配对象范围的设定与上面介绍的一样，这里就不再赘述。

假设想将 GND 网络先进行布线，首先建立一个【Routing Priority】子规则，设置对象范围为“All”，并设置其优先级为“0”级。对规则命名为“All P”。单击规则列表中的【Routing Priority】子规则，执行右键菜单命令【新规则】。为新创建的规则命名为“GND”，设置其对象范围为“InNet(‘GND’)”，并设置其优先级为“1”级。设置 GND 网络优先级如图 8-21 所示。

单击【应用】按钮，使系统接受规则设置的更改。这样在布线时就会先对 GND 网络进行布线，再对其他网络进行布线。

4）【Routing Layers】（布线层）子规则

【Routing Layers】（布线层）子规则用于设置在自动布线过程中各网络允许布线的工作层。【Routing Layers】子规则窗口如图 8-22 所示。

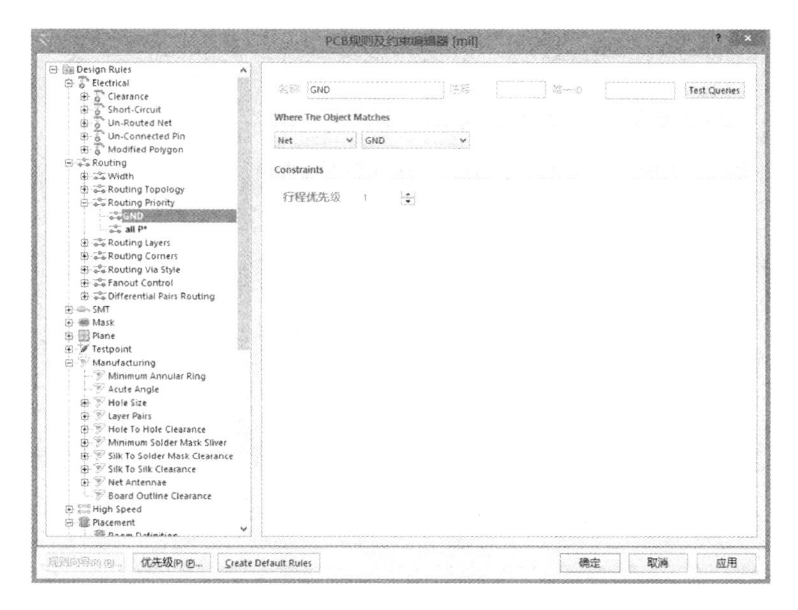

图 8-21　设置 GND 网络优先级

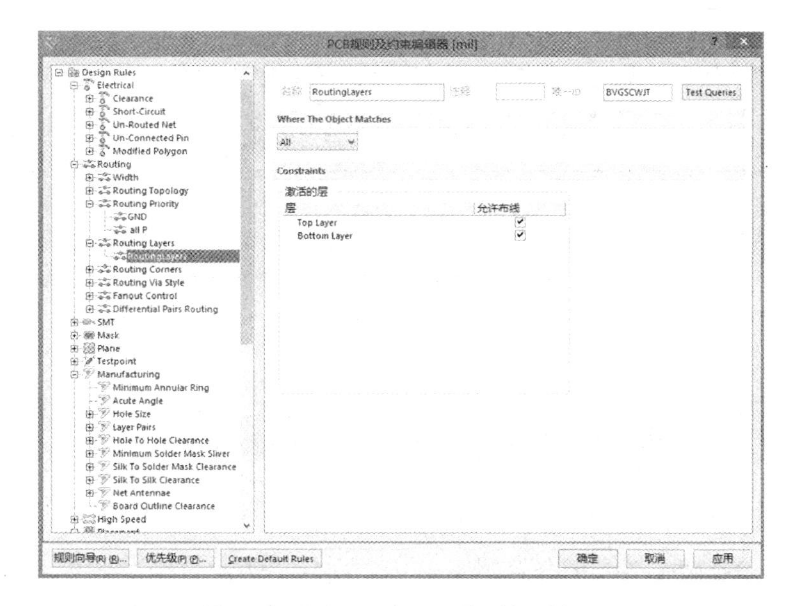

图 8-22　【Routing Layers】子规则窗口

在 Constraints 区域内，列出了在层堆管理中定义的所有层，若允许布线选中各层所对应的复选框即可。

在该规则中可以设置 GND 网络布线时只布在顶层等。系统默认为所有网络允许布线在任何层。

5）【Routing Corners】（布线拐角）子规则

【Routing Corners】（布线拐角）子规则用于设置自动布线时导线拐角的模式。【Routing Corners】子规则窗口如图 8-23 所示。

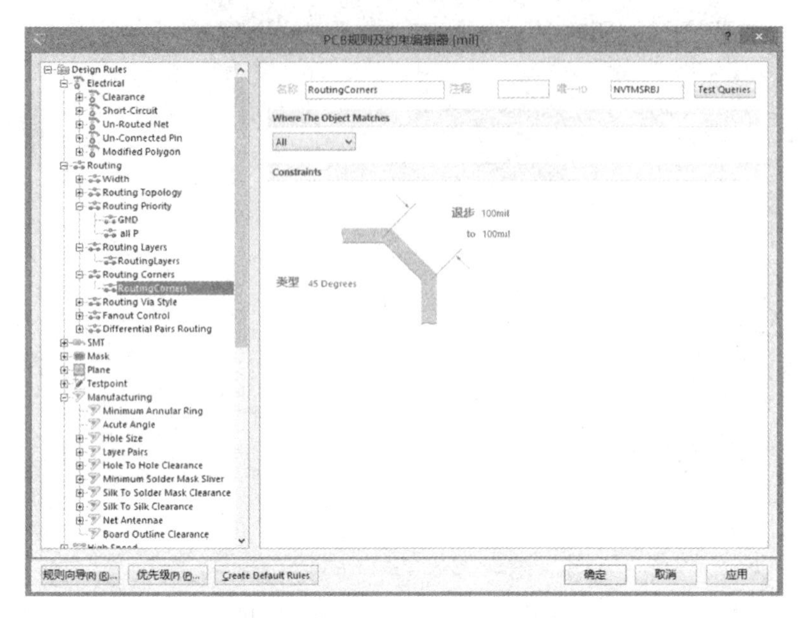

图 8-23 【Routing Corners】子规则窗口

在 Constraints 区域内，系统提供了 3 种拐角模式，分别为“90 Degrees”、“45 Degrees”和“Rounded”，系统默认拐角模式为“45 Degrees”。系统提供的 3 种拐角模式如表 8-2 所示。

表 8-2 系统提供的 3 种拐角模式

拐角模式	图示	说明
90 Degrees		布线比较简单，但因为有尖角，容易积累电荷，从而会接收或发射电磁波，因此该种布线的电磁兼容性能比较差
45 Degrees		将 90°的尖角分成两部分，因此电路的积累电荷效应降低，从而改善了电路的抗干扰能力
Rounded		圆弧形布线不存在尖端放电，因此该种布线方式具有较好的电磁兼容性能，比较适合高电压、大电流电路布线

对于“45 Degrees”和“Rounded”这两种拐角模式要设置拐角尺寸的范围，在退步栏中输入拐角的最小值，在 to 栏中输入拐角的最大值。

6）【Routing Via Style】（布线过孔）子规则

【Routing Via Style】（布线过孔）子规则用于设置自动布线时放置过孔的尺寸。【Routing Via Style】子规则窗口如图 8-24 所示。

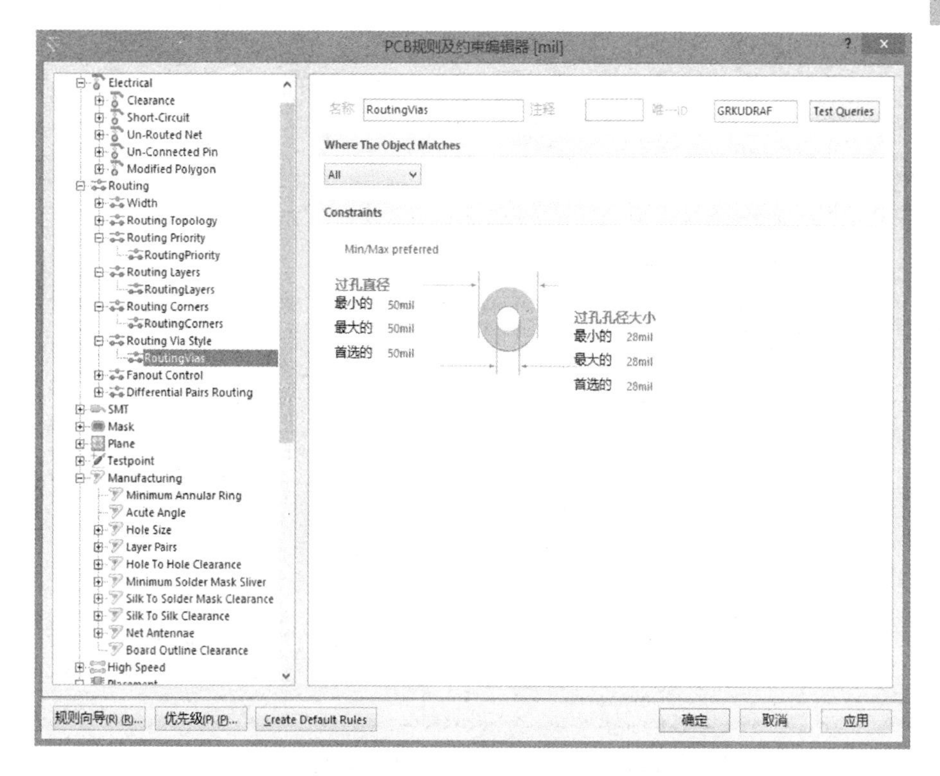

图 8-24 【Routing Via Style】子规则窗口

在 Constraints 区域内，要设定过孔直径、过孔孔径的最小的、最大的和首选的值。其中，最大的和最小的值是极限值，首选的值将作为系统默认尺寸。需要强调的是，单面板和双面板过孔直径应设置在 40mil～60mil 之间；过孔孔径应设置在 20mil～30mil。4 层及以上的 PCB 过孔直径最小值为 20mil，最大值为 40mil；过孔孔径最小值为 10mil，最大值为 20mil。

7）【Fanout Control】（扇出布线）子规则

【Fanout Control】（扇出布线）子规则用于对贴片式元器件进行扇出式布线的规则。扇出其实就是将贴片式元器件的焊盘通过导线引出并在导线末端添加过孔，使其可以在其他层面上继续布线。系统提供了 5 种默认的扇出规则，分别对应于不同封装的元器件，即【Fanout_BGA】、【Fanout_Default】、【Fanout_LCC】、【Fanout_SOIC】和【Fanout_Small】，如图 8-25 所示。

名称	优...	使...	类型	种类	范围	属性	
Fanout_BGA	1	✔	Fanout Control	Routing	IsBGA	Style - Auto	Directio
Fanout_Default	5	✔	Fanout Control	Routing	All	Style - Auto	Directio
Fanout_LCC	2	✔	Fanout Control	Routing	IsLCC	Style - Auto	Directio
Fanout_Small	4	✔	Fanout Control	Routing	(CompPinCount < 5)	Style - Auto	Directio
Fanout_SOIC	3	✔	Fanout Control	Routing	IsSOIC	Style - Auto	Directio

图 8-25 系统给出的默认扇出规则

这几种扇出规则的设置窗口除了适用范围不同外，其约束区域内的设置项是基本相同的。【Fanout_Default】规则窗口如图 8-26 所示。

图 8-26 【Fanout_Default】规则窗口

Constraints 区域只由扇出选项构成。扇出选项区域内，包含 4 个下拉菜单，分别是【扇出类型】、【扇出向导】、【从焊盘趋势】和【过孔放置模式】。

☺【扇出类型】。

✧ Auto：自动扇出。

✧ Inline Rows：同轴排列。

✧ Staggered Rows：交错排列。

✧ BGA：BGA 形式排列。

✧ Under Pads：从焊盘下方扇出。

☺【扇出向导】。

✧ Disable：不设定扇出方向。

✧ In Only：从输入方向扇出。

✧ Out Only：从输出方向扇出。

✧ In Then Out：先进后出方式扇出。

✧ Out Then In：先出后进方式扇出。

✧ Alternating In and Out：交互式进出方式扇出。

☺【从焊盘趋势】。

✧ Away From Center：偏离焊盘中心扇出。

✧ North-East：从焊盘的东北方向扇出。

✧ South-East：从焊盘的东南方向扇出。

✧ South-West：从焊盘的西南方向扇出。

✧ North-West：从焊盘的西北方向扇出。

✧ Towards Center：从正对焊盘中心的方向扇出。

☺【过孔放置模式】。

✧ Close To Pad(Follow Rules)：遵从规则的前提下，过孔靠近焊盘放置。

✧ Centered Between Pads：过孔放置在焊盘之间。

8）【Differential Pairs Routing】（差分对布线）子规则

【Differential Pairs Routing】（差分对布线）子规则主要用于对一组差分对设置相应的参数。【Differential Pairs Routing】子规则窗口如图 8-27 所示。

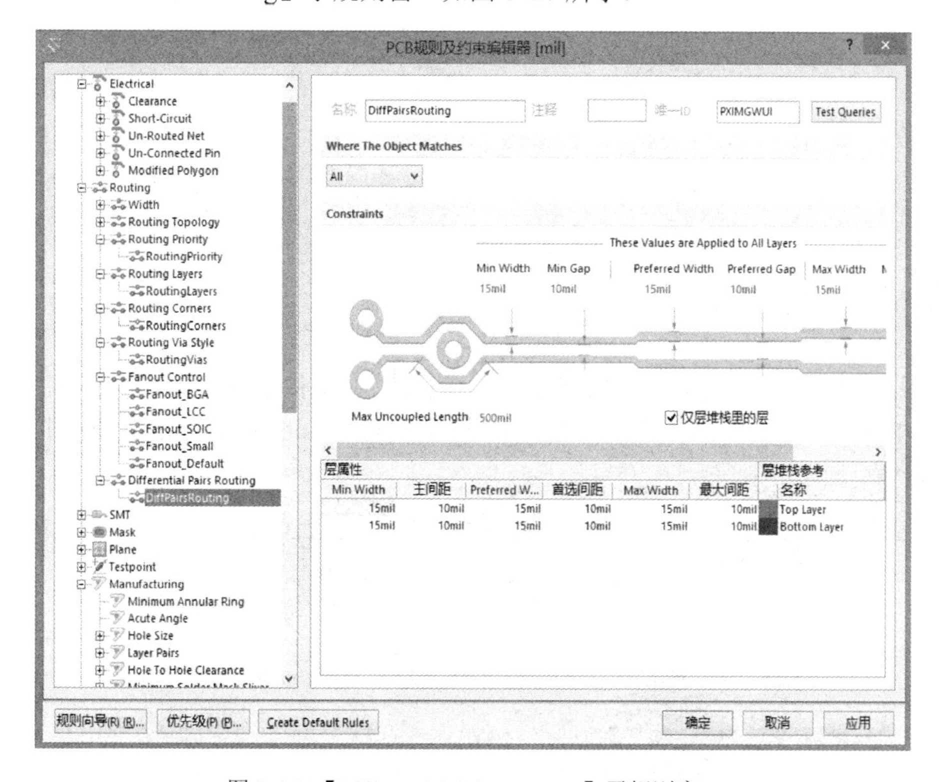

图 8-27 【Differential Pairs Routing】子规则窗口

在 Constraints 区域内，要对差分对内部两个网络之间的最小间距（Min Gap）、最大间距（Max Gap）、首选间距（Preferred Gap）及最大非耦合长度（Max Uncoupled Length）进行设置，以便在交互式差分对布线器中使用，并在 DRC 校验中进行差分对布线的验证。

选中“仅层堆栈里的层”复选框，则其下面的列表中只是显示图层堆栈中定义的工作层。

3. 使用规则向导设置规则

在 PCB 编辑环境内，执行菜单命令【设计】→【规则向导】，启动【新建规则向导】对话框，如图 8-28 所示。

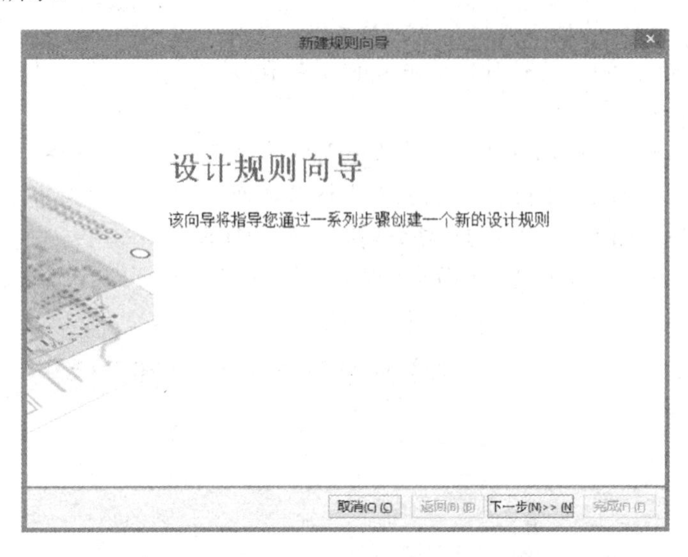

图 8-28 【新建规则向导】对话框

现在就以前面介绍过的对电源线和地线重新定义一个导线宽度约束规则为例，介绍一下如何使用规则向导设置规则。

在打开的【新建规则向导】对话框中，单击【下一步】按钮，进入【选择规则类型】窗口，如图 8-29 所示。本例要选中【Routing】规则中的【Width Constraint】子规则，并在名称栏中输入新建规则的名称“V_G”。

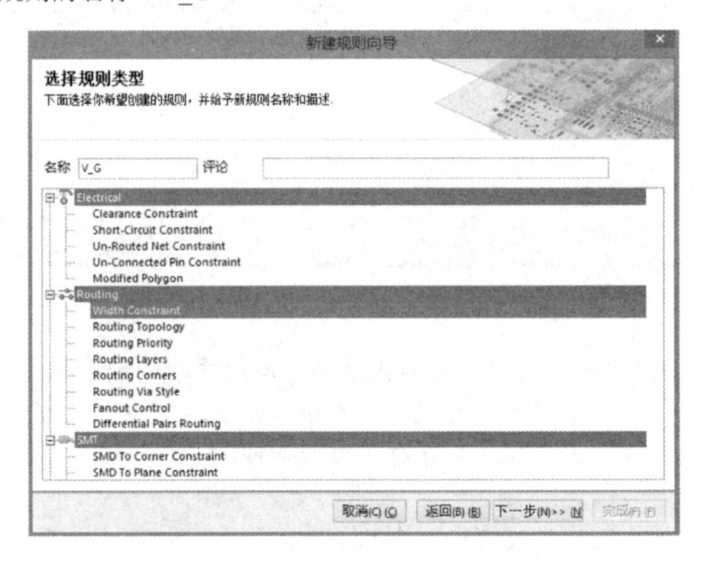

图 8-29 【选择规则类型】窗口

单击【下一步】按钮，进入【选择规则范围】窗口，如图 8-30 所示，选中“1 Net”单选按钮。

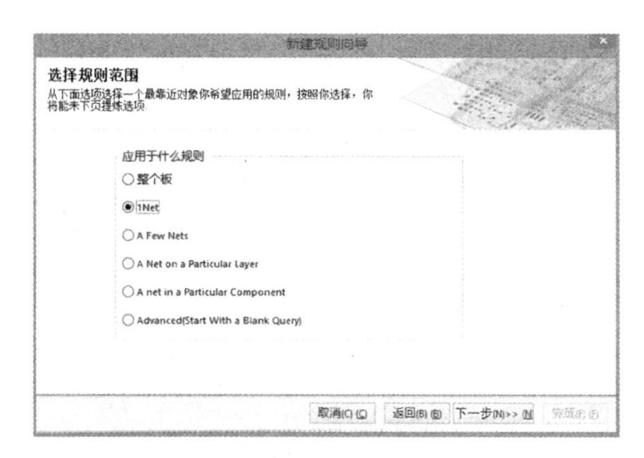

图 8-30 【选择规则范围】窗口

单击【下一步】按钮，进入【高级规则范围】窗口（1），如图 8-31 所示。选择条件类型/操作员栏下方的内容为“Belongs to Net”，在条件值栏中单击打开下拉菜单，选择网络标签为“-15V”。

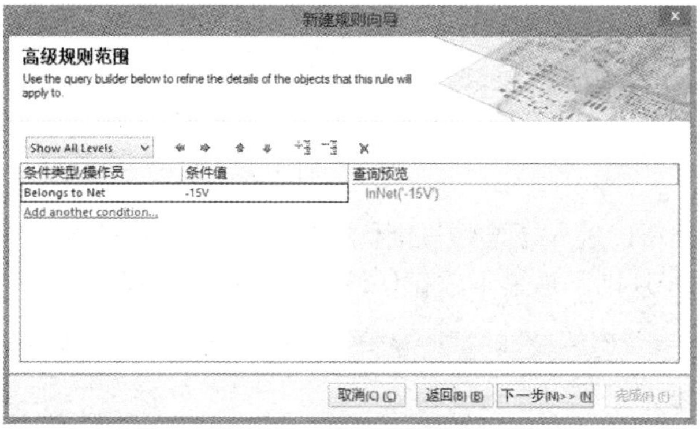

图 8-31 【高级规则范围】窗口（1）

单击条件类型/操作员栏下方的蓝体字【Add another condition】，在弹出的下拉菜单中选择“Belongs to Net”，在其对应的条件值栏中选择网络标签为“+15V”，将其上方的关系值改成“OR”，此时的【高级规则范围】窗口（2）如图 8-32 所示。

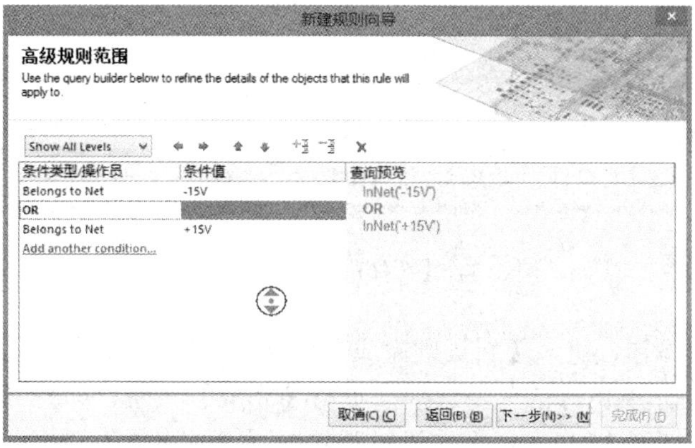

图 8-32 【高级规则范围】窗口（2）

按照上述操作，将 VCC 网络标签和 GND 网络标签添加到规则中，此时的【高级规则范围】窗口（3）如图 8-33 所示。

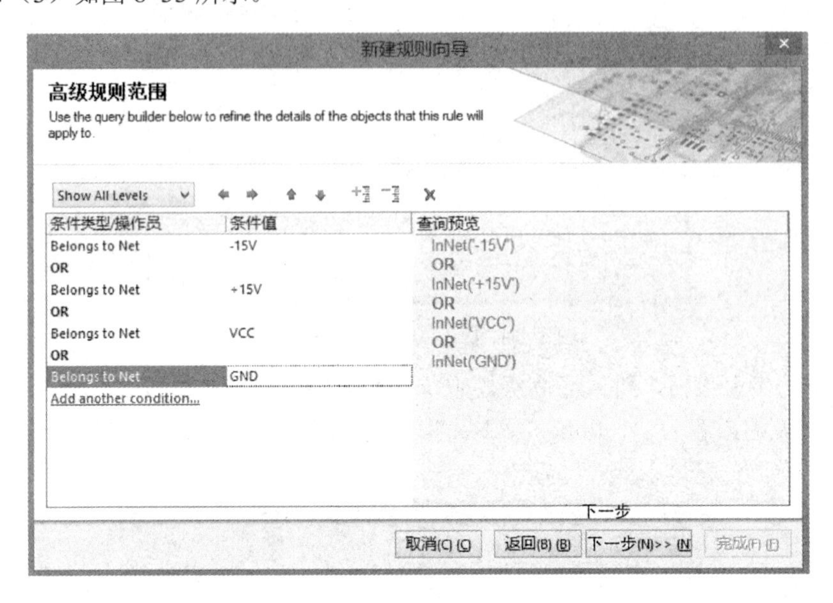

图 8-33 【高级规则范围】窗口（3）

单击【下一步】按钮，进入【选择规则优先级】窗口，如图 8-34 所示。在该窗口中列出了所有的【Width】子规则。这里不改变任何设置，保持新建规则为最高级。

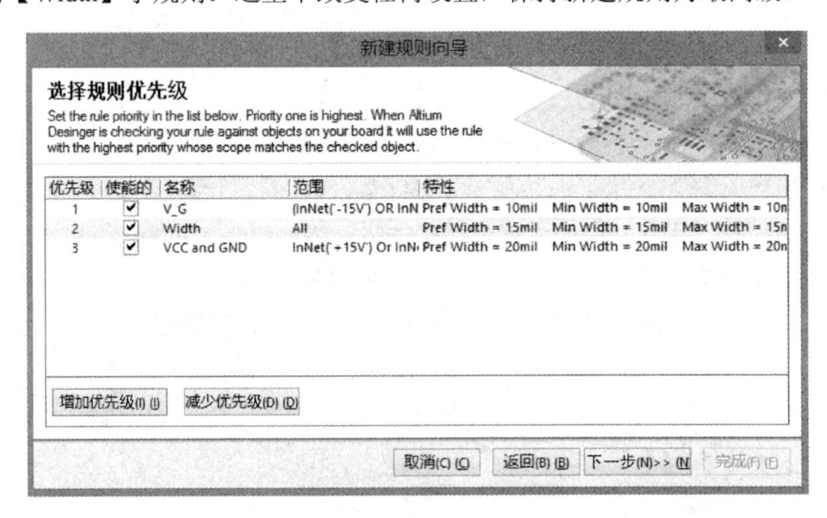

图 8-34 【选择规则优先级】窗口

单击【下一步】按钮，进入【新规则完成】窗口，如图 8-35 所示。

选中“开始主设计规则对话”复选框，单击【完成】按钮，即打开【PCB 规则及约束编辑器】对话框，如图 8-36 所示，在这里对新建规则完成约束条件的设置。

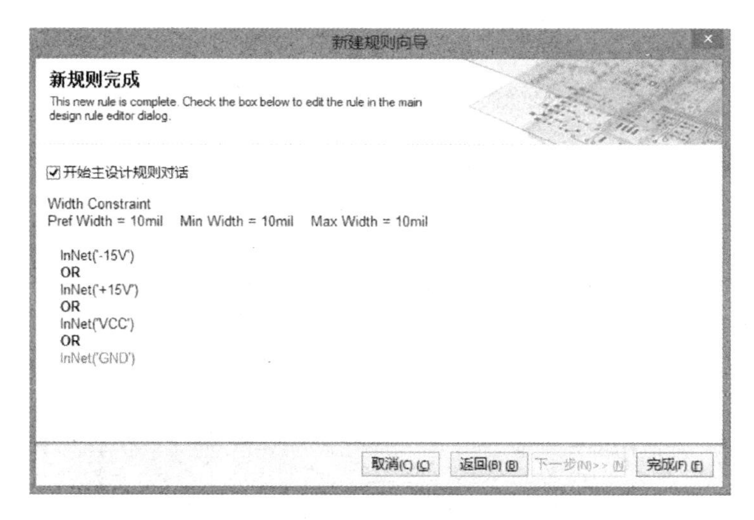

图 8-35 【新规则完成】窗口

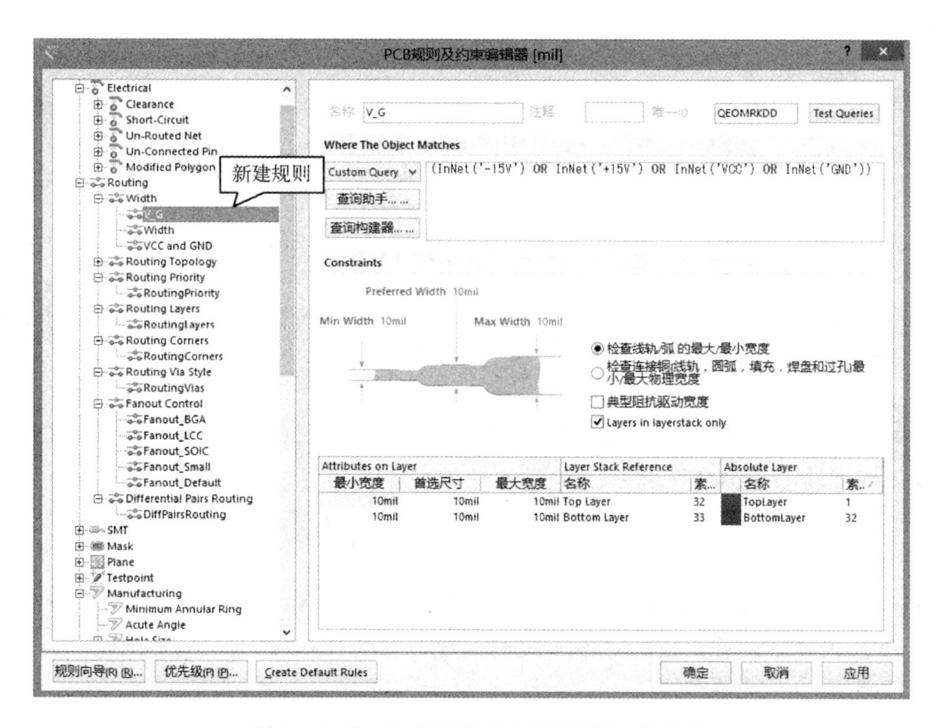

图 8-36 【PCB 规则及约束编辑器】对话框

由上述过程可以看出，使用规则向导进行规则设置只是设置了规则的应用范围和优先级，而约束条件还是要在【PCB 规则及约束编辑器】对话框中进行设置。

8.3　布线策略的设置

布线策略是指自动布线时所采取的策略。执行菜单命令【自动布线】→【设置】，此时系统弹出【Situs 布线策略】对话框，如图 8-37 所示。

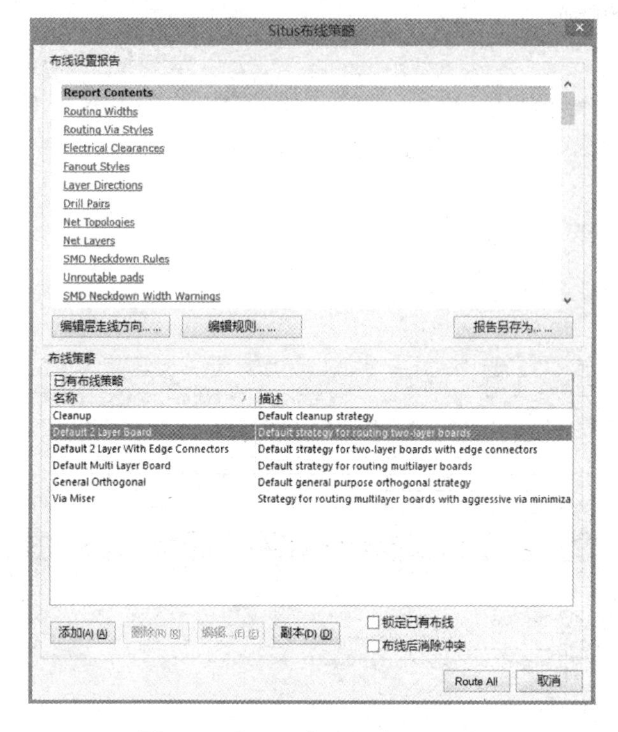

图 8-37 【Situs 布线策略】对话框

【Situs 布线策略】对话框分为上、下两个区域，分别是布线设置报告区域和布线策略区域。

布线设置报告区域用于设置布线规则及其汇总报告受影响的对象。该区域还包含了 3 个控制按钮。

☺【编辑层走线方向】：用于设置各信号层的布线方向，单击该按钮，会打开【层说明】对话框，如图 8-38 所示。

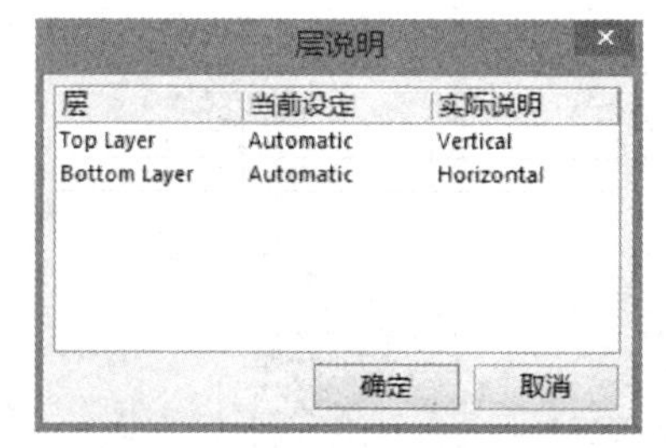

图 8-38 【层说明】对话框

☺【编辑规则】：单击该按钮，可以打开【PCB 规则及约束编辑器】对话框，对各项规则继续进行修改或设置。

☺【报告另存为】：单击该按钮，可将规则报告导出，并以后缀名为“.htm”的文件保存。

布线策略区域用于选择可用的布线策略或编辑新的布线策略。系统提供了 6 种默认的布线策略。

☺ Cleanup：默认优化的布线策略。

☺ Default 2 Layer Board：默认的双面板布线策略。

☺ Default 2 Layer With Edge Connectors：默认具有边缘连接器的双面板布线策略。

☺ Default Multi Layer Board：默认的多层板布线策略。

☺ General Orthogonal：默认的常规正交布线策略。

☺ Via Miser：默认尽量减少过孔使用的多层板布线策略。

【Situs 布线策略】对话框的下方还包括两个复选框。

☺ 锁定已有布线：选中该复选框，表示可将 PCB 上原有的预布线锁定，在开始自动布线过程中，自动布线器不会更改原有预布线。

☺ 布线后消除冲突：选中该复选框，表示重新布线后，系统可以自动删除原有的布线。

如果系统提供的默认布线策略不能满足用户的设计要求，可以单击【添加】按钮，打开【Situs 策略编辑器】对话框，如图 8-39 所示。

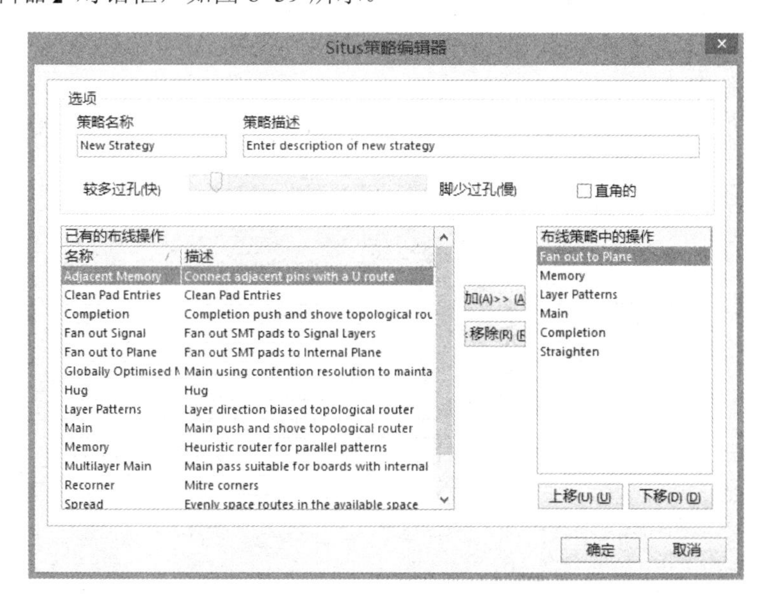

图 8-39 【Situs 策略编辑器】对话框

在【Situs 策略编辑器】对话框中，用户可以编辑新的布线策略或设定布线时的速度。【Situs 策略编辑器】对话框中提供了 14 种布线方式，其各项意义如下。

☺ Adjacent Memory：表示相邻的元器件引脚采用 U 形布线方式。

☺ Clean Pad Entries：表示清除焊盘上多余的布线，可以优化 PCB。

☺ Completion：表示推挤式拓扑结构布线方式。

☺ Fan out Signal：表示 PCB 上焊盘通过扇出形式连接到信号层。

☺ Fan out to Plane：表示 PCB 上焊盘通过扇出形式连接到电源和地。

☺ Globally Optimised Main：表示全局优化的拓扑布线方式。

☺ Hug：表示采取环绕的布线方式。

☺ Layer Patterns：表示工作层是否采用拓扑结构的布线方式。

☺ Main：表示采取 PCB 推挤式布线方式。

☺ Memory：表示启发式并行模式布线。

☺ Multilayer Main：表示多层板拓扑驱动布线方式。

☺ Recorner：表示斜接转角。

☺ Spread：表示两个焊盘之间的布线正处于中间位置。

☺ Staighten：表示布线以直线形式进行布线。

8.4　自动布线

布线参数设置好后，即可利用 Altium Designer 提供的自动布线器进行自动布线了。

1. 全部方式布线

执行菜单命令【自动布线】→【全部】，如图 8-40 所示。

此时，系统将弹出【Situs 布线策略】对话框，在设定好所有的布线策略后，开始对 PCB 全局进行自动布线。

在布线的同时，系统的【Messages】面板（如图 8-41 所示）会同步给出布线的状态信息。

自动布线(A)　报告(R)　Window
全部(A)...
网络(N)
网络类(E)...
连接(C)
区域(R)
Room(M)
元器件(O)
元器件类(P)...
选中对象的连接(L)
选择对象之间的连接(B)
添加子网络连接器(D)
删除子网络连接器(V)
扇出(F)
设置(S)...
停止(T)
复位
Pause

图 8-40　执行菜单命令【自动布线】→【全部】

Messages

Class	Document	Source	Message	Time	Date	N...
Sit...	PCB1.PcbD...	Situs	Starting Layer Patterns	9:36:16	2016/10...	7
Ro...	PCB1.PcbD...	Situs	113 of 126 connections routed (89.68%) in ...	9:36:18	2016/10...	8
Sit...	PCB1.PcbD...	Situs	Completed Layer Patterns in 2 Seconds	9:36:18	2016/10...	9
Sit...	PCB1.PcbD...	Situs	Starting Main	9:36:18	2016/10...	10
Ro...	PCB1.PcbD...	Situs	117 of 126 connections routed (92.86%) in ...	9:36:19	2016/10...	11
Sit...	PCB1.PcbD...	Situs	Completed Main in 1 Second	9:36:20	2016/10...	12
Sit...	PCB1.PcbD...	Situs	Starting Completion	9:36:20	2016/10...	13
Sit...	PCB1.PcbD...	Situs	Completed Completion in 0 Seconds	9:36:20	2016/10...	14
Sit...	PCB1.PcbD...	Situs	Starting Straighten	9:36:20	2016/10...	15
Ro...	PCB1.PcbD...	Situs	126 of 126 connections routed (100.00%) i...	9:36:20	2016/10...	16

图 8-41　【Messages】面板

关闭信息窗口，可以看到布线的结果如图 8-42 所示。

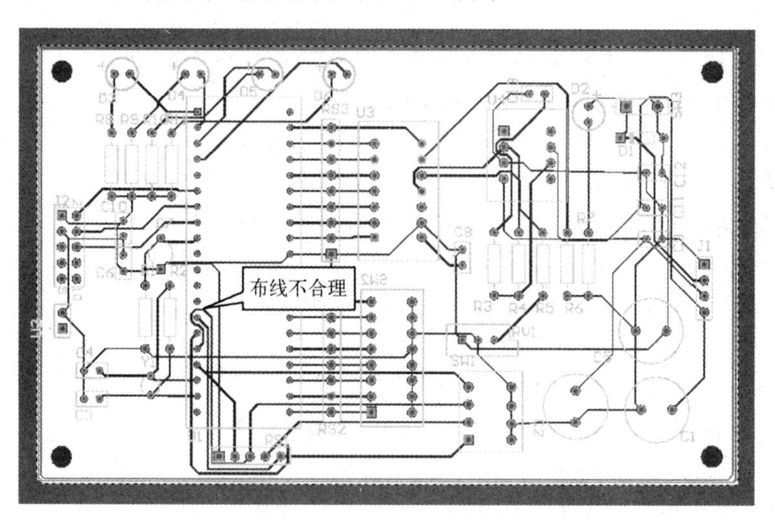

图 8-42　布线的结果

从图 8-42 中可以看到，有几根布线不合理，可以通过调整布局或手工布线来进一步改善布线结果。首先删除刚布线的结果，执行菜单命令【工具】→【取消布线】→【全部】，如图 8-43 所示。

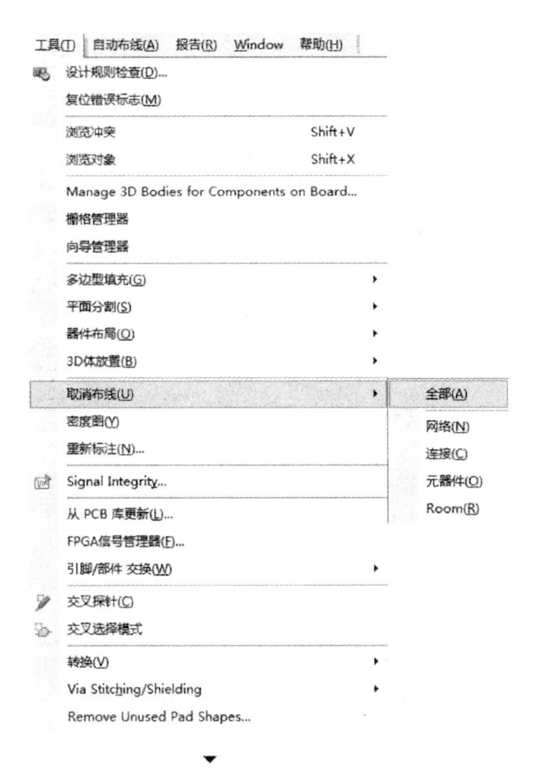

图 8-43　执行菜单命令【工具】→【取消布线】→【全部】

此时，自动布线将被删除，用户可对不满意的布线先进行手动布线，如图 8-44 所示。

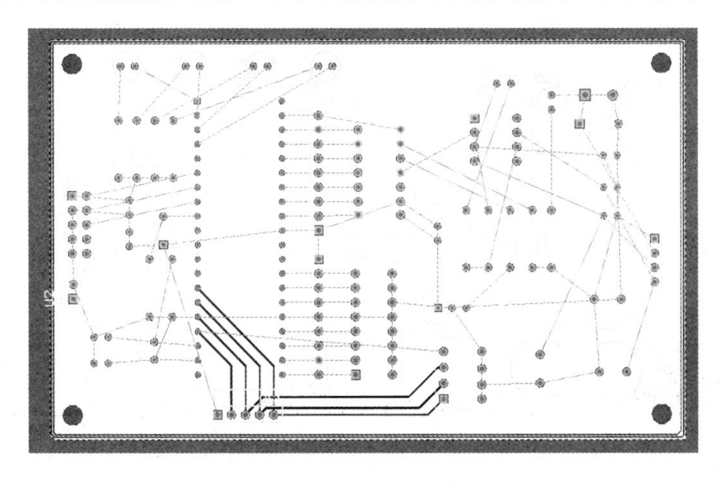

图 8-44　手动布线

再次进行自动布线，调整后的布线结果如图 8-45 所示。

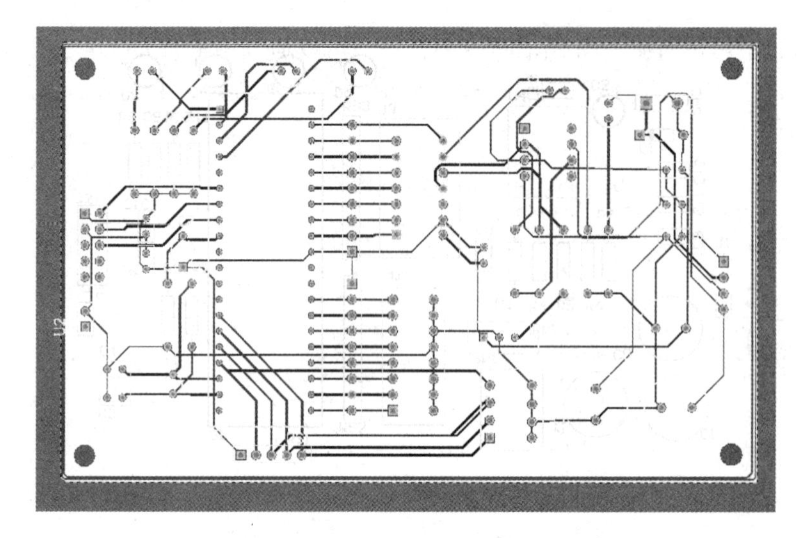

图 8-45 调整后的布线结果

继续调整，直至布线结果满足要求。

2. 网络方式布线

网络方式布线是指用户可以以网络为单元，对电路进行布线。例如，首先对 GND 网络进行布线，然后对剩余的网络进行全电路自动布线。

首先查找 GND 网络，用户可使用导航窗口查找网络，如图 8-46 所示。

在 PCB 编辑环境中，所有 GND 网络都以高亮状态显示，如图 8-47 所示。

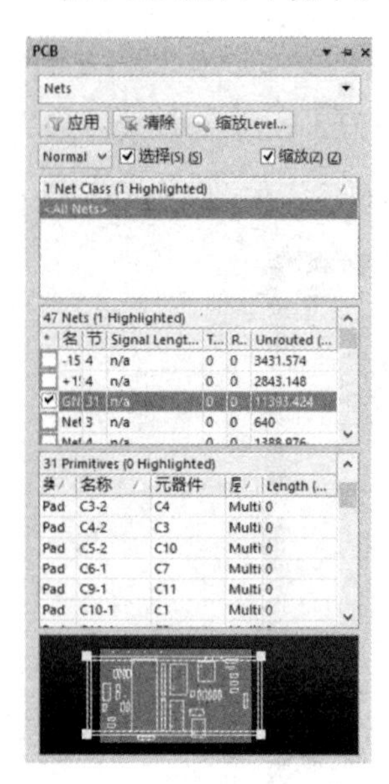

图 8-46 使用导航窗口查找网络

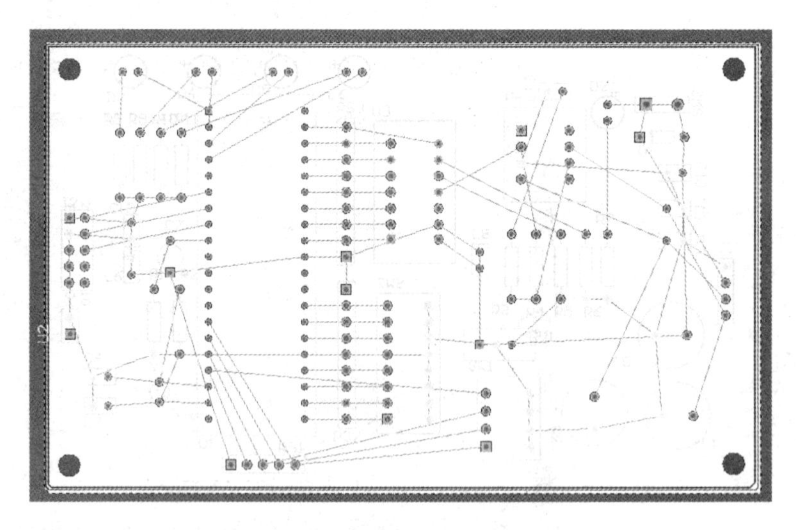

图 8-47 所有 GND 网络都以高亮状态显示

执行菜单命令【自动布线】→【网络】，如图 8-48 所示。

此时光标变为十字形，在 GND 网络的飞线上单击，此时系统即会对 GND 网络进行单一网络自动布线操作，如图 8-49 所示。

图 8-48　执行菜单命令【自动布线】→【网络】

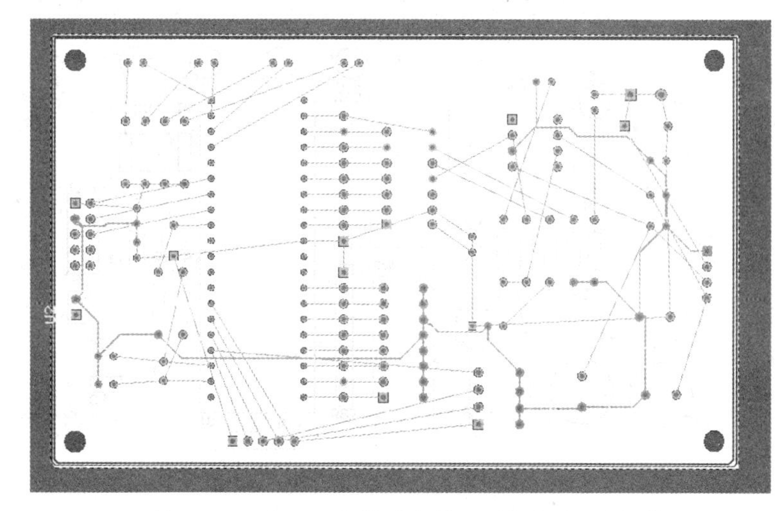

图 8-49　对 GND 网络进行单一网络自动布线操作

接着对剩余电路进行布线，执行菜单命令【自动布线】→【全部】，在弹出的【Situs 布线策略】对话框中，选中“锁定已有布线”复选框，如图 8-50 所示。

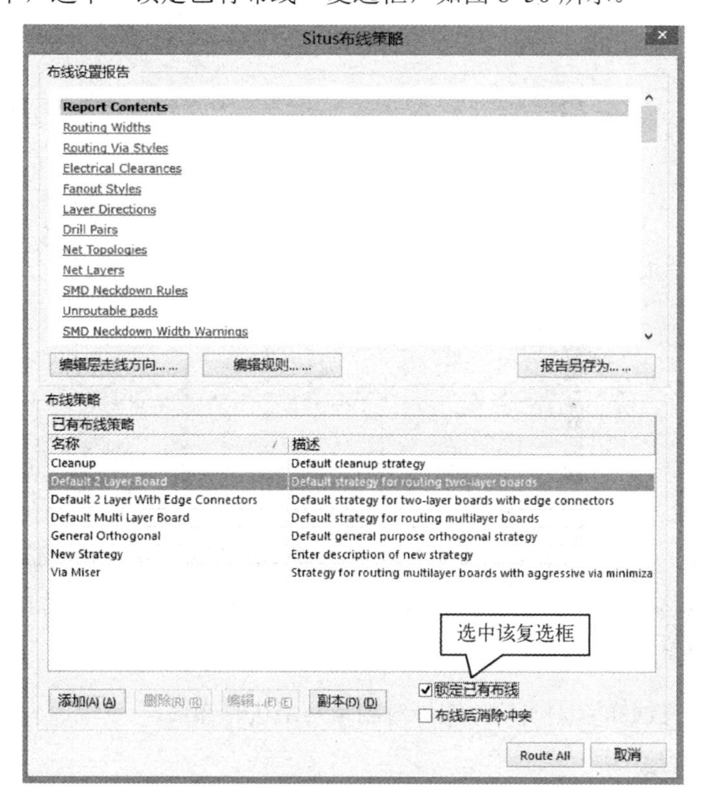

图 8-50　选中“锁定已有布线”复选框

然后，单击【Route All】按钮对剩余网络进行布线，布线结果如图 8-51 所示。

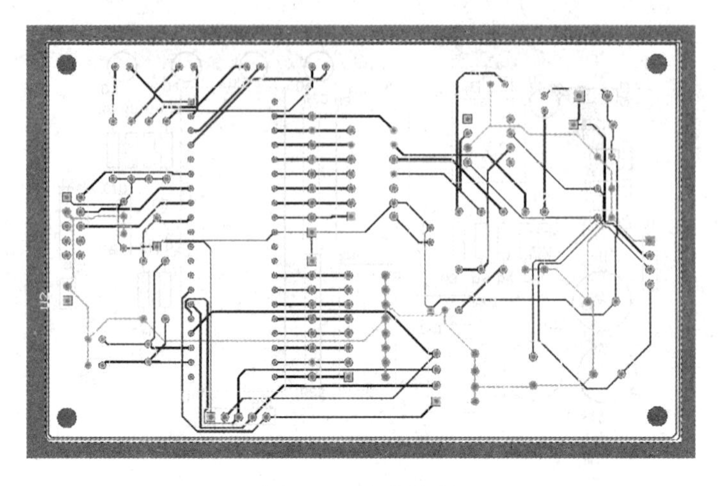

图 8-51　布线结果

3．连接方式布线

连接方式布线是指用户可以对指定的飞线进行布线。执行菜单命令【自动布线】→【连接】，如图 8-52 所示。此时光标变为十字形，在期望布线的飞线上单击，即可对单一连线进行自动布线操作，如图 8-53 所示。

图 8-52　执行菜单命令【自动布线】→【连接】

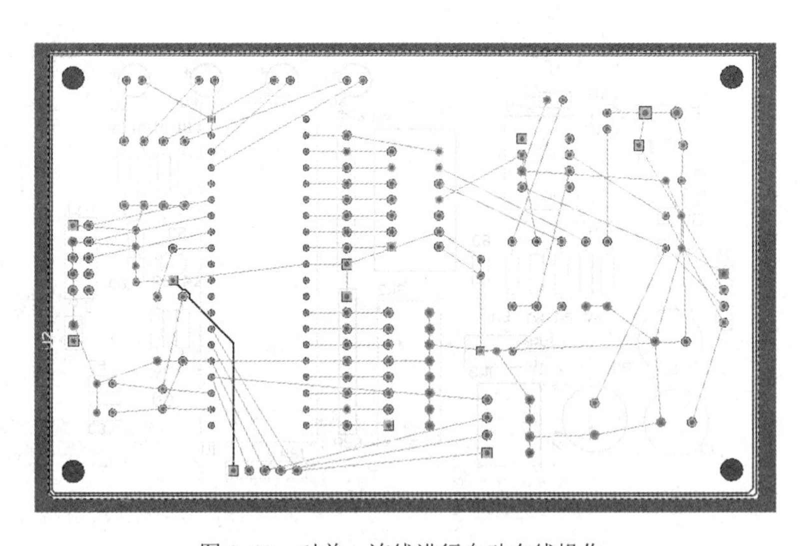

图 8-53　对单一连线进行自动布线操作

将期望布线的飞线布置完成后，即可对剩余网络进行布线。

4．区域方式布线

区域方式布线是指用户可以对指定的区域进行布线。执行菜单命令【自动布线】→【区域】，如图 8-54 所示。此时，光标变为十字形，在期望布线的区域上拖动光标，即可对选中区域进行自动布线操作，如图 8-55 所示。

图 8-54　执行菜单命令【自动布线】→【区域】

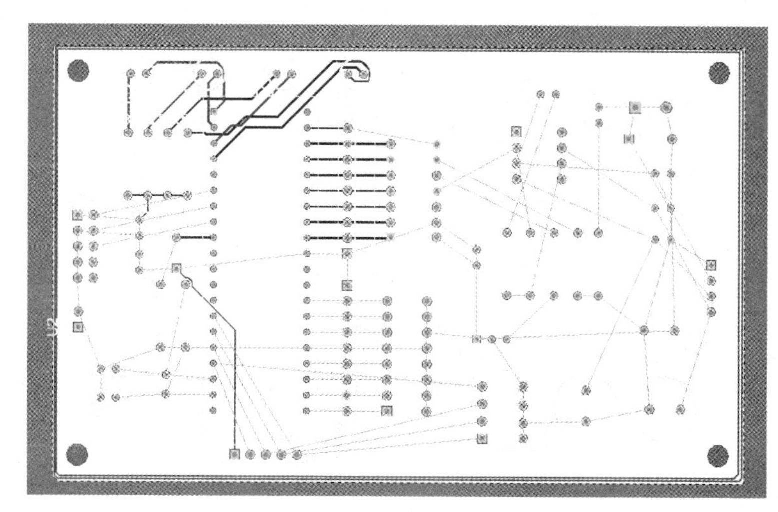

图 8-55　对选中区域进行自动布线操作

将期望布线的区域布置完成后，即可对剩余网络进行布线。

5. 元器件方式布线

元器件方式布线是指用户可以对指定的元器件进行布线。执行菜单命令【自动布线】→【元器件】，如图 8-56 所示。此时，光标变为十字形，在期望布线的元器件上单击，即可对元器件进行自动布线操作，如图 8-57 所示。

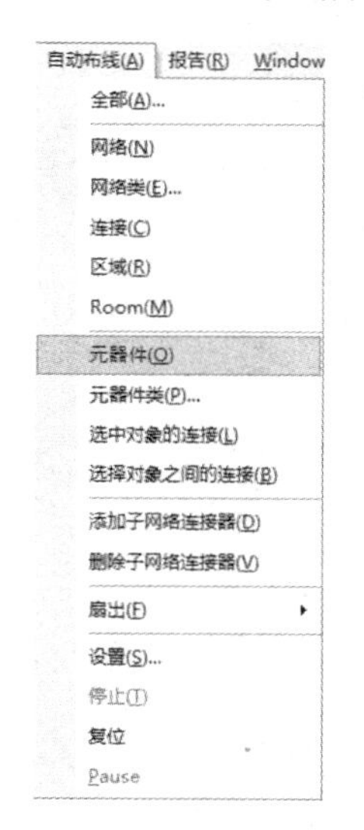

图 8-56　执行菜单命令【自动布线】→【元器件】

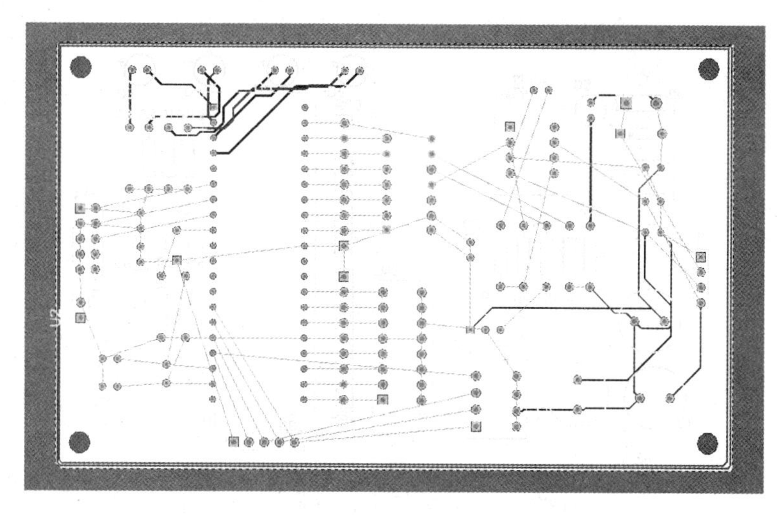

图 8-57　对元器件进行自动布线操作

将期望布线的元器件布置完成后，即可对剩余网络进行布线。

6．选中对象的连接方式布线

选中对象的连接方式布线与元器件方式布线的性质是一样的，不同之处只是该方式可以一次对多个元器件的布线进行操作。

首先选中要进行布线的多个元器件，如图 8-58 所示。

执行菜单命令【自动布线】→【选中对象的连接】，如图 8-59 所示，即可对选中的多个元器件进行自动布线操作，如图 8-60 所示。

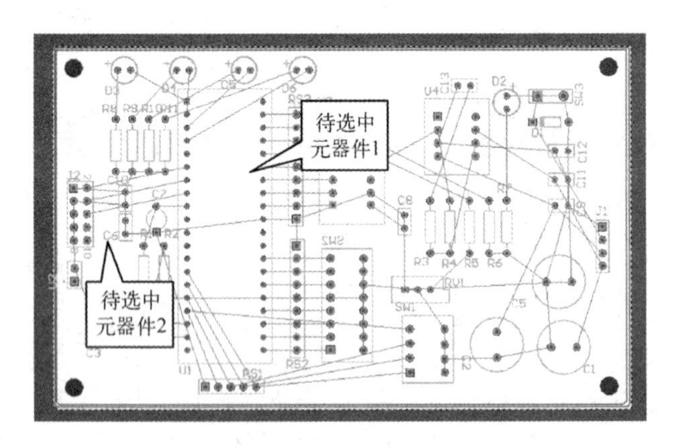

图 8-58　选中要进行布线的多个元器件

图 8-59　执行菜单命令【自动布线】→【选中对象的连接】

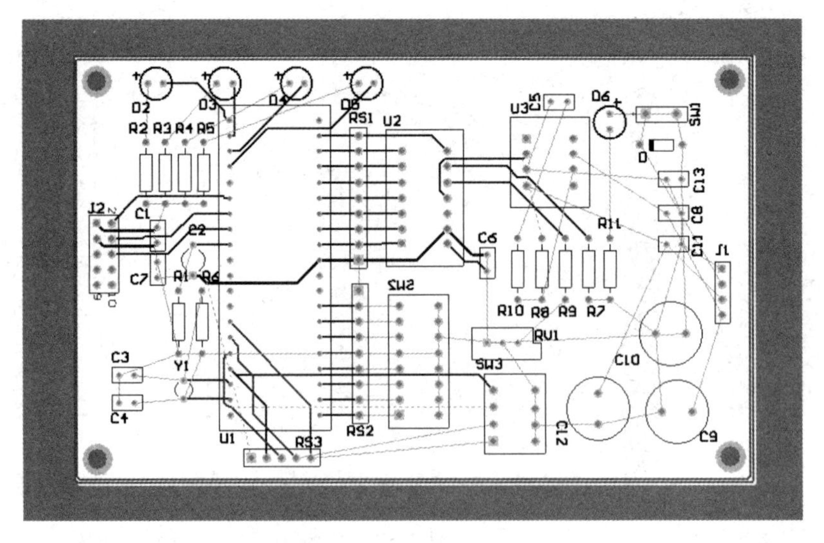

图 8-60　对选中的多个元器件进行自动布线操作

将期望布线的元器件布置完成后，即可对剩余网络进行布线。

7．选择对象之间的连接方式布线

选择对象之间的连接方式布线是指可以在选中两个元器件之间进行自动布线操作。首先选中待布线的两个元器件，如图 8-61 所示。

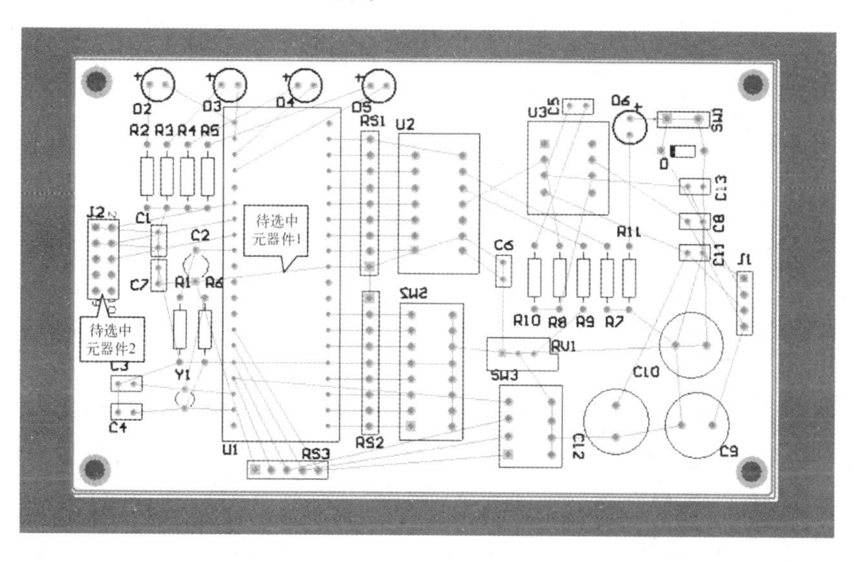

图 8-61　选中待布线的两个元器件

执行菜单命令【自动布线】→【选择对象之间的连接】，如图 8-62 所示。

执行该菜单命令后，两个元器件之间的布线结果如图 8-63 所示。

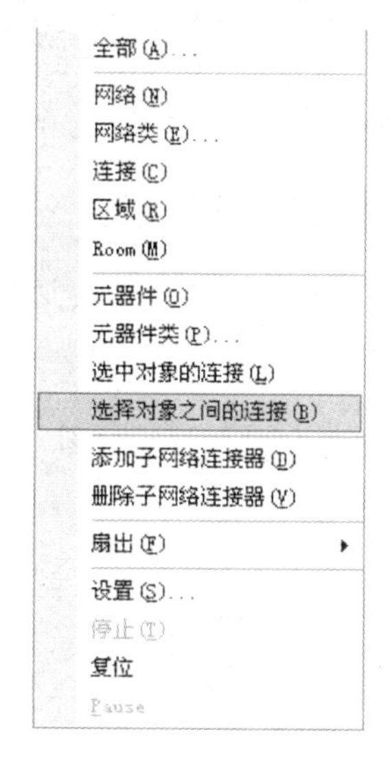

图 8-62　执行菜单命令【自动布线】→【选择对象之间的连接】

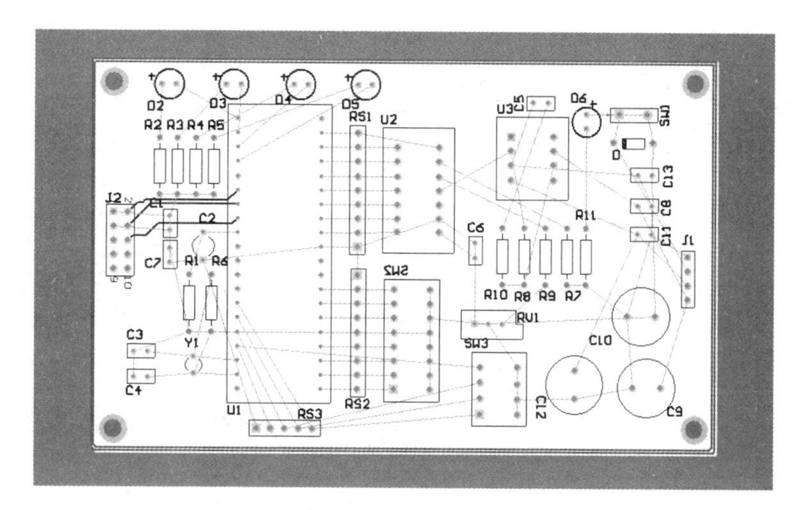

图 8-63　两个元器件之间的布线结果

8．其他方式布线

☺ 网络类方式布线：该方式布线是指为指定的网络类进行自动布线。单击菜单命令【设计】→【类】，弹出【对象类浏览器】对话框，如图 8-64 所示。

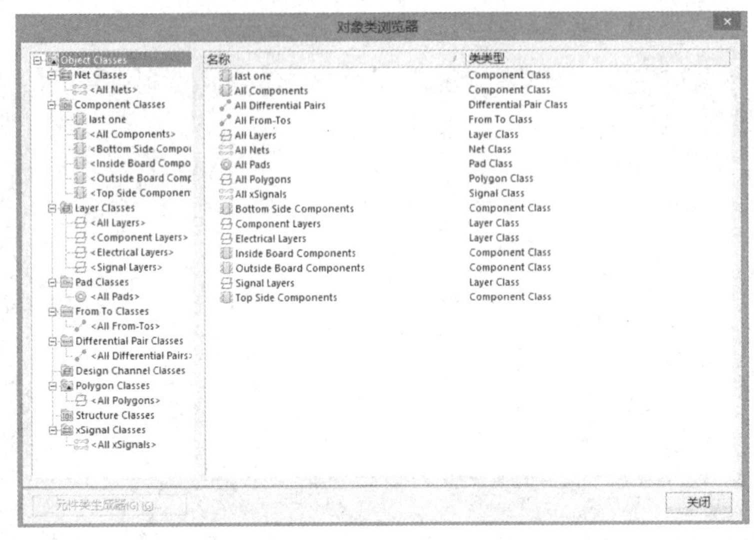

图 8-64 【对象类浏览器】对话框

在【对象类浏览器】对话框中可以添加网络类，以便于网络类方式布线。若当前的 PCB 不存在自定义的网络类，执行网络类方式布线后，系统弹出提示信息对话框，如图 8-65 所示。

☺ Room 方式布线：该方式布线是指为指定的 Room 空间内的所有对象进行自动布线。

☺ 扇出方式布线：该方式布线是指利用扇出布线方式将焊盘连接到其他网络。

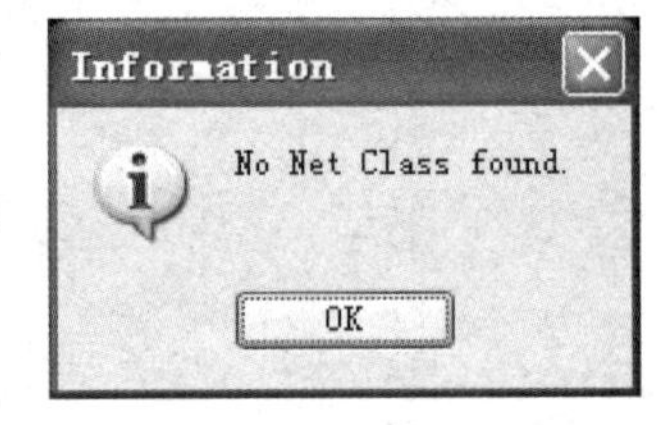

图 8-65 提示信息对话框

8.5 手动布线

1. 交互式布线工具

当将电路图从原理图导入 PCB 后，各焊点间的网络连接都已定义好了（使用飞线连接网络），此时用户可使用系统提供的交互式布线模式进行手动布线。

在布线工具中，选择交互式布线工具，如图 8-66 所示。

图 8-66 选择交互式布线工具

此时，光标变为十字形，将光标放置到期望布线的网络的起点处，光标中心会出现一个八角空心符号，如图 8-67 所示。

八角空心符号表示在此处单击，就会形成有效的电气连接。因此，单击便可开始布线，如图 8-68 所示。

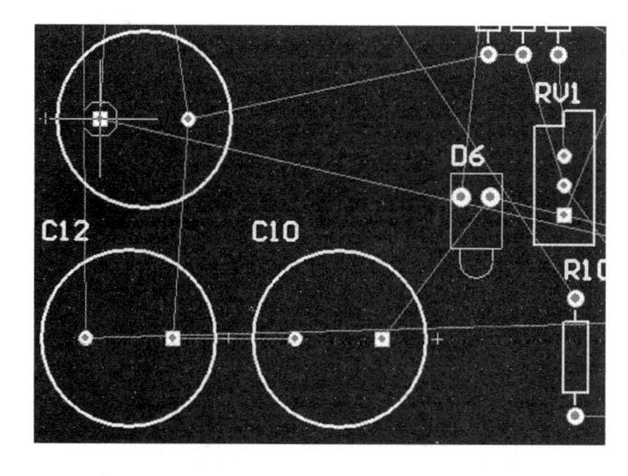

图 8-67 八角空心符号

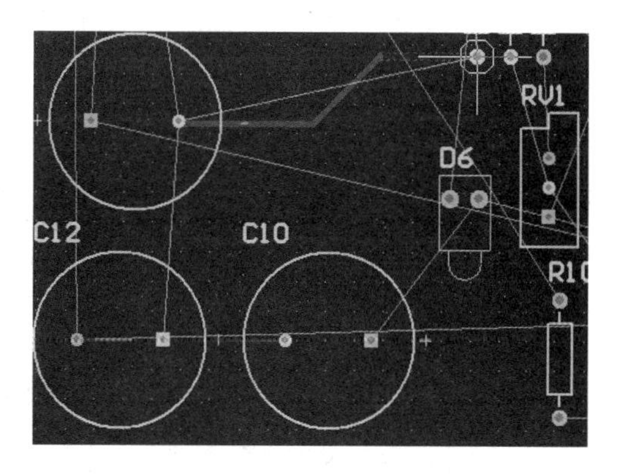

图 8-68 开始布线

在布线过程中，按下【Tab】键，即弹出【Interactive Routing For Net】对话框，如图 8-69 所示。

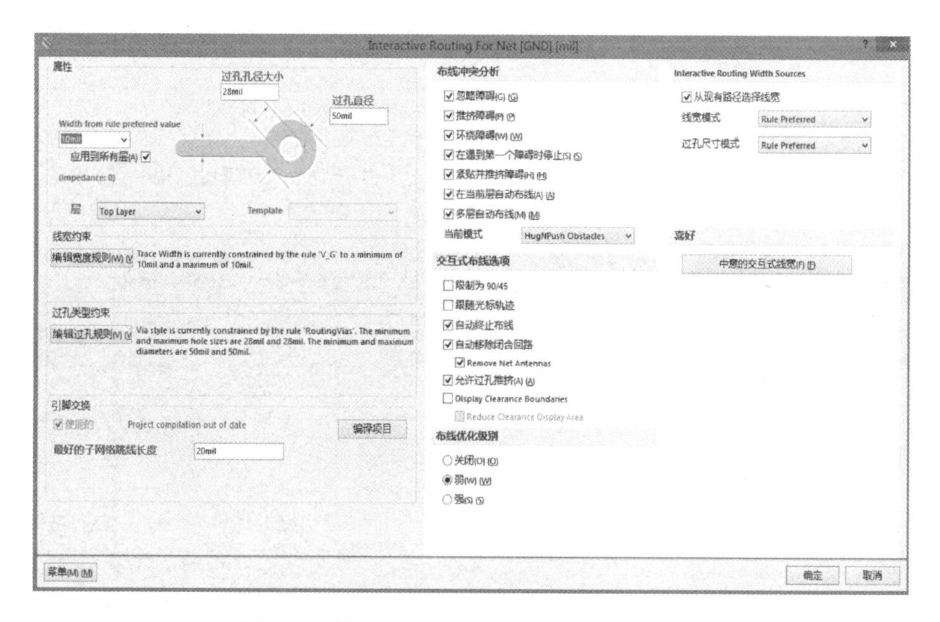

图 8-69 【Interactive Routing For Net】对话框

在【Interactive Routing For Net】对话框的左侧，可以对导线的宽度、导线所在层面、过孔的内外直径等进行设置。在该对话框右侧可以对布线冲突分析、交互式布线选项等进行设置。

单击【编辑宽度规则】按钮，可以进入【Edit PCB Rule-Max-Min Width Rule】对话框，如图 8-70 所示，可以对导线宽度进行具体的设置。

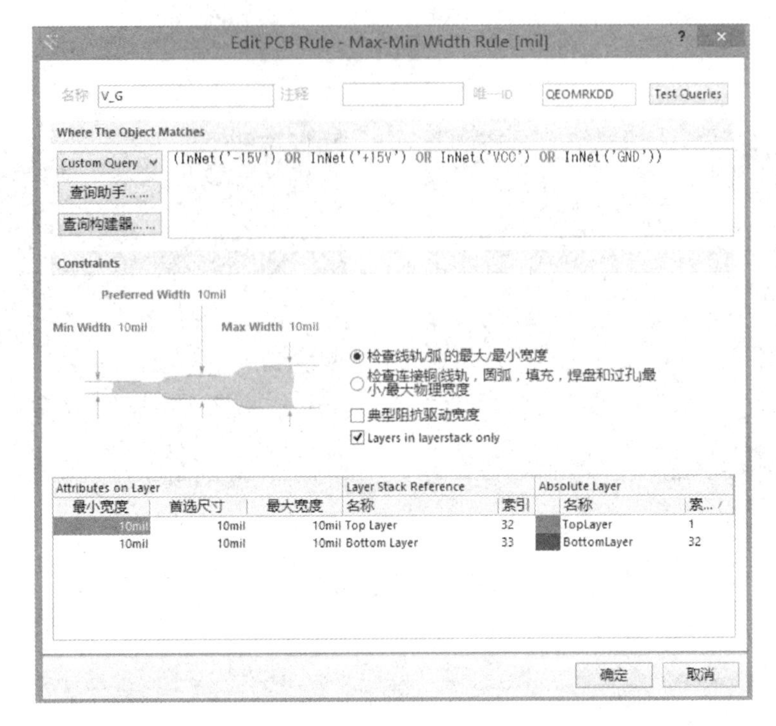

图 8-70 【Edit PCB Rule-Max-Min Width Rule】对话框

单击【编辑过孔规则】按钮，可以进入【Edit PCB Rule-Routing Via-Style Rule】对话框，如图 8-71 所示，可以对过孔规则进行具体设置。

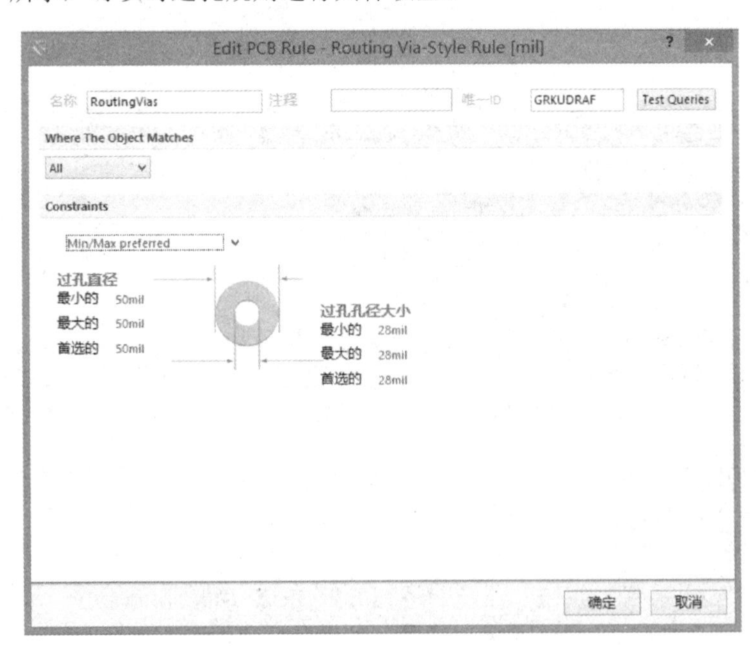

图 8-71 【Edit PCB Rule-Routing Via-Style Rule】对话框

单击【Interactive Routing For Net】对话框最下方的【菜单】按钮，可以打开如图 8-72 所示的菜单。执行该菜单所列出的各项菜单命令，可以对过孔孔径、导线宽度进行定义，还可以增加新的线宽规则和过孔规则等。单击【Interactive Routing For Net】对话框中的【中意的交互式线宽】按钮，则会打开如图 8-73 所示的【中意的交互式线宽】对话框。

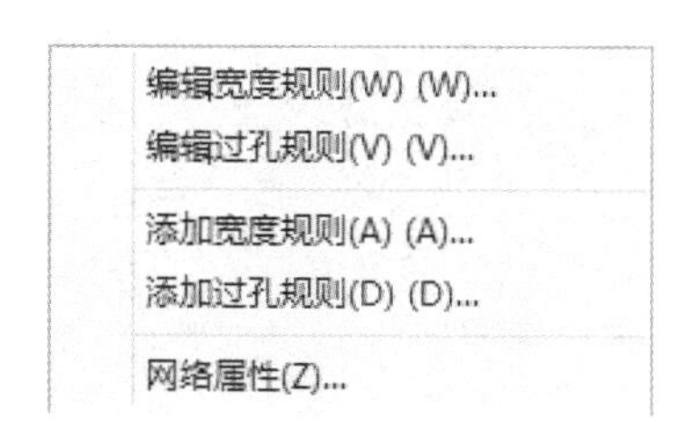

图 8-72　菜单

英制		&公制的		系统单位
宽度	单位	宽度	单位	单位
5	mil	0.127	mm	Imperial
6	mil	0.152	mm	Imperial
8	mil	0.203	mm	Imperial
10	mil	0.254	mm	Imperial
12	mil	0.305	mm	Imperial
20	mil	0.508	mm	Imperial
25	mil	0.635	mm	Imperial
50	mil	1.27	mm	Imperial
100	mil	2.54	mm	Imperial
3.937	mil	0.1	mm	Metric
7.874	mil	0.2	mm	Metric
11.811	mil	0.3	mm	Metric
19.685	mil	0.5	mm	Metric
29.528	mil	0.75	mm	Metric
39.37	mil	1	mm	Metric

图 8-73　【中意的交互式线宽】对话框

在【中意的交互式线宽】对话框中，给出了公制和英制相对应的若干导线宽度，在不超出导线宽度规则设定范围的前提下，用户在放置导线时可以随意选用。选中要设定的值后，单击【确定】按钮，即可将其设定为当前所布线的宽度。

设置完成后，将光标移动到另一点待连接的焊盘处单击，完成布线操作，如图 8-74 所示。

当绘制好铜膜布线后，希望再次调整铜膜布线的属性时，用户可双击绘制好的铜膜布线，此时系统将弹出【轨迹】对话框，如图 8-75 所示，可以对铜膜布线的属性进行编辑。

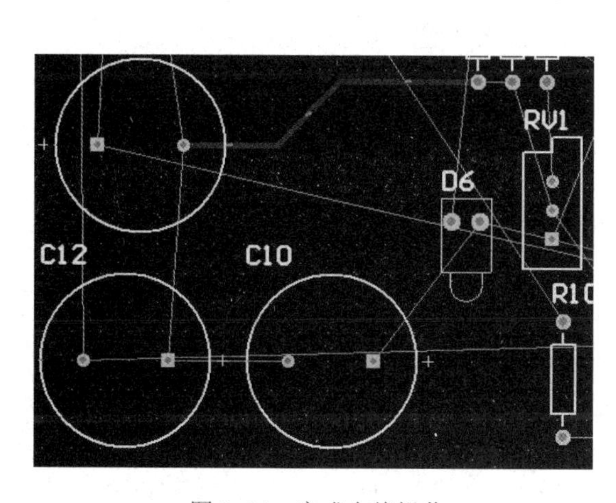

图 8-74　完成布线操作

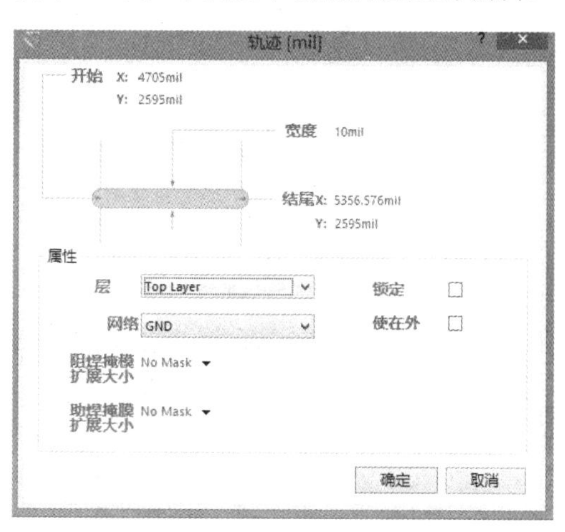

图 8-75　【轨迹】对话框

在【轨迹】对话框中，用户可编辑铜膜布线的宽度、所在层、所在网络及其位置等参数。

按照上述方式布线，即可完成 PCB 的布线。

2. 灵巧布线交互式布线工具

在灵巧布线交互式布线方式中，用户可以根据系统所提供的布线路径进行相应的布线操作，减少布线的工作量，提高布线效率。

系统为设计者提供了两种不同的连接完成模式。

☺ 自动完成模式：在该模式下，系统会以虚线轮廓的方式给出能完成整个连接的线径，若可以满足用户的设计要求，只要按下【Ctrl】键同时单击，即可完成整个路径的布线。

☺ 非自动完成模式：在该模式下，布线过程中系统只是给出从连接点到当前光标位置的路径。这种模式与交互式布线方式基本是相同的。

执行菜单命令【工具】→【遗留工具】→【智能交互式布线】，如图 8-76 所示。

图 8-76 执行菜单命令【工具】→【遗留工具】→【智能交互式布线】

此时，光标变为十字形，将光标放置到期望布线的网络起点处，此时光标中心会出现一个八角空心符号，如图 8-77 所示。

单击并拖动鼠标，开始布线。此时可以看到，编辑窗口内显示了两种不同的线段，如图 8-78 所示。其中，一种是从起点到当前光标位置处的实线段，另一种是系统以虚线轮廓显示的布线路径。

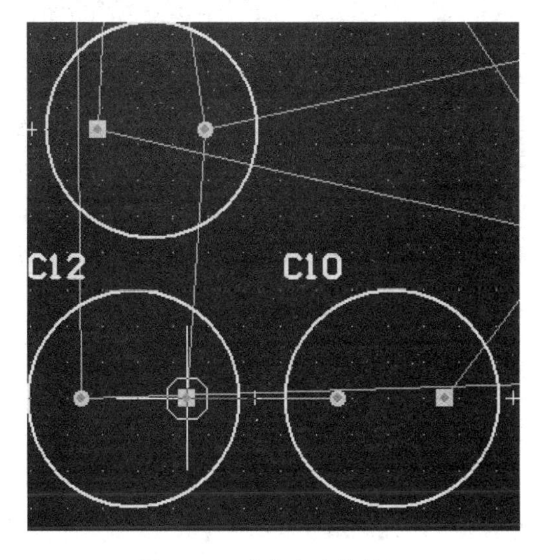

图 8-77　八角空心符号

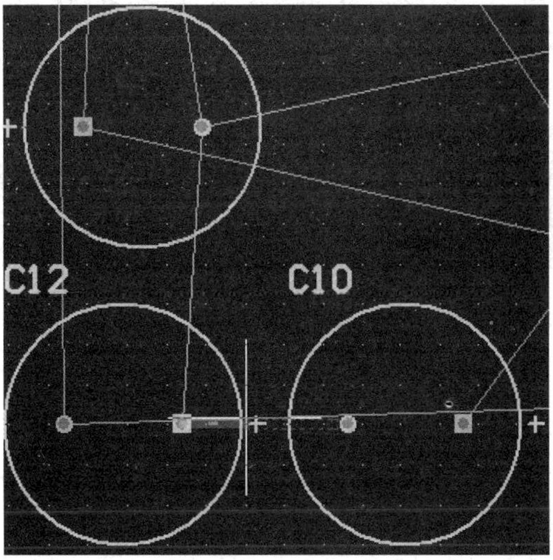

图 8-78　显示两种不同的线段

按下【Ctrl】键同时单击，即可自动完成整个布线连接，如图 8-79 所示。

数字【5】键用于切换自动完成模式和非自动完成模式这两种布线状态。当切换到非自动完成模式下，如图 8-80 所示，系统将不提供布线路径，用户必须自行布线连接。

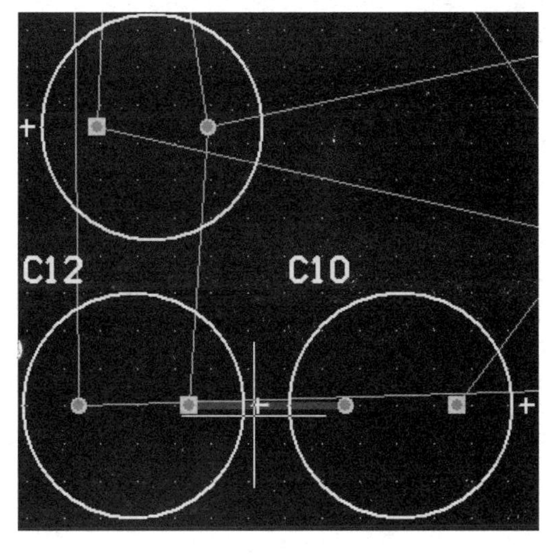

图 8-79　自动完成整个布线连接

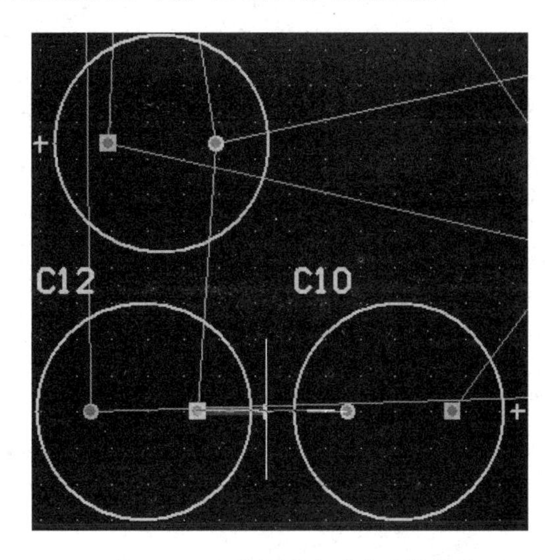

图 8-80　切换到非自动完成模式下

当一个焊盘有多个不同方向的连接点时，在自动完成模式下，系统将只显示一个方向上的布线路径，如图 8-81 所示。按下数字【7】键，可以切换显示其他方向上的布线路径，如图 8-82 所示。根据设计要求，用户可以选择布线的先后顺序。

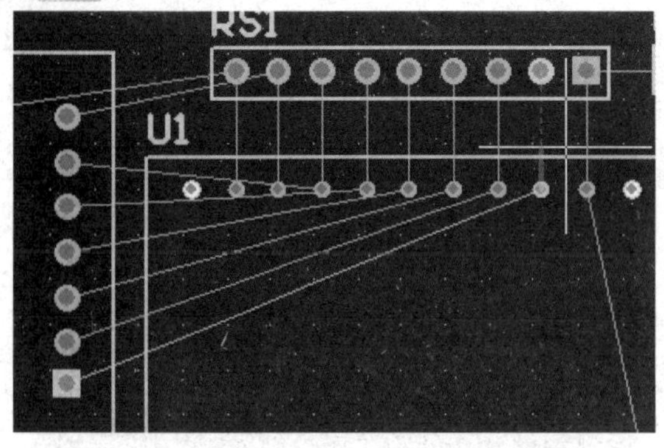

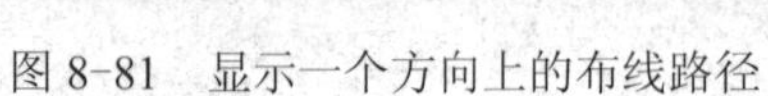

图 8-81　显示一个方向上的布线路径

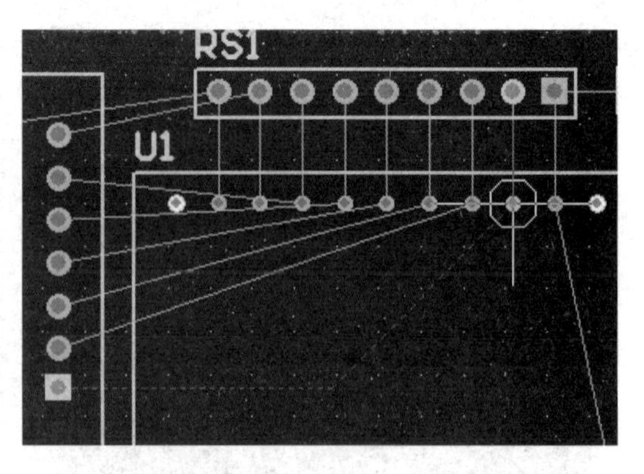

图 8-82　切换其他方向上的布线路径

8.6　混合布线

Altium Designer 的自动布线功能虽然非常强大，但是自动布线时多少也会存在一些令人不满意的地方，而一个设计美观的 PCB 往往都在自动布线的基础上进行多次修改，才能将其设计得尽善尽美。

首先采用自动布线中的网络方式布 GND 网络，如图 8-83 所示。

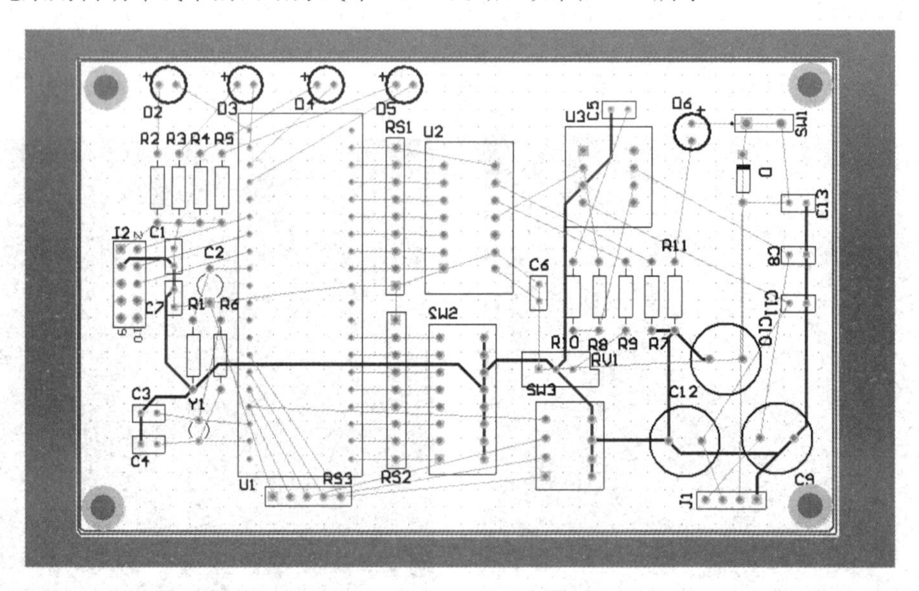

图 8-83　网络方式布 GND 网络

接着对 GND 网络中的部分线路进行调整。执行菜单命令【工具】→【优先选项】，弹出【参数选择】对话框，如图 8-84 所示，在比较拖曳下拉菜单中选择“Connected Tracks”。

单击【确定】按钮确认设置。然后，执行菜单命令【编辑】→【移动】→【元器件】，如图 8-85 所示。

图 8-84 【参数选择】对话框

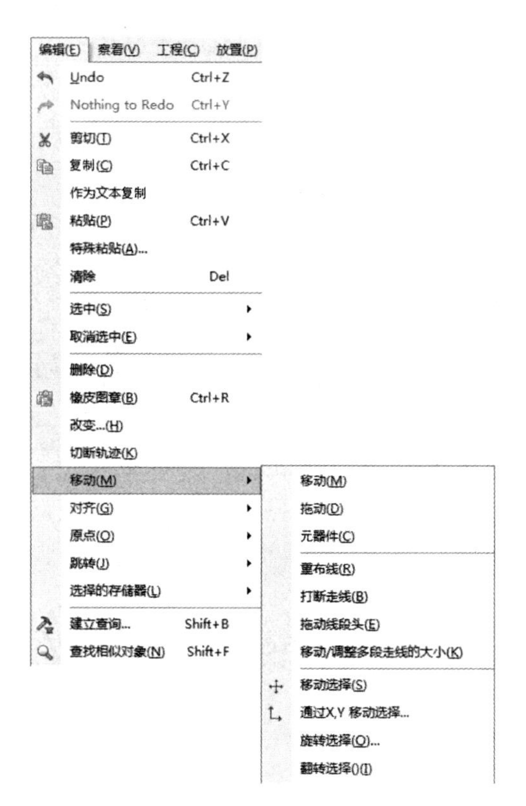

图 8-85　执行菜单命令【编辑】→【移动】→【元器件】

此时，光标变为十字形，单击元器件，则元器件及其焊点上的铜膜布线都随着光标的移动而移动，从而调整了元器的位置如图 8-86 所示。

在期望放置元器件的位置单击，即可放置元器件。按照上述方式，不断线调整其他元器件的位置，如图 8-87 所示。

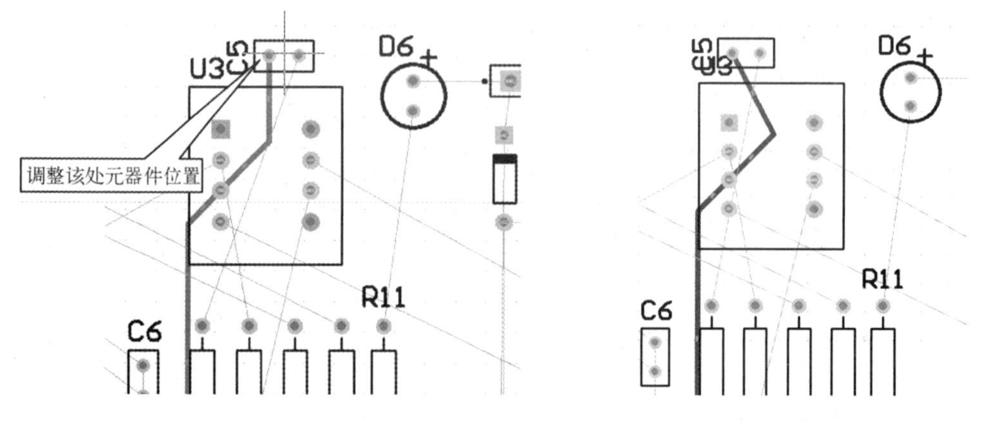

图 8-86 调整了元器件的位置　　图 8-87 不断线调整其他元器件的位置

不断线调整元器件的位置后，与元器件相连的铜膜布线发生形变。因此，在调整完元器件的位置后，用户要重新布线。执行菜单命令【工具】→【取消布线】→【全部】，清除所有布线，然后采用自动布线中的网络方式，再次布 GND 网络，如图 8-88 所示。

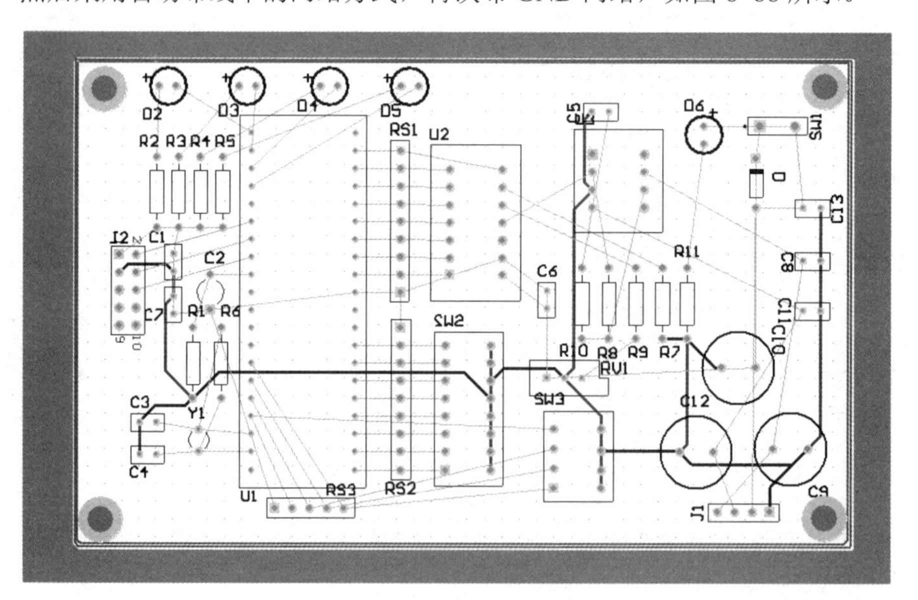

图 8-88 再次布 GND 网络

接着对剩余电路进行布线，执行菜单命令【自动布线】→【全部】，弹出【Situs 布线策略】对话框，如图 8-89 所示，选中“锁定已有布线”复选框。

图 8-89 【Situs 布线策略】对话框

然后，单击【Route All】按钮，对剩余网络进行布线，剩余网络布线结果如图 8-90 所示。

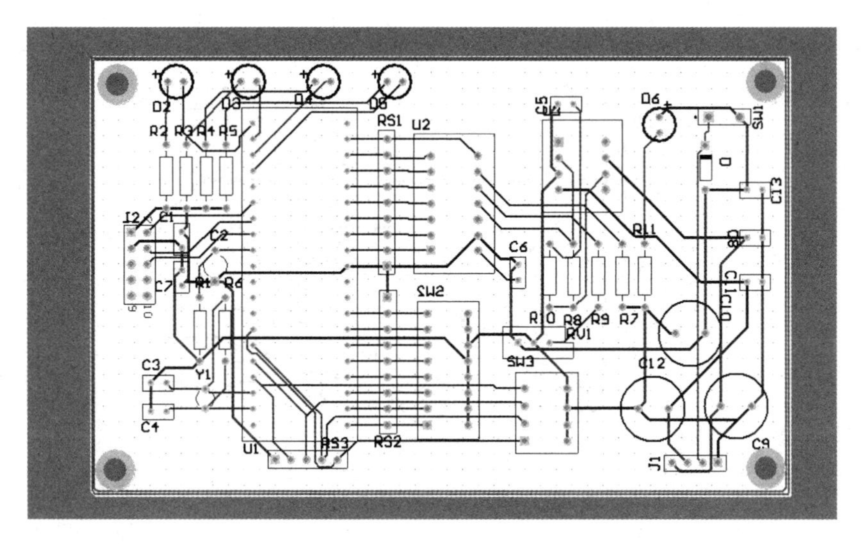

图 8-90 剩余网络布线结果

自动布线后，用户可调整不合适的连线。不合理布线如图 8-91 所示，布线没有满足最短布线原则。调整该布线步骤如下所述。

首先删除不合理布线，如图 8-92 所示。

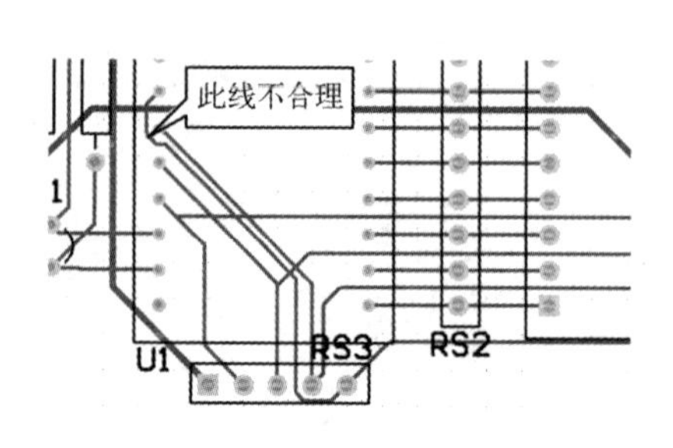

图 8-91　不合理布线

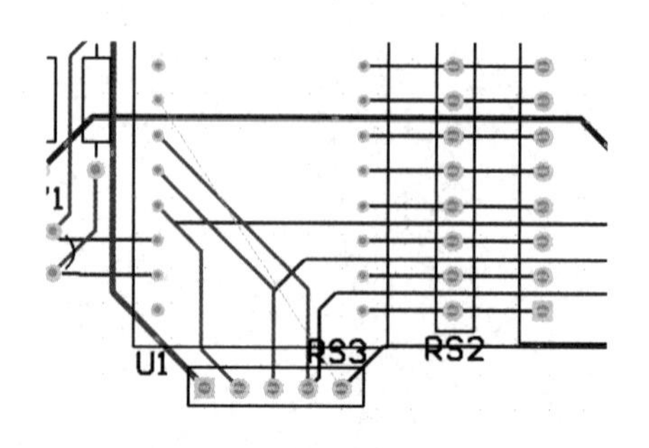

图 8-92　删除不合理布线

单击布线工具（交互式布线工具或灵巧布线交互式布线工具），设置布线层面为底层。重新布线如图 8-93 所示。

当遇到转折点时，可在按下【Shift+Ctrl】组合键的同时，用鼠标滑轮切换布线层面，同时加一个过孔，如图 8-94 所示。

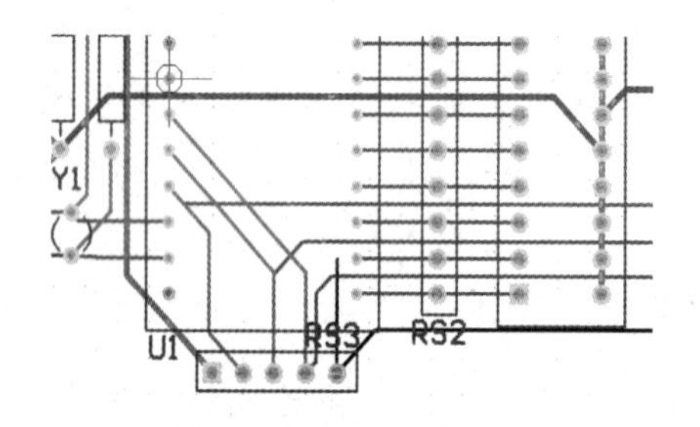

图 8-93　重新布线

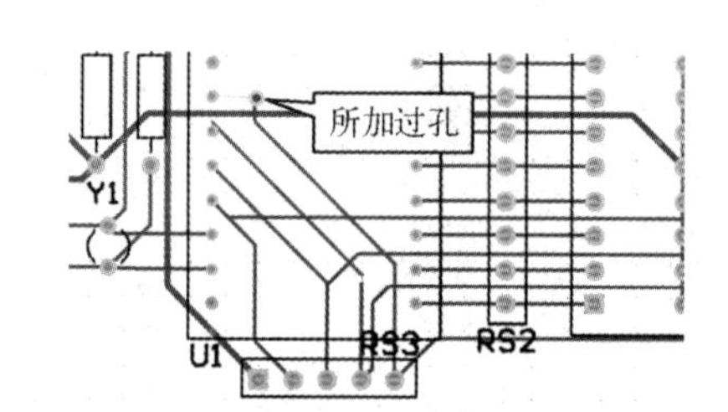

图 8-94　切换布线层面，同时加一个过孔

完成布线的修改，如图 8-95 所示。

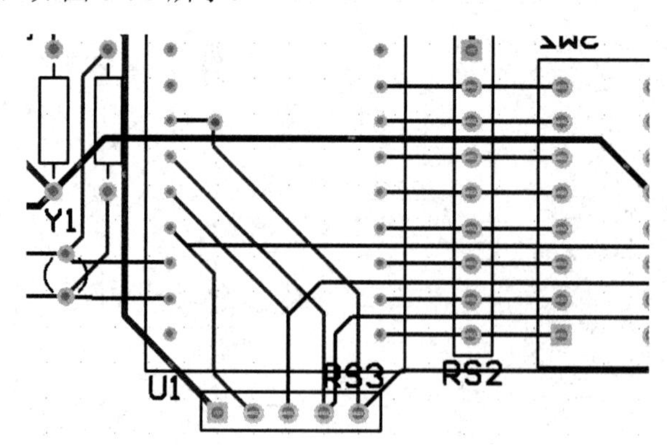

图 8-95　完成布线的修改

按照上述方法调整其他连线，在调整的过程中，用户可采用单层显示方式。如何在

Altium Designer 中显示单层呢？右击编辑窗口中的【板层标签】按钮，系统将会弹出板层设置菜单，如图 8-96 所示。

执行菜单命令【隐藏层】→【Bottom Layer】，即可隐藏底层，只显示顶层，如图 8-97 所示。

图 8-96　板层设置菜单

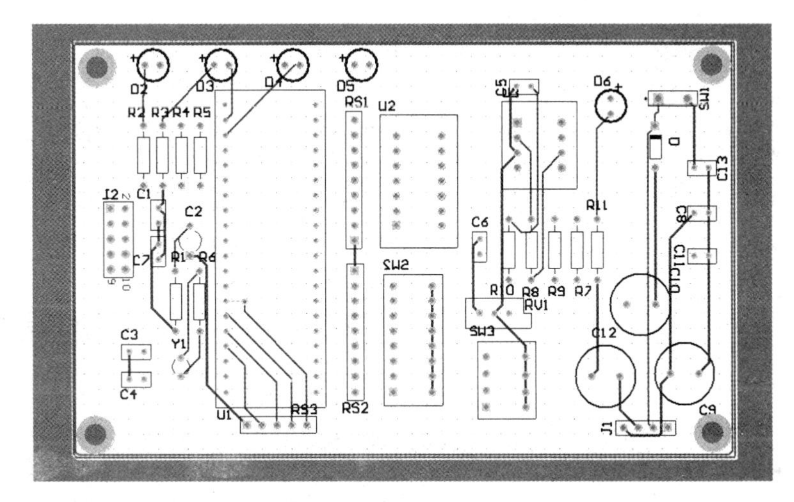

图 8-97　隐藏底层，只显示顶层

用户可根据实际电路连接调整布线，电路布线调整结果如图 8-98 所示。

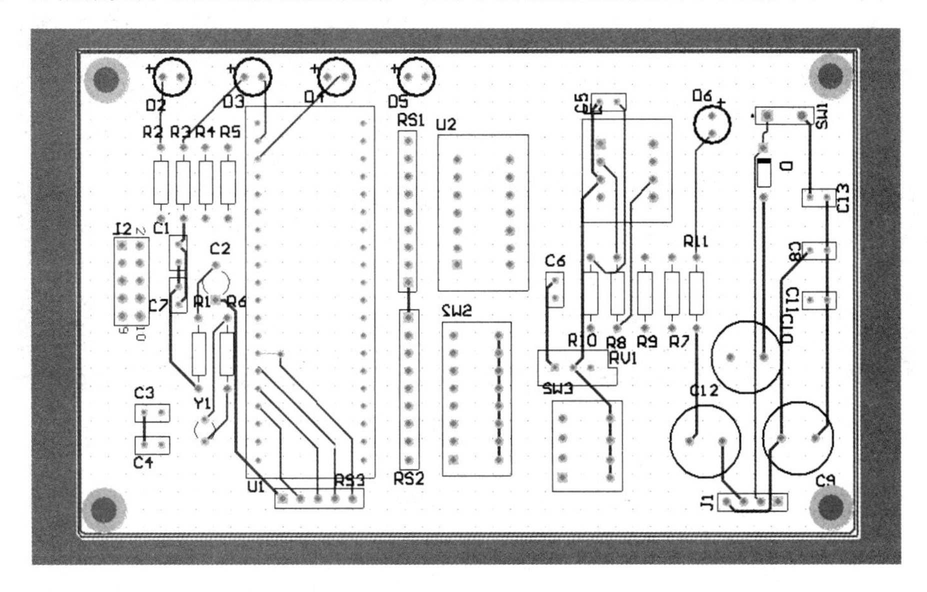

（a）顶层布线调整结果

图 8-98　电路布线调整结果

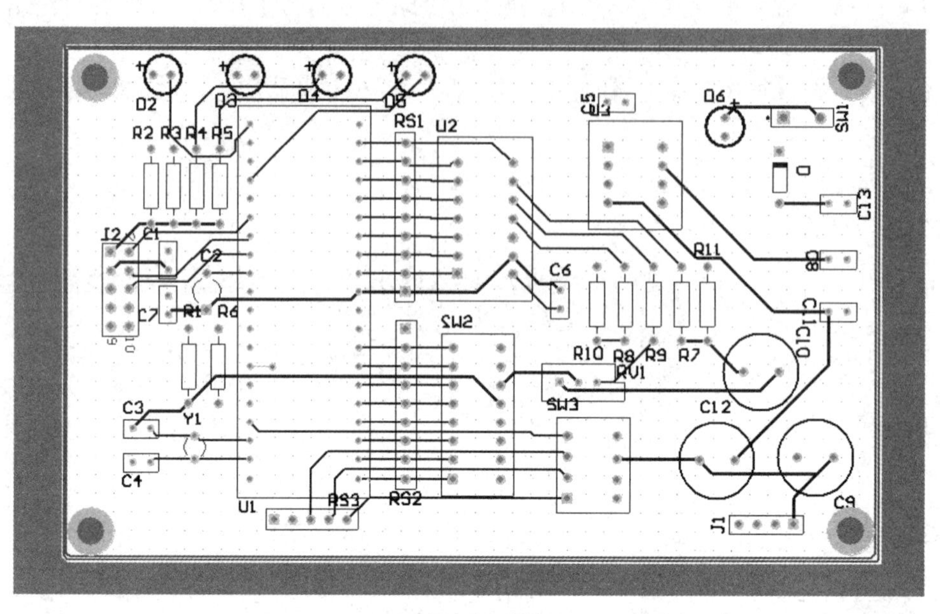

（b）底层布线调整结果

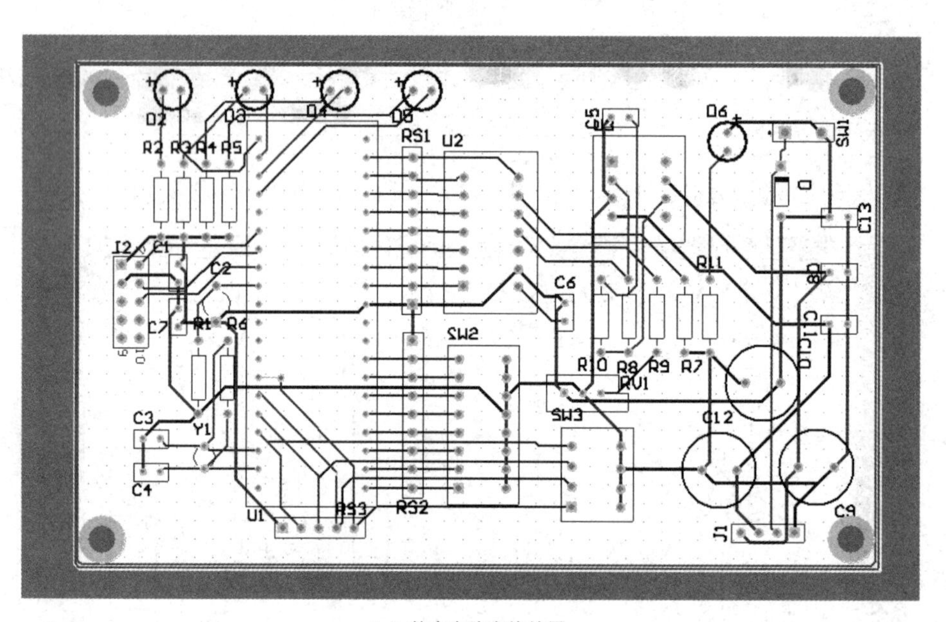

（c）整个电路布线结果

图 8-98　电路布线调整结果（续）

布线后的 3D 效果图如图 8-99 所示。

由 3D 效果图可以看到，插件 J1 的位置不是很合理，所以修改后的 PCB 效果图如图 8-100。

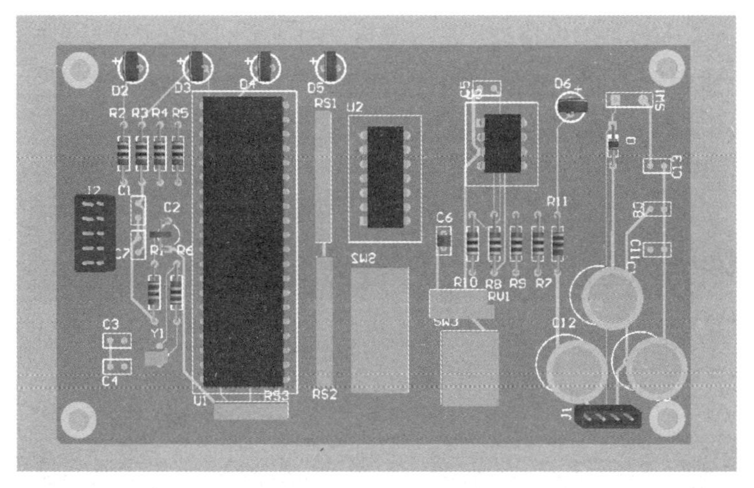

图 8-99　布线后的 3D 效果图

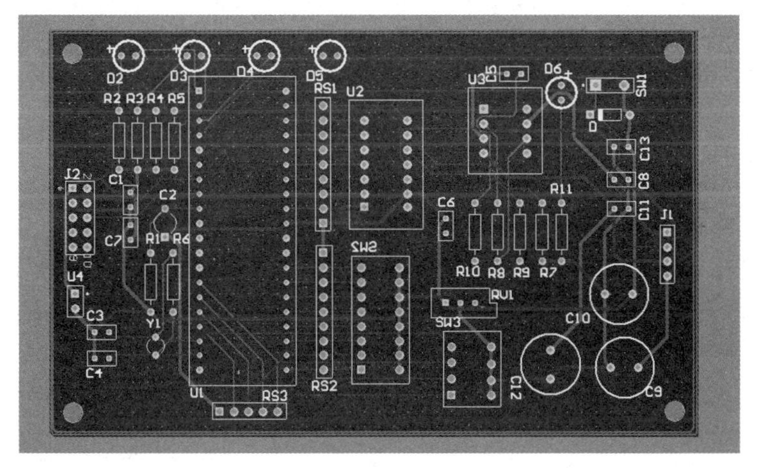

图 8-100　修改后的 PCB 效果图

再次生成 3D 效果图，如图 8-101 所示。

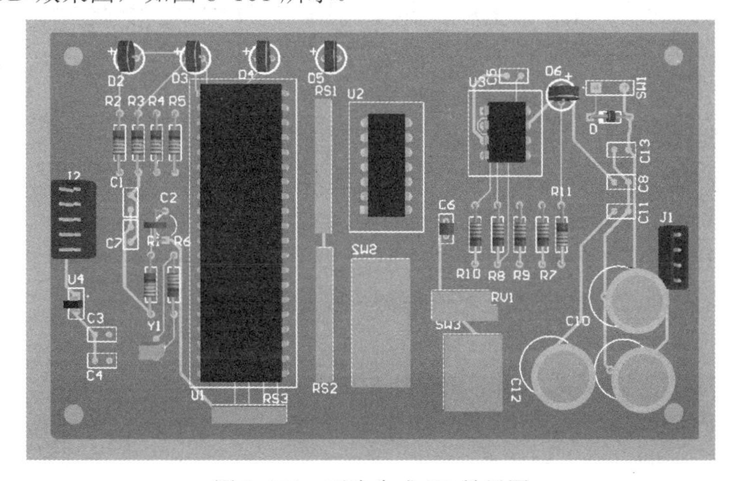

图 8-101　再次生成 3D 效果图

同时，用户可对布线后的电路进行密度分析，布线后的密度分析结果如图 8-102 所示。

图 8-102　布线后的密度分析结果

从密度分析的结果来看，电路布线相对均匀。

8.7　差分对布线

差分信号又称差动信号，它用两根完全一样、极性相反的信号线传输一路数据，依靠两个信号电平差进行判决。为了保证两个信号完全一致，在布线时要保持并行，线宽、线间距保持不变。如果用差分对布线，信号源和接收端一定都是差分信号才有意义。接收端差分线对间通常会加匹配电阻，其值等于差分阻抗的值，这样信号品质会好一些。

差分对布线要注意以下两点。

（1）两条线的长度要尽量一样。

（2）两线的间距（此间距由差分阻抗决定）要保持不变，也就是要保持平行。

差分对布线方式应适当靠近且平行。所谓适当靠近是因为这个间距会影响差分阻抗的值，此值是设计差分对的重要参数；而平行也是因为要保持差分阻抗的一致性。若两线忽远忽近，差分阻抗就会不一致，从而影响信号完整性及时间延迟。

下面就介绍如何在 Altium Designer 系统中实现差分对布线，差分对布线流程图如图 8-103 所示。

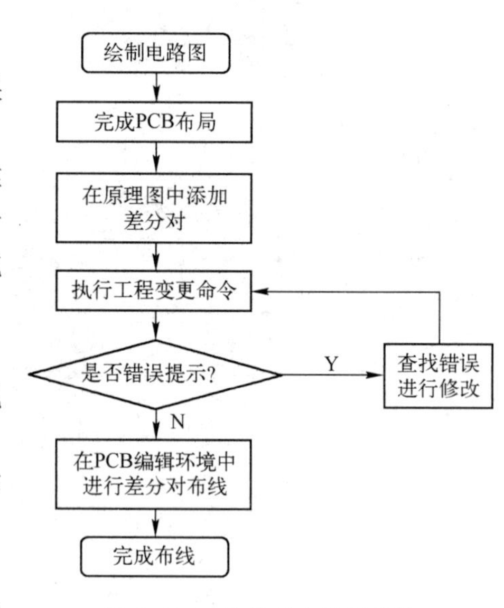

图 8-103　差分对布线流程图

下面就以一个实例，具体说明上述流程图的操作过程。

命名新建 PCB 工程项目为“diff Pair.PrjPCB”，导入已绘制好的原理图（如图 8-104 所示）和已完成布局的 PCB 文件（如图 8-105 所示）。

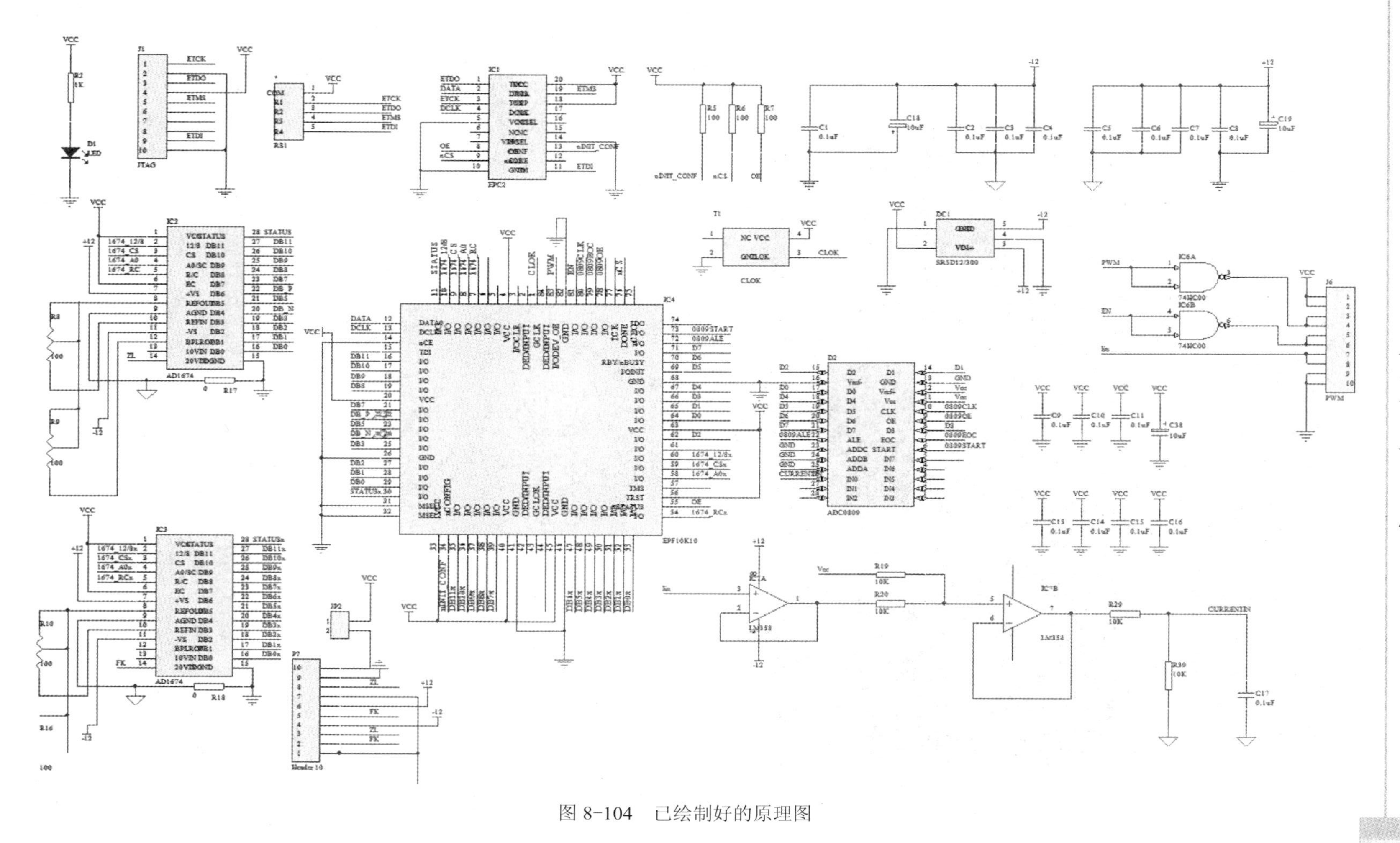

图 8-104　已绘制好的原理图

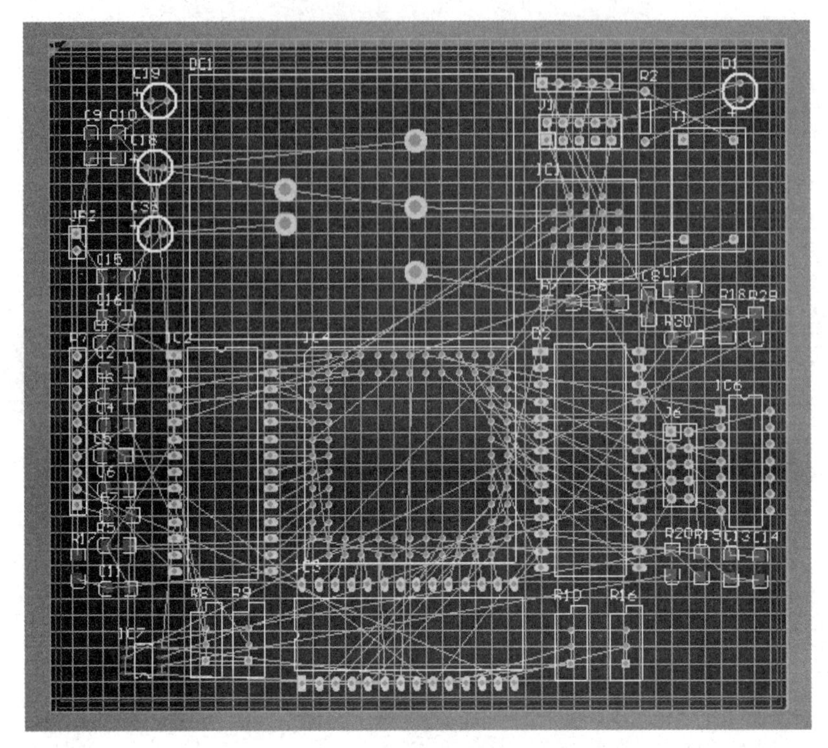

图 8-105　已完成布局的 PCB 文件

将界面切换到原理图编辑环境，让一对网络名称的前缀名相同，后缀名分别为_N 和_P。找到要设置为差分对的一对网络——DB4、DB6，如图 8-106 所示。

双击这两个网络标签，将 DB4 重新命名为“DB_N”，将 DB6 重新命名为“DB_P”，重新命名的网络标签如图 8-107 所示。

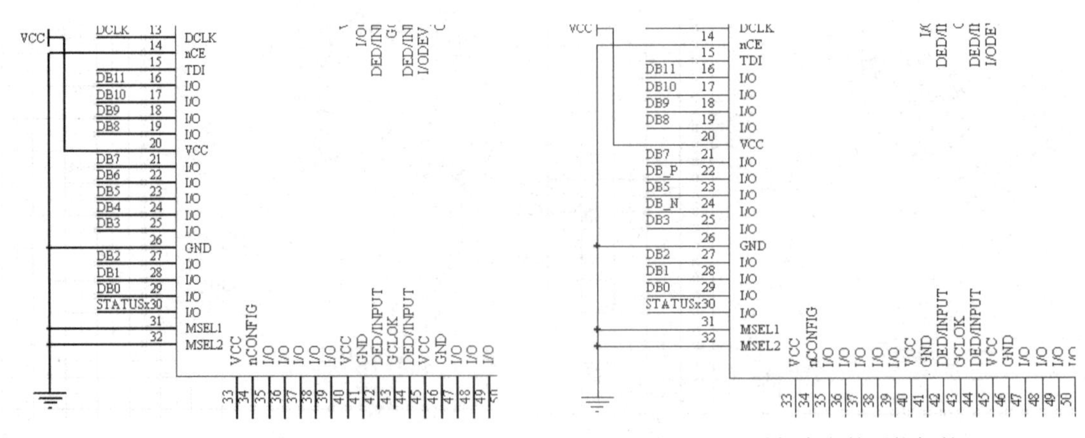

图 8-106　找到要设置为差分对的一对网络——DB4、DB6　　　图 8-107　重新命名的网络标签

由于该原理图是采用网络标签来实现电气连接的，所以该处更改网络标签名，相应的另一端连接处也要同时更改。

修改完成后，就应该放置差分对标识了。执行菜单命令【放置】→【指示】→【差分对】，如图 8-108 所示。

此时光标变为十字形，并附有待放置的差分对标识，如图 8-109 所示。

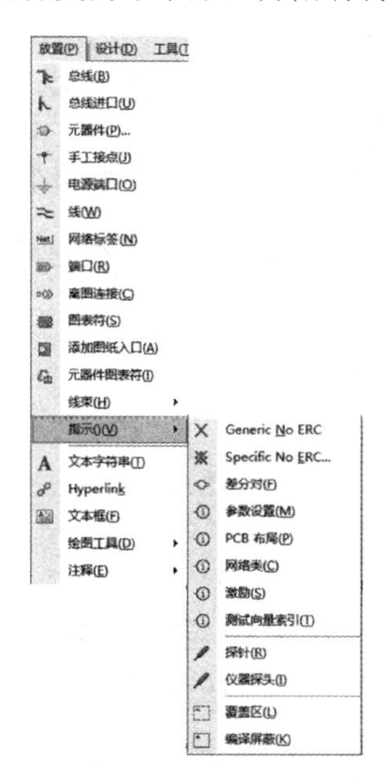

图 8-108　执行菜单命令【放置】→【指示】→【差分对】

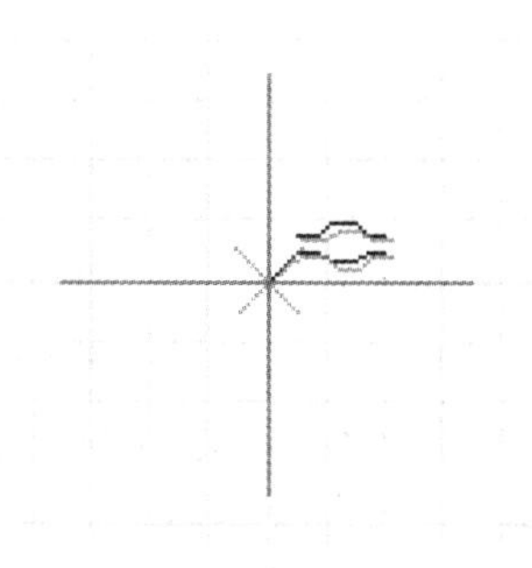

图 8-109　待放置的差分对标识

在引脚“DB_N”和“DB_P”处单击，从而放置差分对标识，如图 8-110 所示。

执行菜单命令【设计】→【Update PCB Document PCB1.PcbDoc】，如图 8-111 所示。

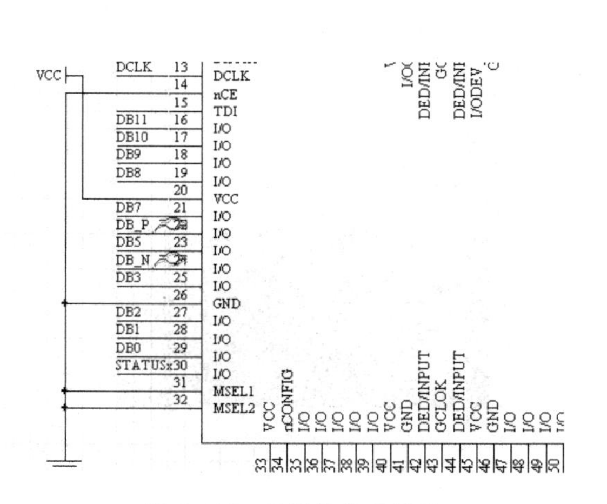

图 8-110　放置差分对标识

图 8-111　执行菜单命令【设计】→【Update PCB Document diff Pair.PcbDoc】

打开【工程更改顺序】对话框，单击【生效更改】按钮和【执行更改】按钮，把有关的差分对信息添加到 PCB 文件中。此时，【工程更改顺序】对话框如图 8-112 所示。

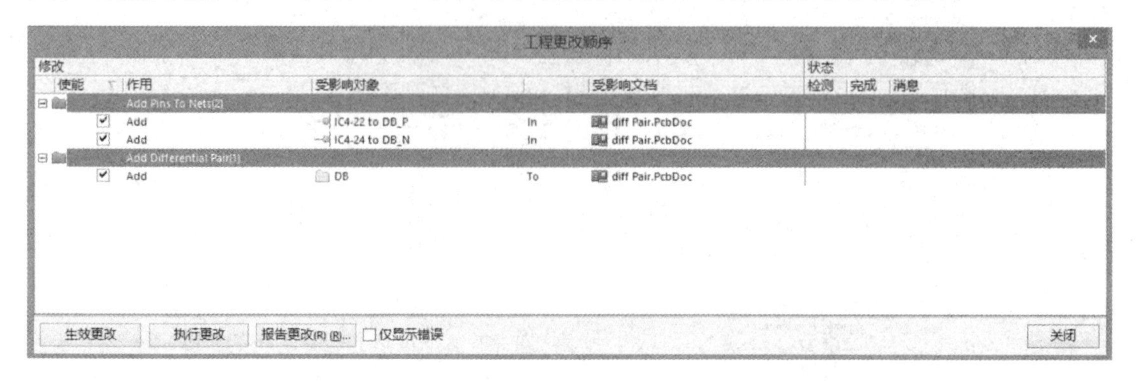

图 8-112 【工程更改顺序】对话框

在 PCB 编辑环境中，打开【PCB】面板，如图 8-113 所示。单击该面板最上方的下拉菜单，选择“Differential Pairs Editor”，在【PCB】面板上将显示所有差分对，如图 8-114 所示。

图 8-113 【PCB】面板

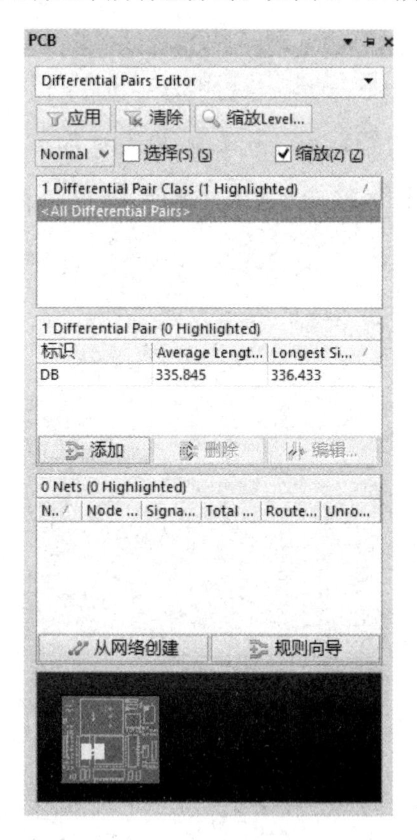

图 8-114 显示所有差分对

选择定义的差分对，如 DB，单击【规则向导】按钮，进入【差分对规则向导】对话框，如图 8-115 所示。

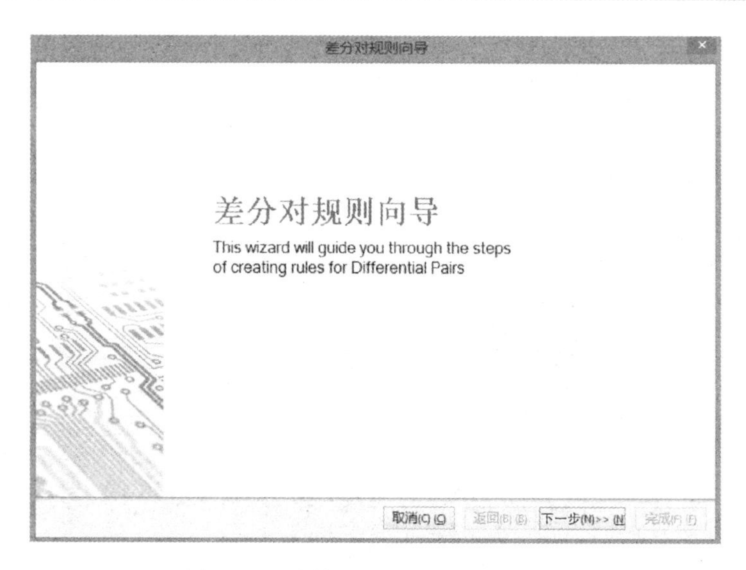

图 8-115 【差分对规则向导】对话框

单击【下一步】按钮，进入【Choose Rule Names】窗口，如图 8-116 所示，设置子规则名称。在该窗口的 3 个文本编辑栏中，可以为各个差分对子规则进行重新定义名称，这里采用系统默认设置。

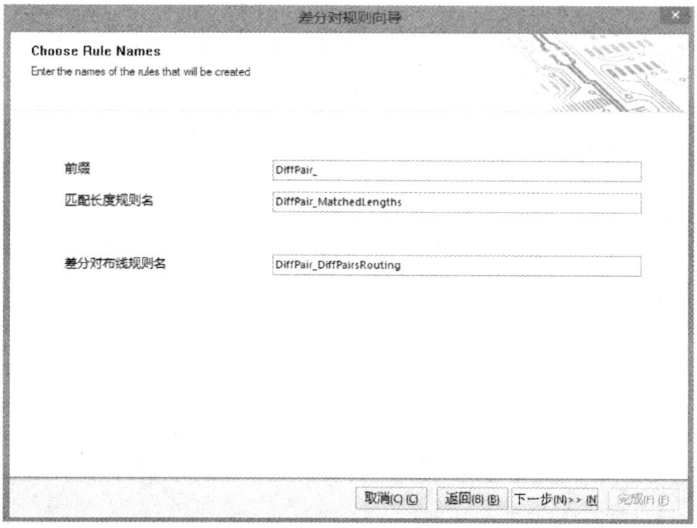

图 8-116 【Choose Rule Names】窗口

单击【下一步】按钮，进入【Choose Length Constraint Properties】窗口，如图 8-117 所示。该窗口用于设置差分对布线的模式及导线间距等，这里采用系统默认设置。

单击【下一步】按钮，进入【Choose Routing Constraint Properties】窗口，如图 8-118 所示，该窗口即为差分对子规则窗口，该窗口中的各项设置在前面已做过介绍，这里就不再重复了。

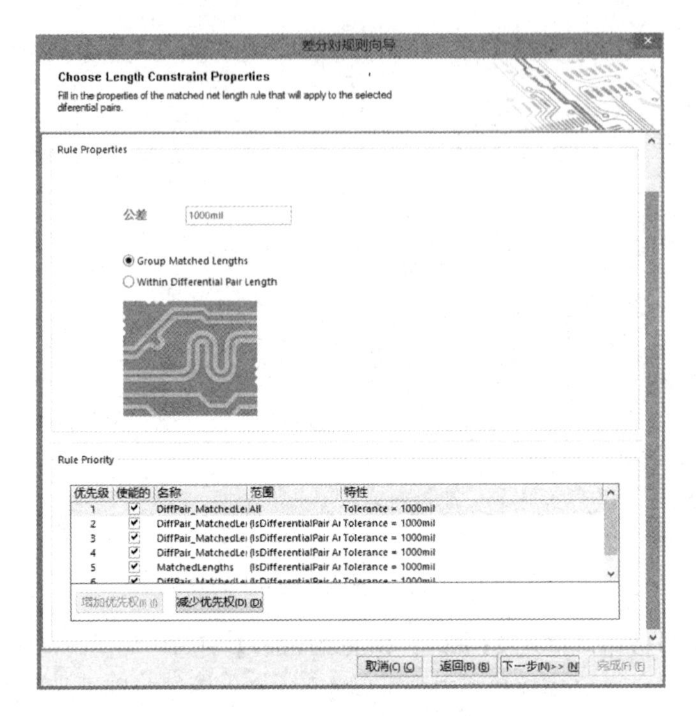

图 8-117 【Choose Length Constraint Properties】窗口

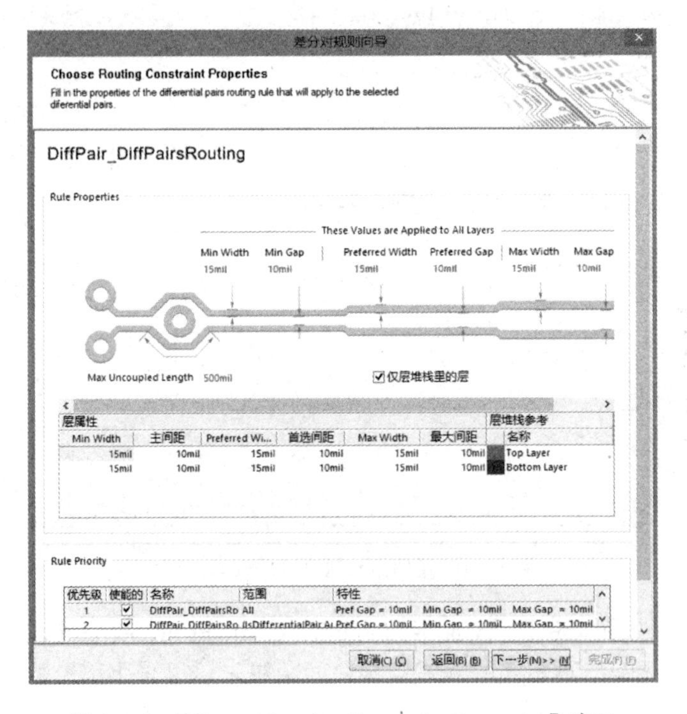

图 8-118 【Choose Routing Constraint Properties】窗口

单击【下一步】按钮，进入【Rule Creation Completed】窗口，如图 8-119 所示。该窗口即为规则创建完成窗口，该窗口中列出了差分对各项规则的设置情况。

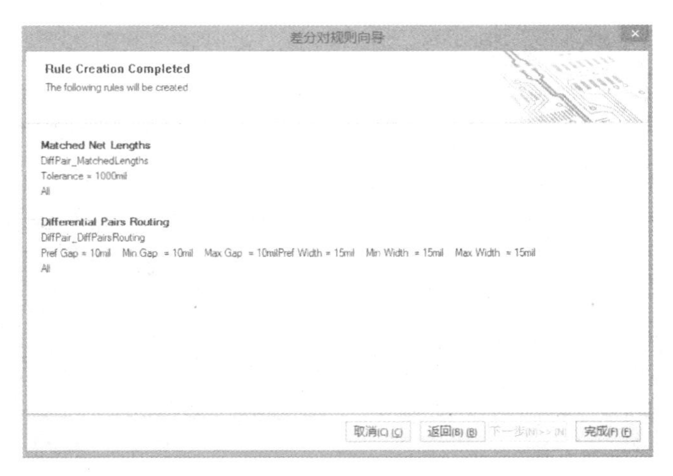

图 8-119　【Rule Creation Completed】窗口

单击【完成】按钮，退出设置界面。

可以看到，选中差分对 DB 后，差分对 DB 处于高亮激活状态，其他网络处于不可操作的灰色状态，选中差分对 DB 后的效果如图 8-120 所示。

执行菜单命令【放置】→【交互式差分对布线】，如图 8-121 所示。

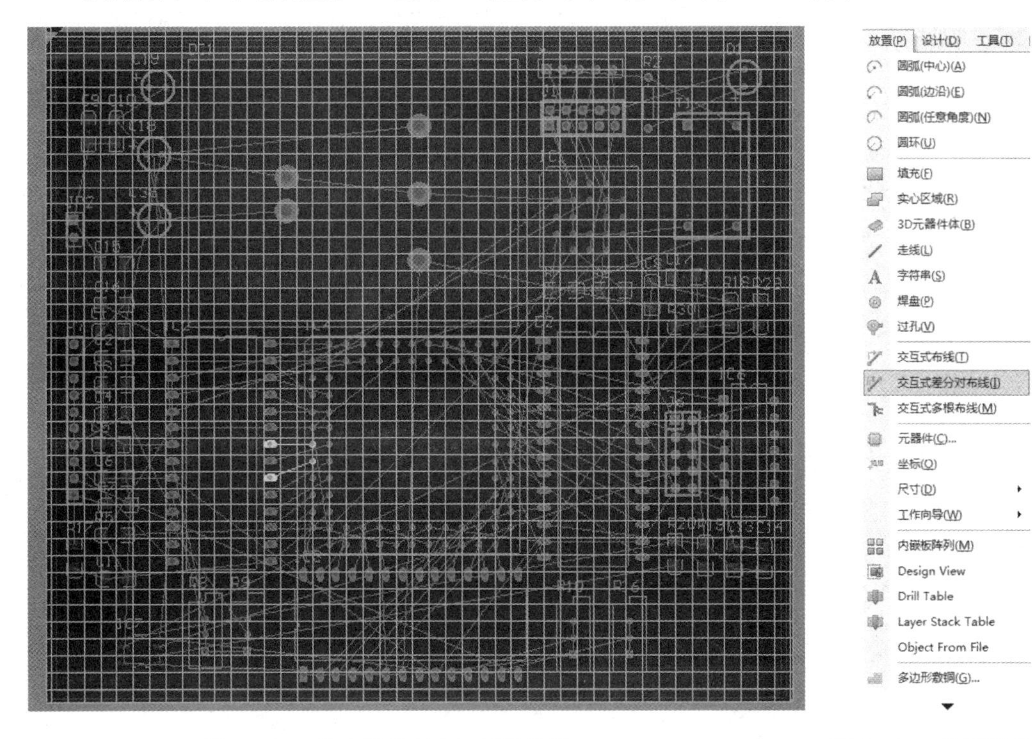

图 8-120　选中差分对 DB 后的效果

图 8-121　执行菜单命令【放置】→【交互式差分对布线】

光标变为十字形，在差分网络中的任意一个焊盘上单击一下，拖动光标就会看到另一根线也会伴随着一起平行布线，如图 8-122 所示。

同时按下【Ctrl+Shift】组合键并转动鼠标滑轮，可以实现两根线同时换层。

完成差分对布线后的效果如图 8-123 所示。

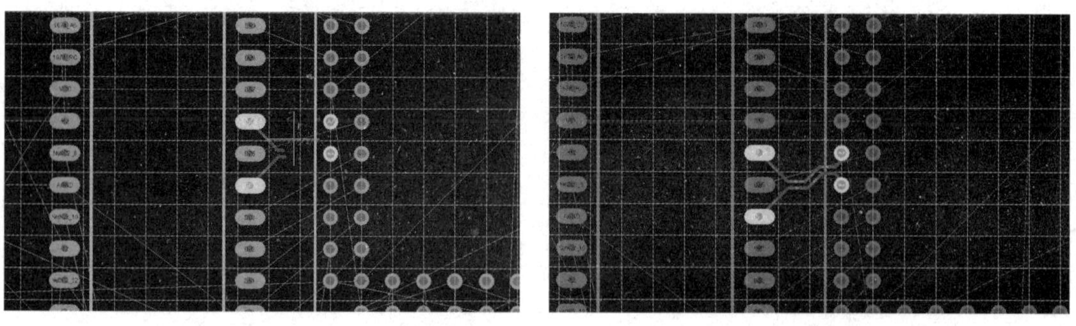

图 8-122 另一根线也会伴随着一起平行布线　　　　图 8-123 完成差分对布线的效果

至此，Altium Designer 系统所提供的几种布线的操作方法都已介绍完毕。

8.8 设计规则检测

布线完成后，用户可利用 Altium Designer 提供的检测功能进行设计规则检测，查看布线后的结果是否符合所设置的要求，或电路中是否还有未完成的网络布线。执行菜单命令【工具】→【设计规则检查】，如图 8-124 所示。

此时，系统将弹出【设计规则检测】对话框，如图 8-125 所示。

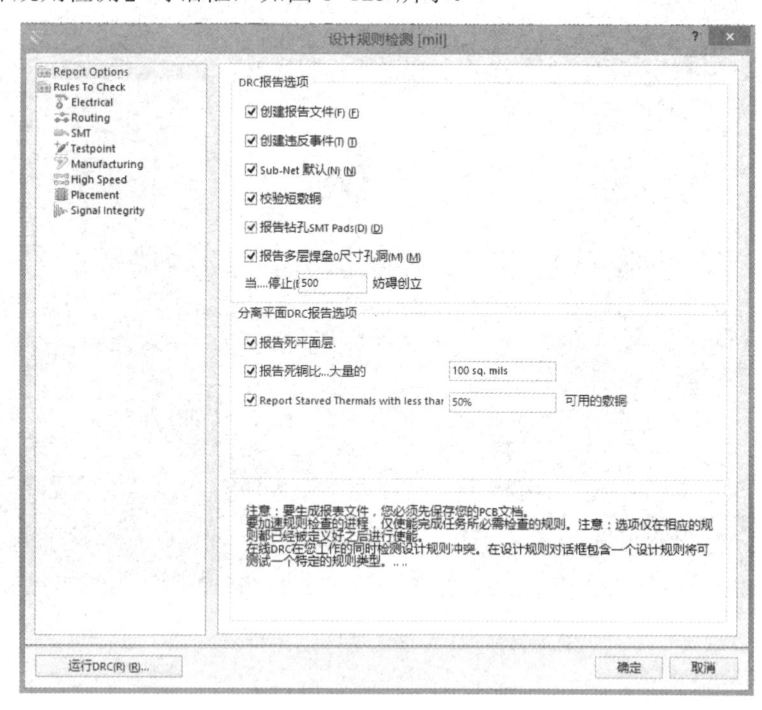

图 8-124 执行菜单命令【工具】→【设计规则检查】　　　　图 8-125 【设计规则检测】对话框

在【设计规则检测】对话框中包含两部分设置内容，即【Report Options】（DRC 报告选项）和【Rules To Check】（检查规则）。

【Report Options】用于设置生成的 DRC 报告中所包含的内容。

【Rules To Check】用于设置要进行检验的设计规则及进行检验时所采用的方式（在线还是批量），【Rules To Check】设置界面如图 8-126 所示。

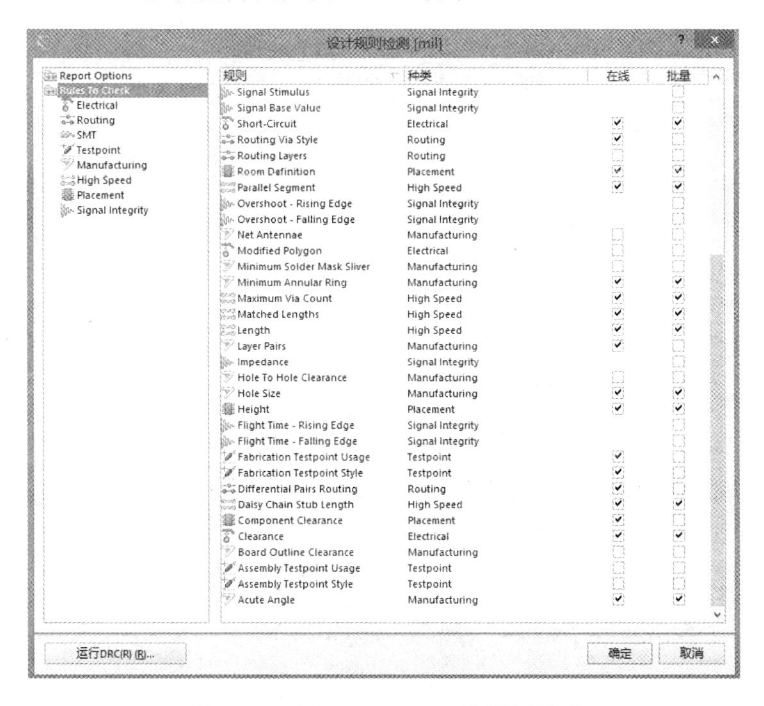

图 8-126　【Rules To Check】设置界面

设置完成后，单击【运行 DRC】按钮，系统会弹出【Message】窗口，如图 8-127 所示。如果检测有错误，【Message】窗口会提供所有的错误信息；如果检测没有错误，【Message】窗口将会是空白的。

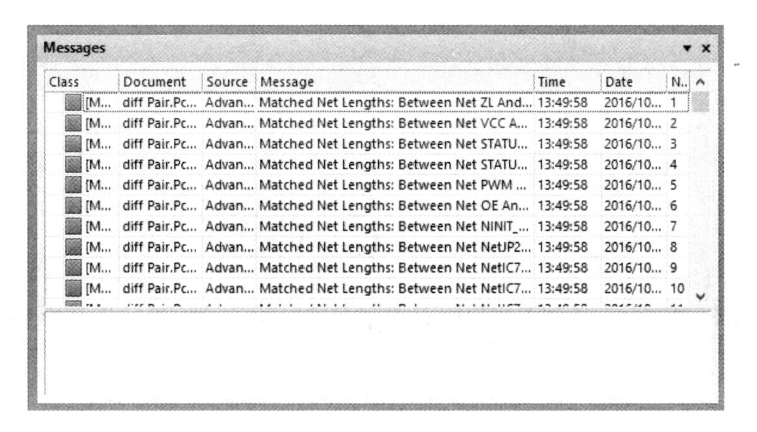

图 8-127　【Message】窗口

由图 8-127 中可以看到，所有的错误都是 PCB 中存在未连接的引脚。由于本例中元器件引脚并不都是连接的，为了不出现该种错误提示。在【设计规则检测】对话框中，设置忽略“Un-Connected Pin”检查，如图 8-128 所示。

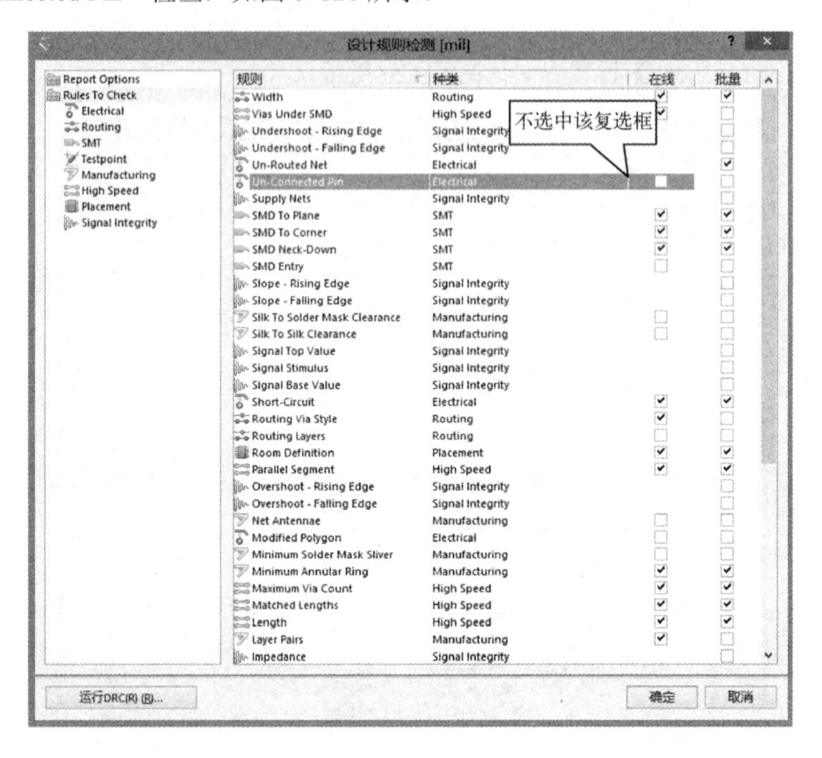

图 8-128 忽略“Un-Connected Pin”检查

再次单击【运行 DRC】按钮，【Message】窗口如图 8-129 所示。

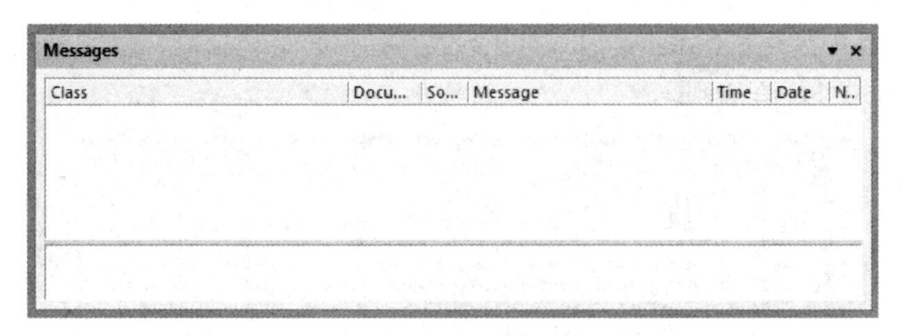

图 8-129 【Message】窗口

在【Message】窗口中，没有了错误信息提示，同时系统输出设计规则检测报表如图 8-130 所示。

Altium Designer

Design Rule Verification Report

Date:	2016/10/10		
Time:	14:03:06	Warnings:	0
Elapsed Time:	00:00:01	Rule Violations:	0
Filename:	E:\AD×ÊÁÏ\ÊµÑéÌâ¹ØÏÂµµ\8\²Î¿¼Ô´³ÌÐò\diff Pair.PcbDoc		

Summary

Warnings	Count
Total	0

Rule Violations	Count
Width Constraint (Min=10mil) (Max=10mil) (Preferred=10mil) (InDifferentialPair('DB'))	0
Width Constraint (Min=10mil) (Max=10mil) (Preferred=10mil) (InDifferentialPair('DB'))	0
Width Constraint (Min=10mil) (Max=10mil) (Preferred=10mil) (InDifferentialPair('DB'))	0

图 8-130　设计规则检测报表

设计规则检测报表由两部分组成，上半部分给出了报表的创建信息，下半部分则列出了错误信息和违反各项设计规则的数目。本设计没有违反任何一条设计规则的要求，顺利通过 DRC 检测。

思考与练习

（1）设置布线的规则。

（2）在第 6 章思考与练习（3）的基础上，对 PCB 进行混合布线。

（3）对完成布线的 PCB 进行设计规则检测。

第9章 PCB 后续操作

9.1 添加测试点

1. 设置测试点设计规则

为了便于仪器测试电路板，用户可在电路中设置测试点。执行菜单命令【设计】→【规则】，打开【PCB 规则及约束编辑器】对话框，在左边的规则列表中，单击【Testpoint】前面的加号，可以看到要设置的测试点子规则，如图 9-1 所示，共有 4 项。

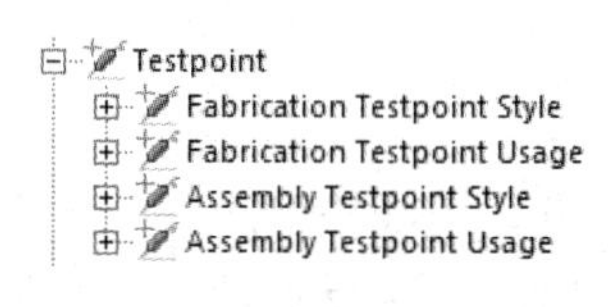

图 9-1 测试点子规则

（1）【Fabrication Testpoint Style】（制造测试点样式）子规则和【Assembly Testpoint Style】（装配测试点样式）子规则：用于设置 PCB 中测试点的样式，如测试点的大小、测试点的形式、测试点允许所在层面和次序等。【Fabrication Testpoint Style】子规则窗口如图 9-2 所示。【Assembly Testpoint Style】子规则窗口如图 9-3 所示。

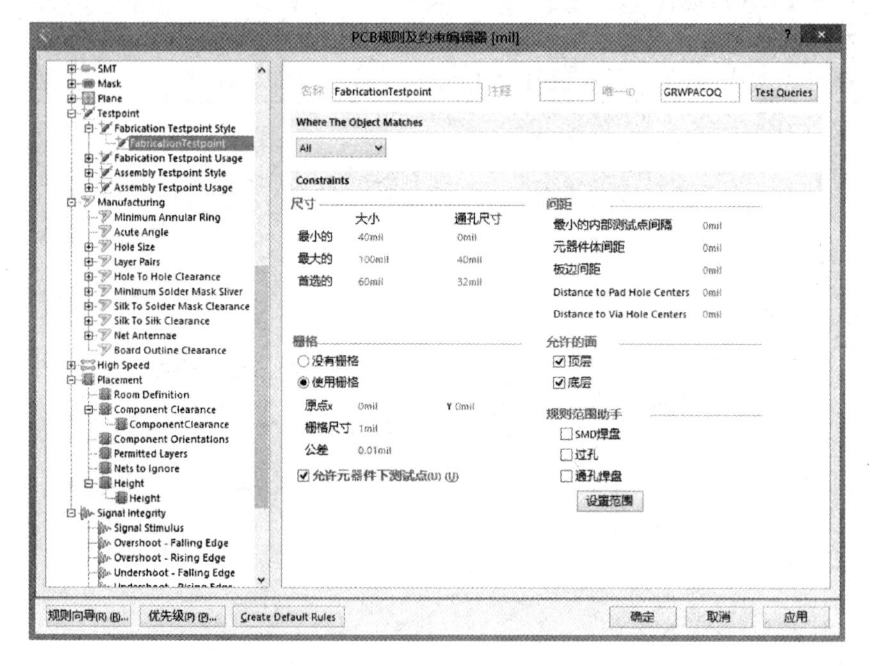

图 9-2 【Fabrication Testpoint Style】子规则窗口

图 9-3 【Assembly Testpoint Style】子规则窗口

在上述两个子规则的 Constraints 区域内，可以对大小和通孔尺寸的最大尺寸、最小尺寸、首选尺寸进行设置；可以对元器件体间距及板边间距进行设置；还可以设置是否使用栅格。

（2）【Fabrication Testpoint Usage】（制造测试点使用）子规则和【Assembly Testpoint Usage】（装配测试点使用）子规则：用于设置测试点的有效性。【Fabrication Testpoint Usage】子规则窗口如图 9-4 所示。【Assembly Testpoint Usage】子规则窗口如图 9-5 所示。

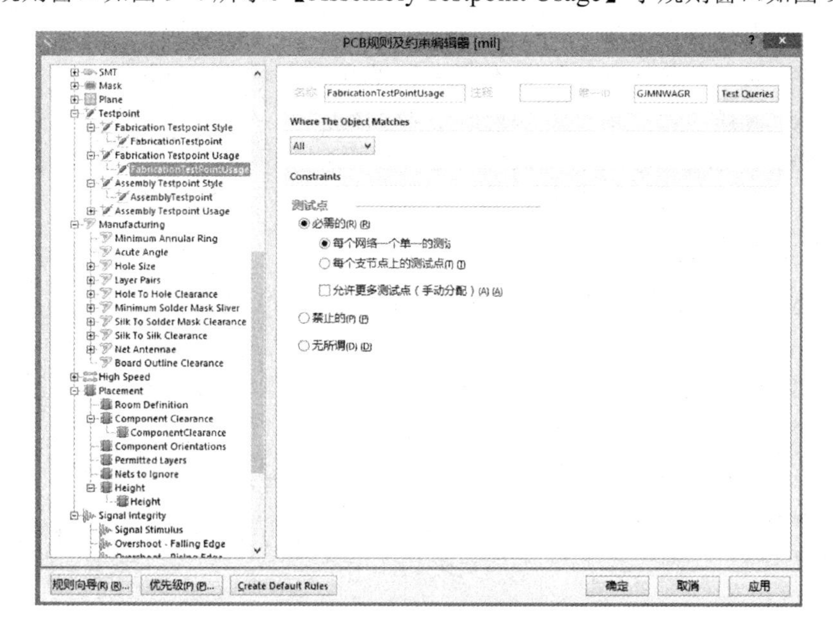

图 9-4 【Fabrication Testpoint Usage】子规则窗口

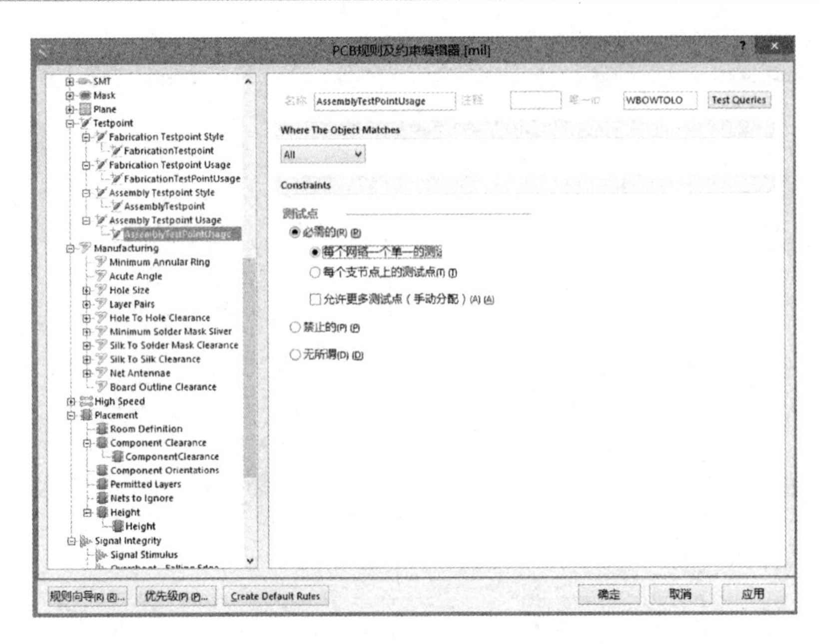

图 9-5 【Assembly Testpoint Usage】子规则窗口

在 Constraints 区域内包含 3 个选项，其意义如下。

当用户选中“必需的”单选框时，表示在适用范围内的网络走线必须生成测试点。如果选中此选项，则可进一步选择测试点的范围。若选中“允许更多测试点”复选框，表示可以在同一网络上放置多个测试点。当用户选择“禁止的”单选框时，表示在适用范围内的每一条网络走线都不可以生成测试点；而当用户选择“无所谓”单选框时，表示在适用范围内的网络走线可以生成测试点，也可以不生成测试点。本例采用系统的默认设置。

2. 自动搜索并创建合适的测试点

执行菜单命令【工具】→【测试点管理器】，如图 9-6 所示。

此时，系统将弹出【测试点管理器】对话框，如图 9-7 所示。

在【测试点管理器】对话框中，包含【制造测试点】和【装配测试点】两个设置内容。单击【制造测试点】按钮，如图 9-8 所示，得到其设置菜单。

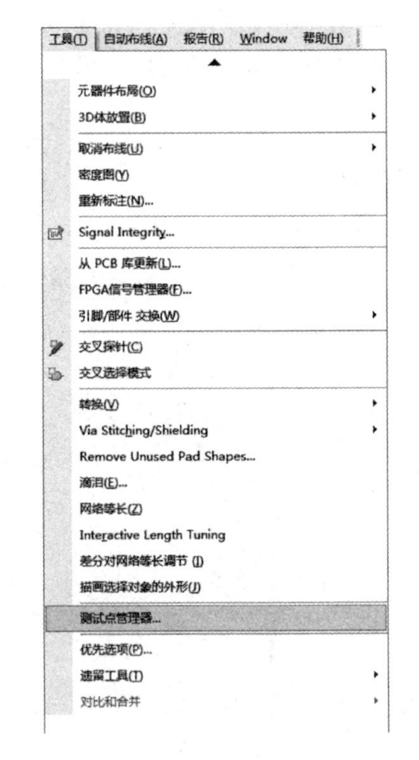

图 9-6　执行菜单命令【工具】→【测试点管理器】

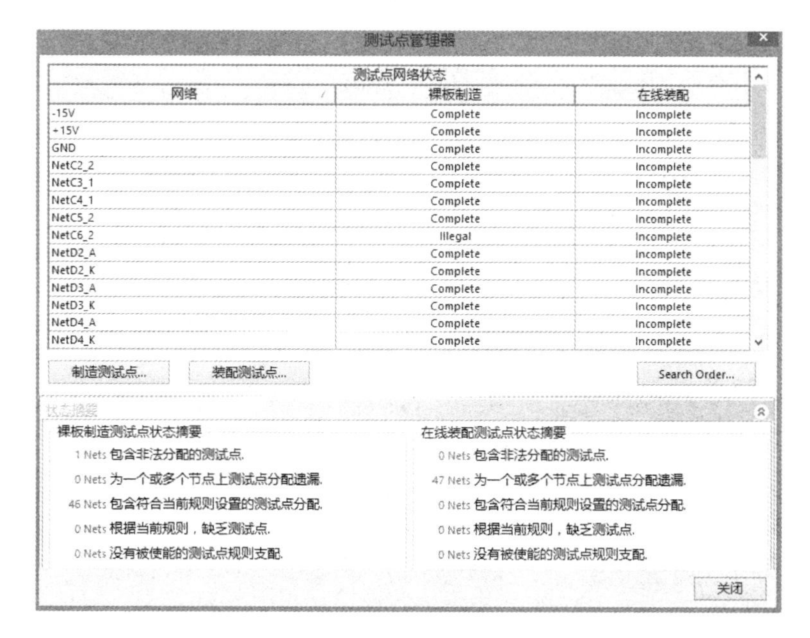

图 9-7　【测试点管理器】对话框

图 9-8　单击【制造测试点】按钮

单击【分配所有】选项，在分配结果区域中可以看到成功制造 47 个测试点，如图 9-9 所示。

单击【装配测试点】按钮，如图 9-10 所示，得到其设置菜单。

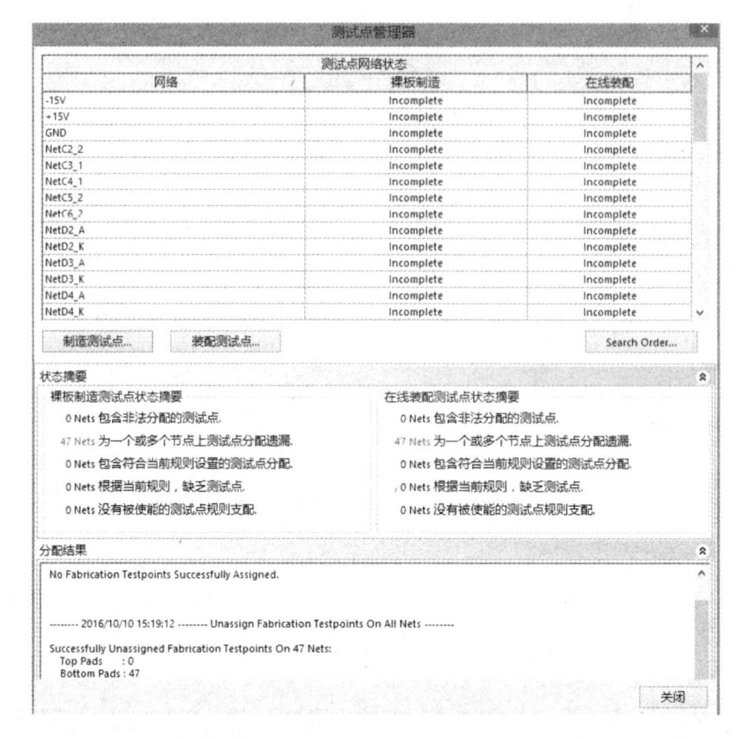

图 9-9 成功制造 47 个测试点

图 9-10 单击【装配测试点】按钮

单击【分配所有】选项，在分配结果区域中可以看到已成功装配 47 个测试点，如图 9-11 所示。

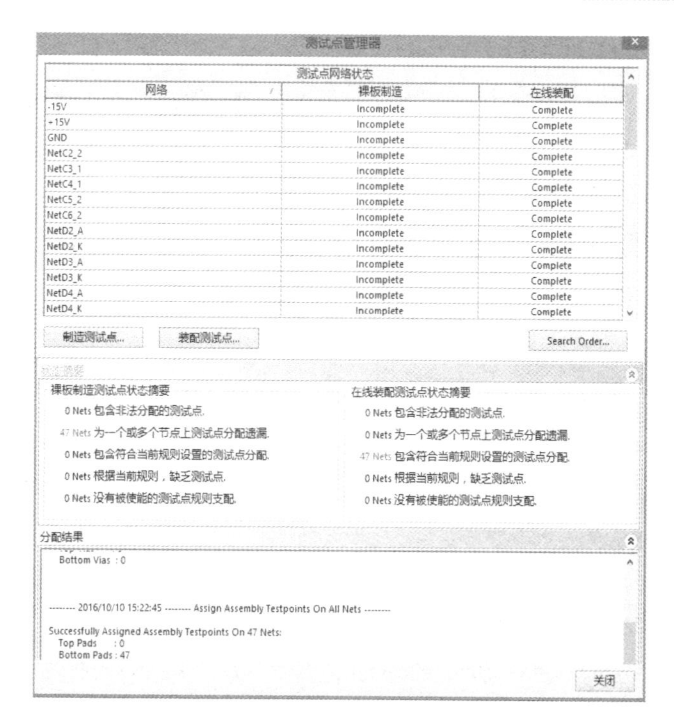

图 9-11　成功装配 47 个测试点

单击【关闭】按钮，用户可看到黑色的焊盘或过孔即为系统自动创建的测试点，如图 9-12 所示。

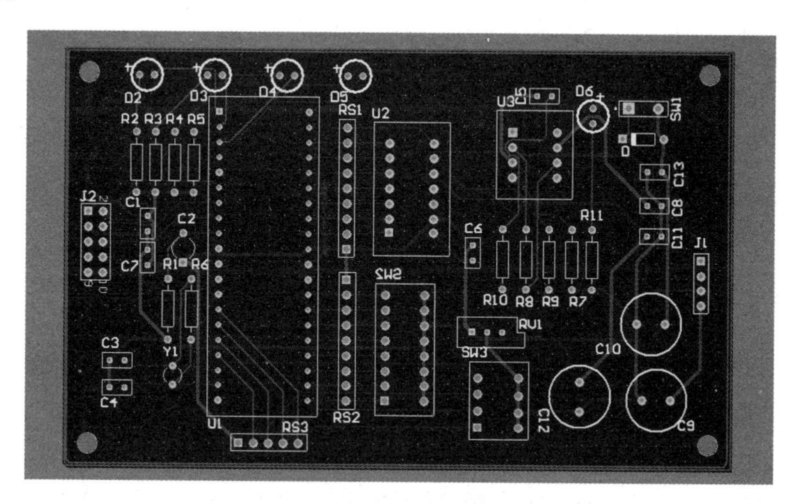

图 9-12　系统自动创建的测试点

单击【保存】按钮，即可保存系统自动生成的测试点。

此外，执行菜单命令【工具】→【测试点管理器】→【制造测试点】→【清除所有】和【工具】→【测试点管理器】→【装配测试点】→【清除所有】，即可清除所有测试点，并在分配结果区域中看到清除结果。

3. 手动创建测试点

首先设置测试点规则。执行菜单命令【设计】→【规则】，弹出【PCB 规则及约束编辑器】对话框，如图 9-13 所示，单击【Testpoint】规则，选择【Fabrication Testpoint Usage】子规则，进入测试点设置窗口，修改测试点的有效性为“无所谓”。

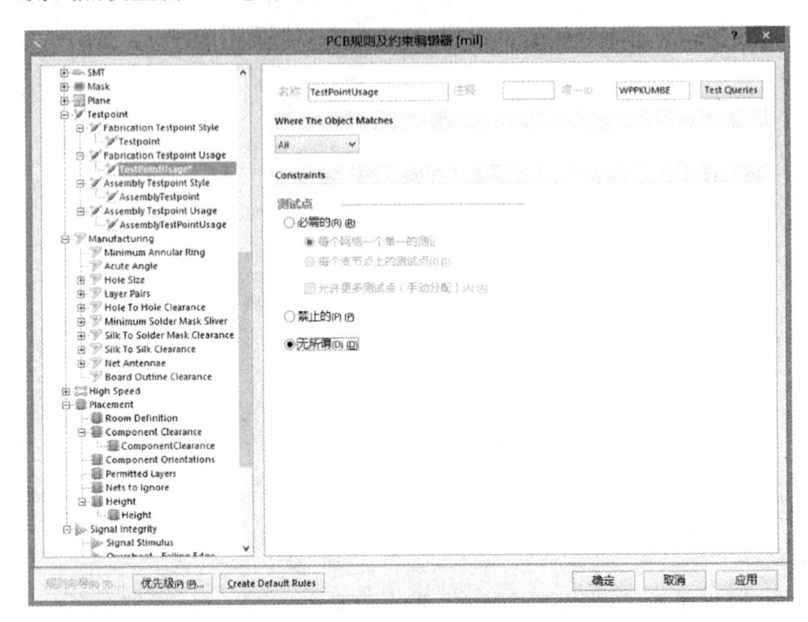

图 9-13 【PCB 规则及约束编辑器】对话框

同理，选择【Assembly Testpoint Usage】子规则，进入测试点设置窗口，修改测试点的有效性为“无所谓”。

由于自动创建测试点时用户不可直接参与，缺少用户自主性，因此在 Altium Designer 中提供了用户手动创建测试点的功能。例如，用户期望放置测试点的位置如图 9-14 所示。

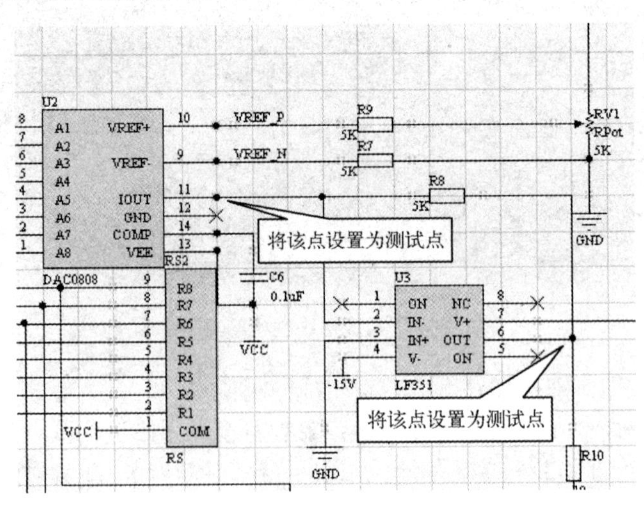

图 9-14 用户期望放置测试点的位置

其中，测试点即为电路中 U2-IOUT、U3-OUT 的两个焊盘。双击要作为测试点的焊盘，弹出【焊盘】对话框，如图 9-15 所示，选取 Top 或 Bottom 或两个都选取。

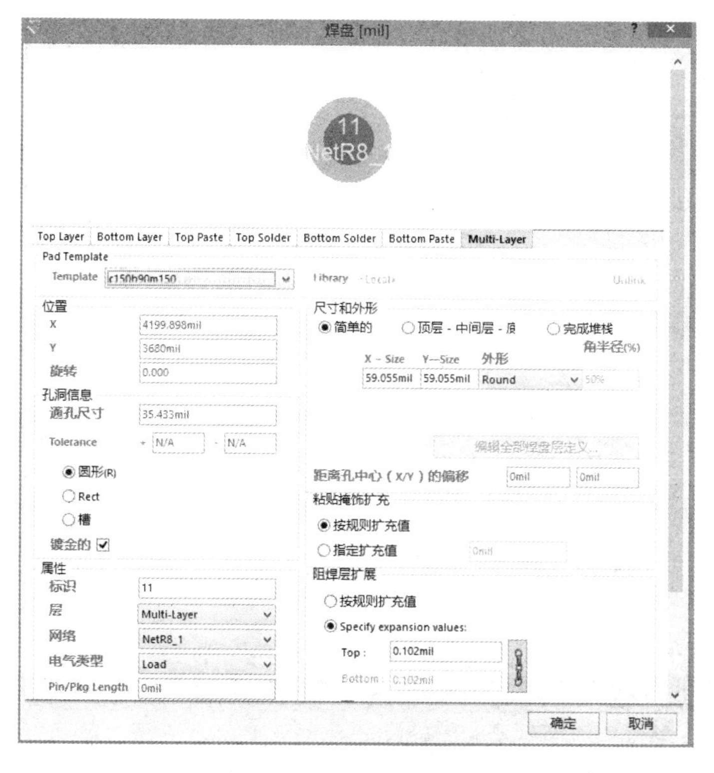

图 9-15 【焊盘】对话框

此时，单击【确定】按钮生成测试点，如图 9-16 所示。

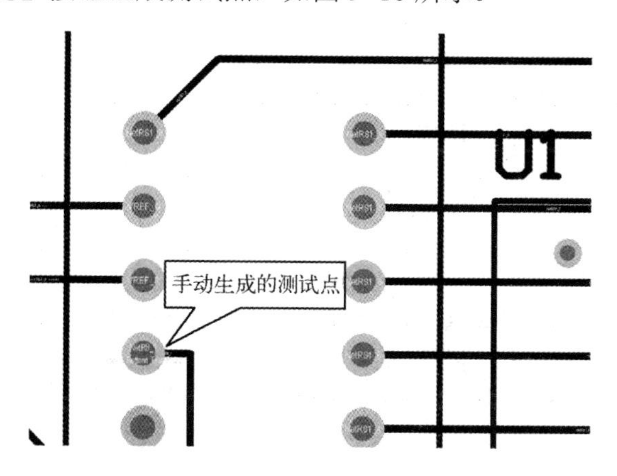

图 9-16　生成测试点

其他测试点的生成方法同上。本例中将所有的测试点都设置为双层（顶层和底层）测试点。

4. 放置测试点后的规则检查

在放置测试点之前，用户设置了相应的设计规则，因此用户可使用系统提供的检测功能进行规则检测，查看放置测试点后的结果是否符合所设置要求。执行菜单命令【工具】→【设计规则检查】，在弹出的【设计规则检测】对话框（如图 9-17 所示）的左侧，单击【Testpoint】选项，选中相应的复选框。

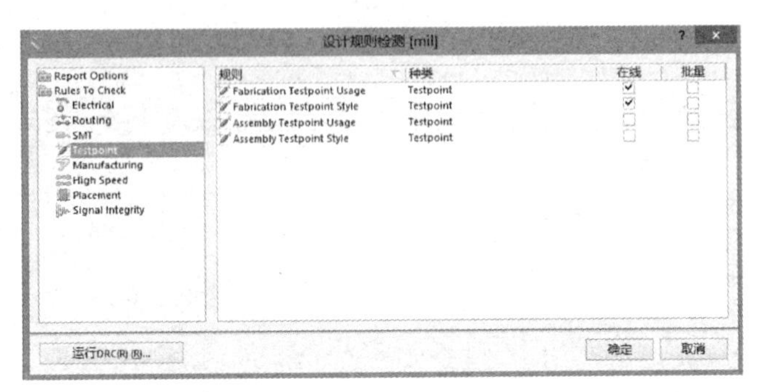

图 9-17 【设计规则检测】对话框

设置完成后，单击【运行 DRC】按钮，进行放置测试点后的规则检测，其结果如图 9-18 所示。

Summary

Warnings	Count
Total	0

Rule Violations	Count
Width Constraint (Min=20mil) (Max=20mil) (Preferred=20mil) (InNet('+15V') Or InNet('-15V') Or InNet('VCC') Or InNet('GND'))	0
Hole Size Constraint (Min=1mil) (Max=100mil) (All)	0
Height Constraint (Min=0mil) (Max=1000mil) (Prefered=500mil) (All)	0
Width Constraint (Min=10mil) (Max=10mil) (Preferred=10mil) (All)	0
Clearance Constraint (Gap=10mil) (All),(All)	0
Broken-Net Constraint ((All))	0
Short-Circuit Constraint (Allowed=No) (All),(All)	0
Total	0

图 9-18 放置测试点后的规则检测结果

由图 9-18 可知，本设计没有违反任何一条设计规则的要求，顺利通过 DRC 检测。

9.2 补泪滴

在 PCB 设计中，为了让焊盘更坚固，防止机械制板时焊盘与导线之间断开，常在焊盘和导线之间用铜膜布置一个过渡区，形状像泪滴，故常称为补泪滴（Teardrops）。

执行菜单命令【工具】→【滴泪】，如图 9-19 所示。此时系统将弹出如图 9-20 所示的

【Teardrops】对话框。

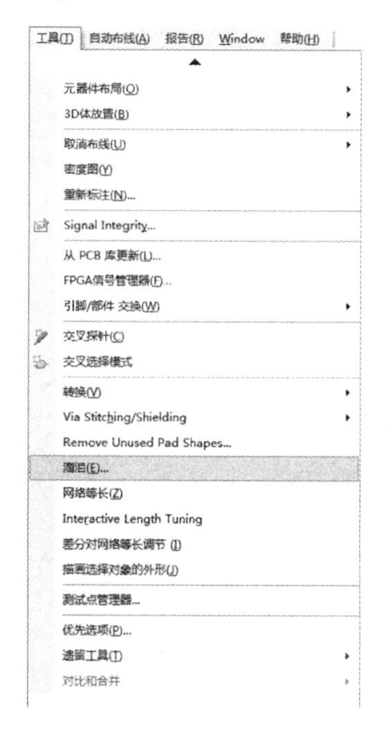

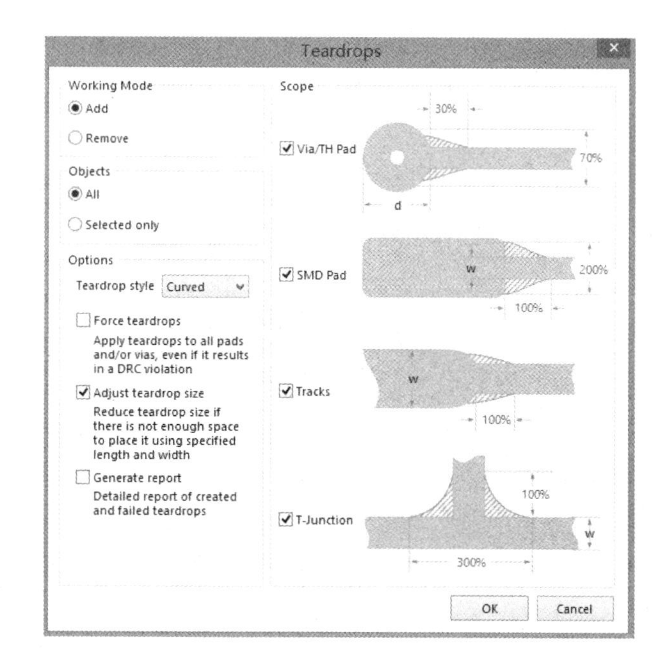

图 9-19　执行菜单命令【工具】→【滴泪】　　　　图 9-20　【Teardrops】对话框

【Teardrops】对话框内有 4 个设置区域，分别是 Working Mode、Objects、Options 和 Scope。

☺ Working Mode。

✧ Add：选中该单选框，表示进行的是泪滴的添加操作。

✧ Remove：选中该单选框，表示进行的是泪滴的删除操作。

☺ Objects。

✧ All：用于设置是否对所有的焊盘过孔都进行补泪滴操作。

✧ Selected only：用于设置是否只对所选中的元器件进行补泪滴。

☺ Options。

✧ Teardrop style。

✓ Curved：选中该选项，表示选择圆弧形补泪滴。

✓ Line：选中该选项，表示选择导线形补泪滴。

✧ Force teardrops：用于设置是否忽略规则约束，强制进行补泪滴，该操作可能导致 DRC 违规。

✧ Generate report：用于设置补泪滴操作结束后是否生成补泪滴的报告文件。

☺ Scope：用于对各种焊盘及导线类型补泪滴面积的设置。

在本例中，补泪滴设置如图 9-21 所示。

设置完成后，单击【确定】按钮即可进行补泪滴操作。圆弧形补泪滴如图 9-22 所示。

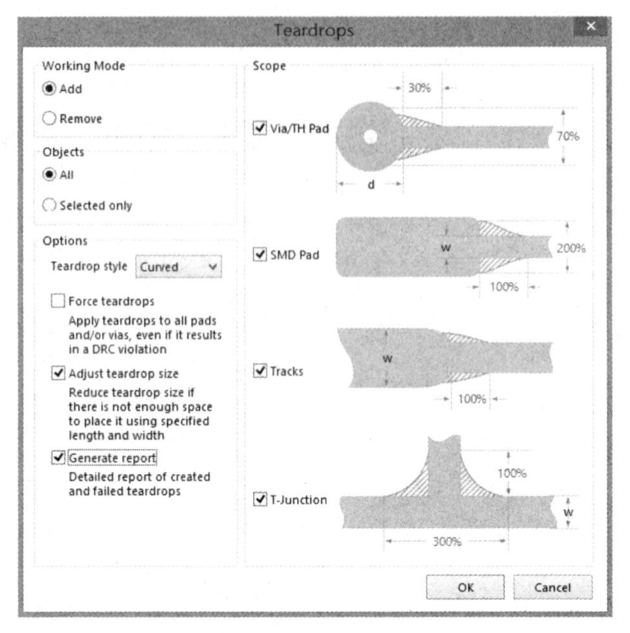

图 9-21　补泪滴设置

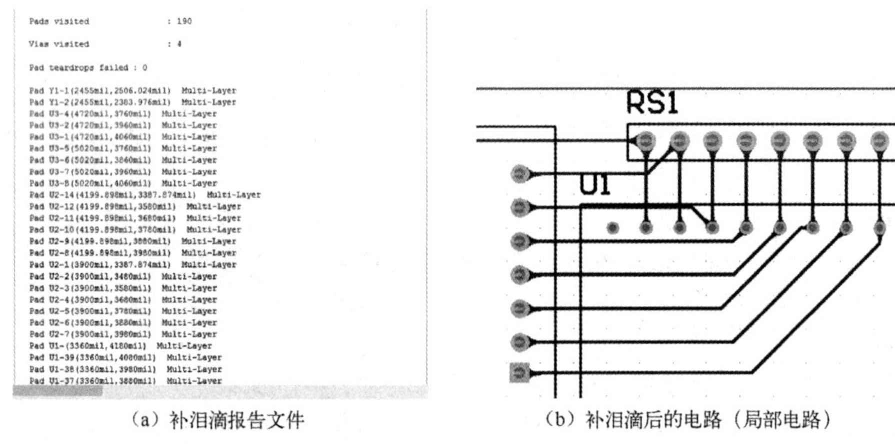

（a）补泪滴报告文件　　（b）补泪滴后的电路（局部电路）

图 9-22　圆弧形补泪滴

单击【OK】按钮保存文件。

根据此方法，可以对单个的焊盘和过孔或某一网络的所有元器件的焊盘和过孔进行滴泪操作。滴泪焊盘和过孔形状可以为圆弧形或线形。

9.3　包地

所谓包地就是为了保护某些网络布线，不受噪声信号的干扰，在这些选定的网络布线周围，特别围绕一圈接地布线。

下面以一个简单的例子，说明如何对选定网络进行包地操作。

执行菜单命令【编辑】→【选中】→【网络】，如图 9-23 所示。

此时，光标变成十字形，在 PCB 编辑环境中，选中要包络的网络，如图 9-24 所示。

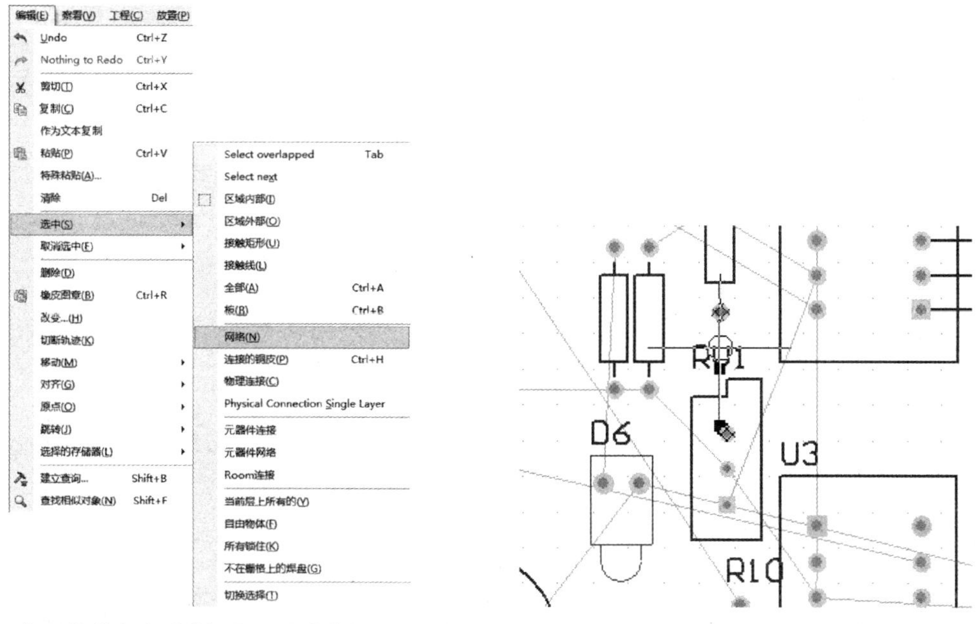

图 9-23　执行菜单命令【编辑】→【选中】→【网络】　　图 9-24　选中要包络的网络

执行菜单命令【工具】→【描画选择对象的外形】，如图 9-25 所示，即可在选中网络周围生成包络线，将该网络中的导线、焊盘及过孔包围起来，完成选定网络包地，如图 9-26 所示。

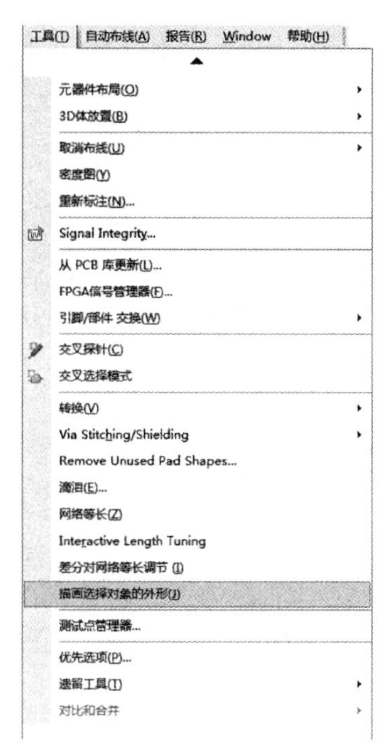

图 9-25　执行菜单命令【工具】→【描画选择对象的外形】

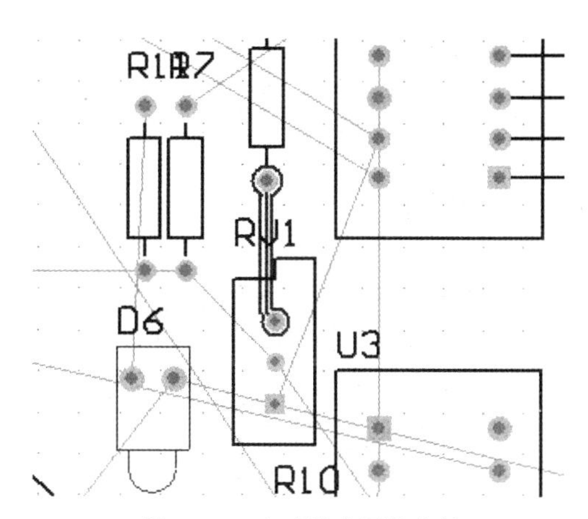

图 9-26　完成选定网络包地

双击打开每段包地布线的属性设置窗口，将网络设置为“GND”，如图 9-27 所示，然后执行自动布线或采用手动布线来完成包地的接地操作。

> **注意**
> 包地线的线宽应与 GND 网络的线宽相匹配。

如果要删除包地，执行菜单命令【编辑】→【选中】→【连接的铜皮】，如图 9-28 所示。

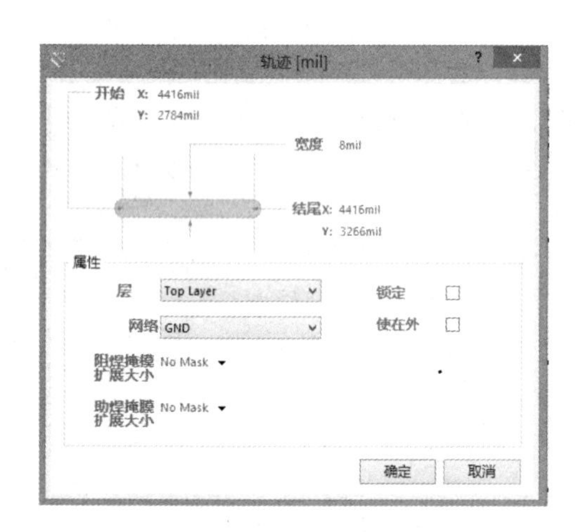

图 9-27　网络设置为“GND”

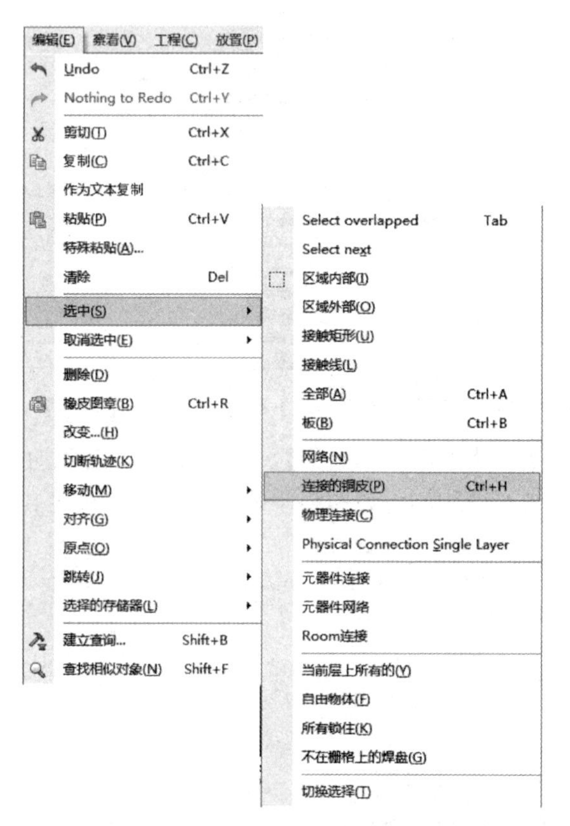

图 9-28　执行菜单命令【编辑】→【选中】→【连接的铜皮】

此时，光标变为十字形，单击要除去的包地线整体，按【Delete】键即可删除。

9.4　敷铜

所谓敷铜就是将 PCB 上闲置的空间作为基准面，然后用固体铜填充，这些铜区又称灌铜。敷铜的意义有以下几点。

☺ 对于大面积的地或电源敷铜，会起到屏蔽作用，对某些特殊地，如 PGND，可起到防护作用。

☺ 敷铜是 PCB 工艺要求。一般为了保证电镀效果，或者层压不变形，对于布线较少的 PCB 板层敷铜。

☺ 敷铜是信号完整性要求。它可给高频数字信号一个完整的回流路径，并减少直流网络的布线。

☺ 散热及特殊元器件安装也要求敷铜。

1. 规则敷铜

在布线工具栏中，单击放置多边形平面工具，如图 9-29 所示。

此时，系统将弹出【多边形敷铜】对话框，如图 9-30 所示。

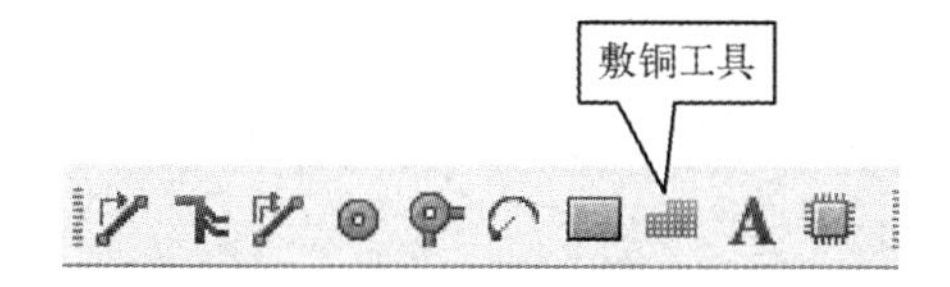

图 9-29　单击放置多边形平面工具

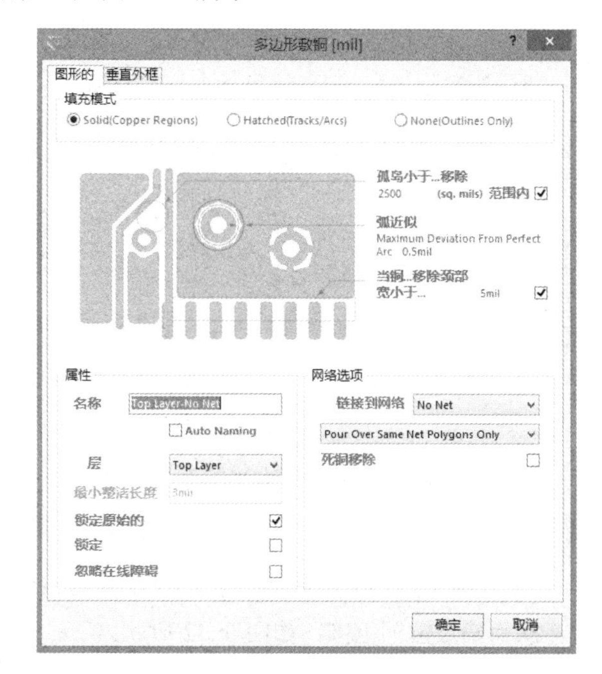

图 9-30　【多边形敷铜】对话框

【多边形敷铜】对话框中包含填充模式、属性和网络选项 3 个区域的设置内容。

（1）填充模式区域：系统给出了 3 种敷铜的填充模式。

☺ Solid（Copper Regions）：选中该单选框，表示敷铜区域内为全铜敷设。

☺ Hatched（Tracks/Arcs）：选中该单选框，表示敷铜区域内填入网格状的敷铜。

☺ None（Outlines Only）：选中该单选框，表示只保留敷铜的边界，内部无填充。

（2）属性区域：用于设定敷铜所在工作层面、最小图元的长度、是否选择锁定敷铜和敷铜区域的命名等设置。

（3）网络选项区域：在该区域可以进行与敷铜有关的网络设置。

☺ 链接到网络：用于设定敷铜所要连接的网络，可以在下拉菜单中进行选择。

☺ 死铜移除：用于设置是否去除死铜。所谓死铜就是指没有连接到指定网络图元上的封闭区域内的敷铜。

网络选项区域中还包含一个下拉菜单，下拉菜单中的各项命令意义如下。

☺ Don’t Pour Over Same Net Objects：选中该选项时，敷铜的内部填充不会覆盖具有相同网络名称的导线，并且只与同网络的焊盘相连。

- ☺ Pour Over All Same Net Objects：选中该选项，表示敷铜将只覆盖具有相同网络名称的多边形填充，不会覆盖具有相同网络名称的导线。
- ☺ Pour Over Same Net Polygons Only：选中该选项，表示敷铜的内部填充将覆盖具有相同网络名称的导线，并与同网络的所有图元相连，如焊盘、过孔等。

在本例中，设置敷铜的网络为 GND 网络，其他选项的设置如图 9-31 所示。

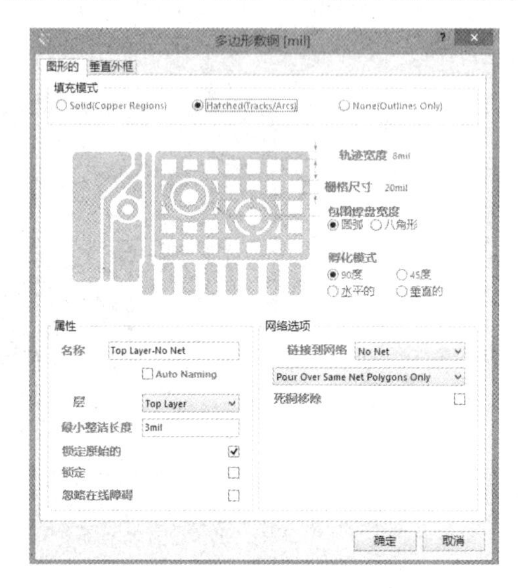

图 9-31 其他选项的设置

设置完成后，单击【确定】按钮确认设置。此时，光标变为十字形，拖动光标即可画线，从而确定敷铜范围，如图 9-32 所示。

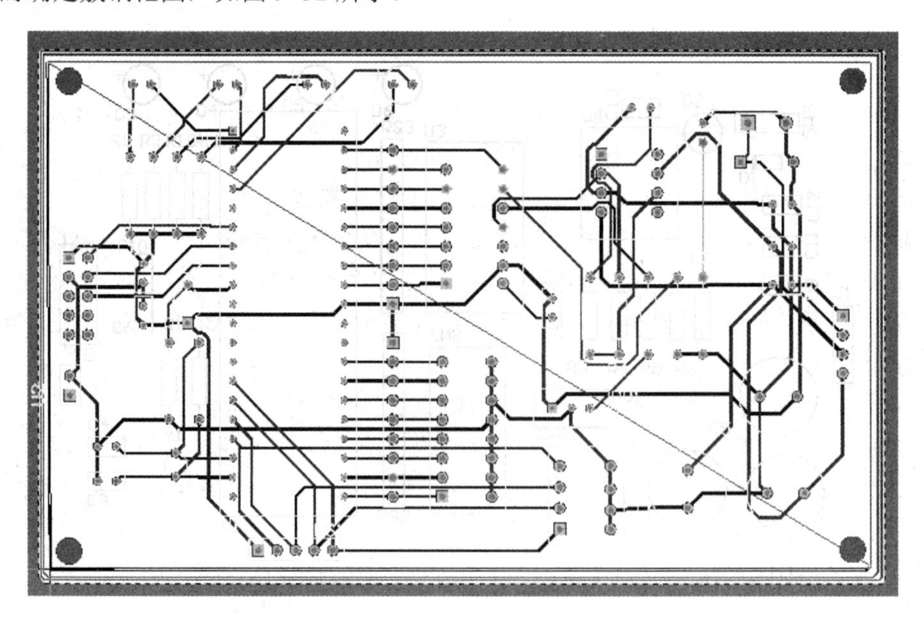

图 9-32 确定敷铜范围

右击退出画线状态，此时系统自动进行敷铜，如图 9-33 所示。

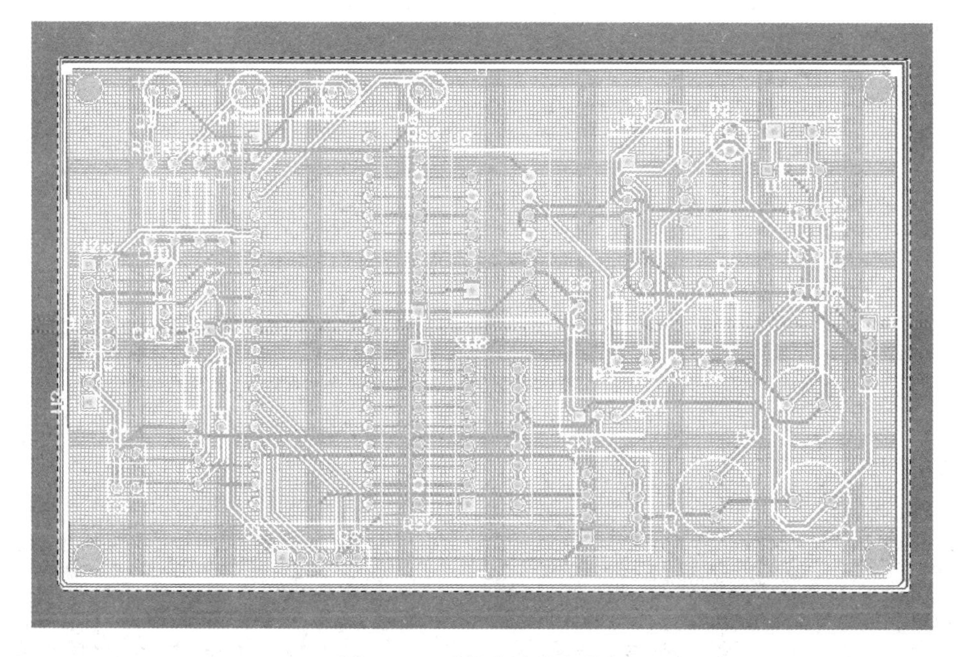

图 9-33　系统自动进行敷铜

从敷铜结果可知，电路以圆角形式敷铜，如图 9-34 所示。

图 9-34　电路以圆角形式敷铜

双击电路中的敷铜部分，系统将弹出【多边形敷铜】对话框，如图 9-35 所示，在该对话框中选中“八角形”单选框。

设置完成后，单击【确定】按钮确认设置，此时系统将弹出【Repour polygons】对话框，如图 9-36 所示。

单击【Repour Now】按钮，系统开始重新敷铜。八角形敷铜如图 9-37 所示。

八角形敷铜和圆弧敷铜各有优点，但通常采用圆弧敷铜。

此外，用户可以注意到电路中有些位置非均地，如图 9-38 所示。

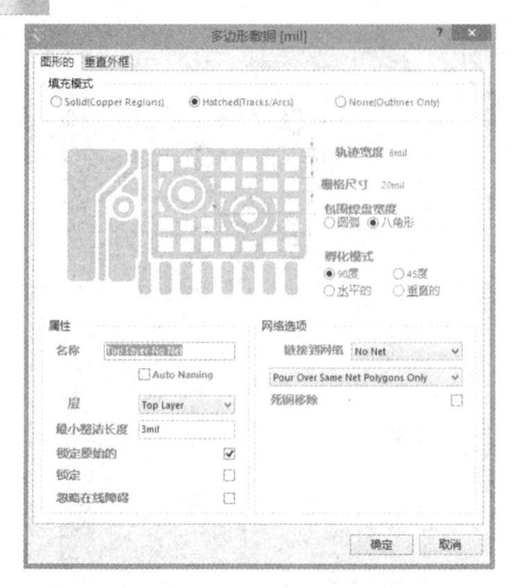

图 9-35 【多边形敷铜】对话框

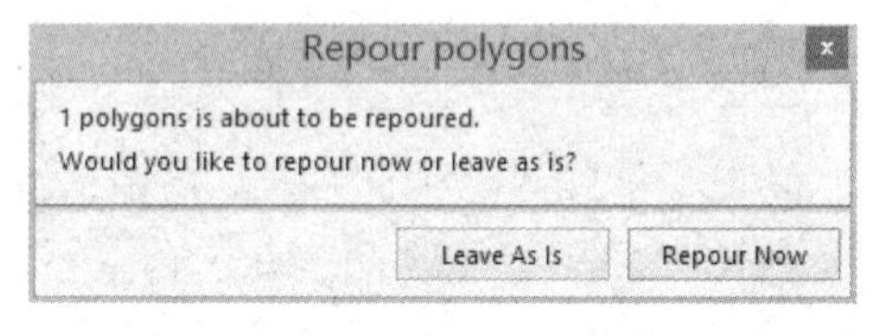

图 9-36 【Repour polygons】对话框

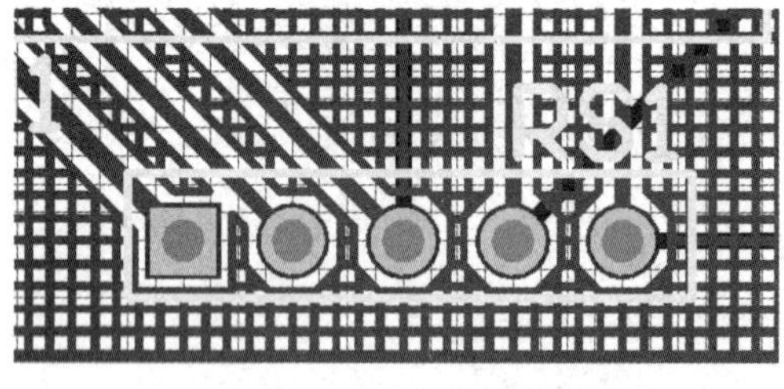

图 9-37 八角形敷铜

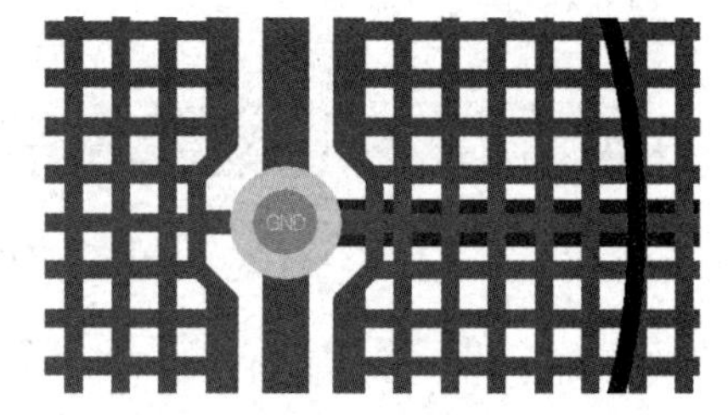

图 9-38 电路中有些位置非均地

图 9-37 中，与 GND 相连的线路宽度不同，此时用户再次设置规则。执行菜单命令【设计】→【规则】，在弹出的【PCB 规则及约束编辑器】对话框中，选择【Plane】规则中的【Polygon Connect】子规则，其窗口如图 9-39 所示。

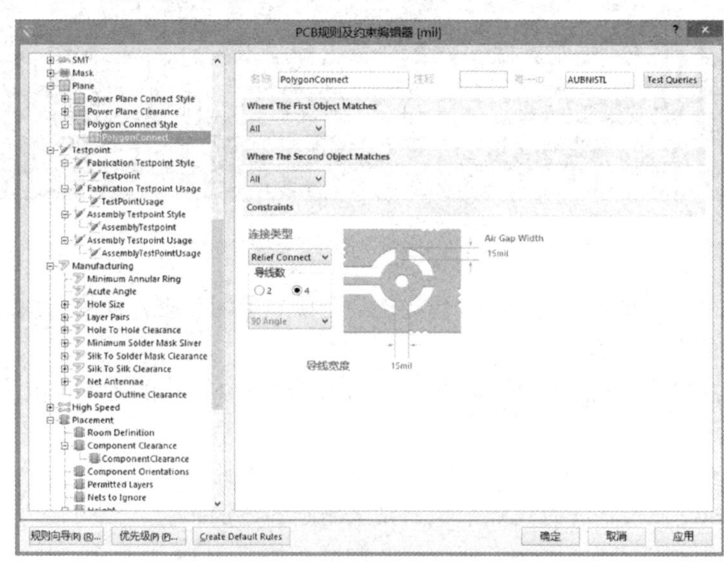

图 9-39 【Polygon Connect】子规则窗口

在【Polygon Connect】子规则窗口中，导线宽度为 15mil，而用户设置的 GND 导线宽度为 20mil，因此用户要修改导线宽度为 20mil。修改导线宽度如图 9-40 所示。

设置完成后，单击【确定】按钮确认设置，然后重新敷铜，其结果如图 9-41 所示。

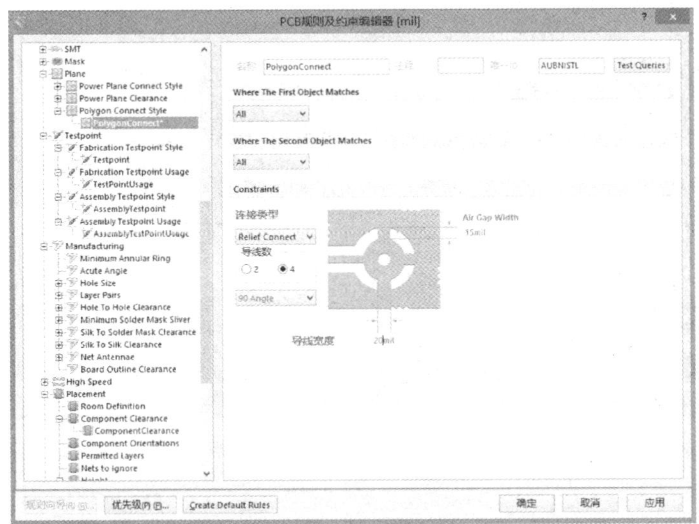

图 9-40　修改导线宽度

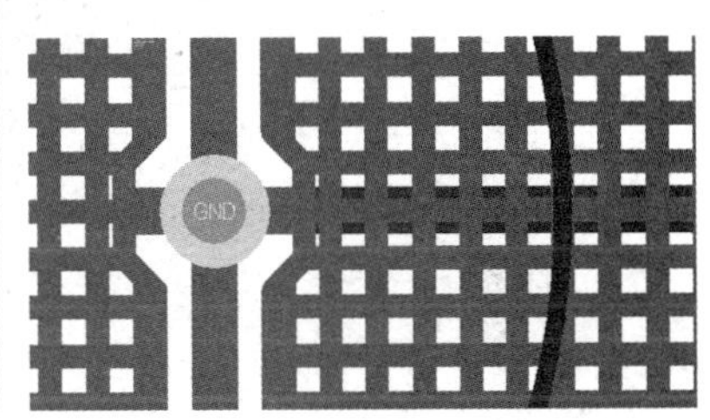

图 9-41　重新敷铜的结果

按照上述方法为底层敷铜，其结果如图 9-42 所示。

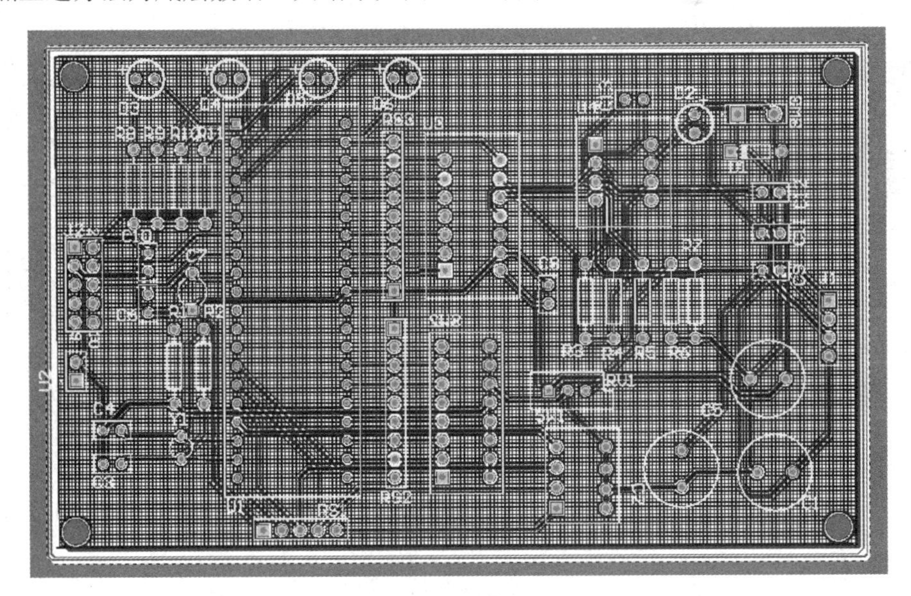

图 9-42　底层敷铜的结果

敷铜后的 3D 效果图如图 9-43 所示。

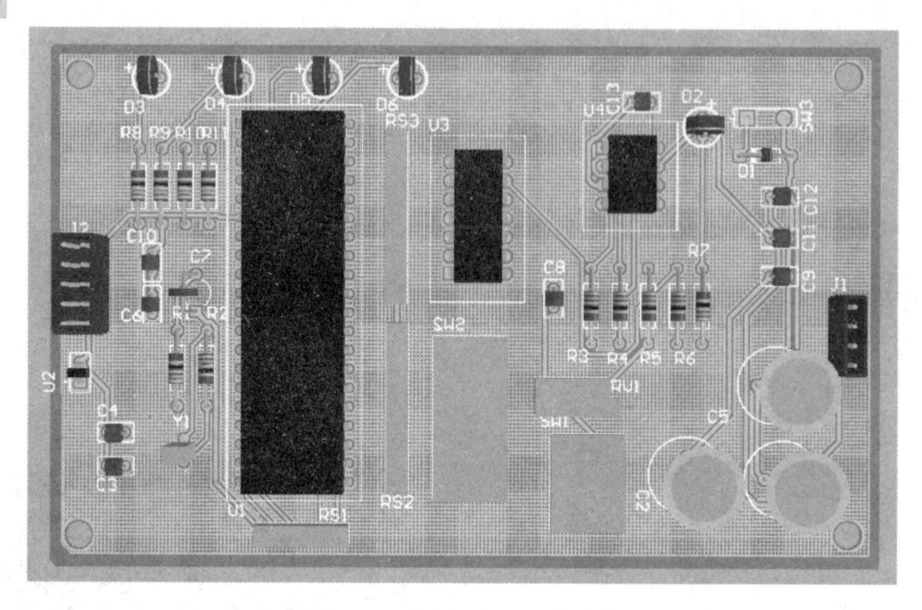

图 9-43　敷铜后的 3D 效果图

2. 删除敷铜

在 PCB 编辑界面中的板层标签栏中，选择层面为“Top Layer”，在敷铜区域单击，选中在顶层敷铜。然后拖动鼠标，将顶层敷铜拖到电路之外，如图 9-44 所示。

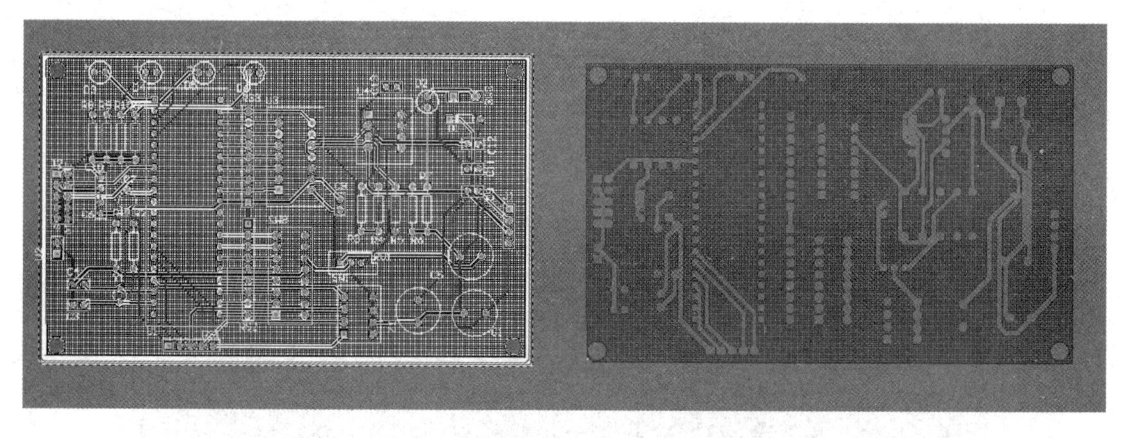

图 9-44　将顶层敷铜拖到电路之外

然后，单击剪切工具或按下【Delete】键将顶层敷铜删除。同理，按照上述操作也可删除底层敷铜。

敷铜的一大好处是降低地线阻抗，以增强电路抗干扰能力。数字电路中存在大量尖峰脉冲电流，因此降低地线阻抗显得更有必要。对于全由数字元器件组成的电路，应该大面积敷铜；而对于模拟电路，敷铜所形成的地线环路反而会引起电磁耦合干扰。因此，并不是每个电路都要敷铜。

9.5　添加过孔

过孔是多层 PCB 的重要组成部分之一，PCB 上的每一个孔都可以称为过孔。过孔可用于各层间的电气连接，也可用于元器件的固定或定位。

在布线工具栏中，单击【放置过孔】按钮，如图 9-45 所示。

此时，光标变为十字形，并带有一个过孔图形。在放置过孔时，按【Tab】键，系统将会弹出如图 9-46 所示的【过孔】对话框。该对话框中各项设置意义如下。

图 9-45　单击【放置过孔】按钮

图 9-46　【过孔】对话框

☺ 简化：用于设置过孔的孔尺寸、孔的直径，以及 X/Y 位置。
☺ 顶-中间-底：用于设置分别在顶层、中间层和底层的过孔直径大小。
☺ 全部层栈：可以用于编辑全部层栈的过孔尺寸。
☺ 孔尺寸：用于设置过孔内直径的大小。
☺ 直径：用于设置过孔外直径的大小。
☺ 位置：用于设置过孔的圆心坐标 X 和 Y 位置。若此时过孔作为安装孔使用，则应放在电路板的 4 个角的位置。
☺ Drill Pair：用于选择过孔的起始-终止布线层，是 Top Layer（顶层）还是 Bottom Layer（底层）。
☺ Net：用于设置 PCB 中过孔相连接的网络，在其下拉菜单中选择需要的网络名称。
☺ 测试点设置：用于设置过孔是否作为测试点，可以作为测试点的只有位于顶层的和底层的过孔。
☺ Locked：用于设置是否将过孔固定不动。
☺ 阻焊掩膜层扩充：设置阻焊层。

将光标移到所需的位置单击，即可放置一个过孔。将光标移到新的位置，按照上述步骤，再放置其他过孔，双击鼠标右键，光标变为箭头状，即可退出该命令状态。过孔作为安装孔的图形如图 9-47 所示。

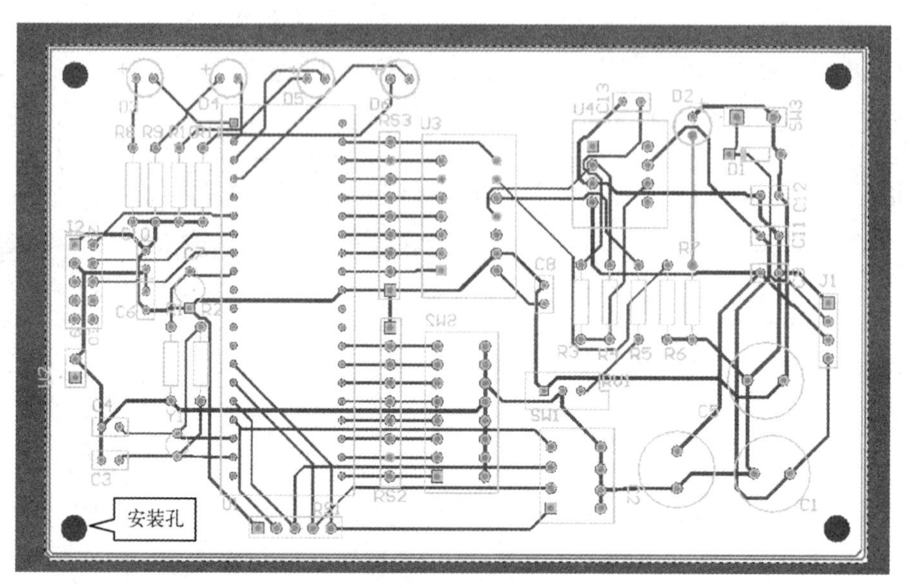

图 9-47　过孔作为安装孔的图形

9.6　PCB 的其他功能

在 PCB 设计中，鉴于用户的不同需求，Altium Designer 还提供了其他功能。

1. 在完成布线的 PCB 中添加新元器件

现在要在布好线的 PCB 中添加其他元器件，如图 9-48 所示。

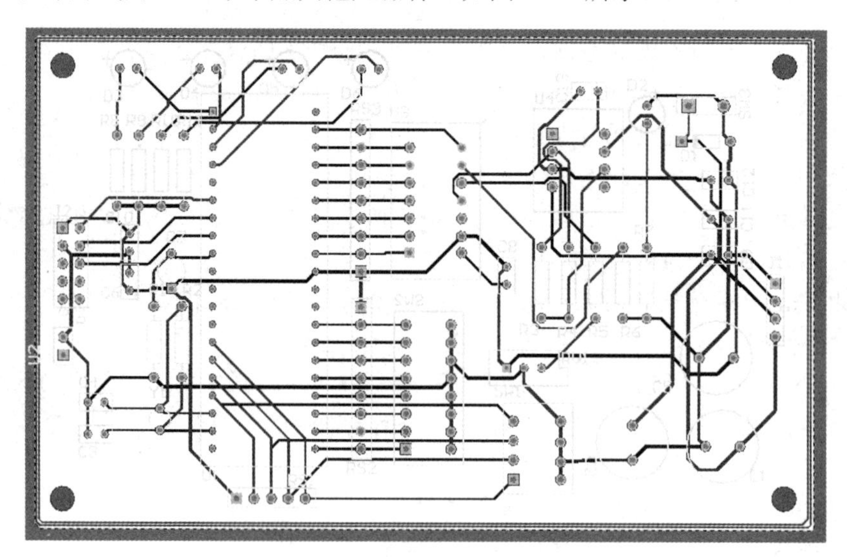

图 9-48　添加其他元器件

在这一电路中，用户期望添加元器件。添加元器件时，用户可放置焊盘或放置接插件等元器件。

1）添加焊盘

在布线工具栏中，单击放置焊盘工具，如图 9-49 所示。

此时，控制十字形光标跟随焊盘，如图 9-50 所示。

图 9-49　单击放置焊盘工具

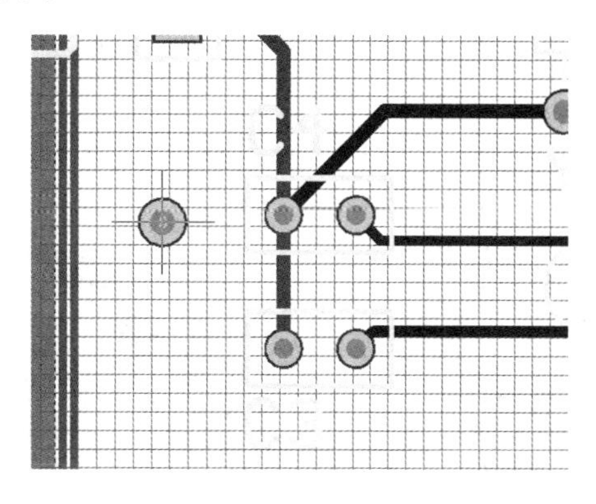

图 9-50　十字形光标跟随焊盘

此时按下【Tab】键，即可打开【焊盘】对话框，如图 9-51 所示，在网络下拉菜单中，选择焊盘所在的网络，如接地焊盘，属于 GND 网络。

图 9-51　【焊盘】对话框

设置完成后，单击【确定】按钮，然后在期望放置焊盘的位置单击，即可放置焊盘，此时用户可看到放置的焊盘通过飞线与 GND 网络相连，如图 9-52 所示。

参照上述方式，放置与 VCC 网络相连的焊盘，即将放置的焊盘属性设置为属于 VCC 网络。放置与 VCC 网络相连的焊盘结果如图 9-53 所示。

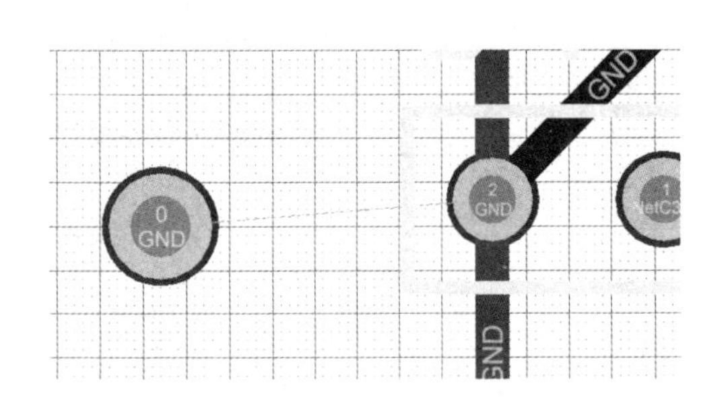

图 9-52　焊盘通过飞线与 GND 网络相连

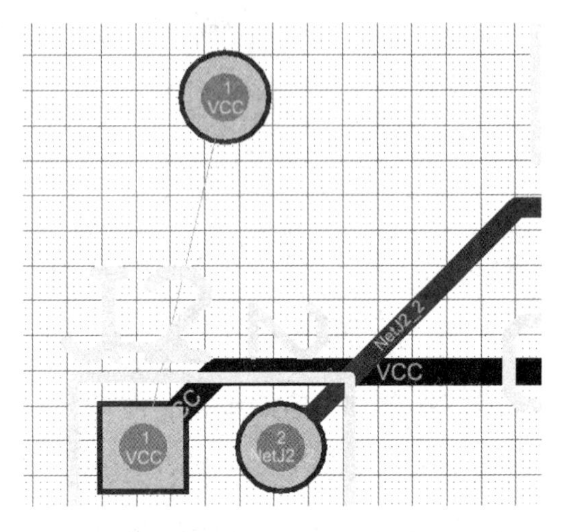

图 9-53　放置与 VCC 网络相连的焊盘结果

执行菜单命令【自动布线】→【连接】，如图 9-54 所示。

此时，光标变为十字形。单击与 GND 焊盘相连的飞线，系统将自动对选择的连线进行布线。GND 焊盘布线结果如图 9-55 所示。

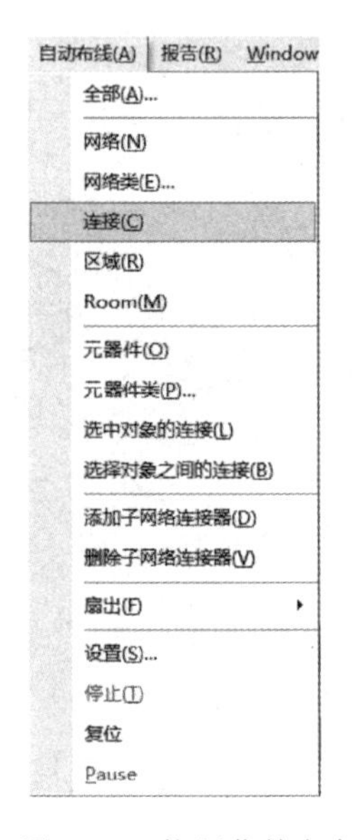

图 9-54　执行菜单命令【自动布线】→【连接】

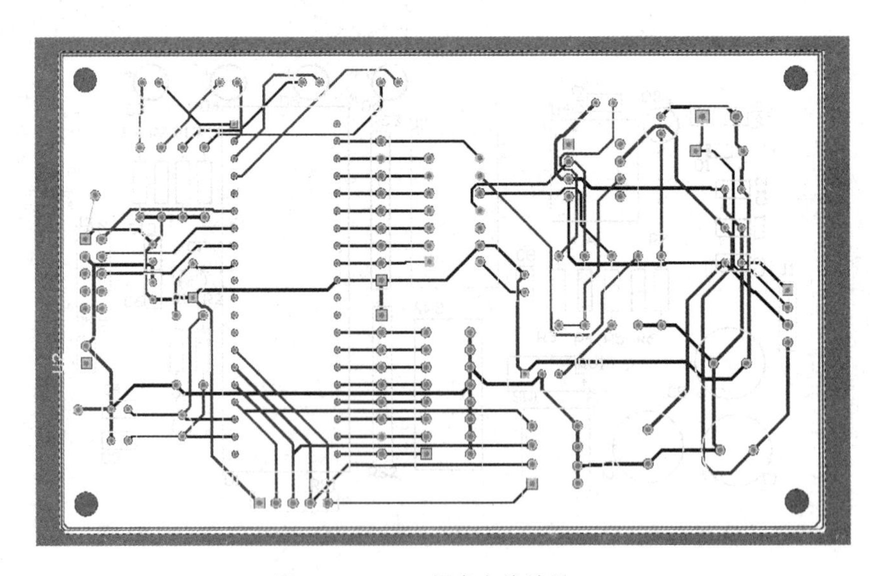
图 9-55　GND 焊盘布线结果

放置并连接 VCC 焊盘，VCC 焊盘布线结果如图 9-56 所示。

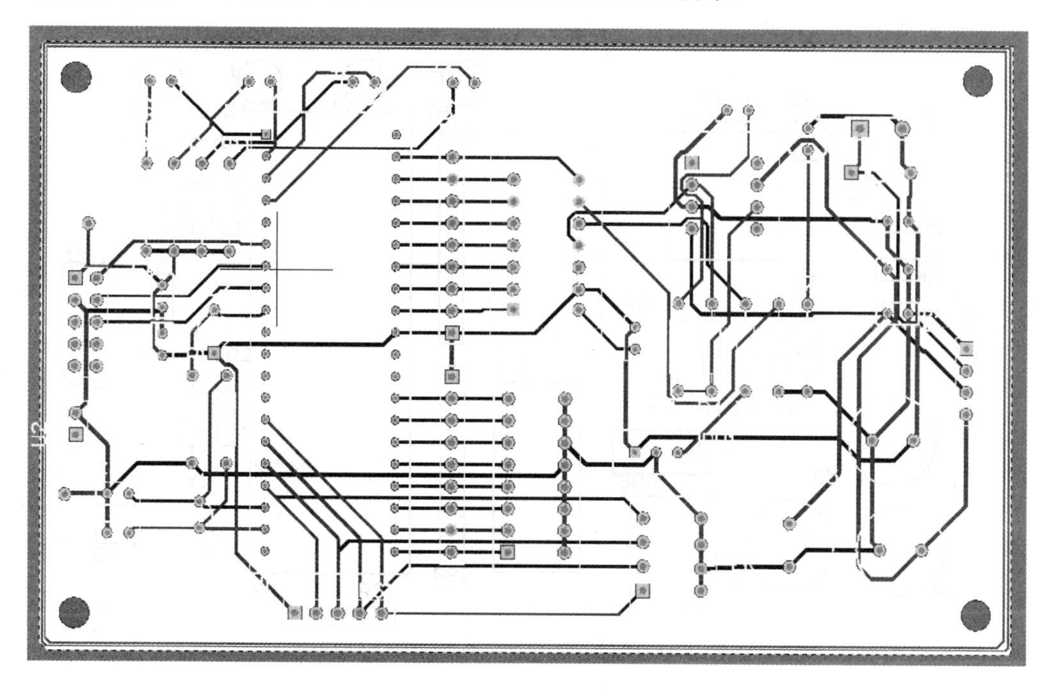

图 9-56　VCC 焊盘布线结果

2）添加连接端子

执行菜单命令【放置】→【元器件】，如图 9-57 所示。

系统会自动弹出【放置元器件】对话框，如图 9-58 所示。

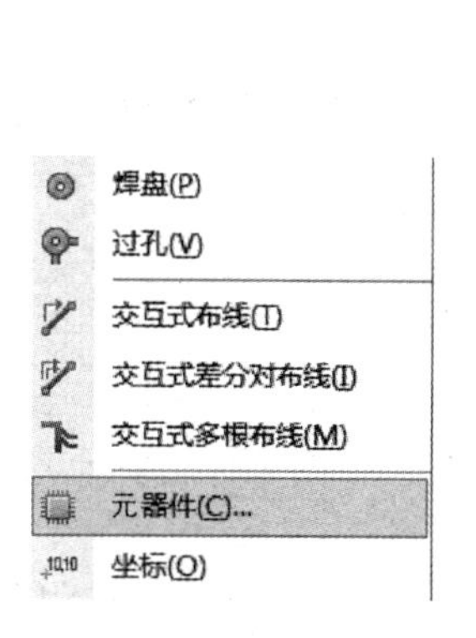

图 9-57　执行菜单命令【放置】→【元器件】

放置元器件
放置类型
封装
元器件
元器件详情
Lib Ref(L) (L)
封装(F) (F) TO-92A
位号(D) (D) Designator6
注释(C) (C) Comment
确定　取消

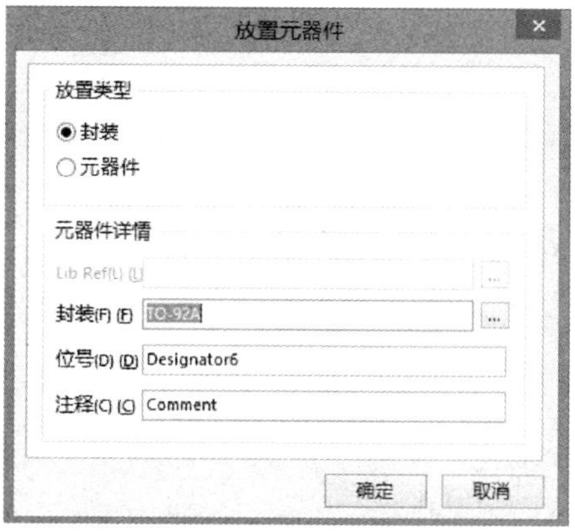

图 9-58　【放置元器件】对话框

在【放置元器件】对话框中，选择放置类型为“封装”。在元器件详情区域中，设置封装的类型，单击封装栏后面的⋯按钮，则会弹出【浏览库】对话框，如图 9-59 所示，选择所需的封装类型。

在【浏览库】对话框中，可以浏览所有添加库中的封装形式，也可以对未知库中的封装形式进行查找操作。对【浏览库】对话框的操作与绘制原理图时对库的操作基本相同，这里就不再做过多介绍。

浏览元器件列表中的元器件，查找期望的接插件。在本例中，查找 PIN2 接插件，如图 9-60 所示。

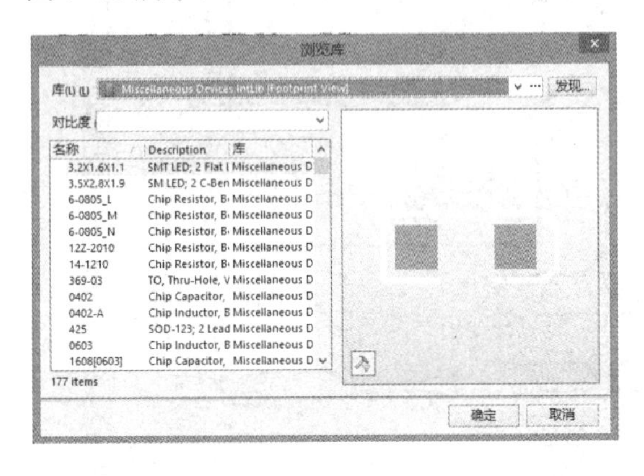

图 9-59 【浏览库】对话框

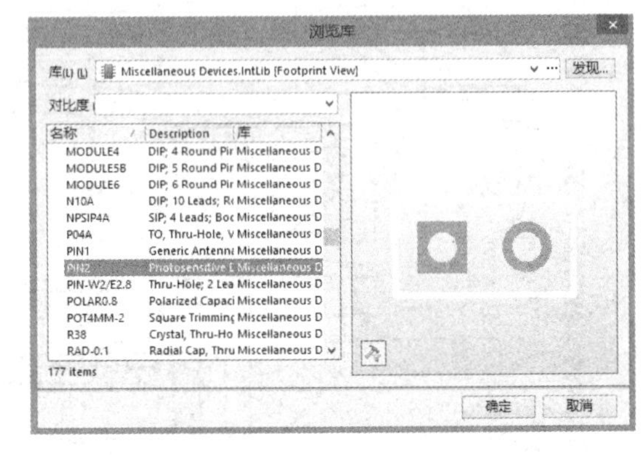

图 9-60 查找 PIN2 接插件

单击【确定】按钮，返回【放置元器件】对话框，如图 9-61 所示。

单击对话框最下方的【确定】按钮，此时，控制十字形光标跟随 PIN2 接插件，如图 9-62 所示。

图 9-61 返回【放置元器件】对话框

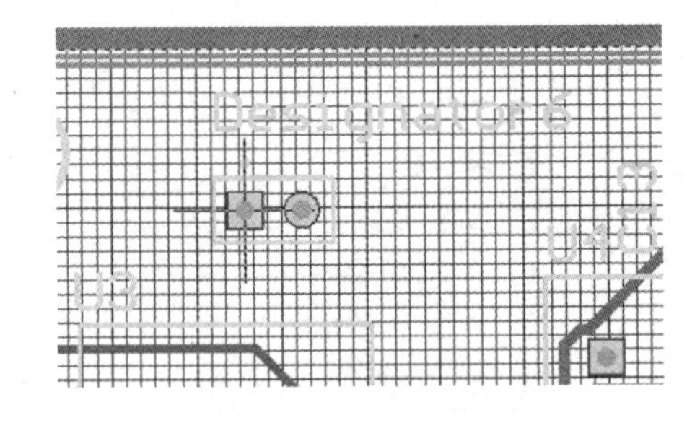

图 9-62 十字形光标跟随 PIN2 接插件

用【Space】键调整元器件方向后，在期望放置接插件的位置单击，即可放置 PIN2 接插件，如图 9-63 所示。

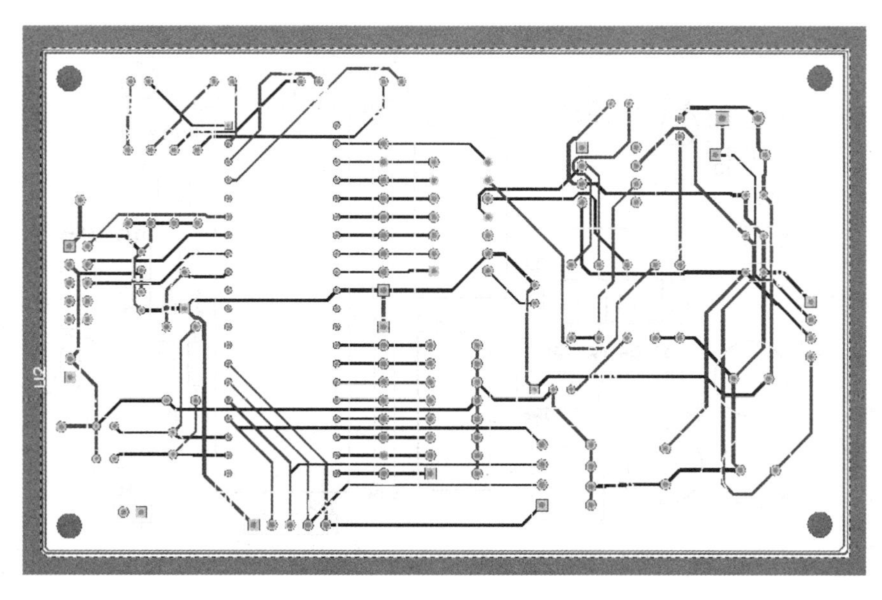

图 9-63　放置 PIN2 接插件

双击元器件，即可打开【元器件】对话框，如图 9-64 所示，设置元器件标识为“U4”。

元器件 [mil]

元器件属性(P) (P)
层 Top Layer
旋转 180.000
X轴 位置 2280mil
Y轴 位置 2070mil
类型 Standard
高度 80mil
锁定原始的 ☑
锁定串 ☐
锁定 ☐
Hide Jumpers ☐

标识(D) (D)
文本 U4
高度 60mil
宽度 10mil
层 Top Overlay
旋转 0.000
X轴 位置 2131mil
Y轴 位置 2159mil
正片 Left-Above
隐藏 ☐
映射 ☐

注释(C) (C)
文本 Comment
高度 60mil
宽度 10mil
层 Top Overlay
旋转 0.000
X轴 位置 2080mil
Y轴 位置 2070mil
正片 Left-Below
隐藏 ☑
映射 ☐

交换选项
使能引脚交换 ☐
使能局部交换 ☐

标识字体
○ TrueType ◉ 笔画
字体名 Default

注释字体
○ TrueType ◉ 笔画
字体名 Default

FPGA
丝印层颜色 None

Embedded properties
Flipped on layer ☐

轴

	原点			方向		
	X	Y	Z	X	Y	Z

添加　删除

封装(F) (F)
名称 PIN2
库 关文档\9\PCB_Project1\last one.PcbLib
描述 Photosensitive Diode; 2 Leads
默认3D模式

原理图涉及信息(S) (S)
唯一ID
标识
分等级路径
描述

确定　取消

图 9-64　【元器件】对话框

设置完成后，单击【确定】按钮确认设置。然后，执行菜单命令【设计】→【网络表】→【编辑网络】，如图 9-65 所示。此时，系统将弹出如图 9-66 所示的【网表管理器】对话框。

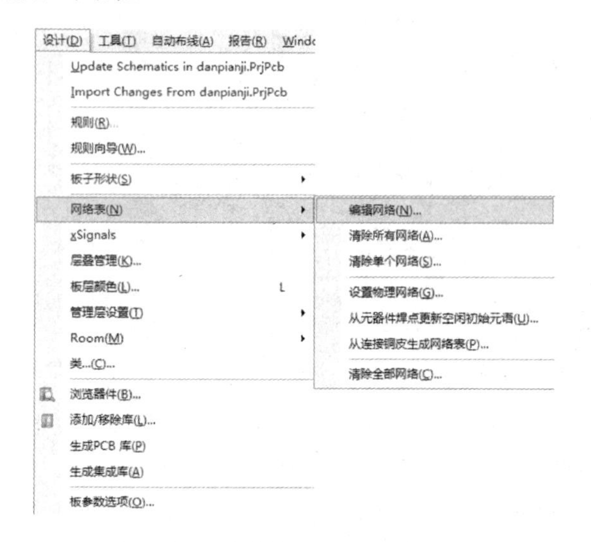

图 9-65 执行菜单命令【设计】→【网络表】→【编辑网络】

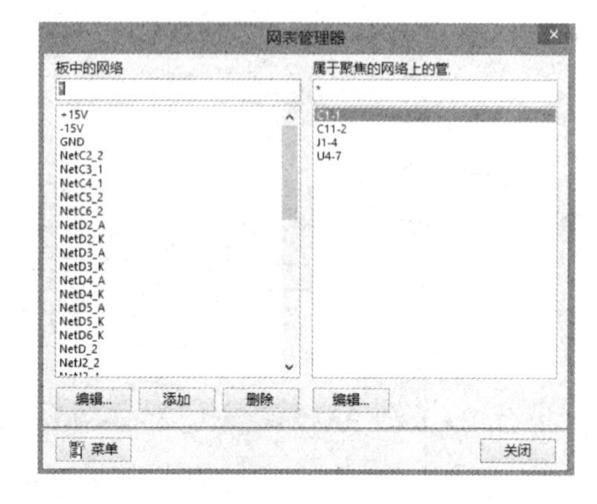

图 9-66 【网表管理器】对话框

在板中的网络栏中，选择“GND”，单击【编辑】按钮，此时将弹出如图 9-67 所示的【编辑网络】对话框。

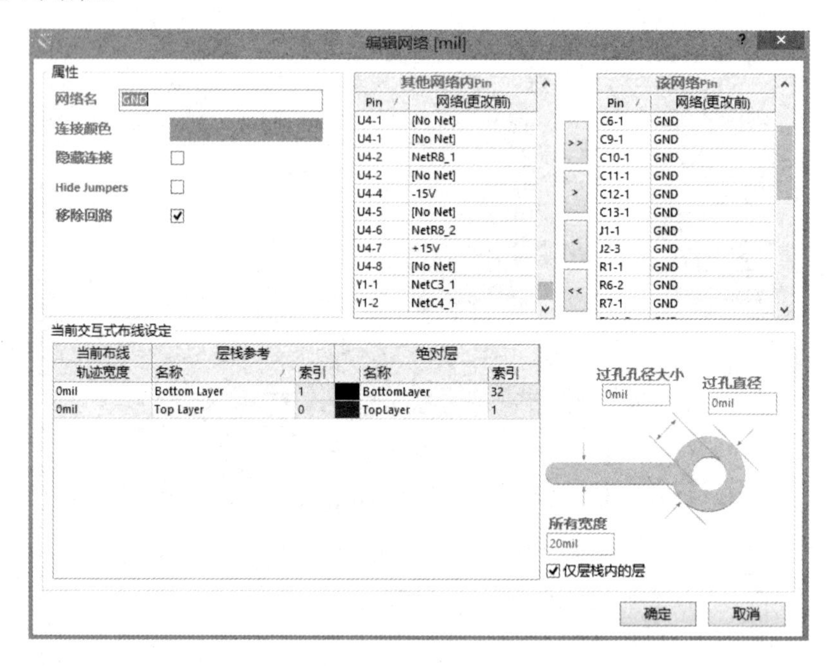

图 9-67 【编辑网络】对话框

在其他网络内 Pin 栏中选择“U4-2”引脚，然后单击【>】按钮，将“U4-2”添加到该网络 Pin 栏中，如图 9-68 所示。

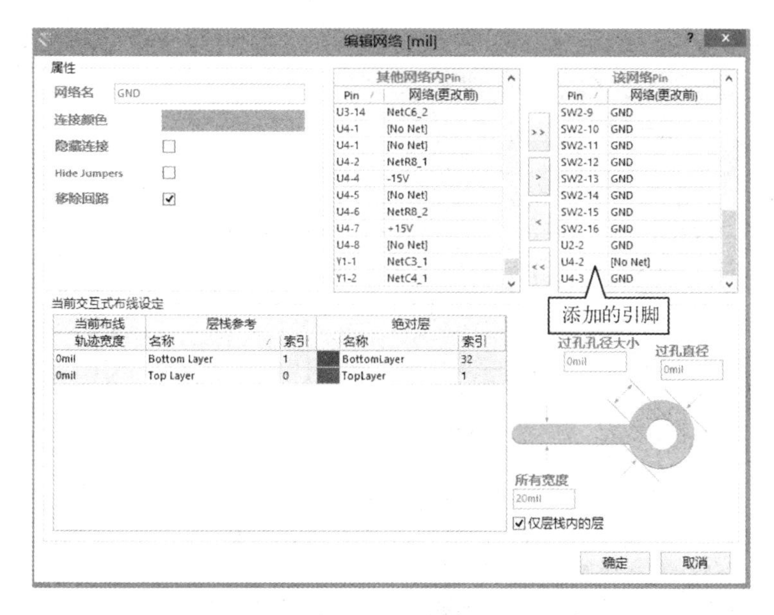

图 9-68 将“U4-2”添加到该网络 Pin 栏中

设置完成后，单击【确定】按钮即可将“U4-2”引脚添加到 GND 网络。参照上述方式，将“U4-1”引脚添加到 VCC 网络，添加完成后，单击【确定】按钮退出【网表管理器】对话框。此时，用户可看到 PIN2 通过飞线与电路连接，如图 9-69 所示。

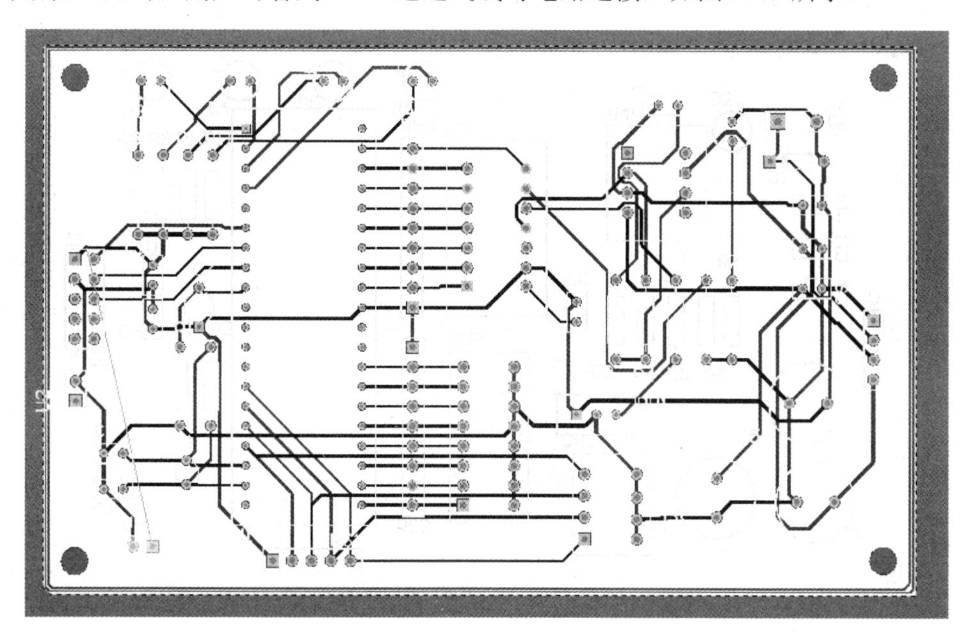

图 9-69 PIN2 通过飞线与电路连接

执行菜单命令【自动布线】→【连接】，对 PIN2 中引脚 2 的连线进行布线，对 PIN2 中引脚 1 执行手动布线命令，对 PIN2 布线的结果如图 9-70 所示。

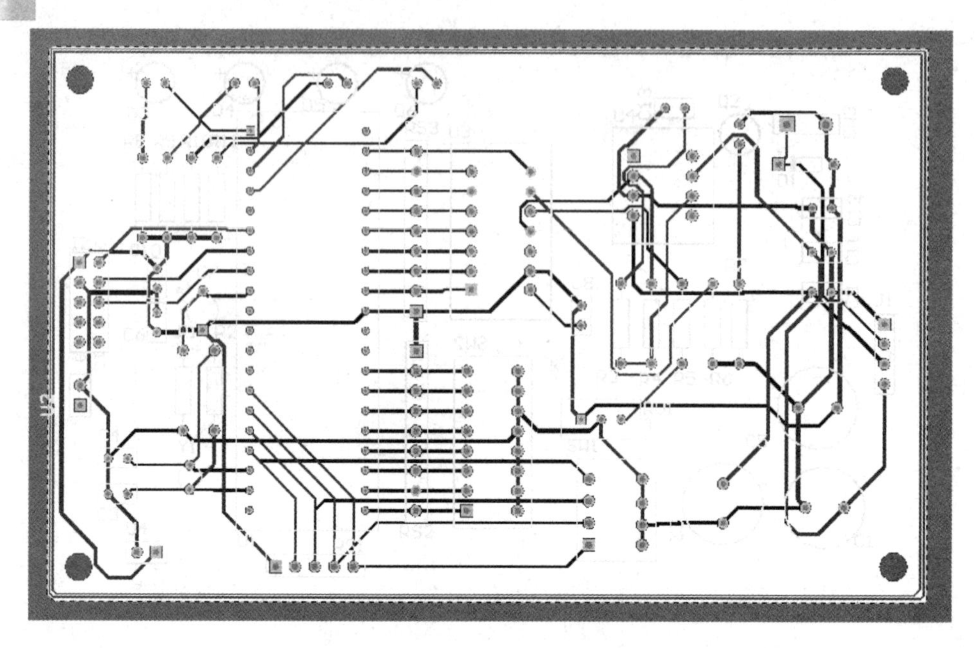

图 9-70　对 PIN2 布线的结果

2. 重编元器件标识

当将电路原理图导入 PCB 布局后，元器件标识顺序不再有规律，如图 9-71 所示。

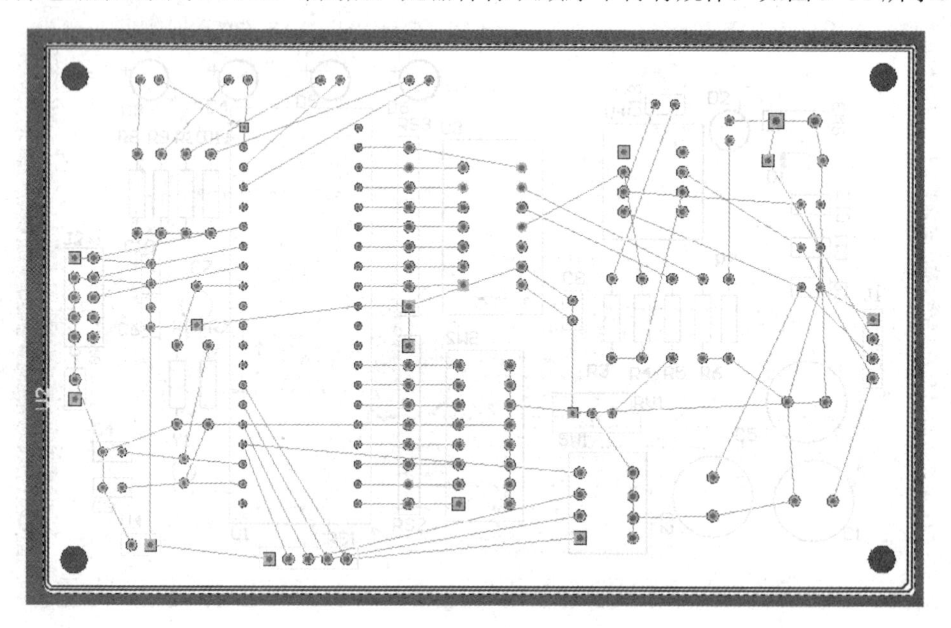

图 9-71　元器件标识无规律

为了便于快速在电路板中查找元器件，通常要重新标注元器件标识。执行菜单命令【工具】→【重新标注】，如图 9-72 所示。

此时，系统将弹出如图 9-73 所示的【根据位置反标】对话框。

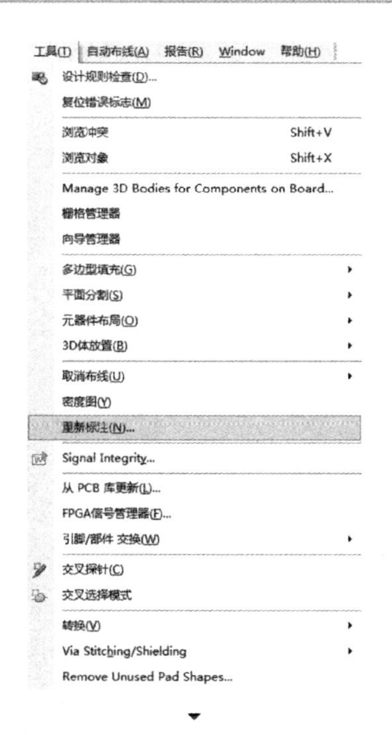

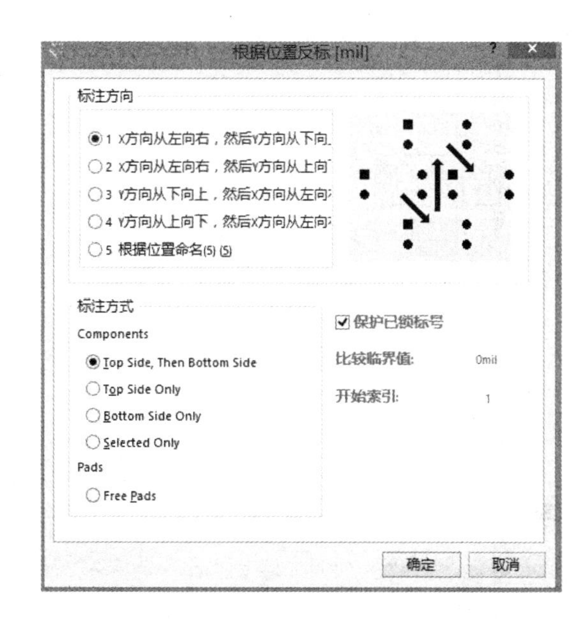

图 9-72　执行菜单命令【工具】→【重新标注】　　　　图 9-73　【根据位置反标】对话框

系统提供了 5 种排序方式，各方式的意义如表 9-1 所示。

表 9-1　5 种排序方式的意义

名称	图解	说明
升序 X 然后升序 Y		由左至右，并且从下到上
升序 X 然后降序 Y		由左至右，并且从上到下
升序 Y 然后升序 X		由下而上，并且由左至右
升序 Y 然后降序 X		由上而下，并且由左至右
位置的名		以坐标值排序，例如，R1 的坐标为（50，80），则 R1 的新标识为 R050-080）

本例采用系统的默认设置。单击【确定】按钮，系统自动对电路重排元器件标识。重排元器件标识后的电路如图 9-74 所示。

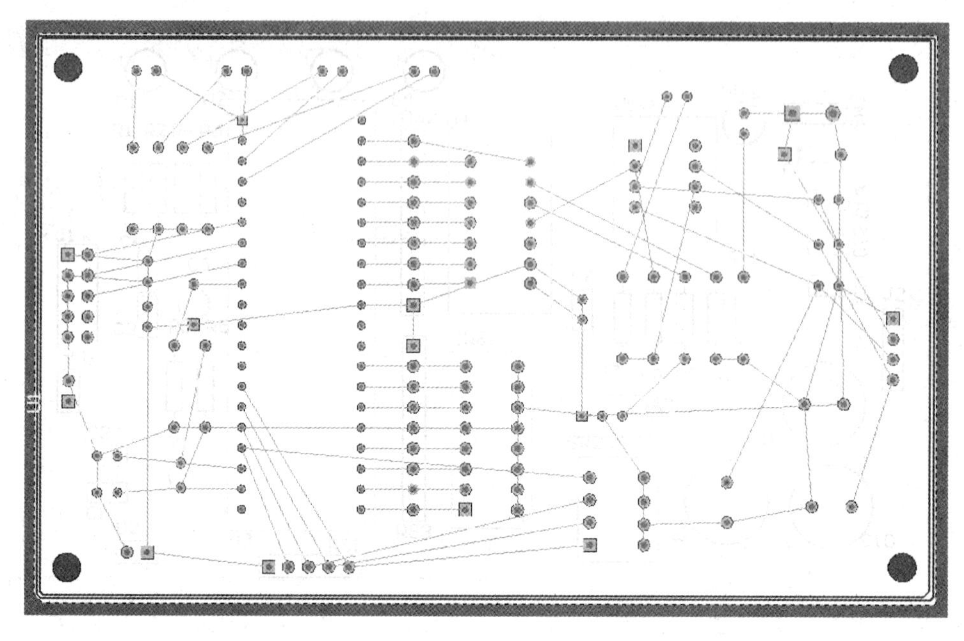

图 9-74　重排元器件标识后的电路

3. 放置文字标注

当 PCB 编辑完成后，用户可在 PCB 上标注 PCB 制板人及制板时间等信息。例如，要在 PCB 下方标注制板时间。PCB 如图 9-75 所示。

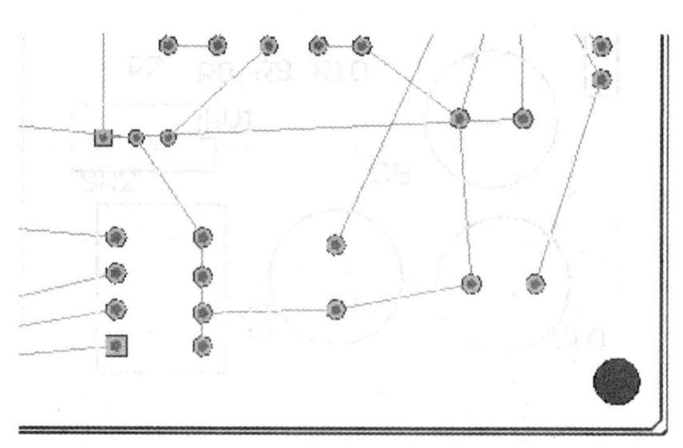

图 9-75　PCB

将当前工作层切换为【Top Overlay】，如图 9-76 所示。

Top Layer | Bottom Layer | Mechanical 1 | Top Overlay | Bottom Overlay | Top Paste | Bottom Paste | Top Solder | Bottom Solder | Drill Guide | Keep-Out Layer | Drill Draw | 捕捉 | 掩膜级别 | 清除

图 9-76　当前工作层切换到【Top Overlay】

执行菜单命令【放置】→【字符串】，如图 9-77 所示。

此时，控制十字形光标跟随 String 字符串，如图 9-78 所示。

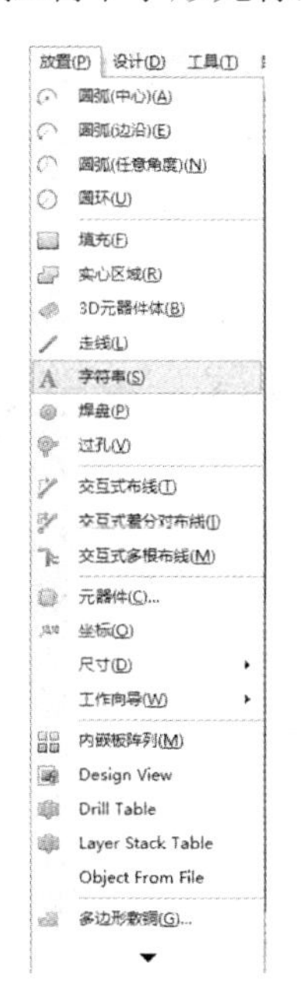

图 9-77 执行菜单命令【放置】→【字符串】

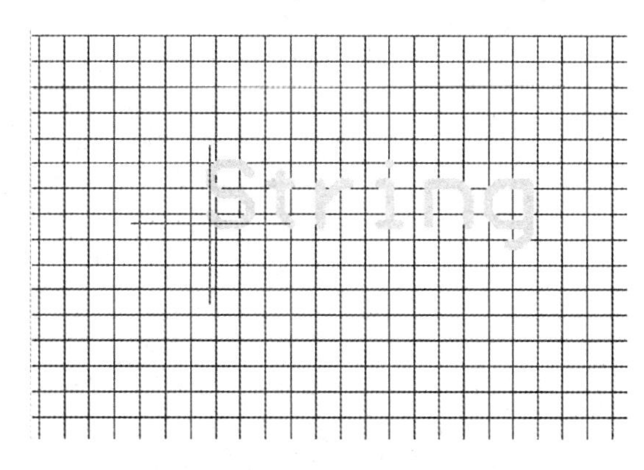

图 9-78 十字形光标跟随 String 字符串

按下【Tab】键，此时将弹出【串】对话框，如图 9-79 所示，在属性下方的文本编辑栏中输入“2016-10-10”。其他设置，如大小、字体、位置等参数，均保持默认设置，设置完成后，单击【确定】按钮确认设置，然后移动光标到期望的位置，单击即可放置文字标注，如图 9-80 所示。

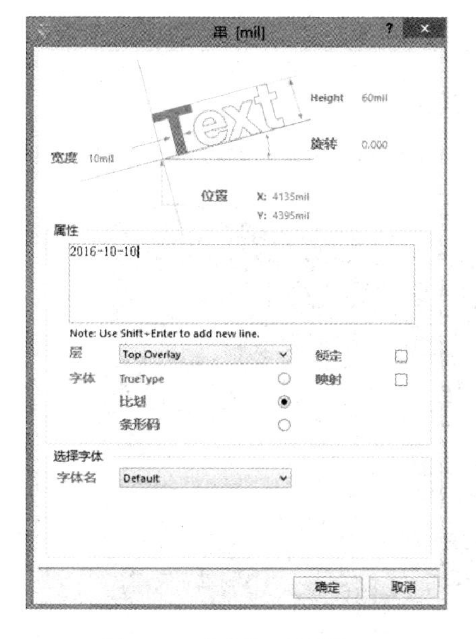

图 9-79 【串】对话框

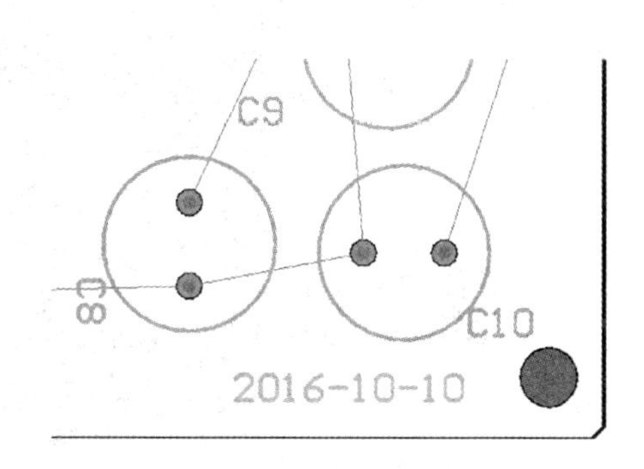

图 9-80 放置文字标注

右击即可结束命令状态。

4. 项目元器件封装库

当制作 PCB 时，若找不到期望的元器件封装，用户可使用 Altium Designer 元器件封装编辑功能创建新的元器件封装，并将新建的元器件封装放入特定的元器件封装库。

1）创建项目元器件封装库

项目元器件封装库就是将设计的 PCB 中所使用的元器件封装建成一个专门的元器件封装库。打开所要生成项目元器件封装库的 PCB 文件，如 last one.PcbDoc，执行菜单命令【设计】→【生成 PCB 库】，如图 9-81 所示。

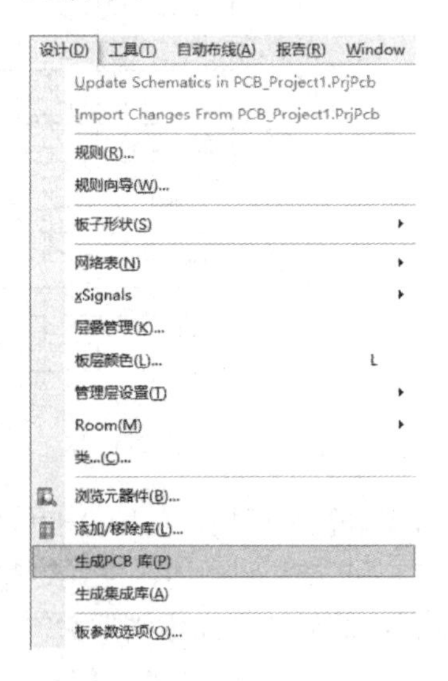

图 9-81 执行菜单命令【设计】→【生成 PCB 库】

系统会自动切换到元器件封装库编辑环境，生成相应的元器件封装库，并把文件命名为“last one.PcbLib”。自动生成的元器件封装库如图 9-82 所示。

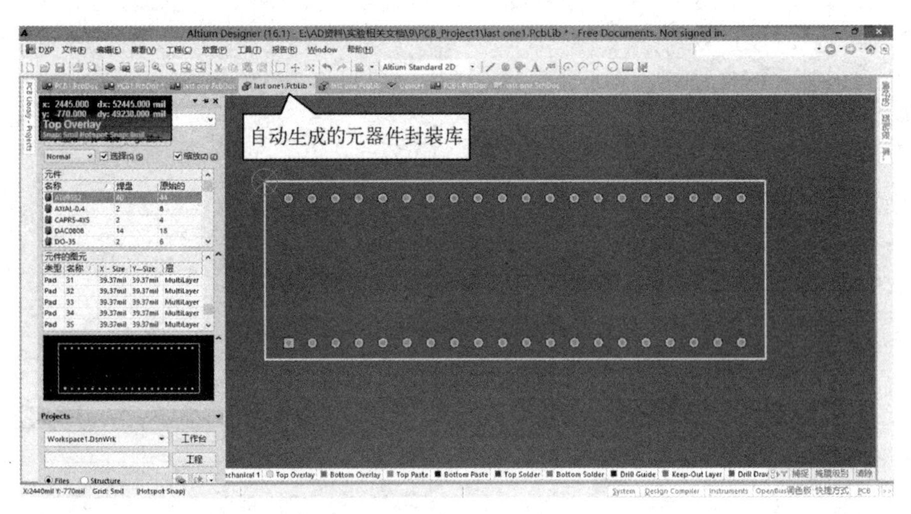

图 9-82 自动生成的元器件封装库

2）创建 LED 点阵元器件封装

在【PCB Library】面板中的元器件列表中，右击，执行菜单命令【元器件向导】，如图 9-83 所示。此时系统将弹出【Component Wizard】对话框，如图 9-84 所示。

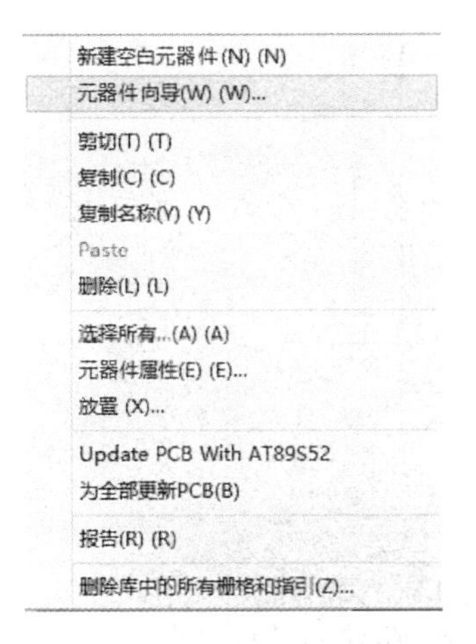

图 9-83　执行菜单命令【元器件向导】命令

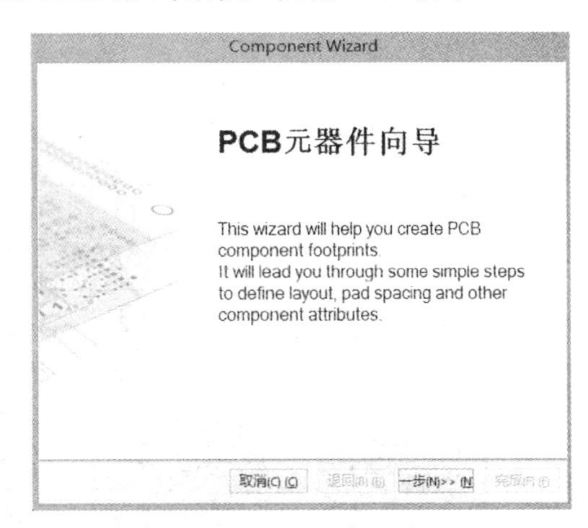

图 9-84　【Component Wizard】对话框

单击【取消】按钮，关闭【Component Wizard】对话框，此时在元器件封装列表中添加新的元器件封装，如图 9-85 所示。

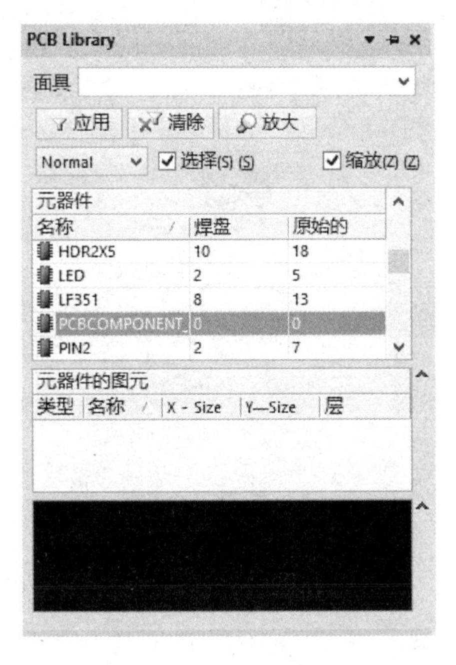

图 9-85　添加新的元器件封装

然后在元器件封装编辑窗口中，编辑双色 LED 点阵元器件封装，如图 9-86 所示。

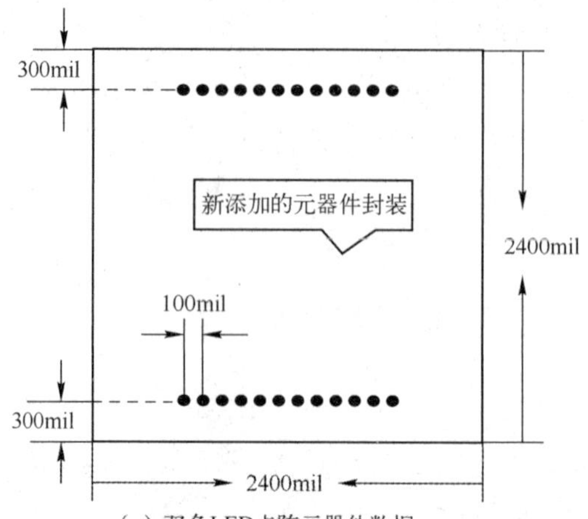

（a）双色LED点阵元器件数据

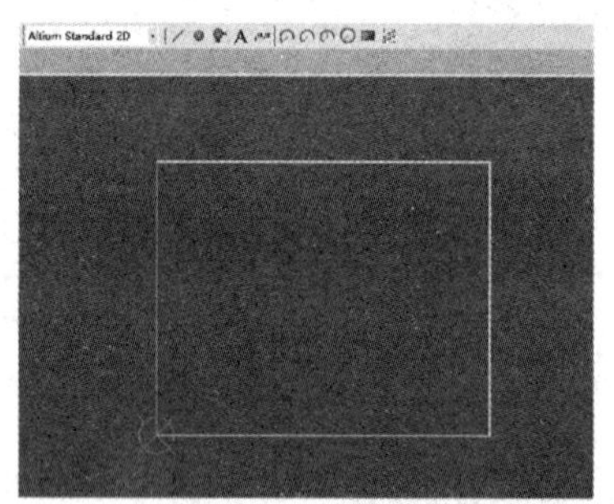

（b）绘制双色LED点阵元器件外形框

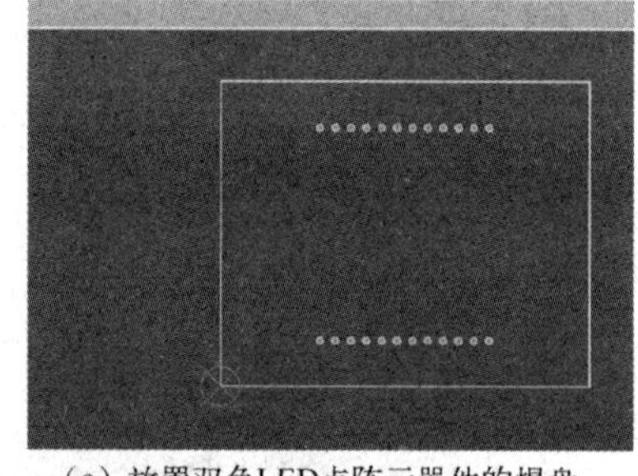

（c）放置双色LED点阵元器件的焊盘

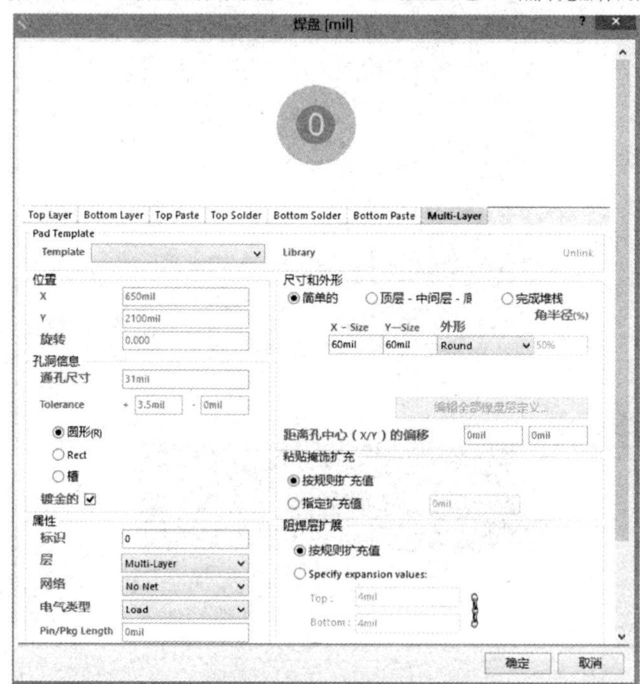

（d）编辑双色LED点阵元器件的焊盘

图 9-86　编辑双色 LED 点阵元器件封装

右击，执行菜单命令【元器件属性】，系统会弹出【PCB 库元器件】对话框，如图 9-87 所示。在该对话框中，重新命名元器件封装，如图 9-88 所示，将该元器件命名为“LED Array”。

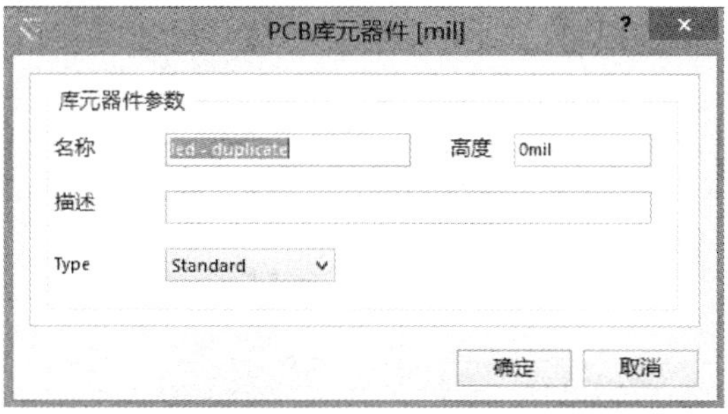

PCB库元器件 [mil]
库元器件参数
名称
led - duplicate
高度
0mil
描述
Type
Standard
确定
取消

图 9-87 【PCB 库元器件】对话框

PCB库元器件 [mil]
库元器件参数
名称
LED Array
高度
0mil
描述
Type
Standard
确定
取消

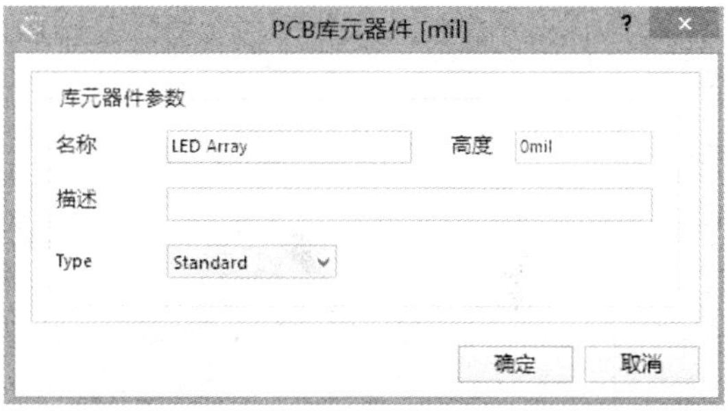

图 9-88　重新命名元器件封装

至此，双色 LED 点阵元器件封装制作完成。

3）元器件封装库相关报表——元器件报表

执行菜单命令【报告】→【元器件】，如图 9-89 所示。此时系统将弹出如图 9-90 所示的元器件封装信息。

报告(R)
Window
帮助(H)
元器件(C)
库列表(L)
库报告(T)...
元器件规则检查(R)...
测量距离(M)　Ctrl+M
测量(P)

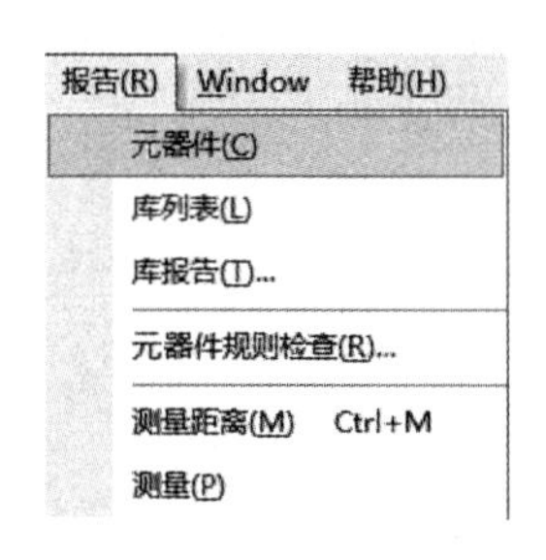

图 9-89　执行菜单命令【报告】→【元器件】

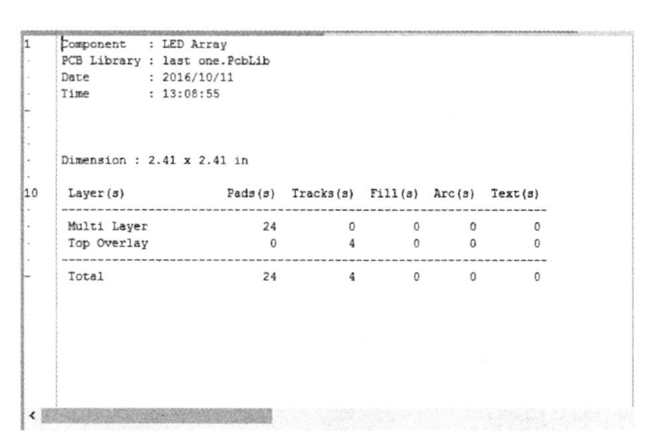

Component　: LED Array
PCB Library : last one.PcbLib
Date　: 2016/10/11
Time　: 13:08:55
Dimension : 2.41 x 2.41 in
Layer(s)　Pads(s)　Tracks(s)　Fill(s)　Arc(s)　Text(s)
Multi Layer　24　0　0　0　0
Top Overlay　0　4　0　0　0
Total　24　4　0　0　0

图 9-90　元器件封装信息

4）元器件封装库相关报表——库列表报表

执行菜单命令【报告】→【库列表】，如图 9-91 所示。此时系统将弹出如图 9-92 所示的库列表信息，列出了该库所包含的所有封装的名称。

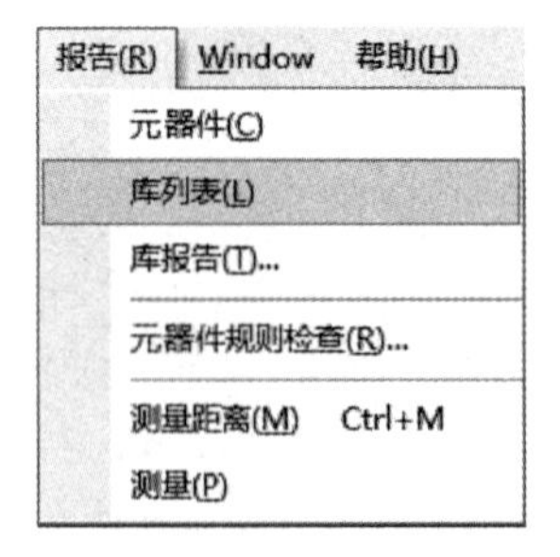

图 9-91　执行菜单命令【报告】→【库列表】

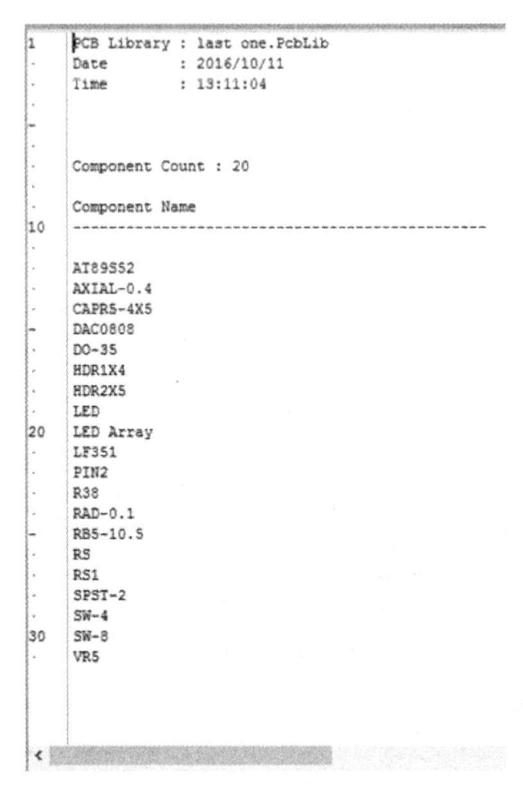

```
PCB Library : last one.PcbLib
Date        : 2016/10/11
Time        : 13:11:04



Component Count : 20

Component Name
----------------------------------------------

AT89S52
AXIAL-0.4
CAPR5-4X5
DAC0808
DO-35
HDR1X4
HDR2X5
LED
LED Array
LF351
PIN2
R38
RAD-0.1
RB5-10.5
RS
RS1
SPST-2
SW-4
SW-8
VR5
```

图 9-92　库列表信息

5）元器件封装相关报表——元器件规则检查报表

执行菜单命令【报告】→【元器件规则检查】，如图 9-93 所示。此时，系统将弹出如图 9-94 所示的【元器件规则检查】对话框。

图 9-93　执行菜单命令【报告】→【元器件规则检查】

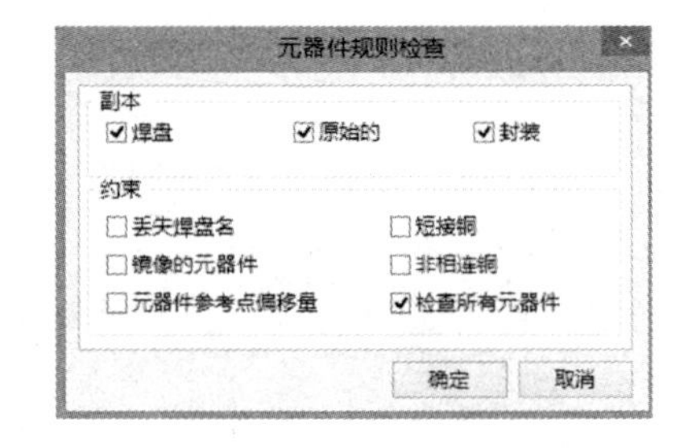

图 9-94　【元器件规则检查】对话框

☺ 副本。

✧ 焊盘：检测元器件封装中是否有重复的焊点序号。

✧ 原始的：检测元器件封装中是否有图形对象重叠现象。

✧ 封装：检测元器件封装库中是否有不同元器件封装具有相同元器件封装名。

☺ 约束。

✧ 丢失焊盘名：检测元器件封装库内是否有元器件封装遗漏焊点序号。

✧ 镜像的元器件：检测元器件封装是否发生翻转。

✧ 元器件参考点偏移量：检测元器件封装是否调整过元器件的参考原点坐标。

✧ 短接铜：检测元器件封装的铜膜走线是否有短路现象。

✧ 非相连铜：检测元器件封装内是否有未连接的铜膜走线。

✧ 检查所有元器件：对元器件封装库中所有的元器件封装进行检测。

本例采用系统的默认设置。单击【确定】按钮，系统自动生成检测报表，如图 9-95 所示。

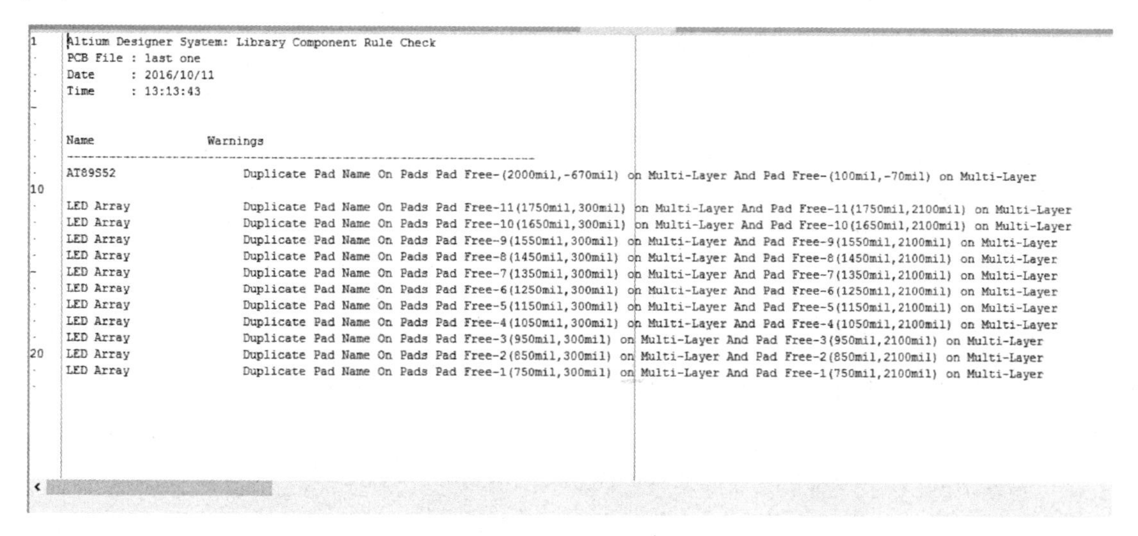

```
Altium Designer System: Library Component Rule Check
PCB File : last one
Date     : 2016/10/11
Time     : 13:13:43

Name                Warnings
----------------------------------------------------------------
AT89S52             Duplicate Pad Name On Pads Pad Free-(2000mil,-670mil) on Multi-Layer And Pad Free-(100mil,-70mil) on Multi-Layer

LED Array           Duplicate Pad Name On Pads Pad Free-11(1750mil,300mil) on Multi-Layer And Pad Free-11(1750mil,2100mil) on Multi-Layer
LED Array           Duplicate Pad Name On Pads Pad Free-10(1650mil,300mil) on Multi-Layer And Pad Free-10(1650mil,2100mil) on Multi-Layer
LED Array           Duplicate Pad Name On Pads Pad Free-9(1550mil,300mil) on Multi-Layer And Pad Free-9(1550mil,2100mil) on Multi-Layer
LED Array           Duplicate Pad Name On Pads Pad Free-8(1450mil,300mil) on Multi-Layer And Pad Free-8(1450mil,2100mil) on Multi-Layer
LED Array           Duplicate Pad Name On Pads Pad Free-7(1350mil,300mil) on Multi-Layer And Pad Free-7(1350mil,2100mil) on Multi-Layer
LED Array           Duplicate Pad Name On Pads Pad Free-6(1250mil,300mil) on Multi-Layer And Pad Free-6(1250mil,2100mil) on Multi-Layer
LED Array           Duplicate Pad Name On Pads Pad Free-5(1150mil,300mil) on Multi-Layer And Pad Free-5(1150mil,2100mil) on Multi-Layer
LED Array           Duplicate Pad Name On Pads Pad Free-4(1050mil,300mil) on Multi-Layer And Pad Free-4(1050mil,2100mil) on Multi-Layer
LED Array           Duplicate Pad Name On Pads Pad Free-3(950mil,300mil) on Multi-Layer And Pad Free-3(950mil,2100mil) on Multi-Layer
LED Array           Duplicate Pad Name On Pads Pad Free-2(850mil,300mil) on Multi-Layer And Pad Free-2(850mil,2100mil) on Multi-Layer
LED Array           Duplicate Pad Name On Pads Pad Free-1(750mil,300mil) on Multi-Layer And Pad Free-1(750mil,2100mil) on Multi-Layer
```

图 9-95　自动生成检测报表

6）元器件封装相关报表——测量距离

测量距离可用于精确测量两个端点之间的距离。

执行菜单命令【报告】→【测量距离】，如图 9-96 所示。此时光标变为十字形，单击选择待测距离的两端点，在单击第二端点的同时，系统弹出测量距离信息提示框，如图 9-97 所示。

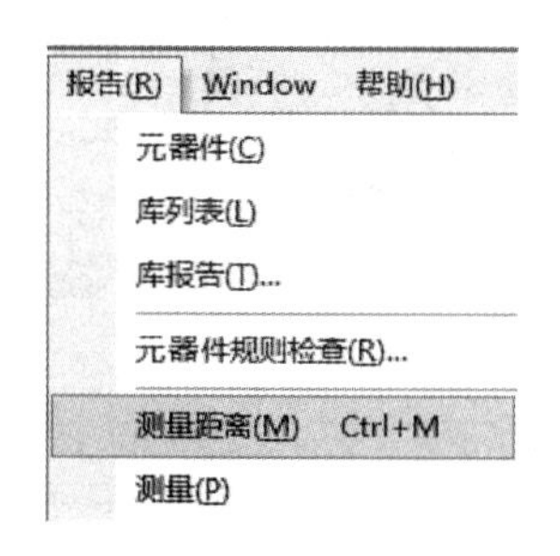

图 9-96　执行菜单命令【报告】→【测量距离】

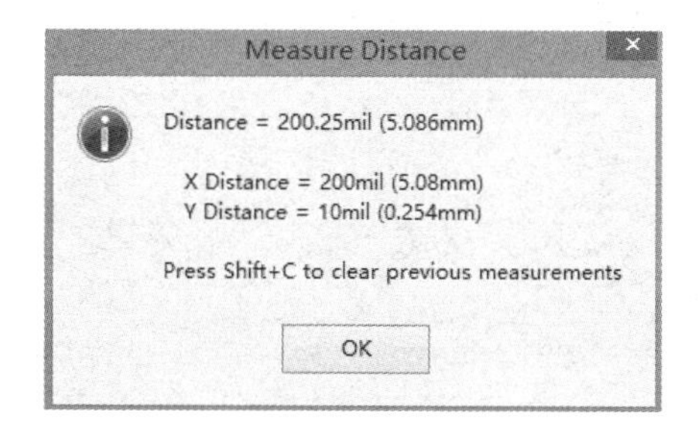

图 9-97　测量距离信息提示框

7）元器件封装相关报表——对象距离测量报表

对象距离测量报表可用于精确测量两个对象之间的距离。执行菜单命令【报告】→【测量】，如图 9-98 所示。

此时光标变为十字形，单击选择待测距离的两对象，在单击第二对象的同时，系统弹出测量距离信息提示框，如图 9-99 所示。

报告(R)　Window　帮助(H)
元器件(C)
库列表(L)
库报告(T)...
元器件规则检查(R)...
测量距离(M)　Ctrl+M
测量(P)

图 9-98　执行菜单命令【报告】→【测量】

5. 在原理图中直接更换元器件

要更换的原理图元器件如图 9-100 所示，用户期望将图中的 LED 发光二极管替换为 LAMP。

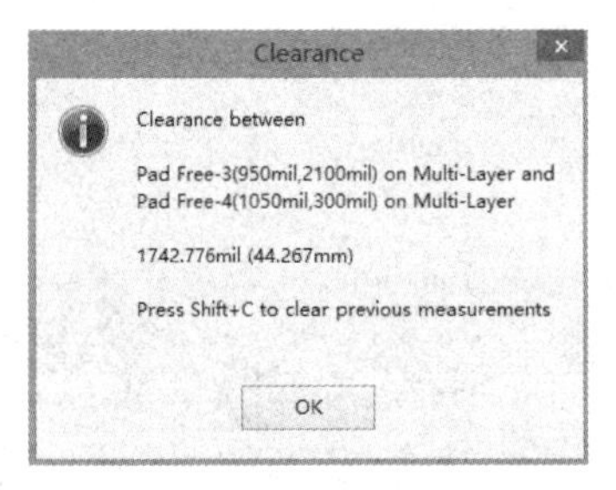

图 9-99　测量距离信息提示框

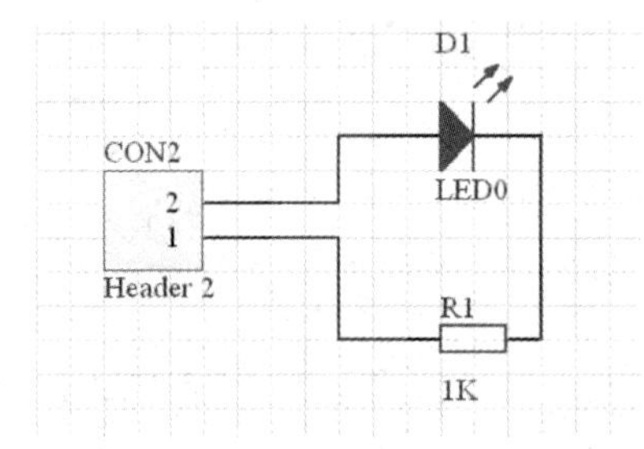

图 9-100　要更换的原理图元器件

双击 LED0，此时将弹出【Properties for Schematic Component in Sheet】对话框，如图 9-101 所示。

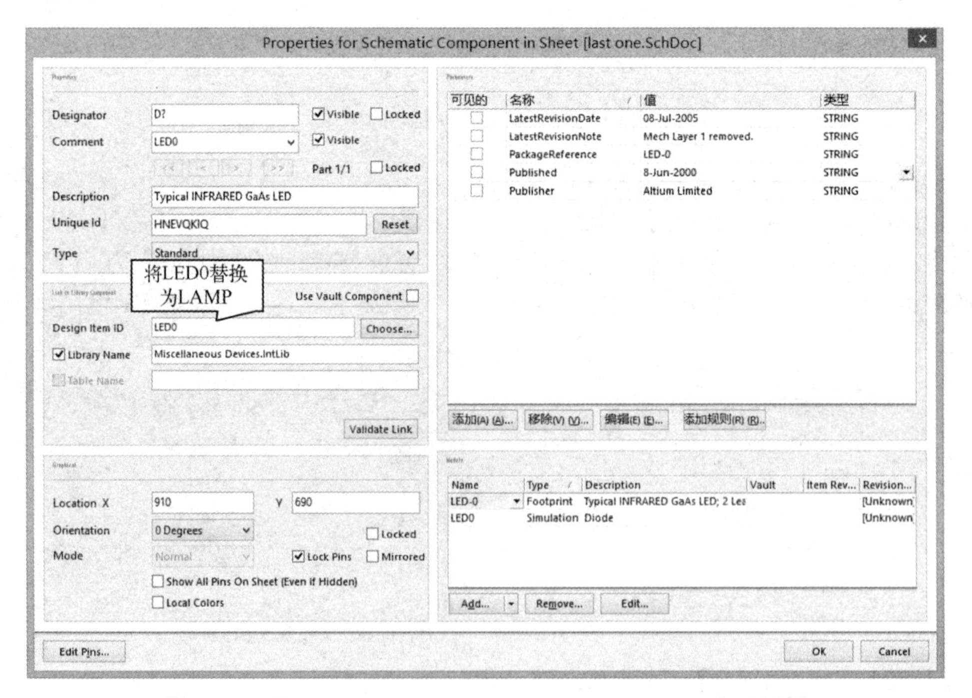

图 9-101　【Properties for Schematic Component in Sheet】对话框

将 LED0 替换为 LAMP，然后单击【OK】按钮，即可实现元器件的替换，如图 9-102 所示。

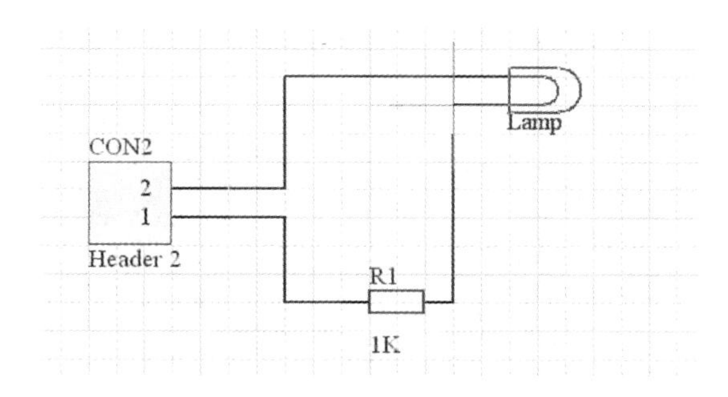

图 9-102　实现元器件的替换

6. 将其他制图软件绘制的设计文件导入 Altium Designer

Altium Designer 完全兼容了 Protel98、Protel99、Protel99 SE、Protel DXP，并提供对 Protel99 SE 环境下创建的 DDB 和库文件导入功能，同时增加了 P-CAD、OrCAD、AutoCAD、PADS PowerPCB 等软件的设计文件和库文件的导入。下面就以一个 Protel99 SE 的 DDB 文件导入 Altium Designer 为例，介绍如何使用导入向导工具将其他制图软件绘制的设计文件导入 Altium Designer。

执行菜单命令【文件】→【导入向导】，如图 9-103 所示，则打开了【导入向导】对话框，如图 9-104 所示。

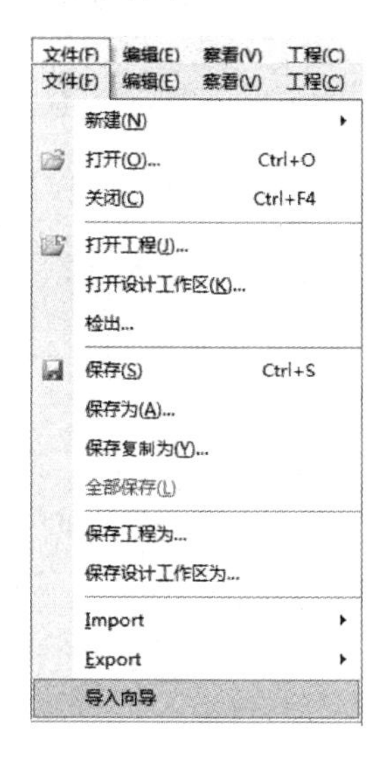

图 9-103　执行菜单命令【文件】→【导入向导】

图 9-104 【导入向导】对话框

单击【Next】按钮，进入【Select Type of Files to Import】窗口，如图 9-105 所示，选择要导入的文件类型，这里选择“99SE DDB Files”。

单击【Next】按钮，进入【Choose files or folders to import】窗口，如图 9-106 所示，单

击【添加】按钮，将要处理的文件夹、文件添加进该窗口。

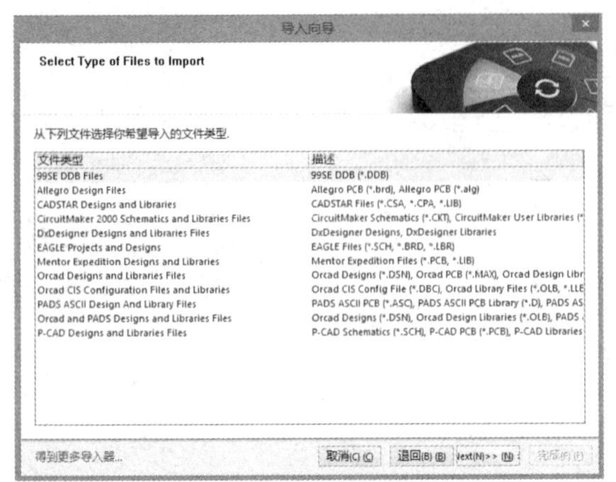

图 9-105 【Select Type of Files to Import】窗口　　图 9-106 【Choose files or folders to import】窗口

单击【Next】按钮，进入【Set file extraction options】窗口，如图 9-107 所示，选择一个保存输出文件的文件夹，单击【Next】按钮，进入【Set Schematic conversion options】窗口，如图 9-108 所示，设置如何导入非锁定的交汇接点，这里选择系统默认状态。

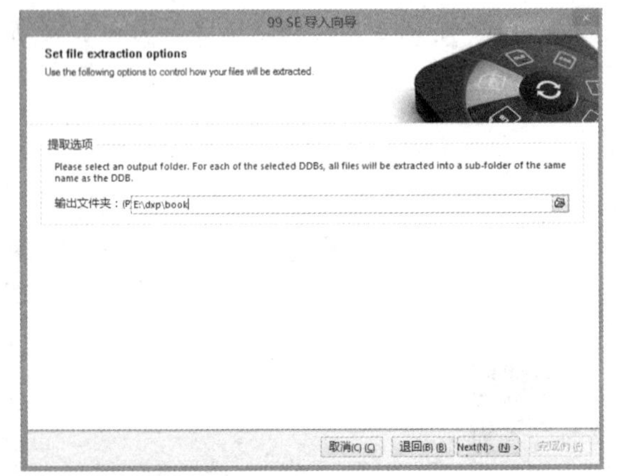

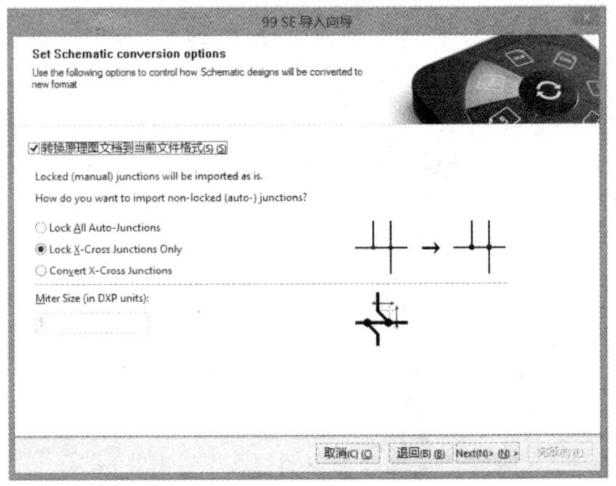

图 9-107 【Set file extraction options】窗口　　图 9-108 【Set Schematic conversion options】窗口

单击【Next】按钮，进入【Set import options】窗口，如图 9-109 所示，该窗口是用来控制如何将所选中的 DDB 文件映射到 Altium Designer 系统中的，这里选择系统默认状态。

单击【Next】按钮，进入【Select design files to import】窗口，如图 9-110 所示。

单击【Next】按钮，进入【Review project creation】窗口，如图 9-111 所示，创建工程报告。

单击【Next】按钮，进入【Import summary】窗口，如图 9-112 所示，导入摘要。

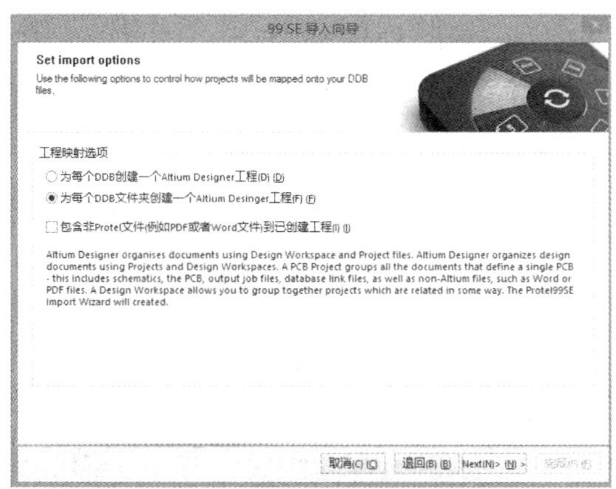

图 9-109 【Set import options】窗口

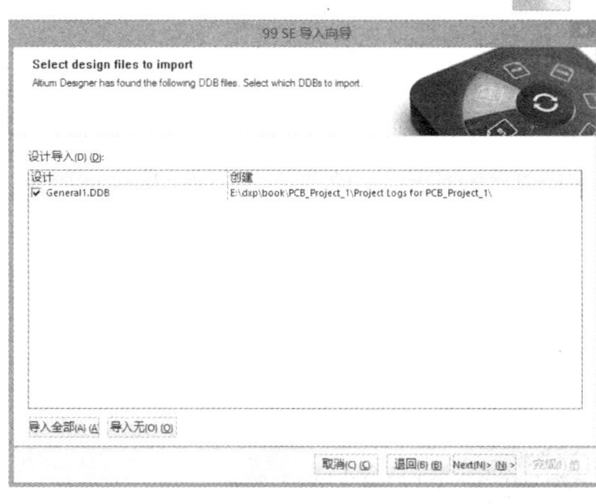

图 9-110 【Select design files to import】窗口

图 9-111 【Review project creation】窗口

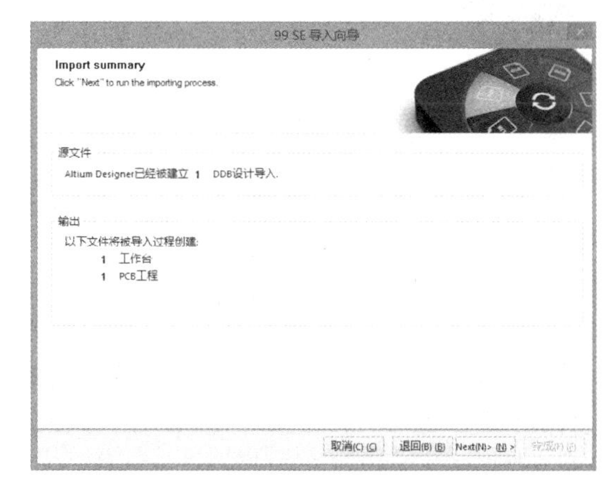

图 9-112 【Import summary】窗口

单击【Next】按钮，进入【Importing is in progress】窗口，如图 9-113 所示，显示导入过程。

在导入进行的同时，如图 9-114 所示的【Message】窗口也会给出相应的状态提示。

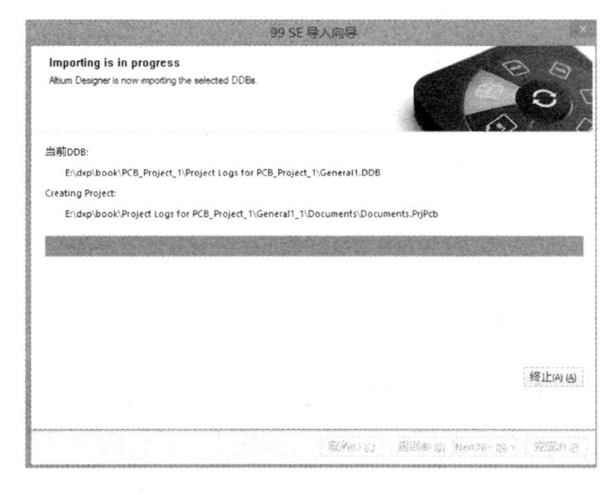

图 9-113 【Importing is in progress】窗口

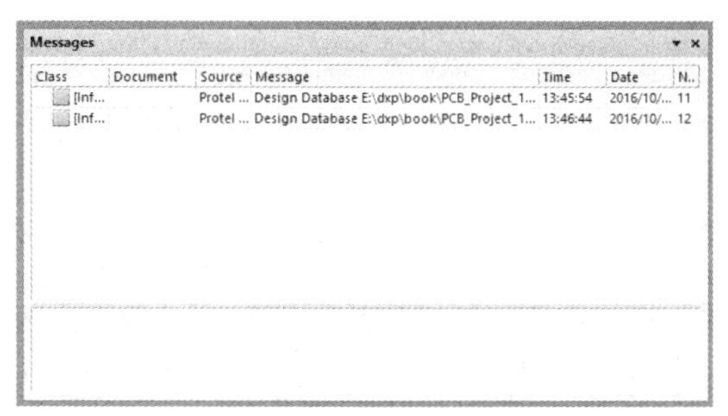

图 9-114 【Message】窗口

单击【Next】按钮，进入【导入向导已完成】窗口，如图 9-115 所示。

单击【完成】按钮，退出【导入向导】对话框，打开【Projects】面板，发现文件已被加载，如图 9-116 所示。

图 9-115 【导入向导已完成】窗口

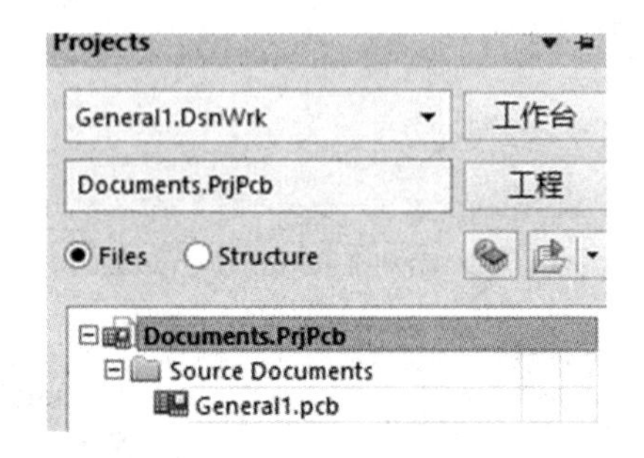

图 9-116 文件已被加载

双击导入文件，就可以在 Altium Designer 中，对该文件进行修改、编辑等操作。

9.7 3D 环境下精确测量

执行菜单命令【文件】→【新建】→【Project】，并向此项目中添加原理图文件和 PCB 文件。绘制如图 9-117 所示的稳压电路原理图，并命名为“稳压电路”。

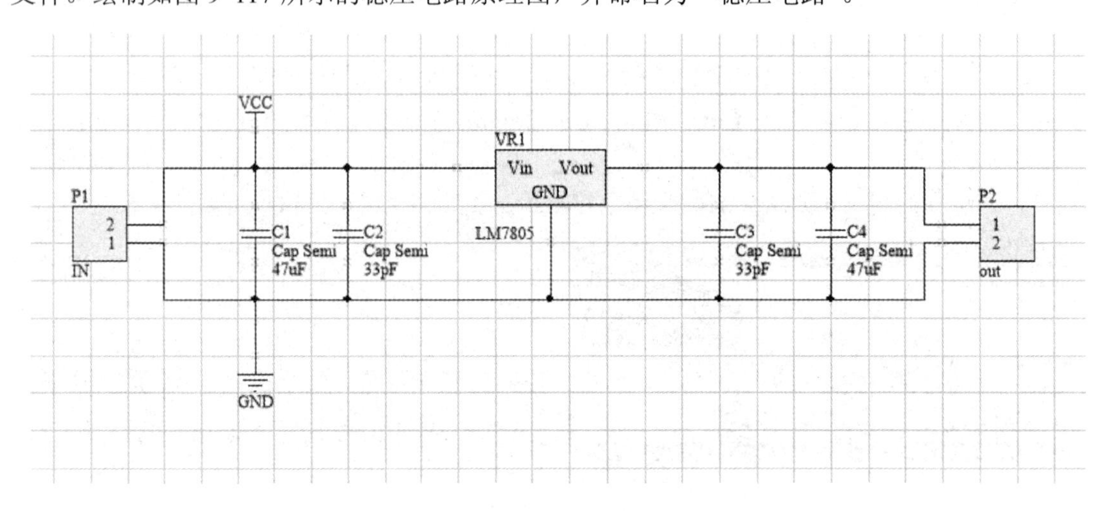

图 9-117 稳压电路原理图

将稳压电路原理图绘制完毕后，执行菜单命令【设计】→【Update PCB document 稳压电路.PcbDoc】，经元器件布局、自动布线和定义形状几步操作后，稳压电路 PCB 如图 9-118 所示。执行菜单命令【查看】→【切换到 3D 显示】或按数字键【3】，稳压电路 PCB 3D 显示如图 9-119 所示。

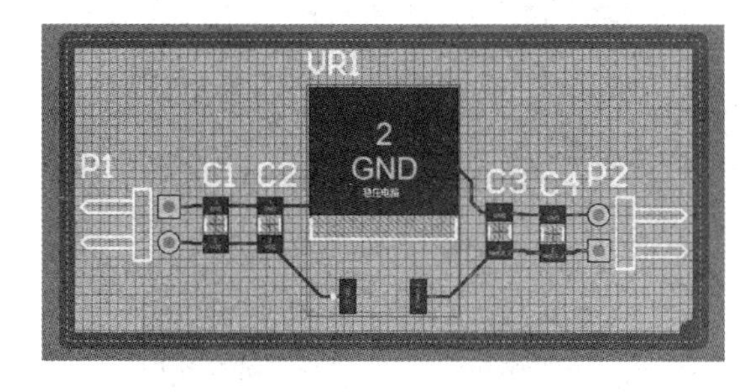

图 9-118 稳压电路 PCB

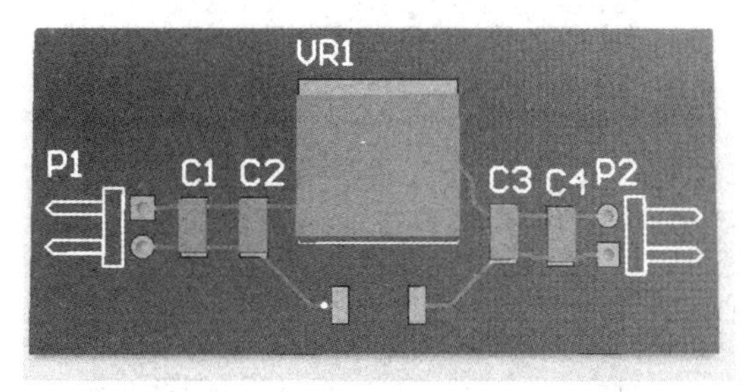

图 9-119 稳压电路 PCB 3D 显示

在 3D 显示环境下，对元器件进行测量，首先执行菜单命令【工具】→【3D 体放置】→【测试距离】，如图 9-120 所示。

图 9-120 执行菜单命令【工具】→【3D 体放置】→【测试距离】

执行菜单命令【测量距离】后，光标变为十字形，即可选择起始点和终止点。起始点选择如图 9-121 所示。终止点选择如图 9-122 所示。测试结果如图 9-123 所示。

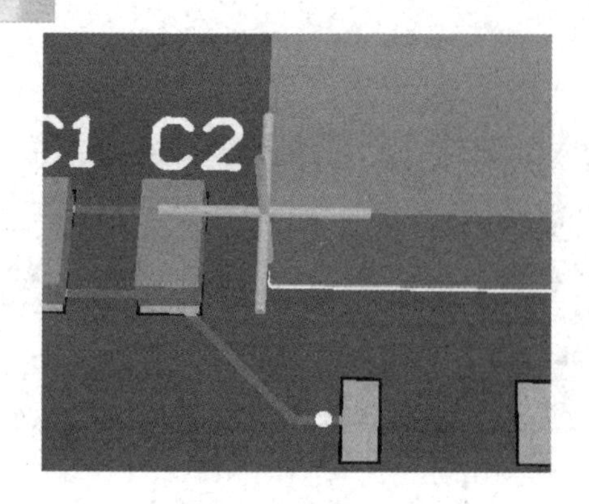

图 9-121　起始点选择

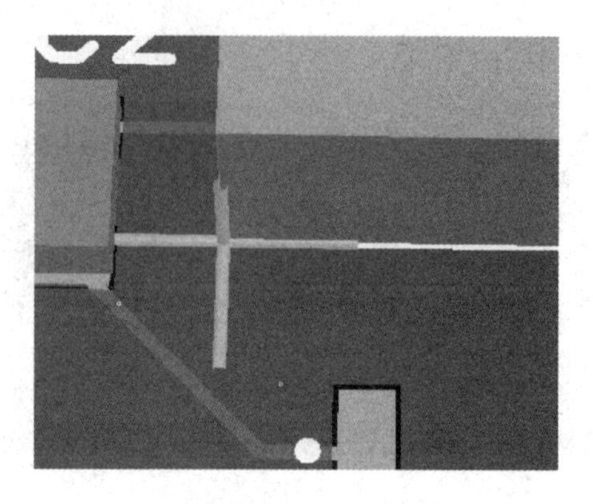

图 9-121　终止点选择

本例以稳压模块上、下两点作为起止点，可根据此方法测量视图内任意不同两点间距离。任何电子设计产品都要安装在机械物理实体之中。通过 Altium Designer 的原生 3D 可视化与间距检查功能，确保 PCB 在第一次安装时即可与外壳完美匹配，不再需要昂贵的设计返工。在 3D 编辑状态下，PCB 与外壳的匹配情况可以实时展现，可以在几秒内解决 PCB 与外壳之间的碰撞冲突。

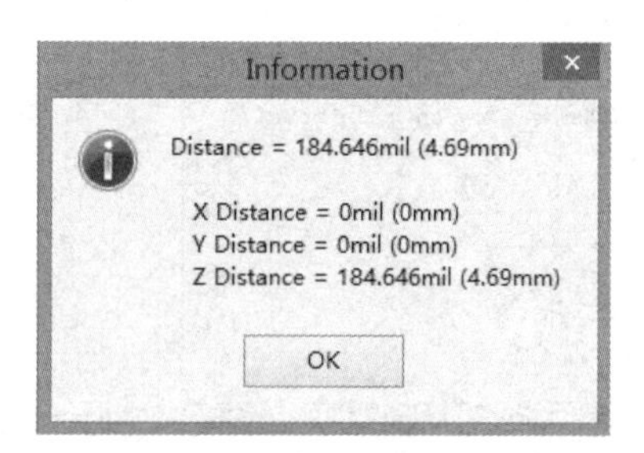

图 9-123　测量结果

思考与练习

（1）说说电路中包地和敷铜的意义。

（2）设计出 51 单片机最小系统，并在 3D 环境下测量元器件之间的距离。

第10章　Altium Designer 的多通道设计

在我们设计电路的时候经常会碰到这样的情况：电路设计中的一部分电路被多次重复地使用。这时就可以使用 Altium Designer 中提供的多通道设计方法来解决这一问题，从而达到事半功倍的效果。

所谓多通道设计就是对同一通道（子图）多次引用。这个通道可以作为一个独立的原理图子图，只画一次并包含于该项目中。可以很容易地通过放置多个指向同一个子图的原理图符号，或者在一个原理图符号的标识中包含有说明重复该通道的关键字（Repeat）来定义使用该通道（子图）的次数。

多通道设计的流程图如图 10-1 所示。

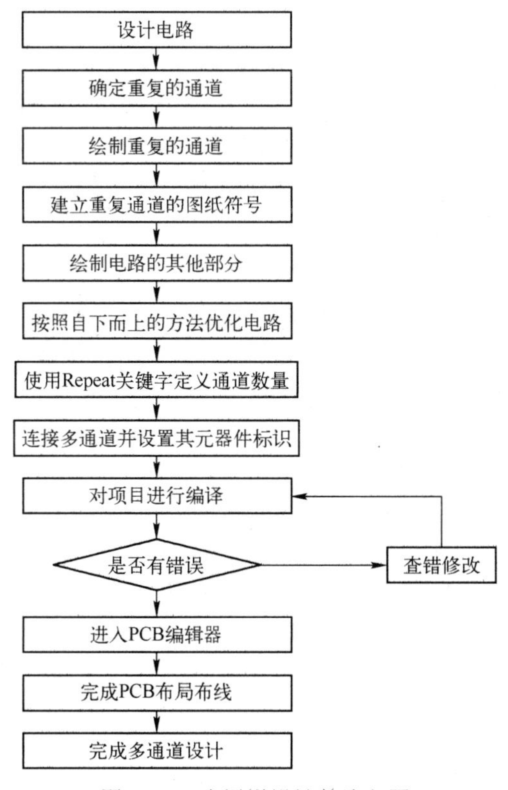

图 10-1　多通道设计的流程图

10.1　给出示例电路

现以音频电路为例介绍多通道设计的方法。

音频放大器是音响系统中的关键部分，其作用是将传声器获得的微弱信号放大到足够的强度去推动放声系统中的扬声器或其他电声元器件，使原声响重现。

音频放大器如图 10-2 所示，一般包括 3 部分，即电源模块、前置放大器及功率放大器。

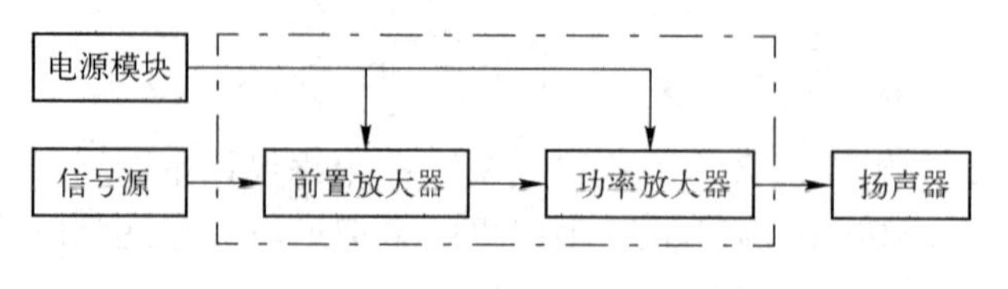

图 10-2 音频放大器

由于信号源输出幅度往往很小，不足以激励功率放大器输出额定功率，因此常在信号功率放大器之间插入一个前置放大器将信号源输出信号加以放大，同时对信号进行适当的音色处理。

本例中，音频放大器在放大通道的正弦信号输入电压幅度为 5～10mV、等效负载电阻为 8Ω 的情况下，应达到性能指标如下。

☺ 额定输出功率≥2W。

☺ 带宽≥50 ~ 10000Hz。

☺ 在额定输出功率下和带宽内的非线性失真系数≤3%。

☺ 在额定输出功率下的效率≥55%。

☺ 当前置放大级输入端交流短接到地时，等效负载电阻上的交流噪声功率≤10mW。

1. 电源电路设计

在放大电路中，用户要用到集成运算放大器 LM347，该集成运算放大器的工作电压为±15V，因此用户须设计±15V 稳压电源。在本例中，采用桥式整流电路产生±15V 电源，如图 10-3 所示。

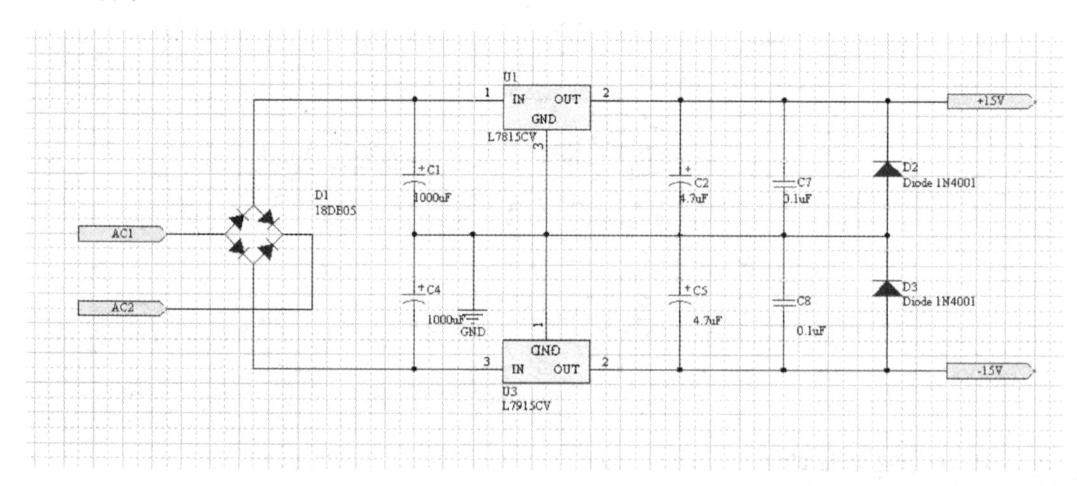

图 10-3 采用桥式整流电路产生±15V 电源

采用 4 个整流二极管构成全桥整流电路，将交流电压的某个半周电压转换极性，得到两个不同极性的单向脉动性直流电压。全桥整流电路信号波形如图 10-4 所示。

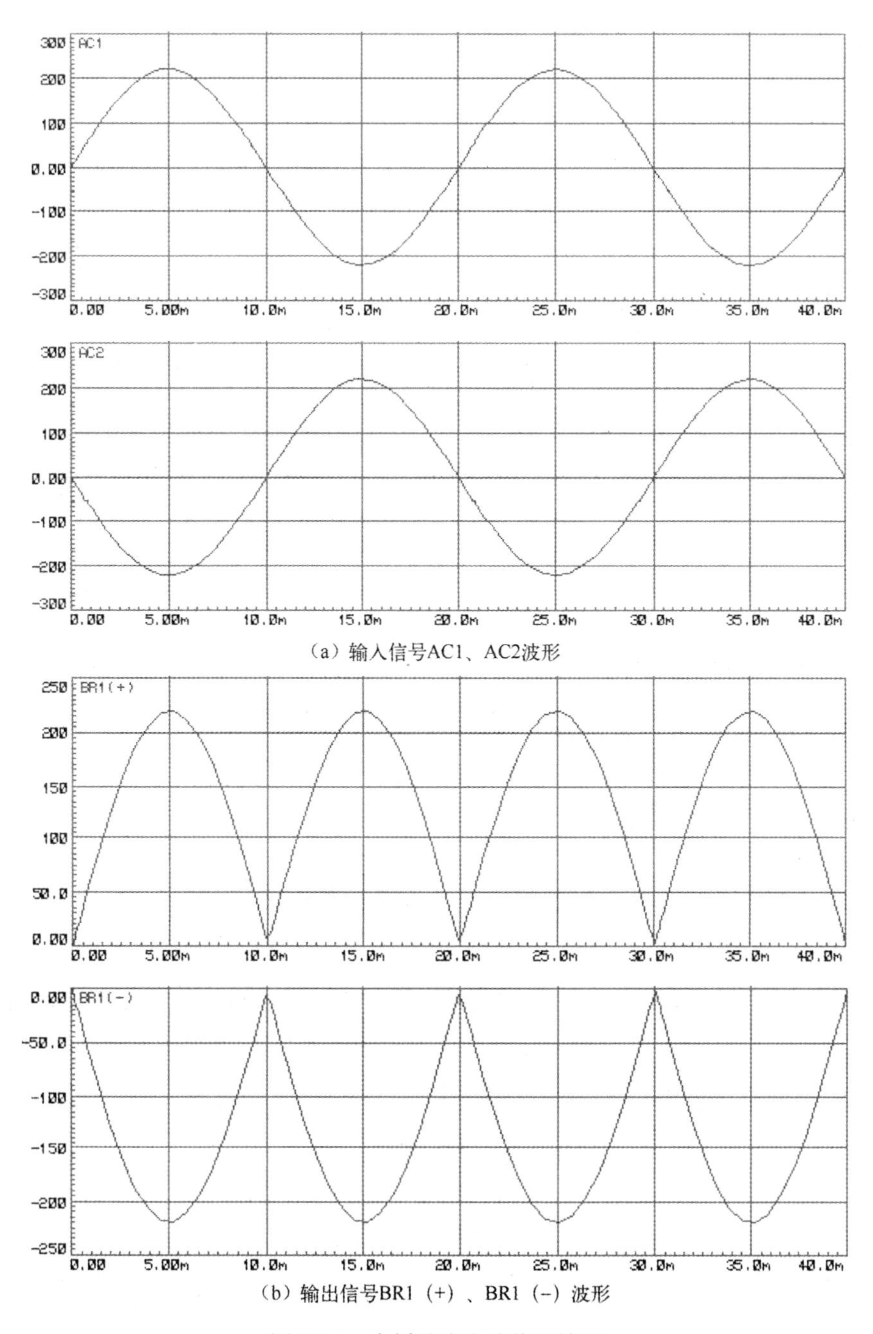

（a）输入信号AC1、AC2波形

（b）输出信号BR1（+）、BR1（-）波形

图 10-4　全桥整流电路信号波形

通过整流桥整流滤波后得到的直流输入电压分别接在 7815 与 7915 的输入端，则在输出端即可得到稳定的±15V 输出电压，如图 10-5 所示。

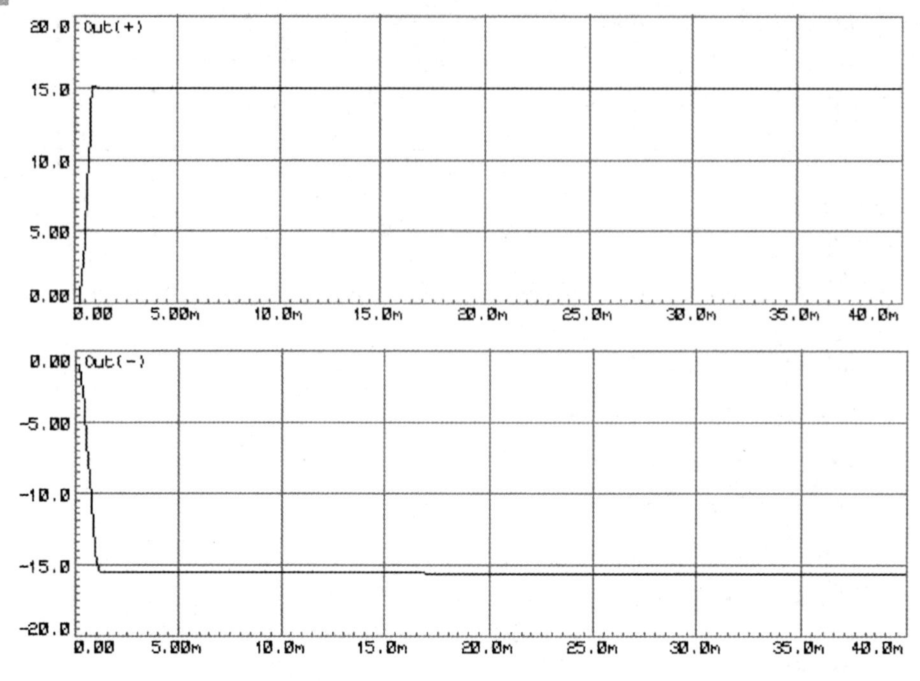

图 10-5 稳定的±15V 输出电压

电路在三端稳压器的输入端接入电解电容 C1、C3，用于电源滤波，在三端稳压器输出端接入电容 C2、C4，用于减小输入电压波纹，而并入电容 C5、C6，用于改善负载的瞬态响应并抑制高频干扰。

此外，在输入端同时并入二极管 D1、D2，用于保护电路。

2. 放大电路设计

放大电路包括前置放大电路与二级放大电路。其中，前置放大电路如图 10-6 所示。

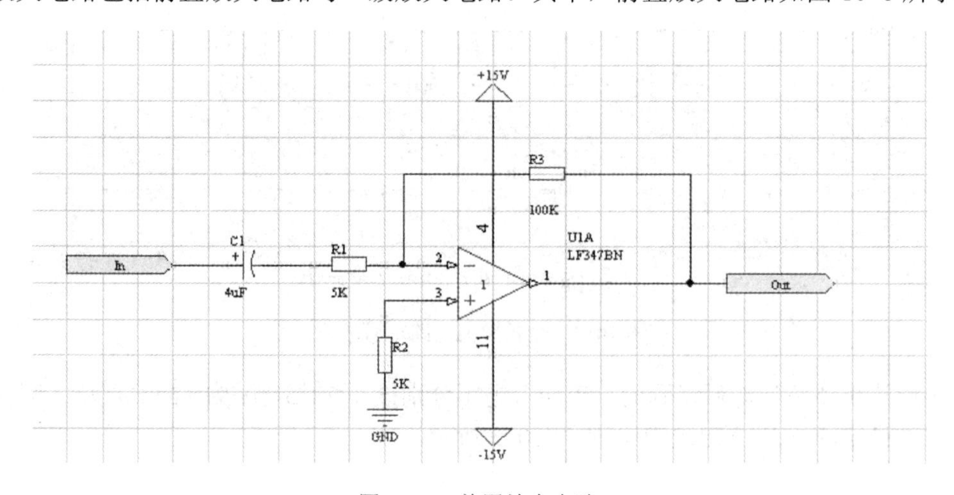

图 10-6 前置放大电路

注：图 10-6 中的“K”代表“kΩ”，全书余同。

前置放大电路用于对输入信号进行放大，放大的信号波形如图 10-7 所示。

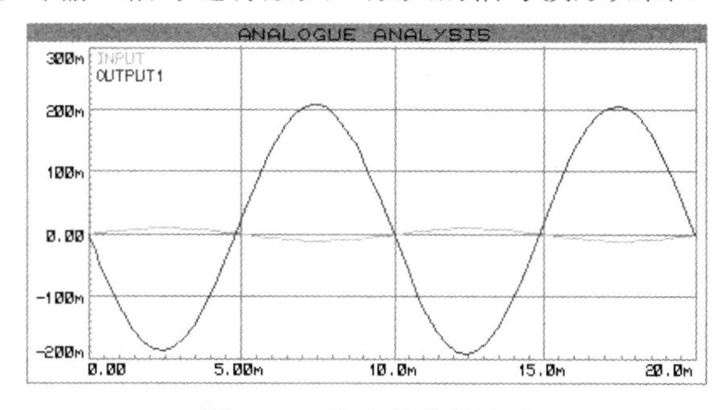

图 10-7　放大的信号波形

当前置放大电路的输入信号电压为 10mV 时，输出信号对应电压为 209mV，即系统的电压放大倍数为 20，且此放大电路为反相放大电路。

二级放大电路如图 10-8 所示。

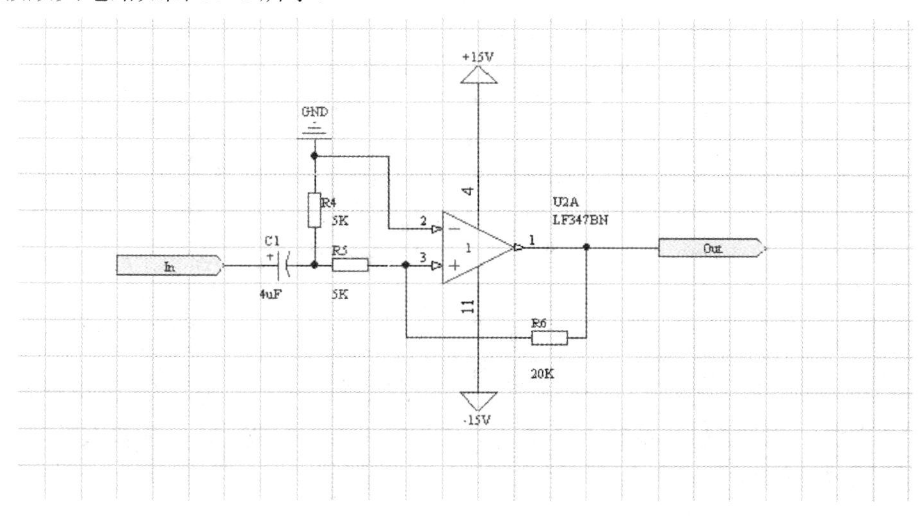

图 10-8　二级放大电路

二级放大电路用于对前置放大电路输出信号进一步放大，进一步放大的信号波形如图 10-9 所示。

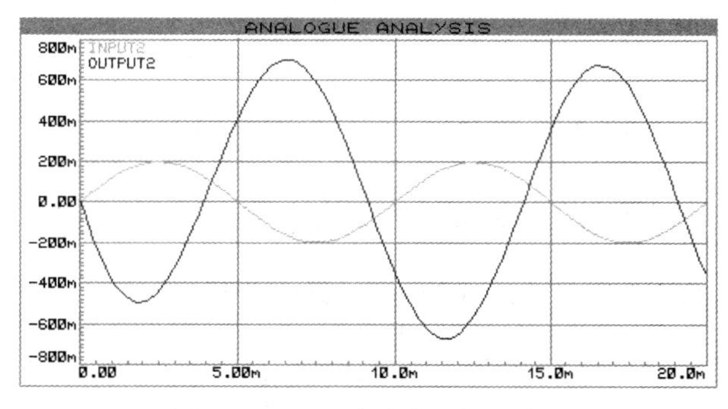

图 10-9　进一步放大的信号波形

此电路对输入信号进行了反相放大，同时输出信号相位发生了偏移，即在放大信号的同时，对输入信号进行一定的处理。

3. 功率放大电路设计

通用运放的输出电流有限，多为十几毫安；输出电压范围受运放电源的限制，不可能太大。因此，可以通过互补对称电路进行电流扩大，以提高电路的输出功率。功率放大电路如图 10-10 所示。

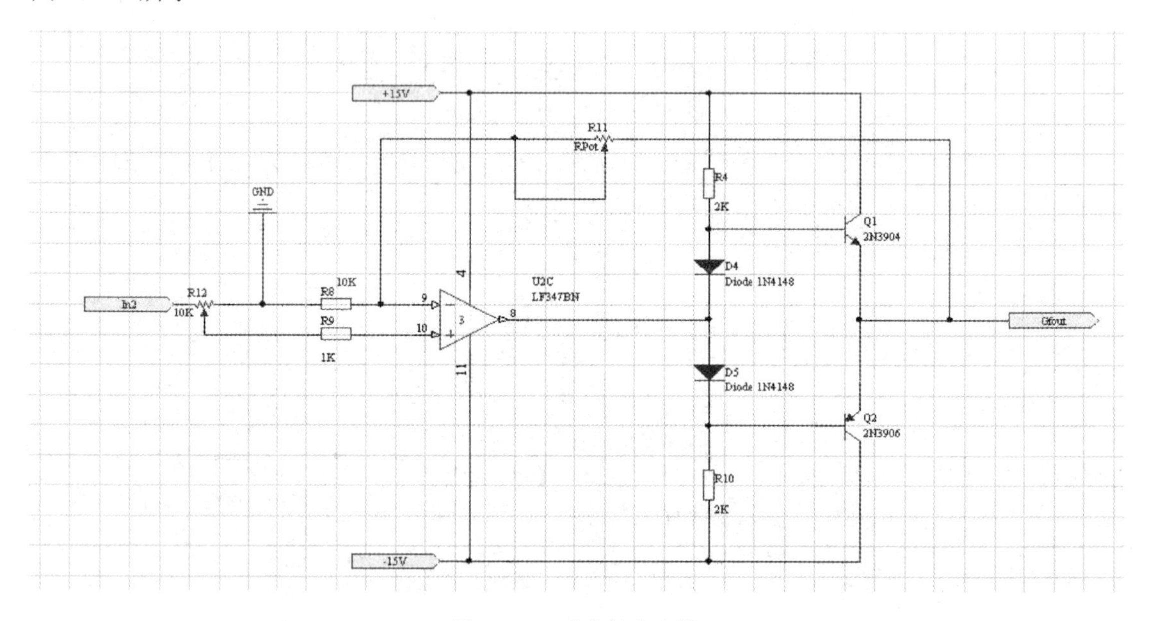

图 10-10　功率放大电路

当在功率放大电路的输入端输入一定功率的信号时，功率放大电路的输入功率与输出功率信号波形如图 10-11 所示。

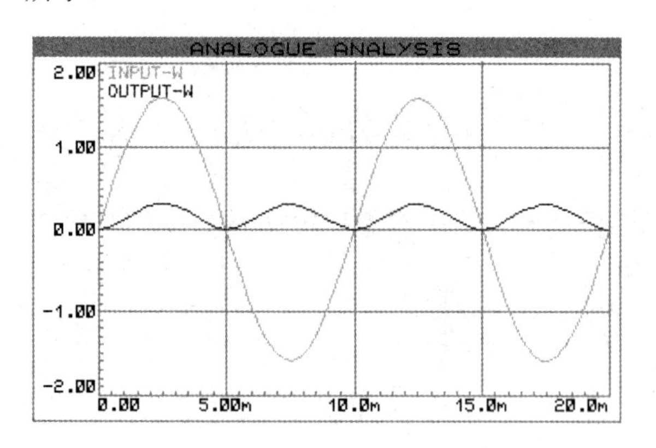

图 10-11　功率放大电路的输入功率与输出功率信号波形

功率放大电路可提供电路的带负载能力。此外，调整滑动变阻器 RV1 及 R8 的值，可改变电路的输入阻抗，调整 RV1、R8 后的电路输出信号波形如图 10-12 所示。

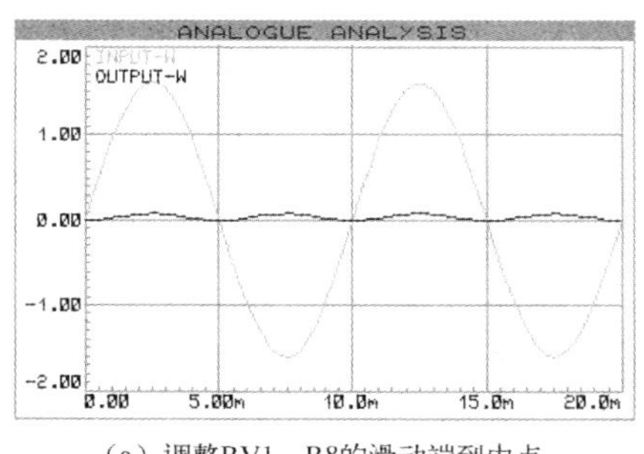

（a）调整RV1、R8的滑动端到中点

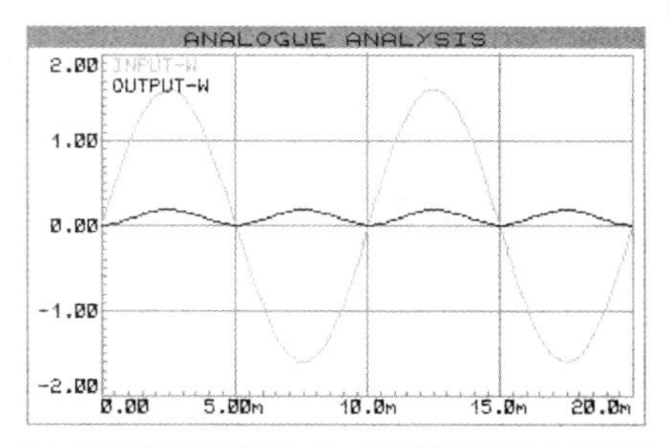

（b）RV1的滑动端到中点，而调整电路完全引入R8

图 10-12 调整 RV1、R8 后的电路输出信号波形

10.2 对重复通道的操作

本设计想完成的功能是实现立体的音频效果，即要求有两个音频信号输出到两个扬声器中。所以重复使用的“通道”就是功率放大电路，且重复使用两次。

1. 绘制该通道电路图

首先我们回顾一下前面所介绍的建立项目和建立文件的过程。执行菜单命令【文件】→【新建】→【Project】→【PCB Project】，建立一个新的 PCB 项目文件。打开【Projects】面板，可以看到新建的项目文件，如图 10-13 所示。

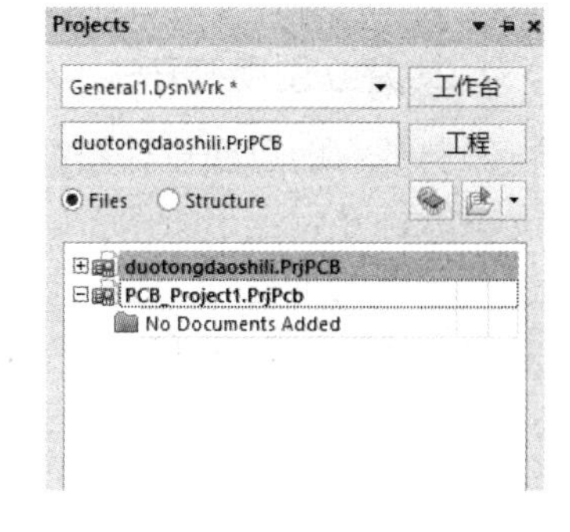

图 10-13 新建的项目文件

系统给出的项目默认名为“PCB_Project1.PrjPcb”，右击该文件名，在弹出的快捷菜单中单击【保存工程】，在弹出的对话框中，新项目重命名为“duotongdao.PrjPcb”，如图 10-14 所示。

执行菜单命令【文件】→【New】→【原理图】，则在该项目中添加了新的空白原理图文件，如图 10-15 所示，系统默认名为“Sheet1.SchDoc”。

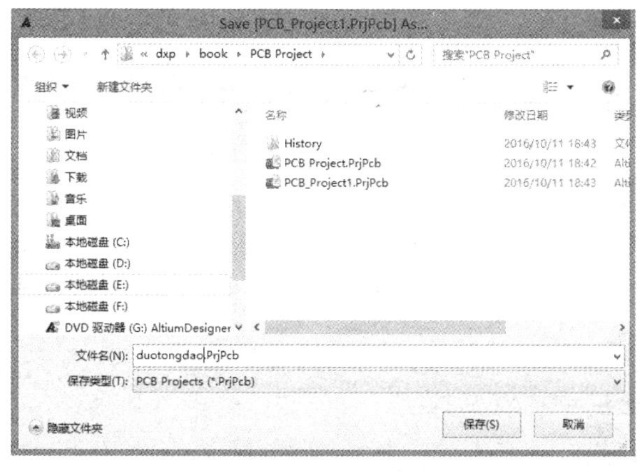

图 10-14 新项目重命名为“duotongdao.PrjPcb”

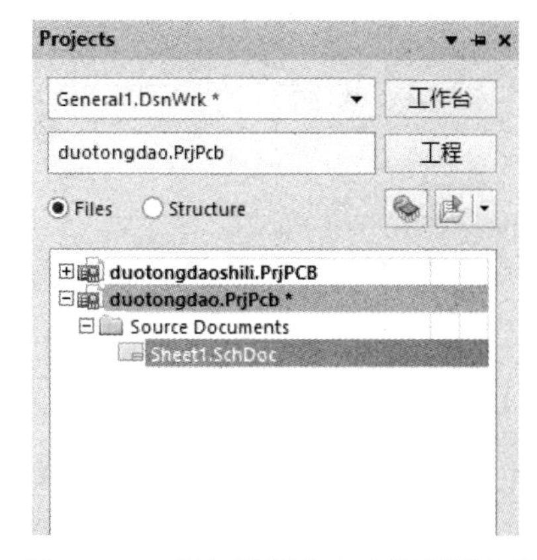

图 10-15 添加了新的空白原理图文件

右击“Sheet1.SchDoc”文件名，在弹出的快捷菜单中单击【保存】，将其重命名为“Gf.SchDoc”。在该原理图中，绘制的功率放大电路如图 10-16 所示。

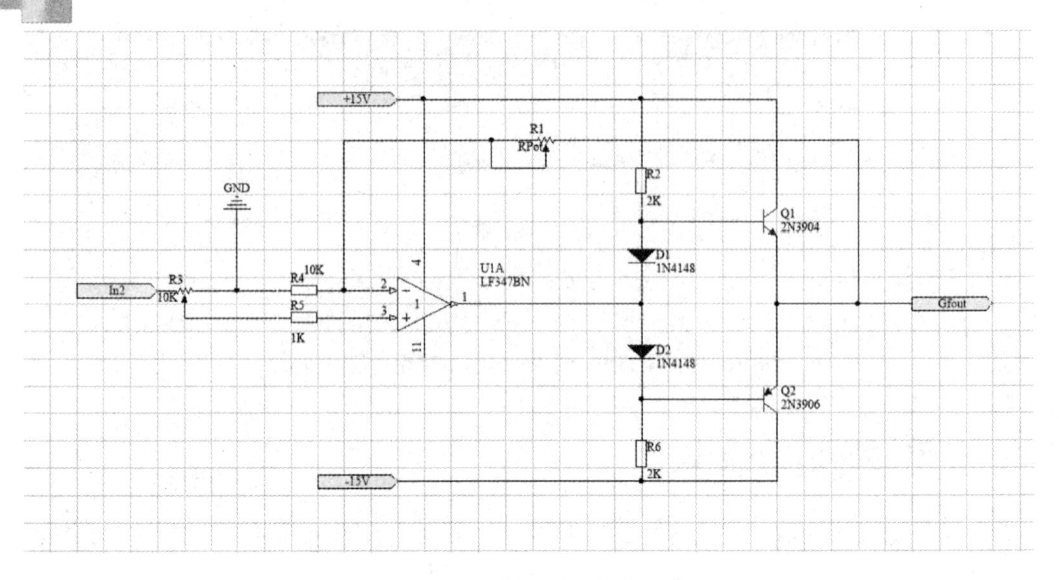

图 10-16　绘制的功率放大电路

2. 建立图纸符号

与通常的层次设计图纸一样，多通道设计采用的也是层次设计，同样要在新建图纸上建立图纸符号表示子图。

利用菜单命令，建立一张新的原理图文件，将其命名为“duotongdao.SchDoc”。执行菜单命令【设计】→【HDL 文件或图纸生成图表符】，如图 10-17 所示。

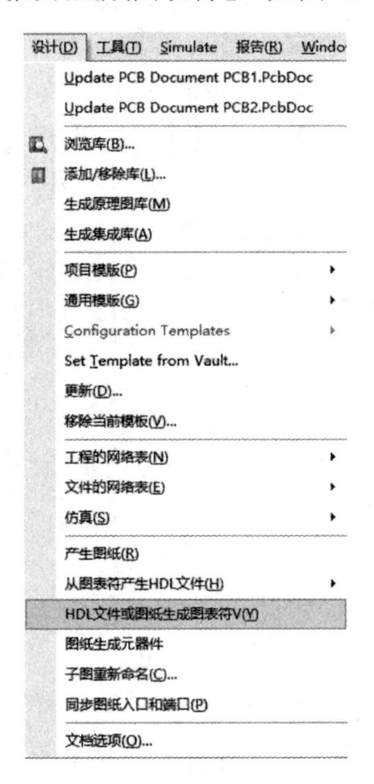

图 10-17　执行菜单命令【设计】→【HDL 文件或图纸生成图表符】

系统会弹出【Choose Document to Place】对话框，如图 10-18 所示，该对话框列出该项目中的所有原理图文件，选择要放置在该图纸上图纸符号的文件名。

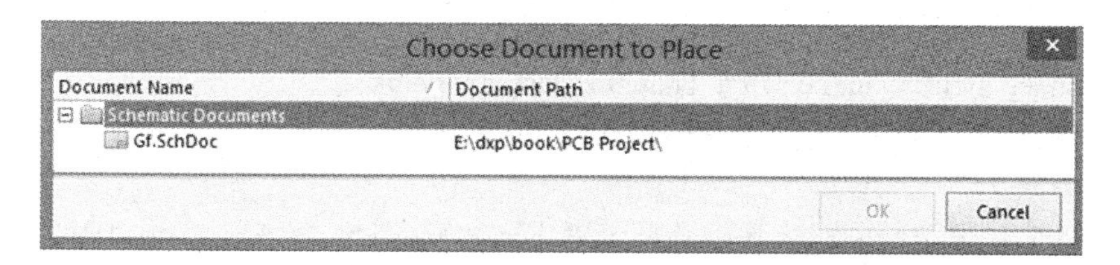

图 10-18 【Choose Document to Place】对话框

此时，光标下出现图纸符号，如图 10-19 所示。移动光标，放置图纸到合适的位置，调整图纸符号的大小和输入、输出端子的位置。调整的图纸符号如图 10-20 所示。

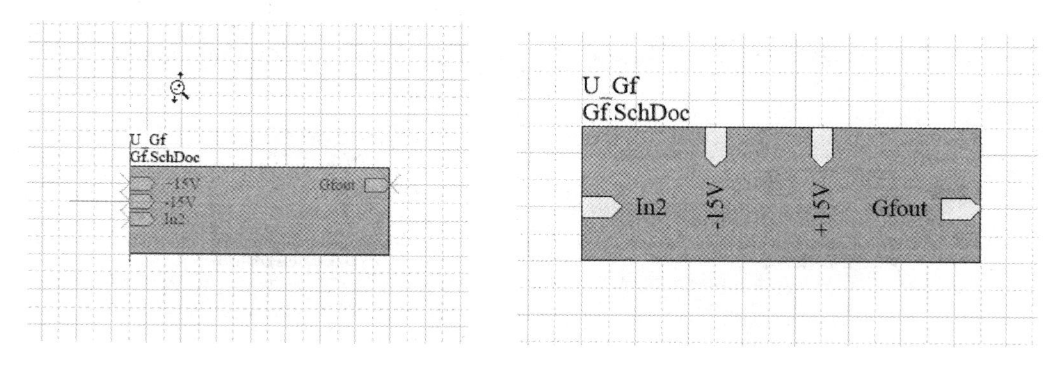

图 10-19　图纸符号

图 10-20　调整的图纸符号

然后，将其他子电路也形成图纸符号，连接这些图纸符号，如图 10-21 所示。

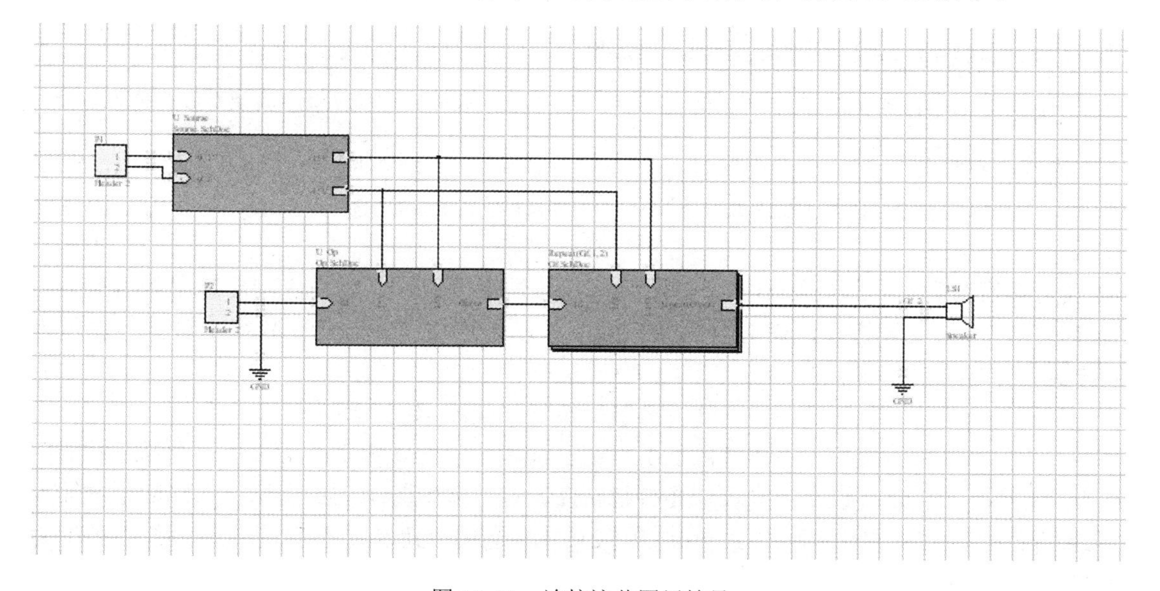

图 10-21　连接这些图纸符号

3. 定义重复通道数量

如何用一个图纸符号表示我们所需要的所有通道数呢？Altium Designer 专门提供了 Repeat 命令，来实现这个功能。Repeat 命令的格式为：

Repeat(sheet_symbol_name , first_channel , last_channel)

双击该图纸符号或在放置图纸符号时按【Tab】键，系统会弹出【方块符号】对话框，如图 10-22 所示。

在【属性】标签页中的标识栏中输入关键字“Repeat(Gf,1,2)”。其中，“Gf”表示图纸的名字，图纸符号可以随便命名但尽量要用短一些的名字。因为在编译时，图纸符号名和通道序号要加到元器件的项目代号后，如 R1 就会变为 R1_Gf*。这条命令的含义是：该子图通过图纸符号“Gf”要关联到输入通道原理图两次。设置好的【方块符号】对话框如图 10-23 所示。

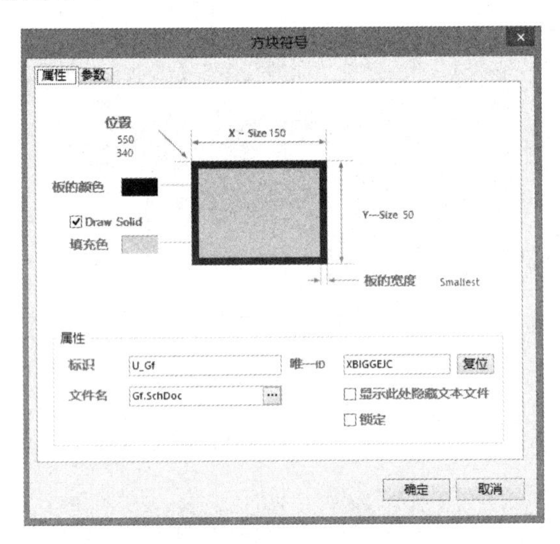

图 10-22 【方块符号】对话框

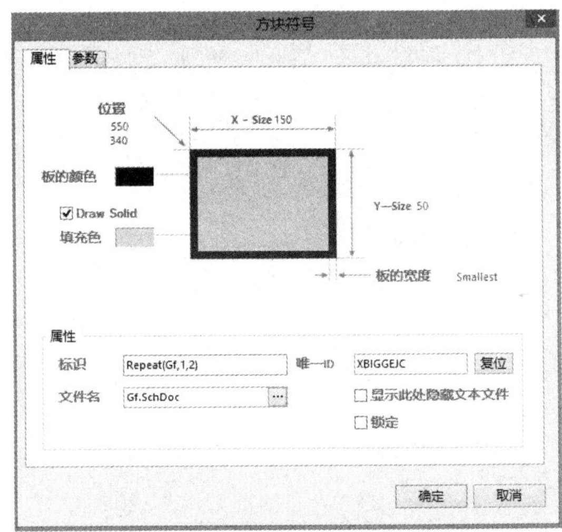

图 10-23 设置好的【方块符号】对话框

文件名栏中显示的是子图的文件名。在执行菜单命令【设计】→【HDL 文件或图纸生成图表符】时，文件名会自动添加该栏中。唯一 ID 栏将自动产生符号 ID，用于区别其他的符号。

【方块符号】对话框的上半部分是图纸符号的外形设置，一般来说，设置图形的大小用鼠标拖曳的方法比较方便，而边框和填充的颜色以实形填充显示还是只显示边框等显示方式，也是在这里设置的。

打开【方块符号】对话框中的【参数】标签页，如图 10-24 所示。

在【参数】标签页中，单击【添加】按钮，我们可以给该图纸符号添加一个描述性的字符串，对该标签页进行设置，设置的【参数属性】对话框如图 10-25 所示。在名称栏中输入“Description”，在值栏中输入“Repeat(Gf,1,2)”，并选中“可见的”复选框，设置其类型为“STRING”。

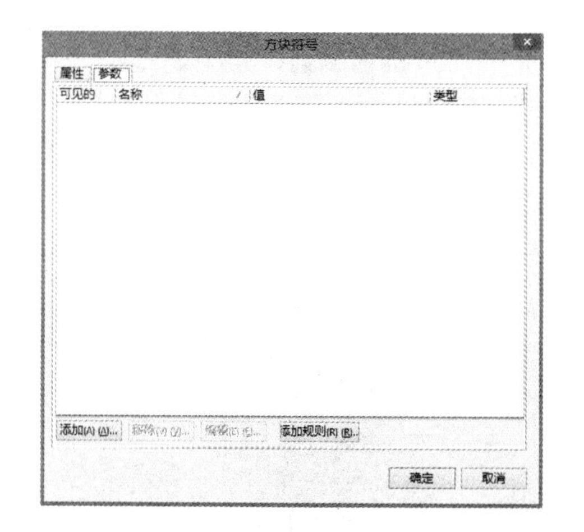

图 10-24 【参数】标签页

图 10-25 设置的【参数属性】对话框

设置完成后的【参数】标签页如图 10-26 所示。

完成所有这些设置后，图纸符号如图 10-27 所示。

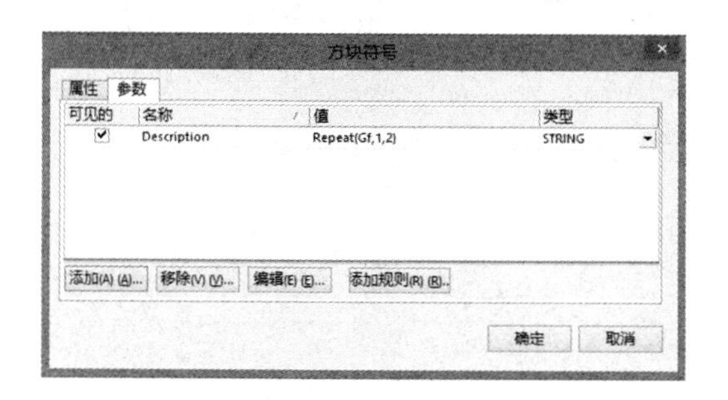

图 10-26 设置完成后的【参数】标签页

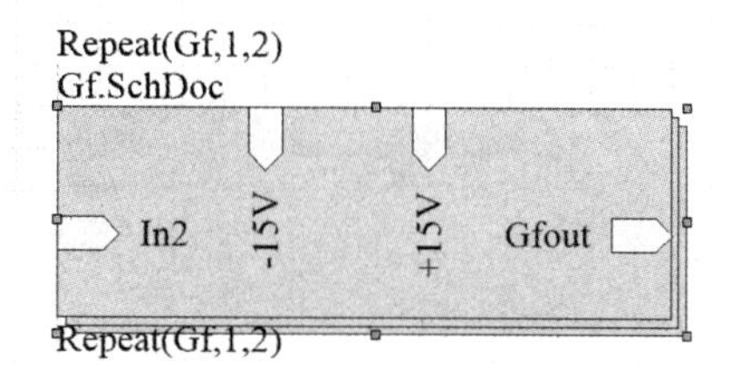

图 10-27 图纸符号

4. 网络连接的标注方式

在多图纸设置中的其他网络连接，以标准的层次设计网络连接方式连接。

在所有子图之间共享连接的网络以标准方式连接。In2 端口的网络标注形式如图 10-28 所示。

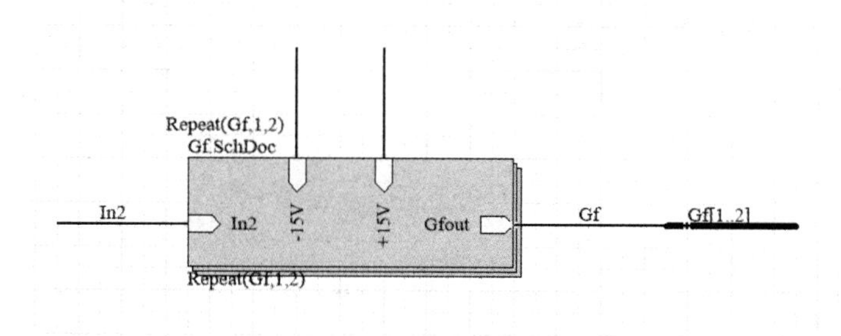

图 10-28 In2 端口的网络标注形式

连接到单独子图的网络是采用总线的方式连接的，如图 10-28 中 Gf 网络的标注方式所示。

需要指出的是，导线上的网络标注不包括总线元素号，图纸中的端口符号带有 Repeat 关键字。设计编译后，总线被一一对应地分配到各个网络通道 Gf1、Gf2。

5. 设置布局空间

建立好图纸符号并将其连接好后，就可以定义布局空间的命名格式和元器件的标识了。逻辑标识被分配到原理图的各个元器件。元器件放置到 PCB 设计中的元器件逻辑标识可以是一样的，但是 PCB 中的每一个元器件必须有别于其他元器件的唯一确定的物理标识。

执行菜单命令【工程】→【工程参数】，如图 10-29 所示。

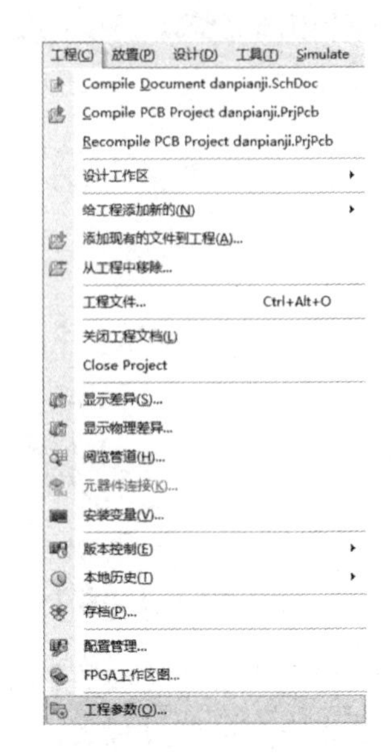

图 10-29　执行菜单命令【工程】→【工程参数】

可以打开【Options for PCB Project duotongdao.PrjPcb】对话框，在该对话框中选中【Multi-Channel】标签页，如图 10-30 所示。

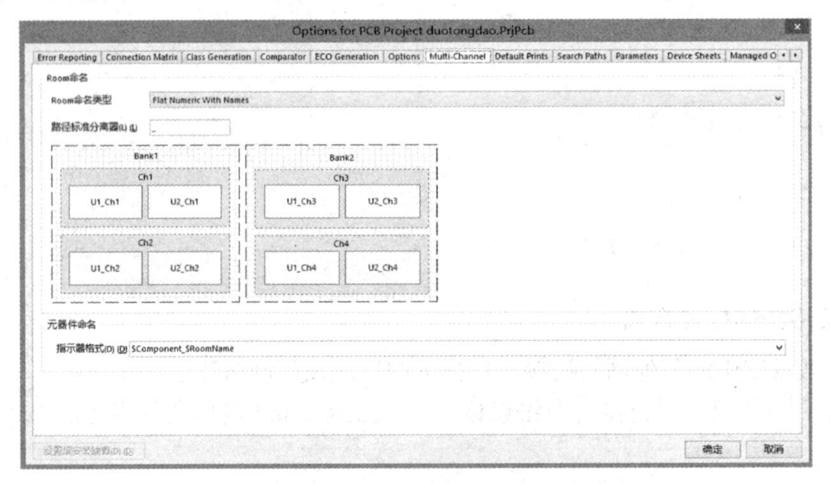

图 10-30　【Multi-Channel】标签页

在 Room 命名类型下拉菜单中选择设计中所要用到的布局空间命名格式。当将项目中的原理图更新到 PCB 时，布局空间将以默认的方式被创建。这里提供了 5 种命名类型：两种平行的命名方式，3 种层次化的命名方式。Room 命名类型如表 10-1 所示。

表 10-1　Room 命名类型

层次化的命名方式	平行的命名方式
Flat Numeric with Names	Numeric Name Path
Flat Alpha with Names	Alpha Name Path
Mixed Name Path	

层次化的布局空间名字由相应通道路径层次上所有通道的原理图元器件标识连接而成。

当从列表中选择了一种类型时，多通道标签下的图像会被更新以反映出名字的转化，这个转化同时会出现在设计中。该标签页中给出了一个 2×2 通道设计的例子，如图 10-31 所示。稍大的交叉线阴影矩形框表示两个较高层次的通道，较暗的矩形表示较低层次的通道（在每一个通道内都有两个示例元器件）。当设计编译后，Altium Designer 会为设计中的每一个原理图分别创建一个布局空间，包括组合图和每一个低层次通道。

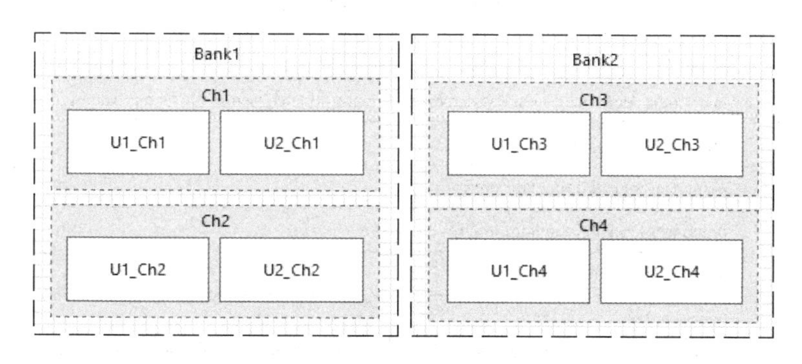

图 10-31　2×2 通道设计的例子

对于图例中的 2×2 通道设计来说，一共将有 6 个布局空间被创建，两个组合图对应 1 个，4 个较低层次通道各对应 1 个。在例子中，一共有 5 个布局空间，顶层原理图对应 1 个，组合图对应各对应 1 个，两个通道各对应 1 个。

6. 元器件命名

1）系统默认设置

系统给出了几种用于元器件命名的标识格式。可以选择其中一种格式或用合法的关键字定义自己特殊的格式。在指示器格式下拉菜单中选择所需要的元器件标识命名格式。元器件命名格式如表 10-2 所示，一共有 8 种默认格式，5 种平行的格式和 3 种上、下层次的格式。

表 10-2　元器件命名格式

平行的格式	上、下层次的格式
$Component$ChannelAlpha	$Component_$RoomName
$Component_$ChannelPrefix$ChannelAlpha	$RoomName_$Component
$Component_$ChannelIndex	$ComponentPrefix_$RoomName_$ComponentIndex
$Component_$ChannelPrefix$ChannelIndex	
$ComponentPrefix_$ChannelIndex_$ComponentIndex	

平行命名格式从第一个通道开始按线性方式逐个命名每一个元器件的标识。层次化命名的格式中将布局空间的名字包含在了元器件标识中。如果布局空间命名方式选自两种可行的平行命名格式，那么元器件标识的命名方式也应该是平行方式。同样，如果布局空间命名方式选择为层次化的命名方式，则由于命名格式中必须包含路径信息，因此元器件标识也应该

是层次化的命名格式。

如果$RoomName 字符串包含了标识格式，那么布局空间命名类型只是对应相应的元器件命名。

2）自定义标识格式

自定义标识格式如表 10-3 所示。

表 10-3 自定义标识格式

Keyword	Definition
$RoomName	Name of the Associated room ,as determined by the style chosen in the Room Naming style field
$Component	Component logical designator
$ComponentPrefix	Component logical designator prefix
$ComponentIndex	Component logical designator index
$ChannelIndex	Logical sheet symbol designator
$ChannelIndex	Channel index
$ChannelAlpha	Channel index expressed as an alpha character .This format is only useful if your design contains less than 26 channels in total ,or if you are using a hierarchical designator format.

可以在指示器格式栏中直接输入元器件标识命名格式。在各元素之间应该输入“_”。

7. 编译项目

编译项目的目的是使布局空间与元器件标识命名格式所做的改变有效。

执行菜单命令【工程】→【Compile PCB Project】，对项目进行编译。如果有编译错误，在【Messages】面板中会列出错误和警告，【Messages】面板显示的编译信息如图 10-32 所示。

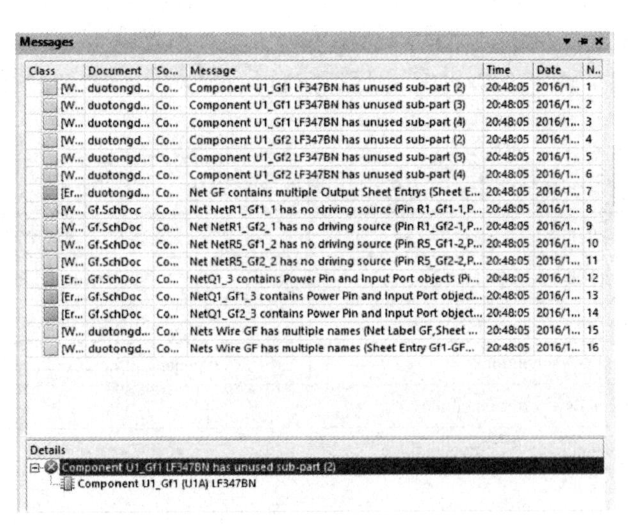

图 10-32 【Messages】面板显示的编译信息

在图 10-32 中，右击错误列表某项错误行，在弹出的菜单中执行菜单命令【交叉探针】或双击下方 Details 中的错误行，窗口会自动跳转到该图纸，有错误部分呈高亮显示状态，其他部分呈灰色不可操作显示状态。显示有错误部件如图 10-33 所示。

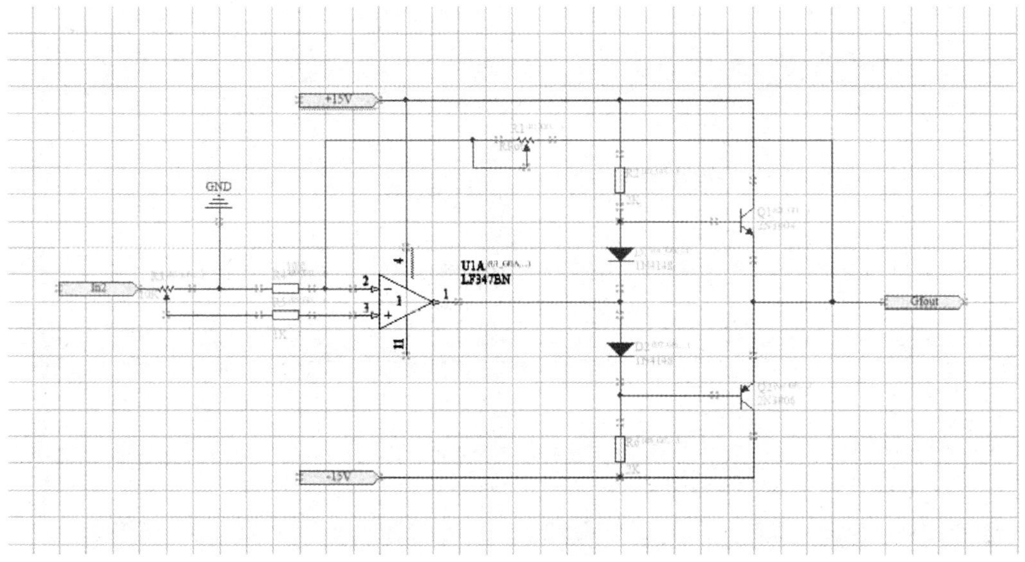

图 10-33　显示有错误部件

8. 载入网络表

执行菜单命令【文件】→【新建】→【PCB】，打开一个新的 PCB 编辑器，将其命名为“dtdsl.PcbDoc”。在原理图编辑器中，执行菜单命令【设计】→【Update PCB Document】。

系统会弹出【工程更改顺序】对话框，如图 10-34 所示，该对话框中详细列出传递到 PCB 中每种对象的数量，如添加了 46 个元器件、29 个网络等。

工程更改顺序

使能	作用	受影响对象		受影响文档	检测	完成	消息
	Add Components(46)						
✓	Add	C1	To	dtdsl.PcbDoc			
✓	Add	C2	To	dtdsl.PcbDoc			
✓	Add	C3	To	dtdsl.PcbDoc			
✓	Add	C4	To	dtdsl.PcbDoc			
✓	Add	C5	To	dtdsl.PcbDoc			
✓	Add	C6	To	dtdsl.PcbDoc			
✓	Add	C7	To	dtdsl.PcbDoc			
✓	Add	C8	To	dtdsl.PcbDoc			
✓	Add	D2	To	dtdsl.PcbDoc			
✓	Add	D3	To	dtdsl.PcbDoc			
✓	Add	D4_Gf1	To	dtdsl.PcbDoc			
✓	Add	D4_Gf2	To	dtdsl.PcbDoc			
✓	Add	D5_Gf1	To	dtdsl.PcbDoc			
✓	Add	D5_Gf2	To	dtdsl.PcbDoc			
✓	Add	D?	To	dtdsl.PcbDoc			
✓	Add	LS1	To	dtdsl.PcbDoc			
✓	Add	LS2	To	dtdsl.PcbDoc			
✓	Add	P1	To	dtdsl.PcbDoc			
✓	Add	P2	To	dtdsl.PcbDoc			
✓	Add	Q1_Gf1	To	dtdsl.PcbDoc			
✓	Add	Q1_Gf2	To	dtdsl.PcbDoc			

生效更改　执行更改　报告更改(R)(B)...　□仅显示错误　关闭

图 10-34 【工程更改顺序】对话框

单击【生效更改】按钮，校验这些信息的改变，在检测栏中出现一列对号，如图 10-35 所示，表明对网络及元器件封装的检查是正确的，变化有效。

工程更改顺序

修改					状态		
使能	作用	受影响对象		受影响文档	检测	完成	消息
✓	Add	NetC1_1	To	dtdsl.PcbDoc	✓		
✓	Add	NetC3_1	To	dtdsl.PcbDoc	✓		
✓	Add	NetC3_2	To	dtdsl.PcbDoc	✓		
✓	Add	NetC4_2	To	dtdsl.PcbDoc	✓		
✓	Add	NetC6_1	To	dtdsl.PcbDoc	✓		
✓	Add	NetC6_2	To	dtdsl.PcbDoc	✓		
✓	Add	NetD4_Gf1_1	To	dtdsl.PcbDoc	✓		
✓	Add	NetD4_Gf1_2	To	dtdsl.PcbDoc	✓		
✓	Add	NetD4_Gf2_1	To	dtdsl.PcbDoc	✓		
✓	Add	NetD4_Gf2_2	To	dtdsl.PcbDoc	✓		
✓	Add	NetD5_Gf1_2	To	dtdsl.PcbDoc	✓		
✓	Add	NetD5_Gf2_2	To	dtdsl.PcbDoc	✓		
✓	Add	NetD?_2	To	dtdsl.PcbDoc	✓		
✓	Add	NetD?_4	To	dtdsl.PcbDoc	✓		
✓	Add	NetR1_1	To	dtdsl.PcbDoc	✓		
✓	Add	NetR3_1	To	dtdsl.PcbDoc	✓		
✓	Add	NetR5_2	To	dtdsl.PcbDoc	✓		
✓	Add	NetR8_Gf1_2	To	dtdsl.PcbDoc	✓		
✓	Add	NetR8_Gf2_2	To	dtdsl.PcbDoc	✓		
✓	Add	NetR9_Gf1_1	To	dtdsl.PcbDoc	✓		
✓	Add	NetR9_Gf1_2	To	dtdsl.PcbDoc	✓		
✓	Add	NetR9_Gf2_1	To	dtdsl.PcbDoc	✓		

生效更改　执行更改　报告更改(R) (R)...　☐仅显示错误　关闭

图 10-35 在检测栏中出现一列对号

然后，单击【执行更改】按钮，将网络及元器件封装装入 PCB 文件“dtdsl.PcbDoc”中，如果装入正确，则在完成栏中出现一列对号，如图 10-36 所示。

工程更改顺序

修改					状态		
使能	作用	受影响对象		受影响文档	检测	完成	消息
✓	Add	GF2	To	dtdsl.PcbDoc	✓	✓	
✓	Add	GND	To	dtdsl.PcbDoc	✓	✓	
✓	Add	IN2	To	dtdsl.PcbDoc	✓	✓	
✓	Add	NetC1_1	To	dtdsl.PcbDoc	✓	✓	
✓	Add	NetC3_1	To	dtdsl.PcbDoc	✓	✓	
✓	Add	NetC3_2	To	dtdsl.PcbDoc	✓	✓	
✓	Add	NetC4_2	To	dtdsl.PcbDoc	✓	✓	
✓	Add	NetC6_1	To	dtdsl.PcbDoc	✓	✓	
✓	Add	NetC6_2	To	dtdsl.PcbDoc	✓	✓	
✓	Add	NetD4_Gf1_1	To	dtdsl.PcbDoc	✓	✓	
✓	Add	NetD4_Gf1_2	To	dtdsl.PcbDoc	✓	✓	
✓	Add	NetD4_Gf2_1	To	dtdsl.PcbDoc	✓	✓	
✓	Add	NetD4_Gf2_2	To	dtdsl.PcbDoc	✓	✓	
✓	Add	NetD5_Gf1_2	To	dtdsl.PcbDoc	✓	✓	
✓	Add	NetD5_Gf2_2	To	dtdsl.PcbDoc	✓	✓	
✓	Add	NetD?_2	To	dtdsl.PcbDoc	✓	✓	
✓	Add	NetD?_4	To	dtdsl.PcbDoc	✓	✓	
✓	Add	NetR1_1	To	dtdsl.PcbDoc	✓	✓	
✓	Add	NetR3_1	To	dtdsl.PcbDoc	✓	✓	
✓	Add	NetR5_2	To	dtdsl.PcbDoc	✓	✓	
✓	Add	NetR8_Gf1_2	To	dtdsl.PcbDoc	✓	✓	
✓	Add	NetR8_Gf2_2	To	dtdsl.PcbDoc	✓	✓	

生效更改　执行更改　报告更改(R) (R)...　☐仅显示错误　关闭

图 10-36 在完成栏中出现一列对号

关闭【工程更改顺序】对话框，则可以看到所装入的网络与元器件封装，如图 10-37 所示，该封装放置在 PCB 的电气边界以外，并且以飞线的形式显示着网络和元器件封装之间的连接关系。

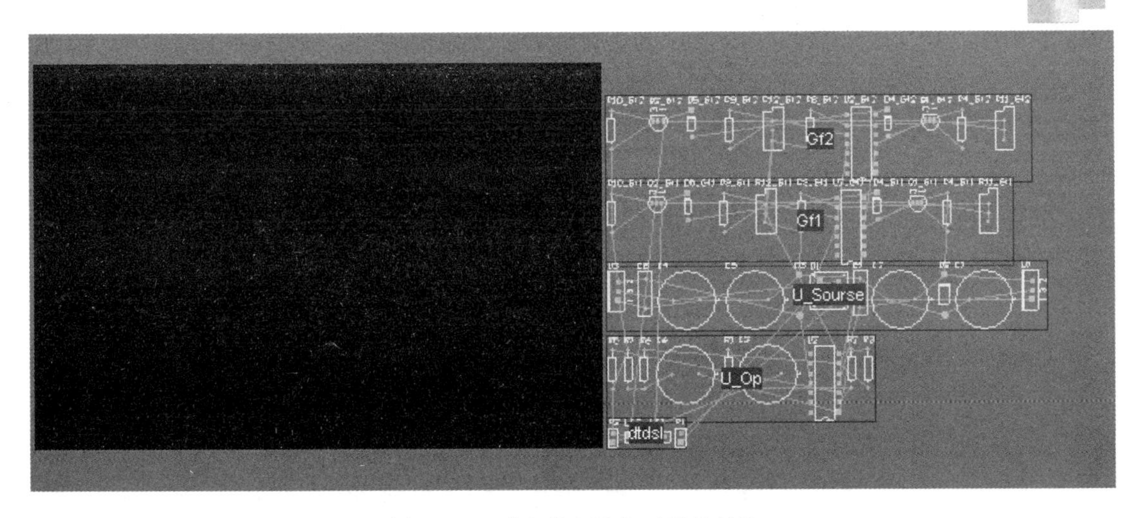

图 10-37　装入的网络与元器件封装

由图 10-37 可以看出，Gf1、Gf2 两个输出通道已经按照定义的数量成功建立完成了。所有子图上元器件都各自存放在各自所属的“Room”空间中，且各个通道中元器件标识分别加上了通道的后缀。各个通道中的元器件如图 10-38 所示。

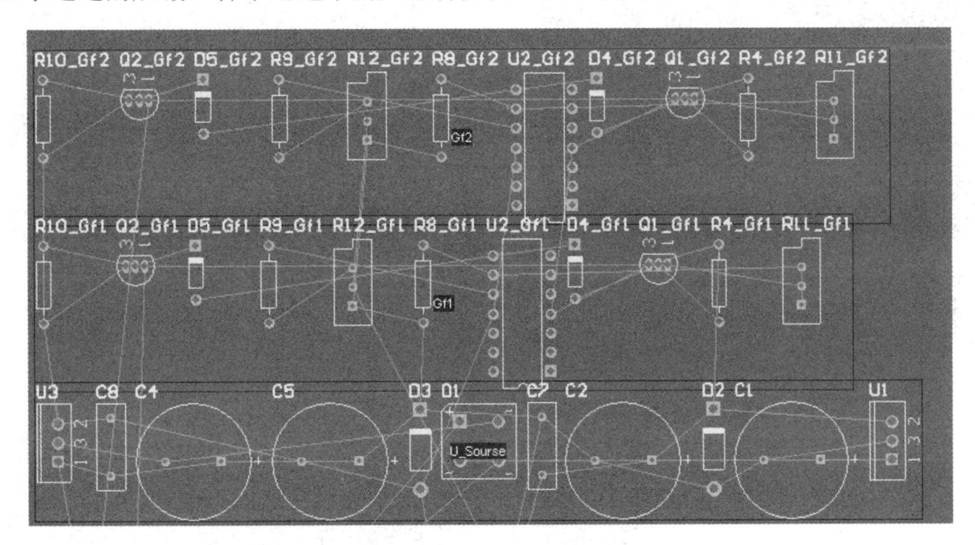

图 10-38　各个通道中的元器件

9. 布放一个通道

接下来首先对一个通道进行元器件的布局。这时，我们应该考虑全局的整体布放、编辑空间 Room 的形状、空间 Room 的布放位置基本合理后，再进行空间内部元器件的布置。

全盘考虑元器件的分布和信号的走向等方面的因素，进行 Room 空间的布放，如图 10-39 所示。

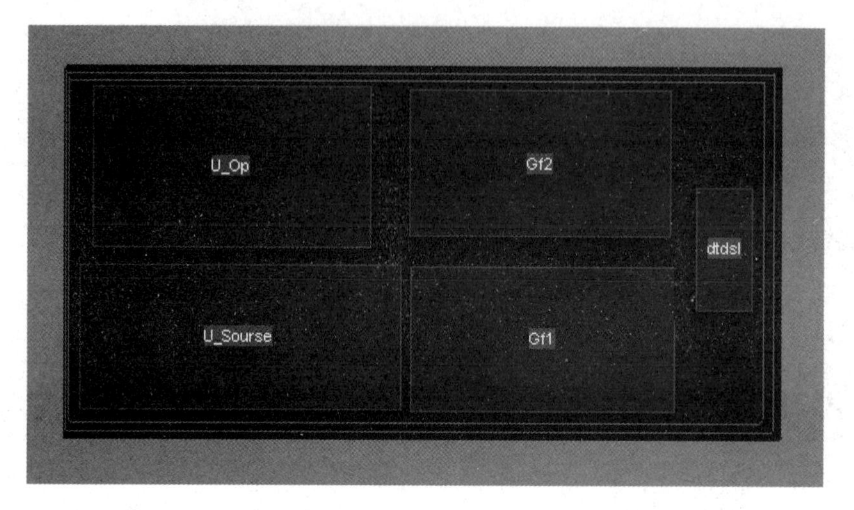

图 10-39　进行 Room 空间的布放

开始对 Gf1 通道进行布局。首先，确定核心元器件的放置，如图 10-40 所示。

然后，按照原理图和连线最短原则放置其他器件，放置好的结果如图 10-41 所示。

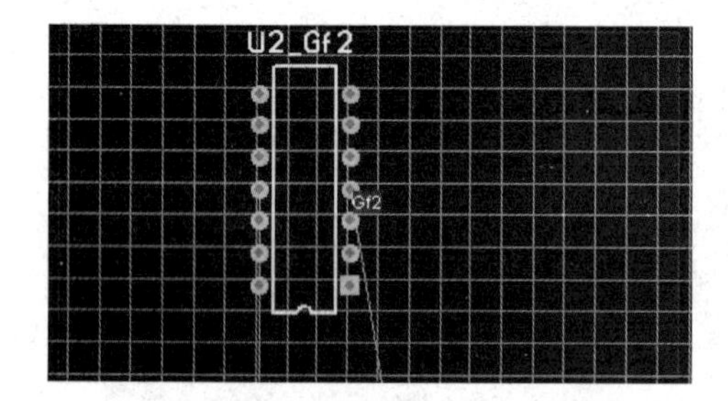

图 10-40　确定核心元器件的位置

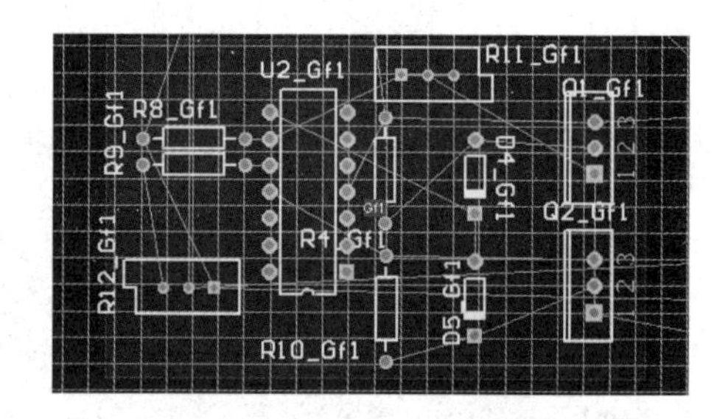

图 10-41　放置好的结果

在布局完通道后，执行菜单命令【自动布线】→【Room】，如图 10-42 所示。

自动布线结果如图 10-43 所示。

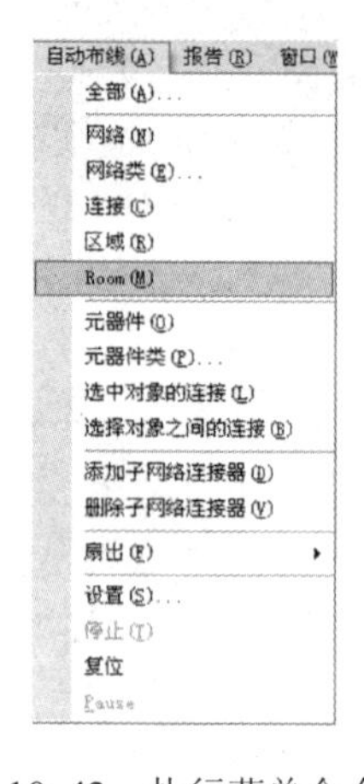

图 10-42　执行菜单命令【自动布线】→【Room】

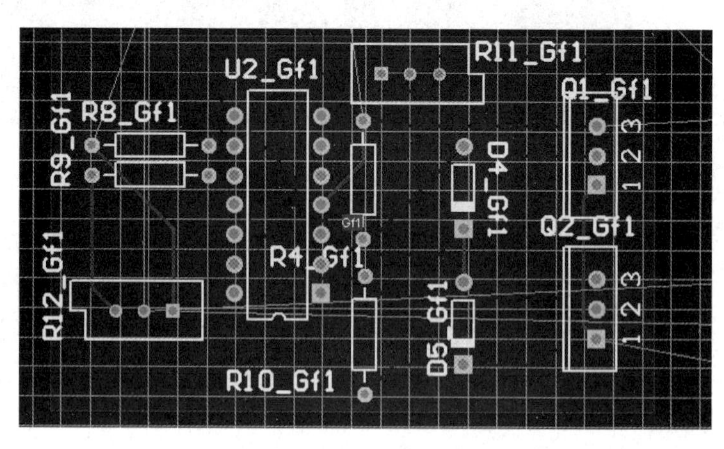

图 10-43　自动布线结果

利用系统提供的布线工具，对于不合理布线进行修改。

完成了一个通道的布局布线后，可以利用系统提供的工具，迅速完成其他相同通道的布局和布线。执行菜单命令【设计】→【Room】→【复制 Room 格式】，如图 10-44 所示。

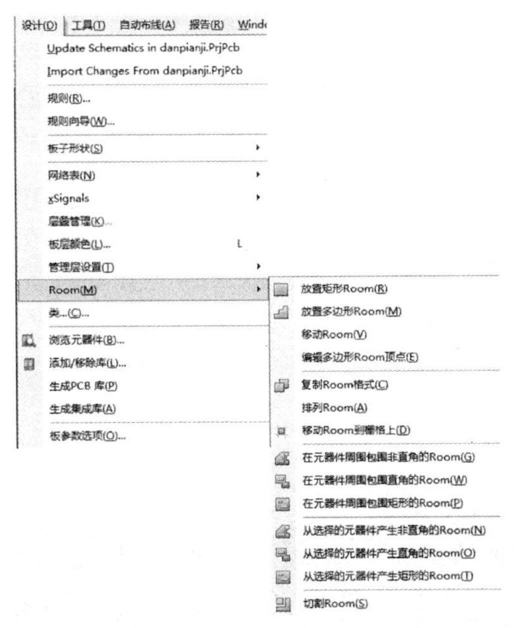

图 10-44　执行菜单命令【设计】→【Room】→【拷贝 Room 格式】

此时，光标变为十字形，在待复制的源通道单击，如 Gf1 通道。此时光标依然存在，在待复制到的目标通道单击，如 Gf2 通道。此时系统会弹出【确认通道格式复制】对话框，如图 10-45 所示。

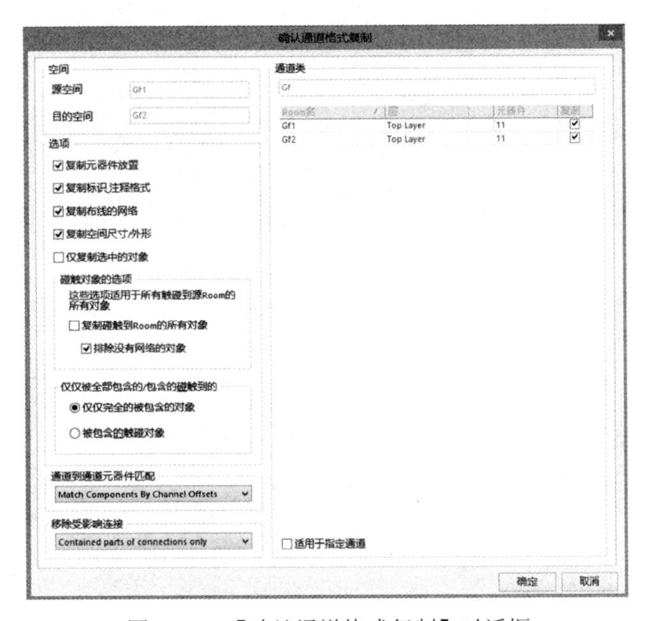

图 10-45　【确认通道格式复制】对话框

在空间区域里，列出了所选择的源通道和目标通道。在选项区域中，用来设置复制的形式，如元器件放置、布线的网络、空间尺寸/形状等。在通道类区域中，列出了通道类别的名称、通道类的成员，以及是否适用于指定通道的选项。

【确认通道格式复制】对话框设置好后，单击【确认】按钮，系统就会按照 Gf1 通道的样子自动完成 Gf2 通道内所有元器件的布局，以及通道内部的布线布局。同时会给出信息提示框，如图 10-46 所示，提示我们完成了 1 个空间中的 11 个元器件的更新。

单击【OK】按钮，确认提示，现在就完成了其他通道内的元器件布局与布线，如图 10-47 所示。

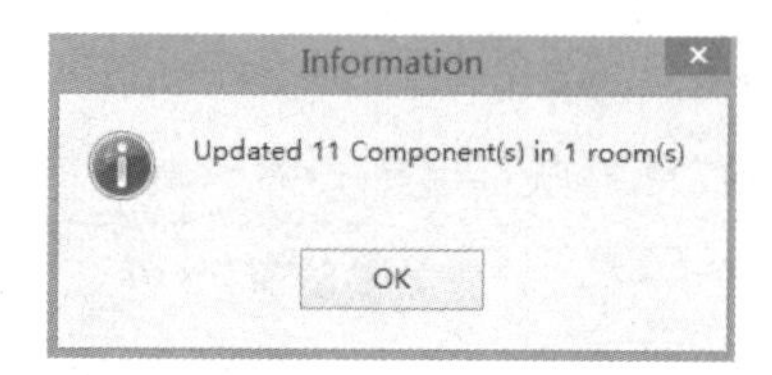

图 10-46 信息提示框

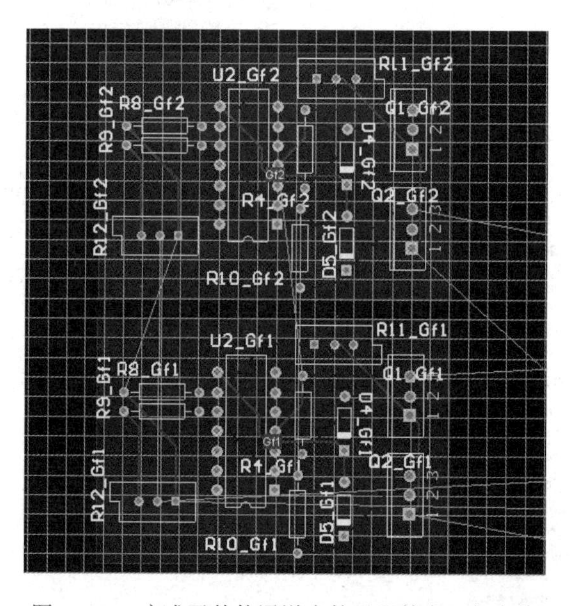

图 10-47 完成了其他通道内的元器件布局与布线

通过上述介绍，可以知道完成多个相同通道的布局、布线是非常方便的。

思考与练习

（1）使用多通道设计有什么好处？

（2）说说多通道设计的流程。

（3）参照 Altium Designer 自带例子“Mixer.PrjPCB”，体会多通道设计的过程。

第11章　PCB的输出

11.1　PCB 报告输出

1. PCB 信息报告

PCB 信息报告用于为用户提供 PCB 的完整信息，包括 PCB 尺寸、焊盘、导孔的数量及零件标号等。执行菜单命令【报告】→【板子信息】，如图 11-1 所示。

图 11-1　执行菜单命令【报告】→【板子信息】

此时，系统将弹出如图 11-2 所示的【PCB 信息】对话框。

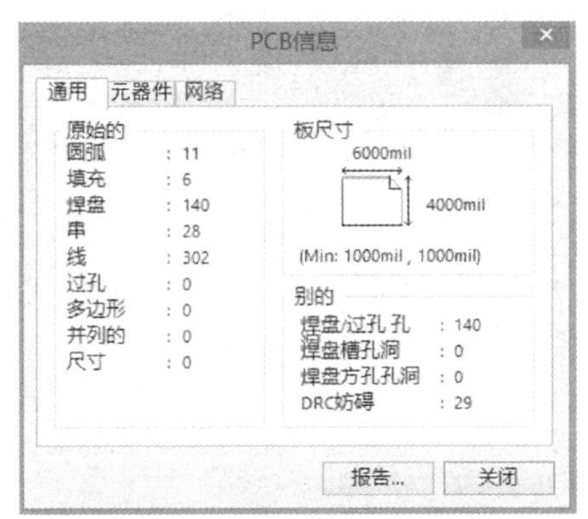

（a）【通用】标签页（包括板框尺寸、焊盘或过孔数量等）

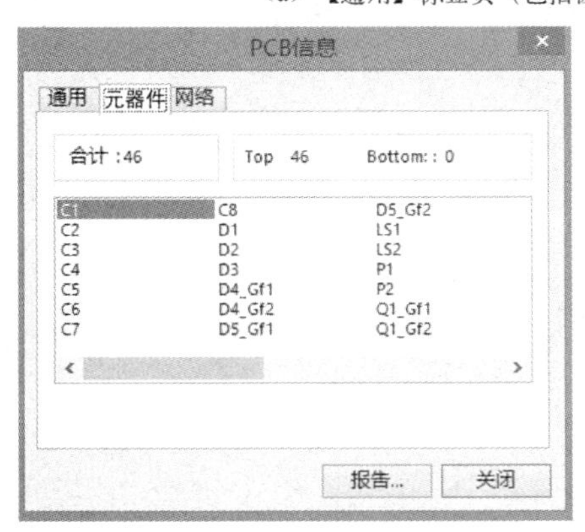

（b）【元器件】标签页（列出电路中的所有元器件）　（c）【网络】标签页（列出电路中的所有网络）

图 11-2　【PCB 信息】对话框

用户可以选中任一标签页，然后单击【报告】按钮。在本例中，选择【通用】标签页，然后单击【报告】按钮，此时系统将弹出如图 11-3 所示的【板报告】对话框。

单击【所有的打开】按钮，可选中所有项目；单击【所有的关闭】按钮，则不选择任何项目。另外，用户可以选中“仅选择对象”复选框，只产生所选中对象的板信息报告。在本例中单击【所有的打开】按钮，选中所有项目，如图 11-4 所示。

图 11-3 【板报告】对话框

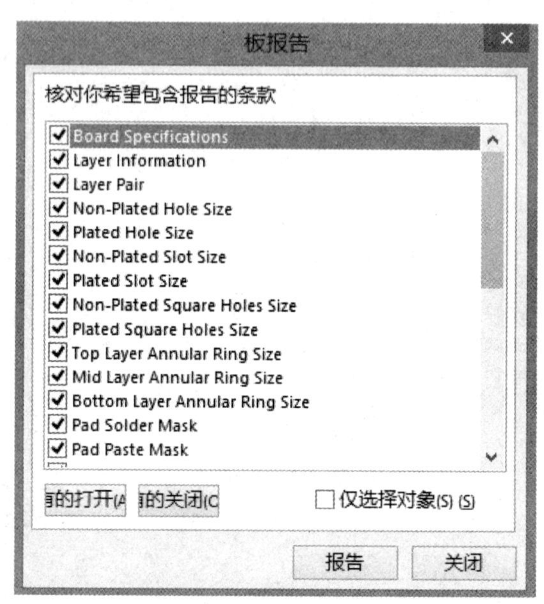

图 11-4 选中所有项目

然后，单击【报告】按钮，则系统会生成网页形式的 PCB 信息报告“Board Information-PCB2.html”，如图 11-5 所示。

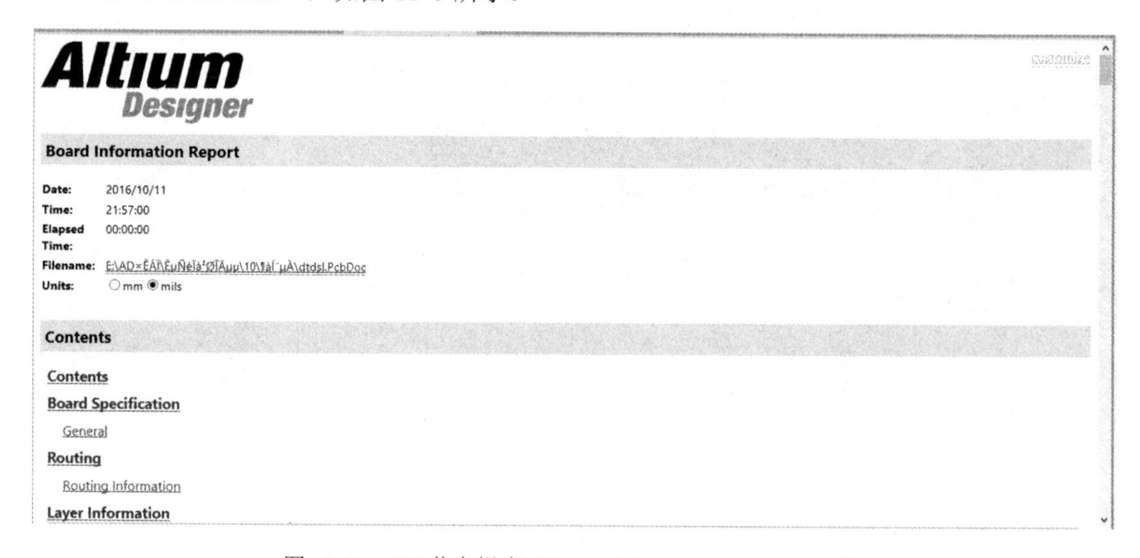

图 11-5 PCB 信息报告“Board Information-PCB2.html”

执行菜单命令【工具】→【优先选项】，打开【参数选择】对话框。在该对话框中，选中【PCB Editor】→【Reports】标签页，设置【Board Information】，如图 11-6 所示。

Board Information			
TXT	✔	✔	C:\Users\Public\Documents\Altium\AD16\Templates\report_txt_defaul
HTML	✔	✔	C:\Users\Public\Documents\Altium\AD16\Templates\report_html_defa
XML	☐	☐	

图 11-6　设置【Board Information】

设置完成后，再次生成报告，系统会同时生成文本格式的 PCB 信息报告，如图 11-7 所示。

```
1   Board Information Report
    Filename     : E:\AD资料实验[illegible]档10\多通道dtdsl.PcbDoc
    Date         : 2016/10/11
    Time         : 22:04:54
    Time Elapsed : 00:00:00

    General
        Board Size, 6000milsx4000mils
        Components on board, 46
10  count : 2

    Routing Information
        Routing completion, 41.38%
        Connections, 87
        Connections routed, 36
        Connections remaining, 51
    count : 4

    Layer, Arcs, Pads, Vias, Tracks, Texts, Fills, Regions, ComponentBodies
20      Top Layer, 0, 0, 0, 20, 0, 0, 0, 0
        Bottom Layer, 0, 0, 0, 82, 0, 0, 0, 0
        Mechanical 1, 0, 0, 0, 0, 0, 0, 0, 0
        Top Overlay, 11, 0, 0, 200, 120, 6, 0, 0
        Bottom Overlay, 0, 0, 0, 0, 0, 0, 0, 0
        Top Paste, 0, 0, 0, 0, 0, 0, 0, 0
        Bottom Paste, 0, 0, 0, 0, 0, 0, 0, 0
        Top Solder, 0, 0, 0, 0, 0, 0, 0, 0
        Bottom Solder, 0, 0, 0, 0, 0, 0, 0, 0
        Drill Guide, 0, 0, 0, 0, 0, 0, 0, 0
30      Keep-Out Layer, 0, 0, 0, 0, 0, 0, 0, 0
        Drill Drawing, 0, 0, 0, 0, 0, 0, 0, 0
        Multi-Layer, 0, 140, 0, 0, 0, 0, 1, 0
    count : 13

    Drill Pairs, Vias
```

图 11-7　文本格式的 PCB 信息报告

2. 元器件报告

元器件报告功能用来整理电路或项目的零件，生成元器件列表，以便用户查询。

执行菜单命令【报告】→【Bill of Materials】，如图 11-8 所示。

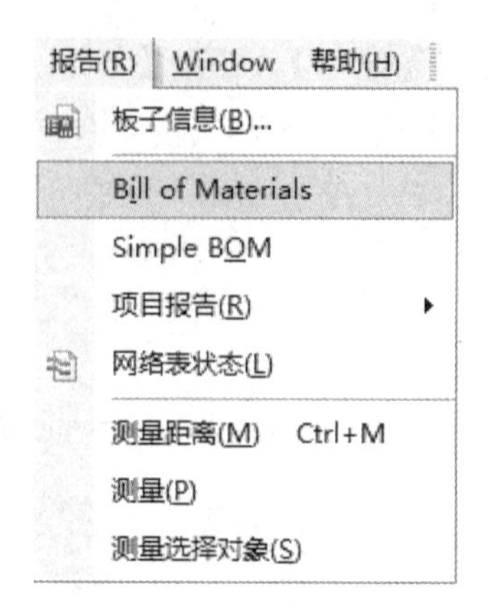

图 11-8　执行菜单命令【报告】→【Bill of Materials】

系统会弹出【Bill of Materials For PCB Document】对话框，如图 11-9 所示。

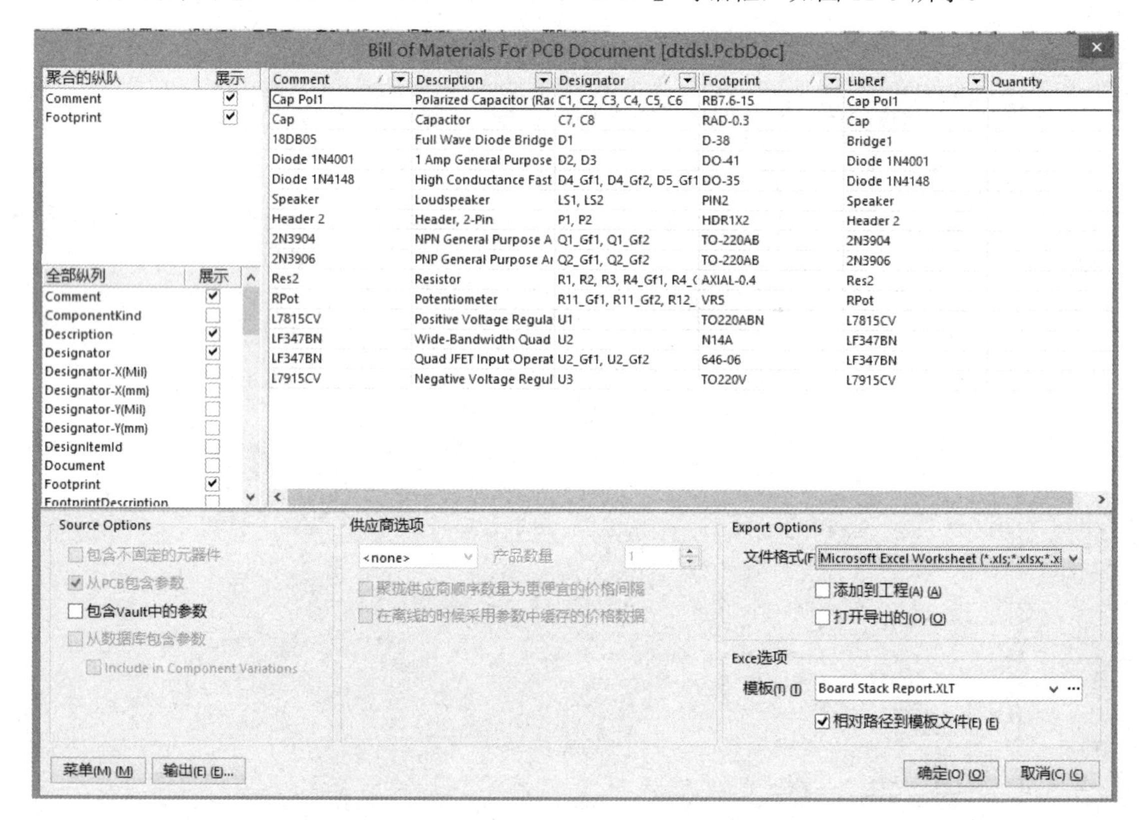

图 11-9　【Bill of Materials For PCB Document】对话框

在【Bill of Materials For PCB Document】对话框中，单击【菜单】按钮，则会弹出如图 11-10 所示的菜单。

图 11-10　菜单

在弹出的菜单中执行菜单命令【报告】，即可打开【报告预览】对话框，如图 11-11 所示。

报告预览

Report Generated From Altium Desig

#	Comment	Description	Designator	Footprint	LibRef	Quantity
1	Cap Pol1	Polarized Capacitor (Radial)	C1, C2, C3, C4, C5, C6	RB7.6-15	Cap Pol1	6
2	Cap	Capacitor	C7, C8	RAD-0.3	Cap	2
3	1N2605	Full Wave Diode Bridge	D1	E-2B	Bridge1	1
4	Diode 1N4001	1 Amp General Purpose Rectifier	D2, D3	DO-41	Diode 1N4001	2
5	Diode 1N4148	High Conductance Fast Diode	D4_GH, D4_GS, D5_GH, D5_GS	DO-35	Diode 1N4148	4
6	Speaker	Loudspeaker	LS1, LS2	PIN2	Speaker	2
7	Header 2	Header, 2-Pin	P1, P2	HDR1X2	Header 2	2
8	2N3904	NPN General Purpose Amplifier	Q1_GH, Q1_GS	TO-220AB	2N3904	2
9	2N3906	PNP General Purpose Amplifier	Q2_GH, Q2_GS	TO-220AB	2N3906	2
10	Res2	Resistor	R1, R2, R3, R4_GH, R4_GS, R5, R6, R7, R8_GH, R8_GS, R9_GH, R9_GS, R10_GH, R10_GS	AXIAL-0.4	Res2	14
11	RPot	Potentiometer	R11_GH, R11_GS, R12_GH, R12_GS	VR5	RPot	4
12	L7815CV	Positive Voltage Regulator	U1	TO220ABN	L7815CV	1
13	LF347BN	Wide-Bandwidth Quad JFET Input Operational Amplifier	U2	N14A	LF347BN	1
14	LF347BN	Quad JFET Input Operational Amplifier, Internally Compensated	U3_GH, U3_GS	646-06	LF347BN	2
15	L7915CV	Negative Voltage Regulator	U3	TO220V	L7915CV	1

Page 1 of 1

所有(A)　宽度(W)　100%　53 %　1

输出(E)　打印(P)　打开报告(O)　停止(S)　关闭(C)

图 11-11 【报告预览】对话框

单击【报告预览】对话框中的【输出】按钮，可以将该报告进行保存，其保存的默认名为“PCB2.xls”。同时激活【打开报告】按钮，单击【打开报告】按钮，打开以“Excel”文件形式保存的元器件报告，如图 11-12 所示。

Report Generated From Altium Designer

A	B	E	G	J	M	O
1	Cap Pol1	Polarized Capaci (Radial)	C1, C2, C3, C4, C5, C6	RB7.6-15	Cap Pol1	6
2	Cap	Capacitor	C7, C8	RAD-0.3	Cap	2
3	18DB05	Full Wave Diode Bridge	D1	D-38	Bridge1	1
4	Diode 1N4001	1 Amp General Purpose Rectifier	D2, D3	DO-41	Diode 1N4001	2
5	Diode 1N4148	High Conductanc Fast Diode	D4_Gf1, D4_Gf2, D5_Gf1, D5_Gf2	DO-35	Diode 1N4148	4
6	Speaker	Loudspeaker	LS1, LS2	PIN2	Speaker	2
7	Header 2	Header, 2-Pin	P1, P2	HDR1X2	Header 2	2
8	2N3904	NPN General Pur Amplifier	Q1_Gf1, Q1_Gf2	TO-220AB	2N3904	2
9	2N3906	PNP General Pur Amplifier	Q2_Gf1, Q2_Gf2	TO-220AB	2N3906	2
10	Res2	Resistor	R1, R2, R3, R4_Gf1, R4_Gf2, R5, R6, R7, R8_Gf1, R8_Gf2, R9_Gf1, R9_Gf2, R10_Gf1, R10_Gf2	AXIAL-0.4	Res2	14
11	RPot	Potentiometer	R11_Gf1, R11_Gf2, R12_Gf1, R12_Gf2	VR5	RPot	4
12	L7815CV	Positive Voltage Regulator	U1	TO220ABN	L7815CV	1
13	LF347BN	Wide-Bandwidth JFET Input Operational Amplifier	U2	N14A	LF347BN	1
14	LF347BN	Quad JFET Input Operational Amplifier, Internally Compensated	U2_Gf1, U2_Gf2	646-06	LF347BN	2
15	L7915CV	Negative Voltage Regulator	U3	TO220V	L7915CV	1

图 11-12　元器件报告

在 PCB 编辑环境中，执行菜单命令【报告】→【Simple BOM】，如图 11-13 所示。

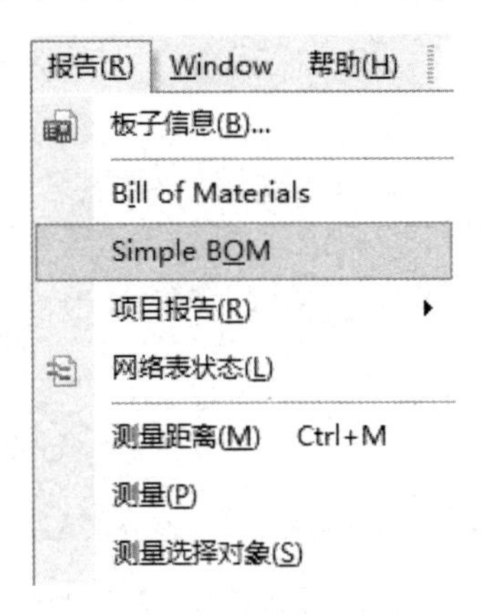

图 11-13　执行菜单命令【报告】→【Simple BOM】

则系统会生成两个元器件简单报告，如图 11-14 所示，分别为“PCB2.BOM”和“PCB2.CSV”。

```
Bill of Material for
On 2016/11/6 at 9:57:50

 Comment              Pattern      Quantity  Components
 ----------------------------------------------------------------------------
 1N4148               DO-35           1      D1                              High Conductance Fast Diode
 AT89S52              AT89S52         1      U1
 Cap Pol1             RB5-10.5        3      C1, C2, C5                      Polarized Capacitor (Radial)
 Cap                  RAD-0.1         9      C3, C4, C6, C8, C9, C10, C11 Capacitor
                                             C12, C13
 Cap2                 CAPR5-4X5       1      C7                              Capacitor
 Comment              PIN2            1      U2
 DAC0808              DAC0808         1      U3
 DATA_10              HDR2X5          1      J2                              Header, 5-Pin, Dual row
 LED                  LED             5      D2, D3, D4, D5, D6
 LF351                LF351           1      U4
 POWER                HDR1X4          1      J1                              Header, 4-Pin
 Res2                 AXIAL-0.4      11      R1, R2, R3, R4, R5, R6, R7      Resistor
                                             R8, R9, R10, R11
 RPot                 VR5             1      RV1                             Potentiometer
 RS                   RS              2      RS2, RS3
 RS1                  RS1             1      RS1
 SW-4                 SW-4            1      SW1
 SW-8                 SW-8            1      SW2
 SW-SPST              SPST-2          1      SW3                             Single-Pole, Single-Throw Switch
 XTAL                 R38             1      Y1                              Crystal Oscillator
```

（a）“PCB2.BOM”报告

```
"Bill of Material for "
"On 2016/11/6 at 9:57:50"

"Comment","Pattern","Quantity","Components"

"1N4148","DO-35","1","D1","High Conductance Fast Diode"
"AT89S52","AT89S52","1","U1",""
"Cap Pol1","RB5-10.5","3","C1, C2, C5","Polarized Capacitor (Radial)"
"Cap","RAD-0.1","9","C3, C4, C6, C8, C9, C10, C11, C12, C13","Capacitor"
"Cap2","CAPR5-4X5","1","C7","Capacitor"
"Comment","PIN2","1","U2",""
"DAC0808","DAC0808","1","U3",""
"DATA_10","HDR2X5","1","J2","Header, 5-Pin, Dual row"
"LED","LED","5","D2, D3, D4, D5, D6",""
"LF351","LF351","1","U4",""
"POWER","HDR1X4","1","J1","Header, 4-Pin"
"Res2","AXIAL-0.4","11","R1, R2, R3, R4, R5, R6, R7, R8, R9, R10, R11","Resistor"
"RPot","VR5","1","RV1","Potentiometer"
"RS","RS","2","RS2, RS3",""
"RS1","RS1","1","RS1",""
"SW-4","SW-4","1","SW1",""
"SW-8","SW-8","1","SW2",""
"SW-SPST","SPST-2","1","SW3","Single-Pole, Single-Throw Switch"
"XTAL","R38","1","Y1","Crystal Oscillator"
```

（b）“PCB2.CSV”报告

图 11-14　两元器件简单报告

这两个文件的内容基本相同，都简单直观地列出了所有元器件的序号、描述、封装等。

3. 元器件交叉参考报告

元器件交叉参考报告主要用于将整个项目中的所有元器件按照所属的元器件封装进行分组，同样相当于一份元器件清单。

执行菜单命令【报告】→【项目报告】→【Component Cross Reference】，如图 11-15

所示。

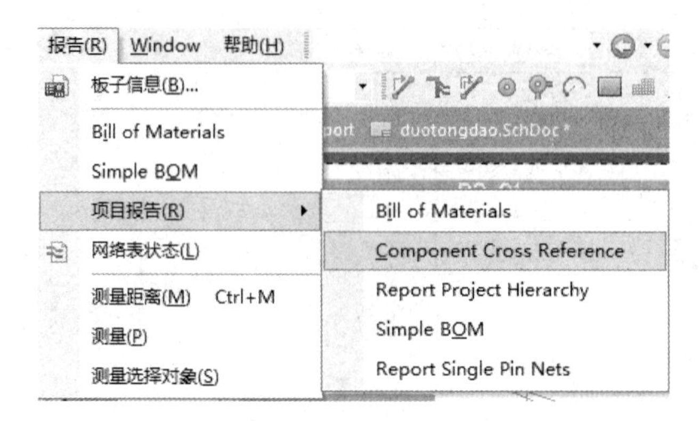

图 11-15 执行菜单命令【报告】→【项目报告】→【Component Cross Reference】

执行上述菜单命令，系统会弹出【Component Cross Reference Report For Project】对话框，如图 11-16 所示。

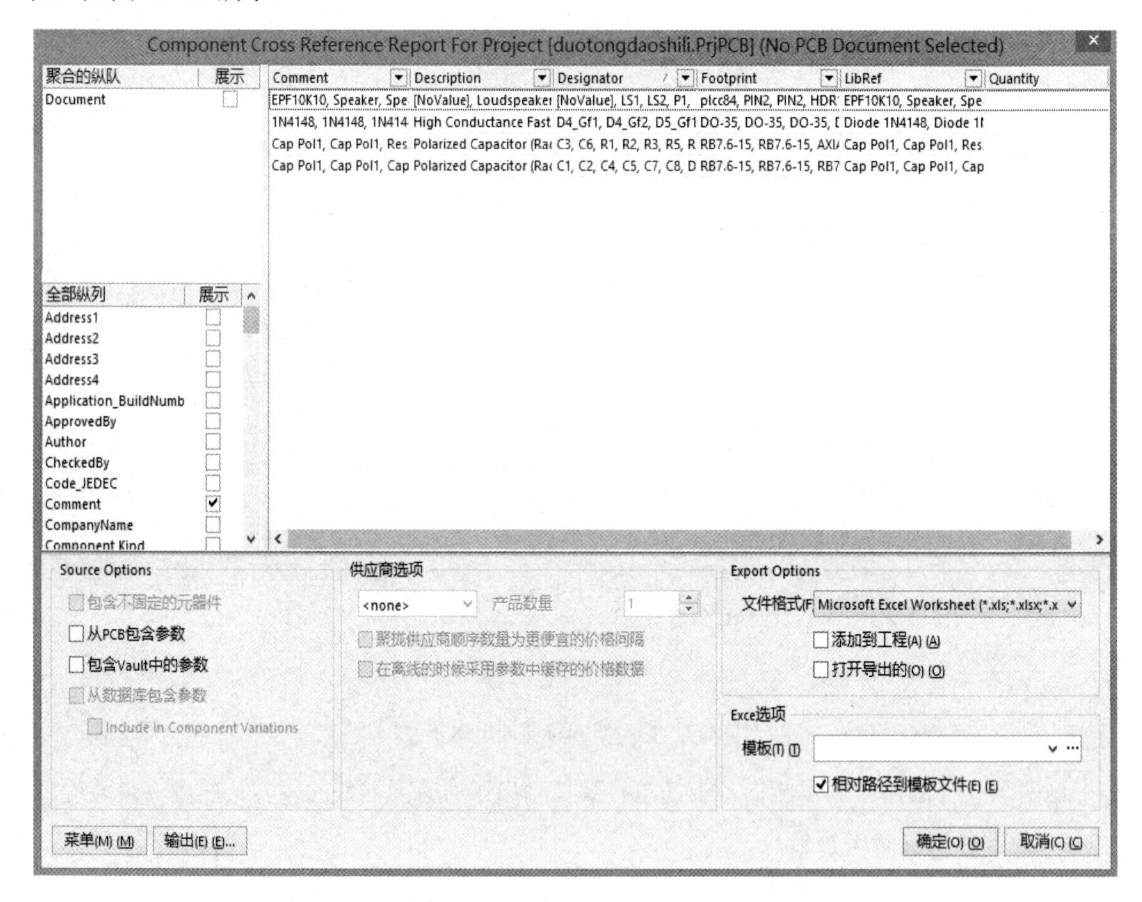

图 11-16 【Component Cross Reference Report For Project】对话框

在【Component Cross Reference Report For Project】对话框中，单击【菜单】按钮，则

会弹出如图 11-17 所示的菜单。

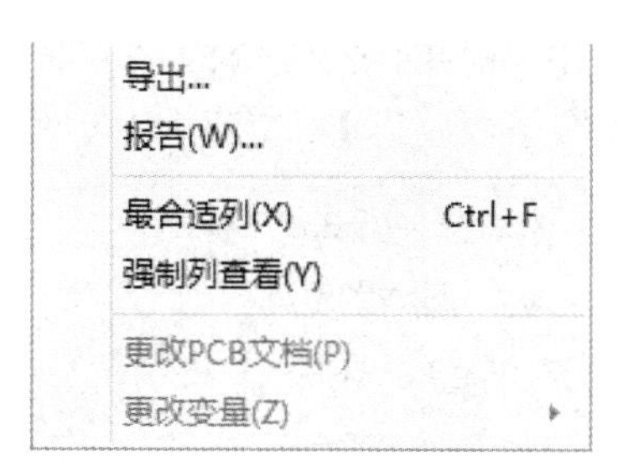

图 11-17　菜单

在弹出的菜单中执行菜单命令【报告】，即可打开【报告预览】对话框，如图 11-18 所示。

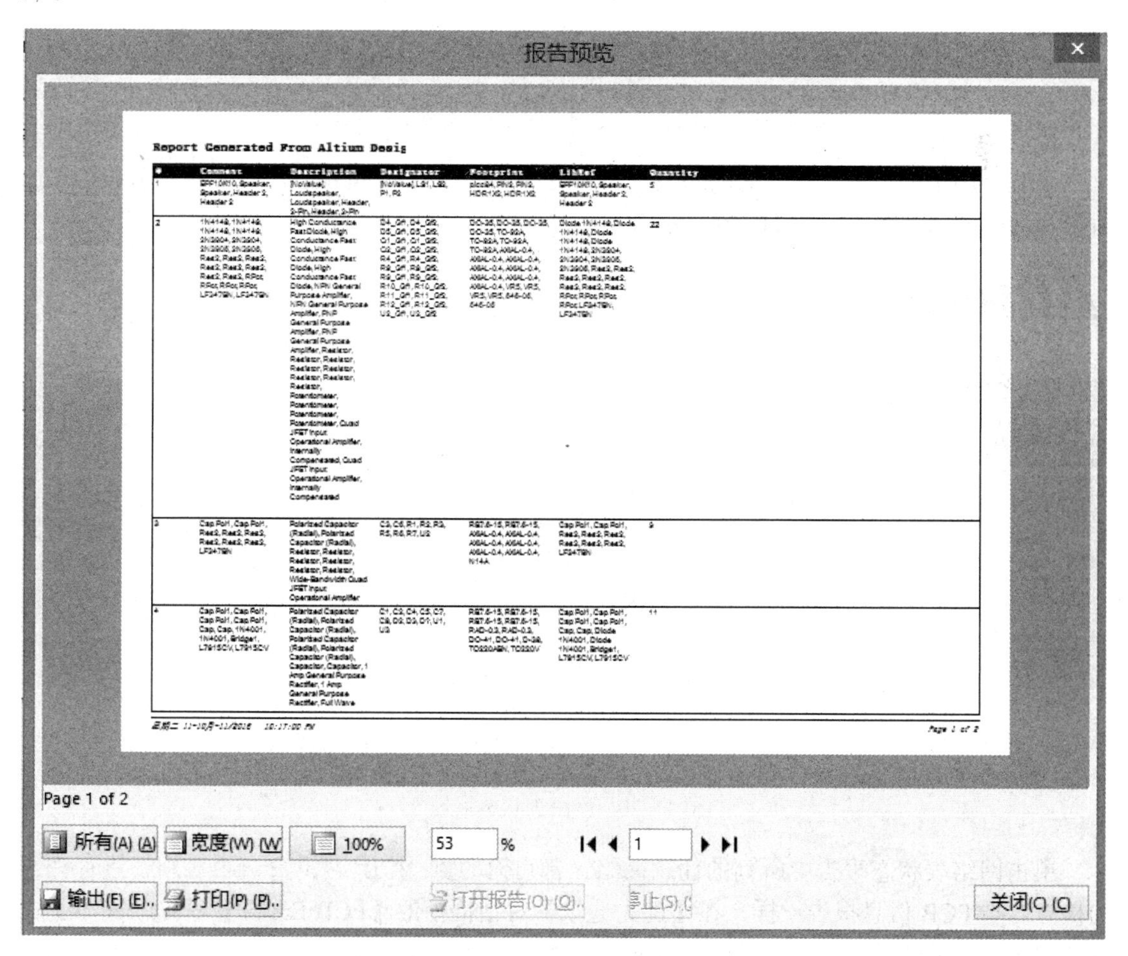

图 11-18　【报告预览】对话框

单击【报告预览】对话框中的【输出】按钮，可以将该报告进行保存，其保存的默认名为“PCB_Project1.xls”（PCB_Project1 是 PCB 文件所在工程的工程名）。

4. 网络表状态报告

网络表状态报告用于给出 PCB 中各网络所在的工作层面及每一网络中的导线总长度。

执行菜单命令【报告】→【网络表状态】，如图 11-19 所示。

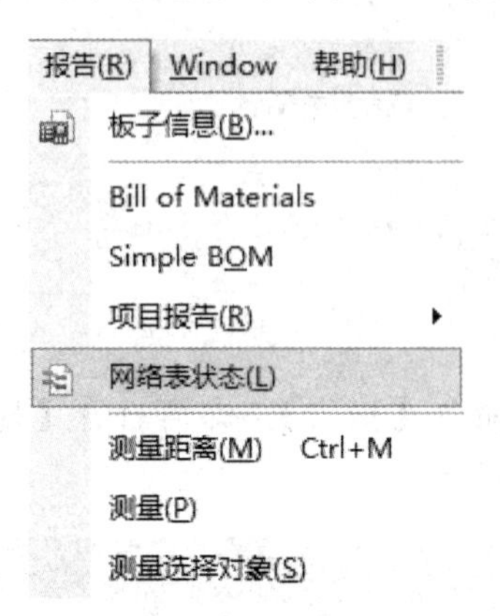

图 11-19 执行菜单命令【报告】→【网络表状态】

系统自动生成了网页形式的网络表状态报告“Net Statius-PCB2.html”，并显示在工作窗口中。网络表状态报告如图 11-20 所示。

Altium Designer

customize

Net Status Report

Date: 2016/10/11
Time: 22:18:48
Elapsed Time: 00:00:00
Filename:
Units: mm mils

Nets	Layer	Length
+15V	Signal Layers Only	2302.548mil
-15V	Signal Layers Only	2822.459mil
GF1	Signal Layers Only	1680.051mil
GF2	Signal Layers Only	1680.051mil
GND	Signal Layers Only	1351.960mil
IN2	Signal Layers Only	0mil

图 11-20 网络表状态报告

单击网络表状态报告中所列的任意网络，都可对照到 PCB 编辑窗口中，用于进行详细的检查。与 PCB 信息报告一样，在【优先选项】对话框中的【PCB Editor】→【Reports】标签页中进行相应的设置后，也可以生成文本格式的网络表状态报告。

5. 测量距离报告

测量距离报告用于输出任意两点之间的距离。

执行菜单命令【报告】→【测量距离】，如图 11-21 所示。

图 11-21　执行菜单命令【报告】→【测量距离】

此时，光标变为十字形，单击要测量的两点，如图 11-22 所示。

系统会弹出这两点之间距离的信息提示框，如图 11-23 所示。

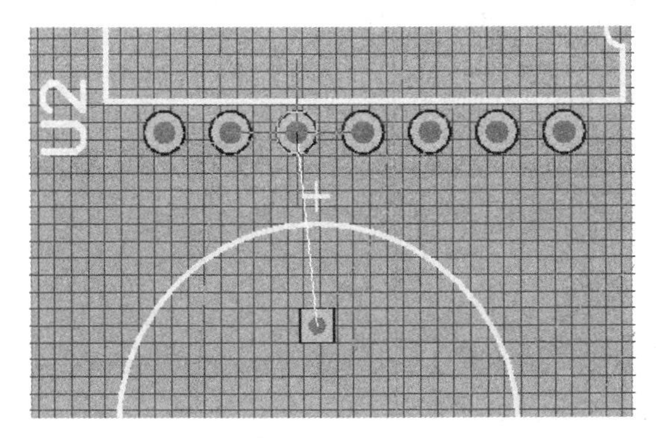

图 11-22　单击要测量的两点

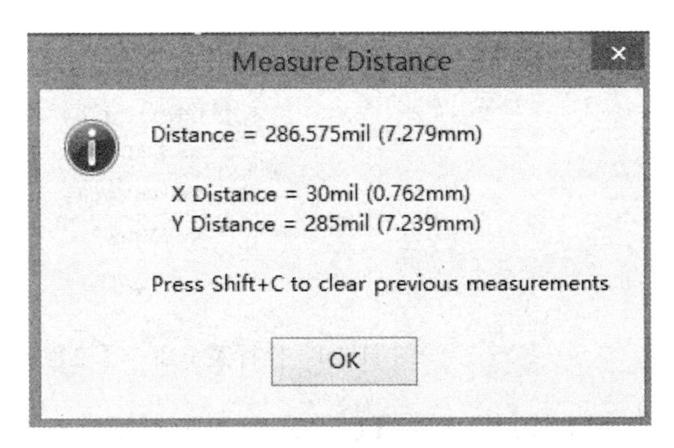

图 11-23　两点之间距离的信息提示框

11.2　创建 Gerber 文件

光绘数据格式是以向量式光绘机的数据格式 Gerber 数据为基础发展起来的，并对向量式光绘机的数据格式进行了扩展，兼容了 HPGL（惠普绘图仪格式）、Autocad DXF 和 TIFF 等专用和通用图形数据格式。一些 CAD 和 CAM 开发厂商还对 Gerber 数据做了扩展。

Gerber 数据的正式名称为 Gerber RS-274 格式。向量式光绘机码盘上的每一种符号，在 Gerber 数据中，均有相应的 D 码（D-CODE）。这样，光绘机就能够通过 D 码来控制、选择码盘，绘制出相应的图形。将 D 码和 D 码所对应符号的形状、尺寸大小进行列表，即得到一个 D 码表。此 D 码表就成为从 CAD 设计到光绘机利用此数据进行光绘的一个桥梁。用户在提供 Gerber 光绘数据的同时，必须提供相应的 D 码表。这样，光绘机就可以依据 D 码表确定应选用何种符号盘进行曝光，从而绘制出正确的图形。

打开以设计完成的 PCB 文件“last-one.PcbDoc”，执行菜单命令【文件】→【制造输出】→【Gerber Files】，如图 11-24 所示。

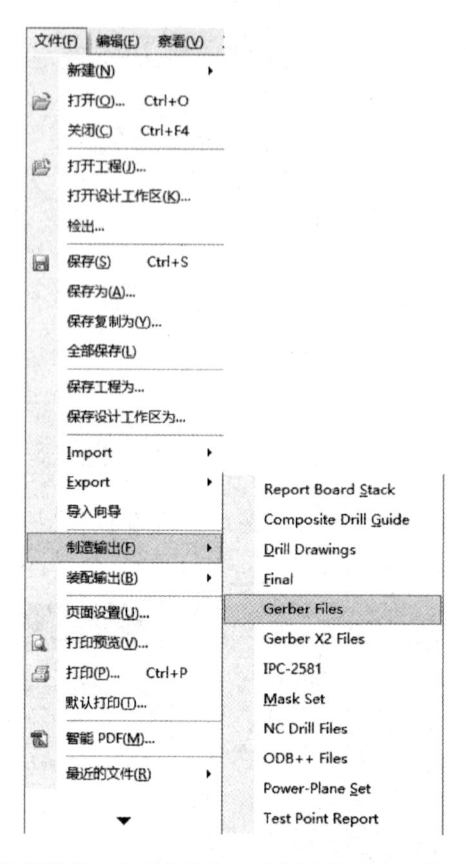

图 11-24 执行菜单命令【文件】→【制造输出】→【Gerber Files】

系统则会打开【Gerber 设置】对话框，如图 11-25 所示。

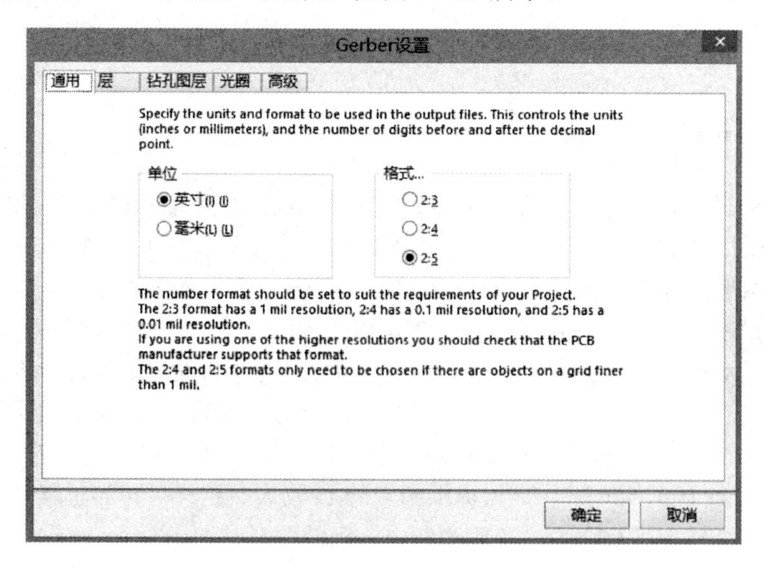

图 11-25 【Gerber 设置】对话框

【Gerber 设置】对话框包含 5 个标签页，分别为【通用】、【层】、【钻孔图层】、【光圈】、【高级】。

1.【通用】标签页

【通用】标签页如图 11-26 所示，用于设定在输出的 Gerber 文件中使用的尺寸单位和格式。

单位区域中，提供了两种单位选择，即英制和公制。

格式区域中，提供了 3 个单选框，表示 Gerber 文件中使用的不同数据精度。“2:3”表示数据中含 2 位整数、3 位小数。同理，“2:4”表示数据中含有 4 位小数，“2:5”表示数据中含有 5 位小数。

当选击“毫米”单选框时，系统提供如图 11-26 所示的数据格式。

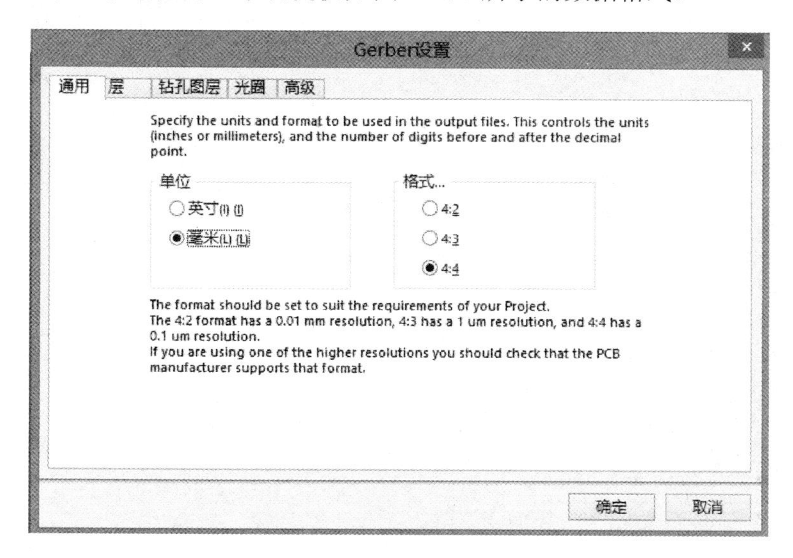

图 11-26 【通用】标签页

其格式含义与单位为“英寸”时相同，如“4:2”表示 4 位整数、2 位小数的数据格式。

用户可根据自己设计中用到的单位精度进行设置。在本例采用系统的默认设置，即单位采用“英寸”，输入格式为“2:3”。

2.【层】标签页

【层】标签页如图 11-27 所示。该标签页的左侧列表用于选择设定需要生成 Gerber 文件的工作层面，在画线列选取 Gerber 报告内需要记录的板层，如果要板层翻转后再记录，则要选择反射列中的对应选项。右侧列表则用于选择要加载到各个 Gerber 层的机械层。

单击【画线层】按钮或【映射层】按钮，会弹出如图 11-28 所示的菜单。

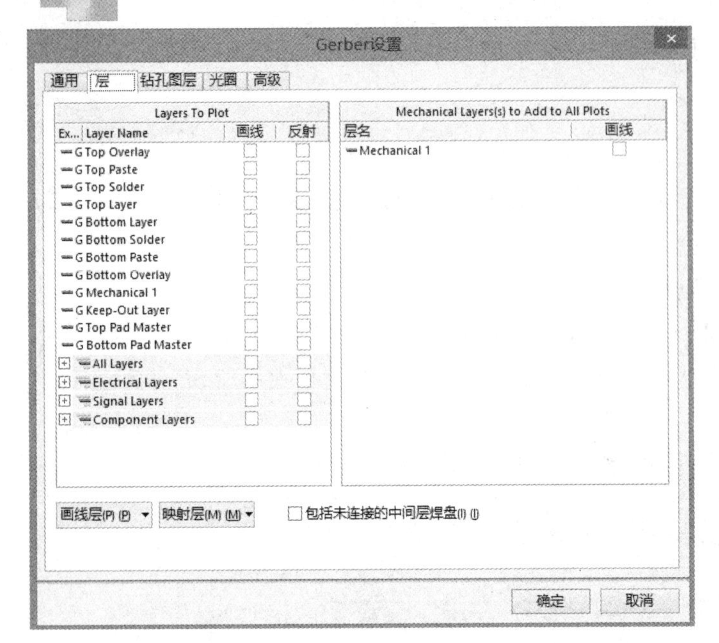

图 11-27 【层】标签页

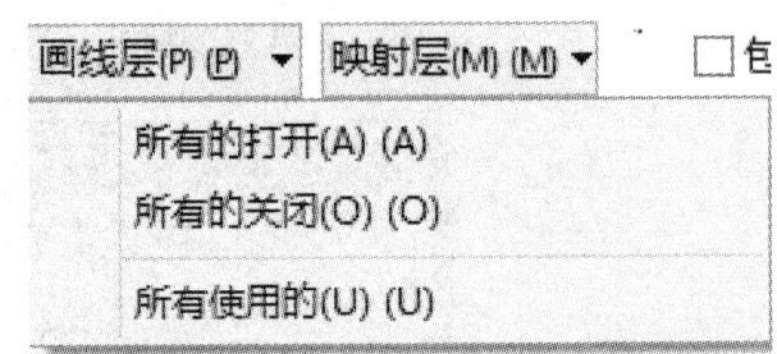

图 11-28 菜单

执行菜单命令【所有的打开】，系统将自动选中所有的板层，执行菜单命令【所有的关闭】，系统将自动取消所选的板层，而执行菜单命令【所有使用的】，系统将自动选中用户用到的板层。

【层】标签页中还包含一个“包括未连接的中间层焊盘”复选框。选中该复选框，表示在 Gerber 文件中将绘出未连接的中间层的焊盘。

3.【钻孔图层】标签页

【钻孔图层】标签页如图 11-29 所示。

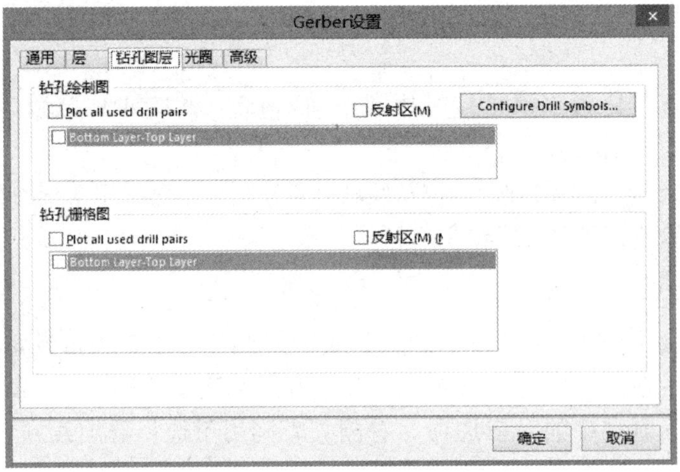

图 11-29 【钻孔图层】标签页

【钻孔图层】标签页用于选择设定钻孔图划分和钻孔导向图中要绘制的层对，以及钻孔图划分中标注符号的类型。该标签页的各选项意义如下。

“Plot all used drill pairs”复选框：选中该复选框，表示在用户所有用到的板层上绘制钻孔图划分和钻孔导向图。如果不选中该复选框，用户可以在该复选框下方的列表栏中个别选取绘制钻孔图划分和钻孔导向图的板层。

用户可以在钻孔绘制图区域的右侧，选择钻孔图符号的类型。

本例采用系统的默认设置。

4.【光圈】标签页

【光圈】标签页如图 11-30 所示。

图 11-30 【光圈】标签页

【光圈】标签页的设定决定了 Gerber 文件的格式，分为两种：RS274D 和 RS274X。RS274D 包含 X、Y 坐标数据，但没有 D 码文件，需要用户给出相应的 D 码文件；RS274X 包含 X、Y 坐标数据，也包含 D 码文件，无须用户给出相应的 D 码文件。D 码文件为 ASCII 文本格式文件，文件的内容为 D 码的尺寸、形状和曝光方式等。

系统默认为选中“嵌入的孔径（RS274X）”复选框，表示生成 Gerber 文件时自动建立光圈。若不选中该复选框，则右侧的光圈表将可以使用，设计者可自行加载合适的光圈。这里使用其默认设置。

5.【高级】标签页

【高级】标签页如图 11-31 所示。该标签页用于设置胶片大小和边框尺寸、零字符格式、孔径匹配公差、板层在胶片上位置、制造文件的批量模式及绘图器类型等。这里采用系统的默认设置。

所有的标签页设置完成后，单击【确定】按钮，系统即按照设置生成各个图层的 Gerber 文件，并加载到当前项目中。同时，系统启动【CAMtastic】编辑器，如图 11-32 所示，将所有生成的 Gerber 文件集成为“CAMtastic1.CAM”图形文件，并显示在编辑窗口中。“CAMtastic1.CAM”图形文件如图 11-33 所示。

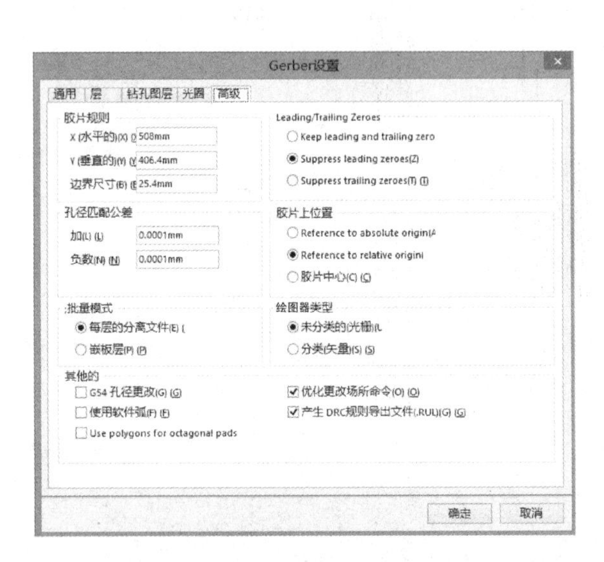

图 11-31 【高级】标签页

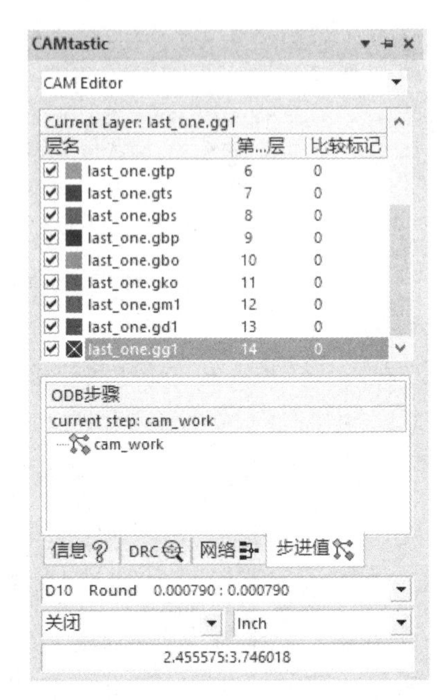

图 11-32 【CAMtastic】编辑器

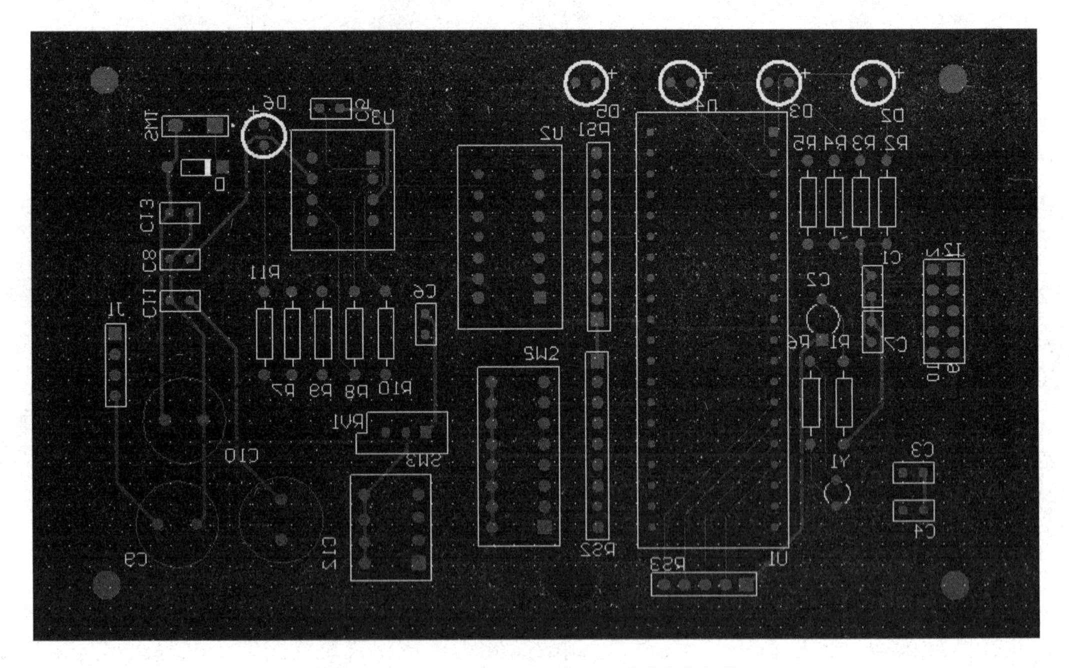

图 11-33 “CAMtastic1.CAM”图形文件

在【CAMtastic】编辑器的层名列表中，列出了“CAMtastic1.CAM”图形文件所包含的各个层名，其各层意义如下。

☺ last_one.bgl：为 BOTTOM 层的光绘文件。

☺ last_one.gd1：为钻孔图层的光绘文件。

☺ last_one.gko：为 KeepOutLayer 层的光绘文件。

☺ last_one.gtl：为 TOP 层的光绘文件。

☺ last_one.gto：为 TOP 层丝印的光绘文件。

执行菜单命令【表格】→【光圈】，如图 11-34 所示，即可打开光圈表，即 D 码表。在一个 D 码表中，一般应该包括 D 码，每个 D 码所对应码盘的形状、尺寸，【编辑光圈】对话框如图 11-35 所示。

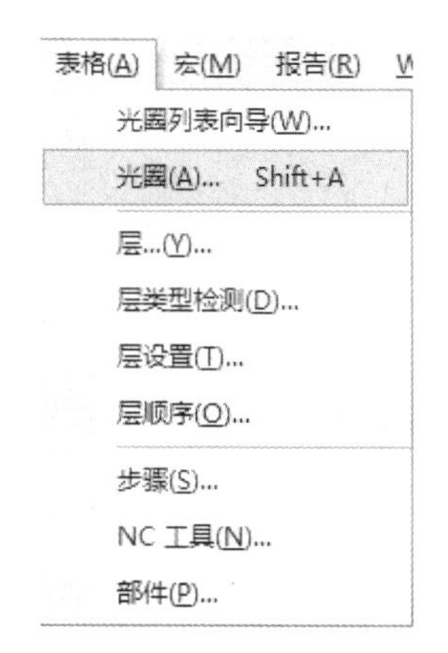

图 11-34　执行菜单命令【表单】→【光圈】

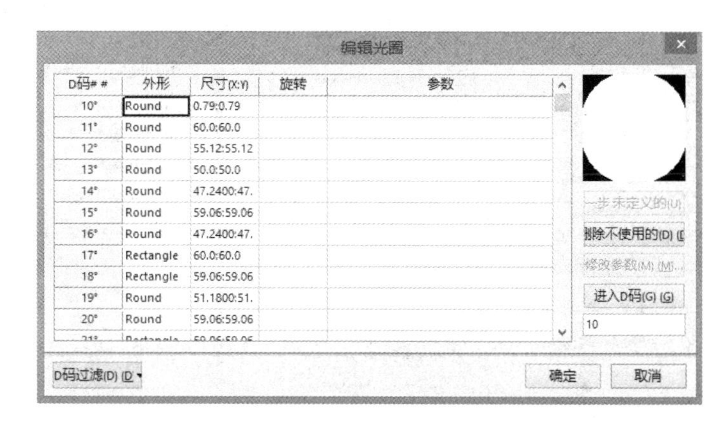

图 11-35　【编辑光圈】对话框

图 11-35 中，每行定义了一个 D 码，包含了有 4 种参数。

第一列为 D 码序号。

第二列为该 D 码代表的符号的形状说明，如“Round”表示该符号的形状为圆形，“Rectangle”表示该符号的形状为矩形。

第三列和第四列分别定义了符号图形的 X 方向和 Y 方向的尺寸，单位为 mil。

在 Gerber RS-274 格式中，除了使用 D 码定义了符号盘以外，D 码还用于光绘机的曝光控制；另外还使用了一些其他命令用于光绘机的控制和运行。

11.3　创建钻孔文件

钻孔文件用于记录钻孔的尺寸和钻孔的位置。当用户的 PCB 数据要送入 NC 钻孔机进行自动钻孔操作时，用户须创建钻孔文件。

打开设计文件“PCB2.PcbDoc”，执行菜单命令【文件】→【制造输出】→【NC Drill Files】，如图 11-36 所示。此时，系统将弹出【NC 钻孔设置】对话框，如图 11-37 所示。

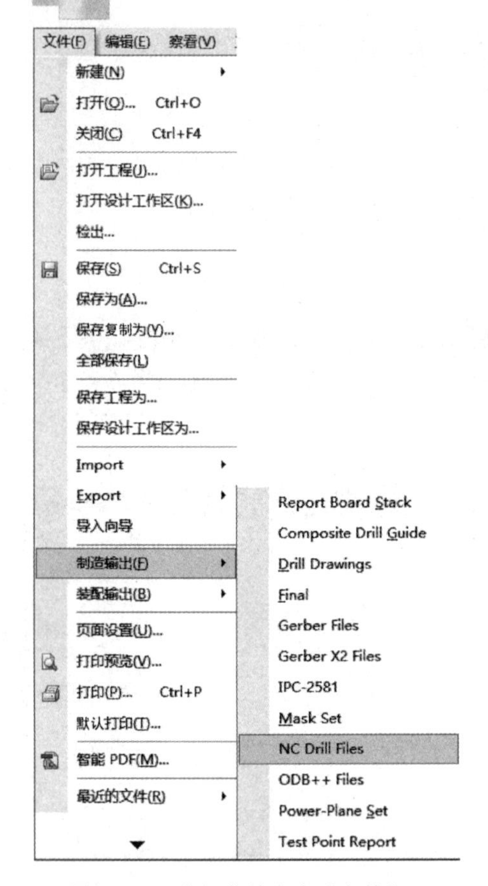

图 11-36　执行菜单命令【文件】→【制造输出】→【NC Drill Files】

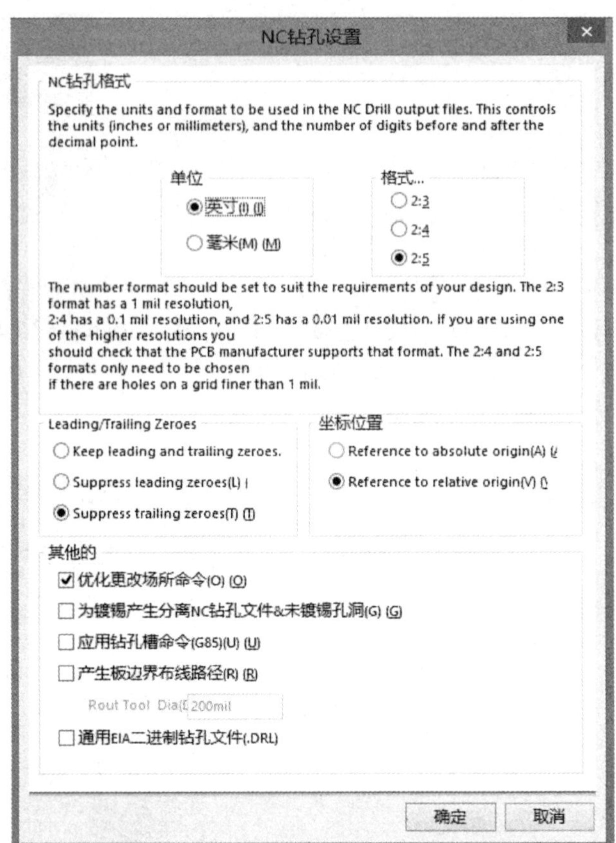

图 11-37　【NC 钻孔设置】对话框

在 NC 钻孔格式区域中包含单位和格式两个设置栏，其意义如下。

单位栏中，提供了两种单位选择，即“英寸”和“毫米”。

格式栏中，提供了 3 项选择，即“2:3”、“2:4”和“2:5”，表示 Gerber 文件中使用的不同数据精度。“2:3”表示数据中含 2 位整数、3 位小数。同理，“2:4”表示数据中含有 4 位小数，“2:5”表示数据中含有 5 位小数。

在 Leading/Trailing Zeroes 区域中，系统提供了 3 种选项。

☺ Keep leading and trailing zeroes：保留数据的前导零和后接零。

☺ Suppress leading zeroes：删除前导零。

☺ Suppress trailing zeroes：删除后接零。

在坐标位置区域中，系统提供了两种选项，即“Reference to absolute origin”和“Reference to relative origin”。

这里使用系统提供的默认设置。单击【确定】按钮，即生成一个名称为“CAMtastic2.CAM”图形文件，同时启动了【CAMtastic】编辑器，弹出【输入钻孔数据】对话框，如图 11-38 所示。单击【确定】按钮，所生成的“CAMtastic2.CAM”图形文件显示在编辑窗口中。“CAMtastic2.CAM”图形文件如图 11-39 所示。

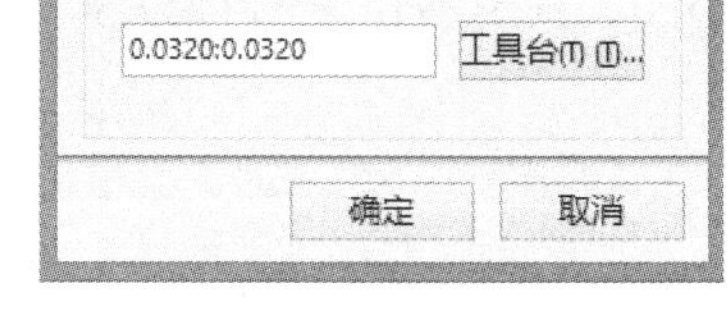

图 11-38 【输入钻孔数据】对话框

图 11-39 “CAMtastic2.CAM”图形文件

在该编辑窗口下，用户可以进行与钻孔有关的各种校验、修正和编辑等工作。

在【Projects】面板的“Generated”文件夹中，双击可以打开生成的 NC 钻孔文件报告“PCB2.DRR”，如图 11-40 所示。

```
NCDrill File Report For: last one.PcbDoc    2016/10/12  10:44:45

Layer Pair : Top Layer to Bottom Layer
ASCII RoundHoles File : last one.TXT

Tool    Hole Size           Hole Tolerance      Hole Type   Hole Count   Plated   Tool Travel
---------------------------------------------------------------------------------------------
T1      24mil (0.6mm)                           Round       40           PTH      5.70inch (144.78mm)
T2      28mil (0.7mm)                           Round       23           PTH      9.40inch (238.86mm)
T3      32mil (0.8mm)                           Round       2            PTH      0.20inch (5.00mm)
T4      32mil (0.813mm)                         Round       10           PTH      3.15inch (80.08mm)
T5      33mil (0.85mm)                          Round       22           PTH      8.74inch (222.08mm)
T6      35mil (0.9mm)                           Round       46           PTH      14.44inch (366.77mm)
T7      39mil (1mm)                             Round       47           PTH      7.84inch (199.22mm)
T8      43mil (1.1mm)                           Round       2            PTH      0.20inch (5.08mm)
T9      138mil (3.5mm)                          Round       4            PTH      10.78inch (273.81mm)
---------------------------------------------------------------------------------------------
Totals                                                      196

Total Processing Time (hh:mm:ss) : 00:00:00
```

图 11-40 NC 钻孔文件报告“PCB2.DRR”

在钻头工具表中列出了钻孔的尺寸及数量等信息。按照保存路径，双击并查看钻孔文件“PCB2.TXT”，如图 11-41 所示。

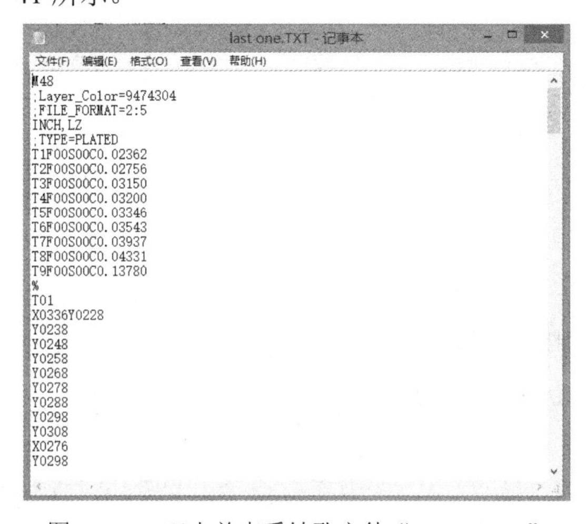

last one.TXT - 记事本

文件(F) 编辑(E) 格式(O) 查看(V) 帮助(H)

```
M48
;Layer_Color=9474304
;FILE_FORMAT=2:5
INCH,LZ
;TYPE=PLATED
T1F00S00C0.02362
T2F00S00C0.02756
T3F00S00C0.03150
T4F00S00C0.03200
T5F00S00C0.03346
T6F00S00C0.03543
T7F00S00C0.03937
T8F00S00C0.04331
T9F00S00C0.13780
%
T01
X0336Y0228
Y0238
Y0248
Y0258
Y0268
Y0278
Y0288
Y0298
Y0308
X0276
Y0298
```

图 11-41 双击并查看钻孔文件“PCB2.TXT”

11.4　用户向 PCB 加工厂商提交的信息

1. 用户向 PCB 加工厂商提供的光绘及钻孔文件

当用户将设计完成的 PCB 信息提交给 PCB 加工厂商时，用户须向厂家提供以下文件。

☺ 各层的光绘文件，包括 PCB2.gbl、PCB2.gd1、PCB2.gko、PCB2.gtl 及 PCB2.gto 光绘文件。

☺ 提交钻孔文件，包括 PCB2.TXT、PCB2.DRR。

2. 光绘及钻孔数据文件的导出

1）光绘文件的导出

将工作界面切换回“CAMtastic1.CAM”，执行菜单命令【文件】→【导出】→【Gerber】，如图 11-42 所示，系统则会弹出【输出 Gerber】对话框，如图 11-43 所示。

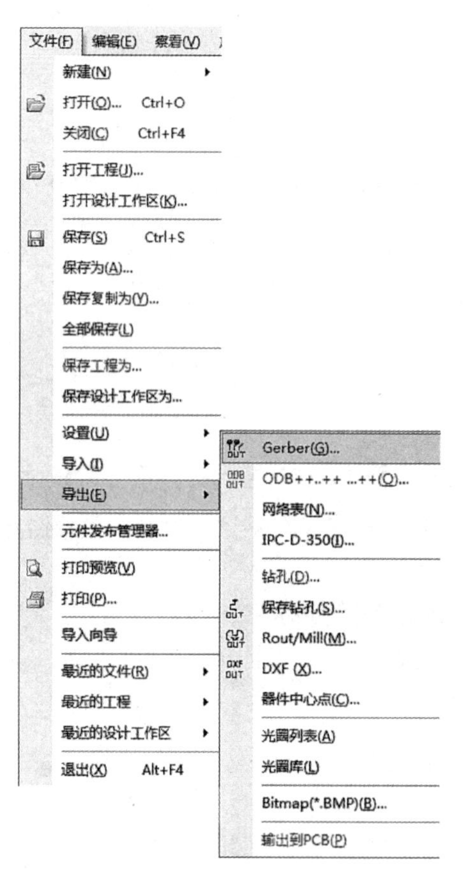

图 11-42　执行菜单命令【文件】→【导出】→【Gerber】

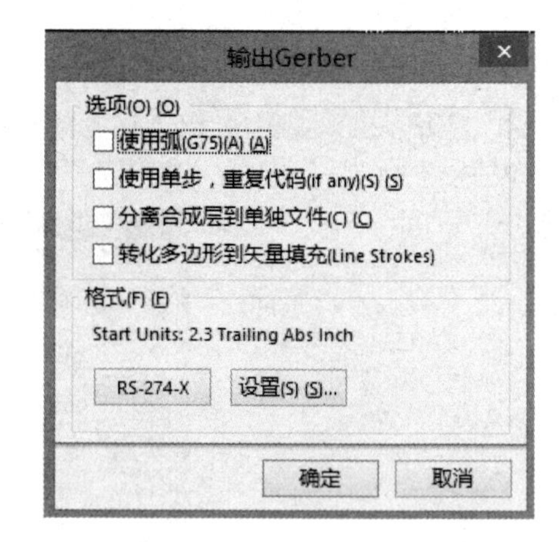

图 11-43　【输出 Gerber】对话框

这里采用系统默认设置，单击【确定】按钮，则会弹出【Write Gerber(s)】对话框，如图 11-44 所示。

在【Write Gerber(s)】对话框中，选中所有待输出文件，并在该对话框最下方选择文件保存路径，这里选择保存在桌面。设置好的【Write Gerber(s)】对话框如图 11-45 所示。

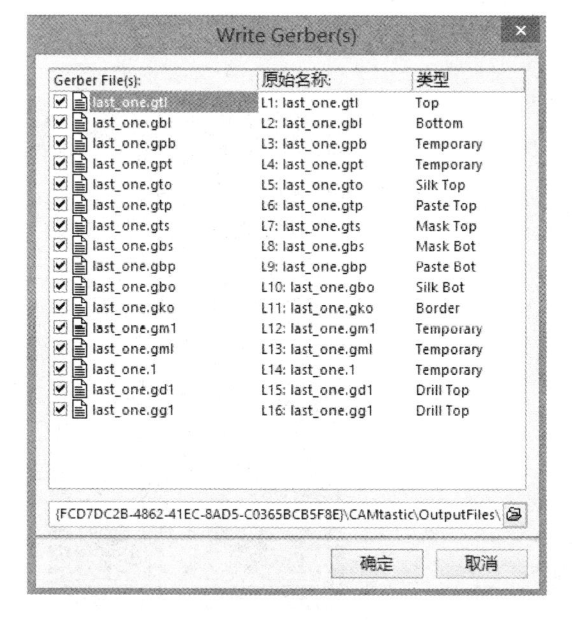

图 11-44 【Write Gerber(s)】对话框

图 11-45 设置好的【Write Gerber(s)】对话框

单击【确定】按钮，则所有的导出文件都被保存在桌面上了。

2）钻孔数据文件的导出

到钻孔数据文件的保存目录下，找到要提供给制造商的文件“last-one.TXT”“last-one.DRR”，并粘贴到要保存的路径下即可。

11.5 PCB 和原理图的交叉探针

Altium Designer 系统在原理图编辑器和 PCB 编辑器中提供了交叉探针功能，用户可以将 PCB 编辑环境中的封装形式与原理图中元器件图形进行相互对照，实现了图元的快速查找与定位。

系统提供了两种交叉探针模式：连续（Continuous）模式和跳转（Jump to）模式。

☺ 连续交叉探针模式：在该模式下，可以连续探测对应文件内的图元。

☺ 跳转交叉探针模式：在该模式下，只可对单一图元进行对应文件的跳转。

下面就给出这两种交叉探针模式的操作方式。

新建项目文件“PCB_Project1.PrjPCB”，加载绘制好的原理图文件和 PCB 文件，如图 11-46 所示。双击打开原理图文件“练习.SchDoc”和 PCB 文件“PCB1.PcbDoc”。

在 PCB 文件“PCB1.PcbDoc”中，执行菜单命令【工具】→【交叉探针】，如图 11-47 所示。此时，光标变为十字形，移动光标到需要查看的元器件上，例如，单击选取“U2”元器件，如图 11-48 所示。

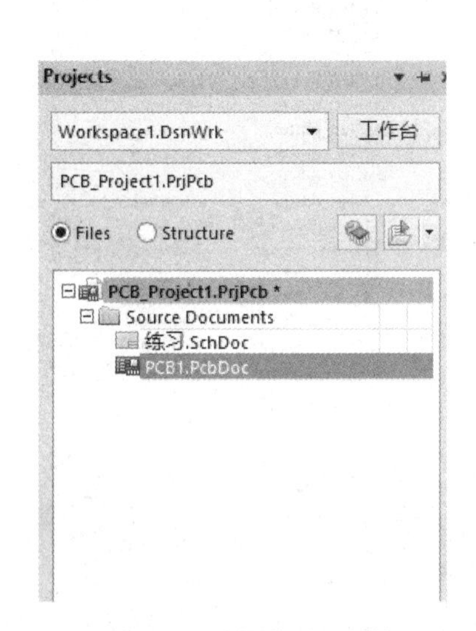

图 11-46 新建项目文件

“PCB_Project1.PrjPCB”

图 11-47 执行菜单命令【工具】→【交叉探针】

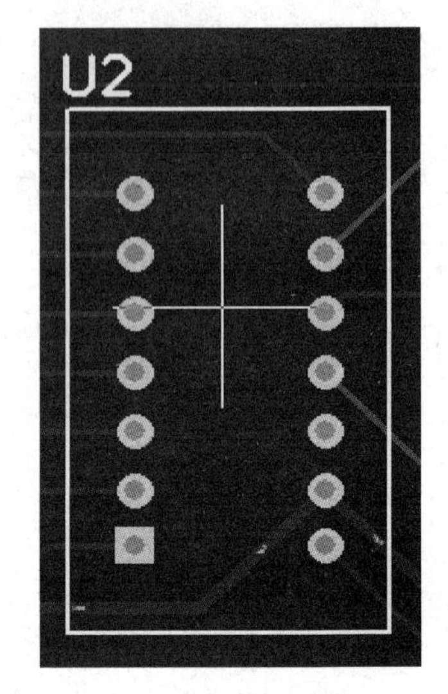

图 11-48 单击选取“U2”元器件

系统会快速的切换到对应的原理图文件“练习.SchDoc”，之后又快速切换回 PCB 文件。此时仍处于交叉探针命令下，右击即可退出交叉探针命令。

单击原理图文件“练习.SchDoc”，可以看到被单击选取的元器件处于高亮显示状态，而其他元器件则呈灰色屏蔽状态。元器件的显示状态如图 11-49 所示。

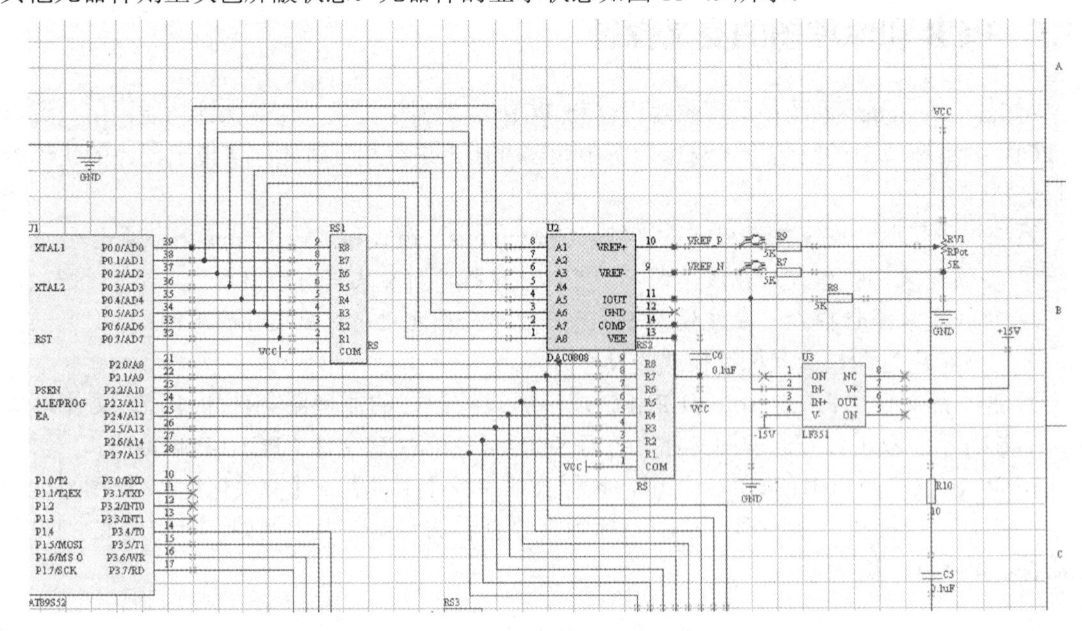

图 11-49 元器件的显示状态

在连续交叉探针模式下，图元的高亮显示不是累积的，系统只是保留最后一次探测图元的高亮显示。

返回 PCB 文件，再次执行菜单命令【交叉探针】，按住【Ctrl】键同时单击选取待查看的元器件，系统会自动跳转到原理图文件“练习.SchDoc”，选中元器件呈高亮显示状态，而其他的元器件呈灰色屏蔽状态。

11.6　智能 PDF 向导

Altium Designer 系统提供了强大的智能 PDF 向导，用于创建原理图和 PCB 数据视图文件，实现了设计数据的共享。

在原理图编辑环境或 PCB 编辑环境，执行菜单命令【文件】→【智能 PDF】，如图 11-50 所示，则打开了【灵巧 PDF】向导界面，如图 11-51 所示。

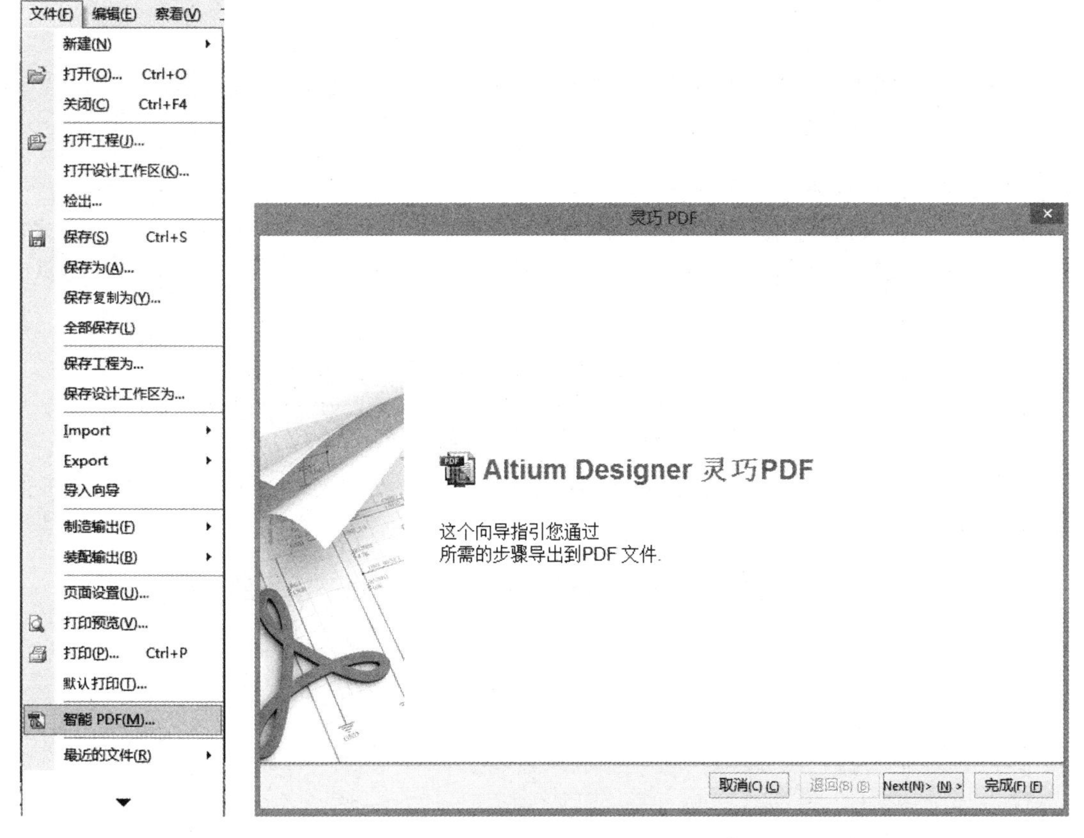

图 11-50　执行菜单命令【文件】→【智能 PDF】

图 11-51　【灵巧 PDF】向导界面

单击【Next】按钮，进入【选择导出目标】窗口，如图 11-52 所示，该窗口用于设置是将当前项目输出为 PDF 形式还是只是将当前文档输出为 PDF 形式，并选择输出文件进行命名和保存路径。

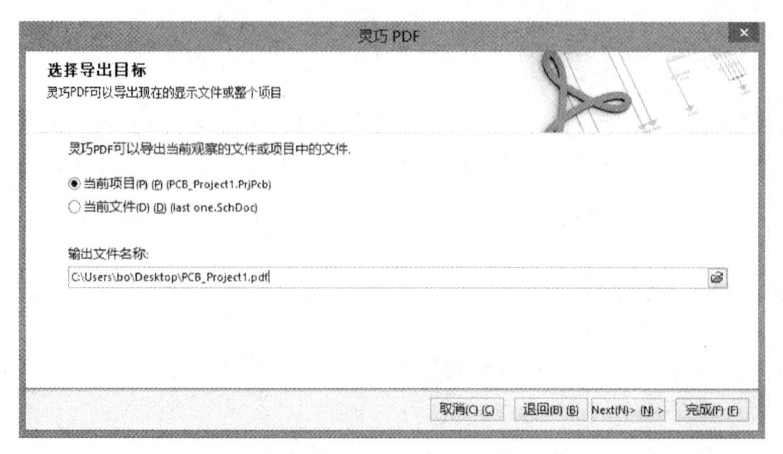

图 11-52 【选择导出目标】窗口

单击【Next】按钮，进入【导出项目文件】窗口，如图 11-53 所示，该窗口用于选择项目中要导出的文件。

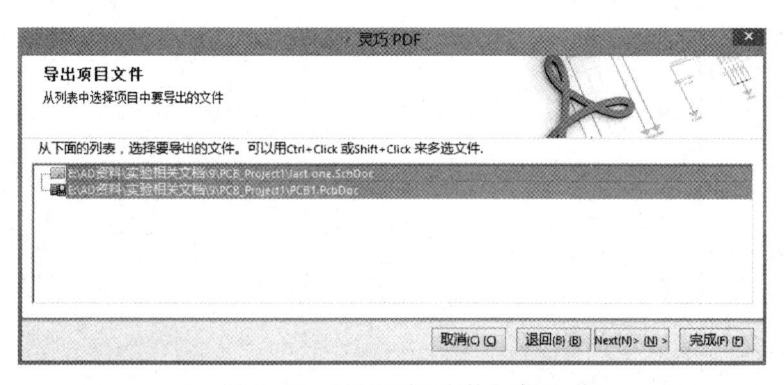

图 11-53 【导出项目文件】窗口

单击【Next】按钮，进入【导出 BOM 表】窗口，如图 11-54 所示，该窗口用于设置 BOM 表的导出。

图 11-54 【导出 BOM 表】窗口

单击【Next】按钮，进入【PCB 打印设置】窗口，如图 11-55 所示，该窗口用于对项目中 PCB 文件的打印输出进行必要的设置。

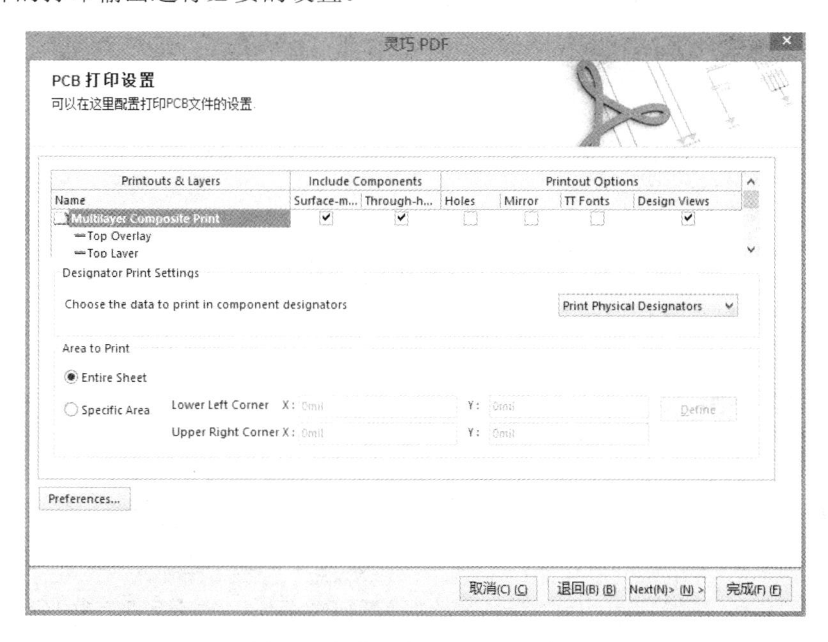

图 11-55 【PCB 打印设置】窗口

单击【Next】按钮，进入【添加打印设置】窗口，如图 11-56 所示，该窗口用于对生成的 PDF 进行附加设定，包括图元的缩放、原理图颜色模式和 PCB 颜色模式等。

图 11-56 【添加打印设置】窗口

单击【Next】按钮，进入【结构设置】窗口，如图 11-57 所示，该窗口用于设置将原理图从逻辑图纸扩展为物理图纸。

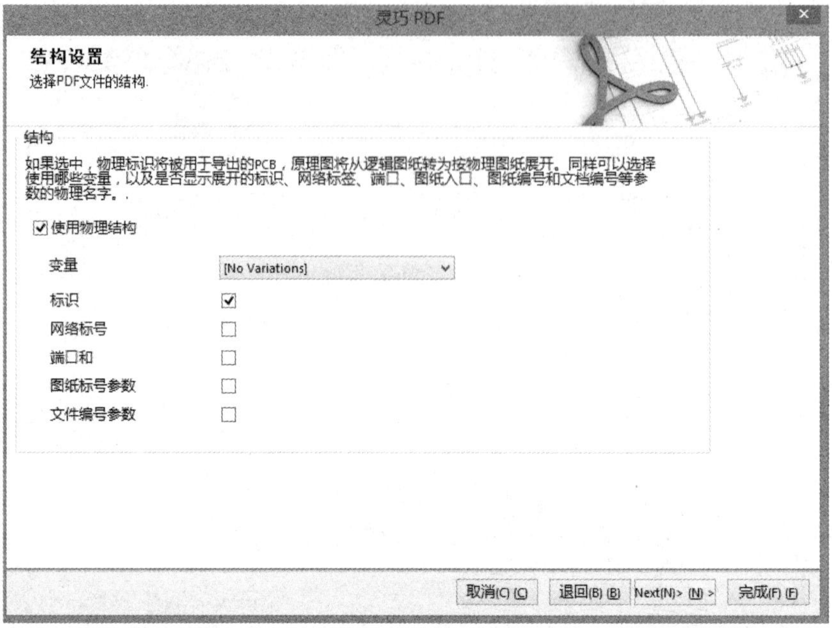

灵巧 PDF

结构设置

选择PDF文件的结构.

结构

如果选中，物理标识将被用于导出的PCB，原理图将从逻辑图纸转为按物理图纸展开。同样可以选择使用哪些变量，以及是否显示展开的标识、网络标签、端口、图纸入口、图纸编号和文档编号等参数的物理名字。.

☑ 使用物理结构

变量 [No Variations]

标识 ☑

网络标号 ☐

端口和 ☐

图纸标号参数 ☐

文件编号参数 ☐

取消(C) (C) 退回(B) (B) Next(N)> (N) > 完成(F) (F)

图 11-57 【结构设置】窗口

单击【Next】按钮，进入【最后步骤】窗口，如图 11-58 所示。

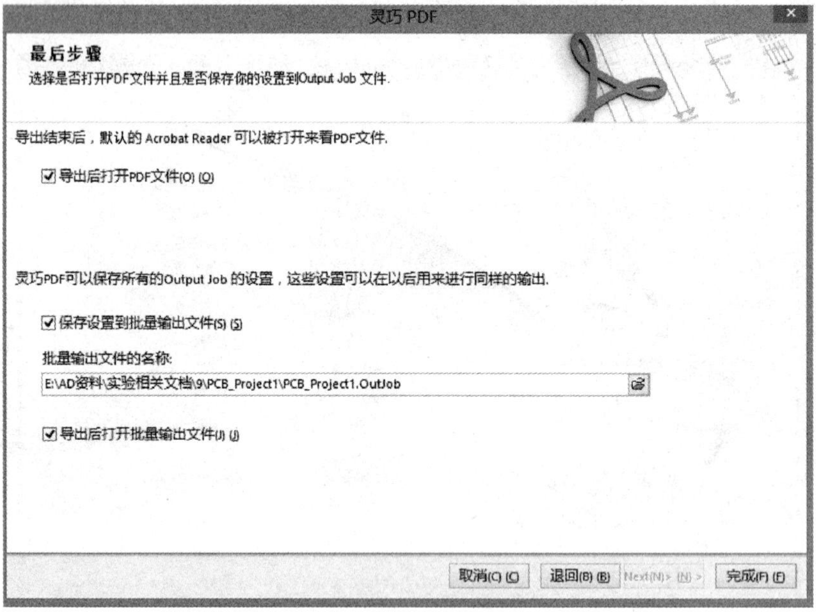

灵巧 PDF

最后步骤

选择是否打开PDF文件并且是否保存你的设置到Output Job 文件.

导出结束后，默认的 Acrobat Reader 可以被打开来看PDF文件.

☑ 导出后打开PDF文件(O) (O)

灵巧PDF可以保存所有的Output Job 的设置，这些设置可以在以后用来进行同样的输出.

☑ 保存设置到批量输出文件(S) (S)

批量输出文件的名称:

E:\AD资料\实验相关文档\9\PCB_Project1\PCB_Project1.OutJob

☑ 导出后打开批量输出文件(J) (J)

取消(C) (C) 退回(B) (B) Next(N)> (N) > 完成(F) (F)

图 11-58 【最后步骤】窗口

单击【完成】按钮，系统便生成并打开相应的 PDF 文件，如图 11-59 所示。

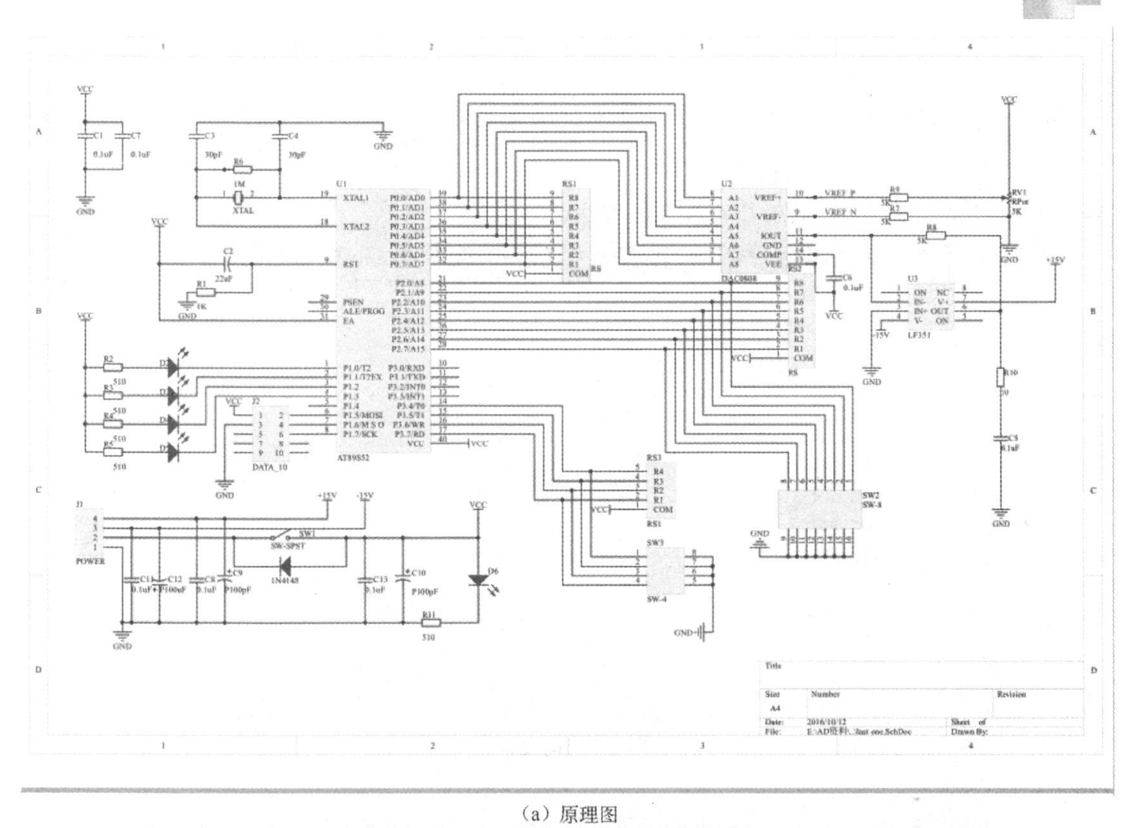

（a）原理图

（b）PCB图

图 11-59　PDF 文件

思考与练习

（1）PCB 包括哪些输出报表？

（2）用户应向 PCB 加工厂商提交哪些文件？

（3）在第 8 章思考与练习（2）的基础上，给出 PCB 的 Gerber 文件和钻孔文件。